Elasticität und Festigkeit.

Die für die

Technik wichtigsten Sätze und deren erfahrungsmässige Grundlage.

Von

C. Bach,

K. Württ. Baudirektor,

Professor des Maschinen-Ingenieurwesens an der K. Technischen Hochschule Stuttgart.

Mit in den Text gedruckten Abbildungen und 18 Tafeln in Lichtdruck.

Vierte, vermehrte Auflage.

Springer-Verlag Berlin Heidelberg GmbH

1902.

ISBN 978-3-662-39267-6 ISBN 978-3-662-40295-5 (eBook)
DOI 10.1007/978-3-662-40295-5

Softcover reprint of the hardcover 4th edition 1902

Vorwort zur ersten Auflage.

Die vorliegende Arbeit, welche in zwei Lieferungen erschienen ist, von denen die erste, bis § 40 reichend, Ende Februar und die zweite Ende September 1889 abgeschlossen wurde, war — in beschränkterem Umfange und mit Hinweglassung dessen, was sonst anderwärts zusammengestellt zu finden — ursprünglich nur für die Zuhörer meines Vortrags über Elasticitätslehre bestimmt, mit dem Ziele, ihnen die erfahrungsmässigen Grundlagen der technischen Elasticitäts- und Festigkeitslehre zu bieten, ohne hierzu die für die Vorlesung verfügbare Zeit (3 Stunden im Sommersemester), welche mit Rücksicht auf die Behandlung der schwierigen Aufgaben dieses Gebiets an und für sich knapp bemessen erscheint, in Anspruch nehmen zu müssen. Wiederholten Anregungen schliesslich Folge leistend, übergebe ich dieselbe mit den hierdurch bedingten Erweiterungen der Oeffentlichkeit.

Sie geht davon aus, dass es in erster Linie auf die Erkenntniss des thatsächlichen Verhaltens der Materialien ankommt.

In Gemässheit dieses Standpunktes war zunächst der unanschauliche Begriff des Elasticitätsmoduls fallen zu lassen. Selbst wenn man von der verbreiteten und angesichts des wirklichen Verhaltens der Stoffe höchst bedenklichen Begriffsbestimmung absieht, nach der unter Elasticitätsmodul diejenige Kraft zu verstehen ist, welche ein Prisma vom Querschnitte 1 um seine eigene Länge ausdehnen würde, falls dies ohne Ueberschreitung der Elasticitätsgrenze möglich wäre, so erweist sich der Umstand, dass der als Mass der Elasticität für die Betrachtungen und Rechnungen geschaffene Elasticitätsmodul umgekehrt proportional der Elasticität ist, als ausserordentlich störend. Durch Einführung des Dehnungskoefficienten (§ 2), dessen Grösse in geradem Verhältnisse zur Formänderung steht, lässt sich dieser Uebelstand auf einfache Weise beseitigen. Demgemäss sind sämmtliche Rechnungen und Erörterungen mittelst des Dehnungskoefficienten durchgeführt. Die Gewinnung von Massen für den Dehnungsrest und für die Federung, d. i. die eigentliche Elasticität zum Unterschied von dem Masse für die Gesammtdehnung, ist damit ohne Weiteres gesichert.

An die Stelle des der Anschauung unzugänglichen Schubelasticitätsmoduls tritt der Schubkoefficient (§ 29), dessen Bedeutung unmittelbar aus dem Vorgange der Schiebung folgt.

Sodann war der mit der Längsdehnung (Zusammendrückung) verknüpften Querzusammenziehung (Querdehnung) (§ 1) und deren Einfluss (§ 7, § 9, Ziff. 1, § 14, § 20, Ziff. 2, S. 82 u. s. w.) mehr Beachtung zu schenken, als dies sonst zu geschehen pflegt; zumal in weiten Kreisen z. Z. noch die Auffassung besteht, dass die Proportionalität zwischen Dehnungen und Spannungen innerhalb gewisser Spannungsgrenzen allgemein giltig sei, gleichgiltig, ob ausser der Zug- oder Druckkraft, welche in Richtung der Stabachse wirkt, auch noch Kräfte senkrecht zu Letzterer thätig sind oder nicht.

Ferner mussten aus der meist ganz unbeachtet gelassenen Thatsache, dass die eben erwähnte Proportionalität überhaupt nicht für alle der Technik wichtigen Materialien vorhanden ist, die nöthigen Folgerungen gezogen werden. Dies trifft beispielsweise zu für das dem Maschinenbau unentbehrliche und daselbst so vielfach verwendete Gusseisen, bei dem die Dehnungen rascher wachsen, als die Spannungen; für das als Kraftübertragungsmittel so wichtige Leder, bei welchem das Umgekehrte stattfindet u. s. f. (insbesondere § 2, § 20, Ziff. 4, S. 85 u. f., § 22, Ziff. 2, § 26, S. 113, Fussbemerkung 1, § 35 und § 36, § 40, § 41, § 56, S. 324 u. f., § 58, S. 344, Fussbemerkung, u. s. w.).

Was Einzelheiten anlangt, so glaubte ich Werth legen zu sollen auf die Klarstellung von Begriffen, wie Festigkeit (§ 3), Proportionalitäts- und Elasticitätsgrenze (§ 2, § 4), Knickbelastung (§ 23), Zerknickungskoefficient (§ 26), zulässige Anstrengung (§ 48, Ziff. 1), Einspannung (§ 53) u. s. w., sowie auf die Beseitigung von eingebürgerten Irrthümern. Wie oft wird beispielsweise die Berechnung auf Schub vorgeschrieben, wo Biegung massgebend ist (§ 40, § 52); wie allgemein ist bei Ermittlung des

Dehnungskoefficienten (Elasticitätsmoduls) aus Biegungsversuchen der Einfluss der Schubkraft vernachlässigt worden (§ 22, Ziff. 1, § 52, Ziff. 2b); wie verbreitet ist die Auffassung der unbedingten Giltigkeit der Gleichung der einfachen Zug- und Druckfestigkeit, nach welcher es nur auf die Grösse des Querschnittes ankommt (§ 9, § 13, § 14); wie selten wird erkannt, dass die Druckfestigkeit bei Materialien, wie weichem Stahl u. s. w., die Fliess- oder Quetschgrenze ist (§ 11, Schluss; § 27, Ziff. 1, S. 122 u. s. f.).

Die bedeutende Abhängigkeit der Biegungsfestigkeit des Gusseisens von der Querschnittsform war soweit festzustellen, dass sie rechnungsmässig berücksichtigt werden kann (§ 20, § 22, Ziff. 2).

Das immer dringender gewordene Bedürfniss, die Anstrengung auf Drehung beanspruchter Körper von nichtkreisförmigem Querschnitt mit mehr Sicherheit feststellen zu können, als dies bisher möglich war, verlangte eine eingehende Behandlung der hierher gehörigen Aufgaben (§ 32 bis § 36, § 43, § 47, § 49, § 50, § 52, Fussbemerkung S. 281 und 282). Dabei ergab sich die Nothwendigkeit, Formänderungen in's Auge zu fassen, die bisher bei Beurtheilung der Materialanstrengung ganz unbeachtet gelassen worden waren (§ 34, Ziff. 3).

Dem Umstande, dass die zulässige Schubspannung zur zulässigen Normalspannung ziemlich häufig nicht in dem Verhältnisse steht, wie dies die Elasticitätslehre ermittelte (Gleichung 101, 102 [§ 31, Gleichung 5 und 6]), habe ich — wie bereits in meinen Maschinenelementen 1880 gethan (S. 11, S. 205 u. f. daselbst) — durch Einführung des Anstrengungsverhältnisses Rechnung getragen (α_0 in § 48, Ziff. 2, auch β_0 in § 45 Ziff. 1).

Die Ausserachtlassung der schon ursprünglich vorhandenen Krümmung der Mittellinie bei auf Biegung beanspruchten Körpern erschien nicht mehr in dem Masse zulässig, wie dies bisher bei Berechnung von Kettenhaken und dergleichen ziemlich allgemein üblich war. Wenn auch die Endergebnisse der mit Rücksicht hierauf in § 54 angestellten Erörterungen nichts Neues bieten, so dürfte doch der hierbei eingeschlagene Weg zur Gewinnung eines besseren Einblicks in die Anstrengungsverhältnisse, sowie dazu beitragen, dass Mancher, welcher bisher die ursprüngliche Krümmung nicht berücksichtigte, sie mindestens schätzungsweise bei Wahl der zulässigen Anstrengung in Betracht zieht.

In § 60 war die Anstrengung der elliptischen Platte zu bestimmen; ausserdem waren bisher nicht beachtete Einflüsse festzustellen. Weitergehende Ermittlungen mussten namentlich bei den grossen Schwierigkeiten, welche hierauf bezüglichen Versuchen begegnen, zunächst unterbleiben.

Gern hätte ich Versuche der in § 56 behandelten Art in grösserem Umfange, sowie auch solche zu § 57 durchgeführt. Da mir aber weder für meine Lehrthätigkeit, noch für meine Versuchsarbeiten ein Assistent zur Verfügung steht, und der eigenen Arbeitskraft durch die Natur eine Grenze gezogen ist, auch die übrigen Mittel sehr knapp bemessen sind, so musste wenigstens vorerst Beschränkung geübt werden. Dieselbe Bemerkung hat auch Geltung für andere Abschnitte, insbesondere für § 61.

Im Ganzen habe ich mich namentlich im Hinblick auf die Bedürfnisse der mitten in der Ausführung stehenden Ingenieure bestrebt, die einzelnen Entwicklungen so viel als thunlich für sich allein verständlich durchzuführen und den hierzu erforderlichen mathematischen Apparat unter Heranziehung von Versuchen nach Möglichkeit zu beschränken. Dass sich auf diesem Wege Aufgaben, welche sonst trotz ihrer grossen Wichtigkeit gar nicht oder nur ganz ausnahmsweise behandelt zu werden pflegen, recht klar und dazu fruchtbringender, als es bisher geschehen ist, erörtern lassen, davon dürften beispielsweise die §§ 33, 34 und 43, S. 220 u. f., sowie § 52, Ziff. 2, Zeugniss ablegen. Die Thatsache, dass die vor vier Jahrzehnten von de Saint Venant gegebene Lösung der Torsionsaufgabe — ungeachtet ihrer wissenschaftlichen Strenge — nur ganz vereinzelt Eingang in die technische Literatur gefunden hat, dürfte vorzugsweise in dem Mangel an verhältnissmässiger Einfachheit der zur Lösung führenden Rechnungen begründet sein.

Um den Umfang des Buches innerhalb einer gewissen Grenze zu halten, wurde die zweite Lieferung etwas weniger umfassend gestaltet, als ursprünglich geplant war, wodurch übrigens die Anschauung über die wirklichen Vorgänge, über das thatsächliche Verhalten des Materials eine Beeinträchtigung nicht erfährt. Es erschien dies um so mehr zulässig, als seit Abschluss der ersten Lieferung das v. Tetmajer'sche Werk: „Die angewandte Elasticitäts- und Festigkeitslehre“ mit einer Fülle von Beobachtungsmaterial zur Ausgabe gelangt ist (siehe auch des Verfassers

Besprechung dieses Buches in der Zeitschrift des Vereines deutscher Ingenieure 1889, S. 452 bis 455 und S. 473 bis 479) und überdies die werthvollen Arbeiten von Mehrtens vorliegen. Beispiele und Erfahrungszahlen glaubte ich ohnehin als naturgemäss in meine Maschinenelemente gehörig dahin verweisen zu sollen.

Möge auch diese Arbeit, welche nicht mehr als ein Schritt in neuer Richtung sein soll, zur Förderung der Technik und damit der Industrie beitragen, indem sie die Bedeutung der Erkenntniss des thatsächlichen Verhaltens der Materialien klarlegt und indem aus ihr erhellt,

dass es nicht genügt, von dem Satze der Proportionalität zwischen Dehnungen und Spannungen allein ausgehend, das ganze Gebäude der Elasticität und Festigkeit auf mathematischer Grundlage aufzubauen,

dass es vielmehr für den Konstrukteur — namentlich, wenn er in voller Erkenntniss der wirklichen Verhältnisse die Abmessungen festsetzen und sich nicht in dem Geleise hergebrachter Formen halten will — nothwendig erscheint, immer und immer wieder die Voraussetzungen der einzelnen Gleichungen, welche er benützt, im Spiegel der Erfahrungen, soweit solche vorliegen, sich zu vergegenwärtigen, und die auf dem Wege der Ueberlegung, der mathematischen Ableitung gewonnenen Beziehungen hinsichtlich des Grades ihrer Genauigkeit zu beurtheilen, soweit dies bei dem jeweiligen Stande unserer Erkenntnisse überhaupt möglich ist,

und dass da, wo die letzteren und die Ueberlegung — Aufsuchung und Ausbildung neuer Methoden eingeschlossen — nicht ausreichen, in erster Linie durch den Versuch Fragestellung an die Natur zu erfolgen hat.

Stuttgart, den 30. September 1889.

Vorwort zur zweiten Auflage.

Die zweite Auflage unterscheidet sich von der ersten — abgesehen von der Umarbeitung des Abschnittes über die plattenförmigen Körper — in der Hauptsache durch Ergänzungen, entsprechend einer Vermehrung des Textes um 56 Seiten. Beschränkung in dieser Hinsicht zu üben, erschien schon deshalb angezeigt, um dem Buche das Eindringen in weitere Kreise zu sichern, wozu gehört, dass der Preis desselben eine gewisse Grenze nicht überschreitet. Hierin lag auch der Grund, der veranlasste, davon abzusehen, die ursprüngliche Idee, eine Anzahl von Aufgaben nebst Lösungen aufzunehmen, zur Ausführung zu bringen.

Die Grundgedanken, welche bei Abfassung der ersten Auflage massgebend waren, sind die leitenden geblieben, weshalb ich in dieser Beziehung nichts hinzuzufügen habe. Dass die Ersetzung des Elasticitätsmoduls durch den Dehnungskoefficienten nicht ohne Bemängelung abgehen würde, war vorauszusehen. Demgegenüber kann ich nur auf die Arbeit selbst, insbesondere auf die Fussbemerkung zu § 2, verweisen, welche durch Uebernahme einer bereits in der zweiten Auflage meiner Maschinenelemente gegebenen Darlegung ergänzt worden ist. Im Laufe der Zeit wird sich von selbst entscheiden, ob die Begriffe „Elasticitätsmodul“ und „Schubelasticitätsmodul“ das Feld behaupten oder ob die Begriffe „Dehnungskoefficient“ und „Schubkoefficient“ an deren Stelle treten werden.

Im Ganzen hat sich die Arbeit einer so wohlwollenden Aufnahme seitens der Fachgenossen zu erfreuen gehabt, dass ich nicht umhin kann, für die ausserordentliche Förderung, welche hierin liegt, zu danken. Die Arbeitskraft des Einzelnen ist eine begrenzte und das Arbeitsfeld des Maschineningenieurwesens ein so ausgedehntes, dass der Einzelne selbst nur einen kleinen Beitrag durch das in seinen Arbeiten enthaltene Neue zu leisten vermag, infolgedessen dieses der entschiedenen Förderung durch die Fachgenossen bedarf, soll der Fortschritt ein allgemeiner und damit ein erheblicher werden.

Stuttgart, den 1. Juni 1894.

Vorwort zur dritten Auflage.

Die dritte Auflage ist, abgesehen von einer Anzahl rechnerischer Ergänzungen, vorzugsweise durch Aufnahme von Versuchsergebnissen und den hierzu gehörigen Darlegungen in Zahl, Wort und Bild ergänzt worden. Ich halte es für zweckmässig, den Leser geistig Theil nehmen zu lassen an den wesentlichen Einzelheiten des Versuchs und ihn auf diese Weise zu befähigen, sich nach Möglichkeit ein eigenes, auf die thatsächlichen Verhältnisse gegründetes Urtheil zu bilden. Dem jungen Fachgenossen kommt dabei von Anfang an zum Bewusstsein, dass es sich nicht um ein Gebiet handelt, das zu einem grossen Theil bereits abgeschlossen ist, wie man vielfach anzunehmen pflegt, sondern dass er sich auf einem Gebiet befindet, welches selbst hinsichtlich der Feststellung seiner erfahrungsmässigen Grundlagen noch in lebhafter Entwicklung begriffen ist.

In dieser Richtung weiterzuschreiten, dazu veranlasste nicht blos der leitende Grundgedanke des ganzen Buches (vergl. Vorwort zur ersten Auflage), sondern auch der Umstand, dass in mathematischer Hinsicht ausführliche und vorzügliche Werke vorliegen: die Arbeiten von Grashof, Keck, Müller-Breslau, Ritter, Weyrauch, Winkler u. A.

Eine vorurtheilsfreie Ueberprüfung des Standes der Elasticitäts- und Festigkeitslehre zeigt, dass die physikalische Seite gegenüber der mathematischen Behandlung in gewissen Richtungen recht erheblich zurückgeblieben war. Damit hängt es dann auch theilweise zusammen, dass mancher der an und für sich richtigen, aber nicht auf ausreichend sicherer physikalischer Grundlage ruhenden mathematischen Entwicklungen der Vorwurf des Zuweitgehens oder gar der Unbrauchbarkeit gemacht werden konnte. Andererseits liess man bei der mathematischen Bearbeitung Aufgaben von grosser praktischer Bedeutung so gut wie unbeachtet, oder man sah bei ihrer Einkleidung in das mathematische Gewand von Wesentlichem ab, liess wohl auch im Laufe der Rechnung mehr oder minder weitgehende Vernachlässigungen eintreten, ohne dann die Ergebnisse durch den Versuch einer Prüfung und nöthigenfalls einer Berichtigung zu unterziehen.

Auf diesem Boden gedieh der Satz von dem Widerspruch zwischen Wissenschaft und Praxis. Man übersah dabei allerdings, dass eine Wissenschaft, die im Widerspruch steht mit der Wirklichkeit, d. h. mit dem, was thatsächlich ist, oder deren Folgerungen zu solchen Widersprüchen führen, nicht den Anspruch machen kann, wirklich Wissenschaft zu sein, mindestens nicht in Beziehung auf diejenigen Punkte, welche der Wirklichkeit zuwiderlaufen. Wo ein Gegensatz zwischen Wissenschaft und Praxis in die Erscheinung tritt, da zeigt eine scharfe Untersuchung meist sehr bald, dass entweder die Annahmen, die Grundlagen, von denen die wissenschaftliche Betrachtung ausgegangen ist, fehlerhaft waren, oder dass die Schlussfolgerungen mit Mängeln behaftet sind.

Ich habe es mir von vornherein, d. h. mit Eintritt in die Lehrthätigkeit im Jahre 1878, zur Aufgabe gestellt, mein bescheidenes Theil dazu beizutragen, dass solche Gegensätze verschwinden[1]). Wissenschaft und ausführende Technik müssen naturgemäss Hand in Hand gehen. Wo dieser Zustand nicht besteht, da muss von beiden Seiten mit Eifer und Ausdauer daran gearbeitet werden, ihn herbeizuführen. Wer in dieser Richtung kräftig strebt, wird sehr bald zu der Erkenntniss gelangen, dass den Ingenieurwissenschaften in erster Linie eine Sicherung und Erweiterung ihrer erfahrungsmässigen Grundlagen, d. h. eine besondere Pflege ihrer physikalischen und chemischen Seite, noththut. Die Mathematik wird hierbei nicht nur ein sehr oft ausserordentlich werthvolles Hilfsmittel sein, sondern sie wird häufig das Werkzeug bilden, ohne dessen Vorhandensein eine tiefere Erkenntniss überhaupt unerreichbar bliebe.

Die ausführende Technik ist nach meinen Erfahrungen immer dankbar, wenn ihr die Wissenschaft Hilfe leistet; sie lässt sich nicht — wie wohl zuweilen gemeint wird — durch das Schlag-

---

[1]) Vergl. z. B. Zeitschrift des Vereines deutscher Ingenieure 1894, S. 1361 und 1362; 1895, S. 1215 und 1216; 1896, S. 268 und 269.

wort von dem Widerspruch zwischen Theorie und Praxis abhalten, die wissenschaftlichen Darlegungen zu studiren und zu verwerthen, vorausgesetzt, dass diese die Anforderung der Klarheit und genügender Einfachheit befriedigen. Sie weiss ihr Interesse, welches die volle Beachtung der Wissenschaft verlangt, wohl wahrzunehmen. Aber sehr empfindlich ist sie, wenn ihr von wissenschaftlicher Seite Darlegungen geboten werden, durch deren Befolgung Schaden entsteht. Bei der unmittelbaren und oft recht weitgehenden Verantwortlichkeit, welche die ausführende Technik zu tragen hat, erscheint dies durchaus begreiflich. Jeder Verstoss, den der Ingenieur gegen die Wirklichkeit begeht, pflegt bei der Ausführung seines Werkes als Fehler an das Tageslicht zu treten und in irgend einer Form Strafe nach sich zu ziehen. In der hieraus folgenden Nothwendigkeit, möglichst zuverlässig zu arbeiten, liegt auch einer der Gründe, weshalb schon seit längerer Zeit die Technik und ihre wissenschaftlichen Vertreter nicht blos manche in das Gebiet der Physik und Chemie gehörige Zahl genauer festgestellt haben, als dies von der Physik beziehungsweise der Chemie selbst geschehen ist, sondern dass sie auch manches bisher überhaupt nicht Erkannte aufgefunden sowie manchen in's Dunkle gehüllten Vorgang aufgeklärt, und ganz wesentlich zur Entwicklung und Förderung dieser Wissenschaften an sich beigetragen haben. Ein weiterer Grund dafür, dass die Technik der Wissenschaft an sich häufiger vorauseilt, als man anzunehmen pflegt, ist dadurch gegeben, dass ihr Aufgaben entgegengebracht werden, die sie lösen muss — möglichst vollkommen, namentlich auch in wirthschaftlicher Beziehung —, ohne sich auf wissenschaftlich Erkanntes stützen zu können. Die deutsche Industrie und die technischen Staatsbetriebe Deutschlands besitzen eine vergleichsweise grosse Anzahl von Ingenieuren, die in einer Weise streng wissenschaftlich arbeiten, wie vielfach selbst von Vertretern der Wissenschaft nicht vermuthet wird.

Inwieweit es mir mit der Bearbeitung der dritten Auflage gelungen ist, zur Klarstellung schwebender oder aufgeworfener Fragen (vergl. z. B. den Inhalt von § 4 und § 5, ferner S. 116 u. f., S. 192 u. f., S. 211 u. f., S. 470 u. f., u. s. w.), zur Vertiefung unserer Erkenntnisse auf dem Gebiet der Elasticität und Festigkeit beizutragen, muss ich dem wohlwollenden Urtheil der Fachgenossen zur Entscheidung anheimstellen. Gern hätte ich noch Weiteres aufgenommen, aber die starke Inanspruchnahme durch die unmittelbare Berufsthätigkeit, zu welcher sich z. Z. noch die Errichtung eines Laboratoriums für Maschineningenieure gesellt hat, im Zusammenhange damit, dass das Buch schon seit längerer Zeit vergriffen ist, nöthigten zur Beschränkung.

Stuttgart, Anfang Januar 1898.

Vorwort zur vierten Auflage.

Die vierte Auflage wurde, abgesehen von einer grösseren Anzahl von Ergänzungen in allen bisher vorhandenen Abschnitten des Buches (vergl. z. B. § 13, Ziff. 3, § 22, Ziff. 4 u. s. w.), durch Aufnahme eines neuen (achten) Abschnittes: „Allgemeine Beziehungen über Spannungen und Formänderungen im Innern eines elastischen Körpers“ erweitert. Hierzu veranlasste in erster Linie der Umstand, dass ich seit Erscheinen der dritten Auflage infolge des wachsenden Umfanges der mir sonst obliegenden Verpflichtungen u. A. auch die Vorlesung über Elasticitätslehre abgegeben habe. In diesem Vortrag, der im Jahre 1878 an unserem Polytechnikum mit besonderer Rücksichtnahme auf die dem Maschinenkonstrukteur sich bietenden Aufgaben zur Einführung gelangte, habe ich in den 21 Jahren, während der ich ihn gehalten, auch das gegeben, was der genannte Abschnitt bietet. Die Aufnahme in das Buch ist bisher unterblieben, weil, wie schon in dem Vorwort zur ersten Auflage ausgesprochen, dasselbe ursprünglich nur für die Zuhörer dieses Vortrages bestimmt war.

Ich weiss recht wohl, dass die Anzahl derjenigen Studirenden und Ingenieure, welche sich mit den allgemeinen Betrachtungen über den Spannungs- sowie Formänderungszustand, und insbesondere den aus ihnen sich ergebenden Gleichungen zu beschäftigen pflegen, verhältnissmässig gering ist, und bin der Ueberzeugung, dass dies auch voraussichtlich so bleiben wird, ohne dass hierin ein schwerwiegender Nachtheil für die Technik erblickt werden kann.

Es setzt dies allerdings voraus, dass sich eine, wenn auch kleine, Minderzahl erfolgreich mit Bearbeitung des hier zur Erörterung stehenden Gebietes befasst. Der grossen Mehrzahl der mitten in der Ausführung stehenden Ingenieure, welche auf den Gebieten des wirthschaftlichen Lebens leitend oder auch noch schöpferisch thätig sein müssen, liegen andere Aufgaben ob[1]), und bei der Begrenztheit der Arbeitskraft des Einzelnen einerseits und angesichts der ungeheuren Ausdehnung des Ingenieurwesens andererseits wird die Arbeitstheilung zur Nothwendigkeit.

Diese Verhältnisse haben mich jedoch niemals abgehalten, mit meinen Zuhörern die Betrachtungen durchzunehmen, welche zu den allgemeinen Gleichungen der Elasticitätslehre führen. Der zukünftige Ingenieur muss — auch wenn er keine Neigung hat, an der Entwicklung der wissenschaftlichen Grundlagen des Ingenieurwesens mitzuarbeiten —, die allgemeinen Grundlagen der Gebiete, die er studirt, ausreichend kennen. Im vorliegenden Sonderfalle heisst dies, dass ihm die allgemeinen Gleichungen der Elasticitätslehre, wenn sie ihm in der Literatur entgegentreten, nicht fremd sein dürfen. Er soll — wenn auch nur in beschränktem Sinne — ein Urtheil darüber haben, wie sicher oder unsicher die Grundlagen sind, auf denen sich derartige Rechnungen aufbauen, und ob aus der einen oder anderen solcher Rechnungen ein brauchbares Ergebniss für das Ingenieurwesen zu erwarten steht. Es ist für den ausführenden Ingenieur nicht selten ausserordentlich wichtig, ein Urtheil, wenn auch nur einigermassen, darüber zu haben, was man überhaupt nicht, oder doch nicht sicher weiss, gegebenenfalls nicht sicher ermitteln kann.

Ausserdem kommt in Betracht, dass eine strenge Behandlung verschiedener, für die ausführende Technik wichtiger Aufgaben von den allgemeinen Gleichungen der Elasticitätslehre auszugehen oder doch auf sie zurückzugreifen hat, wenn auch nur, um zu prüfen, ob die gemachten Annahmen mit ihnen in Widerspruch stehen oder nicht. Es sei hier erinnert an die Aufgaben der Drehungselasticität, deren strenge Lösung allerdings bisher nur für wenige der in Betracht kommenden Querschnitte ausreichend gelungen ist, sowie an die Aufgaben, bei denen Normal- und Schub-

---

[1]) Vergl. z. B. das Vorwort zur achten Auflage der Maschinenelemente des Verfassers.

spannungen in den Querschnitten stabförmiger Körper gleichzeitig auftreten, an die Aufgaben, welche plattenförmige Körper und Gefässe vielfach bieten, u. s. w.

Wenn auch manche Entwicklungen in dem bisherigen Inhalt des Buches (Abschnitt 1 bis 7) auf die Ergebnisse des neuen achten Abschnittes hätten gestützt werden können, so habe ich dies doch absichtlich unterlassen, weil ich es für den Ingenieur als werthvoll erachte, jede Untersuchung für sich soweit selbstständig durchzuführen, als es die Verhältnisse gestatten und als im Einzelfalle zweckmässig erscheint, und zweitens, weil ich der Ueberzeugung bin, dass die Elasticität und Festigkeit am erfolgreichsten zunächst in der Weise studirt wird, dass man von den einfachen Fällen ausgeht und unter Benutzung der hierbei gewonnenen Ergebnisse zu zusammengesetzteren fortschreitet. Ich halte dieses Vorgehen auch dann für richtig, wenn der Studirende über gute Kenntnisse auf dem Gebiete der höheren Mathematik verfügt. Die Auffassung, dass der wissenschaftliche Gang bei der Behandlung der Elasticitäts- und Festigkeitslehre auch für den Ingenieur vom Allgemeinen zum Besonderen zu führen habe, vermag ich nicht zu theilen. Derjenige Studirende, welcher beim erstmaligen Studium des Gebietes zunächst die seinem Verständniss näher liegenden Sonderfälle mit den verschiedenen Abweichungen von den Voraussetzungen, welche die Elasticitätslehre bei ihren allgemeinen Entwicklungen nothwendiger Weise machen muss, gründlich studirt hat und sodann fortschreitend schliesslich bis zur Klarheit über die allgemeinen Beziehungen der Elasticitätslehre gelangt ist, wird bei demselben Zeitaufwand in der Regel einen weiter- und tiefergehenden Einblick gewonnen haben, als derjenige, welcher den umgekehrten Weg eingeschlagen hat. Insbesondere wird dies zu Tage treten, wenn es sich um die Verwendung der Kenntnisse auf dem Gebiete des Ingenieurwesens, also um das Können gegenüber den tausendfältigen Aufgaben handelt, die das Leben fortgesetzt bietet.

Stuttgart, Anfang September 1901.

C. Bach.

Inhaltsverzeichniss.

Erster Abschnitt.

Die einfachen Fälle der Beanspruchung gerader stabförmiger Körper durch Normalspannungen (Dehnungen).

Einleitung.

I. Zug.

IV. Knickung.

Zweiter Abschnitt.

Die einfachen Fälle der Beanspruchung gerader stabförmiger Körper durch Schubspannungen (Schiebungen).

Einleitung.

V. Drehung.

VI. Schub.

Dritter Abschnitt.

Formänderungsarbeit gerader stabförmiger Körper bei Beanspruchung auf Zug, Druck, Biegung, Drehung oder Schub.

Vierter Abschnitt.

Zusammengesetzte Beanspruchung gerader stabförmiger Körper.

VII. Beanspruchung durch Normalspannungen (Dehnungen). Zug, Druck und Biegung.

Seite

VIII. Beanspruchung durch Schubspannungen (Schiebungen).

IX. Beanspruchung durch Normalspannungen (Dehnungen) und Schubspannungen (Schiebungen).

Fünfter Abschnitt.

Stabförmige Körper mit gekrümmter Mittellinie.

I. Die Mittellinie ist eine einfach gekrümmte Kurve, ihre Ebene Ort der einen Hauptachse sämmtlicher Stabquerschnitte, sowie der Richtungslinien der äusseren Kräfte.

Sechster Abschnitt.

Gefässe.

Siebenter Abschnitt.

Plattenförmige Körper.

Achter Abschnitt.

Allgemeine Beziehungen über Spannungen und Formänderungen im Innern eines elastischen Körpers.

Erster Abschnitt.

Die einfachen Fälle der Beanspruchung gerader stabförmiger Körper durch Normalspannungen (Dehnungen).

Einleitung.

§ 1. Formänderung. Spannung.

Der gerade stabförmige Körper, Fig. 1, welchen wir uns als Kreiscylinder vorstellen wollen, besitze die Länge l und den Durchmesser d, also den Querschnitt $f = \frac{\pi}{4} d^2$. Derselbe werde jetzt — Fig. 2 — von zwei ziehenden Kräften PP ergriffen, welche gleichmässig über die beiden Endquerschnitte vertheilt angreifen und deren Richtung mit der Stabachse zusammenfällt. Ihre Grösse liege unterhalb der Grenze, bei welcher eine Aufhebung des Zusammenhanges des Stabes, ein Zerreissen des letzteren, eintreten würde; sie halten sich demnach an dem Stabe das Gleichgewicht.

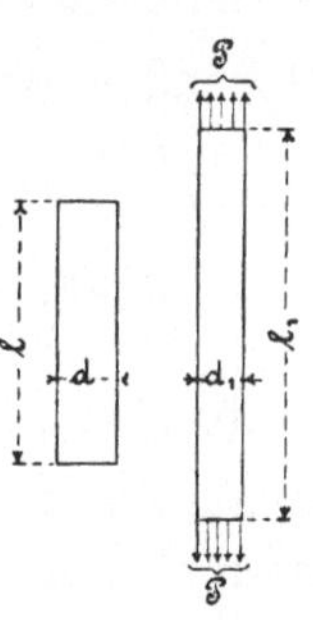

Fig. 1. Fig. 2.

Unter der Einwirkung dieser Kräfte

a) vergrössert sich die Länge des Stabes von l auf l_1, d. h. um $l_1 - l = \lambda$

und

b) vermindert sich der Durchmesser des Stabes von d auf d_1, d. h. um $d - d_1 = \delta$.

Es findet also gleichzeitig eine Ausdehnung in Richtung der Stabachse und eine Zusammenziehung (Kontraktion) senkrecht zu derselben statt. Die Letztere erweist sich übrigens weit kleiner als die Erstere (vergl. § 7). Die Aenderung der Form, welche der Körper durch die ihn ergreifenden Kräfte PP erfährt, ist hiernach eine doppelte, wenn auch verschieden grosse.

Wirken die beiden Kräfte PP nicht ziehend, wie in Fig. 2 angenommen, sondern drückend auf den als kurz vorausgesetzten Körper, wie in Fig. 3 dargestellt ist, so besteht die eintretende Formänderung

a) in einer Verkürzung der Länge des Cylinders von l auf l_2, also um $\lambda = l - l_2$,

und

b) in einer Vergrösserung des Durchmessers des Cylinders von d auf d_2, also um $\delta = d_2 - d$.

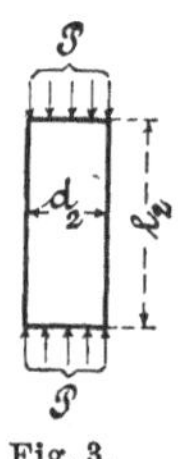

Fig. 3.

Es findet somit gleichzeitig eine Zusammendrückung in Richtung der Cylinderachse und eine Ausdehnung senkrecht zu derselben, eine Querdehnung, statt.

Der Vergleich dieser bei der Druckwirkung auftretenden Erscheinungen mit den bei der Zugwirkung sich einstellenden zeigt, dass die Umkehrung der Kraftrichtung auch die Formänderungen umkehrt. Wird die Richtung der ziehenden Kraft als positiv, diejenige der drückenden Kraft als negativ bezeichnet, so hat zur Folge

$+P$ eine positive Ausdehnung in Richtung der Stabachse und
- negative - senkrecht zur -

$-P$ eine negative Ausdehnung in Richtung der Stabachse und
- positive - senkrecht zur -

Wir denken uns in dem Stabe, an welchem sich die Kräfte PP das Gleichgewicht halten, einen Querschnitt. Die auf beiden Seiten desselben liegenden Stabtheile werden infolge des Vorhandenseins dieser äusseren Kräfte mit gewissen, über den Querschnitt vertheilten Kräften auf einander einwirken. Diese inneren Kräfte, bezogen auf die Flächeneinheit, heissen Spannungen, und zwar Zugspannungen, Spannungen im engeren Sinne, positive Spannungen, wenn die äusseren Kräfte ziehend wirken (Fig. 2), oder Druckspannungen, Pressungen, negative Spannungen, wenn die äusseren Kräfte drückend thätig sind (Fig. 3).

Insoweit zum Ausdruck gebracht werden soll, dass diese inneren Kräfte senkrecht zum Querschnitt, d. h. senkrecht zu den Flächenelementen, in denen sie wirken, gerichtet sind, werden sie als Normalspannungen bezeichnet.

Unter den Voraussetzungen gleichmässiger Vertheilung der Kräfte PP über die beiden Endquerschnitte des Stabes und durchaus gleichartiger Beschaffenheit des Stabmaterials wird auch die Spannung für die einzelnen Theile des in Betracht gezogenen Stabquerschnittes, d. h. für die einzelnen Flächenelemente desselben, gleich gross sein. Bezeichnen wir dieselbe mit σ, so erscheint sie bestimmt durch die Gleichung

$$\sigma = \frac{P}{f} \quad \ldots \ldots \ldots \quad 1)$$

Streng genommen müsste hierin f denjenigen Querschnitt bedeuten, welchen der Stab thatsächlich besitzt, während er durch P belastet ist. Wie wir oben (S. 1 und 2) bei b) sahen, ändert sich unter Einwirkung der äusseren Kräfte nicht blos die Länge, sondern auch der Durchmesser des Körpers und damit auch der Querschnitt. Unter Umständen kann diese Querschnittsänderung, welche abhängt von der verhältnissmässigen Grösse der Belastung und der Art des Materials, von Bedeutung werden. Aus diesem Grunde ist es nothwendig, festzuhalten, dass die Gleichung 1 die Spannung σ bezogen auf den ursprünglichen Stabquerschnitt liefert, sofern, wie oben angenommen, f den Querschnitt des unbelasteten Stabes bezeichnet.

§ 2. Dehnung. Dehnungskoefficient. Proportionalitätsgrenze. Fliessgrenze.

Die absolute Grösse λ der Längenänderung (vergl. § 1, a) hängt ab von der ursprünglichen Länge l des Stabes. Um sich für Zwecke der Rechnung von dieser Abhängigkeit zu befreien, pflegt man die auf die Längeneinheit bezogene Längenänderung

$$\varepsilon = \frac{\lambda}{l} \quad \ldots \ldots \ldots \quad 1)$$

anzugeben. Diese verhältnissmässige (specifische) Längenänderung ε wird dann kurz mit Dehnung bezeichnet, und zwar als positive oder negative, je nachdem es sich um Verlängerung (durch eine Zugkraft) oder um Verkürzung (durch eine Druckkraft) handelt.

Die Bestimmung der Dehnung durch die Gleichung 1 setzt für den Fall, dass die ursprüngliche Länge l nicht eine sehr kleine Grösse ist, voraus: es sei die Dehnung an allen Stellen der Strecke l gleich gross.

Hinsichtlich des Zusammenhanges zwischen der Dehnung ε und der zugehörigen Spannung σ (vergl. § 1) pflegt angenommen zu werden, dass innerhalb gewisser Belastungsgrenzen Proportionalität zwischen ihnen bestehe, entsprechend der Gleichung

$$\varepsilon = \alpha \sigma, \quad \ldots \ldots \ldots \quad 2)$$

worin

$$\alpha = \frac{\varepsilon}{\sigma} = \frac{\lambda}{l} \frac{1}{\sigma} = \frac{\lambda}{l} \frac{f}{P} \quad \ldots \ldots \quad 3)$$

eine innerhalb der erwähnten Belastungsgrenzen konstante Erfahrungszahl bedeutet, nämlich diejenige Zahl, welche angiebt, um welche Strecke ein Stab von der Länge 1 bei einer Belastung gleich der Krafteinheit (Kilogramm) auf die Flächeneinheit (Quadratcentimeter) seine Länge ändert, oder kurz: die Aenderung der Längeneinheit, d. h. die Dehnung, für das Kilogramm Spannung. Diese Erfahrungszahl sei demgemäss als Dehnungskoefficient bezeichnet.

Diese Begriffsbestimmung liefert die Dehnung unmittelbar als Produkt aus Spannung und Dehnungskoefficient, und die Aenderung des ursprünglich l langen Stabes

$$\lambda = \alpha \sigma l \text{[1]},$$

sowie die Spannung als den Quotienten: Dehnung durch Dehnungskoefficient, d. i.

---

[1]) Dieser Ausdruck entspricht ganz demjenigen, welcher sich für die Ausdehnung eines Stabes durch die Wärme oder auch für die Zusammenziehung in Folge Abkühlung ergiebt, wie folgende Betrachtung deutlich zeigt.

Ein Stab von der Länge l_a und der Temperatur t_a wird auf die Temperatur t_e gebracht. Hierbei dehnt sich derselbe aus um

$$\alpha_w (t_e - t_a) l_a,$$

sofern α_w den Längenausdehnungskoefficienten durch die Wärme, d. h. die Zunahme der Längeneinheit für 1° Erwärmung, bedeutet.

Ein Stab, welcher anfangs so belastet ist, dass in seinen Querschnitten die Spannung σ_a herrscht, besitzt in diesem Zustande die Länge l_a. Durch Vermehrung der Belastung steigt die Spannung auf σ_e. Hierbei dehnt sich der Stab aus um

$$\alpha (\sigma_e - \sigma_a) l_a,$$

worin α den oben erörterten Dehnungskoefficienten bedeutet.

$$\sigma = \frac{\varepsilon}{\alpha} \quad \dots \dots \dots \quad 4)$$

Der reciproke Werth von α wird als Elasticitätsmodul bezeichnet. Ueber die diesem Begriff gegebene Deutung vergleiche das in der Fussbemerkung S. 4 u. f. Gesagte.

Wie ersichtlich, tritt einfach an die Stelle des Temperaturunterschiedes $t_e - t_a$ der Spannungsunterschied $\sigma_e - \sigma_a$ und an die Stelle des Längenausdehnungskoefficienten durch die Wärme der Dehnungskoefficient. Beide Erfahrungszahlen sind hierbei allerdings als unveränderlich vorausgesetzt, wenigstens innerhalb dieser Temperatur- beziehungsweise Spannungsunterschiede.

Es ist bis zum Erscheinen der ersten Auflage dieses Buches in der technischen Literatur ganz allgemein üblich gewesen, nicht mit dem Dehnungskoefficienten α, sondern mit dem reciproken Werthe desselben, d. h. mit $\frac{1}{\alpha}$, zu rechnen, und für diesen den Begriff des Elasticitätsmoduls einzuführen. Derselbe ist dann erklärt worden als diejenige Kraft, welche ein Prisma vom Querschnitt 1 um seine eigene Länge ausdehnen würde, falls dies ohne Ueberschreitung der Elasticitätsgrenze möglich wäre. (So z. B. Weisbach, Lehrbuch der Ingenieur- und Maschinenmechanik, 1. Band, 5. Auflage, S. 386, u. A.; Reuleaux sagt in der vierten Auflage seines Konstrukteurs, S. 1: „Elasticitätsmodul ist diejenige Spannung, bei welcher ein prismatischer, in seiner Längenrichtung beanspruchter Körper um seine ganze Länge ausgedehnt oder zusammengepresst wird [eine solche Formänderung als möglich vorausgesetzt].“) Dies liefert für das schmiedbare Eisen rund 2000000 kg. Man hat sich also diese Kraft von zwei Millionen Kilogramm auf ein schmiedeisernes Prisma von 1 qcm Querschnitt wirkend vorzustellen. In Wirklichkeit würde bei etwa 1500 kg schon die Proportionalitätsgrenze, innerhalb welcher überhaupt die Gleichungen 2 bis 4 für schmiedbares Eisen als giltig angenommen werden dürfen, überschritten und voraussichtlich bei 4000 kg der Stab bereits zerrissen sein! Wie man sich die Zusammendrückung eines Körpers um seine ganze Länge vorstellen soll, darf unerörtert bleiben.

Verfasser ist der Ansicht, dass eine solche, mit dem thatsächlichen Verhalten des Materials nicht im Einklang stehende Begriffsbestimmung höchst bedenklich erscheint und jedenfalls nicht ohne den dringendsten Zwang, oder ohne durchschlagende Nützlichkeitsgründe als zulässig bezeichnet werden kann. Seines Erachtens muss der Grundbegriff der ganzen Elasticitäts- und Festigkeitslehre, d. i. nach dem bisherigen Standpunkt dieses Theiles der Mechanik die Erfahrungszahl, welche Dehnung und Spannung verbindet, so erklärt werden, wie es dem thatsächlichen Verhalten des Materials entspricht, damit dieser Grundbegriff und mit ihm die Hauptgesetze dieses Verhaltens in Fleisch und Blut übergehen. Das ist für den mitten in der Ausführung stehenden, zu raschen Entschlüssen veranlassten Techniker eine Nothwendigkeit. Die Bedeutung von α als Zunahme der Längeneinheit für das Kilogramm Spannung ist eine so einfache und natürliche, dass, wenn nicht die Macht der Gewohnheit in Betracht käme,

Die Spannung, bis zu welcher hin die Proportionalität zwischen Dehnungen und Spannungen als vorhanden vorausgesetzt wird, führt den Namen Proportionalitätsgrenze. Je nachdem es sich hierbei um Zug- oder Druckspannungen handelt, kommt die Proportionalitätsgrenze gegenüber Zug bezw. Druck in Betracht. α pflegt innerhalb dieser beiden Spannungsgrenzen als gleichbleibend, also unabhängig von der Grösse und dem Vorzeichen von σ vorausgesetzt zu werden. Inwieweit diese Voraussetzung zutreffend ist, darüber giebt das in § 4 enthaltene Versuchsmaterial Auskunft. Bemerkt sei jedoch schon hier, dass es nur eine Minderzahl von Stoffen ist, für welche innerhalb gewisser Belastungsgrenzen Proportionalität zwischen Dehnungen und Spannungen besteht, und dass demzufolge die grosse Mehrzahl der Körper auch keine Proportionalitätsgrenzen besitzt.

Behufs Gewinnung eines anschaulichen Bildes über das Gesetz, nach dem sich Dehnungen und Spannungen ändern, greifen wir zur bildlichen Darstellung.

---

es nicht erklärlich erscheinen würde, dass der unanschauliche Begriff des Elasticitätsmoduls — dieses bleibt er, auch wenn andere Erklärungen als die oben besprochene aufgestellt werden — nicht schon längst von der technischen Literatur über Bord geworfen ist.

Der Umstand, dass es an einzelnen Stellen für Rechnungszwecke bequemer erscheint, an Stelle von α mit $\frac{1}{\alpha}$ zu rechnen, wobei übrigens wieder die Macht der Gewohnheit und zwar ganz erheblich einwirkt, berechtigt noch lange nicht dazu, $\frac{1}{\alpha}$ zum Grundbegriff der Elasticitäts- und Festigkeitslehre zu machen, deren Aufgabe doch schliesslich darin besteht, das wirkliche Verhalten des Materials gegenüber der Einwirkung äusserer Kräfte klarzulegen, und nicht blos der Rechnung, sondern namentlich auch der Anschauung möglichst zugänglich zu machen.

Weiter kommt in Betracht, dass die Zahl, welche Dehnungen und Spannungen verbindet, naturgemäss ein Mass für die Formänderung des Materials zu bilden hat, und zwar derart, dass sie, je nachgiebiger ein Stoff ist, um so grösser sein muss. Nun ist aber der Elasticitätsmodul, d. h. $\frac{1}{\alpha}$, umgekehrt proportional der Grösse der Längenänderung, sodass einem Material, welches eine grössere Dehnung ergiebt, dessen Nachgiebigkeit also bedeutender ist, ein kleinerer Elasticitätsmodul entspricht, und umgekehrt. Dies erweist sich oft recht unbequem, namentlich für den, der sich mit dem Material selbst zu beschäftigen hat. Der Dehnungskoefficient α dagegen steht in geradem Verhältnisse zur Formänderung, ist also thatsächlich ein direktes Mass derselben.

Auf der Abscissenachse OX, welche senkrecht angenommen sein soll, werden die Belastungen P aufgetragen, auf der wagrechten Ordinatenachse OY die durch diese Belastungen veranlassten Ausdehnungen λ. Um diejenigen Verhältnisse, welche hier zunächst klargestellt werden sollen, recht deutlich hervortreten zu lassen, werde ein Körper aus zähem Schmiedeisen (Flusseisen) zu Grunde gelegt und der Massstab für die Dehnungen verhältnissmässig sehr gross gewählt. Wir erhalten die in Fig. 1 dargestellte Schaulinie $OQABC$. Für den beliebigen Punkt Q ist $\overline{OQ_1} = \overline{Q_2Q}$ die Belastung P und $\overline{OQ_2} = \overline{Q_1Q}$ die zugehörige Verlängerung λ.

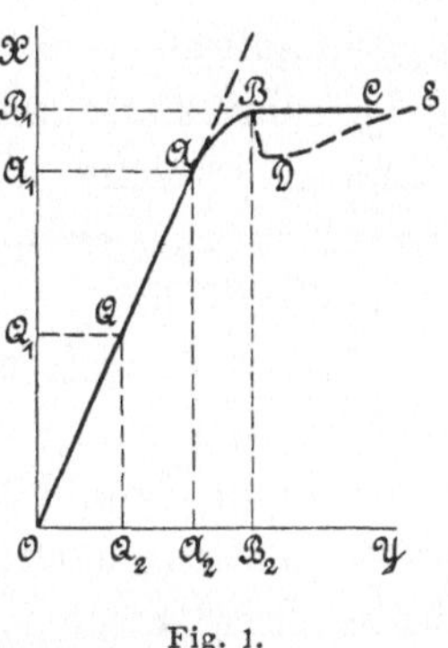

Fig. 1.

Wie ersichtlich, verläuft die Linie bis zum Punkte A als Gerade, entsprechend dem Umstande, dass von der Belastung $P = 0$ bis $P = \overline{OA_1}$ Proportionalität zwischen Belastungen (Spannungen) und Verlängerungen (Dehnungen) besteht. Bei höherer Belastung (über $P = \overline{OA_1}$ hinaus) beginnt die Verlängerung rascher zu wachsen: die Schaulinie löst sich tangential von der Geraden OQA nach der Ordinatenachse OY hin. Von B an verläuft sie (auf eine längere Strecke) fast parallel zu dieser, wie zunächst angenommen werden möge, entsprechend einem ausserordentlich starken Wachsthum der Verlängerungen bei sehr geringer Steigerung der Belastung: der Stab streckt sich. Der Eintritt des Streckens zeigt sich beispielsweise bei den Materialprüfungsmaschinen mit Waghebel durch Fallen desselben, bei den Maschinen mit Messung der Belastung durch Quecksilbersäule (Amsler-Laffon) durch Sinken der Letzteren u. s. w. Der Stab streckt sich unter einer Belastung, die häufig kleiner zu sein pflegt als diejenige, bei welcher das Strecken begann. Verfolgt man den Verlauf des Linienzuges in solchen Fällen näher, so zeigt sich z. B. für zähes Flusseisen ein ziemlich plötzlicher Abfall bei B und darauffolgendes langsames Ansteigen, etwa wie in Fig. 1 durch die gestrichelte Linie BDE angedeutet ist. Nicht selten wird ein wiederholter Abfall und darauffolgendes Ansteigen beobachtet.

Die Linie der Verlängerungen weist hiernach zwei ausgezeichnete Stellen A und B auf. Bei A geht die Proportionalität zwischen

Belastungen und Verlängerungen zu Ende: die der Belastung $P = \overline{OA_1} = \overline{A_2A}$ entsprechende Spannung $\sigma = \frac{P}{f}$ ist demnach die Proportionalitätsgrenze. In B beginnt der Stab sich verhältnissmässig sehr stark zu strecken, gewissermassen zu fliessen: die Spannung, welche der zum Punkte B gehörigen Belastung $P = \overline{OB_1} = \overline{B_2B}$ entspricht, wird deshalb als Streck- oder Fliessgrenze bezeichnet.

Handelt es sich um Druckbelastung, so tritt an die Stelle des Streckens des Körpers ein Zusammenquetschen desselben. Man spricht dann von Fliess- oder Quetschgrenze und versteht darunter diejenige Druckspannung, bei welcher das Material verhältnissmässig rasch nachgiebt, ohne dass Zerstörung eintritt.

Wie bereits erwähnt, besitzen nicht alle Stoffe Proportionalitätsgrenzen. Dasselbe ist auch hinsichtlich der Streck- und Quetsch- oder Fliessgrenze zu bemerken.

Die Fliessgrenze und die Proportionalitätsgrenze werden nicht selten als nahe bei einander liegend ermittelt, so z. B. bei weichem Stahl.

§ 3. Bruchbelastung. Zugfestigkeit. Querschnittsverminderung. Bruchdehnung. Arbeitsvermögen.

Wird die Belastung des Stabes, die wir uns im Folgenden zunächst nur als Zug vorstellen, fortgesetzt gesteigert, so findet schliesslich eine Trennung desselben, ein Zerreissen (Zerbrechen) statt.

Denken wir uns den in § 2 erwähnten Schmiedeisenstab in eine Materialprüfungsmaschine eingespannt, welche die Linie der Verlängerungen selbstthätig aufzeichnet derart, dass die Belastungen die senkrechten Abscissen bilden, während die Verlängerungen λ die zugehörigen wagrechten Ordinaten liefern, und sodann die Belastung allmählich bis zum Zerreissen gesteigert, so erhalten wir die Schaulinie $OBCEF$[1]) in Fig. 1. Hierbei sind die Verlängerungen im Verhältniss viel kleiner als in Fig. 1, § 2 gewählt. Infolge

[1]) Zuverlässiger als durch eine solche mechanische Vorrichtung lässt sich die Dehnungslinie dadurch festlegen, dass für verschiedene Belastungen die zugehörigen Verlängerungen bestimmt und damit die erforderlichen Punkte für die

dieses kleinen Massstabes für die Werthe von λ löst sich die Dehnungskurve erst später von der Achse OX (Achse der Belastungen). Sie läuft alsdann eine Strecke nahezu wagrecht[1]) und steigt hierauf langsam an bis zum Punkte E. Von dieser Verlängerung $\lambda = \overline{OE_2}$, welche die der Messung unterworfene Stabstrecke unmittelbar bei der Belastung $P = \overline{E_2 E}$ ergiebt, wird angenommen, dass sie sich gleichmässig über die ganze Länge dieser Strecke vertheilt.

Nachdem diese Verlängerung OE_2 eingetreten ist, beginnt der Stab an einer Stelle sich einzuschnüren, also hier seinen Quer-

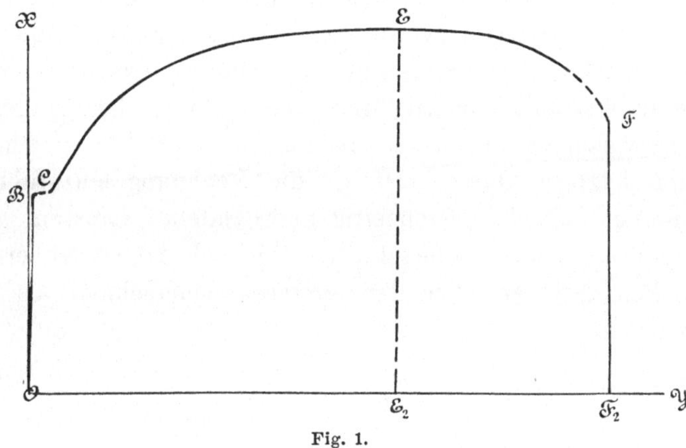

Fig. 1.

schnitt stärker zu vermindern, Fig. 2 (vergl. auch Fig. 8 auf Tafel I). Die Belastung P, welche von jetzt an zu weiterer Verlängerung erforderlich ist, nimmt ab, bis sich schliesslich der Stab bei $\lambda = \overline{OF_2}$ trennt[2]). Die Belastung im Augenblicke des Zerreissens ist $\overline{F_2 F} < \overline{E_2 E}$.

Kurve erlangt werden. Nach Ueberschreitung der Streckgrenze verfährt man dabei zweckmässig derart, dass jeweils die Belastung abgelesen wird, bei welcher eine angenommene Verlängerung eintritt. Nach einiger Uebung lässt sich auf diese Weise die Dehnungslinie bis in die Nähe des Bruches mit ausreichender Genauigkeit feststellen. Eine gewisse Unsicherheit pflegt nur an den in Fig. 1 durch Strichelung hervorgehobenen Stellen, d. i. auf der Strecke BC (vergl. § 2, Fig. 1) und in der Nähe des Bruches zu bestehen.

[1]) Das in § 2 besprochene Sinken der Belastung mit Eintritt des Fliessens pflegen die üblichen Vorrichtungen zum selbstthätigen Aufzeichnen der Verlängerungen nicht darzustellen.

[2]) Es ist noch nachzuweisen, ob der Grösstwerth der Belastung des Stabes genau mit dem Beginn der Einschnürung zusammenfällt. Für die Nothwendigkeit eines solchen Nachweises spricht die Beobachtung, dass zuweilen bei zähem

Die grösste zur Aufhebung des Zusammenhanges des Stabes erforderlich gewesene Kraft $\overline{E_2E} = P_{max}$ wird als Bruchbelastung bezeichnet[1]). Die Spannung, welche dieser zum Zerreissen nöthigen Belastung entspricht, heisst Zugfestigkeit. Dieselbe ist hiernach unter der Voraussetzung gleichmässiger Lastvertheilung über den Querschnitt

Fig. 2.

$$K_z = \frac{\text{Bruchbelastung}}{\text{Stabquerschnitt}}.$$

Hierbei erhebt sich die schon zu Gleichung 1, § 1 berührte Frage, mit welchem Querschnitt die Bruchbelastung zu theilen ist: Soll der ursprüngliche Querschnitt des Stabes, oder soll derjenige Querschnitt gewählt werden, den der Stab in dem Augenblicke besass, in welchem die Bruchbelastung wirkte? Streng genommen wäre der letztere Querschnitt in die Rechnung einzuführen, da der Quotient durch gleichzeitig vorhandene Grössen gebildet werden sollte. Dieser Querschnitt ist jedoch schwer zu ermitteln. Thatsächlich benutzt man den ersteren Querschnitt als Nenner und erhält in

$$K_z = \frac{P_{max}}{f} \quad . \quad . \quad . \quad . \quad . \quad . \quad . \quad . \quad 1)$$

die Zugfestigkeit, bezogen auf den ursprünglichen Stabquerschnitt[2]). Da hiernach f zu gross eingeführt wird, so erscheint die durch Gleichung 1 bestimmte Zugfestigkeit zu klein, was im Sinne des Zweckes der anzustellenden Festigkeitsrechnungen zu liegen pflegt. Bei manchen Stoffen kann der Betrag dieses Zuklein bedeutend sein, bei anderen verschwindet er.

Material, wie z. B. weichem Stahl, Bronce, die Erscheinung mehr oder minder grosser Einschnürung an mehreren Stellen des Stabes nach einander auftritt; es bilden sich gewissermassen Knoten, bis schliesslich der Bruch an der zuletzt und am stärksten eingeschnürten Stelle erfolgt.

[1]) Liegt Veranlassung vor, diese Belastung von derjenigen im Augenblicke des Bruches, d. h. von $P = \overline{F_2F}$ zu unterscheiden, so muss das ausdrücklich hervorgehoben werden. In der Regel wird nur $P_{max} = \overline{E_2E}$ angeführt und als Bruchbelastung bezeichnet.

[2]) Der Ermittlung der Zugfestigkeit den Werth $P_{max} = \overline{E_2E}$ und den Querschnitt, welchen der Stab an der eingeschnürten (kontrahirten) Stelle (Fig. 2) besitzt, zu Grunde zu legen, muss als unzulässig bezeichnet werden, wenn Bruchbelastung und Bruchquerschnitt nicht gleichzeitig, sondern nach einander vorhanden sind.

Die übliche Materialprüfungsmaschine mit Waghebel beispielsweise lässt den Eintritt der höchsten Belastung dadurch erkennen, dass nach Ueberschreitung derselben der Waghebel zu sinken beginnt, je nach dem Material mehr oder minder rasch.

Der grössere Theil der Konstruktionsstoffe liefert Schaulinien, welche Wachsthum der Spannungen bis zum Zerreissen aufweisen. Dann fallen die Punkte E und F (Fig. 1) zusammen. Vergl. hierüber z. B. § 4, Fig. 8, 16, 17, 18 und 19[1]).

Wird der Querschnitt des Stabes an der Bruchstelle (an der Stelle der Einschnürung, Fig. 2) mit f_b bezeichnet, so findet sich in

$$\psi = 100 \frac{f - f_b}{f} \quad \ldots \ldots \quad 2)$$

die Verminderung des Querschnittes an der Bruchstelle in Hunderttheilen des ursprünglichen Querschnittes, die Bruchzusammenziehung oder Bruchkontraktion, oder kurz die Zusammenziehung, Einschnürung oder Kontraktion genannt. Klarer und schärfer erscheint die Bezeichnung Querschnittsverminderung des zerrissenen Stabes, da f_b an dem zerrissenen Stabe gemessen wird.

Bezeichnet l_b die Länge, welche das ursprünglich l lange Stabstück nach dem Zerreissen besitzt, wobei man sich vorstellt, der Bruch erfolge in der Mitte von l[2]), so wird in

$$\varphi = 100 \frac{l_b - l}{l} \quad \ldots \ldots \ldots \quad 3)$$

die Verlängerung der der Messung unterworfenen Stabstrecke in Hunderttheilen der ursprünglichen Länge, die Dehnung des zer-

---

1) Die scharfe Beachtung des Vorstehenden sowie der späteren Erörterungen über Festigkeit lässt deutlich erkennen, dass die durch den Versuch bestimmten Zugfestigkeiten abhängen müssen von den Umständen, unter denen der Versuch durchgeführt wurde, und von den Voraussetzungen, welche bei der Ermittlung gemacht worden sind. Dasselbe gilt auch für die später zu erörternde Druckfestigkeit. Es giebt keine thatsächlich bestimmte Zug- oder Druckfestigkeit, welche als vollständig losgelöst von diesen Umständen und Voraussetzungen angesehen werden darf.

2) Ueber das Vorgehen, wenn dieses nicht der Fall ist, vergl. Fussbemerkung S. 105.

rissenen Stabes, die Bruchdehnung oder auch kurz die Dehnung erhalten[1]).

Die mechanische Arbeit, welche das Zerreissen des ursprünglich l langen Stabes, dessen Verlängerungen der Dehnungslinie $OBCEF$ zu Grunde liegen, fordert, wird dargestellt durch die Grösse der Fläche $OBCEFF_2$. Die mechanische Arbeit bis zum Eintritt der grössten Belastung gemäss der Zugfestigkeit wird durch die Fläche $OBCEE_2$ gemessen. Nach Aufnahme dieser Arbeit ist die der Zugfestigkeit entsprechende Widerstandsfähigkeit des Stabes erschöpft; denn nach Ueberschreitung des Punktes E sinkt die Widerstandsfähigkeit, der Stab schnürt sich ein und die mechanische Arbeit, wie sie durch die Fläche EFF_2E_2 bestimmt erscheint, wird in der Hauptsache auf die örtliche Formänderung an der Einschnürungsstelle verwendet, also vorzugsweise nur von demjenigen Material verbraucht, welches an der sich zusammenziehenden Stelle vorhanden ist[2]). Die mechanische Arbeit, welche die Dehnung des cylindrischen Stabes bis zum Eintritt der Bruchbelastung P_{max} für die Kubikeinheit der ursprünglichen Stabmasse fordert, wird als Arbeitsvermögen des Materials bezeichnet. Seine Grösse ergiebt sich zu

$$A = \frac{\text{Fläche } OBCEE_2}{fl} \quad . \quad . \quad . \quad . \quad . \quad 4)$$

Kilogrammmeter für das Kubikcentimeter Material, sofern die Belastungen P in kg, die Verlängerungen λ in m aufgetragen, der Querschnitt f in qcm und die Stablänge l in cm eingeführt werden.

Angaben von Zahlenwerthen für Zugfestigkeit, Querschnittsverminderung, Bruchdehnung, Arbeitsvermögen u. s. w., welche die für den Konstrukteur vorzugsweise in Betracht kommenden Materialien liefern, finden sich in des Verfassers Maschinenelementen im ersten Abschnitt unter „E. Koefficienten der Elasticität und Festigkeit“ (8. Aufl., S. 39 bis 103).

---

[1]) Da l_b nach dem Zerreissen des Stabes gemessen wird, so enthält es nur die bleibende Verlängerung in sich, wird also kleiner sein müssen, als die Verlängerung, welche die Dehnungslinie Fig. 1, giltig für die gesammten Verlängerungen, liefert.

[2]) Von dem Ausnahmefall, dass sich der Stab an mehreren Stellen nach einander einschnürt, darf abgesehen werden.

§ 4. Längenänderungen verschiedener Stoffe. Gesammte, bleibende und federnde Längenänderungen. Elasticitätsgrenze.

1. Versuche mit Gusseisen.

Gusseisenkörper I.

(Druck.)

Wir nehmen einen aus zähem, grauem Gusseisen, wie es zu Maschinentheilen Verwendung findet, hergestellten und abgedrehten Cylinder, unterwerfen ihn in einer senkrechten Prüfungsmaschine der Druckprobe.

Die vorher stattgehabte Messung ergiebt:

Durchmesser des Cylinders . . . . $d = 8{,}00$ cm

Querschnitt - - . . . . . $f = \frac{\pi}{4}\, 8^2 = 50{,}27$ qcm

Länge - - . . . . 62,15 cm

Länge der mittleren Strecke, für welche die Zusammendrückung bestimmt werden soll, d. i. die Messlänge . . . . $l = 50{,}00$ cm[1])

Der neue, noch keiner Belastung unterworfen gewesene Cylinder wird abwechselnd in Zeiträumen von 1,5 Minuten zunächst mit der Kraft $P = 10\,000$ kg belastet und bis auf $P = 0$ entlastet[2]). Hierbei ergeben sich aus den Beobachtungen die nachstehend zusammengestellten Zahlen.

---

[1]) Die Messlänge ist mindestens um einen Betrag etwa gleich d kleiner zu wählen als die Stablänge, um die Unregelmässigkeiten auszuscheiden, welche in der Nähe der Druckflächen auftreten (vergl. § 13, § 14).

[2]) Eine vollständige Entlastung des in der Prüfungsmaschine senkrecht stehenden Cylinders ist, streng genommen, nicht möglich, da er durch das eigene Gewicht, sowie in seinem mittleren Theile durch das Gewicht des oberhalb angesetzten Theiles der Messvorrichtung belastet wird. Diese Belastung beträgt im vorliegenden Falle für den mittleren, d. h. in der halben Höhe liegenden Querschnitt rund 17 kg, entsprechend $\frac{17}{50{,}27} = 0{,}34$ kg/qcm. Sie wurde hier vernachlässigt; bei späteren Versuchen wird sie Berücksichtigung erfahren.

Temperatur unveränderlich 16,3° C.

Belastung in kg		Länge der Stabstrecke in cm	Zusammendrückungen in $^1/_{1200}$ cm		
P	$\sigma = \frac{P}{f}$		gesammte λ	bleibende λ'	sich wieder verlierende $\lambda - \lambda'$
1	2	3	4	5	6
0	0	l	—	—	—
10 000	198,9	$l - \frac{13,86}{1200}$	13,86		
				0,75	13,11
0	0	$l - \frac{0,75}{1200}$			
10 000	198,9	$l - \frac{13,94}{1200}$	13,94		
				0,89	13,05
0	0	$l - \frac{0,89}{1200}$			
10 000	198,9	$l - \frac{14,00}{1200}$	14,00		
				1,00	13,00
0	0	$l - \frac{1,00}{1200}$			
10 000	198,9	$l - \frac{14,03}{1200}$	14,03		
				1,04	12,99
0	0	$l - \frac{1,04}{1200}$			
10 000	198,9	$l - \frac{14,03}{1200}$	14,03		
				1,04	12,99
0	0	$l - \frac{1,04}{1200}$			

Wie hieraus ersichtlich, erfährt der Cylinder durch die erstmalige Belastung mit $P = 10\,000$ kg auf die Erstreckung von 50 cm eine Zusammendrückung von $\lambda = \frac{13,86}{1200}$ cm. Nach der hieran sich schliessenden Entlastung zeigt sich noch eine Verkürzung um $\lambda' = \frac{0,75}{1200}$ cm. Der Cylinder hat also infolge der einmaligen

Belastung eine b l e i b e n d e Zusammendrückung um diesen Betrag erlitten. Die sich w i e d e r v e r l i e r e n d e, d. h. f e d e r n d e Zusammendrückung beträgt hiernach $\frac{13,86 - 0,75}{1200} = \frac{13,11}{1200}$ cm.

Die erste Wiederholung des Belastungswechsels mit $P = 10000$ kg ergiebt die gesammte Zusammendrückung zu $\frac{13,94}{1200}$ cm, die bleibende zu $\frac{0,89}{1200}$ cm und die federnde zu $\frac{13,94 - 0,89}{1200} = \frac{13,05}{1200}$ cm. Hiernach ist gewachsen:

die gesammte Zusammendrückung um $\frac{13,94 - 13,86}{1200} = \frac{0,08}{1200}$ cm,

- bleibende - - $\frac{0,89 - 0,75}{1200} = \frac{0,14}{1200}$ -

dagegen hat abgenommen:

die federnde Zusammendrückung um $\frac{13,11 - 13,05}{1200} = \frac{0,06}{1200}$ cm.

Die fernere Wiederholung des Wechsels zwischen Belastung mit $P = 10000$ kg und Entlastung führt schliesslich zu dem Ergebniss, dass sich nach viermaliger Belastung und Entlastung die gesammten, bleibenden und federnden Zusammendrückungen nicht mehr oder — mit Rücksicht auf den Genauigkeitsgrad unserer Messungen — doch nur noch unerheblich ändern. Ihre Endwerthe betragen

$$\lambda = \frac{14,03}{1200} \text{ cm}, \qquad \lambda' = \frac{1,04}{1200} \text{ cm}, \qquad \lambda - \lambda' = \frac{12,99}{1200} \text{ cm}.$$

Wir unterwerfen jetzt den Cylinder einem Belastungswechsel zwischen $P = 20\,000$ kg, entsprechend

$$\sigma = \frac{P}{f} = \frac{20\,000}{50,27} = 397,9 \text{ kg/qcm}$$

und $P = 0$ mit dem Erfolg, dass der erste Wechsel

$$\lambda = \frac{30,42}{1200} \text{ cm}, \qquad \lambda' = \frac{3,06}{1200} \text{ cm}, \qquad \lambda - \lambda' = \frac{27,36}{1200} \text{ cm}$$

ergiebt und dass der elfte Wechsel zu den Endwerthen

$$\lambda = \frac{31,20}{1200}\,\text{cm}, \qquad \lambda' = \frac{3,95}{1200}\,\text{cm}, \qquad \lambda - \lambda' = \frac{27,25}{1200}\,\text{cm}$$

führt. Temperatur steigt während des 12 maligen Belastungswechsels von 16,3 auf 16,4° C., also um $^1/_{10}$° C.

Der Belastungswechsel zwischen $P = 30000$ kg, entsprechend

$$\sigma = \frac{30\,000}{50,27} = 596,8\ \text{kg/qcm}$$

und $P = 0$ liefert zu Anfang die Zahlen

$$\lambda = \frac{48,66}{1200}\,\text{cm}, \qquad \lambda' = \frac{6,18}{1200}\,\text{cm}, \qquad \lambda - \lambda' = \frac{42,48}{1200}\,\text{cm},$$

nach zwölfmaliger Wiederholung, welche noch immer eine geringe Neigung zum Wachsen der gesammten Zusammendrückungen erkennen lässt, die Werthe

$$\lambda = \frac{49,50}{1200}\,\text{cm}, \qquad \lambda' = \frac{7,49}{1200}\,\text{cm}, \qquad \lambda - \lambda' = \frac{42,01}{1200}\,\text{cm}.$$

Temperatur bleibt während des ganzen Versuchs unveränderlich 16,4° C.

Aus dem Vorstehenden erkennen wir Folgendes.

Es sind dreierlei Längenänderungen zu unterscheiden: die gesammte, die bleibende und die federnde Längenänderung.

Werden für den untersuchten Gusseisencylinder die Endwerthe ins Auge gefasst, so beträgt die bleibende Längenänderung

bei $\sigma = 198,9$ kg/qcm $\frac{1,04}{14,03}100 = 7,4\%$ der Gesammtlängenänderung

" $\sigma = 397,9$ " $\frac{3,95}{31,20}100 = 12,7$ " " "

" $\sigma = 596,8$ " $\frac{7,49}{49,50}100 = 15,1$ " " "

Je grösser die Belastung des Stabes, um so bedeutender fällt die bleibende Längenänderung aus; sie beginnt bei dem untersuchten Gusseisen schon für sehr kleine Belastungen.

Die federnden Längenänderungen bleiben um so mehr hinter den gesammten zurück, je stärker der Körper belastet wird. Wir sehen, dass die Aenderungen, welche die Cylinderlänge infolge der Belastung erfahren hat, um so vollständiger verschwinden, je weniger gross sie waren.

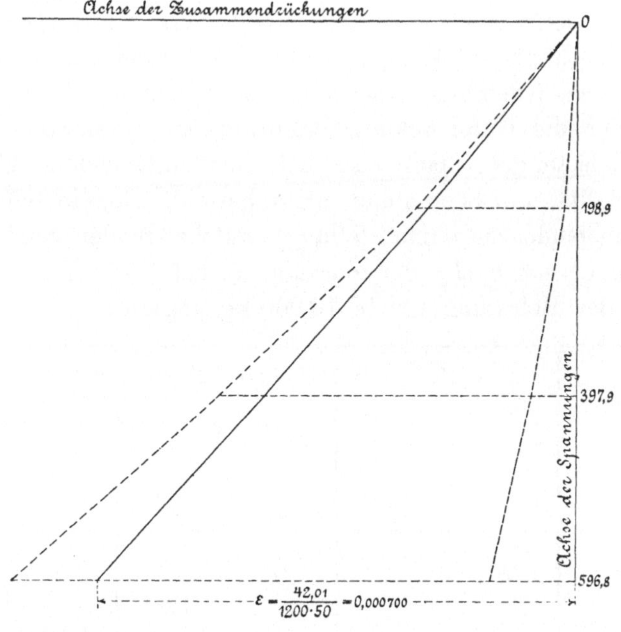

Fig. 1.

Jedem Körper wohnt die Eigenschaft inne, unter der Einwirkung äusserer Kräfte eine Aenderung seiner Gestalt zu erfahren und mit dem Aufhören dieser Einwirkung die erlittene Formänderung mehr oder minder vollständig wieder zu verlieren. Insoweit er die erlittene Formänderung wieder verliert, d. h. zurückfedert, wird er als elastisch bezeichnet. Ist die Rückkehr in die ursprüngliche Form eine vollständige, so spricht man von „vollkommen elastisch“. Bei den vorstehend besprochenen Versuchen ist die federnde Längenänderung diejenige, welche hiernach als die elastische gelten kann.

Stellen wir die für den untersuchten Gusseisencylinder gewonnenen Ergebnisse in Fig. 1, S. 17, bildlich dar derart, dass zu den Belastungen oder Spannungen als senkrechten Abscissen (nach abwärts gehend, da es sich um Druckspannungen handelt,) die jeweils erhaltenen Endwerthe der Zusammendrückungen als wagrechte Ordinaten aufgetragen werden, so erhalten wir den strichpunktirten (— · — · —) Linienzug als Linie der gesammten Zusammendrückungen, den gestrichelten (— — — —) als Linie der bleibenden und den ausgezogenen als Linie der federnden Zusammendrückungen. Deutlich erhellt aus dieser Darstellung, dass die Zusammendrückungen, sowohl die gesammten als auch die federnden — jedenfalls innerhalb der Spannungsgrenze, bis zu welcher sich die Untersuchung erstreckt hat — stärker wachsen als die Belastungen, dass also bei dem untersuchten Gusseisen Proportionalität zwischen ihnen nicht besteht. Ebenso scharf zeigt dies die folgende Zusammenstellung, welche in den Spalten 3, 5 und 7 die Unterschiede der Zusammendrückungen für das Fortschreiten der Belastung um je 10 000 kg angiebt.

Belastungsstufe kg/qcm	Zusammendrückungen auf 50 cm in $^1/_{1200}$ cm					
	gesammte		bleibende		federnde	
		Unterschied		Unterschied		Unterschied
1	2	3	4	5	6	7
0	0		0		0	
		14,03		1,04		12,99
0 und 198,9	14,03		1,04		12,99	
		17,17		2,91		14,26
0 - 397,9	31,20		3,95		27,25	
		18,30		3,54		14,76
0 - 596,8	49,50		7,49		42,01	

Berechnet man den durch Gleichung 3, § 2 bestimmten Dehnungskoefficienten α unter Zugrundelegung der federnden Zusammendrückungen[1]) für die 3 Belastungsstufen in der üblichen Weise, so findet sich:

[1]) Sofern im Späteren nicht ausdrücklich etwas Anderes bemerkt wird, sollen der Bestimmung des Zusammenhanges zwischen Dehnungen und Spannungen immer die federnden (elastischen) Dehnungen zu Grunde gelegt werden.

für die Belastungsstufe 0 und 10 000 kg

$$\alpha = \frac{12,99}{1200 \,.\, 50} \frac{1}{10000 : 50,27} = \sim \frac{1}{918\,800}\,^{1}),$$

für die Belastungsstufe 10 000 und 20 000 kg

$$\alpha = \frac{27,25 - 12,99}{1200 \,.\, 50} \frac{1}{(20\,000 - 10\,000) : 50,27} = \sim \frac{1}{837\,000}\,^{1}),$$

für die Belastungsstufe 20 000 und 30 000 kg

$$\alpha = \frac{42,01 - 27,25}{1200 \,.\, 50} \frac{1}{(30\,000 - 20\,000) : 50,27} = \sim \frac{1}{808\,600}\,^{1}),$$

In Sonderfällen kann Veranlassung vorliegen, neben dem so bestimmten Dehnungskoefficienten auch noch denjenigen für die gesammten Dehnungen oder die Dehnungsreste zu verwenden; dann wird allerdings eine Unterscheidung nothwendig: etwa Dehnungskoefficient der Federungen, Dehnungskoefficient der gesammten Dehnungen und Dehnungskoefficient der Dehnungsreste oder der bleibenden Dehnungen.

[1]) Wie ersichtlich, kommt dieses Verfahren darauf hinaus, dass die Kurve der Dehnungen $OP_1P_2P_3$, Fig. 2, durch gerade Strecken ersetzt wird, die Sehnen

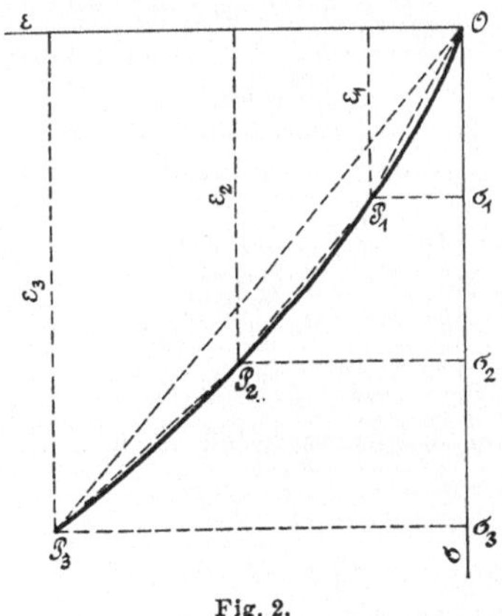

Fig. 2.

derselben bilden. Beispielsweise ist für die Stufe der Spannungen σ_1 und σ_2, denen die Dehnungen ε_1 und ε_2 entsprechen,

$$\alpha = \frac{\varepsilon_2 - \varepsilon_1}{\sigma_2 - \sigma_1}.$$

Der so ermittelte Dehnungskoefficient α ist dann gleich der Tangente des Winkels, unter welchem die betreffende Sehne gegen die σ-Achse geneigt erscheint. Je kleiner man die Strecken, d. h. je niedriger man die Höhe der betreffenden

d. i. ausgesprochen wachsend mit höher liegender Spannungsstufe, d. h. mit zunehmender Spannung.

Hiernach ist festzustellen, dass durch Gleichung 2, § 2, d. h. durch $\varepsilon = \alpha\sigma$, worin α als Konstante gilt, der Zusammenhang zwischen den Dehnungen ε und den Spannungen σ für das untersuchte Material nicht zum Ausdruck gebracht wird.

Legt man das allgemeinere Gesetz (vergl. S. 79 u. f.)

$$\varepsilon = \alpha \sigma^m \quad \ldots \ldots \ldots \quad 1)$$

zu Grunde und wählt man für das geprüfte Gusseisen

$$\alpha = \frac{1}{1\,320\,000}, \quad m = 1{,}0685,$$

setzt also

$$\varepsilon = \frac{1}{1\,320\,000} \sigma^{1{,}0685}, \quad \ldots \ldots \quad 2)$$

so zeigt folgende Zusammenstellung:

Spannungsstufe in kg/qcm	Federung auf 50 cm in $^1/_{1200}$ cm	
	beobachtet	berechnet nach Gl. 2
0 und 198,9	12,99	12,99
0 - 397,9	27,25	27,25
0 - 596,8	42,01	42,03

Spannungsstufe wählt, um so genauer erhält man α für diese Strecke. Schliesslich ist $\alpha = \frac{d\varepsilon}{d\sigma}$.

Mit weit weniger Annäherung an die Wirklichkeit wird α in Fällen starker Abweichung von der Proportionalität zwischen σ und ε für die höheren Spannungsstufen bestimmt, wenn man jeweils auf die Anfangsbelastung (hier 0) zurückgeht. Dies wäre beispielsweise für die dritte Belastungsstufe

$$\alpha = \frac{\varepsilon_3}{\sigma_3} = \frac{42{,}01}{1200 \cdot 50} \, \frac{1}{596{,}8} = \frac{1}{852\,400},$$

entsprechend der Tangente des Neigungswinkels des Fahrstrahls OP_3 gegen die σ-Achse. Die so bestimmten Werthe des Dehnungskoefficienten geben dann kein richtiges Bild über die Veränderlichkeit von α.

eine sehr gute Uebereinstimmung zwischen dem, was beobachtet wurde, und dem, was die Rechnung liefert.

Die Linie der bleibenden Zusammendrückungen in Fig. 1 löst sich schon bei kleinen Spannungen von der senkrechten Abscissenachse, um sich nach der Achse der Zusammendrückungen zu krümmen. Das vorliegende Gusseisen, in dem Zustande, in welchem es sich befindet, erweist sich demnach selbst für diese kleinen Spannungen nicht als vollkommen elastisch.

Die Linie der bleibenden Zusammendrückungen kann insofern von praktischer Wichtigkeit erscheinen, als sie Auskunft darüber giebt, welche bleibende Zusammendrückung bei einer bestimmten Inanspruchnahme des Körpers zu erwarten ist. Zu diesem Zwecke liesse sich in ganz gleicher Weise, wie dies oben für die federnden Zusammendrückungen durch Gleichung 2 geschehen ist, eine Beziehung zwischen Spannung und bleibender Zusammendrückung feststellen.

In der Regel muss von den Konstruktionen gefordert werden, dass bleibende Formänderungen so gut wie nicht auftreten oder wenigstens eine gewisse Grenze nicht überschreiten. Dementsprechend kann man in der Linie der bleibenden Zusammendrückungen (vergl. Fig. 1) einen Punkt, den wir Z nennen wollen, annehmen, bis zu welchem hin die bleibenden Zusammendrückungen als verschwindend oder doch genügend klein erscheinen; man erhält dadurch in dem zugehörigen Höhenabstand einen Spannungsgrenzwerth, unterhalb dessen die bleibenden Zusammendrückungen vernachlässigbar sind. Diese Spannung kann in Uebereinstimmung mit bisheriger Auffassung als Elasticitätsgrenze bezeichnet werden.

Wie klar ersichtlich, ist der Punkt Z nicht durch die Natur des Materials allein bestimmt. Diese setzt nur seinen geometrischen Ort — die Linie der bleibenden Zusammendrückungen — fest; seine Lage auf dieser Linie erscheint, sofern die bleibenden Zusammendrückungen nicht verschwindend klein sind, zu einem bedeutenden Theile von dem persönlichen Ermessen desjenigen abhängig, der über die höchstens noch für zulässig erachtete Grösse der bleibenden Zusammendrückung zu entscheiden hat. Dass hierbei auch der besondere Zweck des Gegenstandes, um den es sich handelt, Einfluss nehmend auftreten kann, ist selbstverständlich.

Ganz das Gleiche, was hier zunächst hinsichtlich Zusammendrückungen gesagt worden ist, gilt auch in Bezug auf Ausdehnungen, weshalb in den folgenden Bemerkungen ganz allgemein von Dehnungen (positive und negative) gesprochen werden soll.

Die Vermengung der Elasticitätsgrenze mit der Proportionalitätsgrenze, indem man ausspricht: die Elasticitätsgrenze ist diejenige Spannung, bis zu welcher die Dehnungen nach dem Entlasten vollständig oder doch nahezu ganz wieder verschwinden, d. h. sich also das Material vollkommen oder doch nahezu vollkommen elastisch verhält, und ferner, dass innerhalb der Elasticitätsgrenze Proportionalität zwischen Dehnungen und Spannungen bestehe, erscheint hiernach mindestens im Allgemeinen unzulässig. Sie läuft selbst in den meisten derjenigen Fälle, in welchen Proportionalität zwischen Dehnungen und Spannungen besteht, darauf hinaus, dass durch das mehr oder minder willkürliche Festlegen des oben genannten Punktes Z auf der Linie der bleibenden Dehnungen oder Dehnungsreste, gleichzeitig der Linie der Federungen oder auch der Gesammtdehnungen, falls man diese zur Grundlage nehmen will, vorgeschrieben wird, auf welche Strecke sie mit einer Geraden zusammenzufallen hat, oder dass dem Punkte Z der Dehnungsrest-Linie dieselbe Abscisse aufgezwungen wird, welche der Endpunkt der geraden Strecke in der Kurve der Federungen bezw. der Gesammtdehnungen besitzt.

Gusseisenkörper II.

(Druck.)

Material: graues, zähes Roheisen, wie es zu Maschinentheilen Verwendung findet, in Form eines Hohlcylinders, der innen sorgfältig ausgebohrt und aussen abgedreht ist.

Aeusserer Durchmesser	20,50 cm
Innerer Durchmesser	18,54 -
Mittlere Wandstärke	0,98 -
Querschnitt . . . . . . $\frac{\pi}{4}(20,5^2 - 18,54^2) =$	60,1 qcm
Länge	100,00 cm
Messlänge	75,00 -

Der Cylinder, welcher bereits vorher mehrfach Druckversuchen bis reichlich 1000 kg/qcm Belastung unterworfen worden war, wurde in einer senkrechten Prüfungsmaschine der Druckprobe unterzogen. Die Belastung und Entlastung wurde dabei — ganz wie beim Gusseisenkörper I — jeweils so oft wiederholt, bis die gesammten, bleibenden und federnden Zusammendrückungen sich nicht mehr änderten. Die Endergebnisse der 6 Versuchsreihen sind im Folgenden zusammengestellt.

Spannungsstufe kg/qcm	Zusammendrückungen auf 75 cm Länge in $^{1}/_{600}$ cm		
	gesammte	bleibende	federnde
0 und 166	7,72	0,12	7,60
0 - 333	16,07	0,19	15,88
0 - 499	24,79	0,19	24,60
0 - 666	33,65	0,23	33,42
0 - 832	42,61	0,27	42,34
0 - 998	51,67	0,36	51,31

Hiernach betragen die Unterschiede der federnden Zusammendrückungen

für den Spannungsunterschied	0	und	166	kg/qcm	7,60
- - -	166	-	333	-	8,28
- - -	333	-	499	-	8,72
- - -	499	-	666	-	8,82
- - -	666	-	832	-	8,92
- - -	832	-	998	-	8,97

zeigen also — ganz in Uebereinstimmung mit dem für den Gusseisenkörper I Gefundenen — namentlich zu Anfang ausgeprägt stärkere Zunahme als die Spannungen.

Die bleibenden Zusammendrückungen sind hier weit kleiner, was eine Folge davon ist, dass der Cylinder bereits vorher mehrfach stark belastet worden war.

Werden zur Prüfung der Brauchbarkeit der durch Gleichung 1 ausgesprochenen Gesetzmässigkeit die mittelst der Methode der kleinsten Quadrate bestimmten Werthe

$$\alpha = \frac{1}{1\,381\,700}, \quad m = 1{,}0663$$

in die Rechnung eingeführt, wird also

$$\varepsilon = \frac{1}{1\,381\,700}\,\sigma^{1,0663} \quad \ldots\ldots \quad 3)$$

gesetzt, so findet sich die folgende Zusammenstellung:

Spannung σ	Federung auf 75 cm in $^1/_{600}$ cm		
	beobachtet	berechnet nach Gl. 3	Unterschied
166 kg/qcm	7,60	7,59	— 0,01 d. s. 0,13%
333 -	15,88	15,94	+ 0,06 - 0,38 -
499 -	24,60	24,54	— 0,06 - 0,24 -
666 -	33,42	33,38	— 0,04 - 0,12 -
832 -	42,34	42,32	— 0,02 - 0,05 -
998 -	51,31	51,38	+ 0,07 - 0,14 -

Die Uebereinstimmung der Werthe in der zweiten und dritten Spalte muss ebenfalls als eine sehr gute bezeichnet werden.

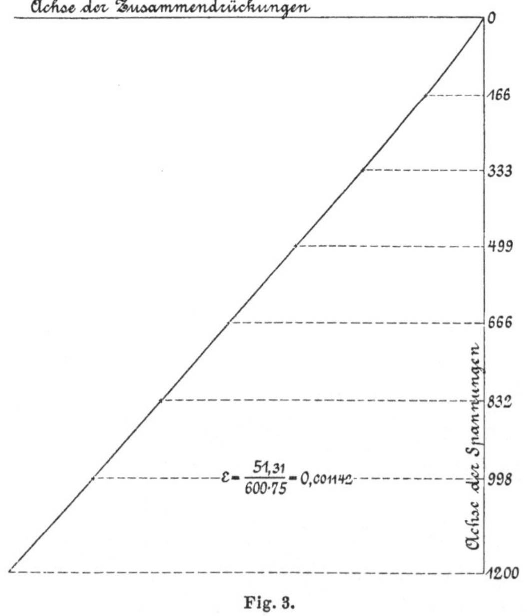

Fig. 3.

In Fig. 3 sind nach dem durch Fig. 1 gegebenen Vorgange zu den Spannungen als senkrechten Abscissen die Federungen als wagrechte Ordinaten aufgetragen und dadurch die durch Kreuze hervorgehobenen Punkte erhalten worden. Die ausgezogene Kurve ist die durch Gleichung 3 bestimmte Linie. Wie ersichtlich, treffen die durch Beobachtung erhaltenen Punkte fast ganz genau auf diese Linie.

Gusseisenkörper III.

Material wie unter I und II bezeichnet, durch Bearbeitung am prismatischen, der Messung unterworfenen Theile von der Gusshaut befreit.

Querschnitt des mittleren prismatischen Theiles 6,99 . 7,00 = 48,9 qcm
Länge - - - - 54,5 cm
Messlänge . . . . 50,0 -
Gewicht . . . . 29,55 kg

Belastung und Entlastung wurden — ganz wie im Fall I und II — so oft gewechselt, bis die gesammten, bleibenden und federnden Dehnungen sich nicht mehr änderten.

Der vorher noch nicht belastet gewesene Körper wurde zunächst in einer senkrechten Maschine auf

Zug

beansprucht und dabei jeweils vollständig von der Zugkraft der Maschine entlastet, sodass sein Querschnitt in der Mitte nur noch belastet war von dem halben Eigengewicht und von dem in Betracht kommenden Theile der Messvorrichtung.

Diese Belastung des mittleren Querschnittes durch das Eigengewicht und durch den Antheil des Gewichts der Messvorrichtung betrug rund 21 kg, entsprechend

$$\frac{21}{48,9} = 0,43 \text{ kg/qcm}.$$

1. Versuchsreihe.

Temperatur nahezu unveränderlich 19,2° C.

Belastungsstufe in kg		Ausdehnungen auf 50 cm in $^1/_{600}$ cm		
gesammte	kg/qcm	gesammte	bleibende	federnde
21 und 1000	0,43 und 20,45	0,575	0,00	0,575
21 - 5000	0,43 - 102,25	3,405	0,105	3,30
21 - 10000	0,43 - 204,50	7,55	0,565	6,985
21 - 15000	0,43 - 306,75	12,405	1,385	11,02
21 - 20000	0,43 - 409,0	18,255	2,82	15,435

Der Versuch wird wiederholt.

2. Versuchsreihe.

Temperatur nahezu unveränderlich 19,1° C.

Belastungsstufe in kg		Ausdehnungen auf 50 cm in $^1/_{600}$ cm		
gesammte	kg/qcm	gesammte	bleibende	federnde
21 und 500	0,43 und 10,22	0,245	0,00	0,245
21 - 1000	0,43 - 20,45	0,59	0,00	0,59
21 - 5000	0,43 - 102,25	3,37	0,01	3,36
21 - 10000	0,43 - 204,5	7,105	0,02	7,085
21 - 15000	0,43 - 306,75	11,14	0,035	11,105
21 - 20000	0,43 - 409,0	15,465	0,10	15,365

Hiernach ergiebt die zweite Versuchsreihe eine ganz bedeutende Herabminderung der bleibenden Dehnungen, eine Folge des Umstandes, dass der Körper bereits einmal den Belastungen ausgesetzt gewesen ist. Ungefähr den Beträgen entsprechend, um welche die bleibenden Dehnungen zurückgegangen sind, erscheinen die gesammten Dehnungen kleiner. Die federnden Dehnungen haben sich nur wenig geändert, wie folgende Zusammenstellung erkennen lässt:

1. Versuch	0,575	3,30	6,985	11,02	15,435
2. Versuch	0,59	3,36	7,085	11,105	15,365
Unterschied	+ 0,015	+ 0,06	+ 0,100	+ 0,085	— 0,070
in %	2,6	1,8	1,4	0,8	0,45.

Bis auf das letzte Zahlenpaar zeigt sich eine kleine Zunahme der Federung. Bei Beurtheilung dieser Ausnahme muss im Auge behalten werden, dass das Material bei dem zweiten Versuch bereits allen Belastungen bis 20000 kg (409 kg/qcm) vorher unterworfen gewesen war, infolgedessen, wie schon bemerkt, seine Neigung zu bleibenden Formänderungen vermindert worden ist. Sein Zustand erscheint deshalb nicht mehr als der gleiche, wie bei der ersten Versuchsreihe. Erwartet darf werden, dass der Unterschied in den Federungen verhältnissmässig um so kleiner ausfällt, je mehr sich die Beanspruchung der Endbelastung nähert, die bereits vorher wirksam gewesen war. Das zeigen aber auch die Zahlen, welche den Unterschied in Hunderttheilen angeben.

Ferner darf bei Beurtheilung des Unterschiedes nicht übersehen werden, dass die Beobachtung nur bis zur Feststellung der Zahlen der zweiten Decimalreihe reicht, dass also nur bis 0,01 abgelesen werden kann, und dass die hierbei auftretenden Unsicherheiten, sofern noch der Grad der Genauigkeit, mit welcher die belastende Kraft bestimmt werden kann, Berücksichtigung findet, bei kleinen Belastungen 1 % recht erheblich überschreiten können.

Werden für die Koefficienten α und m der Gleichung 1 solche Werthe eingeführt, dass

$$\varepsilon = \frac{1}{1\,338\,000}\sigma^{1,083}, \quad \ldots\ldots \quad 4)$$

und sodann die aus Gleichung 4 berechneten Längenänderungen mit den arithmetischen Mitteln aus den federnden Dehnungen der beiden Versuchsreihen in Vergleich gestellt, so ergiebt sich:

Spannungsstufe in kg/qcm	Versuchsmittelwerth	Berechnet nach Gl. 4	Unterschied
0,43 und 10,22	0,245	0,269	+ 0,024
0,43 - 20,45	0,58	0,580	0,000
0,43 - 102,25	3,33	3,357	+ 0,027
0,43 - 204,5	7,035	7,122	+ 0,087
0,43 - 306,75	11,06	11,054	— 0,006
0,43 - 409,0	15,40	15,097	— 0,303

Die Uebereinstimmung zwischen den Versuchsmittelwerthen und den berechneten Grössen befriedigt hier, namentlich bei der untersten und der obersten Belastungsstufe, nicht ganz.

Der Körper wird hierauf in einer senkrechten Prüfungsmaschine auf

Druck

beansprucht und darauf jeweils ganz vom Druck der Maschine entlastet, so dass als Belastung des mittleren Querschnittes sein halbes Eigengewicht und das Gewicht des oberen Theiles der Messvorrichtung verbleibt, zusammen 24 kg, entsprechend

$$\frac{24}{48,9} = 0,49 \text{ kg/qcm.}$$

Die Ergebnisse, welche die zunächst durchgeführten zwei Versuchsreihen lieferten, sind im Folgenden zusammengestellt.

Belastungsstufe in kg		3. Versuchsreihe. Temperatur nahezu unveränderlich 19,3° C. Zusammendrückungen auf 50 cm in $^1/_{600}$ cm			4. Versuchsreihe. Temperatur nahezu unveränderlich 19,2° C. Zusammendrückungen auf 50 cm in $^1/_{600}$ cm		
gesammte	kg/qcm	gesammte	bleibende	federnde	gesammte	bleibende	federnde
24 u. 3024	0,49 u. 61,84	—	—	—	2,05	0,00	2,05
24 u. 5024	0,49 u. 102,74	3,75	0,285	3,465	3,45	0,00	3,45
24 u. 10024	0,49 u. 204,99	8,11	1,095	7,015	7,02	0,00	7,02
24 u. 15024	0,49 u. 307,24	12,75	2,02	10,73	10,75	0,00	10,75
24 u. 20024	0,49 u. 409,49	17,555	3,005	14,55	14,48	0,00	14,48
24 u. 25024	0,49 u. 511,74	22,335	4,01	18,325	18,34	0,09	18,25

Die 3. Versuchsreihe zeigt sehr bedeutende bleibende Zusammendrückungen, was zu erwarten stand, nachdem der Körper vorher Zugbelastungen ausgesetzt worden war. Während der darauf folgenden Belastungen der 4. Versuchsreihe wurden bleibende Zusammendrückungen nur noch bei der höchsten Belastung beobachtet. Die federnden Zusammendrückungen stimmen gut überein, wie die folgende Zusammenstellung erkennen lässt.

3. Versuchsreihe	3,465	7,015	10,73	14,55	18,325
4. -	3,45	7,02	10,75	14,48	18,25
Unterschied	— 0,015	+ 0,015	+ 0,02	— 0,07	— 0,075
in %	0,4	0,2	0,2	0,5	0,4

Werden für die Zahlen α und m der Gleichung 1 die Werthe

$$\alpha = \frac{1}{1\,043\,000} \text{ und } m = 1{,}035$$

eingeführt, also

$$\varepsilon = \frac{1}{1\,043\,000} \sigma^{1,035} \quad . \quad . \quad . \quad . \quad . \quad . \quad 5)$$

gesetzt und sodann die hiermit berechneten Zusammendrückungen mit den arithmetischen Mitteln aus den federnden Zusammendrückungen der beiden Versuchsreihen in Vergleich gebracht, so findet sich:

Spannungsstufe in kg/qcm	Versuchsmittelwerth	Berechnet nach Gl. 5	Unterschied
0,49 und 61,84	2,05	2,04	— 0,01
0,49 - 102,74	3,46	3,46	0,00
0,49 - 204,99	7,02	7,09	+ 0,07
0,49 - 307,24	10,74	10,78	+ 0,04
0,49 - 409,49	14,515	14,52	+ 0,005
0,49 - 511,74	18,288	18,297	+ 0,009

Die Uebereinstimmung zwischen den Versuchsmittelwerthen und den berechneten Grössen muss als eine gute bezeichnet werden.

In Fig. 4, S. 31 sind nach dem durch Fig. 1 gegebenen Vorgange für den ersten Zug- und für den ersten Druckversuch (Versuchsreihe 1 und 3) die Linienzüge der gesammten, bleibenden und federnden Dehnungen eingetragen: Zugspannungen nach oben, positive Dehnungen nach rechts und Druckspannungen nach unten, negative Dehnungen nach links. Fig. 5 giebt die gleiche Darstellung für den zweiten Zug- und für den zweiten Druckversuch (Versuchsreihe 2 und 4).

Fassen wir den ausgezogenen Linienzug von Fig. 4 ins Auge, so zeigt sich, dass die Linie der Federungen auf der Zugseite zu Anfang, d. h. in der Nähe des Koordinatenanfangs, also für kleinere Spannungen, etwas steiler verläuft als auf der Druckseite. Für grössere Spannungen kehrt sich das Verhältniss um. Zu dem gleichen Ergebniss führt eine scharfe Betrachtung von Fig. 5.

Das Gleiche lehren auch die Gleichungen

$$\varepsilon = \frac{1}{1\,338\,000} \sigma^{1,083}, \text{ giltig für Zugbelastung} \quad . \quad . \quad 4)$$

und

$$\varepsilon = \frac{1}{1\,043\,000} \sigma^{1,035}, \quad \text{-} \quad \text{-} \text{ Druckbelastung} \quad . \quad 5)$$

Aus ihnen folgt, dass die Federung für die Spannung 1 beträgt

$$\text{gegenüber Zug} \quad \frac{1}{1\,338\,000},$$

$$\text{gegenüber Druck} \quad \frac{1}{1\,043\,000},$$

also im letzten Falle erheblich mehr als im ersten.

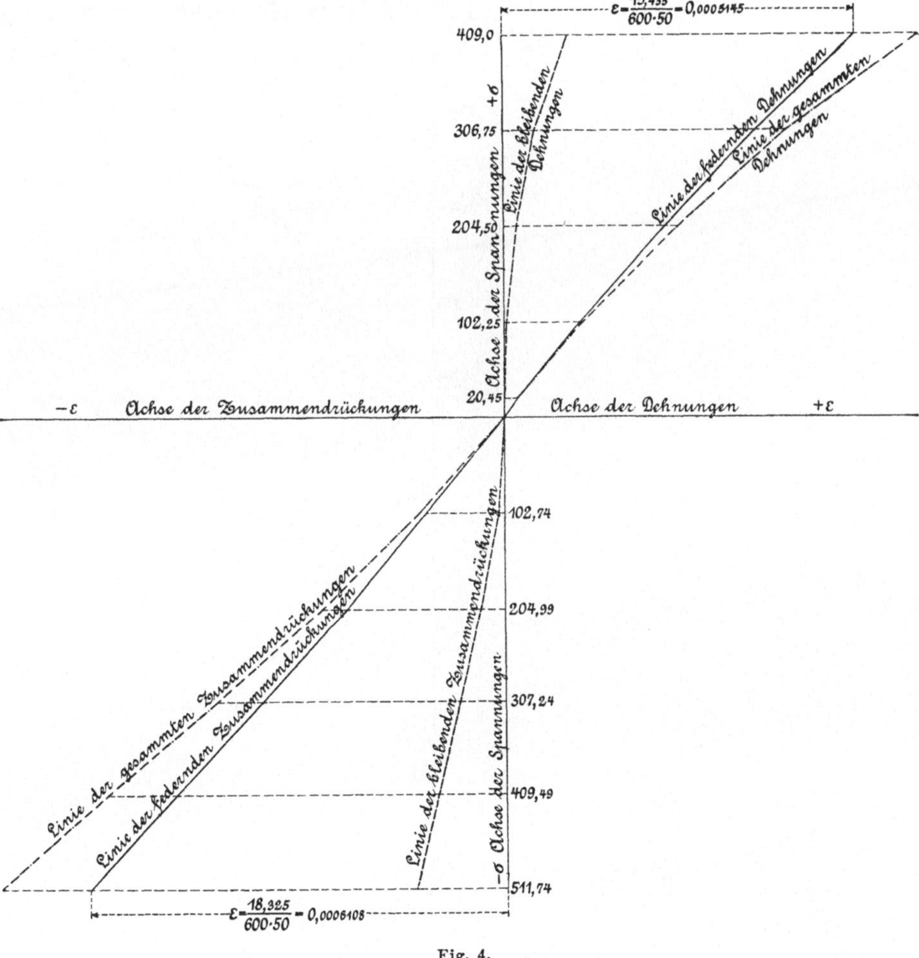

Fig. 4.

Für Spannungen grösser als 1 wird der grössere Exponent 1,083 auf rasches Wachsthum der durch Zugkräfte veranlassten Federungen hinwirken. Aus

$$\frac{1}{1\,338\,000}\sigma^{1,083} = \frac{1}{1\,043\,000}\sigma^{1,035}$$

ergiebt sich die Spannung

$$\sigma = 179,4 \text{ kg/qcm},$$

nach deren Ueberschreitung die Federungen gegenüber Zugkräften grösser werden als diejenigen gegenüber Druckbelastungen.

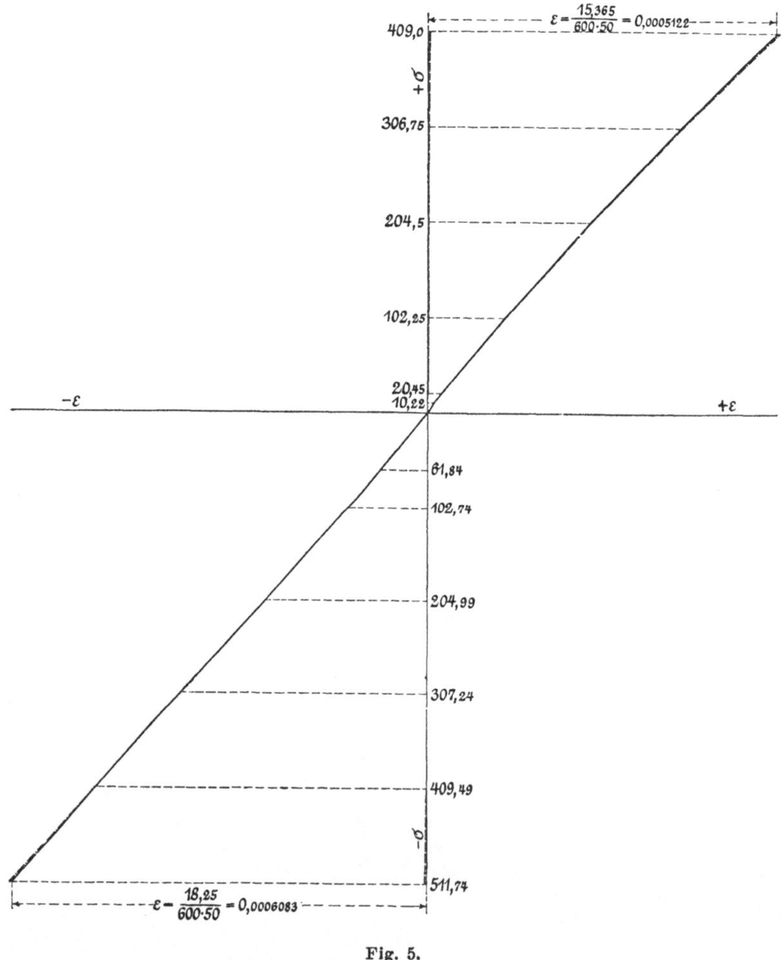

Fig. 5.

Die gemachte Feststellung, betreffend den anfänglich steileren Verlauf der Linie der Federungen gegenüber Zugkräften, widerspricht dem, was man bisher angenommen hatte. Sie widerspricht auch den Werthen der Koefficienten α und m, welche Verfasser früher für einen gezogenen Gusseisenstab in der Zeitschrift des Vereines deutscher Ingenieure 1897, S. 250, Gl. 9, sowie in der 6. Auflage seiner Maschinenelemente, S. 687, veröffentlicht hat. Eine dahin gehende Untersuchung hat dazu geführt, dass hinsichtlich dieses Gusseisenstabes sich ein Irrthum eingeschlichen hat, sodass dieser Widerspruch entfällt. Es muss zunächst dahingestellt bleiben, ob die bezeichnete Feststellung allgemeine Giltigkeit für Gusseisen besitzt, oder nur für den untersuchten Körper gilt[1]). Durch Versuche aus neuester Zeit hat Verfasser Anhalt dafür, dass in der Mehrzahl der Fälle bei Gusseisen ein anfänglich steilerer Verlauf der Zug-Dehnungslinie nicht vorhanden ist, dass vielmehr für kleine Spannungen die Zug-Dehnungslinie fast genau so verläuft wie die Druck-Dehnungslinie. Die sich ergebenden Abweichungen dürften — jedenfalls zu einem Theile — auf den schon früher vom Verfasser festgestellten Umstand zurückzuführen sein, dass das gegenseitige Verhältniss zwischen Zug- und Druckelasticität bei Gusseisen stark beeinflusst wird davon, ob und in welchem Maasse der untersuchte Körper vorher belastet worden war. In dieser Hinsicht seien noch die folgenden Versuchsergebnisse mitgetheilt.

Der zu den Versuchsreihen 1 bis 4 verwendete

Gusseisenkörper III

wurde einem Druck von $P = 90\,000$ kg, d. i. 1841 kg/qcm, 15 Minuten lang ausgesetzt und sodann den aus folgender Zusammenstellung ersichtlichen Belastungswechseln unterworfen. Da bei der Höhe der Belastung die Skala des Instrumentes für eine Messlänge des Körpers von 50 cm nicht mehr ausreichte, so wurde eine kürzere Messlänge und zwar $l = 15$ cm — in der Mitte der früheren liegend — gewählt.

[1]) Um über diesen Punkt sowie über einige andere Verhältnisse Klarheit zu schaffen, hat Verfasser dem Regierungsbauführer Berner, Assistenten der Materialprüfungsanstalt an der Techn. Hochschule Stuttgart, Anregung gegeben, Elasticitätsversuche mit Gusseisen und Flusseisen derart durchzuführen, dass ein und derselbe Körper der Zug- und Druckprobe unterworfen wird, wie in § 8 näher angegeben ist. Die Ergebnisse dieser Versuche werden voraussichtlich im Laufe des Jahres 1902 zur Veröffentlichung gelangen.

Temperatur schwankt zwischen 19,3 und 19,2° C.

Belastungsstufe in kg		Zusammendrückungen auf 15 cm in $^1/_{600}$ cm		
gesammte	kg/qcm	gesammte	bleibende	federnde
24 und 5 024	0,49 und 102,74	0,96	0,00	0,96
24 - 10 024	0,49 - 204,99	2,00	0,00	2,00
24 - 20 024	0,49 - 409,49	4,15	0,00	4,15
24 - 30 024	0,49 - 613,99	6,375	0,04	6,335
24 - 40 024	0,49 - 818,49	8,61	0,065	8,545
24 - 50 024	0,49 - 1022,99	10,92	0,10	10,82
24 - 60 024	0,49 - 1227,48	13,265	0,14	13,125
24 - 70 024	0,49 - 1431,98	15,66	0,21	15,45

Werden für die Koefficienten α und m der Gleichung 1 solche Werthe eingeführt, dass

$$\varepsilon = \frac{1}{1\,217\,000}\,\sigma^{1,052}, \quad \dots\dots \quad 6)$$

und werden sodann die hieraus berechneten Zusammendrückungen mit den beobachteten verglichen, so ergiebt sich die folgende Zusammenstellung.

Spannungsstufe in kg/qcm	Versuchswerth	Berechnet nach Gl. 6	Unterschied
0,49 und 102,74	0,960	0,963	+ 0,003
0,49 - 204,99	2,00	1,995	— 0,005
0,49 - 409,49	4,15	4,137	— 0,013
0,49 - 613,99	6,335	6,336	+ 0,001
0,49 - 818,49	8,545	8,575	+ 0,030
0,49 - 1022,99	10,82	10,814	— 0,006
0,49 - 1227,48	13,125	13,136	+ 0,011
0,49 - 1431,98	15,45	15,449	— 0,001

Auch hier ist die Uebereinstimmung der beobachteten und der auf Grund der Gleichung 6 berechneten Zusammendrückungen eine sehr gute.

Gleichung 5 verglichen mit Gleichung 6 lehrt, dass durch vorhergegangene starke Druckbelastung α von $\frac{1}{1\,043\,000}$ auf $\frac{1}{1\,217\,000}$ vermindert, m dagegen von 1,035 auf 1,052 vergrössert wird. Hierdurch wird die Federung gegenüber Druck (Gleichung 5 und 6) der Federung gegenüber Zug (Gleichung 4) genähert.

Gusseisenkörper IV.

Material von dem gleichen Guss, wie Körper III bearbeitet.

Querschnitt des mittleren prismatischen Theiles . . . . 6,99 . 7,00 = 48,9 qcm

Gewicht . . . . 29,81 kg

Zug.

Nach vorhergegangener Belastung mit 40 000 kg entsprechend 818 kg/qcm, was bei Gusseisen für Zug als Ueberlastung bezeichnet werden muss, wurde der Körper den aus folgender Zusammenstellung ersichtlichen Belastungswechseln unterworfen.

Temperatur schwankt zwischen 19,5 und 19,6° C.

Belastungsstufe in kg		Federnde Ausdehnungen auf 50 cm in $^1/_{600}$ cm		
gesammte	kg/qcm	beobachtet	berechnet nach Gl. 7	Unterschied
21 und 500	0,43 und 10,22	0,33	0,326	— 0,004
21 - 1000	0,43 - 20,45	0,695	0,711	+ 0,016
21 - 2000	0,43 - 40,90	1,53	1,536	+ 0,006
21 - 3000	0,43 - 61,35	2,41	2,405	— 0,005
21 - 4000	0,43 - 81,80	3,295	3,304	+ 0,009
21 - 5000	0,43 - 102,25	4,185	4,226	+ 0,041
21 - 10000	0,43 - 204,50	8,96	9,072	+ 0,112
21 - 20000	0,43 - 409,00	19,49	19,457	— 0,033

Die Uebereinstimmung der beobachteten Federungen mit den auf Grund der Gleichung

$$\varepsilon = \frac{1}{1\,150\,000} \sigma^{1,1} \quad \ldots\ldots \quad 7)$$

berechneten muss als eine befriedigende bezeichnet werden.

Der Vergleich der Zahlenwerthe in Gleichung 7 mit denjenigen in Gleichung 4 zeigt, dass sich für den vorher überlasteten Körper sowohl α als auch m grösser ergeben haben.

Druck.

Nach vorhergegangener Belastung durch 90 000 kg, entsprechend 1841 kg/qcm.

Temperatur schwankt zwischen 19,3 und 19,2° C.

Belastungsstufe in kg		Federnde Zusammendrückungen auf 15 cm in $^1/_{600}$ cm		
gesammte	kg/qcm	beobachtet	berechnet nach Gl. 8	Unterschied
24 und 5024	0,49 und 102,74	1,012	1,024	+ 0,012
24 - 10024	0,49 - 204,99	2,122	2,115	— 0,007
24 - 20024	0,49 - 409,49	4,445	4,373	— 0,072
24 - 30024	0,49 - 613,99	6,80	6,687	— 0,113
24 - 40024	0,49 - 818,49	9,11	9,039	— 0,071
24 - 50024	0,49 - 1022,99	11,47	11,420	— 0,050
24 - 60024	0,49 - 1227,48	13,845	13,824	— 0,021
24 - 70024	0,49 - 1431,98	16,245	16,247	+ 0,002

Eine Prüfung der dritten und vierten Spalte zeigt auch hier, dass die aus

$$\varepsilon = \frac{1}{1\,124\,000} \sigma^{1,048} \quad \ldots\ldots \quad 8)$$

berechneten Werthe befriedigend mit den beobachteten übereinstimmen.

Der Vergleich von Gleichung 7 mit Gleichung 8 bestätigt sodann die oben gemachte Feststellung, dass die Linie der Federungen auf der Zugseite in der Nähe des Koordinatenanfanges etwas steiler verläuft als auf der Druckseite.

Doch ist der Unterschied hier weit geringer als im Falle des Gusseisenkörpers III (s. Gl. 4 und 5). Es steht dies damit in Uebereinstimmung, dass auch bei Letzterem durch vorherige starke Belastung der Unterschied vermindert wurde (s. Gl. 5 und 6).

Zusammenstellung der für die besprochenen 4 Gusseisenkörper erhaltenen Elasticitätsgleichungen:

Für **Zug**,

wenn vorher nicht belastet

(Körper III) $$\varepsilon = \frac{1}{1\,338\,000} \sigma^{1,083}, \quad \ldots \ldots \quad 4)$$

wenn vorher stark belastet

(Körper IV) $$\varepsilon = \frac{1}{1\,150\,000} \sigma^{1,1}. \quad \ldots \ldots \quad 7)$$

Für **Druck**,

wenn vorher nicht belastet

(Körper I) $$\varepsilon = \frac{1}{1\,320\,000} \sigma^{1,0685}, \quad \ldots \ldots \quad 2)$$

wenn vorher noch nicht durch Druck belastet

(Körper III) $$\varepsilon = \frac{1}{1\,043\,000} \sigma^{1,035}, \quad \ldots \ldots \quad 5)$$

wenn vorher stark durch Druck belastet

(Körper III) $$\varepsilon = \frac{1}{1\,217\,000} \sigma^{1,052}, \quad \ldots \ldots \quad 6)$$

(Körper IV) $$\varepsilon = \frac{1}{1\,124\,000} \sigma^{1,048} \quad \ldots \ldots \quad 8)$$

Wie bereits oben bemerkt, muss es zunächst noch dahingestellt bleiben, inwieweit die Ermittlungen, betr. das Verhältniss zwischen Zug- und Druckelasticität, allgemeine Giltigkeit haben oder ob sie nur für die untersuchten Gusseisenkörper Geltung besitzen.

Bei Beurtheilung der für α und m der Gleichung 1 gewonnenen Zahlenwerthe ist überdies im Auge zu behalten, dass sie sich unter der Voraussetzung ergeben, das Material sei auf der

Messlänge l von gleicher Beschaffenheit und gleich dicht, es seien also bei prismatischer Form des Versuchskörpers vom Querschnitt f sowohl die Spannung $\sigma = \frac{P}{f}$ als auch die Dehnung $\varepsilon = \frac{\lambda}{l}$ an allen Stellen der Strecke l gleich gross. Dass diese Voraussetzung, namentlich bei gegossenen Körpern von grösserem Querschnitt, welche Hohlstellen im Inneren besitzen können und auch hinsichtlich der Dichte Veränderlichkeit zu zeigen pflegen derart, dass dieselbe von aussen nach innen abnimmt, im Allgemeinen nicht — jedenfalls nicht streng — erfüllt sein wird, liegt bei der Natur solcher Gussstücke auf der Hand.

Im Allgemeinen ist festzuhalten, dass der Dehnungskoefficient auch mit der Beschaffenheit des Gusseisens ganz erheblich schwankt und zwar viel stärker als bei dem schmiedbaren Eisen und Stahl. In neuester Zeit durchgeführte Versuche mit Gusseisen von hoher Festigkeit (hochwerthiges Gusseisen), ferner mit Gusseisen, welches für Hartguss bestimmt, und mit solchem, welches durch ganze oder theilweise Abschreckung in Hartguss übergeführt worden war, gewähren einen lehrreichen Einblick nach dieser Richtung hin. So fand sich beispielsweise für das hochwerthige Gusseisen (durchschnittliche Zugfestigkeit bis rund 2400 kg/qcm, durchschnittliche Biegungsfestigkeit unbearbeiteter Quadratstäbe bis rund 4400 kg/qcm) bei der Zugprobe der Dehnungskoefficient der Federung

Spannungsstufe	Dehnungskoefficient
160,1 und 480,3 kg	$\frac{1}{1\,143\,000}$
480,3 - 800,5 -	$\frac{1}{970\,300}$
800,5 - 1120,7 -	$\frac{1}{835\,300}$
1120,7 - 1440,9 -	$\frac{1}{687\,100}$
1440,9 - 1761,1 -	$\frac{1}{545\,200}$

Das zu Hartguss bestimmte Gusseisen zeigt kleinere Werthe, während das Gusseisen, wie es für gewöhnlich zu gutem Maschinenguss Verwendung findet, erheblich grössere Werthe und besonders zähes Gusseisen noch grössere Werthe besitzt. Fig. 6, welche die Linienzüge der gesammten Dehnungen, und Fig. 7, welche diejenigen der federnden Dehnungen, je in $^1/_{1000}$ cm für 15 cm Messlänge giltig, enthält, lassen dies deutlich an der mehr oder minder grossen Steilheit des Verlaufs erkennen.

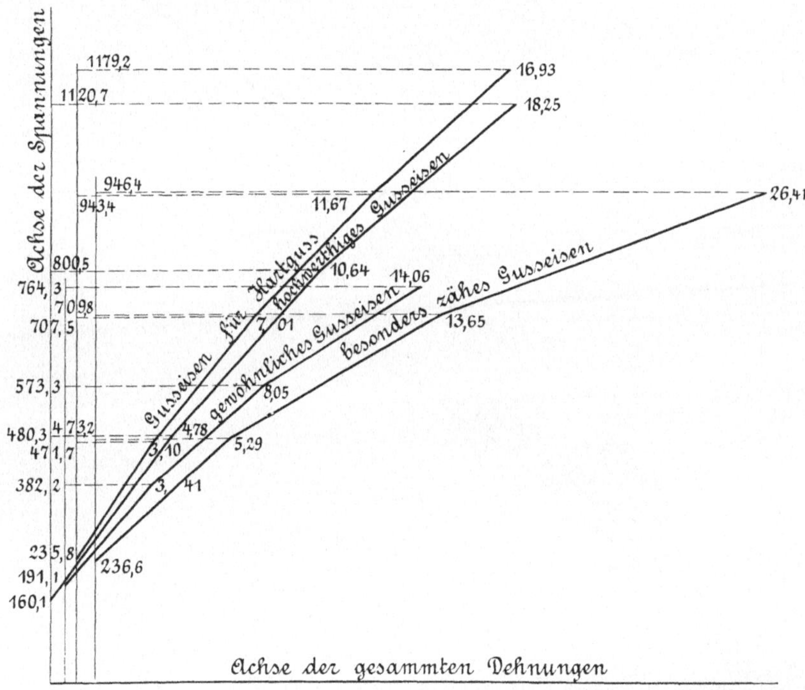

Fig. 6.

Der Hartguss ergab bei der Zugprobe weit kleinere und weniger veränderliche Dehnungskoefficienten, z. B.

Spannungsstufe	Dehnungskoefficient
13,3 und 133,0 kg/qcm	$\frac{1}{1\,870\,000}$
133,0 - 266,1 -	$\frac{1}{1\,775\,000}$
266,1 - 532,2 -	$\frac{1}{1\,750\,000}$
532,2 - 798,3 -	$\frac{1}{1\,710\,000}$

Hiernach hat das Abschrecken des Gusseisens einen sehr grossen Einfluss auf die Grösse des Dehnungskoefficienten[1]).

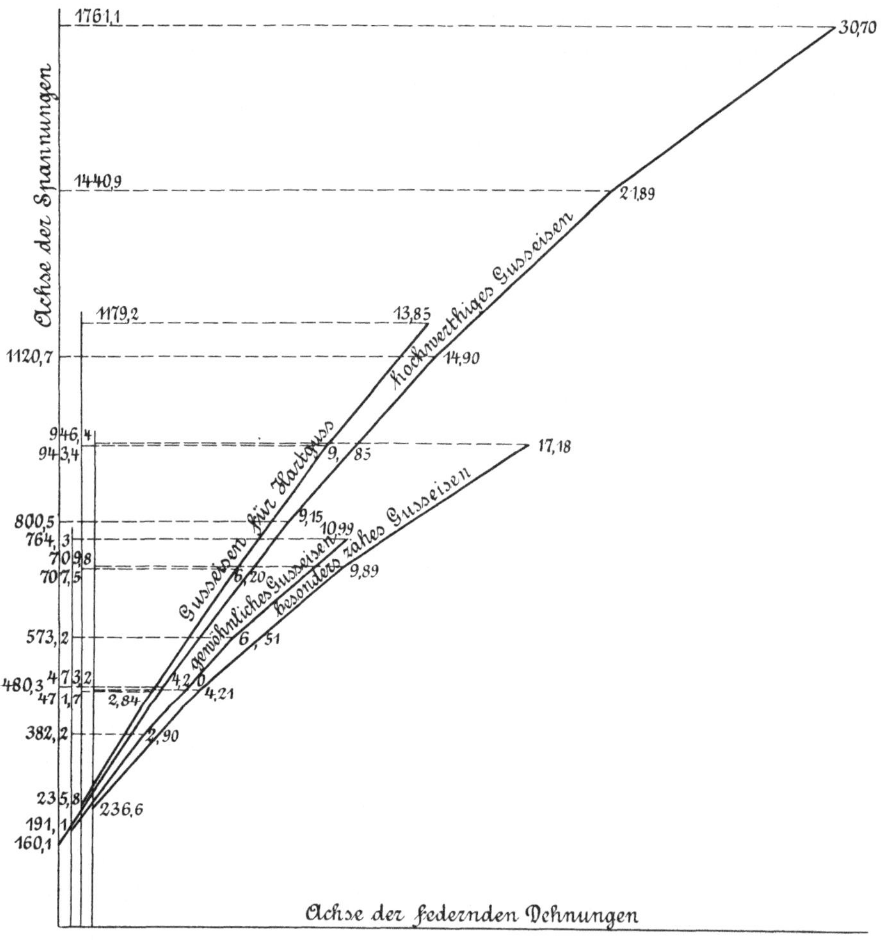

Fig. 7.

---

[1]) Für schmiedbaren Stahl dagegen sind bis jetzt nur unerhebliche Unterschiede des Dehnungskoefficienten festgestellt worden, wenn er im gehärteten und ungehärteten Zustand untersucht wird. Stribeck ermittelte für Gussstahl, wie er von den deutschen Waffen- und Munitionsfabriken in Berlin zu Stahlkugeln für Lager verwendet wird, durch Druckversuche mit 48 mm hohen Cylindern (Messlänge 32 mm):

1. $\alpha = \frac{1}{2\,127\,000}$, Cylinder ungehärtet,

2. $\alpha = \frac{1}{2\,128\,000}$, - in Oel gehärtet.

Hinsichtlich weiterer Einzelheiten, namentlich über die Elasticitätsverhältnisse der nur einseitig abgeschreckten Stäbe muss auf des Verfassers Arbeiten in der Zeitschrift des Vereins deutscher Ingenieure 1899, S. 857 u. f. (Hartguss) und 1900, S. 409 u. f. (hochwerthiges Gusseisen) verwiesen werden[1]).

Für die Dehnungslinie bis zum Bruch ergiebt sich bei Gusseisen, wie es für gewöhnlich zu gutem Maschinenguss verwendet wird, die Kurve OG in Fig. 8[2]). Für andere Gusseisensorten ergeben sich Linien von dem gleichen Verlaufe. Das Arbeitsvermögen (§ 3) wird demnach bei Gusseisen durch eine Fläche von der Gestalt OGG_2 gemessen. Ihre Grösse — etwa 0,08 kgm/ccm für das in den Fig. 6 und 7 als gewöhnliches Gusseisen bezeichnete Material und etwa 0,14 kgm/ccm für das daselbst genannte hochwerthige Gusseisen — beträgt nur einen sehr kleinen Bruchtheil von der Fläche, welche z. B. das Arbeitsvermögen des Flusseisens (Fig. 10) liefert (Fig. 10 und 8 sind in demselben Massstab gezeichnet).

Fig. 8.

Querschnittsverminderung und Bruchdehnung sind selbst bei zähem Gusseisen so gering, dass für gewöhnlich eine Bestimmung unterbleibt.

2. *Versuche mit Flusseisen.*

Rundstab I.

Wir unterwerfen den aus zähem Flusseisen hergestellten Stab in einer liegenden Prüfungsmaschine der Zugprobe.

Durchmesser des mittleren cylindrischen Theiles	2,007 cm
Querschnitt - - - -	3,16 qcm
Messlänge	15,00 cm.

3. $\alpha = \frac{1}{2\,102\,000}$, Cylinder in Wasser gehärtet.

Dagegen ergab sich die Proportionalitätsgrenze, welche im Falle Ziff. 1 zwischen 5500 und 6000 kg/qcm lag, im Falle Ziff. 3 bei etwa 9000 kg/qcm. In ähnlichem Masse zeigte sich die Elasticitätsgrenze nach oben verschoben (Zeitschrift des Vereines deutscher Ingenieure 1901, S. 73 u. f.)

[1]) Diese Arbeiten finden sich auch in Heft 1 der vom Vereine deutscher Ingenieure herausgegebenen Mittheilungen über Forschungsarbeiten auf dem Gebiete des Ingenieurwesens, Berlin 1901.

[2]) In dieser Darstellung ist genau bestimmt die Höhe G_2G und der Verlauf der Linie OG, soweit sie ausgezogen ist. Vor Eintritt des Bruches müssen die

Der neue, noch keiner Belastung unterworfen gewesene Stab wird zunächst mit $P = 1000$ kg und sodann abwechselnd mit $P = 3000$ kg belastet und bis auf $P = 1000$ kg entlastet[1]). Hieran schliesst sich der Belastungswechsel $P = 1000$ und 5000 kg, sowie $P = 1000$ und 6000 kg. In jedem Falle wurden Belastung und Entlastung so lange gewechselt, bis sich die gesammten, die bleibenden und die federnden Verlängerungen nicht mehr änderten. Dazu ist auch hier schon zu Anfang mehrmaliger Belastungswechsel erforderlich.

Die Ablesungen der Dehnungen erfolgen in Zwischenräumen von 3 Minuten.

Temperatur schwankt zwischen 17,6 und 17,8° C.

Belastungsstufe in kg		Ausdehnung auf 15 cm in $^{1}/_{1000}$ cm		
gesammte	kg/qcm	gesammte	bleibende	federnde
1000 und 3000 kg	316,5 und 949,4	4,61	0,17	4,44
1000 - 5000 -	316,5 - 1582,3	9,21	0,22	8,99
1000 - 6000 -	316,5 - 1898,7	11,90	0,63	11,27

Wie ersichtlich, wachsen die federnden Dehnungen etwas rascher als die Spannungen, denn es beträgt

für die erste Stufe von 2000 kg die Federung 4,44
- - zweite - - 2000 - - - $8,99 - 4,44 = 4,55$
- - dritte - - 1000 - - - $11,27 - 8,99 = 2,28$.

Instrumente zum Messen der Verlängerungen abgenommen werden, damit sie durch den Bruch nicht beschädigt werden; infolgedessen kann die Bestimmung der Verlängerungen in der Nähe des Bruches nicht mehr genau erfolgen, was durch Strichelung in Fig. 8 angedeutet ist.

[1]) Wenn ein Stab in liegender Maschine der Prüfung unterworfen wird, und man entlastet ihn vollständig, d. h. bis die in der Einspannvorrichtung gehaltenen Stabköpfe sich zu lösen beginnen, so liegt die Gefahr vor, dass die Anzeigen der Messeinrichtung (hier Spiegelapparat, vergl. Fig. 4, § 8, S. 102, 108 u. f.) ungenau werden. Das lässt sich dadurch vermeiden, dass man mit der Entlastung nicht bis Null zurückgeht, sondern einen erheblichen Betrag darüber bleibt. Hierfür wurde im vorliegenden Falle $P = 1000$ kg gewählt, entsprechend $\sigma = \frac{1000}{3,16} = 316,5$ kg/qcm.

Beim Entlasten ist die Vorsicht zu gebrauchen, dass man jeweils etwas unter die Anfangsbelastung, d. i. hier 1000 kg zurückgeht und alsdann vorwärts schreitend auf dieselbe einstellt.

In Fig. 9 sind die Ausdehnungen nach dem in Fig. 1 u. f. gegebenen Vorgange eingetragen, und zwar von $\sigma = 316{,}5$ kg/qcm an gerechnet (vergl. Fussbemerkung S. 42).

Unter der Belastung von 6850 kg sinkt der Waghebel der Maschine auf seine Unterlage; beim Nachspannen verschwindet die Skala in den beiden Spiegeln der Messvorrichtung: die Fliess- oder Streckgrenze (§ 2) ist erreicht. Sie liegt demgemäss bei

$$\sigma = \frac{6850}{3{,}16} = 2168 \text{ kg/qcm.}$$

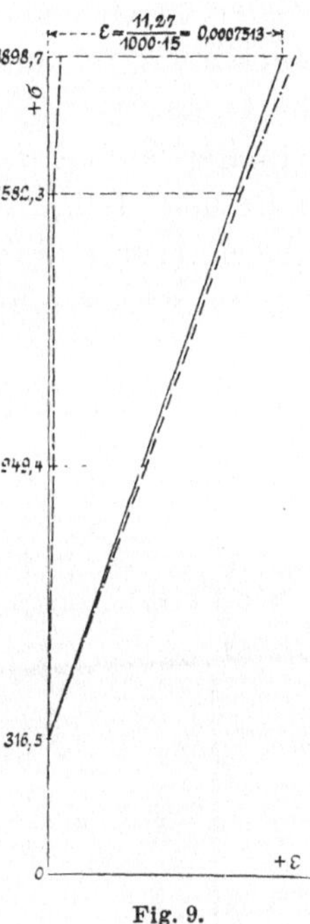

Fig. 9.

Nach dieser Feststellung wird der Stab entlastet und hierauf der Versuch, wie vorher durchgeführt, wiederholt. Dabei ergiebt sich

für den Belastungswechsel	1000/3000		1000/5000		1000/6000 kg
die Federung	4,50		9,01		11,28
somit Unterschied . . .		4,51		2,27	

also die Federung nur wenig wachsend mit der Spannung.

Mit der Federung 4,50 für die erste Belastungsstufe der zweiten Versuchsreihe findet sich der durch Gleichung 3, § 2 bestimmte Dehnungskoefficient zu

$$\alpha = \frac{4{,}5}{1000 \,.\, 15\,(949{,}4 - 316{,}5)} = \frac{1}{2109700}.$$

Bei erneuter Steigerung der Belastung über 6000 kg hinaus ist die Streckgrenze — durch Sinken des Waghebels auf seine Unterlage — jetzt bei $P = 6500$ kg zu beobachten, entsprechend

$$\sigma = \frac{6500}{3{,}16} = 2057 \text{ kg/qcm.}$$

Nachdem durch Nachspannen eine Verlängerung der Messstrecke $l = 15$ cm um 0,14 cm erfolgt ist, beginnt der Waghebel wieder zu steigen und einzuspielen, hierdurch anzeigend, dass die inneren Kräfte, mit welchen der Stab der Verlängerung widersteht, die Grösse von 2057 kg/qcm wieder erreicht haben und zu überschreiten anfangen. Bei Fortsetzung des Nachspannens steigt die Belastung stetig, bis sie mit $P_{max} = 11\,840$ kg ihren Grösstwerth erreicht (vergl. § 3, Fig. 1). Alsdann sinkt der Waghebel — nachdem er vorher einige Zeit hindurch eingespielt hatte —, der Stab

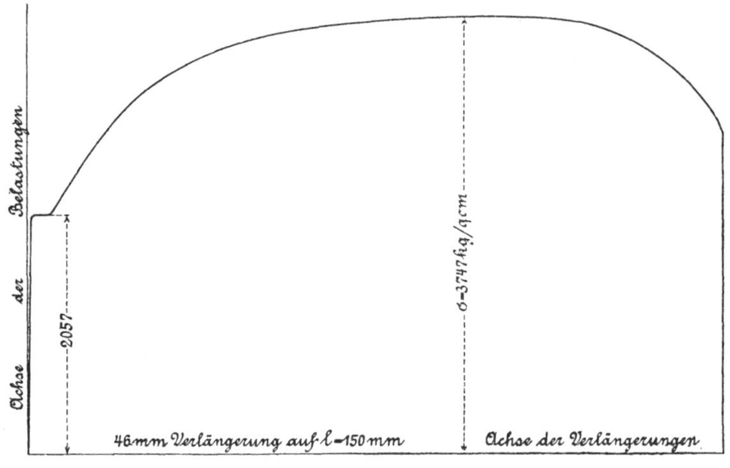

Fig. 10.

beginnt sich einzuschnüren (vergl. § 3) und schliesslich erfolgt der Bruch an der stark eingeschnürten Stelle unter rund $P = 8700$ kg[1]) Belastung, entsprechend $\sigma = \frac{8700}{3,16} = 2753$ kg/qcm.

In Fig. 10 ist der Verlauf der Linie der gesammten Dehnungen, wie sie sich für den untersuchten Flusseisenstab bei dem zweiten Versuch ergab, unter Zugrundelegung der Messlänge von ursprünglich 15 cm, eingetragen. Derselbe ist nicht unabhängig von der Geschwindigkeit, mit welcher die Belastung gesteigert, d. h. von der Raschheit, mit welcher der Stab gedehnt wird.

Die Zugfestigkeit beträgt

$$K_z = \frac{11\,840}{3,16} = 3747 \text{ kg/qcm}.$$

---

[1]) Eine genaue Feststellung dieser Belastung begegnet Schwierigkeiten. (Vergl. Fussbemerkung S. 8 und 9.)

Die Messung des mittleren Durchmessers des Bruchquerschnittes liefert 1,23 cm, entsprechend $f_b = \frac{\pi}{4} 1{,}23^2 = 1{,}19$ qcm (vergl. § 3); somit ist nach Gleichung 2, § 3 die Querschnittsverminderung

$$\psi = 100 \frac{3{,}16 - 1{,}19}{3{,}16} = 62{,}3\,\%.$$

Nach dem Bruche zeigt das mittlere, ursprünglich 20 cm lange Stabstück 25,48 cm; infolgedessen ergiebt sich nach Gleichung 3, § 3 die Bruchdehnung zu

$$\varphi = 100 \frac{25{,}48 - 20{,}0}{20{,}0} = 27{,}4\,\%.$$

Das nach Massgabe der Gleichung 4, § 3 bestimmte Arbeitsvermögen beträgt $A = 6{,}76$ kgm/ccm.

Rundstab II.

Durchmesser des mittleren cylindrischen Theiles 2,495 cm
Querschnitt - - - - 4,89 qcm
Messlänge . . . . 15,00 cm.

Der Stab, welcher aus ausgeglühtem Material besteht und vorher noch keiner Prüfung unterworfen ist, wird in derselben Weise wie Rundstab I geprüft und liefert folgende Ergebnisse:

Versuchsreihe 1.

Temperatur schwankt zwischen 17,0 und 17,2° C.

Belastungsstufe in kg		Ausdehnung auf 15 cm in $^1/_{1000}$ cm		
gesammte	kg/qcm	gesammte	bleibende	federnde
1000 und 3000 kg	204,5 und 613,5	2,99	0,05	2,94
1000 - 5000 -	204,5 - 1022,5	5,98	0,11	5,87
1000 - 7000 -	204,5 - 1431,5	8,95	0,16	8,79
1000 - 9000 -	204,5 - 1840,5	11,92	0,21	11,71

Die Wiederholung des Versuchs liefert:

Versuchsreihe 2.

Temperatur schwankt zwischen 17,2 und 17,4° C.

Belastungsstufe in kg		Ausdehnung auf 15 cm in $^1/_{1000}$ cm		
gesammte	kg/qcm	gesammte	bleibende	federnde
1000 und 3000 kg	204,5 und 613,5	2,93	0,00	2,93
1000 - 5000 -	204,5 - 1022,5	5,89	0,02	5,87
1000 - 7000 -	204,5 - 1431,5	8,85	0,06	8,79
1000 - 9000 -	204,5 - 1840,5	11,80	0,09	11,71

Hiernach betragen die gesammten Ausdehnungen:

1. Versuchsreihe	2,99	5,98	8,95	11,92
Unterschied	2,99	2,99	2,97	2,97
2. Versuchsreihe	2,93	5,89	8,85	11,80
Unterschied	2,93	2,96	2,96	2,95

Die federnden Ausdehnungen:

1. Versuchsreihe	2,94	5,87	8,79	11,71
Unterschied	2,94	2,93	2,92	2,92
2. Versuchsreihe	2,93	5,87	8,79	11,71
Unterschied	2,93	2,94	2,92	2,92

Mit Rücksicht auf den Grad der Genauigkeit, mit welcher bei den Prüfungsmaschinen die Einstellung auf eine bestimmte Belastung erfolgen und mit welcher sodann die Dehnung selbst ermittelt werden kann, sowie in Anbetracht des Einflusses der nicht ganz fernzuhaltenden kleinen Temperaturänderungen[1]) — hier um

[1]) Bei dem verwendeten Messinstrument, dessen in Betracht kommende Theile wegen der geringen Querschnittsabmessungen den Temperaturänderungen rascher folgen als der verhältnissmässig dicke Versuchsstab (vergl. Fig. 4, S. 102), äussert sich der Einfluss der kleinen Temperaturzunahme in einer solchen Weise, dass eine kleine Abnahme der beobachteten Dehnungen zu erwarten steht. Thatsächlich zeigt sich auch eine solche Abnahme. Vergl. auch das in § 8, S. 110 Gesagte.

0,2° C. — während einer Versuchsreihe, darf die Unveränderlichkeit der Federungen bis $\sigma = \frac{9000}{4,89} = 1840,5$ kg/qcm als wirklich vorhanden angesehen werden. Fig. 11, welche mit den bei der ersten Versuchsreihe gewonnenen Ausdehnungen hergestellt wurde, bestätigt dies.

Mit der Federung 2,93 folgt nach Gleichung 3, § 2:

$$\alpha = \frac{2,93}{1000 \,.\, 15\,(613,5 - 204,5)} = \frac{1}{2094000}.$$

Die bleibenden Dehnungen ergeben sich für die zweite Versuchsreihe weit geringer als bei der ersten, was zu erwarten war.

Bei Steigerung der Belastung über $P = 9000$ kg hinaus zeigt sich plötzliches Sinken des Waghebels der Maschine bei $P = 10500$ kg; die Streckgrenze wurde somit bei

$$\frac{10\,500}{4,89} = 2147 \text{ kg/qcm}$$

erreicht.

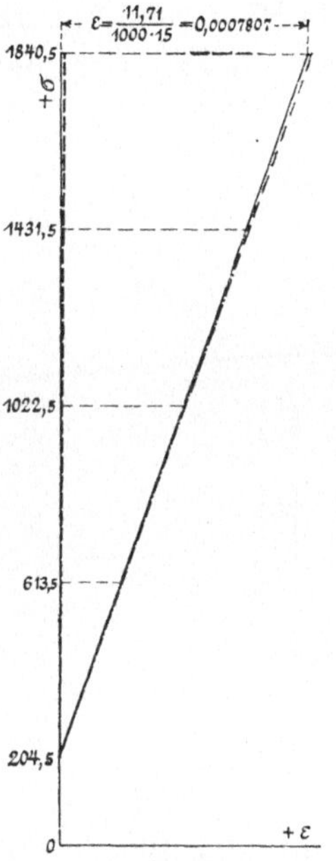

Fig. 11.

Um die Kraft festzustellen, welcher der sich streckende Stab unmittelbar nach Sinken des Waghebels das Gleichgewicht hält, wird die Wage stetig entlastet, bis wieder Einspielen stattfindet[1]). Dies tritt ein bei $P = 9900$ kg, d. i. für $\sigma = \frac{9900}{4,89} = 2025$ kg/qcm. Bei Fortsetzung des Nachspannens beginnt die Widerstandsfähigkeit des Stabes zu steigen, wie dies Fig. 12, welche auch den Belastungsabfall von 10 500 kg auf 9900 kg zeigt, erkennen lässt. Nach Erreichung der Belastung von 11 000 kg, d. i. $\frac{11\,000}{4,89} = 2249$ kg/qcm, fällt der Waghebel zum zweiten Male plötzlich, und zwar auf $P = 9800$ kg, entsprechend $\frac{9800}{4,89} = 2004$ kg/qcm. Bei dem nun

---

[1]) Im Falle der Fig. 10 geschah diese Feststellung nicht.

folgenden Nachspannen steigt die Belastung ziemlich rasch, wie Fig. 12 deutlich angiebt.

P_{max} tritt bei 17 050 kg ein, entsprechend der Zugfestigkeit

$$K_z = \frac{17\,050}{4{,}89} = 3487 \text{ kg/qcm}.$$

Die Belastung hält sich ziemlich lange auf dieser Höhe, wie ebenfalls aus Fig. 12 zu ersehen ist. Die letzte Belastung, welche unmittelbar vor dem Bruche und nach weitgehender Einschnü-

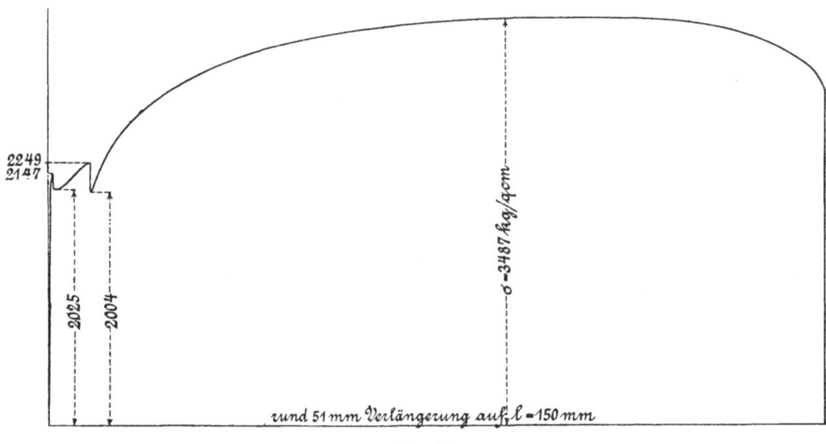

Fig. 12.

rung des Bruchquerschnittes beobachtet werden konnte, beträgt $P = 13\,500$ kg, d. i. 2761 kg/qcm.

Da $f_b = \frac{\pi}{4} 1{,}54^2 = 1{,}86$ qcm, so liefert Gleichung 2, § 3 die Querschnittsverminderung

$$\psi = 100 \frac{4{,}89 - 1{,}86}{4{,}89} = 62\%$$

und wegen $l_b = 323{,}7$ bei 250 mm ursprünglicher Länge findet sich nach Gleichung 3, § 3 die Bruchdehnung

$$\varphi = \frac{323{,}7 - 250}{2{,}50} = 29{,}5\%.$$

3. Versuche mit Flussstahl.

Rundstab.

Durchmesser des mittleren cylindrischen Theiles 2,00 cm
Querschnitt - - - - 3,14 qcm
Messlänge . . . . 15,00 cm.

Der Stab wird in einer liegenden Prüfungsmaschine der Zugprobe unterworfen, jeweils unter Wechsel zwischen Belastung und Entlastung, so oft, bis sich die gesammten, bleibenden und federnden Dehnungen nicht mehr ändern.

Die Ablesungen der Längenänderungen erfolgen in Zeiträumen von 3 Minuten.

Temperatur schwankt zwischen 16,4 und 16,5° C.

Belastungsstufe in kg		Ausdehnung auf 15 cm in $^1/_{1000}$ cm				
gesammte	kg/qcm	gesammte		bleibende	federnde	
			Unterschied			Unterschied
1000 und 3000	318,5 und 955,4	4,47	4,47	0,00	4,47	4,47
1000 - 5000	318,5 - 1592,4	9,19	4,72	0,25	8,94	4,47
1000 - 7000	318,5 - 2229,3	13,73	4,54	0,30	13,43	4,49
1000 - 9000	318,5 - 2866,2	18,49	4,76	0,57	17,92	4,49
1000 - 11000	318,5 - 3503,2	23,28	4,79	0,88	22,40	4,48
1000 - 13000	318,5 - 4140,1	27,88	4,60	1,00	26,88	4,48
1000 - 14000	318,5 - 4458,6	30,19	2,31	1,07	29,12	2,24
1000 - 15000	318,5 - 4777,1	33,74	3,55			

Nachdem $P = 15\,000$ kg eingestellt ist, sinkt der Waghebel plötzlich, so dass die Streckgrenze bei

$$\sigma = \frac{15000}{3,14} = 4777 \text{ kg/qcm}$$

erreicht ist.

Bei Fortsetzung des Nachspannens beginnt die Belastung wieder zu steigen und erlangt mit $P_{max} = 22720$ kg ihren Grösstwerth; alsdann sinkt der Waghebel, der Stab beginnt sich einzuschnüren und schliesslich erfolgt der Bruch.

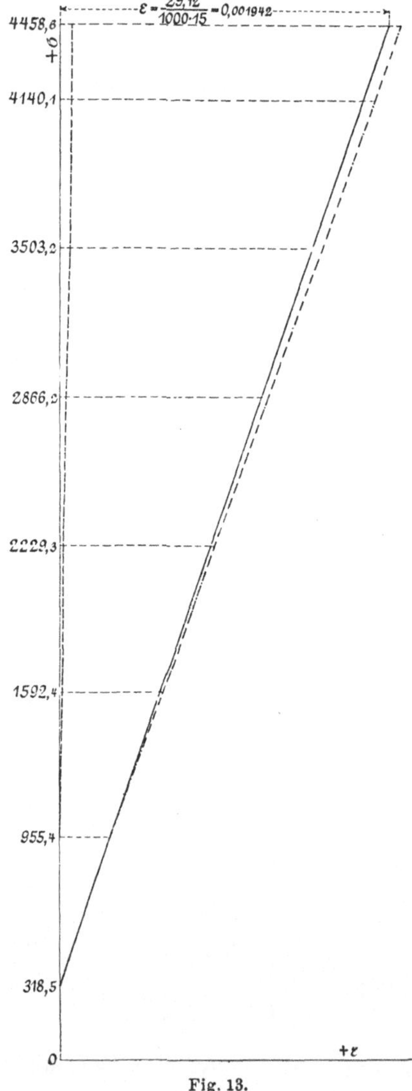

Fig. 13.

Wie die letzte Spalte der Zusammenstellung der Ausdehnungen zeigt, wachsen die Federungen bis $P = 14000$ kg unter Berücksichtigung des thatsächlich erreichbaren Genauigkeitsgrades recht befriedigend in gleichem Verhältniss wie die Spannungen[1]). Fig. 13, welche nach dem Vorgange von Fig. 1 u. f. die Schaulinien der gesammten, bleibenden und federnden Dehnungen enthält, bestätigt dieses Ergebniss. Wir haben demgemäss Proportionalität jedenfalls bis zur Spannung

$$\sigma = \frac{14000}{3,14} = \sim 4459 \text{ kg/qcm}.$$

Da auf der folgenden Belastungsstufe $P = 15000$ kg die Erscheinung des Fliessens eintrat, so ist anzunehmen, dass die Proportionalität sich nur unerheblich über $P = 14000$ kg hinaus erstreckt haben wird, weshalb die P r o p o r t i o n a l i t ä t s g r e n z e als nur wenig oberhalb 4459 kg/qcm liegend angenommen werden kann[2]).

[1]) Die gesammten Ausdehnungen thun dies weniger.

[2]) Scharf tritt hier die Unzulässigkeit hervor, die Begriffe der Proportionalitäts- und Elasticitätsgrenze (vergl. S. 21 und 22) mit einander zu vermengen.

Der Dehnungskoefficient berechnet sich mit $\frac{4,48}{1000}$ cm Federung auf 15 cm bei 2000 kg Belastungsunterschied nach Gleichung 3, § 2 zu

$$\alpha = \frac{4,48 \,.\, 3,14}{1000 \,.\, 15 \,.\, 2000} = \sim \frac{1}{2\,133\,000}.$$

Die Streckgrenze ist bei

$$\frac{15000}{3,14} = \sim 4777 \text{ kg/qcm}$$

anzunehmen.

Die Zugfestigkeit beträgt

$$K_z = \frac{22720}{3,14} = \sim 7236 \text{ kg/qcm}.$$

Die durch Gleichung 2, § 3 bestimmte Querschnittsverminderung ergiebt sich, da

$$f_b = \frac{\pi}{4}\, 1,51^2 = 1,79 \text{ qcm},$$

zu

$$\psi = 100\, \frac{3,14 - 1,79}{3,14} = 43\,\%$$

und die Bruchdehnung nach Gleichung 3, § 3 mit $l_b = 238$ auf 200 mm ursprüngliche Länge

$$\varphi = 100\, \frac{238 - 200}{200} = 19\,\%.$$

Ueber die Ergebnisse der Untersuchung von Stahlguss hat Verfasser in der Zeitschrift des Vereines deutscher Ingenieure 1898, S. 694 u. f. berichtet.

Die Erstere liegt hier nahe bei 4459 kg, während die Letztere, aufgefasst als diejenige Spannung, bis zu welcher die bleibenden Formänderungen Null oder doch verschwindend klein sind, weit tiefer liegt (vergl. die Werthe in der Spalte der bleibenden Ausdehnungen).

4. Versuche mit Kupfer.

Rundstab I.

Material: weiches Kupfer.

Durchmesser des mittleren cylindrischen Theiles . . . 2,502 cm

Querschnitt - - - - $\frac{\pi}{4}\,2{,}502^2 = 4{,}92$ qcm

Messlänge . . . . 10,00 cm.

Die Prüfung erfolgte zunächst ganz wie unter Ziff. 3 bemerkt, und wurde sodann wiederholt. Die Ergebnisse sind im Folgenden zusammengestellt.

Belastungsstufe in kg		1. Versuchsreihe Temperatur 16,8 bis 17,1° C. Ausdehnung auf 10 cm in $^1/_{1000}$ cm			2. Versuchsreihe Temperatur 17,4 bis 17,5° C. Ausdehnung auf 10 cm in $^1/_{1000}$ cm		
gesammte	kg/qcm	gesammte λ	bleibende λ'	federnde $\lambda-\lambda'$	gesammte λ	bleibende λ'	federnde $\lambda-\lambda'$
750 und 1500	152,4 und 304,9	1,41	0,11	1,30	1,32	0,00	1,32
750 - 2250	152,4 - 457,3	3,18	0,53	2,65	2,68	0,00	2,68
750 - 3000	152,4 - 609,8	5,38	1,33	4,05	4,11	0,04	4,07
750 - 3750	152,4 - 762,2	8,05	2,52	5,53	5,68	0,15	5,53

In Fig. 14 sind die Schaulinien, welche sich hiernach für die gesammten, die bleibenden und die federnden Dehnungen aus der 1. Versuchsreihe ergeben, dargestellt.

Wie ersichtlich, stellen sich bei der ersten Versuchsreihe bleibende Dehnungen ausserordentlich früh und überhaupt von bedeutender Grösse ein. Bei der zweiten Versuchsreihe dagegen treten die bleibenden Dehnungen ganz in den Hintergrund, eine Folge davon, dass der Stab schon einmal den Belastungswechseln ausgesetzt gewesen ist.

Proportionalität zwischen Dehnungen und Spannungen besteht nicht; denn es betragen die Unterschiede

	der gesammten Ausdehnungen				der federnden Ausdehnungen			
bei der 1. Versuchsreihe	1,41	1,77	2,20	2,67	1,30	1,35	1,40	1,48
- - 2. -	1,32	1,36	1,43	1,57	1,32	1,36	1,39	1,46,

d. h. ausgeprägt wachsend mit den Spannungen.

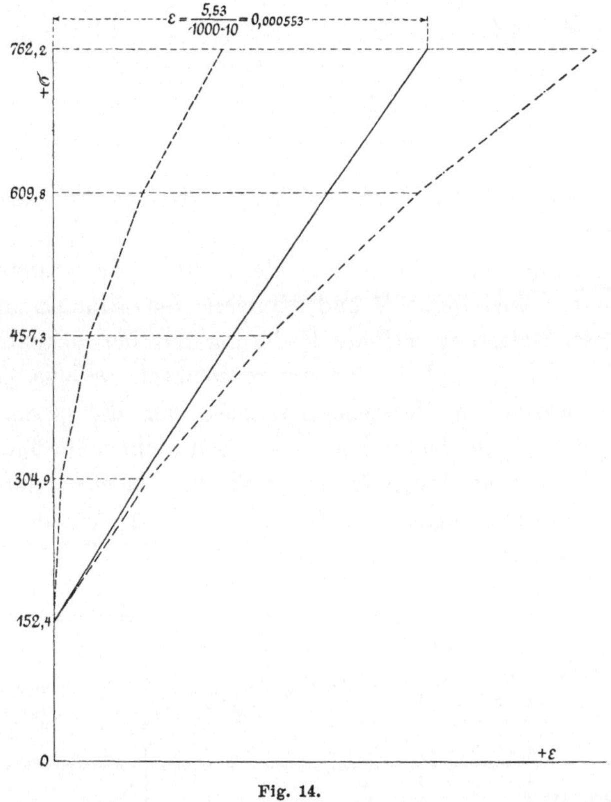

Fig. 14.

Wird den Federungen die durch Gleichung 1 ausgesprochene Gesetzmässigkeit zu Grunde gelegt und werden dabei die Koefficienten α und m so gewählt, dass für die erste Versuchsreihe

$$\varepsilon = \frac{1}{2\,195\,000}\,\sigma^{1,098} \quad . \quad . \quad . \quad . \quad . \quad 9)$$

und für die zweite Versuchsreihe

$$\varepsilon = \frac{1}{1\,865\,000}\,\sigma^{1,074}, \quad . \quad . \quad . \quad . \quad . \quad 10)$$

so zeigt folgende Zusammenstellung:

Spannungsstufe in kg/qcm	Federungen auf 10 cm in $^1/_{1000}$ cm			
	1. Versuchsreihe		2. Versuchsreihe	
	beobachtet	berechnet nach Gl. 9	beobachtet	berechnet nach Gl. 10
152,4 und 304,9	1,30	1,30	1,32	1,32
152,4 - 457,3	2,65	2,66	2,68	2,69
152,4 - 609,8	4,05	4,07	4,07	4,09
152,4 - 762,2	5,53	5,52	5,53	5,52

eine befriedigende Uebereinstimmung zwischen Beobachtung und Rechnung.

Der Unterschied in den Zahlenwerthen der Koefficienten α und m der Gleichungen 9 und 10 lässt den Einfluss der vorhergegangenen Belastung auf die Federung deutlich erkennen.

Ueber die Anzahl der Spannungswechsel, welche jeweils erforderlich waren, um festzustellen, dass sich die gesammten, die bleibenden und die federnden Dehnungen nicht mehr ändern, giebt die folgende Zusammenstellung Auskunft. Ebenso darüber, wie sich die Ausdehnungen bei dem erstmaligen Wechsel (Anfangswerthe) von denjenigen bei dem letzten Wechsel (Endwerthe) unterscheiden.

Spannungsstufe in kg/qcm	Zahl der Spannungswechsel	Anfangswerthe			Endwerthe		
		λ	λ'	$\lambda - \lambda'$	λ	λ'	$\lambda - \lambda'$
1. Versuchsreihe							
152,4/304,9	2	1,41	0,11	1,30	1,41	0,11	1,30
152,4/457,3	5	3,10	0,47	2,63	3,18	0,53	2,65
152,4/609,8	7	5,13	1,16	3,97	5,38	1,33	4,05
152,4/762,2	7	7,60	2,15	5,45	8,05	2,52	5,53
2. Versuchsreihe							
152,4/304,9	2	1,32	0,00	1,32	1,32	0,00	1,32
152,4/457,3	2	2,68	0,00	2,68	2,68	0,00	2,68
152,4/609,8	4	4,13	0,03	4,10	4,11	0,04	4,07
152,4/762,2	4	5,60	0,07	5,53	5,68	0,15	5,53

Die weitere Untersuchung des Stabes führte zur Erlangung der Dehnungslinie Fig. 15, sowie zur Feststellung:

der Zugfestigkeit

$$K_z = \frac{10980}{4,92} = 2232 \text{ kg/qcm},$$

der Querschnittsverminderung

$$\psi = 100 \frac{4,92 - 1,89}{4,92} = 61,6\,\%,$$

da

$$f_b = \frac{\pi}{4} 1,55^2 = 1,89 \text{ qcm},$$

und der Bruchdehnung auf 200 mm

$$\varphi = 100 \frac{292,2 - 200}{200} = 46,1\,\%.$$

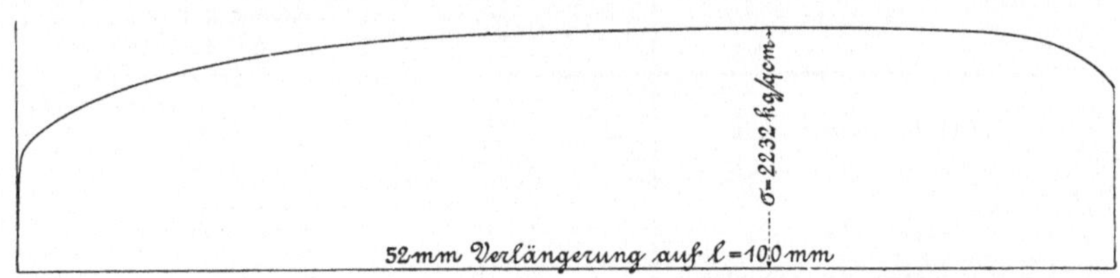

Fig. 15.

Die unmittelbar vor dem Bruch beobachtete Belastung betrug rund 8200 kg, entsprechend

$$\sigma = \frac{8200}{4,92} = 1667 \text{ kg/qcm}.$$

Eine Streckgrenze in dem Sinne, wie in § 2 erklärt und wie wir sie bei Flusseisen und bei Flussstahl kennen lernten, besitzt hiernach das Kupfer nicht.

Das Arbeitsvermögen gemäss Gl. 4, § 3, ergiebt sich zu $A = 7,11$ kgm/ccm.

Rundstab II.

Material: weiches Kupfer, jedoch von anderer Herkunft als Stab I, bereits einmal bis $\sigma = 964{,}4$ kg/qcm beansprucht gewesen.

Durchmesser des mittleren cylindrischen Theiles . 1,99 cm
Querschnitt - - - - . 3,11 qcm
Messlänge . . . . 10,00 cm.

Die Untersuchung führt ganz wie beim Rundstab I zu dem Ergebniss, dass die federnden Ausdehnungen rascher wachsen als die Spannungen, entsprechend

$$\varepsilon = \frac{1}{2084000}\sigma^{1,093} \quad . \quad . \quad . \quad . \quad . \quad . \quad 11)$$

Nachdem für den Rundstab I ausführliche Besprechung stattgefunden hat, wird es genügen, die folgende Zusammenstellung anzuführen.

Spannungsstufe kg/qcm	Federnde Ausdehnung in $^1/_{1000}$ cm	
	beobachtet	berechnet nach Gl. 11
160,75 und 321,5	1,40	1,40
160,75 - 482,25	2,89	2,87
160,75 - 643,0	4,39	4,39
160,75 - 803,75	5,95	5,94
160,75 - 964,6	7,53	7,53

Die Uebereinstimmung zwischen dem, was beobachtet wurde, und dem, was Gleichung 11 liefert, muss als eine sehr gute bezeichnet werden.

5. *Versuche mit Bronce.*

Rundstab I.

Material: gegossene Bronce, vorher noch nicht belastet.

Durchmesser des mittleren cylindrischen Theiles 2,20 cm
Querschnitt - - - - 3,80 qcm
Messlänge . . . . 15,00 cm.

Die Prüfung wurde in der gleichen Weise, wie unter Ziff. 3 angegeben, durchgeführt mit den aus folgender Zusammenstellung ersichtlichen Zahlenergebnissen.

Temperatur schwankt zwischen 15,4 und 15,6° C.

Belastungsstufe in kg		Ausdehnung auf 15 cm in $^1/_{1000}$ cm		
gesammte	kg/qcm	gesammte	bleibende	federnde
750 und 1500	197,4 und 394,7	3,31	0,07	3,24
750 - 2250	197,4 - 592,1	6,61	0,09	6,52
750 - 3000	197,4 - 789,5	10,33	0,48	9,85

Hiernach wachsen die Federungen rascher als die Belastungen. Wird

$$\varepsilon = \frac{1}{733800} \sigma^{1,028} \quad . \quad . \quad . \quad . \quad . \quad . \quad . \quad 12)$$

gesetzt, so ergeben sich die Federungen

nach Gleichung 12 . . . . 3,24 6,53 9,85
gegenüber den beobachteten Werthen 3,24 6,52 9,85,

also in guter Uebereinstimmung.

Die Wiederholung des Versuchs liefert:

Belastungsstufe in kg		Ausdehnung auf 15 cm in $^1/_{1000}$ cm		
gesammte	kg/qcm	gesammte	bleibende	federnde
750 und 1500	197,4 und 394,7	3,30	0,01	3,29
750 - 2250	197,4 - 592,1	6,60	0,01	6,59
750 - 3000	197,4 - 789,5	9,89	0,03	9,86

Somit betragen die Unterschiede

in den gesammten Ausdehnungen 3,30 3,30 3,29
- - federnden - 3,29 3,30 3,27

d. i. in Berücksichtigung aller Verhältnisse nahezu so gut wie Unveränderlichkeit. Hiernach zeigt der Broncestab, für welchen die erste Versuchsreihe die Gleichung 12 lieferte, im Falle vorhergegangener Belastung Proportionalität zwischen Dehnungen und

Spannungen. Mit der Federung 3,29 für das Material in dem Zustande, in welchem es sich während der zweiten Versuchsreihe befindet, bestimmt sich der Dehnungskoefficient nach Gleichung 3, § 2 zu

$$\alpha = \frac{3,29}{15000 \,.\, 197,4} = \sim \frac{1}{900000}.$$

Wird die Belastung weiter gesteigert, so stellt sich schliesslich der Bruch bei 7500 kg ein, entsprechend der Zugfestigkeit

$$K_z = \frac{7500}{3,80} = 1974 \text{ kg/qcm}.$$

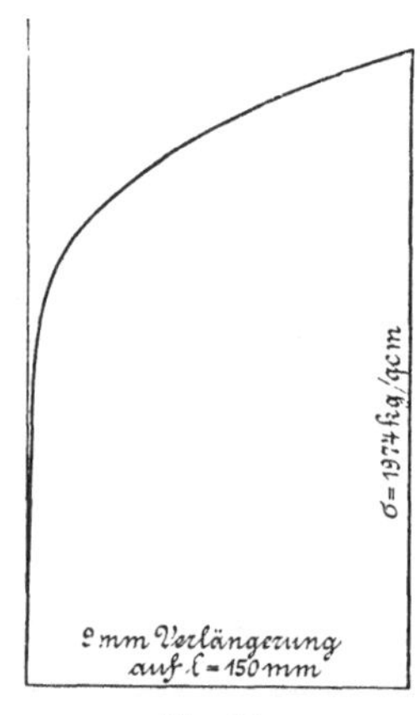

Fig. 16.

Die Querschnittsverminderung nach Gleichung 2, § 3 ergiebt sich, da

$$f_b = \frac{\pi}{4} 2,08^2 = 3,40 \text{ qcm},$$

zu

$$\psi = 100 \, \frac{3,80 - 3,40}{3,80} = 10,5\,\%$$

und die Bruchdehnung auf 20 cm nach Gleichung 3, § 3

$$\varphi = 100 \, \frac{212,0 - 200}{200} = 6\,\%.$$

Ueber den Verlauf der Linie der gesammten Dehnungen giebt Fig. 16 Auskunft.

Wie ersichtlich, besitzt die untersuchte Bronce gleich dem untersuchten Kupfer keine Streckgrenze.

Rundstab II.

Material ganz wie bei Stab I.

Durchmesser des mittleren cylindrischen Theils 1,99 cm
Querschnitt - - - - 3,11 qcm
Messlänge . . . . 15,00 cm.

Prüfung wie Stab I jedoch ohne Wiederholung des Versuchs.

Belastungsstufe in kg		Ausdehnungen auf 15 cm in $^1/_{1000}$ cm		
gesammte	kg/qcm	gesammte	bleibende	federnde
750 und 1500	241,2 und 482,3	3,98	0,02	3,96
750 - 2250	241,2 - 723,5	8,99	0,93	8,06
750 - 3000	241,2 - 964,6	17,81	5,63	12,18

Hiernach wachsen die Dehnungen, ganz wie in Versuchsreihe 1 des Stabes I, rascher als die Spannungen.

Ferner ergiebt sich

$$K_z = \frac{6500}{3,11} = 2090 \text{ kg/qcm},$$

$$\psi = 100 \frac{3,11 - \frac{\pi}{4} 1,91^2}{3,11} = 100 \frac{3,11 - 2,87}{3,11} = 7,7 \%,$$

$$\varphi = 100 \frac{216,2 - 200}{200} = 8,1 \%.$$

Eine grosse Zahl von weiteren Untersuchungen des Verfassers über Bronce sowohl bei gewöhnlicher als auch bei höheren Temperaturen finden sich veröffentlicht in der Zeitschrift des Vereines deutscher Ingenieure 1899, S. 354, 1900, S. 1745 u. f.[1]), 1901, S. 1477 u. f.

[1]) Mittheilungen über Forschungsarbeiten auf dem Gebiete des Ingenieurwesens, Berlin 1901, Heft 1.

6. Versuche mit Messing.

Rundstab (Messingguss).

Durchmesser des mittleren cylindrischen Theils 2,20 cm
Querschnitt - - - - 3,80 qcm.

Prüfung genau wie bei Broncestab I (Ziff. 5).

Belastungsstufe in kg		1. Versuchsreihe Temperatur 15,4—15,6° Ausdehnung auf 15 cm in $^1/_{1000}$ cm			2. Versuchsreihe Temperatur 14,8—15,1° Ausdehnung auf 15 cm in $^1/_{1000}$ cm		
gesammte	kg/qcm	gesammte	bleibende	federnde	gesammte	bleibende	federnde
500 u. 1000	131,6 u. 263,2	2,57	0,21	2,36	2,44	0,00	2,44
500 u. 1500	131,6 u. 394,7	5,34	0,54	4,80	4,91	0,00	4,91
500 u. 2000	131,6 u. 526,3	8,61	1,24	7,37	7,39	0,02	7,37

Wie ersichtlich, wachsen bei der ersten Versuchsreihe (Stab war vorher noch nicht belastet gewesen) die Dehnungen rascher als die Spannungen, denn es betragen die Unterschiede

der gesammten Dehnungen			der federnden Dehnungen		
2,57	2,77	3,27	2,36	2,44	2,57

Den Federungen der ersten Versuchsreihe entspricht die Gleichung

$$\varepsilon = \frac{1}{947\,000}\,\sigma^{1,085} \quad \ldots\ldots\ldots \quad 13)$$

Sie liefert die Federungen	2,36	4,82	7,36
während die Beobachtung ergab	2,36	4,80	7,37

Die zweite Versuchsreihe (Stab war vorher durch die Belastungen der ersten Versuchsreihe in Anspruch genommen gewesen) liefert die Unterschiede

der gesammten Dehnungen			der federnden Dehnungen		
2,44	2,47	2,48	2,44	2,47	2,46

also nahezu Unveränderlichkeit. Diese Ergebnisse stehen in Uebereinstimmung mit dem, was für Bronce festzustellen war.

Der Dehnungskoefficient für das Material in dem Zustand, in welchem sich dasselbe während der Durchführung der zweiten Versuchsreihe befand, ergiebt sich bei Zugrundelegung der Federung von 2,46 nach Gleichung 3, § 2

$$\alpha = \frac{2{,}46}{15\,000 \,.\, 131{,}6} = \sim \frac{1}{802\,000}.$$

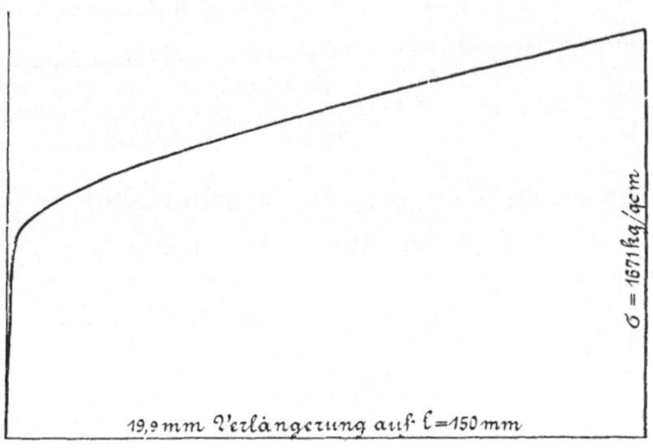

Fig. 17.

Die weitere Fortsetzung der Belastungen bis zum Bruche ergiebt für den Verlauf der Linie der gesammten Dehnungen Fig. 17 und

$$K_z = \frac{6350}{3{,}80} = 1671 \text{ kg/qcm},$$

$$\psi = 100 \frac{3{,}80 - \frac{\pi}{4}\, 2{,}00^2}{3{,}80} = 100 \frac{3{,}80 - 3{,}14}{3{,}80} = 17{,}4\,\%,$$

$$\varphi = 100 \frac{226 - 200}{200} = 13\,\%.$$

Eine Streckgrenze ist nicht vorhanden.

7. *Versuche mit Leder.*

Für einen früher schon vielfach belasteten Riemen von 6,44 qcm Querschnitt ergaben Zugversuche Folgendes. Einstellung erfolgte von 3 zu 3 Minuten.

Spannungsstufe in kg/qcm	Federnde Dehnung in mm
3,88 und 11,65	5,5
3,88 - 19,4	10,0
3,88 - 27,2	14,0

Hiernach nehmen die Dehnungen mit wachsender Spannung ab. Unter Zugrundelegung einer ursprünglichen Messlänge des Riemens von 780,7 mm entsprechen diese Ergebnisse der Beziehung

$$\varepsilon = \frac{1}{415} \sigma^{0,7}, \quad . \quad . \quad . \quad . \quad . \quad . \quad . \quad . \quad 14)$$

worin die Zahlenwerthe abgerundet worden sind.

Gleichung 14 liefert für die Ausdehnungen

5,6 mm	gegen	5,5 mm	beobachtet
10,1 -	-	10,0 -	-
14,1 -	-	14,0 -	-

Diese Uebereinstimmung ist mit Rücksicht auf die vorgenommene Abrundung der Zahlenwerthe in Gleichung 14, sowie in Anbetracht des bedeutenden Einflusses, den die Zeit auf die Formänderungen des Leders äussert, und auf den an anderer Stelle eingegangen werden soll, recht befriedigend.

In Fig. 18 ist die Linie der gesammten Dehnungen für einen anderen, vorher stark gespannt gewesenen Riemen dargestellt; sie kehrt der Achse der Belastungen ihre hohle Seite zu, krümmt sich demnach entgegengesetzt, wie die Linie der Dehnungen bei Gusseisen, Kupfer, Bronce, Messing u. s. w.[1])

Fig. 19 zeigt die Linie der gesammten Verlängerungen für einen neuen Riemen von ursprünglich 49,6 mm Breite und 6,5 mm

---

[1]) Kautschuk verhält sich gegenüber Zugbelastung umgekehrt wie Leder (vergl. S. 128 Fussbemerkung); die Dehnungen wachsen weit stärker als die Spannungen.

mittlerer Stärke, entsprechend $f = 4{,}96 \,.\, 0{,}65 = 3{,}224$ qcm, auf 500 mm ursprünglicher Länge. Die Belastungen wurden anfangs je um 25 kg gesteigert, später je um 50 kg. Nach 35 Minuten erfolgte

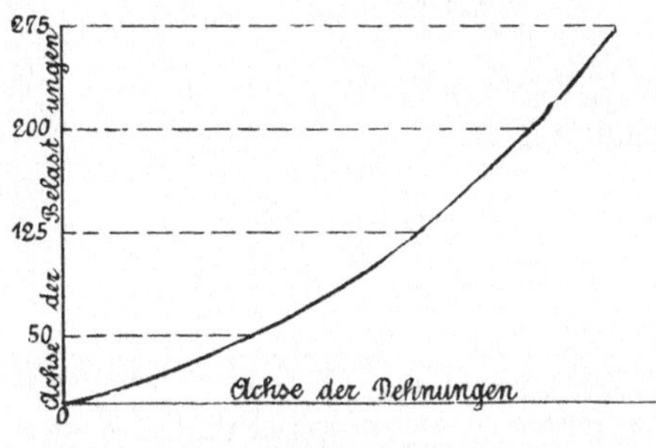

Fig. 18.

der Bruch unter 760 kg Belastung, wobei unmittelbar vorher die Länge der Messstrecke des gesammten Riemens zu 602,2 mm gemessen worden war. Unmittelbar nach dem Zerreissen zeigte die Messstrecke, durch Aneinanderstossen der Bruchflächen hergestellt,

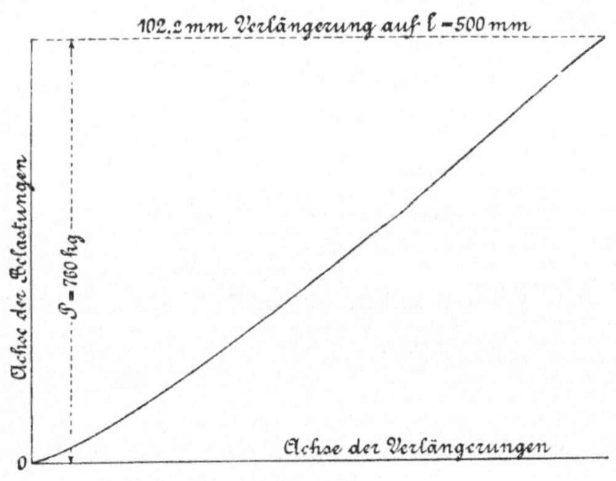

Fig. 19.

520 mm, 40 Stunden später 516,8 mm, 10 Tage darauf 515,6 mm und 23 Tage später 515 mm.

Bei Beurtheilung der Spannungen darf die weitgehende Verminderung des Querschnittes mit steigender Belastung nicht ausser Acht gelassen werden. So beträgt beispielsweise bei $P = 400$ kg die Breite 47,5 mm und die Stärke 6,0 mm, also $f = 4{,}75 \,.\, 0{,}60$

$= 2{,}85$ qcm gegen ursprünglich 3,224 qcm. Mit dem ursprünglichen Querschnitt ergiebt sich somit die Spannung

$$\sigma = \frac{400}{3{,}224} = 124 \text{ kg/qcm},$$

dagegen mit dem Querschnitt, der thatsächlich unter der Belastung $P = 400$ kg vorhanden war,

$$\sigma = \frac{400}{2{,}85} = 140 \text{ kg/qcm}.$$

Bei $P = 600$ kg war $f = 4{,}66 \,.\, 0{,}59 = 2{,}75$ qcm
$P = 700$ - - $f = 4{,}59 \,.\, 0{,}59 = 2{,}70$ -

Da das Reissen des Riemens unerwartet bei $P = 760$ kg eintrat, so war $f = 2{,}70$ qcm der letzte der bestimmten Querschnitte des gespannten Riemens.

Je nachdem nun dieser Werth $f = 2{,}70$ qcm oder der ursprüngliche Querschnitt $f = 3{,}224$ qcm zur Ermittlung der Zugfestigkeit in Rechnung gestellt wird, ergiebt sich diese zu

$$\frac{760}{2{,}70} = 281 \text{ kg/qcm},$$

bezw.

$$\frac{760}{3{,}224} = 236 \text{ kg/qcm}.$$

Aehnlich wie Lederriemen verhalten sich Hanfseile u. dergl.[1])

8. Versuche mit Körpern aus reinem Cement, Cementmörtel, Beton.

Die zahlreichen, vom Verfasser mit solchen Körpern durchgeführten Druckversuche, hinsichtlich welcher auf die früheren

[1]) Siehe hierüber die Ergebnisse der vom Verfasser durchgeführten Versuche in der Zeitschrift des Vereines deutscher Ingenieure 1887, S. 221 u. f., S. 241 u. f., S. 891 und 892, oder auch „Abhandlungen und Berichte“ 1897, S. 5 u. f., S. 59 u. f.

Veröffentlichungen hingewiesen werden muss[1]), ergeben ausnahmslos, dass die Zusammendrückungen rascher wachsen als die Spannungen.

Die erlangten Versuchsergebnisse liefern innerhalb der für die ausführende Technik in Betracht kommenden Spannungsgrenzen beispielsweise die aus dem Folgenden ersichtlichen Beziehungen, in denen die Zahlenwerthe abgerundet sind.

Körper aus reinem Cement.

$$\varepsilon = \frac{1}{250\,000}\sigma^{1,09} \quad \ldots\ldots \quad 15)$$

Körper aus Cementmörtel.

1 Cement, $1\frac{1}{2}$ Donausand: $\varepsilon = \frac{1}{356\,000}\sigma^{1,11}$. 16)[2])

1 - 3 - $\varepsilon = \frac{1}{315\,000}\sigma^{1,15}$. 17)[2])

1 - $4\frac{1}{2}$ - $\varepsilon = \frac{1}{230\,000}\sigma^{1,17}$. 18)[2])

Körper aus Beton.

1 Cement, $2\frac{1}{2}$ Donausand, 5 Donaukies:

$$\varepsilon = \frac{1}{298\,000}\sigma^{1,145} \quad \ldots\ldots \quad 19)$$

---

[1]) Zeitschrift des Vereines deutscher Ingenieure 1895, S. 489 u. f., 1896, S. 1381 u. f., 1897, S. 248 u. f.; oder „Abhandlungen und Berichte" 1897, S. 230 u. f., S. 268 u. f., S. 289 u. f.

[2]) Es ist von Interesse zu beachten, wie ausgeprägt sich der Einfluss des Sandzusatzes auf die Grösse der Exponenten m und die Grösse von α äussert. Darin liegt überhaupt ein Vortheil der Beziehung 1, dass ihre beiden Koefficienten α und m sehr empfindlich sind gegenüber Verschiedenheiten in der Zusammensetzung des Materials (Gusseisen, Kupfer, Bronce, Messing, Cementmörtel, Beton, Granit u. s. w.), sowie gegenüber den Verschiedenheiten des Zustandes, in welchem es sich jeweils in dem untersuchten Körper befindet (z. B. ob vorher ausgeglüht, ob kalt bearbeitet, oder vorher belastet u. s. w.). Es erscheint wahrscheinlich, dass durch genaue Feststellungen in dieser Richtung in manche Materialien Einblicke erlangt werden können, die bisher auf physikalischem Wege sich nicht gewinnen liessen.

1 Cement, $2^1/_2$ Eggingersand, 5 Kalksteinschotter:

$$\varepsilon = \frac{1}{457\,000}\sigma^{1,157} \qquad 20)$$

1 Cement, 5 Donausand, 6 Donaukies:

$$\varepsilon = \frac{1}{280\,000}\sigma^{1,137} \qquad 21)$$

1 Cement, 3 Donausand, 6 Kalksteinschotter:

$$\varepsilon = \frac{1}{380\,000}\sigma^{1,161} \qquad 22)$$

1 Cement, 5 Donausand, 10 Donaukies:

$$\varepsilon = \frac{1}{217\,000}\sigma^{1,157} \qquad 23)$$

1 Cement, 5 Eggingersand, 10 Kalksteinschotter:

$$\varepsilon = \frac{1}{367\,000}\sigma^{1,207} \qquad 24)$$

9. Versuche mit Granit.

Die vom Verfasser durchgeführten Versuche liefern

bei Zug Dehnungslinien, wie z. B. in Fig. 20 dargestellt
- Druck - - - - - - 21

Hiernach kehrt die Linie der gesammten und der federnden Zusammendrückungen (Fig. 21) der Achse der Spannungen zunächst ihre erhabene Seite und später ihre hohle Seite zu, d. h. zu Anfang wachsen die Zusammendrückungen rascher als die Spannungen und später langsamer. Die Linienzüge besitzen demnach Wendepunkte; sie liegen oberhalb der für die ausführende Technik in Betracht kommenden Spannungsgrenze, die gegenüber Druck bei etwa 40 kg/qcm angenommen werden darf. Innerhalb dieser Grenzen fand sich, wenn die Zahlen abgerundet werden,

$\varepsilon = \frac{16,60}{1200 \cdot 50} = 0,000277$
21,01
$+\sigma$
14,00
7,00
3,50
0
$+\varepsilon$

Fig. 20.

$-\varepsilon$
0
14,9
29,7
44,6
59,4
$-\sigma$
89,2
$\varepsilon = \frac{12,03}{600 \cdot 50} = 0,000401$

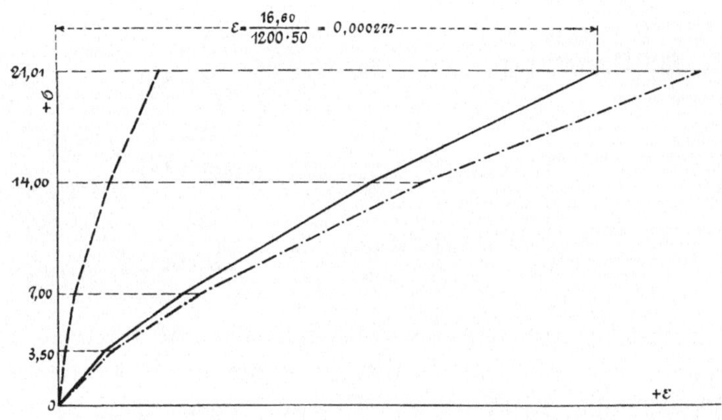

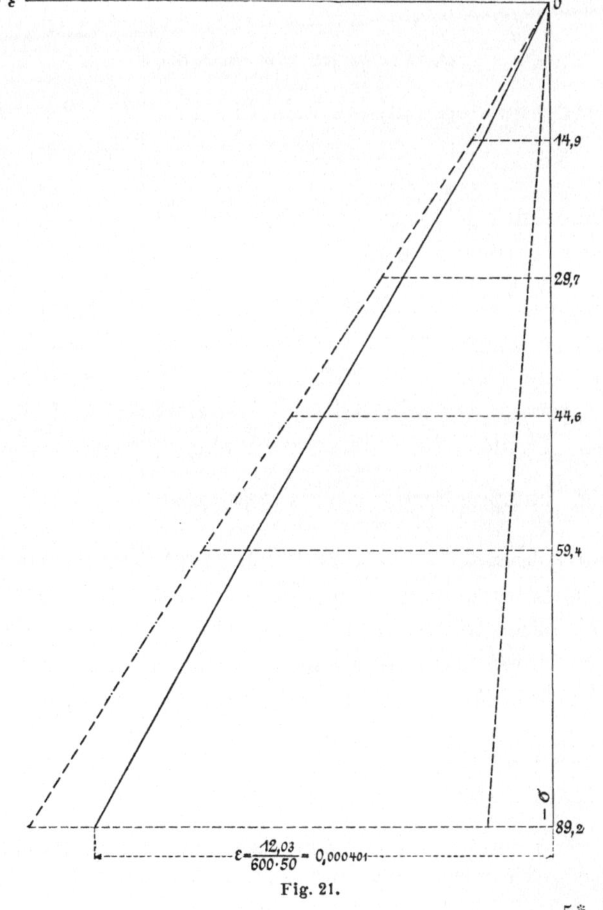

Fig. 21.

$$\text{für Granitkörper I (Druck)} \quad \varepsilon = \frac{1}{250\,000} \sigma^{1,132} \quad . \quad 25)$$

$$\text{- - II -} \quad \varepsilon = \frac{1}{340\,000} \sigma^{1,109} \quad . \quad 26)$$

$$\text{- - III (Zug)} \quad \varepsilon = \frac{1}{235\,000} \sigma^{1,374} \quad . \quad 27)$$

Mit welcher Genauigkeit diese Beziehungen die beobachteten Federungen wiedergeben, darüber giebt die in der Fussbemerkung angeführte Stelle Auskunft, auf die auch hinsichtlich der weiteren Einzelheiten verwiesen werden darf[1]).

10. Versuche mit Marmor.

Querschnitt des mittleren prismatischen Theiles 9,115 . 9,13 = 83,2 qcm
Länge - - - - 54 cm
Messlänge . . . . 50 cm
Gesammtlänge des Körpers . . . . 74,5 cm
Gewicht des Körpers . . . . 17,715 kg.

Der Körper wird zunächst in einer stehenden Prüfungsmaschine auf Druck beansprucht und dabei jeweils vollständig von der Druckkraft der Maschine entlastet, so dass als Belastung des mittleren Querschnitts sein halbes Eigengewicht und das Gewicht des oberen Theiles der Messvorrichtung verbleiben, zusammen rund 18 kg, entsprechend $\frac{18}{83,2} = 0,22$ kg/qcm.

Hieran schliesst sich Beanspruchung auf Zug in einer zweiten stehenden Maschine, ganz wie dies bei dem Gusseisenkörper III (S. 25 u. f.) beschrieben worden ist. Die Belastung des mittleren Querschnitts durch das halbe Eigengewicht und durch den Antheil des Gewichts der Messvorrichtung beträgt hierbei rund 15 kg, d. i. $\frac{15}{83,2} = 0,19$ kg/qcm.

---

[1]) Zeitschrift des Vereines deutscher Ingenieure 1897, S. 241 u. f. oder auch des Verfassers „Abhandlungen und Berichte“ 1897, S. 281 u. f.

Der Zugversuch wird wiederholt.

Darauf folgt abermals Druckbelastung u. s. w., wie dies aus den folgenden Zusammenstellungen der Versuchsergebnisse erhellt.

1. Versuchsreihe.

Druck.

Der Körper war vorher mit rund 6000 kg belastet, entsprechend 72,1 kg/qcm.

Temperatur 20,0° bis 20,1° C.

Belastungsstufen		Zusammendrückungen in $^1/_{600}$ cm auf 50 cm		
gesammte	kg/qcm	gesammte	bleibende	federnde
18 und 2018	0,22 und 24,25	4,10	0,25	3,85
18 - 4018	0,22 - 48,29	7,265	0,315	6,95
18 - 6018	0,22 - 72,33	10,035	0,33	9,705

Die Unterschiede der Federungen sind

3,85 3,10 2,755,

sie nehmen also ausgeprägt ab mit wachsender Spannung. Der Marmor verhält sich hiernach umgekehrt, wie z. B. das Gusseisen.

2. Versuchsreihe.

Zug.

Der Körper wurde kurze Zeit mit rund 2000 kg belastet, entsprechend 24 kg/qcm.

Temperatur 20,0° C.

Belastungsstufen		Dehnungen in $^1/_{600}$ cm auf 50 cm		
gesammte	kg/qcm	gesammte	bleibende	federnde
15 und 300	0,19 und 3,61	0,82	0,085	0,735
15 - 600	0,19 - 7,21	1,935	0,115	1,820
15 - 900	0,19 - 10,82	3,365	0,18	3,185
15 - 1200	0,19 - 14,42	4,96	0,215	4,745

Eine Wiederholung des Versuchs — 3. Versuchsreihe — ergab nahezu die gleichen federnden Dehnungen.

Die Unterschiede der Federungen

0,735 1,085 1,365 1,560

zeigen deutlich Zunahme der Dehnungen mit wachsender Spannung.

4. Versuchsreihe.

Druck.

Temperatur 20,0° bis 20,1° C.

Belastungsstufen		Zusammendrückungen in $^1/_{600}$ cm auf 50 cm		
gesammte	kg/qcm	gesammte	bleibende	federnde
18 und 2018	0,22 und 24,25	7,77	3,295	4,475
18 - 4018	0,22 - 48,29	11,63	3,795	7,835
18 - 6018	0,22 - 72,33	14,54	4,125	10,415

Die grossen bleibenden Zusammendrückungen sind die Folge des Vorhergehens von Zugbelastung. Auch die federnden Zusammendrückungen zeigen grössere Werthe als Versuchsreihe 1. Doch hat sich daran, dass sie langsamer als die Spannungen wachsen, nichts geändert. Denn es betragen die Unterschiede

4,475 3,360 2,580.

Dieselben unterscheiden sich hier noch bedeutender von einander als bei der Versuchsreihe 1.

5. Versuchsreihe.

Druck.

Temperatur 20,1° C.

Belastungsstufen		Zusammendrückungen in $^1/_{600}$ cm auf 50 cm		
gesammte	kg/qcm	gesammte	bleibende	federnde
18 und 2018	0,22 und 24,25	4,185	0,025	4,16
18 - 4018	0,22 - 48,29	7,54	0,05	7,49
18 - 6018	0,22 - 72,33	10,30	0,09	10,21

Die bleibenden Zusammendrückungen ergeben sich jetzt klein; die federnden haben sich ebenfalls etwas verändert, sie sind aber noch etwas grösser als bei der 1. Versuchsreihe. Von Interesse ist zu beachten, dass sich die Federung der obersten Stufe derjenigen genähert hat, welche bei der 1. Versuchsreihe erhalten wurde; dort waren die Unterschiede

	3,85	3,10	2,755,
hier betragen sie	4,16	3,33	2,72

Eine Wiederholung des Versuchs — 6. Versuchsreihe — ergab die gleichen federnden Zusammendrückungen.

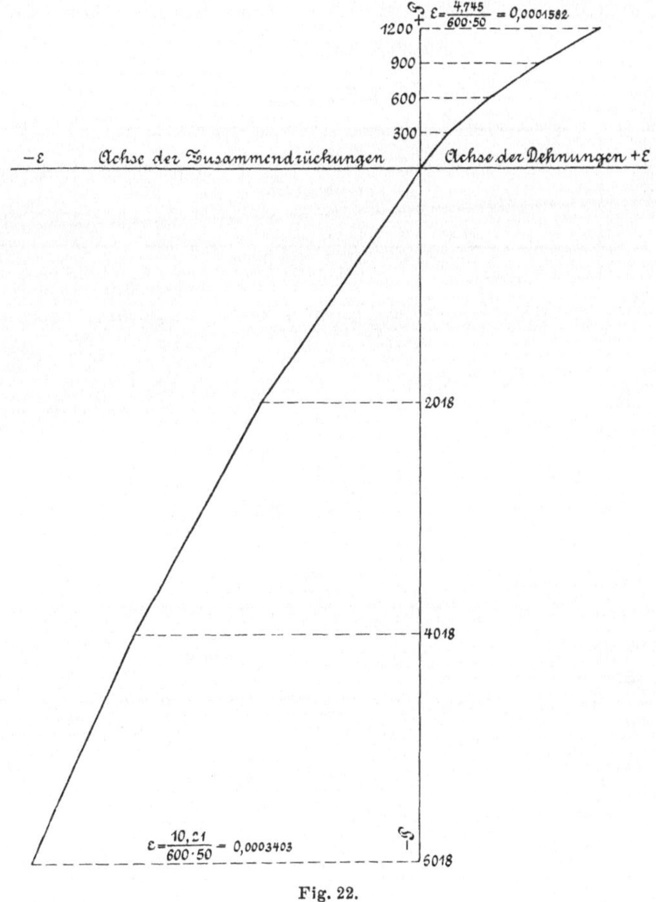

Fig. 22.

In Fig. 22 sind die federnden Dehnungen der 2. Versuchsreihe (Zug) und die federnden Zusammendrückungen der 5. Versuchsreihe in der mehrfach erörterten Weise eingetragen und die so erhaltenen Punkte verbunden. Der so erlangte Linienzug hat die Eigenthümlichkeit, dass er der Achse der Spannungen auf der Zugseite seine erhabene, dagegen auf der Druckseite seine hohle Seite zukehrt. Für $\sigma = 0$ darf nach dem Verlauf der beiden Kurvenzweige mit Annäherung eine gemeinschaftliche Tangente angenommen werden.

Werthe von α,

unter Zugrundelegung der Federungen berechnet für die einzelnen Belastungsstufen. (Vergl. S. 19, insbesondere auch die Fussbemerkung daselbst.)

Druck.

Spannungsstufe in kg/qcm	1. Versuchsreihe	4. Versuchsreihe	5. (6.) Versuchsreihe
0,22 und 24,25	$\frac{3,85}{600 . 50} \quad \frac{1}{24,25 - 0,22} = \frac{1}{187\,200}$	$\frac{1}{161\,100}$	$\frac{1}{173\,300}$
24,25 - 48,29	$\frac{6,95 - 3,85}{600 . 50} \quad \frac{1}{48,29 - 24,25} = \frac{1}{232\,600}$	$\frac{1}{214\,600}$	$\frac{1}{216\,600}$
48,29 - 72,33	$\frac{9,705 - 6,95}{600 . 50} \quad \frac{1}{72,33 - 48,29} = \frac{1}{261\,800}$	$\frac{1}{279\,500}$	$\frac{1}{265\,100}$

Zug.

Spannungsstufe in kg/qcm	2. (3.) Versuchsreihe
0,19 und 3,61	$\frac{0,735}{600 . 50} \quad \frac{1}{3,61 - 0,19} = \frac{1}{139\,600}$
3,61 - 7,21	$\frac{1,82 - 0,735}{600 . 50} \quad \frac{1}{7,21 - 3,61} = \frac{1}{99\,500}$
7,21 - 10,82	$\frac{3,185 - 1,82}{600 . 50} \quad \frac{1}{10,82 - 7,21} = \frac{1}{79\,300}$
10,82 - 14,42	$\frac{4,745 - 3,185}{600 . 50} \quad \frac{1}{14,42 - 10,82} = \frac{1}{69\,200}$

11. Versuche mit Sandstein.

Die vom Verfasser durchgeführten Versuche ergaben für Sandstein im ursprünglichen Zustande ausnahmslos, dass die Dehnungen weit rascher wachsen als die Spannungen. Da grundsätzlich Neues hierbei nicht auftritt, so darf auf die dahingehenden Veröffentlichungen des Verfassers verwiesen werden: Zeitschrift des Vereines deutscher Ingenieure 1899, S. 1402; 1900, S. 1169 u. f.[1]).

§ 5. Gesetz der Längenänderungen. Vollkommenheit und Grösse der Elasticität. Gesetz der elastischen Dehnung. Einfluss der Zeit. Elastische Nachwirkung.

1. Gesetz der Längenänderungen.

Wie wir in § 4 sahen, sind bei einem in Richtung seiner Achse durch Zug oder Druck beanspruchten Körper dreierlei Aenderungen der Länge desselben zu unterscheiden:

1. die gesammte Längenänderung λ,
2. - bleibende - λ',
3. - federnde - $\lambda - \lambda' = \lambda''$.

Ein Blick auf Fig. 1, § 4, in welcher die Linien der gesammten (— · — · —), der bleibenden (— — — —) und der federnden Längenänderungen (—) eingetragen sind, lehrt, dass zur Feststellung des Zusammenhanges zwischen diesen drei Arten von Längenänderungen und den zugehörigen Spannungen im Allgemeinen drei Funktionen erforderlich sind:

$$\lambda = f_1(\sigma), \qquad \lambda' = f_2(\sigma), \qquad \lambda'' = f_3(\sigma).$$

Die erste Funktion bestimmt die Linie der gesammten, die zweite diejenige der bleibenden und die dritte diejenige der federnden Längenänderungen.

---

[1]) Mittheilungen über Forschungsarbeiten auf dem Gebiete des Ingenieurwesens 1901, Heft 1.

Früher pflegte man nur die erste dieser Funktionen zu bestimmen und sie zur Grundlage der Elasticitäts- und Festigkeitslehre zu machen. Dass dies unter Umständen zu recht groben Fehlern führen musste, liegt auf der Hand. Deshalb ging Verfasser dazu über, λ' und damit auch $\lambda'' = \lambda - \lambda'$ in der Weise zu bestimmen, wie dies in § 4 mehrfach besprochen worden ist (vergl. z. B. daselbst Ziff. 1, Gusseisenkörper I): man wechselt für jede Spannungsstufe Belastung und Entlastung so oft, bis die gesammten, bleibenden und federnden Dehnungen sich nicht mehr ändern, und erhält so für die betreffende Spannungsstufe in λ'' die Federung, d. h. die eigentliche elastische Dehnung, welche der Körper unter den Verhältnissen, unter denen die Untersuchung stattfindet, aufweist[1]). Es erscheint deshalb richtiger, die Funktion $f_3(\sigma)$ als das

[1]) Die Bestimmung von Masszahlen für die Federung, d. h. für die Elasticität, welche bei mehr oder minder rasch aufeinanderfolgenden Spannungsänderungen vorhanden ist, wurde vom Verfasser bereits in den Jahren 1885 und 1886 aufgenommen. Seines Wissens waren dies die ersten derartigen Versuche. Als Material wurden zunächst diejenigen Stoffe gewählt, für welche das Bedürfniss nach dem bezeichneten Elasticitätskoefficienten am dringendsten war: Lederriemen, Hanf- und Drahtseile. Ueber einen Theil dieser Versuche ist in der Zeitschrift des Vereines deutscher Ingenieure 1887, S. 221 bis 225, S. 241 bis 245, S. 891 und 892, (oder auch „Abhandlungen und Berichte“ 1897, S. 5 u. f., S. 59 und 60) berichtet. Daselbst findet sich u. A. angegeben, dass in manchen Fällen die Federung nicht viel mehr als die Hälfte der gesammten Dehnung beträgt, übrigens in hohem Masse eine Funktion der Spannung ist (mit Zunahme der letzteren abnimmt) und dass sie auch von der Zeit abhängt. Bis dahin war ganz allgemein mit einem konstanten Dehnungskoefficienten oder Elasticitätsmodul gerechnet worden. Die genannten Versuche wiesen beispielsweise nach, dass der Dehnungskoefficient der Federung, d. i. die Federung der Längeneinheit für das Kilogramm Spannung, betrug:

für einen neuen Lederriemen

$\frac{1}{1250}$ bei der Spannungsstufe $\sigma_1 = 7{,}5$ und $\sigma_2 = 18{,}75$ kg/qcm

$\frac{1}{1890}$ - - - $\sigma_2 = 18{,}75$ und $\sigma_3 = 30{,}0$ -

für einen gebrauchten Lederriemen

$\frac{1}{2680}$ bei der Spannungsstufe $\sigma_1 = 7{,}2$ und $\sigma_2 = 21{,}6$ kg/qcm

$\frac{1}{3600}$ - - - $\sigma_2 = 21{,}6$ - $\sigma_3 = 36{,}0$ -

$\frac{1}{4130}$ - - - $\sigma_3 = 36{,}0$ - $\sigma_4 = 50{,}4$ -

Elasticitätsgesetz anzusehen und sie zur Grundlage der Elasticitätslehre zu nehmen.

Die zweite Funktion $f_2(\sigma)$, welche die Linie der bleibenden Längenänderungen oder kurz der Dehnungsreste bestimmt, kann zur Beurtheilung des Materials an sich oder auch des Zustandes herangezogen werden, in dem sich das Letztere in dem untersuchten Körper befindet. Insofern die Linie der Dehnungsreste Auskunft

---

Dabei erfolgten die Wechsel in der Belastung durchschnittlich während der Zeit von 1,5 Minuten, welche zur Vornahme der Messungen erforderlich wurde.

Leder, das vorher nicht gestreckt war (Ledertreibriemen werden vorher kräftig gestreckt), lieferte unter Umständen für die gesammte, d. h. bleibende und federnde Dehnung Werthe, welche den Dehnungskoefficienten von rund $\frac{1}{100}$ ergaben.

Später hat sich auch Hartig auf den Standpunkt des Verfassers gestellt und ist dafür eingetreten, dass die federnde Dehnung bestimmt werde. Doch muss dem von Hartig im Civilingenieur 1893, S. 126 Bemerkten gegenüber hervorgehoben werden, dass es im Allgemeinen nicht ausreichend ist, der Bestimmung des Elasticitätsgesetzes nur einen einmaligen Spannungswechsel unmittelbar vorhergehen zu lassen. Für manche Materialien, z. B. Stahl von grosser Festigkeit, ist es innerhalb der Belastungsgrenzen, für welche der Dehnungskoefficient bestimmt zu werden pflegt, meist überhaupt nicht nöthig, diesen vorbereitenden Spannungswechsel auszuführen; für Materialien dagegen wie Gusseisen (vergl. z. B. § 4, Ziffer 1), zähes (ausgeglühtes) Flusseisen, Kupfer, Bronce, Messing, Beton u. s. w., also ganz abgesehen von Stoffen wie Leder u. dergl., erweist sich der einmalige Wechsel meist als durchaus ungenügend.

Das Verfahren, die — für die Untersuchungen oft recht unerwünschten und Zeitaufwand verursachenden — bleibenden Dehnungen dadurch zu beseitigen, dass man den Versuchskörper von vornherein weit über die Spannung hinaus belastet, mit welcher das Material später im Gebrauchsstück beansprucht wird, d. h. dass man ihn vorher überlastet, läuft — je nach der Höhe der vorherigen Belastung — unter Umständen auf eine Misshandlung des Materials hinaus. Jedenfalls wird dasselbe hierdurch oft in einen Zustand versetzt, der von dem mehr oder weniger verschieden ist, in welchem sich das normal behandelte Material in den eigentlichen Gebrauchsstücken befindet; während doch die Untersuchung des Materiales zu dem Zwecke zu erfolgen pflegt, sein Verhalten in den Gebrauchsstücken möglichst richtig beurtheilen zu können. Ziemlich häufig erwidert das überlastet gewesene Material diese Behandlung durch elastische Nachwirkung (§ 5, Ziff. 4), indem es sich dem ursprünglichen Zustand wieder nähert, also den verlässt, für welchen die ermittelten Zahlen gelten.

Die Zahlenwerthe in den Gleichungen 4 bis 8, S. 37, lassen deutlich den Einfluss der vorhergegangenen Belastungen bei Gusseisen erkennen, noch empfindlicher pflegen Steine, insbesondere aber Leder zu sein. Man erhält für solche Stoffe nach vorhergegangenen starken Belastungen Federungen, die sich ausser-

darüber ertheilt, welche bleibende Dehnung bei einer gewissen Belastung des Körpers zu erwarten steht, kann sie überdies noch weitere Bedeutung erlangen, worauf bereits S. 21 hingewiesen worden ist[1]).

2. *Mass der Vollkommenheit und der Grösse der Elasticität.*

Wie bereits S. 17 bemerkt, wohnt jedem Körper die Eigenschaft inne, unter der Einwirkung äusserer Kräfte eine Aenderung der Gestalt zu erfahren und mit dem Aufhören dieser Einwirkung die erlittene Formänderung mehr oder minder vollständig wieder zu verlieren. Insoweit er die erlittene Formänderung wieder verliert, d. h. insoweit sein Material zurückfedert, wird er als elastisch bezeichnet. Ist die Rückkehr in die ursprüngliche Form eine vollständige, so spricht man von „vollkommen elastisch".

Hieraus erhellt, dass der Grad der Vollkommenheit der Elasticität eines Körpers oder kurz der Elasticitätsgrad desselben zum Ausdruck gebracht werden kann durch den Quotienten:

$$\mu = \frac{\text{federnde Dehnung}}{\text{gesammte Dehnung}},$$

wenn nur die Längenänderung eines auf Zug oder Druck beanspruchten Körpers ins Auge gefasst wird. Hiernach würde beispielsweise der in § 4 unter Ziff. 1 besprochene Gusseisenkörper III

---

ordentlich stark von denjenigen unterscheiden können, die das gleiche Material im ursprünglichen Zustande lieferte.

Vergl. auch Fussbemerkung 2, S. 65, sowie diejenige S. 86 und 87.

Der gemachte Einwand gegen das Verfahren entfällt natürlich in den Fällen, in welchen das Material auch in den Gebrauchsstücken vorher überlastet wird, was z. B. zu dem Zwecke geschehen kann, bleibende Formänderungen später von ihnen fernzuhalten.

[1]) Die Erkenntniss der Gesetze der bleibenden Formänderungen bildet in der Hauptsache eine Aufgabe der mechanischen Technologie. Erst in neuerer Zeit ist derselben die ihr gebührende Werthschätzung zu Theil geworden (Tresca, dem wohl die ersten Erkenntnisse hinsichtlich des Fliessens fester Körper zu verdanken sind, Kick: Gesetz der proportionalen Widerstände und seine Anwendungen 1885, sowie die späteren Veröffentlichungen Kick's, Rejtö: die innere Reibung der festen Körper, 1897 u. s. w.).

auf der mit $P = 20000$ kg schliessenden Belastungsstufe folgende Elasticitätsgrade aufweisen:

bei der ersten Versuchsreihe

$$\frac{15,435}{18,255} = \sim 0,845,$$

bei der zweiten

$$\frac{15,365}{15,465} = \sim 0,996,$$

bei der dritten

$$\frac{18,325}{22,335} = \sim 0,826,$$

bei der vierten

$$\frac{18,25}{18,34} = \sim 0,995.$$

Der in § 4 unter Ziff. 4 behandelte Kupferrundstab weist auf der obersten Belastungsstufe einen Elasticitätsgrad auf

bei der ersten Versuchsreihe von

$$\frac{5,53}{8,05} = \sim 0,687,$$

bei der zweiten

$$\frac{5,53}{5,68} = \sim 0,974.$$

Je niedriger die Spannung liegt, mit welcher die Belastungsstufe abschliesst, umsomehr pflegt unter sonst gleichen Verhältnissen sich μ der Einheit zu nähern. Die Spannung, bis zu welcher hin $\mu = 1$ ist oder sich doch nur sehr wenig von 1 unterscheidet, kann nach Massgabe des S. 21 und 22 Gesagten als Elasticitätsgrenze bezeichnet werden.

Dieses Mass der Vollkommenheit der Elasticität eines Körpers ist zu unterscheiden von dem Mass der Grösse der Elasticität, als welches die Federung der Längeneinheit für das Kilogramm Spannung oder allgemein für das Kilogramm Spannungsunterschied angesehen werden kann. So wird beispielsweise von dem unter § 4, Ziff. 7, zuerst besprochenen Riemen, sowie von den beiden in der Fussbemerkung S. 74 angeführten Riemen zu sagen sein, dass die Grösse ihrer Elasticität oder kurz ihre Elasticität mit wachsender Spannung abnimmt. Damit wird eben ausgesprochen, dass die Federung, d. i. die Grösse der Elasticität für das Kilogramm Spannung (Spannungsunterschied) um so kleiner ausfällt, je höher die Spannungsstufe (vergl. S. 19, Fussbemerkung) liegt, d. h. in der Sprache des gewöhnlichen Lebens, je stärker der Riemen angespannt ist. In gleicher Weise wird man von einem Gusseisenkörper (vergl. z. B. § 4, Ziff. 1, Gusseisenkörper II, S. 22 u. f.), einem Kupferstab (vergl. z. B. § 4, Ziff. 4, Rundstab I und II, S. 52 u. f.), einem Betonkörper u. s. w. sagen, dass die Grösse seiner Elasticität, kurz seine Elasticität mit wachsender Spannung zunimmt. Bei Besprechung der Elasticität von Körpern aus Cementmörtel, mit verschiedenem Sandzusatz, wie solche in § 4, Ziff. 8 angeführt sind, wird man festzustellen haben, dass die Elasticität mit (über $1^1/_2$ Theilen hinaus) wachsendem Sandzusatz unter sonst gleichen Verhältnissen zunimmt, dass beispielsweise Cementmörtel mit 3 Theilen Sandzusatz mehr Elasticität zeigt als solcher mit 1,5 Theilen Sand[1]).

[1]) Föppl, der Nachfolger auf dem Lehrstuhle Bauschinger's, verficht im Centralblatt der Bauverwaltung 1897, S. 102 und 103 unter mehrfacher Bezugnahme auf die Arbeiten des Verfassers folgende Begriffserklärungen:

„1) Elasticität ist allgemein die Fähigkeit eines Körpers, Formänderungsarbeit in umkehrbarer Weise aufzuspeichern.

2) Vollkommen elastisch verhält sich ein Körper bei einem gewissen Vorgange, wenn man die ihm durch äussere Kräfte zugeführte Formänderungsarbeit vollständig wieder in Form von mechanischer Energie aus ihm zurückgewinnen kann.

3) Der Grad der Elasticität eines nicht vollkommen elastischen Körpers wird durch das Verhältniss der in umkehrbarer Weise aufgespeicherten zu der gesammten ihm bei dem betrachteten Vorgange durch die äusseren Kräfte zugeführten Energie bestimmt“ u. s. w., und sagt sodann weiter: „Als einen wesentlichen Vorzug betrachte ich es übrigens, dass der Elasticitätsmodul oder der Bach'sche Dehnungskoefficient bei meiner Begriffsfeststellung gar nicht vorkommt. Niemand kann darüber im Zweifel sein, dass es dem herrschenden Sprachgebrauche durchaus zuwiderläuft, wenn man den Kautschuk als sehr, Bausteine als weniger und Eisen oder Stahl als noch weniger elastisch bezeichnen wollte oder umgekehrt. Herr —n kann meiner Ansicht nach zu einer solchen Folgerung aus den Bemerkungen Bach's und Bauschinger's nur deshalb gelangen, weil sich beide nicht die Mühe nahmen, das, was sie unter Elasticität verstanden, in scharfer Fassung auszusprechen u. s. w.“.

3. Allgemeineres Gesetz der elastischen Dehnung.

Wie bereits in § 2 bemerkt, pflegt hinsichtlich des Zusammenhanges zwischen der Dehnung ε, die stillschweigend als vollkommen elastisch vorausgesetzt wird, und der zugehörigen Spannung σ angenommen zu werden, dass innerhalb eines gewissen Spannungsgebietes, das nach oben durch die positive Spannung σ' und nach unten durch die negative Spannung σ'' begrenzt werden möge, Proportionalität zwischen ε und σ bestehe, entsprechend der Gleichung

$$\varepsilon = \alpha \sigma. \quad \ldots \ldots \quad 2\ (\S\ 2)$$

Hierin wird dann α als eine innerhalb dieser beiden Grenzspannungen σ' (Proportionalitätsgrenze gegenüber Zug) und σ'' (Proportionalitätsgrenze gegenüber Druck) gleichbleibende, somit von der Grösse und dem Vorzeichen von σ oder ε unabhängige Erfahrungszahl angesehen.

Diese angenommene Gesetzmässigkeit zwischen ε und σ, bekannt unter dem Namen „Hooke'sches Gesetz", wurde bis vor kurzer Zeit noch in weiten Kreisen als allgemein giltig angesehen[1]).

Verfasser glaubt, da er abweichender Meinung ist, im Interesse der Klarstellung die Föppl'sche Aeusserung hier anführen zu sollen. Für ihn besteht kein Zweifel darüber, dass es in der That dem herrschenden Sprachgebrauch, und zwar nicht blos in den Kreisen der Ingenieure entspricht, den Kautschuk als sehr elastisch, Bausteine als weniger elastisch u. s. w. zu bezeichnen. Diejenigen, welche eine solche Auffassung aus den bisherigen Arbeiten des Verfassers gefolgert haben, waren hierzu voll berechtigt. Von der Grösse der Elasticität eines Materials zu sprechen, liegt im praktischen Leben vielfach Bedürfniss vor (man vergl. die oben S. 78 angeführten Beispiele, oder man denke an die vielen Fälle, in denen der Ingenieur bei der Auswahl von Material darauf bedacht sein muss, dass es ausreichende Elasticität besitzt u. s. w.). In Bezug auf den Elasticitätsgrad kann das weniger gesagt werden.

Ob die obigen, auf den Begriff der Formänderungsarbeit sich stützenden Erklärungen, für welche ein wesentlicher Vorzug darin liegen soll, dass in ihnen die Erfahrungszahl, welche Spannungen und elastische Dehnungen mit einander verbindet und die sonst als die erfahrungsmässige Grundlage der gesammten Elasticitätslehre gilt, nicht vorkommt, als die Sache fördernd wirken und sich einbürgern werden, kann ruhig der Entwicklung der Elasticitätslehre überlassen bleiben. Verfasser glaubt deshalb es unterlassen zu dürfen, näher darauf einzugehen.

[1]) Dass dies selbst in den Kreisen der Physiker bis vor kurzem der Fall gewesen zu sein scheint, erhellt aus einer Arbeit von Thompson in Wiede-

Das in § 4 niedergelegte Erfahrungsmaterial, welches noch bedeutend hätte vermehrt werden können, wäre nicht Nöthigung vorhanden, Beschränkung zu üben, beweist deutlich, dass für die Mehrzahl der Stoffe Proportionalität zwischen Dehnungen und Spannungen nicht besteht, und dass somit das Hooke'sche Gesetz in der That nur für eine Minderzahl von Baustoffen des Ingenieurwesens, zu denen allerdings die hervorragend wichtigen Materialien: Schmiedeisen und Stahl gehören, als zutreffend angenommen werden kann; aber im Allgemeinen auch nur mit Annäherung. Denn selbst bei Schmiedeisen und Stahl führt eine scharfe Prüfung nicht selten zu dem Ergebniss, dass die Dehnungslinie von $\sigma = 0$ an eine Kurve, wenn auch eine sehr flache ist.

Bei dieser Sachlage erscheint es begreiflich, dass das Bedürfniss sich einstellte, den Dehnungskoefficienten α (oder seinen reciproken Werth, den Elasticitätsmodul E), als Funktion der Spannung σ zu kennen, oder auch eine Beziehung zwischen ε und σ aufzusuchen, welche die Versuchsergebnisse befriedigt[1]).

---

mann's Annalen der Physik und Chemie 1891, S. 555 u. f.: „Ueber das Gesetz der elastischen Dehnung". Er sagt daselbst: „Meines Wissens hat bis jetzt jeder für selbstverständlich gehalten, dass das alte Gesetz giltig sei, und es ist nie versucht worden, dasselbe einer Kritik zu unterziehen." Dass dies nicht ganz zutreffend, dass vielmehr bereits im Jahre 1891 die Erkenntniss in der That erheblich weiter vorgeschritten war, ergiebt sich aus den Darlegungen des Verfassers in der Zeitschrift des Vereines deutscher Ingenieure 1897, S. 248 u. f. oder in „Abhandlungen und Berichte" 1897, S. 289 u. f.

In dem hervorragenden Handbuch der Physik, welches von Winkelmann unter Mitwirkung einer grösseren Anzahl von Physikern herausgegeben wird, heisst es im ersten Band (1891), S. 218: „Dieses Gesetz ist schon von Hooke, und zwar in der Form ‚Ut tensio, sic vis' ausgesprochen worden, in die heutige Redeweise übersetzt, lautet es: Zwischen Zwang und Veränderung, zwischen Veränderung und elastischer Kraft besteht Proportionalität. Schon aus dem Umstande, dass man es hier meist mit kleinen Veränderungen zu thun hat, könnte man nach dem Principe, dass kleine Wirkungen sich einfach addiren, auf jene Proportionalität schliessen, und die Erfahrung bestätigt sie durchaus, vielleicht mit Ausnahme einiger in elastischer Hinsicht anormaler Stoffe (z. B. Kautschuk)."

[1]) Bis dahin stellte Verfasser die Veränderlichkeit von α dadurch fest und thut dies zum Theil auch heute noch, dass er die elastischen Längenänderungen für verschiedene Belastungsstufen ermittelt und dafür α berechnet.

Wenn sich auf dem Wege der Beobachtung ergeben hat,

a) dass für die aufeinanderfolgenden Spannungswechsel mit gemeinschaftlicher Anfangsspannung:

W. Schüle ermittelte auf Grund des ihm vom Verfasser 1896 zur Verfügung gestellten Versuchsmaterials, gewonnen in den Jahren 1885 bis 1896, dass die Gleichung

$$\varepsilon = \alpha \sigma^m \quad . \quad . \quad . \quad . \quad . \quad . \quad 1\ (\S\ 4)$$

gute Uebereinstimmung ergab. Seine Arbeit beschränkte sich dabei auf Gusseisen, Granit, Körper aus Cement, Cementmörtel und Beton gemäss den Gleichungen 2, 9, 10, 14 bis 16, 18 bis 26 in des Verfassers „Abhandlungen und Berichte", S. 291 u. f., und gemäss dem zugehörigen Versuchsmaterial.

Die Prüfung des Verfassers führte zu dem Ergebniss, dass — wenigstens für die durch das vorliegende Versuchsmaterial gedeckten Gebiete — Gleichung 1, § 4 die gesuchte Gesetzmässigkeit innerhalb der für die ausführende Technik in Betracht kommenden Spannungsgebiete befriedigend zum Ausdruck bringt[1]). Ein grosser

---

σ_1 und σ_2 die Dehnung ε_1,
σ_1 - σ_3 - - ε_2,
σ_1 - σ_4 - - ε_3

beträgt, so liefert die Rechnung

$$\alpha_1 = \frac{\varepsilon_1}{\sigma_2 - \sigma_1}, \qquad \alpha_2 = \frac{\varepsilon_2 - \varepsilon_1}{\sigma_3 - \sigma_2}, \qquad \alpha_3 = \frac{\varepsilon_3 - \varepsilon_2}{\sigma_4 - \sigma_3},$$

oder

b) dass für die aufeinanderfolgenden Spannungswechsel mit steigender Anfangsspannung:

σ_1 und σ_2 die Dehnung ε_1,
σ_2 - σ_3 - - (ε_2),
σ_3 - σ_4 - - (ε_3)

beträgt, so findet sich

$$\alpha_1 = \frac{\varepsilon_1}{\sigma_2 - \sigma_1}, \qquad \alpha_2 = \frac{(\varepsilon_2)}{\sigma_3 - \sigma_2}, \qquad \alpha_3 = \frac{(\varepsilon_3)}{\sigma_4 - \sigma_3}.$$

Als Beispiele des Verfahrens nach a) können angesehen werden: die Ermittlung von α für den Gusseisenkörper I, § 4, Ziff. 1, S. 19, den Marmorkörper § 4, Ziff. 10, S. 72 u. s. w.; als Beispiele des Verfahrens nach b) die Bestimmung von α für die beiden in der Fussbemerkung, S. 74 erwähnten Riemen.

Dass beide Verfahren — je nach dem Material — für die gleiche Belastungsstufe zu verschiedenen Werthen des Dehnungskoefficienten führen können, ist unter Ziff. 4, Fussbemerkung S. 86 und 87 hervorgehoben.

[1]) Verfasser glaubt auch hier hervorheben zu sollen, was er bereits an anderer Stelle („Abhandlungen und Berichte" 1897, S. 294) bemerkt hat, nämlich, dass das Zutreffen der Beziehung $\varepsilon = \alpha\sigma^m$ nach Massgabe des von ihm Gesagten

Theil der in § 4 aufgenommenen Versuchsergebnisse lag damals noch nicht vor. Um so lehrreicher ist es, festzustellen, dass, wie die Bemerkungen in § 4 zu den Gleichungen 2 bis 27 zeigen, auch die späteren Untersuchungen von Gusseisen, Kupfer, Bronce, Messing u. s. w. die Brauchbarkeit der Gleichung 1, § 4 bestätigen[1]). Nur eine einzige Ausnahme hat sich bisher dem Verfasser bei seinen Versuchen ergeben, auf die später näher eingegangen werden soll.

Für $m = 1$ geht Gleichung 1, § 4, in Gleichung 2, § 2 über. Das Hooke'sche Gesetz bildet somit einen Sonderfall der durch Gleichung 1, § 4, bestimmten Gesetzmässigkeit. Die Abweichung des Exponenten m von der Einheit bringt

---

ausdrücklich beschränkt erscheint: zunächst auf das Gebiet, welches durch das vorgelegte Versuchsmaterial gedeckt wird, und sodann auf solche Verhältnisse, welche Spannungen liefern, die innerhalb der für die ausübende Technik in Betracht kommenden Grenzen liegen. Die Nothwendigkeit der zweiten Beschränkung erhellt schon ohne Weiteres — ganz abgesehen von Anderem — aus dem Vorhandensein von Wendepunkten in den Linienzügen für Granit (vergl. Fig. 21, § 4, oder auch „Abhandlungen und Berichte" 1897, S. 283 u. f.: Fig. 2, 3, 4 und 5). Inwieweit die erste Beschränkung Berechtigung hat, wird durch weitere Versuche, namentlich auch mit anderen Stoffen festzustellen sein. Bei der grossen Masse von Materialien und der Verschiedenheit ihrer Eigenschaften erscheint es wahrscheinlich, dass das elastische Verhalten aller Materialien durch eine einfache mathematische Funktion überhaupt nicht genau zum Ausdruck gebracht werden kann.

Wie aus den Arbeiten des Verfassers, betr. die Elasticität der Materialien, hervorgeht, handelt es sich für ihn in erster Linie nicht um Auffindung eines neuen Gesetzes, sondern vielmehr darum, durch den Versuch das thatsächliche Verhalten der Stoffe festzustellen und dazu beizutragen, dass die Beziehung $\varepsilon = \alpha\sigma$, welche nur für eine Minderheit von Stoffen innerhalb gewisser Grenzen zutreffend erscheint, nicht mehr als allgemein giltiges Gesetz angesehen (vergl. in dieser Hinsicht auch Fussbemerkung S. 79 und 80) und ohne Weiteres zur Grundlage der gesammten Elasticitäts- und Festigkeitslehre gemacht wird. Die Anforderungen, welche die Technik an den Ingenieur stellt, gestatten dies — wenigstens in verschiedenen Fällen der Anwendung — heute nicht mehr. Sollte sich das thatsächliche elastische Verhalten aller Materialien durch irgend eine andere Funktion zwischen ε und σ ausreichend genau zum Ausdruck bringen lassen, welche noch dazu den Vortheil böte, für die Entwicklungen, betreffend die Ermittlung der Anstrengung von auf Biegung oder Drehung beanspruchten Körpern, bequemer zu sein als $\varepsilon = \alpha\sigma^m$, so würden meines Erachtens Wissenschaft und ausübende Technik die Aufstellung einer solchen Funktion willkommen heissen.

[1]) Vergl. auch die Darlegungen Schüle's in der Zeitschrift des Vereines deutscher Ingenieure 1898, S. 855 u. f. sowie die Fussbemerkung Ziff. 2, S. 85.

die Veränderlichkeit der Dehnungen zum Ausdruck. Für $m > 1$ wachsen die Dehnungen rascher als die Spannungen, für $m < 1$ langsamer. Je grösser die Abweichung des Exponenten m von der Einheit ist, um so mehr wölbt sich die Dehnungskurve Gleichung 1, § 4 gegen die ε-Achse, also dieser ihre hohle Seite zukehrend, wenn $m > 1$, und hohl gegen die σ-Achse, wenn $m < 1$.

Der Koefficient α hat die Bedeutung der Dehnung für die Spannung 1.

Aus Gleichung 1, § 4, folgt

$$\frac{d\varepsilon}{d\sigma} = m\,\alpha\,\sigma^{m-1},$$

d. i. die Tangente des Winkels, unter welchem die durch Gleichung 1, § 4, bestimmte Dehnungskurve gegen die σ-Achse geneigt ist.

Für $m > 1$, was z. B. für Gusseisen der Fall, und $\sigma = 0$ ergiebt sich

$$\frac{d\varepsilon}{d\sigma} = 0,$$

d. h. die Dehnungskurve hat im Koordinatenanfang die σ-Achse zur Tangente, gleichgiltig wie gross α und m, sofern nur $m > 1$.

Für $m < 1$, was z. B. bei Leder zutrifft, findet sich mit $\sigma = 0$

$$\frac{d\varepsilon}{d\sigma} = m\frac{\alpha}{\sigma^{1-m}} = \infty,$$

d. h. die ε-Achse ist Tangente im Koordinatenanfang, ebenfalls unabhängig von den Sonderwerthen von α und m.

Wir würden also beispielsweise für Gusseisen erhalten, dass die Dehnungskurve in senkrechter Richtung durch den Koordinatenanfang geht[1]), und für Leder, dass diese Kurve in wagrechter Richtung den Koordinatenanfang verlassend emporsteigt.

Gerade mit Rücksicht auf diese Eigenschaft der Kurve Gleichung 1, § 4, scheint es angezeigt, die Dehnung auch für verhältnissmässig kleine Spannungen zu ermitteln. Das ist z. B. geschehen

[1]) Für den ersten Augenblick kann diese Folgerung wohl befremden, namentlich wenn man sich an die Darstellungen mit übertrieben grossem Massstabe für die Dehnungen hält. Wenn beispielsweise für Schmiedeisen die Linie $\varepsilon = \alpha\sigma$ mit $\alpha = \frac{1}{2\,000\,000}$ als Gerade dargestellt wird, welche gegen die σ-Achse unter

6*

für den Gusseisenkörper III, indem die unterste Spannungsstufe bei Versuchsreihe 1 mit $\sigma = 20,45$ kg/qcm, bei Versuchsreihe 2 mit $\sigma = 10,22$ kg/qcm abschliessend angenommen wurde. Fig. 5, § 4 lässt erkennen, dass die beobachteten kleinen Dehnungen in der That auf starke Näherung an die σ-Achse hindeuten; der Grad der Genauigkeit, mit welchem die Längenänderungen bei so kleinen Spannungen festgestellt werden können, ist jedoch nicht sehr weitgehend, weshalb dieser Ermittlung eine durchschlagende Bedeutung nicht zuerkannt werden kann. Versuche mit Gusseisen aus neuester Zeit lassen es fraglich erscheinen, ob die σ-Achse im Koordinatenanfang thatsächlich Tangente an der Dehnungslinie ist.

Wie S. 81 hervorgehoben, steht die Gleichung 1, § 4, in guter Uebereinstimmung mit den Ergebnissen der vom Verfasser bisher in grosser Anzahl durchgeführten Elasticitätsversuche bis auf eine einzige Ausnahme und diese bildet der in § 4 unter Ziff. 10 behandelte Marmorkörper. Fig. 22, § 4 zeigt, dass hier die Dehnungslinie der σ-Achse auf der Zugseite ihre erhabene und auf der Druckseite ihre hohle Seite zukehrt. Demgemäss müsste der Exponent m in der Gleichung 1, § 4 für die Zugseite grösser als 1 und für die Druckseite kleiner als 1 sein, d. h. nach dem Obigen: auf der Zugseite wäre die σ-Achse im Koordinatenanfang Tangente an der Dehnungslinie, auf der Druckseite müsste dies die ε-Achse sein. Da ein solcher Verlauf der Dehnungskurve aus dem Gebiete der Zugspannungen in das Gebiet der Druckspannungen nicht angenommen werden kann, — wie ersichtlich, ist der Verlauf der beiden Linien-

---

einem Winkel geneigt ist, dessen Tangente gleich 0,5, so entspricht dies einer Vergrösserung der Dehnungen auf das 1 000 000 fache. In Verbindung mit einer so gezeichneten Geraden ist es allerdings schwer, sich $\frac{d\varepsilon}{d\sigma} = 0$ für $\sigma = 0$ vorzustellen. Anders liegt die Sache, wenn man den Massstab nicht übertreibt, sich also die Gerade unter einem solchen Winkel gegen die σ-Achse gezogen denkt, dass dessen Tangente $= \frac{1}{2\,000\,000}$ ist.

Ueberdies wendet sich die Kurve nach Verlassen des Koordinatenanfangs ausserordentlich rasch; denn während für $\sigma = 0$ $\frac{d\varepsilon}{d\sigma} = 0$, ergiebt sich für das Gusseisen III nach Gleichung 4, § 4 für $\sigma = 1$ kg/qcm bereits $\frac{d\varepsilon}{d\sigma} = \frac{1}{1\,338\,000}$, d. i. erheblich mehr, als der Neigung der Geraden entspricht, die gemäss $\varepsilon = \alpha\sigma$ für Schmiedeisen gelten würde.

züge in Fig. 22 vielmehr derart, dass im Koordinatenanfang eine gemeinschaftliche Tangente zu erwarten ist — so muss geschlossen werden, dass für den untersuchten Marmor die Gleichung 1, § 4, nicht als zutreffend erscheint.

Verfasser muss es unter Bezugnahme auf das S. 81 und 82, Fussbemerkung, Gesagte zunächst dahingestellt sein lassen, ob sich im Laufe der Zeit noch andere Ausnahmen zu der einen bis jetzt ermittelten gesellen werden[1]); ebenso, ob es überhaupt gelingen wird, eine genügend einfache Funktion ausfindig zu machen, welche das elastische Verhalten aller Materialien genau zum Ausdruck bringt[2]).

4. *Einfluss der Zeit. Elastische Nachwirkung.*

Wie in § 4 hervorgehoben, wohnt jedem Körper — allerdings in verschiedenem Grade — die Eigenschaft inne, unter der Einwirkung äusserer Kräfte eine Aenderung der Gestalt zu erfahren und mit dem Aufhören dieser Einwirkung die erlittene Formänderung mehr oder weniger vollständig wieder zu verlieren. Eine klar zu Tage liegende Folge dieser Eigenschaft ist es, dass der Körper bei plötzlicher Einwirkung der Kräfte oder bei plötzlicher Entlastung in Schwingungen versetzt wird. Aus diesem Zustande

---

[1]) Nach den Mittheilungen, welche Winkler im Civilingenieur 1878, S. 81 u. f. über die Ergebnisse seiner Versuche mit Kautschuk macht, würde sich dieses Material ähnlich wie Marmor verhalten: auf der Zugseite wachsen die Dehnungen weit rascher als die Spannungen, auf der Druckseite dagegen nehmen die Zusammendrückungen langsamer zu als die Pressungen.

[2]) Die Zeitschrift für Mathematik und Physik (begründet von Schlömilch) bringt im Schlussheft des Jahrganges 1897 eine Arbeit von R. Mehmke „Zum Gesetz der elastischen Dehnungen", welche u. A. eine zeitgemässe Zusammenstellung der bis jetzt vorgeschlagenen Formeln zur Darstellung der Abhängigkeit zwischen Dehnungen und Spannungen enthält. Aus derselben geht hervor, dass das Potenzgesetz $\varepsilon = \alpha \sigma^m$ bereits im Jahre 1729 von Bülffinger für die Zugelasticität in Vorschlag gebracht worden war und dass es 1822 auch Hodgkinson aufgenommen hatte. Das Ergebniss der bis jetzt vorliegenden rechnerischen Untersuchungen von Mehmke besteht darin, dass — soweit diese reichen — das Potenzgesetz die Beziehung zwischen Spannungen und Dehnungen im Ganzen genauer zum Ausdruck bringt als das parabolische Gesetz $\varepsilon = a\sigma + b\sigma^2$.

geht er, indem die Schwingungen kleiner und kleiner werden, nach mehr oder minder langer Zeit in den Ruhezustand über.

Aber auch dann, wenn die Inanspruchnahme oder die Entlastung des Körpers allmählich erfolgt, wenn also derartige Schwingungen nicht beobachtet werden, erweist sich die Formänderung im Allgemeinen nicht unabhängig von der Zeit. Die durch eine bestimmte Belastung erzeugbare Formänderung bedarf zu ihrer Ausbildung einer gewissen, zuweilen kurzen, unter Umständen aber auch sehr langen Zeit. Beispielsweise wird ein Stab aus hartem Werkzeugstahl schon unmittelbar nach allmählich erfolgter Belastung die überhaupt durch diese erreichbare Dehnung aufweisen, während ein belasteter Lederriemen nach Monaten, ja selbst nach Jahren noch Längenzunahmen, wenn auch immer kleiner werdende, zeigt. In Fällen letzterer Art führt die Zeit asymptotisch zum Endzustand.

Ganz das Entsprechende gilt hinsichtlich der Entlastung: der allmählich entlastete Stab nähert sich dem ursprünglichen Zustande — je nach der Art des Materials — mit verschiedener Geschwindigkeit, um so langsamer, je grösser die erlittene Formänderung war und je länger sie angedauert hatte.

Diese Erscheinung der allmählichen Ausbildung und der allmählichen Rückbildung der Formänderungen wird elastische Nachwirkung genannt. Sie beeinträchtigt namentlich dadurch, dass sie das Verhalten des untersuchten Körpers unter einer neuen Belastung von den Belastungen oder Entlastungen abhängig macht, denen er vorher unterworfen war, die Genauigkeit der Beobachtungen bei Versuchen zur Bestimmung der Formänderungen mehr oder minder. Insbesondere bei wechselnden Belastungen kann dieselbe zu eigenthümlichen Abweichungen führen, entsprechend einem gleichzeitigen, beiderseits mit veränderlicher Geschwindigkeit erfolgenden Verlaufe entgegengesetzter Aenderungen, oder kurz entsprechend einem Uebereinanderlagern von Nachwirkungen[1]).

---

[1]) Hiermit hängt es auch zusammen, dass die Federung (§ 4) bei manchen Körpern verschieden erhalten wird, je nachdem man die Untersuchung, wie in der Fussbemerkung S. 80 und 81 unter a) oder unter b) angegeben ist, durchführt. Besonders stark tritt dieser Unterschied bei Riemen auf. Beispielsweise fand sich für einen Ledertreibriemen, der in der Weise geprüft wurde, dass für jede Belastungsstufe mit Belastung und Entlastung so oft gewechselt wurde, bis sich die gesammten, die bleibenden und die federnden Dehnungen nicht mehr änderten:

Dieser Einfluss der Zeit auf die Formänderungen, wie auch auf die Festigkeit[1]) des Stoffes macht es nothwendig, dass im Allgemeinen den Ergebnissen von Versuchen auf diesem Gebiete die erforderlichen Angaben über die Zeit beigefügt werden.

Aus dem Vorstehenden folgt ferner, dass die im § 4 erörterten Längenänderungen, sowie die aus ihnen ableitbaren Masszahlen der Gesammtdehnung, des Dehnungsrestes und der Federung, d. h. die Dehnungskoefficienten streng genommen Funktionen der Zeit sein müssen. Praktische Bedeutung erlangt diese Abhängigkeit von der Zeit jedoch erst für solche Stoffe, bei denen die elastische Nachwirkung von Erheblichkeit ist (vergl. § 10 unter Hanfseile, sowie Fussbemerkung S. 74). Von hervorragender praktischer

---

1. Versuchsreihe		2. Versuchsreihe	
Belastungsstufe	federnde Ausdehnung	Belastungsstufe	federnde Ausdehnung
50 und 150 kg	6,0 mm	50 und 150 kg	5,5 mm
150 - 250 -	3,6 -	50 - 250 -	10,0 -
250 - 350 -	2,7 -	50 - 350 -	14,0 -

Wir erkennen Folgendes:

Für die gleiche Belastungsstufe 50 und 150 kg liefert die erste Versuchsreihe eine um 6—5,5 = 0,5 mm grössere Federung als die zweite Versuchsreihe.

Für die Belastungsstufe 150 und 250 kg liefert die erste Versuchsreihe unmittelbar 3,6 mm Federung, während die Ermittlung aus der zweiten Versuchsreihe durch Bildung des Unterschiedes 10,0—5,5 zu 4,5 mm führt, also mehr ergiebt.

Für die dritte Belastungsstufe 250 und 350 kg liefert die erste Versuchsreihe unmittelbar 2,7 mm Federung, während die zweite Versuchsreihe zu 14,0—10,0 = 4 mm führt.

Die Summe der Federungen der ersten Versuchsreihe ergiebt 6,0 + 3,6 + 2,7 = 12,3 mm gegen 14,0 mm bei der zweiten Versuchsreihe.

Auch bei der Untersuchung von anderen Stoffen fand sich ein, wenn auch meist weit kleinerer Unterschied, z. B. bei Steinen. Selbst Gusseisen ist nicht frei hiervon. Da ein Eingehen an dieser Stelle zu weit führen würde, so muss sich Verfasser hier auf diese Feststellung beschränken.

[1]) Beispielsweise werden Stäbe aus Schmiedeisen, Lederriemen u. s. w., sehr rasch zerrissen, einen grösseren Werth für die durch Gleichung 1, § 3 bestimmte Festigkeit liefern, als wenn das Zerreissen langsam erfolgt. Dagegen pflegen im letzteren Falle Dehnung und Querzusammenziehung grösser auszufallen; die zur Ausbildung der Formänderungen gelassene Zeit ist eben bedeutender. (Vergl. auch § 10.)

Siehe auch die Angaben über das Kürzerwerden der beiden Bruchstücke eines zerrissenen Riemens mit der Zeit auf S. 63, oben.

Bedeutung wird der Einfluss der Zeit auf die Aus- und Rückbildung der Formänderung, z. B. beim Riemenbetrieb, und damit auf die Grösse der übertragbaren mechanischen Arbeit bei grösseren Geschwindigkeiten, wie in des Verfassers Maschinenelementen, 8. Auflage (1901), S. 321 und 322, S. 343 bis 345 dargelegt ist.

Bei Prüfung von Leder, das für das Maschineningenieurwesen eine grosse Bedeutung hat, pflegt die elastische Nachwirkung so stark zu sein, dass sich die Frage aufdrängt, ob es überhaupt berechtigt ist, die elastischen Dehnungen in zwei Theile zu zerlegen, von denen der erste als plötzlich oder doch sehr rasch eintretend und wieder verschwindend angesehen, während der andere als nachwirkend, d. h. als allmählich mit abnehmender Geschwindigkeit verlaufend aufgefasst wird. Dass hierin — streng genommen — eine Willkürlichkeit liegt, bedarf keiner Erörterung.

I. Zug.

Die auf den geraden stabförmigen Körper wirkenden äusseren Kräfte ergeben für jeden Querschnitt desselben eine Kraft, deren Richtungslinie in die Stabachse fällt, und welche diese zu verlängern strebt.

§ 6. Gleichungen der Zugelasticität und Zugfestigkeit.

1. Es bedeute für den **prismatischen Stab**

P die ziehende Kraft,

f die Grösse des ursprünglichen Stabquerschnittes,

l die ursprüngliche Länge des Stabes,

λ die Verlängerung, welche der Stab durch die Einwirkung der Kraft P erfährt,

$\varepsilon = \frac{\lambda}{l}$ die Dehnung (§ 2),

α den Dehnungskoefficienten (§ 2),

σ die Spannung, welche durch die Belastung P hervorgerufen wird, und die mit der Dehnung ε verknüpft ist, bezogen auf den ursprünglichen Querschnitt (§ 1),

k_z die zulässige Anstrengung des Materials gegenüber Zugbeanspruchung.

Dann ist nach Gleichung 1, § 1

$$P = \sigma f \quad . \quad . \quad . \quad . \quad . \quad . \quad . \quad . \quad 1)$$

$$P \leqq k_z f \quad . \quad . \quad . \quad . \quad . \quad . \quad . \quad . \quad 2)$$

Unmittelbar aus dem Begriff des Dehnungskoefficienten folgt

$$\lambda = \alpha \, l \, \sigma = \alpha \, l \frac{P}{f} \quad . \quad . \quad . \quad . \quad . \quad . \quad 3)$$

2. Diese zunächst nur für prismatische Stäbe entwickelten Beziehungen werden dann auch auf gerade **stabförmige Körper von veränderlichem Querschnitte** übertragen.

Es bezeichne, Fig. 1,

P die Kraft, welche den Körper auf Zug in Anspruch nimmt,

f die Grösse des beliebigen, um x von der einen Stirnfläche abstehenden Querschnittes,

f_0 den kleinsten Stabquerschnitt,

l die Länge des Stabes vor der Dehnung,

λ die Zunahme der Stablänge in Folge der Einwirkung der Kraft P,

ε die Dehnung im Querschnitt f,

$\sigma = \frac{P}{f}$ die Spannung im Querschnitt f,

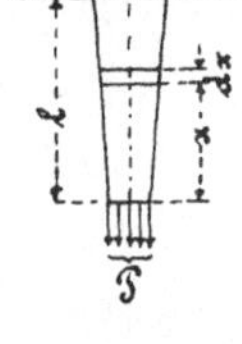

Fig. 1.

α den Dehnungskoefficienten,

k_z die zulässige Anstrengung des Materials gegenüber Zugbeanspruchung.

Die Dehnung ε ist hier von Querschnitt zu Querschnitt als veränderlich aufzufassen, weshalb in Bezug auf die Grössen l und λ der Bestimmungsgleichung 1, § 2, die Vorschrift getroffen werden muss, dass die Stablänge unendlich klein, also im vorliegenden Falle dx ist. Wird die Längenänderung, welche dx erfährt, mit Δdx bezeichnet, so folgt

$$\varepsilon = \frac{\Delta dx}{dx}.$$

Dann gelten ausser der Gleichung 1 die folgenden Beziehungen:

$$P \leqq k_z f_0 , \quad \ldots \ldots \ldots \quad 4)$$

$$\lambda = \int_0^l \varepsilon \, dx = P \int_0^l \alpha \frac{dx}{f} \quad \ldots \ldots \quad 5)$$

Ist α unveränderlich, was bei Spannungen innerhalb der Proportionalitätsgrenze zutrifft, falls dem in Frage stehenden Material eine solche überhaupt eigenthümlich (§ 2), so darf α vor das Integralzeichen gesetzt werden.

Die Voraussetzungen, welche den vorstehenden Beziehungen 1 bis 5 zu Grunde liegen, sind in manchen Fällen der Verwendung sehr unvollkommen erfüllt. Mit Rücksicht auf diesen Umstand seien sie kurz zusammmengestellt.

1. Die äusseren Kräfte ergeben für jeden Querschnitt nur eine in die Stabachse fallende Zugkraft.
2. Auf die Mantelfläche des Stabes wirken Kräfte nicht.
3. Der Einfluss des Eigengewichtes des Stabes kommt nicht in Betracht.
4. Die Dehnungen und die Spannungen sind in allen Punkten eines beliebigen Stabquerschnittes gleich gross und senkrecht zu letzterem gerichtet. (Gleichmässige Vertheilung der Zugkraft über den Querschnitt[1].)
5. Die Form des Querschnittes ist gleichgiltig.

Soll das eigene Gewicht G des Körpers berücksichtigt werden, so ergiebt sich für den obersten Querschnitt von der Grösse f_1 in Fig. 1

$$\sigma = \frac{P + G}{f_1}, \qquad k_z \geqq \frac{P + G}{f_1}.$$

Von dem Querschnitte f (im Abstande x) bis zu dem um dx davon entfernten Querschnitt ändert sich die Gesammtzugkraft $f \sigma$

[1]) Diese Voraussetzung ist in der Mehrzahl der Fälle weit unvollkommener erfüllt, als man anzunehmen pflegt. So ist z. B. — streng genommen — überall da, wo die äussere Kraft in den Stab eintritt, gleichmässige Vertheilung der Spannungen über den ganzen Querschnitt nicht vorhanden, allerdings wird dabei der Grad der Ungleichmässigkeit sehr verschieden sein können.

um $\gamma f\,dx$, sofern γ das specifische Gewicht des Stabmaterials bedeutet. Hieraus folgt

$$d(f\sigma) = \gamma f\,dx.$$

Wird nun verlangt, die Stabquerschnitte derartig nach oben zunehmen zu lassen, dass σ für alle Querschnitte den gleichen

---

Bei den Schrauben, Fig. 2 und 3, tritt die Kraft durch den Kopf in den Schaft über; in dem Querschnitt des Schaftes da, wo dieser an den Kopf anschliesst, werden die nach dem Umfange zu gelegenen Fasern mehr zur Uebertragung herangezogen werden als die nach der Achse zu gelegenen. Bei Schraube Fig. 3 wird diese Ungleichmässigkeit noch bedeutender sein müssen als bei Schraube Fig. 2, weil bei der ersteren zunächst nur ein Theil des Umfanges zum Eintritt der Kraft herangezogen wird.

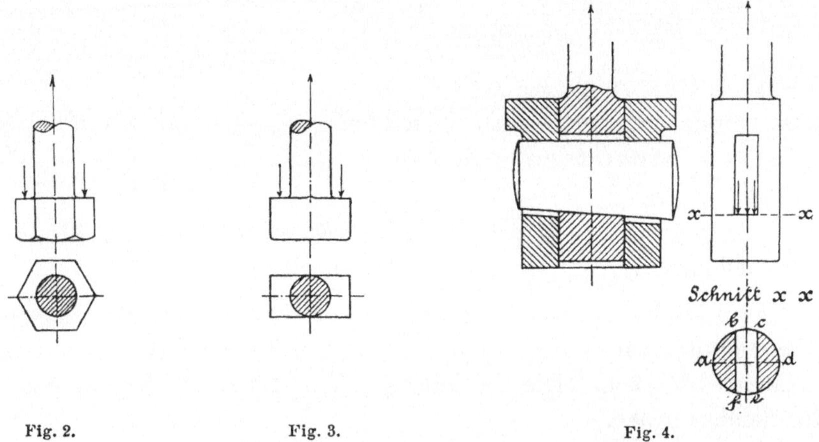

Fig. 2. Fig. 3. Fig. 4.

Bei der Kraftübertragung durch Keil oder Splint, Fig. 4, legt sich der Keil oder Splint gegen die angenähert rechteckige Fläche $b\,c\,e\,f$. Die Beanspruchung der beiden Kreisabschnitte $a\,b\,f$ und $c\,d\,e$ im Querschnitt $x\,x$ muss dabei eine ungleichmässige derart sein, dass die Spannungen in den dem Keilloche, d. h. $b\,f$ und $c\,e$ am nächsten gelegenen Flächenelementen grösser ausfallen als in den nach dem Umfange, d. h. nach a und d hin gelegenen Elementen.

Weitere Beispiele ungleichmässiger Spannungsvertheilung finden sich in des Verfassers Maschinenelementen, z. B. S. 124, Fig. 64; S. 161, Fig. 114 (8. Auflage).

Mit Rücksicht auf diese Sachlage ist es bei Zugversuchen eine der Hauptaufgaben, die Form der Probestäbe so zu wählen, dass die Zugkraft möglichst gleichmässig über die Querschnitte des der Messung unterworfenen mittleren Stückes vertheilt wird (vergl. § 8).

Werth k_z hat, so ergiebt sich

$$k_z\, df = \gamma f\, dx,$$

und hieraus

$$ln f = \frac{\gamma x}{k_z} + C_1.$$

Für $x = 0$ muss sein $f = P : k_z$, d. h.

$$C_1 = ln \frac{P}{k_z}.$$

Hiermit wird schliesslich in

$$f = \frac{P}{k_z} e^{\frac{\gamma x}{k_z}} \quad \text{. . . . . 6)}$$

das Gesetz erhalten, nach dem der gezogene Stab als Körper gleichen Widerstandes zu formen wäre.

3. Beispiel der Zugelasticität mit Rücksicht auf den **Einfluss der Temperatur.**

Der Draht einer elektrischen Leitung zum Zwecke der Arbeitsübertragung wird von Stangen getragen, welche je um $2\,l$ von einander abstehen. Die Aufhängepunkte A und B, Fig. 5, liegen in gleicher Höhe.

Mit welcher Pfeilhöhe h muss der Draht bei der Sommertemperatur t ausgelegt werden, damit im Winter bei der niedrigsten Temperatur t_0 die Spannung σ_0 nicht überschritten wird?

Vergleiche auch den Einfluss der Hinderung der Querzusammenziehung § 9, Ziff. 1.

Bei Stäben mit veränderlichem Querschnitt, Fig. 1, können die Spannungen in den sämmtlichen Elementen eines Querschnittes nicht die gleiche Richtung haben. Die Spannung im Schwerpunkte des Querschnittes wird allerdings in die Stabachse fallen, also senkrecht zu dem letzteren stehen, dagegen werden beispielsweise die Spannungen in den auf der Umfangslinie des Querschnittes liegenden Flächenelementen die Richtung der Mantellinie des Stabes besitzen, somit geneigt gegen die Stabachse sein müssen.

Es sei

H die Kraft, mit welcher der Draht im Scheitel O und

S - - - - - - - - beliebigen Punkte P, bestimmt durch die Koordinaten x und y, gespannt ist,

h die Pfeilhöhe $\overline{CO}$, d. i. der Höhenabstand zwischen dem Scheitel O und der durch die Aufhängepunkte A und B bestimmten Wagrechten,

$q = f\gamma$ das Gewicht der Längeneinheit des Drahtes vom Querschnitt f und dem spec. Gewicht γ.

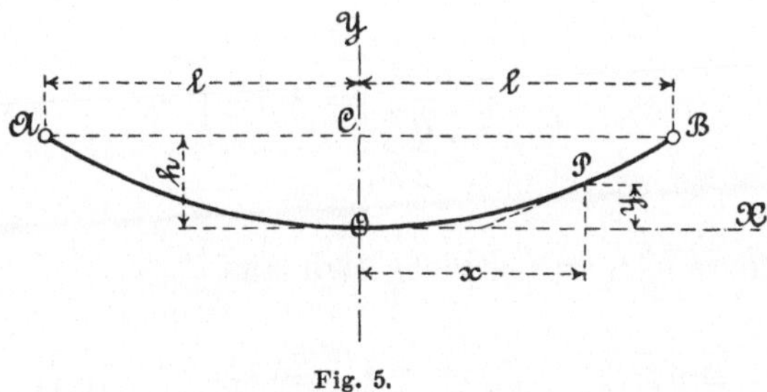

Fig. 5.

Unter der Voraussetzung, dass der Draht vollkommen biegsam sei und nach einem so flachen Bogen durchhängt, dass das Gewicht des Drahtstückes von der Länge $\widehat{OP}$ mit Annäherung gleich dem Produkte aus q und der Horizontalprojektion des Drahtes, d. h. gleich qx gesetzt werden darf, folgt unter Beachtung von Fig. 6

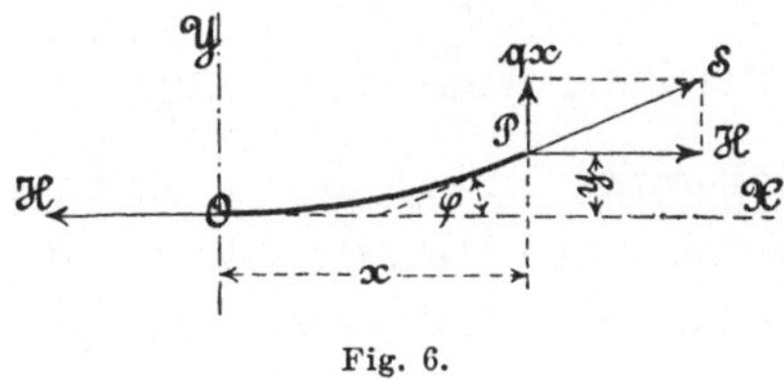

Fig. 6.

$$S \sin \varphi = q \,.\, \widehat{OP} = \backsim qx$$

$$S \cos \varphi = H.$$

Somit

$$\operatorname{tg} \varphi = \frac{qx}{H} = \frac{dy}{dx},$$

wie auch

$$y = \frac{1}{2} \frac{q x^2}{H}, \quad . \quad . \quad . \quad . \quad . \quad . \quad . \quad . \quad 7)$$

da die Integrationskonstante wegen $y = 0$ bei $x = 0$ zu Null wird. Die Drahtkurve ist hiernach mit der Annäherung, welche der Rechnung zukommt, eine Parabel, für welche

$$h = \frac{q l^2}{2 H} \text{ oder } H = \frac{q l^2}{2 h} \quad . \quad . \quad . \quad . \quad . \quad . \quad 8)$$

sowie

$$y = \frac{q x^2}{2 \frac{q l^2}{2 h}} = h \left(\frac{x}{l}\right)^2.$$

Die Länge $OB = s$ ergiebt sich aus

$$s = \int_0^l \sqrt{1 + \left(\frac{dy}{dx}\right)^2} dx = \int_0^l \sqrt{1 + \left(2 \frac{hx}{l^2}\right)^2} dx = \sim \int_0^l \left[1 + 2 \left(\frac{hx}{l^2}\right)^2\right] dx$$

$$= \int_0^l \left(1 + 2 \frac{h^2}{l^4} x^2\right) dx = l \left[1 + \frac{2}{3} \left(\frac{h}{l}\right)^2\right] . \quad . \quad . \quad . \quad . \quad . \quad . \quad 9)$$

Mit der Temperatur der Luft wird sich die Länge des Drahtes ändern, damit auch nach Gleichung 9 die Pfeilhöhe des Bogens und mit dieser nach Gleichung 8 die Spannung $\sigma = \frac{H}{f}$ des Drahtes. Je mehr die Temperatur sinkt, um so höher steigt die Beanspruchung des Materials. Die Letztere werde, da es sich um einen flachen Bogen handelt, mit Annäherung als gleich gross in allen Punkten des Drahtes aufgefasst und zwar gleich $\frac{H}{f}$ gesetzt.

Nehmen wir an, dass die Grössen H, h, s und σ, welche bei der Temperatur t gelten, bei der niedrigsten Temperatur t_0 die Werthe H_0, h_0, s_0 und σ_0 besitzen. Steigt die Temperatur von t_0 auf t, so vermindert sich infolge der Verlängerung des Drahtes aus Anlass der Ausdehnung des Drahtes durch die Wärme die Spannung von σ_0 auf σ. Diese Verminderung der Spannung wirkt gleichzeitig zurück auf die elastische Dehnung. Der Zusammenhang zwischen den einzelnen Grössen lässt sich leicht feststellen, wenn man zunächst die Längenänderung infolge der Spannungsänderung und sodann diejenige infolge der Temperaturänderung in Betracht zieht. Das giebt, sofern α_w den Wärmeausdehnungskoefficienten bedeutet,

$$s = s_0 [1 + \alpha (\sigma - \sigma_0)] [1 + \alpha_w (t - t_0)] = \sim s_0 [1 + \alpha (\sigma - \sigma_0) + \alpha_w (t - t_0)]\,^{1)}.$$

Unter Beachtung von Gleichung 9 folgt hiermit

$$s = l \left(1 + \frac{2}{3} \frac{h_0^2}{l^2}\right) [1 + \alpha (\sigma - \sigma_0) + \alpha_w (t - t_0)]$$

$$= \sim l \left[1 + \frac{2}{3} \frac{h_0^2}{l^2} + \alpha (\sigma - \sigma_0) + \alpha_w (t - t_0)\right],$$

und unter Beachtung von Gleichung 8, nach welcher

$$h_0 = \frac{q\, l^2}{2\, H_0} = \frac{f \gamma\, l^2}{2 f \sigma_0} = \frac{\gamma\, l^2}{2\, \sigma_0},$$

$$h = \frac{\gamma\, l^2}{2\, \sigma} \quad \text{oder} \quad \sigma = \frac{\gamma\, l^2}{2\, h},$$

---

[1]) Zu demselben Ergebniss gelangt man, wenn man sich ein Stück spannungslosen Draht von der Länge 1 denkt. Wird dasselbe der Spannung σ und sodann der Spannung σ_0 unterworfen, so steigt seine Länge auf $1 + \alpha\sigma$ bezw. $1 + \alpha\sigma_0$. Demnach gilt bei Unveränderlichkeit der Temperatur

$$\frac{s}{s_0} = \frac{1 + \alpha\sigma}{1 + \alpha\sigma_0} \quad \text{oder} \quad s = s_0 \frac{1 + \alpha\sigma}{1 + \alpha\sigma_0}$$

und bei Steigerung der Temperatur von t_0 auf t, wobei die Längeneinheit um $\alpha_w (t - t_0)$ zunimmt

$$s = s_0 \frac{1 + \alpha\sigma}{1 + \alpha\sigma_0} [1 + \alpha_w (t - t_0)] = s_0 \left[1 - \alpha \frac{\sigma_0 - \sigma}{1 + \alpha\sigma_0}\right] [1 + \alpha_w (t - t_0)]$$

$$s = \sim s_0 [1 - \alpha (\sigma_0 - \sigma)] [1 + \alpha_w (t - t_0)],$$

was sich, wie wir oben sahen, fast unmittelbar anschreiben lässt.

ergiebt sich

$$s = \sim l \left[1 + \frac{1}{6}\frac{\gamma^2 l^2}{\sigma_0^2} + \alpha \left(\frac{\gamma l^2}{2h} - \sigma_0\right) + \alpha_w (t - t_0)\right]$$

$$= l \left(1 + \frac{2}{3}\frac{h^2}{l^2}\right)$$

$$h^3 - \frac{3}{2} l^2 \left[\frac{1}{6}\frac{\gamma^2 l^2}{\sigma_0^2} + \alpha_w (t - t_0) - \alpha \sigma_0\right] h = \frac{3}{4} \alpha \gamma l^4. \quad 10^{1)}$$

Hieraus lässt sich die gesuchte Pfeilhöhe berechnen.

Soll der im Winter zuweilen eintretende Fall berücksichtigt werden, dass der Draht noch durch auf ihm hängenden Schnee belastet wird, so lässt sich dies leicht dadurch bewerkstelligen, dass γ oder $q = f\gamma$ entsprechend höher in die Rechnung eingeführt wird.

Will man die — unter den gewöhnlichen Verhältnissen übrigens ausserordentlich geringe — Biegungsbeanspruchung, welche der Draht infolge der Durchbiegung erfährt, feststellen, so kann das am einfachsten in der Weise geschehen, dass man den Krümmungshalbmesser ϱ für den Scheitel der Parabel, deren Gleichung nach Beziehung 7

$$x^2 = \frac{2H}{q} y$$

ist, als Halbparameter zu

$$\varrho = \frac{H}{q} \quad . \; . \; . \; . \; . \; . \; . \; . \; . \quad 11)$$

ermittelt und sodann unter Beachtung von Gleichung 8, § 16 und Gleichung 11, § 16, die Biegungsanstrengung für den $2e$ dicken Draht zu

---

[1]) Grashof hat diese Aufgabe in seiner 1878 erschienenen Theorie der Elasticität und Festigkeit S. 46 und 47 behandelt, dabei jedoch den Einfluss der Spannungsänderung auf die Drahtlänge ausser Acht gelassen und kommt infolgedessen für h zu einer quadratischen Gleichung. Hierauf machte zuerst Wehage im Civilingenieur 1879, S. 619 u. f. aufmerksam und gab daselbst die vollkommene Lösung.

$$\sigma_b = \frac{q\,e}{\alpha\,H} = \frac{\gamma}{\alpha}\,\frac{e\,f}{H} = \frac{\gamma}{\alpha}\,\frac{e}{H:f} \quad . \quad . \quad . \quad . \quad 12)$$

bestimmt, also unabhängig von der Spannweite.

Für

$$\gamma = 0{,}008, \quad \alpha = \frac{1}{2\,200\,000}, \quad H:f = 1000 \text{ kg/qcm}, \quad e = 0{,}2 \text{ cm}$$

ergiebt sich beispielsweise

$$\sigma_b = \frac{0{,}008}{\frac{1}{2\,200\,000}} \cdot \frac{0{,}2}{1000} = 3{,}5 \text{ kg/qcm}.$$

§ 7. Mass der Zusammenziehung. Kräfte senkrecht zur Stabachse. Gehinderte Zusammenziehung.

Wie wir in § 1, b sahen, findet mit der Ausdehnung des nur in der Richtung der Achse gezogenen Stabes Fig. 2, § 1, gleichzeitig eine Zusammenziehung senkrecht zur Achse statt. Beträgt die durch Gleichung 1, § 2 bestimmte Dehnung ε, so werden die nach jeder zur Achse senkrechten Richtung eintretenden Zusammenziehungen, bezogen auf die Längeneinheit, d. s. die verhältnissmässigen Zusammenziehungen $\left(\text{im Falle § 1, b gleich } \frac{\delta}{d}\right)$ als gleich gross betrachtet und durch

$$\varepsilon_q = \frac{\varepsilon}{m} \quad . \quad . \quad . \quad . \quad . \quad . \quad . \quad . \quad 1)$$

gemessen. Die Grösse m pflegt als eine zwischen 3 und 4 liegende Konstante aufgefasst zu werden, sodass hiernach die verhältnissmässige Zusammenziehung $^1/_4$ bis $^1/_3$ der Dehnung beträgt.

Der in Fig. 1 dargestellte Würfel, bestehend aus durchaus gleichartigem (isotropem) und Proportionalitätsgrenze (§ 2) besitzendem Material, werde innerhalb der letzteren zunächst nur in Richtung der x-Achse auf Zug (durch P_x, P_x) in Anspruch genommen. Die in dieser Richtung eintretende Dehnung sei durch ε_x und die hiermit verknüpfte Spannung durch $\sigma_x = \frac{\varepsilon_x}{\alpha}$ bezeichnet. Nach Massgabe des Erörterten beträgt dann:

in Richtung der y-Achse

die verhältnissmässige Zusammenziehung $\frac{\varepsilon_x}{m}$, die Spannung 0,

in Richtung der z-Achse

die verhältnissmässige Zusammenziehung $\frac{\varepsilon_x}{m}$, die Spannung 0.

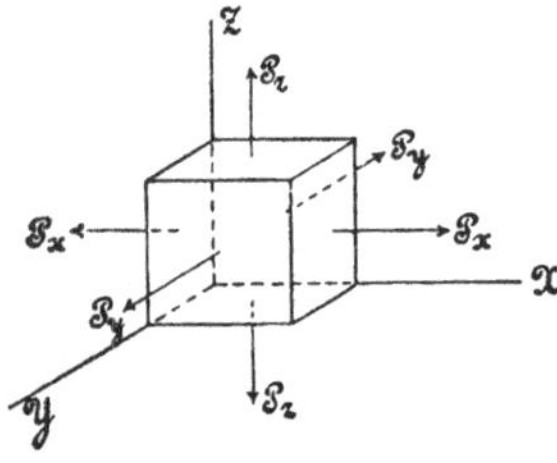

Fig. 1.

Wird der Würfel nur in Richtung der y-Achse (von P_y, P_y) gezogen und werden die hierdurch in dieser Richtung veranlasste Dehnung und Spannung ε_y, beziehungsweise $\sigma_y = \frac{\varepsilon_y}{\alpha}$ genannt, s findet sich:

in Richtung der x-Achse

die verhältnissmässige Zusammenziehung $\frac{\varepsilon_y}{m}$, die Spannung 0,

in Richtung der z-Achse

die verhältnissmässige Zusammenziehung $\frac{\varepsilon_y}{m}$, die Spannung 0.

Wird schliesslich der Würfel nur in Richtung der z-Achse auf Zug in Anspruch genommen (durch P_z, P_z) und die hiermit in dieser Richtung verknüpfte Dehnung durch ε_z, die Spannung durch $\sigma_z = \frac{\varepsilon_z}{\alpha}$ gemessen, so müsste betragen:

in Richtung der x-Achse

die verhältnissmässige Zusammenziehung $\frac{\varepsilon_z}{m}$, die Spannung 0,

in Richtung der y-Achse

die verhältnissmässige Zusammenziehung $\frac{\varepsilon_z}{m}$, die Spannung 0.

Wirken die Kräfte $P_x\,P_x\,P_y\,P_y\,P_z\,P_z$ gleichzeitig, so beträgt die resultirende Dehnung

$$\left.\begin{array}{ll} \text{in Richtung der } x\text{-Achse} & \varepsilon_1 = \varepsilon_x - \dfrac{\varepsilon_y + \varepsilon_z}{m} \\ \text{- - - } y\text{- -} & \varepsilon_2 = \varepsilon_y - \dfrac{\varepsilon_z + \varepsilon_x}{m} \\ \text{- - - } z\text{- -} & \varepsilon_3 = \varepsilon_z - \dfrac{\varepsilon_x + \varepsilon_y}{m} \end{array}\right\}, \qquad 2)$$

woraus unter Berücksichtigung, dass

$$\varepsilon_x = \alpha\,\sigma_x \qquad \varepsilon_y = \alpha\,\sigma_y \qquad \varepsilon_z = \alpha\,\sigma_z \ . \ . \ . \qquad 3)$$ [1]

folgt

$$\left.\begin{array}{ll} \varepsilon_1 = \alpha\left(\sigma_x - \dfrac{\sigma_y + \sigma_z}{m}\right) & \text{oder } \dfrac{\varepsilon_1}{\alpha} = \sigma_x - \dfrac{\sigma_y + \sigma_z}{m} \\ \varepsilon_2 = \alpha\left(\sigma_y - \dfrac{\sigma_z + \sigma_x}{m}\right) & \text{oder } \dfrac{\varepsilon_2}{\alpha} = \sigma_y - \dfrac{\sigma_z + \sigma_x}{m} \\ \varepsilon_3 = \alpha\left(\sigma_z - \dfrac{\sigma_x + \sigma_y}{m}\right) & \text{oder } \dfrac{\varepsilon_3}{\alpha} = \sigma_z - \dfrac{\sigma_x + \sigma_y}{m} \end{array}\right\}. \qquad 4)$$

Die Beziehungen 4 lehren, dass die Proportionalität, welche bei dem ausschliesslich in der Richtung seiner Achse gezogenen Stabe nach Massgabe der Gleichungen 2, § 2, und 3 dieses Paragraphen zwischen Dehnungen und

[1]) Besitzt das Material keine Proportionalitätsgrenze, so wird der Dehnungskoefficient α nicht konstant, sondern eine Funktion von σ oder ε sein. Es würde dann heissen müssen etwa:

$$\varepsilon_x = \alpha_1\,\sigma_x, \qquad \varepsilon_y = \alpha_2\,\sigma_y, \qquad \varepsilon_z = \alpha_3\,\sigma_z.$$

Hierin würden je nach der Verschiedenheit der Spannungen $\sigma_x\;\sigma_y\;\sigma_z$ die Dehnungskoefficienten $\alpha_1\;\alpha_2\;\alpha_3$ verschieden grosse Werthe aufweisen, d. h. $\alpha_1\;\alpha_2\;\alpha_3$ würden Funktionen von σ oder ε sein.

Spannungen — unter der Voraussetzung, dass α konstant — vorhanden ist, zu bestehen aufhört, sobald auch Kräfte senkrecht zur Stabachse den Körper ergreifen. Die resultirende Dehnung wird durch solche Zugkräfte vermindert; sind Druckkräfte senkrecht zur Stabachse thätig, so wird die resultirende Dehnung vergrössert.

In Anbetracht, dass derartige Kräfte eine mehr oder minder grosse Hinderung der Zusammenziehung zur Folge haben, erkennen wir, dass Erschwerung oder theilweise Hinderung der Zusammenziehung (Kontraktion) des Stabes (senkrecht zu dessen Achse) die Dehnung (in Richtung der Achse) verringert und damit bei solchen Materialien, welche im Falle des Zerreissens eine erhebliche Querzusammenziehung erfahren, auch die Festigkeit erhöht, wie Versuche nachweisen[1]) (§ 9, Ziff. 1).

[1]) Hinsichtlich der ersten dahingehenden Darlegung des Verfassers, welche sich auf die Ergebnisse der von Kirkaldy vor rund 40 Jahren angestellten Versuche stützt, über die § 9, Ziff. 1 berichtet ist, s. Zeitschrift des Vereines deutscher

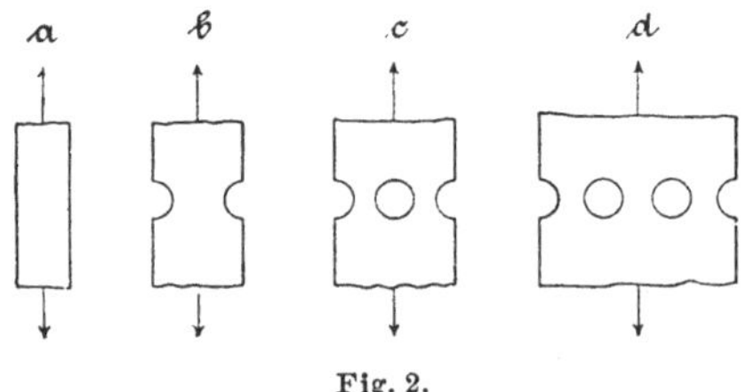

Fig. 2.

Ingenieure 1880, S. 285 u. f. Trotzdem findet man bis in die neuere Zeit Versuche, welche den Einfluss der Erschwerung der Zusammenziehung vollständig ausser Acht lassen. So z. B. pflegte man — wie Verfasser bereits in der Zeitschrift des Vereines deutscher Ingenieure 1889, S. 478 darzulegen veranlasst war — zur Feststellung des Werthes der Lochungen von Blechen in der Weise vorzugehen, dass man die Zugfestigkeit von ungelochten Blechstreifen *a*, Fig. 2, in Vergleich stellte mit derjenigen von gebohrten und gelochten Blechstreifen *b*, *c*, *d*. Hierbei ergiebt sich, sofern eine Verletzung des Materials nicht stattgefunden hat, dass die Zugfestigkeit von *b*, *c* und *d* grösser ist als diejenige von *a*, was nach Massgabe des Erörterten naturgemäss erwartet werden muss. Die Festigkeitsergebnisse der mit Stäben *a* angestellten Zugversuche, wobei die mit der Längsdehnung verknüpfte Querzusammenziehung sich ungehindert ausbilden kann, können eben nicht ohne Weiteres in Vergleich gestellt werden mit den Festigkeitsergebnissen, welche Zugversuche mit den Stäben *b*, *c*, *d* liefern, da hier die Querzusammenziehung eine mehr oder minder stark gehinderte ist.

§ 8. Zugproben.

Den Zugproben werden die Metalle, auf welche sich das Nachstehende zunächst nur bezieht, in Form von Rundstäben

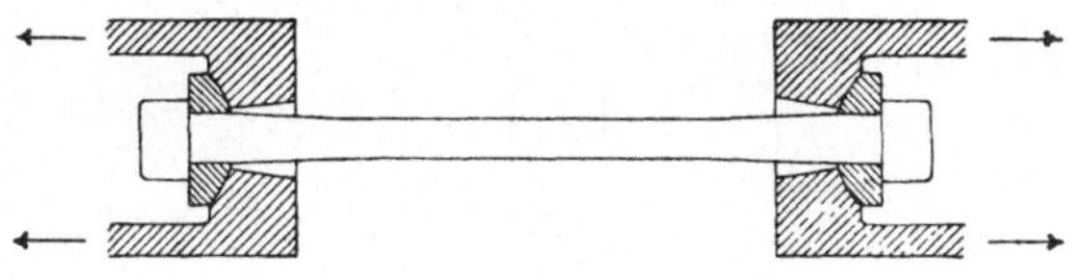

Fig. 1.

oder in Form von Flachstäben

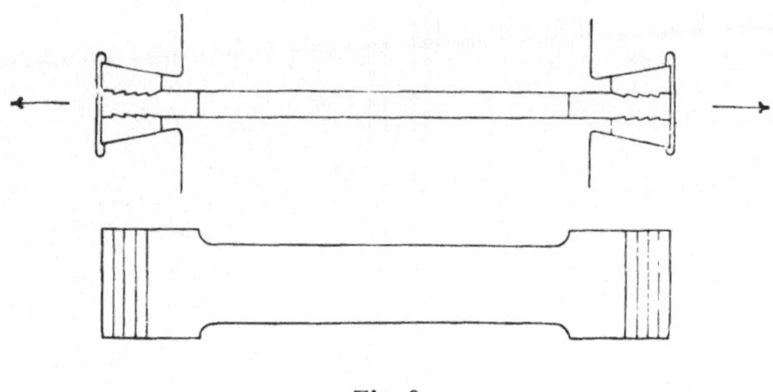

Fig. 2.

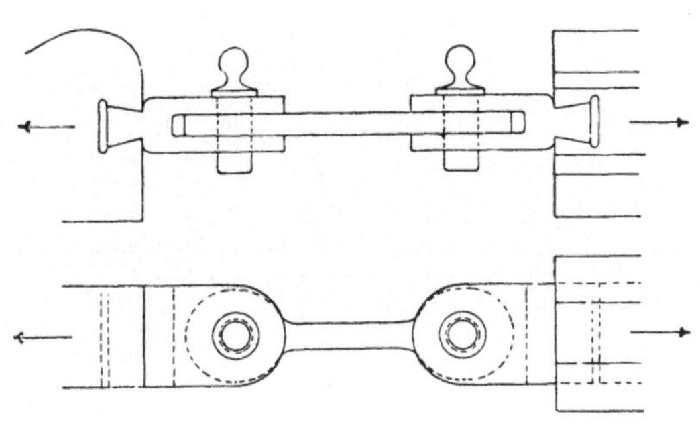

Fig. 3.

unterworfen.

Die Form der Probestäbe muss so gewählt werden und die zum Einspannen in die Prüfungsmaschine benutzten Vorrichtungen müssen so beschaffen sein, dass die Zugkraft möglichst gleichförmig über die Querschnitte des der Messung unterworfenen mittleren Stückes, d. i. die Messlänge, des Probekörpers vertheilt wird.

Der letzteren Bedingung lässt sich bei Rundstäben durch die Kugellagerung (Fig. 1), bei Flachstäben durch Befestigung mittelst

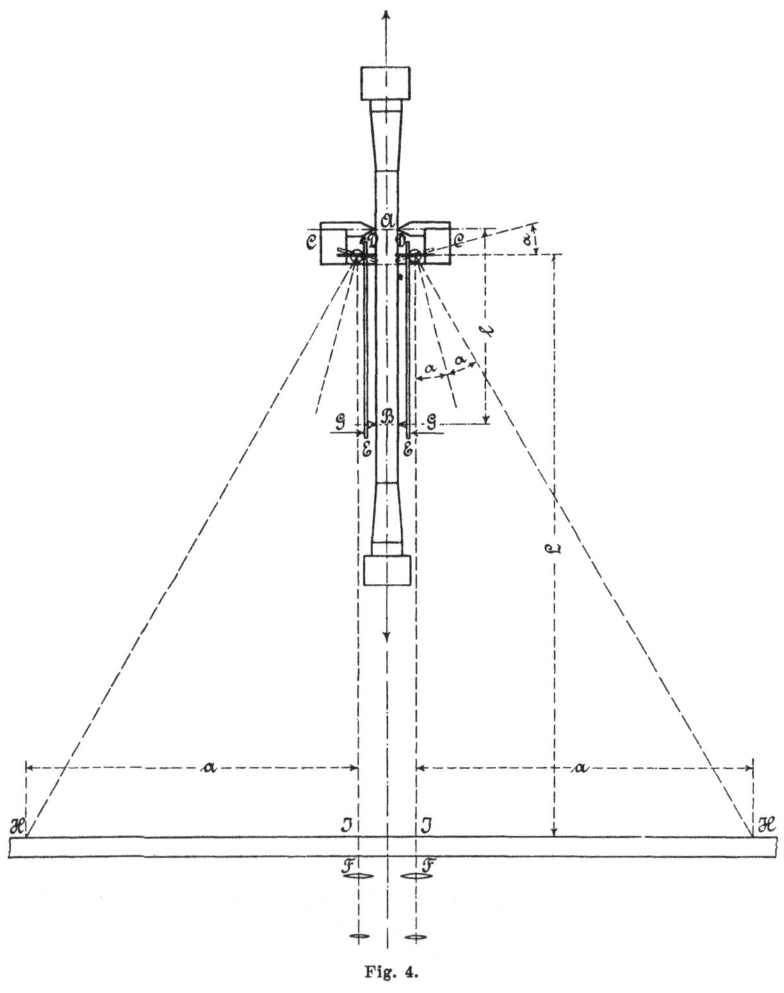

Fig. 4.

Loch und Bolzen (Fig. 3) oder durch Einlegen der mit gefrästen Nuthen versehenen Enden in Gebisskeile (Fig. 2) entsprechen. Die Herstellung der Flachstäbe fordert jedoch unter allen Umständen besondere Sorgfalt, wenn der aufgestellten Bedingung genügt sein soll.

In Bezug auf die Gestalt des Probestabes sucht man die aufgestellte Bedingung dadurch zu erfüllen, dass man das prismatische Mittelstück des Stabes etwas länger macht als die Messlänge, und dass man die Querschnitte des Stabes von dem Mittelstück nach den Einspannstellen hin zunehmen lässt, wie dies Fig. 4 für den Rundstab deutlich erkennen lässt. (Vergl. auch Fussbemerkung S. 90 und 91.)

Eine zutreffende Vergleichung der Ergebnisse mehrerer Versuche setzt voraus, dass diese unter den gleichen Verhältnissen durchgeführt worden sind. Wie aus dem in § 9 und § 10 Erörterten hervorgeht, gehört hierzu, dass die Stäbe gleiche oder wenigstens geometrisch ähnliche Querschnitte besitzen und im Allgemeinen gleich lange Zeit den Versuchen unterworfen werden.

Die der Messung unterzogene Strecke l, die **Messlänge**, pflegt — insoweit es sich um die Ermittlung der durch Gleichung 3, § 3 bestimmten Bruchdehnung handelt — zu 200 mm angenommen und das mittlere Stück um wenigstens 20 mm länger, d. h. $l + 20$ mm prismatisch gehalten zu werden.

Wird für den Rundstab von 20 mm Durchmesser — wie in Deutschland, Oesterreich, Schweiz u. s. w. üblich — $l = 200$ mm zu Grunde gelegt, dann fordert die in § 9, Ziff. 3 (S. 135) ausgesprochene Bedingung für einen Rundstab von d mm Durchmesser als Messlänge

$$l = 200 \frac{d}{20} = 10\,d \quad . \quad . \quad . \quad . \quad . \quad . \quad 1)$$

und für einen Flachstab von f qmm Querschnitt die Messlänge

$$l = 200 \frac{\sqrt{f}}{\sqrt{\frac{\pi}{4} \cdot 20^2}} = 11{,}3 \sqrt{f} \quad . \quad . \quad . \quad . \quad . \quad 2)$$

Bei der grossen Masse der Zugproben pflegt nur festgestellt zu werden:

a) die Bruchbelastung P_{max} (§ 3) und damit die Zugfestigkeit K_z (§ 3),

b) der Querschnitt f_b an der Bruchstelle (an der Stelle der Einschnürung, Fig. 2, § 3, sofern eine solche eintritt),

c) die Länge l_b, welche das ursprünglich l lange Stabstück nach dem Zerreissen besitzt.

Die Beobachtung nach a liefert durch Gleichung 1, § 3 die Zugfestigkeit, bezogen auf den ursprünglichen Stabquerschnitt.

Die Ermittlung nach b ergiebt durch Gleichung 2, § 3 die Querschnittsverminderung des zerrissenen Stabes.

Die Feststellung nach c liefert durch Gleichung 3, § 3 die Bruchdehnung.

Wie wir in § 3 sahen, dehnt sich zunächst die ganze Stabstrecke mehr oder minder gleichmässig bis zum Eintritt der Bruchbelastung, dann folgt die Einschnürung des Stabes — falls eine solche überhaupt eintritt —, die mit einer verhältnissmässig grossen Ausdehnung an dieser besonderen Stelle verknüpft ist. Es setzt sich hiernach die durch Gleichung 3, § 3 gemessene Dehnung im Allgemeinen zusammen: aus der Dehnung der ganzen Strecke bis zum Eintritt der Bruchbelastung und aus der Dehnung an der Einschnürungsstelle, vermindert um die Verkürzung, welche aus Anlass der mit dem Zerreissen erfolgten Entlastung des Stabes eintritt. Wird zunächst angenommen, der Bruch erfolge in der Mitte der Strecke l, so ergiebt Gleichung 3, § 3 bei vorhandener Einschnürung einen um so grösseren Werth für φ, je kleiner l ist[1]). Im Allgemeinen gehört hiernach zur Angabe von φ auch die Grösse von l. Geht der Bruch ausserhalb der Mitte vor sich — was in der Regel der Fall —, so wird φ um so kleiner ausfallen, je mehr die Bruchstelle an das Ende von l rückt[2]).

---

[1]) Wie oben bemerkt, pflegt man in Deutschland, der Schweiz, Oesterreich u. s. w. l nach Massgabe der Gleichung 1 bzw. 2 zu wählen. In Frankreich ist es üblich geworden, l kleiner zu nehmen, nämlich $l = 7{,}235\,d$, bzw. $l = 8{,}2\sqrt{f}$; infolgedessen ergeben sich im Allgemeinen grössere Werthe für die Bruchdehnung des gleichen Materials, somit liefert ein und dasselbe Material, in Deutschland mit $l = 10\,d$ und in Frankreich mit $l = 7{,}235\,d$ geprüft, an letzterer Stelle eine grössere Bruchdehnung, erscheint also hier, wenn φ als Mass der Zähigkeit angesehen wird, zäher. Es muss dies im Auge behalten werden, wenn man die Angaben über die Bruchdehnung (Zähigkeit) des Materials aus den verschiedenen Ländern vergleichen will. In Nordamerika wird vielfach die Messlänge noch kleiner gewählt als in Frankreich.

[2]) Mit Rücksicht auf diesen Uebelstand und sonstige Unsicherheiten hat man in Bezug auf die Messung von l_b folgende Vorschriften vereinbart:

Die Dehnung ist auf zwei entgegengesetzten Seiten des Rundstabes so zu messen, dass beiderseits auf jedem der Bruchstücke von dem Ende der Mess-

Ein solches Mass kann, streng genommen, nicht als richtiges bezeichnet werden. Trotzdem ist es heute noch üblich, die Dehnung in dieser Weise zu messen und die erhaltene Grösse bei der

---

länge bis zur Bruchstelle gemessen und aus den zwei Summen der zusammengehörigen Stücke das Mittel genommen wird.

Erfolgt der Bruch ausserhalb des mittleren Dritttheils der Messlänge, so ist der Versuch auszuschliessen oder das folgende Verfahren anzuwenden.

Die Messlänge l ist von 10 zu 10 mm einzutheilen, Fig. 5 (s. die unterhalb stehenden Zahlen).

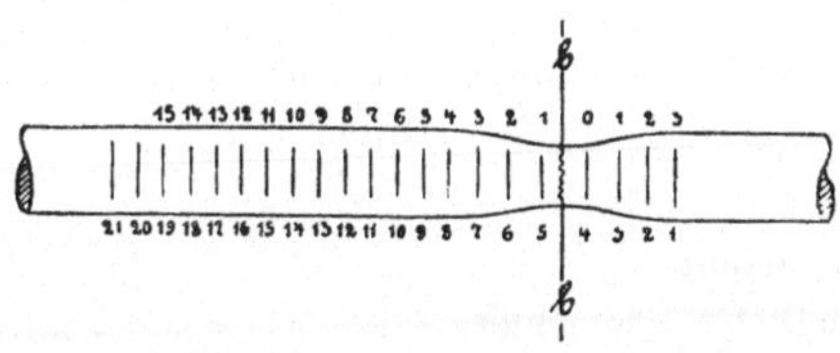

Fig. 5.

Es erfolge der Bruch im Querschnitt $b\,b$. Von der Bruchstelle ausgehend, werden zunächst die Theilstriche nach links und rechts hin neu bezeichnet, so, wie über der Figur eingeschrieben ist. Sodann wird links die Länge zwischen den Theilstrichen 1 bis 10 gemessen und zu ihr $b\,0 + b\,1$ addirt; hierauf rechts die Entfernung der Theilstriche 0 3 bestimmt und zu ihr die von links zu entnehmende Strecke 3 bis 10 hinzugefügt. Die Summe der so erhaltenen beiden Grössen ergiebt l_b. Hiernach ist

l_b = [Länge zwischen den Theilstrichen 1 bis 10 (links vom Bruch) + $(\overline{b0} + \overline{b1})$]
+ [Länge zwischen den Theilstrichen 0 bis 3 (rechts vom Bruch) +
Länge zwischen den Theilstrichen 3 bis 10 (links vom Bruch)].

Würde im vorliegenden Falle die Länge l nicht 200 mm, sondern 100 mm betragen, so würde sein

l_b = [Länge zwischen den Theilstrichen 1 bis 5 (links vom Bruch) + $(\overline{b0} + \overline{b1})$]
+ [Länge zwischen den Theilstrichen 0 bis 3 (rechts vom Bruch) +
Länge zwischen den Theilstrichen 3 bis 5 (links vom Bruch)].

Auf diese Weise hat man unter der Voraussetzung, dass die Längenänderungen zu beiden Seiten des Bruches einen symmetrischen Verlauf haben, den Stab nahezu so ausgemessen, als wenn der Bruch in der Mitte erfolgt wäre.

Im Falle sich der Stab an mehr als einer Stelle besonders stark zusammengezogen hat (vergl. die Fussbemerkung Ziff. 2, S. 9 und 10), so verliert allerdings das angegebene Verfahren an Werth.

Die Eintheilung der Strecke l wie auch die Bestimmung von l_b nach dem Bruche sind immer auf zwei entgegengesetzten Seiten des Stabes vorzunehmen.

Bei Flachstäben wird empfohlen, die Dehnung sowohl auf beiden Schmalseiten, als auch auf einer Breitseite zu messen und das Mittel aus den beiden ersteren Messungen, sowie das Ergebniss der letzteren getrennt anzugeben.

(Vergl. hiermit das S. 137 oben unter f Gesagte.)

Beurtheilung der Güte des Materials zu Grunde zu legen[1]). Richtiger würde es sein, wie auch von **Hartig** vorgeschlagen wurde, diejenige Dehnung zu bestimmen, welche im Augenblicke des

---

Um die Veränderlichkeit der Dehnung, überhaupt die Formänderung zu zeigen, welche ein der Zugprobe unterworfener Flachstab aufweist, wurde die in Fig. 6 (Taf. I) wiedergegebene Zusammenstellung gefertigt. Auf zwei nach Fig. 2 hergestellten Flachstäben aus Flussstahl von genau 60 mm Breite und 12 mm Stärke waren durch Längs- und Querlinien im Abstande von 10 mm Quadrate von 10 mm Seitenlänge gezeichnet worden. Alsdann wurde der eine Stab der Zugprobe unterworfen. Derselbe erfuhr hierbei die aus Fig. 6 deutlich ersichtliche Formänderung. Der Riss erfolgte an einer Stelle, welche durch eine der eingerissenen Querlinien etwas verletzt worden war.

Es betrug

die Bruchbelastung P_{max} . . . . 37 460 kg,
der ursprüngliche Querschnitt f . . . . $6 . 1{,}2 = 7{,}2$ qcm,
der Bruchquerschnitt f_b . . . . $4{,}82 . 0{,}94 = 4{,}53$ qcm,
die Dehnung auf 100 mm . . . . 27,5 mm.

Demnach

die Zugfestigkeit K_z . . . . $\frac{37\,460}{7{,}2} = 5203$ kg,

die Querschnittsverminderung ψ . . . $100 \frac{7{,}2-4{,}53}{7{,}2} = 37\,\%$,

die Dehnung φ . . . . $100 \frac{127{,}5-100}{100} = 27{,}5\,\%$.

Fig. 7 (Taf. I) zeigt einen Schweisseisen- und Fig. 8 einen Flusseisen-Rundstab nach dem Zerreissen. Die Verschiedenheit der Oberfläche der Stäbe kennzeichnet die beiden Materialien.

Fig. 9 und 10 (Taf. II) geben zwei Stäbe von Aluminiumbronce wieder, welche beide nach Angabe 90 % Kupfer enthalten sollen.

Fig. 11 (Taf. II) lässt einen Broncestab (gegossen) und Fig. 12 einen Messingstab (gegossen) erkennen.

Die Prüfung dieser Stäbe hat ergeben:

	Stab Fig. 9	Stab Fig. 10	Stab Fig. 11	Stab Fig. 12
Durchmesser .	1,50 cm	1,50 cm	1,99 cm	1,97 cm
Querschnitt . .	1,77 qcm	1,77 qcm	3,11 qcm	3,05 qcm
Zugfestigkeit .	3983 kg/qcm	3232 kg/qcm	2090 kg/qcm	1472 kg/qcm
Bruchdehnung	64 % auf 100 mm	50 % auf 100 mm	8,1 % auf 200 mm	11,5 % auf 200 mm
Querschnitts-verminderung	—	—	7,7 %	15,7 %.

[1]) Die Beschaffenheit des Materials wird im Allgemeinen beurtheilt nach den für K_z, φ und ψ erhaltenen Werthen. Dem Arbeitsvermögen (§ 3) ist ein besonderes Gewicht namentlich in den Fällen einzuräumen, in welchen es sich um

Fig. 6, § 8.

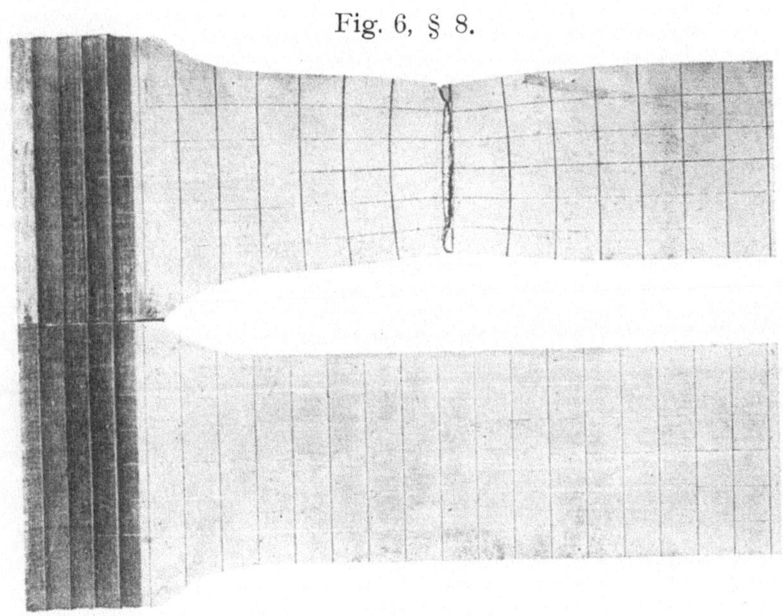

Fig. 7, § 8.

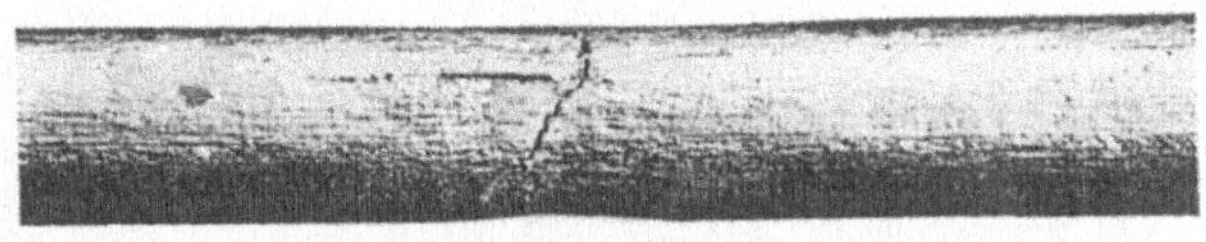

Fig. 8, § 8.

Fig. 9, § 8. Fig. 10. Fig. 11. Fig. 12, § 8.

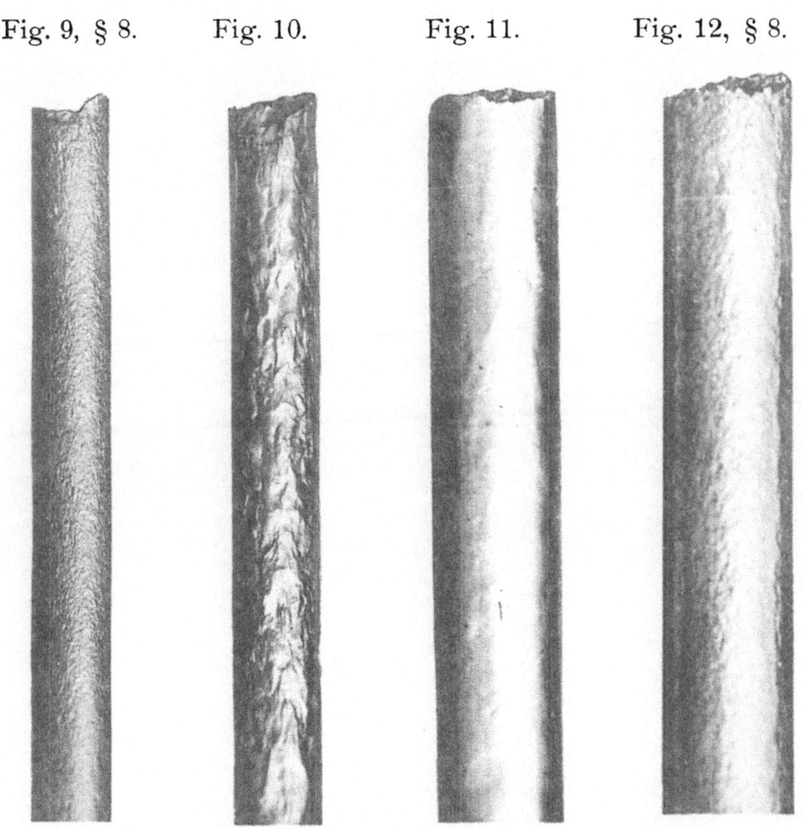

Fig. 6, § 13.

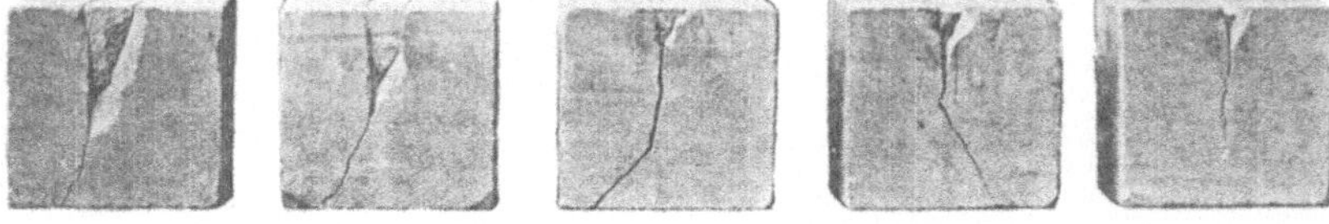

Auftretens des grössten Zugwiderstandes oder unmittelbar vor Beginn der Einschnürung vorhanden ist. Es wäre dies die Grösse OE_2 in Fig. 1, § 3. Da es mit den üblichen Prüfungsmaschinen schwer hält oder wenigstens umständlich ist, die Dehnung in dem bezeichneten Augenblick genau festzustellen, so fehlt zunächst noch die Aussicht, dass diese Grösse als Mass der Dehnung allgemein angenommen werden wird. Fälle, wie sie nicht selten zu verzeichnen sind, dass der gezogene Stab sich an einer Stelle einschnürt, hierauf eine noch weiter wachsende Belastung verträgt, dann an einer zweiten Stelle eine Einschnürung erfährt und in dieser bei sinkender Belastung zerreisst, würden verlangen, dass das Dehnungsmass unmittelbar vor Beginn der ersten Einschnürung genommen wird.

Ueber die Abhängigkeit der Dehnung φ von den Abmessungen, insbesondere vom Durchmesser bei gleichen Werthen von l u. s. w. s. § 9.

Bei umfassenden Versuchen tritt zu den oben unter a bis c angegebenen Ermittlungen noch die Bestimmung

d) der Längenänderungen (§ 4 und § 5) und aus ihnen zutreffendenfalls,

e) des Dehnungskoefficienten (§ 2, § 4, Ziff. 1, Fussbemerkung S. 19, § 5, Ziff. 3, Fussbemerkung S. 80 und 81) und der Proportionalitätsgrenze oder der Koefficienten α und m der Gleichung 1, § 4 (§ 5, Ziff. 3),

f) der Fliess- oder Streckgrenze (§ 2),

g) der Elasticitätsgrenze (§ 4, Ziff. 1, S. 21) und der Dehnungsreste (§ 4, Ziff. 1, S. 22, § 5, Ziff. 1),

h) der Dehnungslinie bis zum Bruch (§ 3, Fig. 1) und des Arbeitsvermögens (§ 3).

Widerstandsfähigkeit gegenüber dynamischen Wirkungen (lebendigen Kräften) oder gegenüber den Einwirkungen von Spannungen handelt, welche durch stark wechselnde Belastungen oder durch grosse Temperaturunterschiede veranlasst werden.

Da für ein bestimmtes gleichartiges Material das Arbeitsvermögen mit Annäherung proportional dem Produkt aus Zugfestigkeit und Dehnung gesetzt werden darf, so kann auch dieses Produkt an Stelle des Arbeitsvermögens als ein Mass der Materialgüte angesehen werden. (Vergl. des Verfassers Maschinenelemente, 8. Aufl. (1901), S. 78 und 79.)

Einrichtungen zum Messen der Längenänderungen bei Zug und Druck.

Zur Bestimmung der Längenänderungen hat Bauschinger den aus Fig 4, S. 102, ersichtlichen Apparat ausführen lassen, der zu den besten gehört, welche für den Zweck benutzt werden können. Derselbe setzt Einspannung des Versuchsstabes in liegender Maschine voraus.

Der zu untersuchende Stab wird an den Enden A und B der Strecke AB, für welche die Längenänderungen bestimmt werden sollen, durch die Reissnadel mit zwei leichten Querrissen versehen. In die Ebene des einen Querrisses, etwa bei A, legen sich pressend die Stahlschneiden der beiden schraubstockartig verbundenen Backen CC, die damit am Versuchsstabe festgeklemmt werden. Diese Backen bilden die Träger zweier rechts und links vom Versuchsstab befindlichen senkrechten Achsen, auf denen unten kleine Rollen (aus Hartgummi) vom Halbmesser r sitzen, während sie oben stellbare Spiegel tragen, wie dies in der Abbildung angedeutet ist. An die kleinen Rollen legen sich federnde Stahlblätter DE, deren Schneiden durch Kräfte GG, ausgeübt mittelst Stellschrauben, in den Querriss des anderen Endes B der Messlänge gedrückt werden. Damit nun bei einer Aenderung der Messlänge l die beiden kleinen Rollen von den Stahlblättern DE mitgenommen werden, sind diese auf dem Rücken da, wo sie die Hartgummirollen berühren, mit feinem Schmirgelpapier belegt. Einer stetig erfolgten Längenänderung λ des Stabes wird unter diesen Umständen eine Drehung der Rollen und damit auch der Spiegel um den Winkel α entsprechen, derart, dass $\lambda = \alpha r$ ist. Mit den Fernröhren FF sieht man durch die Spiegel auf den im Abstande L aufgestellten Massstab $HJJH$. Waren die Spiegel bei Beginn des Versuchs so eingestellt, dass man mit dem Fernrohr die Stelle J des Massstabs sah, so wird bei einer Drehung des Spiegels um α der Beobachter mit dem Fernrohr durch den Spiegel die Stelle H des Massstabes sehen, welche dadurch bestimmt ist, dass

$$\overline{JH} = a = L \operatorname{tg} 2\alpha.$$

Damit ergiebt sich

$$\frac{\lambda}{a} = \frac{r\alpha}{L \operatorname{tg} 2\alpha}$$

$$\lambda = a \frac{r}{L} \frac{\alpha}{\operatorname{tg} 2\alpha}, \quad \ldots \ldots \quad 3)$$

woraus für kleine Werthe von α, wenn mit Annäherung

$$\frac{\alpha}{\operatorname{tg} 2\alpha} = \frac{1}{2}$$

gesetzt wird,

$$\lambda = a \frac{r}{2L} \quad \ldots \ldots \ldots \quad 4)$$

Somit erscheint der Apparat als ein Fühlhebel, dessen kleiner Arm gleich dem Halbmesser r der Rolle und dessen grosser Arm gleich der doppelten Entfernung des Massstabes von dem Spiegel ist. Für $r = 3{,}500$ mm und $L = 3500$ mm ergiebt sich somit die Uebersetzung $3{,}500 : 2 . 3500$ wie $1 : 2000$. Bei Eintheilung der Skala des Massstabes derart, dass die Theilstriche um 4 mm von einander entfernt sind, hat demnach der Theilstrichabstand auf dem Massstabe den Werth von $\frac{1}{500}$ mm für die Längenänderung, und da im Gesichtsfelde des Fernrohrs $^1/_{10}$ Theilstrichabstand noch mit ausreichender Sicherheit geschätzt werden kann, so geht in diesem Fall die Messung auf $\frac{1}{5000}$ mm, d. i. bei $l = 150$ mm gleich $\frac{1}{750\,000}$ der Messlänge.

Um zu beurtheilen, mit welcher Annäherung die Gleichung 4 zutreffend ist, sei folgende Zusammenstellung angefügt:

$\alpha =$	1^0	2^0	3^0	4^0	5^0
$\frac{\alpha}{\operatorname{tg} 2\alpha} =$	0,4998	0,4992	0,4982	0,4967	0,4949
$0{,}5 - \frac{\alpha}{\operatorname{tg} 2\alpha} =$	0,0002	0,0008	0,0018	0,0033	0,0051
Fehler in $^0/_0 =$	0,04	0,16	0,36	0,66	1,02

Will man den Fehler bei Rechnung mit Gleichung 4 nach Möglichkeit gering erhalten, so muss der Spiegel bei Beginn des

Versuchs ungefähr so eingestellt werden, dass der grösste in Betracht zu ziehende Werth von a etwa zur einen Hälfte links von J und zur andern rechts von J zu liegen kommt. Dann bleibt, da der Gesammtdrehungswinkel der Rolle und des Spiegels kleiner als 4^0 zu sein pflegt, der Fehler kleiner als 0,16 %. Durch Benutzung von Fehlertabellen lässt sich der nach Gleichung 4 ermittelte Werth überaus leicht berichtigen, in der Regel ist dies jedoch nicht nöthig[1]).

Wie aus dem Vorstehenden erhellt, geschieht die Messung der Verlängerung doppelt: auf zwei Seiten des Versuchskörpers. Das arithmetische Mittel wird als die Verlängerung des Stabes angesehen. Die Messung auf nur einer Seite würde in den meisten Fällen zu Irrthümern führen: einmal weil sich die Manteloberfläche — deren Dehnung doch allein durch den Apparat gemessen wird — nicht an allen Stellen um gleich viel dehnt, zweitens weil das Versuchsstück mit dem aufgeklemmten Messinstrument einschliesslich des letzteren nicht selten kleine Bewegungen erfährt.

Für genauere Elasticitätsbeobachtungen ist es ganz wesentlich, dass Temperaturänderungen während eines Versuches möglichst vollständig vermieden werden[2]), namentlich deshalb, weil die dünnen Stahlblätter DE viel rascher die neue Temperatur annehmen als der Versuchsstab, und der so entstehende Unterschied in dem Wärmezustand das Ergebniss des Versuchs — selbst wenn der Stab aus dem gleichen Material bestände wie die Stahlblätter DE — erheblich beeinträchtigen kann. Man muss sich eben immer vergegenwärtigen, dass bei dem Wärmeausdehnungskoefficienten von rund $\frac{1}{80\,000}$ und dem Dehnungskoefficienten von rund $\frac{1}{2\,000\,000}$

[1]) Die Gleichung 4 würde genau richtige Werthe ergeben, wenn der Massstab $HJJH$ nicht gerade, sondern nach einem Kreisbogen gekrümmt wäre.

[2]) Diesem Punkte wird, nach den Erfahrungen des Verfassers, selbst heute noch viel zu wenig Beachtung zu Theil. Dabei reicht es nicht aus, dass man die Temperatur im Versuchsraum während einer Untersuchung möglichst unveränderlich erhält. Eine Berührung mit der Hand, ein Anhauchen, ein Luftzug u. s. w. äussern ihren die Genauigkeit der Messung herabsetzenden Einfluss. Im Falle einer solchen Störung des Wärmezustandes ist es angezeigt, zu warten bis der Apparat in Hinsicht auf seinen Wärmezustand zu ausreichender Ruhe gelangt ist. Dies gilt namentlich auch unmittelbar nach dem Ansetzen des Spiegelapparates, weil hierbei Erwärmungen durch die Berührung mit den Händen einzutreten pflegen, die erst durch Abkühlung wieder verschwinden müssen.

a
a
Instrument links
l
Instrument rechts
B
B
Instrument
links
Instrument
rechts

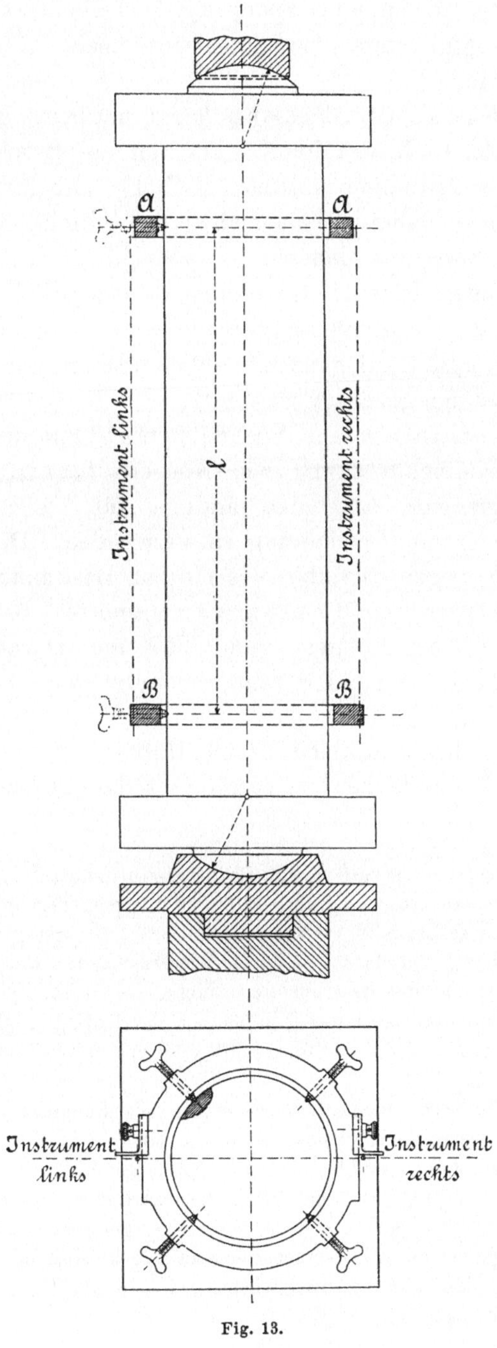

Fig. 13.

die Verlängerung durch 1° C. Temperaturzunahme gleich derjenigen ist, die durch 25 kg/qcm Spannung herbeigeführt wird. Selbst $^1/_{10}$° C. Temperaturunterschied entspricht noch 2,5 kg/qcm Spannungsunterschied.

Die Sicherheit der Messung hängt natürlich davon ab, dass die Reibung die Rolle mitnimmt. Da nun bei Beschleunigung von Massen durch Mitnahme mittelst Reibung unbedingt ein Gleiten eintreten muss — allerdings verschwindend klein, wenn die Beschleunigung oder die Massen verschwindend klein sind —, so muss bei genauen Elasticitätsmessungen, namentlich wenn es sich um eine genaue Bestimmung der bleibenden Dehnungen handelt, mit grösster Sorgfalt auf ganz allmähliche Steigerung der Belastung oder Verlängerung geachtet werden[1]).

Der Bauschinger'sche Spiegelapparat kann auch zur Ermittlung der Zusammendrückung von Körpern benutzt werden, doch zieht Verfasser vor, hier eine andere, für stehende Prüfungsmaschinen geeignete Einrichtung zu verwenden. Die Abbildungen Fig. 13 bis 15 zeigen dieselbe, wie sie zur Bestimmung der Elasticität von Körpern aus Cement, Cementmörtel, Beton, Sandstein u. s. w. in den Abmessungen: rund 250 mm Durchmesser[2]) und 1000 mm Höhe[2]) seit rund 8 Jahren benutzt worden ist und heute noch Verwendung findet.

Die Versuchskörper sind durch Hobeln mit genau parallelen Stirnflächen (Druckflächen) zu versehen, sodass bei der vorhandenen

---

[1]) Auch dieser Punkt, auf dessen Bedeutung man erst dann zu treffen pflegt, wenn zum Zwecke der Ermittlung der elastischen Längenänderungen die bleibenden Dehnungen genau festgestellt werden sollen, ist viel zu wenig beachtet, was den Verfasser veranlasst, ihn hier besonders hervorzuheben. Erst durch volle Beachtung desselben werden Instrumente, welche die Dehnung oder Zusammendrückung der Versuchskörper unter Zuhilfenahme der Reibung als Uebertragungsmittel messen, zu Versuchen mit fortgesetztem Wechsel von Belastung und Entlastung verwendbar.

[2]) Verwendet man zu Elasticitätsversuchen mit Betonkörpern Prismen von Querschnitten bis etwa 12 cm Seite und 15 cm Messlänge, wie dies bis zur Aufnahme der Untersuchung der Elasticität des Beton durch den Verfasser geschehen war, so können die Versuche bei der Ungleichartigkeit des Materials — man denke an die einzelnen Schotterstücke (Steine, Ziegelbrocken, Kiesel bis Apfelgrösse) — wenigstens im Allgemeinen nicht zu Ergebnissen führen, die mit ausreichender Genauigkeit auf die praktischen Anwendungen, d. h. auf auszuführende Betonbauten übertragen werden dürfen.

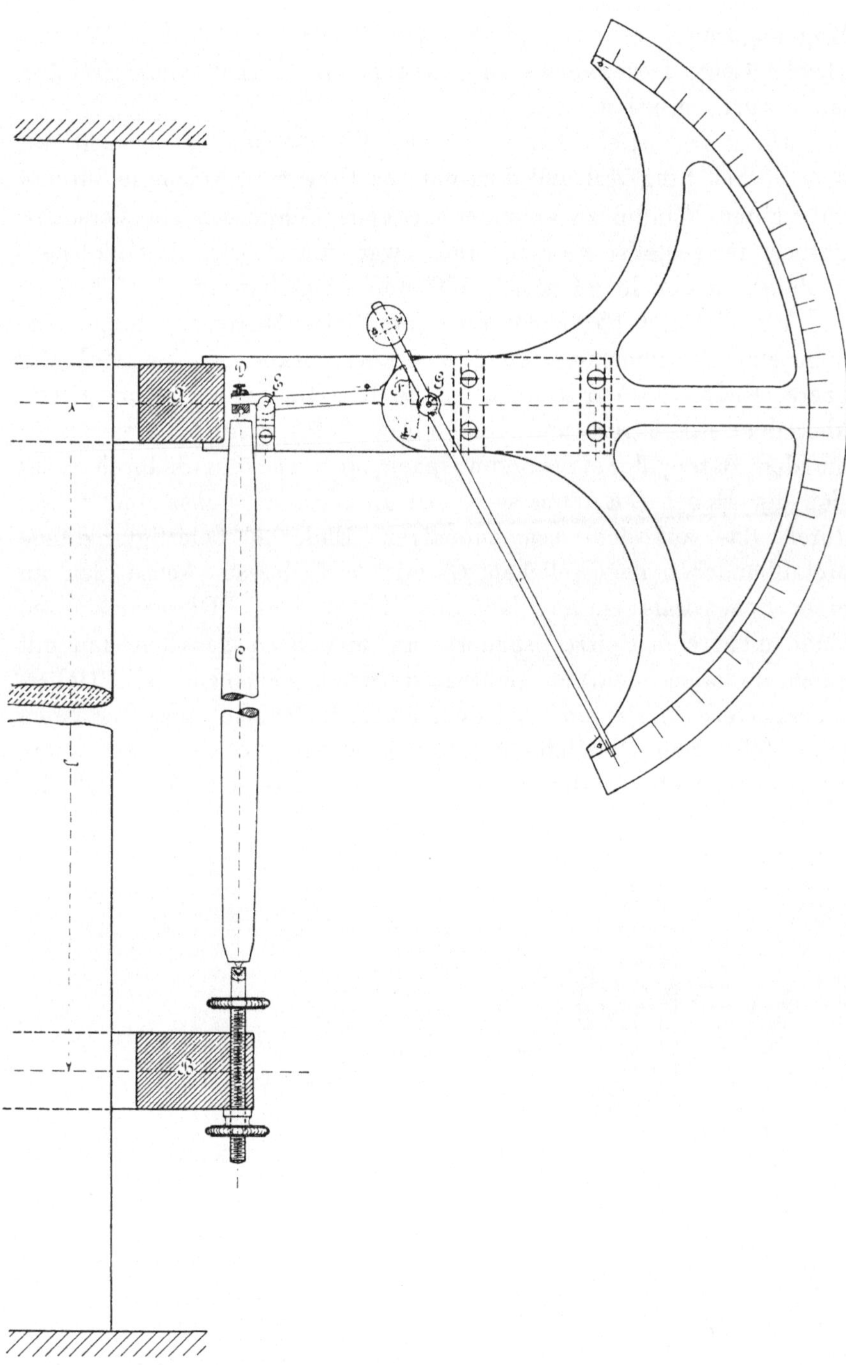

Fig. 14.

Kugellagerung der Druckplatten der Maschine (vergl. Fig. 13) eine gleichmässige Druckvertheilung, soweit sie überhaupt zu erreichen ist, erwartet werden darf.

Die Messvorrichtung, vergleiche Fig. 13 und 14, besteht aus dem oberen Ring *AA* und dem unteren Ring *BB*, welche je durch 4 im rechten Winkel zu einander stehende Schrauben am Versuchskörper festgestellt werden, und zwar um *l* (bei Betonkörpern u. dergl. in der Regel gleich 750 mm) übereinander.

Fig. 14 und 15 zeigen die eigentliche Messvorrichtung. Erfolgt eine Zusammendrückung des Versuchskörpers, so wird der obere Endpunkt der Stange *C*, die ihre Länge beibehält, gegenüber dem Ringe *AA* und dem daran befestigten Messinstrument um den Betrag der Verkürzung nach oben rücken; dadurch dreht sich der Hebel *DEF* um seine bei *E* gelegene Achse und nimmt durch das auf dem segmentartigen Ende *F* befestigte dünne Metallbändchen das Röllchen *G* mit, auf dessen Achse der an einer Bogenskala entlang laufende Zeiger sitzt. Dieser trägt am Ende nicht eine Spitze, sondern ist hier flach gehalten und mit einem radialen, deutlich sichtbaren Strich versehen. Die Uebersetzungsverhältnisse sind bei dem einen Instrument des Verfassers (ausgeführt von C. Klebe in München) so gewählt, dass 1 mm Zusammendrückung des Versuchskörpers 300 mm Weg auf der

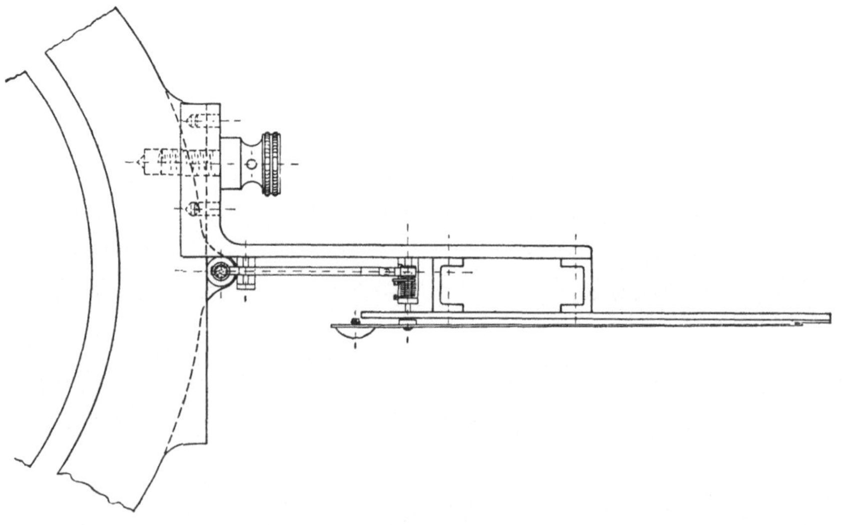

Fig. 15.

Bogenskala entsprechen. Da nun hier $^1/_{10}$ mm noch abgelesen werden kann, so erfolgt die Messung der Zusammendrückung der ursprünglich $l = 750$ mm langen Strecke bis auf $^1/_{3000}$ mm, d. i.

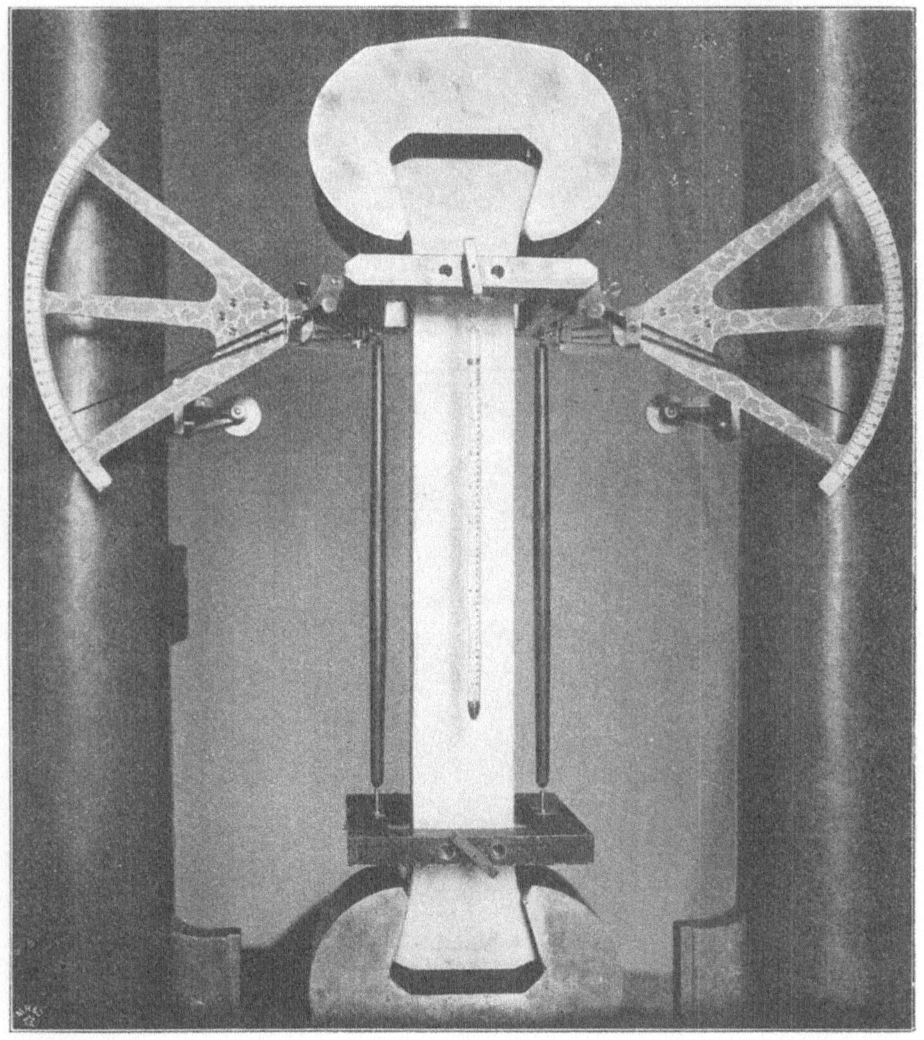

Fig. 16.

$\frac{1}{3000 \cdot 750} = \frac{1}{2\,250\,000}$ der Strecke, auf welcher die Zusammendrückung gemessen wird.

Bei einem zweiten Instrument (ausgeführt von Ludw. Tesdorpf in Stuttgart) entspricht $^1/_2$ mm Zusammendrückung des untersuchten Körpers einem Skalenweg von 300 mm, das ist 600 Mal mehr.

Fig. 17.

Da nun auf der Skala noch $^1/_{10}$ mm abgelesen werden kann, so erfolgt die Messung der Zusammendrückung der ursprünglich l

langen Strecke auf $\frac{1}{6000}$ mm, d. i. bei $l = 500$ mm, für welche Messlänge das Instrument meist benutzt wird, auf $\frac{1}{3000000}$ von l. Für $l = 750$ mm würde sich $\frac{1}{4\,500\,000}$ ergeben.

Neu ist in der Hauptsache an dem ersten Instrumente die Mitnahme des Röllchens *G* durch ein dünnes Metallbändchen, und an dem zweiten überdies die Anordnung von Kugelzapfen an den Enden der Stange *C*, die zum Zwecke thunlichster Fernhaltung des Einflusses von Temperaturänderung aus Holz besteht (vergl. das S. 110 hinsichtlich des Einflusses der Temperaturänderungen Gesagte, insbesondere auch Fussbemerkung 2 daselbst). Die übliche von Durand-Claye angewendete[1]) Uebertragung erfolgt in der Weise, dass das Röllchen *G* verzahnt ist, ebenso das segmentartige Ende *F* des Hebels *DEF*. Gegen die Verwendung eines Zahngetriebes sprach zunächst die Absicht, den Körper abwechselnd zu belasten und zu entlasten. Der geringste todte Gang würde sich hierbei störend erweisen müssen. Ferner sprach dagegen die Erwägung, dass beim Zahngetriebe das thatsächliche Uebersetzungsverhältniss von der Zahnform abhängt, und dass bei der Kleinheit der Zahnabmessungen, wie sie gewählt werden müssen, nicht darauf gerechnet werden darf, dass die Zahnform so scharf ausgeführt wird, um das Uebersetzungsverhältniss genau gleich zu erhalten. Diese Gründe hatten den Verfasser schon früher bei anderer Gelegenheit veranlasst, ein dünnes Metallband zur Uebertragung zu wählen[2]).

Die Berührung der senkrechten Stange *C* mit dem von ihr bewegten Hebel wird durch eine Feder gesichert.

Solcher Messinstrumente werden auch hier immer zwei und zwar so verwendet, dass sie einander gegenüberliegen. Auf diese Weise geschieht die Messung der Verkürzung jeweils auf zwei

---

[1]) Vergl. Fussbemerkung S. 118.

[2]) Vergl. dessen Vorrichtung zur Messung der Durchbiegung von Platten in der Zeitschrift des Vereines deutscher Ingenieure 1890, S. 1042, Fig. 9 und 10, oder auch die Schrift: „Versuche über die Widerstandsfähigkeit ebener Platten“, Berlin, S. 4, Fig. 9 und 10 oder „Abhandlungen und Berichte“ 1897, S. 112, Fig. 90 und 91.

einander gegenüberliegenden Seiten. Als Zusammendrückung gilt das arithmetische Mittel aus beiden Verkürzungen.

Verfasser benützt diese Messvorrichtung auch zur Ermittlung der Zugelasticität. Wie ersichtlich, besteht der einzige Unterschied lediglich darin, dass, während bei Druckbelastung der Zeiger auf der Bogenskala von unten nach oben sich bewegt, er bei Zugbelastung von oben nach unten schwingt. Dadurch lässt es sich in bequemer Weise ermöglichen, dass ein und derselbe Körper der Zug- und der Druckprobe unterworfen und dabei die Dehnung bezw. die Zusammendrückung mit denselben Instrumenten genau auf die gleiche Erstreckung gemessen werden kann. Will man vom Zug- zum Druckversuch oder von diesem zum Zugversuch übergehen, so bedarf es jeweils nur der Versetzung des Körpers mit den angeschraubten Instrumenten aus der Zug- in die Druckmaschine, bezw. aus der Letzteren in die Erstere. Fig. 16 zeigt den Körper (Marmor) mit dem zweiten der Instrumente in der Zug- und Fig. 17 in der Druckmaschine[1]).

[1]) Die Befestigung des obern und untern Rahmens ist in der Darstellung (für die photographische Aufnahme) mit nur drei Schrauben gegeben. Im Allgemeinen ist die Befestigung mit 4 Schrauben vorzuziehen, wobei dann am obern und untern Rahmen die links und rechts von der mittleren Stellschraube vorhandenen Löcher für die Stellschrauben zu benutzen sind.

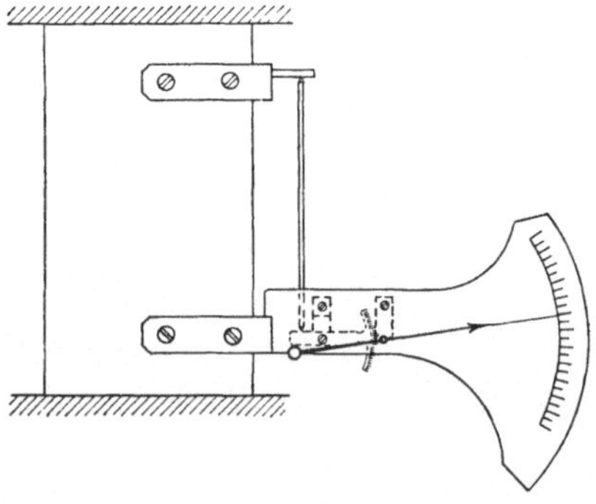

Fig. 18.

Nach Wissen des Verfassers war Durand-Claye der Erste, welcher in der Weise, wie es oben besprochen ist, die Zusammendrückung von Körpern bestimmte; allerdings ist das Verfahren noch ein wenig genaues. Fig. 18 giebt das Durand-Claye'sche Instrument wieder (Annales des ponts et chaussées, 1888, XV, Taf. 12, Fig. 9, Text XVI, S. 193 u. f.).

Neben dem Bauschinger'schen Spiegelapparat steht und diesem für stehende Prüfungsmaschinen vorzuziehen ist der Spiegelapparat von A. Martens, hinsichtlich dessen auf A. Martens, Materialienkunde, S. 477 u. f. verwiesen werden darf.

§ 9. Einfluss der Form des Stabes.

Die Aufstellungen in § 6 enthalten nur die Grösse f des Stabquerschnittes; die Form desselben wäre hiernach vollständig gleichgiltig. Thatsächlich ist sie es jedoch nicht, wenn auch ihr Einfluss nicht bedeutend erscheint. Sein Vorhandensein erhellt, abgesehen von Versuchsergebnissen, schon aus folgender Erwägung.

Den Entwicklungen der üblichen Gleichungen für die Zugelasticität und Zugfestigkeit, wie sie in § 6 und § 8 aufgeführt sind, liegt zunächst die Voraussetzung zu Grunde, dass die Dehnungen und Spannungen in allen Punkten des Stabquerschnittes gleich gross sind, dass sich alle Fasern, aus denen der Stab bestehend gedacht werden kann, ganz gleich verhalten und nicht gegenseitig auf einander einwirken. Es ändert an jenen Gleichungen nichts, ob eine Kraft P — gleichmässig vertheilt — getragen wird von einem Stab, dessen Querschnitt 10 qcm beträgt, oder von 1000 Stäben von je 1 qmm Querschnitt. In dem einen Fall ist $f = 10$ qcm, in dem anderen $f = 1000 \cdot 0{,}01 = 10$ qcm, d. h. in beiden Fällen gleich. In Wirklichkeit aber — immer gleichmässige Vertheilung der Last und gleiches Material vorausgesetzt — werden sich die 1000 Metallfäden von je 1 qmm Querschnitt unabhängig von einander (senkrecht zur Achse) zusammenziehen können; sie werden, wenn sie sich vorher gerade berührten, die Berührung infolge der mit der Dehnung (Belastung) verknüpften Zusammenziehung aufgeben. Die einzelnen Fasern des Stabes von

---

Bei der Einseitigkeit der Messung werden sich häufig recht erhebliche Ungenauigkeiten eingestellt haben. Zum Theil lassen sich dieselben unmittelbar aus den von Durand-Claye veröffentlichten Zahlen erkennen. Die senkrechte Stange des Instruments, auf deren unveränderlicher Länge die Messung beruht, war aus Metall und deshalb sehr empfindlich gegen Temperaturänderungen. (Vergl. S. 110, insbesondere auch Fussbemerkung 2.) Uebertragung der Bewegung erfolgte durch verzahnten Sektor und Zahnrad. Uebersetzungsverhältniss: 1 : 100.

10 qcm Querschnitt jedoch besitzen eine solche Unabhängigkeit nicht; sie wirken senkrecht zur Achse auf einander ein. Das Ergebniss dieser Einwirkung aber muss ein verschiedenes sein, je nach der Form des Querschnitts, es wird ein anderes sein bei einem kreisförmigen, als bei einem langgestreckt rechteckigen oder einem I-förmigen, es wird ein anderes sein bei einem dünnwandigen Hohlcylinder, als bei einem Vollcylinder u. s. w. Dass aber die bezeichnete seitliche Einwirkung Dehnung und Festigkeit beeinflusst, ergiebt sich aus den Betrachtungen, welche in § 7 angestellt wurden.

Derselbe Gedankengang führt zu dem Ergebniss, dass auch die Grösse der Abmessungen bei einer und derselben Querschnittsform — streng genommen — nicht ganz gleichgiltig sein wird.

Versuchsergebnisse.

1. Einfluss der Stabform, welche der Querschnittsverminderung (Zusammenziehung) hinderlich ist.

Kirkaldy stellte vor rund 40 Jahren Zerreissversuche mit Rundeisenstäben nach Fig. 1, 2 und 3 an. Die Stäbe Fig. 2 sind entstanden aus Cylindern Fig. 1 je durch Eindrehen einer schmalen Nuthe auf den Durchmesser d, die Stäbe Fig. 3 aus solchen Fig. 1 durch Abdrehen auf den Durchmesser d.

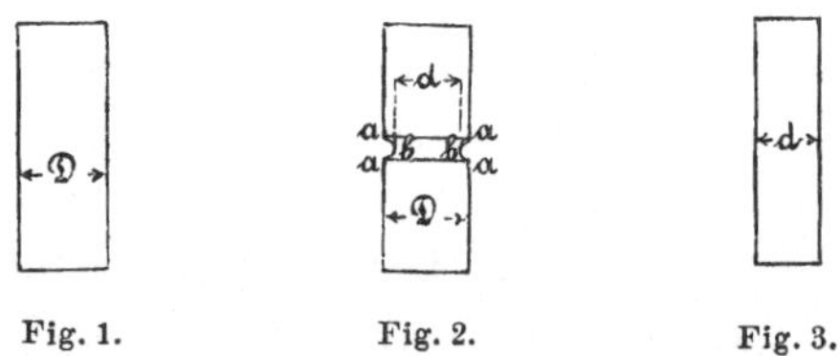

Fig. 1. Fig. 2. Fig. 3.

Die Ergebnisse dieser Versuche sind umstehend zusammengestellt.

Sie zeigen die für den ersten Augenblick schlagende Eigenthümlichkeit, dass die Festigkeit bei den nach Fig. 2 eingedrehten Stäben weit grösser ist als bei den nicht eingedrehten. Versuche, welche in Woolwich mit Stahlstangen (von $1\,^{3}/_{16}''$ engl. Stärke und mit einer den Durchmesser auf $^3/_4''$ vermindernden Ausrundung versehen) angestellt worden sind, sowie Versuche von Vickers u. A. bestätigen das von Kirkaldy Gefundene.

Material	Form des Stabes	Zugfestigkeit K_z (Gl. 1, § 3) in kg/qcm	Querschnittsverminderung ψ (Gl. 2, § 3)
Low Moor.	Fig. 1, $D = 2,54$ cm	4560	51,00 %
Walzeisen,	- 2, $d = 1,85$ -	6420	8,03 -
härteste Sorte	- 3, $d = 1,85$ -	4920	49,23 -
Govan.	Fig. 1, $D = 2,54$ cm	5025	40,71 %
Geschmiedetes	- 2, $d = 1,78$ -	6910	13,77 -
Walzeisen	- 3, $d = 1,78$ -	5020	36,02 -
Govan.	Fig. 1, $D = 2,59$ cm	4040	47,38 %
Walzeisen	- 2, $d = 1,80$ -	4950	21,27 -
	- 3, $d = 1,80$ -	4360	46,91 -

Die Erklärung ergiebt sich unmittelbar aus dem in § 7 Gesagten. Unter Einwirkung der Belastung dehnen sich die Fasern, welche durch den kleinsten Querschnitt *bb*, Fig. 2, gehen; gleichzeitig tritt eine Zusammenziehung senkrecht hierzu ein. Das bei *aa aa* an den kleinsten Querschnitt sich anschliessende Material setzt dieser Zusammenziehung Widerstand entgegen, d. h. übt in senkrechter Richtung zur Achse des Stabes Zugspannungen auf die durch den kleinsten Querschnitt gehenden und gespannten Längsfasern aus, welche Zugspannungen, wie die Gleichungen 4 in § 7 lehren, eine Verminderung der Längsdehnung zur Folge haben. Demnach greift das bei *aa aa* an den Querschnitt $\frac{\pi}{4} d^2$ anschliessende Material, indem es der Ausbildung der Zusammenziehung, sowie der Dehnung hinderlich in den Weg tritt, gewissermassen unterstützend gegenüber dem kleinsten Querschnitt ein und erhöht dessen Festigkeit. Dass die Zusammenziehung gehindert wurde, darüber geben die Werthe für ψ deutlich Auskunft.

Hieraus folgt im Allgemeinen für die genannten Materialien: Erschwerung oder theilweise Hinderung der Zusammenziehung senkrecht zur Stabachse (Querschnittsverminderung) verringert die Dehnung in Richtung der letzteren und erhöht die Zugfestigkeit.

Zur Untersuchung des Einflusses der Länge der Eindrehung sowie der Ausrundung der letzteren hat Verfasser folgende Versuche mit Rundstäben nach Fig. 4 bis 7, je aus dem gleichen Material von bemerkenswerther Gleichartigkeit hergestellt, ausgeführt.

Stabform	Flusseisen			Schweisseisen		
	Zugfestigkeit K_z (Gl. 1, § 3) in kg/qcm	Querschnittsverminderung ψ (Gl. 2, § 3)	Dehnung auf 100 mm φ (Gl. 3, § 3)	Zugfestigkeit K_z (Gl. 1, § 3) in kg/qcm	Querschnittsverminderung ψ (Gl. 2, § 3)	Dehnung auf 100 mm φ (Gl. 3, § 3)
Fig. 4	4239	66 %	33 %	3664	34 %	28 %
	4242	66 -	36 -	3674	27 -	24 -
	4281	65 -	33 -	3676	28 -	26 -
Durchschnitt	4254	66 %	34 %	3670	30 %	26 %
Fig. 5	4428	62 %	—	3738	13 %	—
	4380	65 -	—	3701	12 -	—
	4447	63 -	—	3622	10 -	—
Durchschnitt	4418	63 %	—	3687	12 %	—
Fig. 6	5082	55 %	—	4154	25 %	—
	4935	55 -	—	4029	21 -	—
	5031	54 -	—	3925	24 -	—
Durchschnitt	5016	55 %	—	4036	23 %	—
Fig. 7	5894	50 %	—	4474	14 %	—

Die eingedrehten Flusseisenstäbe rissen sämmtlich in der Mitte der Eindrehung oder in der Nähe derselben; gleich verhielten sich die Schweisseisenstäbe nach Fig. 6 und 7. Die Schweisseisenstäbe nach Fig. 5 dagegen rissen nach Angabe der Fig. 8 am Ende der Eindrehung unter Bildung eines grösseren Spaltes, wie in der Ab-

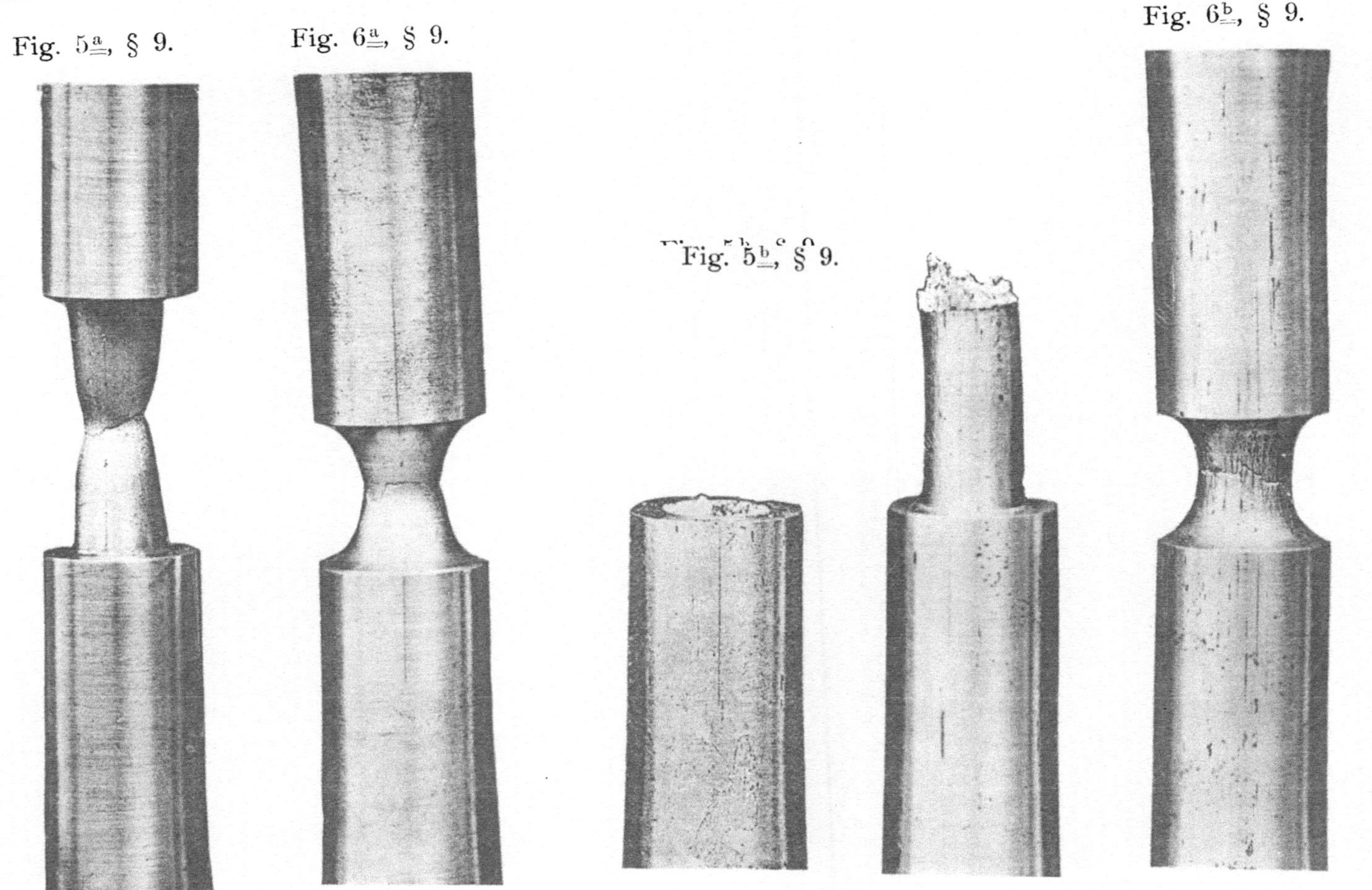

Fig. 5a, § 9.

Fig. 6a, § 9.

Fig. 5b, § 9.

Fig. 6b, § 9.

bildung angedeutet ist. Dadurch erklärt sich die vergleichsweise geringe Querschnittsverminderung. Die scharfe Eindrehung führt also hier beim Schweisseisen zum Bruch, bei dem zähen Flusseisen dagegen nicht. Der nachtheilige Einfluss, welchen die Ungleichförmigkeit der Spannungsvertheilung in dem Bruchquerschnitt des Schweisseisenstabes äussern muss (vergl. Fussbemerkung, S. 90 bis 92), wird fast ganz aufgehoben durch den Einfluss der Hinderung der Querzusammenziehung; denn die Festigkeit ist im Falle der Stabform Fig. 4 nahezu die gleiche wie im Falle der Stabform Fig. 5.

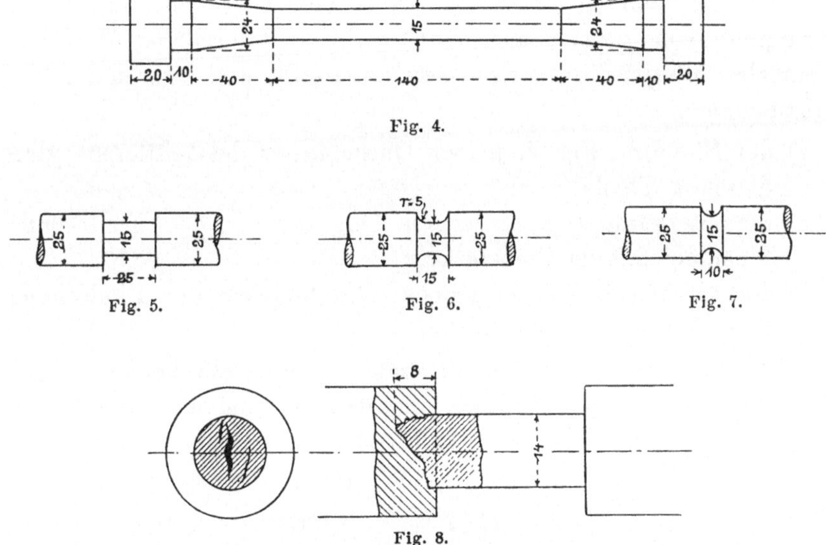

Fig. 4.

Fig. 5. Fig. 6. Fig. 7.

Fig. 8.

Bei dem Flusseisen überwiegt in dem Querschnitte der scharfen Eindrehung der Einfluss der gehinderten Querzusammenziehung, eine Folge der grossen Zähigkeit des Materials. Die Fig. 5a, 5b, 6a und 6b auf Taf. III geben die photographischen Bilder der Probestäbe nach dem Zerreissen und zwar

Fig. 5a einen Flusseisenstab nach Fig. 5,
- 5b - Schweisseisenstab - - 5,
- 6a - Flusseisenstab - - 6,
- 6b - Schweisseisenstab - - 6.

Die in vorstehender Zusammenstellung enthaltenen Ergebnisse zeigen, dass bei einer Eindrehungslänge von 25 mm der Einfluss der gehinderten Querzusammenziehung noch nicht erheblich ist, dass er dagegen mit Abnahme dieser Länge rasch wächst. Im Uebrigen bestätigen sie das oben hinsichtlich dieses Einflusses Ausgesprochene vollständig.

Der Letztere ist auch der Grund, weshalb die der Messung unterworfene Strecke der Probestäbe — Fig. 1 bis 3 in § 8 — kürzer gewählt werden muss, als der prismatische Theil derselben. Man hat sich eben zu sichern, dass ein solcher Einfluss innerhalb der der Beobachtung unterworfenen Strecke nicht mehr Geltung erlangen kann.

Zur Feststellung des Einflusses solcher Eindrehungen auf die Festigkeit von Stäben aus nicht zähem Material hat Verfasser Versuche mit grauem Gusseisen angestellt, und zwar unter Zugrundelegung

a) der Stabform Fig. 4, jedoch Durchmesser des mittleren cylindrischen Theils 2 cm,

b) der Stabform Fig. 5, jedoch Durchmesser der Eindrehung 2 cm bei 2,9 cm Stabstärke,

c) der Stabform Fig. 7, jedoch Durchmesser der Eindrehung 2 cm bei 2,9 cm Stabstärke.

Die Ergebnisse mit den 10 Stäben, hergestellt bei demselben Guss aus dem gleichen Material, sind dem Folgenden zu entnehmen.

Stabform	a (Fig. 4)	b (Fig. 5)	c (Fig. 7)
Zugfestigkeit	1557	1446	1508
	1557	1583	1350
		1417	
	1521	1439	1449
Durchschnitt	1545	1471	1436

Der Bruch erfolgte bei den Stäben a (Fig. 4) innerhalb des cylindrischen Theiles, bei den Stäben b (Fig. 5) am Ende der Eindrehung, d. h. da, wo der 20 mm starke Cylinder aus dem 29 mm dicken heraustritt, und bei den Stäben c (Fig. 7) in der Mitte der Eindrehung.

Wie ersichtlich, ist die durchschnittliche Festigkeit der Stäbe mit Eindrehung etwas geringer als diejenige der glatten Stäbe, Fig. 4. Der Einfluss, welchen die Ungleichförmigkeit der Spannungsvertheilung über den Bruchquerschnitt äussert, überwiegt den hier nicht bedeutenden Einfluss der gehinderten Querzusammenziehung. Ein erheblicher Unterschied der durchschnittlichen Festigkeiten für die Stabform b (Fig. 5) und c (Fig. 7) ist nicht vorhanden.

Zusammenfassung.

Bei Stäben mit Eindrehungen, wie erörtert, wird die Zugfestigkeit, d. h.

$$\frac{\text{Bruchbelastung}}{\text{Querschnitt}}$$

beeinflusst

1. von der Ungleichförmigkeit der Vertheilung der Spannungen über den Querschnitt in dem Sinne, dass die Festigkeit Verminderung erfährt (vergl. auch § 6, S. 90 bis 92, Fussbemerkung),
2. von der Hinderung der Querzusammenziehung in dem Sinne, dass die Festigkeit erhöht wird.

Bei zähem Material, wie es als Flusseisen, Schweisseisen u. s. w. gegeben sein kann, überwiegt der Einfluss Ziff. 2 namentlich dann, wenn die Eindrehung sehr kurz ist (Fig. 2, Fig. 7); die Zugfestigkeit ist dann bedeutend grösser als diejenige prismatischer Stäbe (Fig. 4).

Bei Material, welches eine merkbare Querschnittszusammenziehung im Bruchquerschnitt nicht zeigt, wie z. B. graues Roheisen, scheint der Einfluss Ziff. 1 das Uebergewicht zu erlangen; die durchschnittliche Festigkeit ergiebt sich etwas kleiner als bei prismatischer Form, doch ist der Unterschied sehr gering.

Hinsichtlich dieses verschiedenen Verhaltens beider Arten von Material kommt auch in Betracht, dass bei zähen Stoffen die am stärksten angestrengten Fasern — ohne zu reissen — nachgeben, wodurch die weniger stark beanspruchten mehr zur Uebertragung herangezogen werden.

Hieraus folgt, dass in Bezug auf die Zugfestigkeit von Körpern mit Eindrehungen oder Einkerbungen nicht allgemein gesagt werden kann: sie ist grösser oder kleiner als diejenige von prismatischen Körpern aus dem gleichen Material. Es erscheint unstatthaft, das für ein zähes Material gewonnene Ergebniss ohne Weiteres auf ein weniger zähes oder ein sprödes zu übertragen und umgekehrt[1]).

2. *Einfluss der Länge und des Durchmessers.*

In Bezug hierauf, sowie hinsichtlich des Einflusses der Querschnittsform hat der Chefingenieur Barba in Creusot umfassende Versuche anstellen lassen, die in der Hauptsache von Coureau und Biguet durchgeführt wurden (Barba, Mémoires et compte

[1]) In neuerer Zeit trifft man in der technischen Tagesliteratur auf die Begriffe „scheinbare" und „wahre" Zugfestigkeit. Da es sich hierbei einerseits um Fragen handelt, die nicht blos in grundsätzlicher Hinsicht von Bedeutung sind, sondern denen auch eine recht erhebliche Bedeutung für die ausführende Technik innewohnt, und da andererseits die ganze Unterscheidung durch den Einfluss der Stabform auf die Zugfestigkeit begründet wird, so darf der Gegenstand an dieser Stelle nicht wohl unerörtert bleiben.

Die beiden Begriffe haben ihren Ausgang genommen von einem Aufsatze, den der Vorstand des mech.-technischen Laboratoriums an der techn. Hochschule München, Prof. Dr. Föppl, in der Thonindustrie-Zeitung 1896, S. 145 und 146 unter dem Titel: „Scheinbare und wahre Zugfestigkeit des Cements" veröffentlicht hat. Föppl war damals der Meinung, dass der oben erörterte Einfluss der Stabform bisher unbemerkt geblieben sei. (Vergl. dagegen Fussbemerkung S. 100 u. f., sowie S. 120 u. f.) Unter „wahrer" Zugfestigkeit wird die Festigkeit ausreichend langer Prismen verstanden, während mit „scheinbarer" diejenige von eingekerbten Körpern, wie ein solcher in Fig. 9, S. 127, dargestellt erscheint, gemeint ist. Diese Abbildung giebt die übliche Form („Achterform") der Cementprobekörper wieder, wie sie zum Zwecke der vergleichenden Prüfung des Cementes benutzt wird. Um die Ungleichförmigkeit der Lastvertheilung über den Querschnitt zu zeigen, liess Föppl Kautschukkörper von der Form Fig. 9 herstellen und mit feinen Strichen senkrecht zur Zugrichtung versehen. Unter Einwirkung der Zugkraft gehen diese Striche mit Ausnahme des in den mittleren Querschnitt fallenden Symmetriestrichs in Kurven über derart, dass diese dem mittleren Strich die erhabene Seite zukehren, entsprechend einer starken Zunahme der Dehnung nach aussen. Zum Zwecke ziffernmässiger Bestimmung der Ungleichförmigkeit der Dehnung über den Querschnitt liess Föppl an zwei Kautschukkörpern in der Mitte je zwei um ungefähr 1 mm von einander abstehende feine Querstriche und sodann noch 7 Striche in Richtung der Achse mit Tusche ziehen: den einen zusammenfallend mit der Stabachse, die übrigen links und rechts im Abstande von 4, 8 und 11,5 mm. Für diese ursprünglich 1 mm langen Fasern wurden nun die Dehnungen des belasteten Körpers ermittelt, und zwar

im Abstande	0	4	8	11,5	mm von der Achse
zu	24	34	53	100,	

rendu des travaux de la Société des Ingénieurs Civils 1880, S. 682—714). Die wesentlichen Ergebnisse finden sich im Folgenden unter A und B, sowie in Ziff. 3 unter A, B und C wiedergegeben.

Unter D, Ziff. 3 sind die aus neuerer Zeit stammenden Ergebnisse der von Bauschinger in Bezug auf den Einfluss der Gestalt der Probestäbe durchgeführten Zugversuche zusammengestellt

---

wenn die Dehnung im Abstande 11,5 mm gleich 100 gesetzt wird. Föppl bemerkt hierzu: „Das Verhältniss zwischen der Dehnung am Rande zum Mittelwerth aller Dehnungen stellt sich hiernach auf etwa 2,1. Für einen ersten angenäherten Versuch wird man hiernach annehmen dürfen, dass auch die wahre Zugfestigkeit des Cementes etwas über doppelt so gross, wie die scheinbare (in dem vorher angegebenen Sinne dieses Wortes) zu schätzen ist.“ Hiernach würde also die Zugfestigkeit prismatischer Stäbe von Cement reichlich das Doppelte von derjenigen betragen, welche für gewöhnlich durch die Proben ermittelt wird. In der That bemerkt auch Föppl: „Sobald ein Ingenieur, der die Berechnung einer aus Cement hergestellten Konstruktion auszuführen hat, den Werth der Zugfestigkeit des Cements nöthig hat (z. B. bei der Berechnung von Betonbrücken, Futtermauern u. s. w.), darf man ihm nicht die scheinbare Zugfestigkeit angeben, da er sonst die Festigkeit des Materials unterschätzen würde, sondern die erheblich höhere wahre Zugfestigkeit, auf die es bei diesen Anwendungen allein ankommt. Es hat daher immerhin ein erhebliches Interesse für den Fabrikanten, auch die wahre Zugfestigkeit seines Fabrikats zu kennen.“

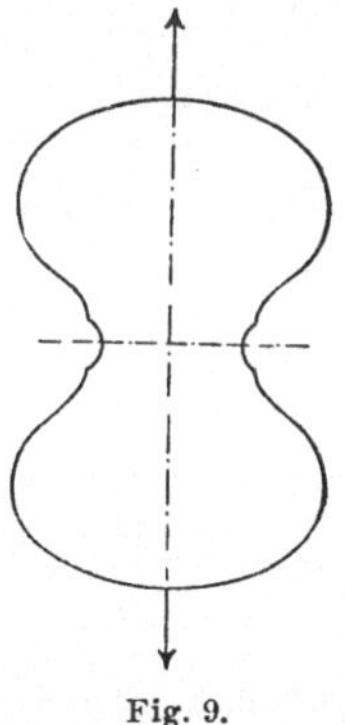

Fig. 9.

Durch den ersten dieser zwei Sätze wird dem Ergebnisse des Versuchs mit den Kautschukkörpern und den daran geknüpften Folgerungen eine schwerwiegende Rückwirkung auf die zulässige Zuginanspruchnahme des Cements, gegenüber welcher Beanspruchungsart die grösste Vorsicht an und für sich angezeigt erscheint, eingeräumt. Dieser Umstand, in Verbindung mit der Thatsache, dass seit jener Zeit bereits in mehreren Aufsätzen die wirkliche Zugfestigkeit des Cementmörtels als bedeutend grösser aufgefasst wird wie diejenige, welche die übliche Prüfung des Cements liefert, nöthigt darzulegen, dass es für die ausführende Technik nicht zulässig ist, derart erhöhte Zugfestigkeiten für Cementmörtel in Rechnung zu stellen.

Zunächst folgt schon aus dem oben vorgeführten Versuchsmaterial, wonach z. B. Flusseisen im Falle kurzer Eindrehung eine weit höhere Zugfestigkeit liefert, während Gusseisen eine kleine Verminderung zeigt, dass ein ziffernmässiger Schluss von der Dehnung eines Kautschukkörpers auf die Zugfestigkeit eines beliebigen Materials — ohne Eingehen auf die Eigenart desselben — wie er oben angeführt worden ist, als unzulässig bezeichnet werden muss.

(Mittheilungen aus dem mechanisch-technischen Laboratorium der k. technischen Hochschule in München, 1892, Heft XXI).

Er muss aber auch noch aus einem anderen Grunde zu Ergebnissen führen, welche unrichtig sind.

Der Schluss setzt voraus, dass die Spannungen proportional den Dehnungen sind. Das trifft nun für Kautschuk durchaus nicht zu. Nach Versuchen von Winkler (Civilingenieur 1878, S. 81 u. f.) ergiebt sich für Kautschuk

σ	ε	$\alpha = \frac{\varepsilon_2 - \varepsilon_1}{\sigma_2 - \sigma_1}$
0	0	
		$\frac{1}{10,9}$
0,5	0,046	
		$\frac{1}{6,7}$
1,0	0,121	
		$\frac{1}{5,8}$
1,5	0,207	
		$\frac{1}{4,6}$
2,0	0,316	
		$\frac{1}{4,3}$
3,0	0,548	
		$\frac{1}{3,2}$
4,0	0,859	
		$\frac{1}{2,2}$
5,0	1,309	
		$\frac{1}{2,1}$
6,0	1,794	

Hiernach wächst der Dehnungskoefficient α von der ersten Spannungsstufe bis zur letzten von $\frac{1}{10,9}$ bis auf $\frac{1}{2,1}$, d. i. etwa um das 5fache. Bei einer solchen Veränderlichkeit des Verhältnisses zwischen Dehnungen und Spannungen erscheint es nicht mehr zulässig, einen ziffernmässigen Schluss zu ziehen, der Proportionalität zwischen Dehnungen und Spannungen voraussetzt. Gerade der Umstand, dass bei Kautschuk die Dehnungen viel rascher wachsen als die Spannungen, hat zur Folge, dass die Ungleichförmigkeit der Spannungsvertheilung bedeutend geringer ist, als sie nach Massgabe des oben Bemerkten ermittelt wurde. Bereits aus diesem Grunde allein müsste man zu einer sehr starken Ueberschätzung der Zugfestigkeit des Cementes, dessen Dehnungskoefficient weit weniger veränderlich ist als derjenige des Kautschuks, gelangen, wenn man dieselbe gemäss den Darlegungen Föppl's 2,1 mal so gross nehmen würde, wie sie sich bei den üblichen Cementproben ergiebt.

Die ganze Frage schien dem Verfasser für das Ingenieurwesen wichtig genug, um Versuche auszuführen, durch welche die Zugfestigkeit von genügend

In Einzelheiten weichen die Ergebnisse der Barba'schen Versuche von denjenigen der Bauschinger'schen Untersuchungen

---

langen prismatischen Stäben aus Cementmörtel, d. h. also dessen „wahre“ Zugfestigkeit, unmittelbar festgestellt wird. Demgemäss wurden Körper in grösserer Zahl von einer Form, ähnlich der in Fig. 16, § 8 dargestellten, sowie von der Form Fig. 9 angefertigt und zwar in einer grossen Cementfabrik mit der dem Zwecke entsprechenden Sorgfalt. Die Durchschnittsergebnisse sind in der folgenden Zusammenstellung enthalten. Weshalb auch Druckversuche in dieselbe aufgenommen worden sind, wird aus dem Späteren hervorgehen.

Zusammensetzung der Versuchskörper: 1 Cement, 3 Sand
Alter - - 28 Tage.

	9 % Wasser, Mischung des Mörtels mit der Hand		$9^1/_2$ % Wasser, Mischung des Mörtels mit der Kugelmischtrommel	
	Spec. Gewicht	Zugfestigkeit	Spec. Gewicht	Zugfestigkeit
Zugkörper				
a) Achterform, Fig. 9, Querschnitt: 5 qcm	2,33	36,8 kg/qcm	2,36	38,5 kg/qcm
b) Prismatische Form, Fig. 16, § 8, Querschnitt: 50 qcm	2,22	17,35 -	2,29	25,1 -
Druckkörper	Spec. Gewicht	Druckfestigkeit	Spec. Gewicht	Druckfestigkeit
a) Würfel von 50 qcm Querschnitt	2,28	285 kg/qcm	2,32	292 kg/qcm
b) Cylinder von rund 25 cm Durchmesser (rund 480 qcm Querschnitt) und rund 25 cm Höhe	2,23	165 -	2,25	203 -

Die specifischen Gewichte wurden durch Wägen in der Luft und im Wasser bestimmt.

Diese Ergebnisse zeigen, dass die Zugfestigkeit der prismatischen Stäbe Fig. 16, § 8 (ohne Einkerbung) bedeutend kleiner ist als diejenige der Körper mit der Achterform Fig. 9. Es stehen sich die Zahlen 36,8 und 17,35 bezw. 38,5 und 25,1 kg/qcm gegenüber.

Dieser Unterschied ist nun allerdings nicht auf Rechnung der Stabform zu setzen, sondern er erscheint als eine Folge davon, dass Cementkörper von 50 qcm Querschnitt eben nicht so dicht und nicht so vollkommen gemischt ausfallen als solche von 5 qcm Querschnitt, die überdies diesen Querschnitt nur an einer einzigen Stelle besitzen. Dass Cementkörper von grösserem Querschnitt unter

etwas ab. Es dürfte dies vorzugsweise davon herrühren, dass die von Materialungleichheiten veranlassten Abweichungen häufig be-

---

sonst gleichen Verhältnissen in der That eine geringere Widerstandsfähigkeit aufweisen als solche mit kleinerem Querschnitt, das zeigen die Ergebnisse der in die Zusammenstellung aufgenommenen Druckversuche. Obgleich für kreiscylindrische Versuchskörper, deren Höhe gleich dem Durchmesser ist, nach S. 149 und 150, sowie S. 153 eine etwas grössere Druckfestigkeit zu erwarten steht als für Würfel, ergaben hier die Cylinder mit 480 qcm Querschnitt eine bedeutend kleinere Druckfestigkeit als die Würfel mit 50 qcm Querschnitt; es stehen sich die Zahlen 165 und 285, bezw. 203 und 292 gegenüber. Wenn sich nun der Einfluss des grösseren Querschnittes bei *Druck*versuchen so ausgeprägt zeigt, so darf er bei *Zug*versuchen in noch höherem Masse erwartet werden, wie die oben angegebenen Zahlen auch nachweisen; denn gegenüber Zugbeanspruchung werden sich naturgemäss geringere Dichte und Unvollkommenheit der Mischung des Cementmörtels der Regel nach einflussreicher erweisen müssen als gegenüber Druckbeanspruchung. Recht deutlich zeigt sich der Einfluss der grösseren Vollkommenheit des Mischens des Mörtels bei Vergleich des spec. Gewichts und der Zugfestigkeit der Zugkörper mit grösserem Querschnitt: 2,22 bezw. 17,35 und 2,29 bezw. 25,1. Dabei kann nicht verkannt werden, dass die Herstellung der Probekörper in der Cementfabrik mit einer Sorgfalt erfolgte, welche von derjenigen, mit welcher auf der Baustelle gearbeitet zu werden pflegt, kaum erreicht werden dürfte.

Fassen wir das Vorstehende zusammen, so muss ausgesprochen werden, *dass es für die ausführende Technik* — wenigstens bis auf Weiteres — *nicht nur nicht räthlich erscheint, mit höheren Zugfestigkeitszahlen zu rechnen, als sie bei den üblichen Zugversuchen mit Cementmörtel erhalten werden, sondern dass es vielmehr angezeigt ist, weit niedrigere zu wählen.*

Es empfiehlt sich ausserdem, im Auge zu behalten, dass die übliche Zugprobe mit Cementkörpern in erster Linie eine *vergleichende Güteprobe* des Cementes sein, nicht aber Zugfestigkeitszahlen liefern soll, welche ohne Weiteres auf die Ausführungen übertragen werden können. In Bezug auf die Beschaffung von Erfahrungsmaterial für die Letzteren glaubt Verfasser angesichts des Irrthums, der hier bloszulegen war, betonen zu sollen, was er bereits früher an anderer Stelle (Zeitschrift des Vereines deutscher Ingenieure 1895, S. 417, S. 489, Fussbemerkung) hervorgehoben hat: *die Versuche sind in der Regel unter solchen Verhältnissen anzustellen, wie sie bei den wichtigeren technischen Anwendungen vorzuliegen pflegen, sodass die ermittelten Erfahrungszahlen auf diese mit ausreichender Sicherheit übertragen werden können.*

Versuche mit Kautschukkörpern können ausserordentlich lehrreich sein: in erster Linie, um die Art der Formänderungen zu zeigen, die unter gewisser Belastung bei gegebener Körperform eintritt, wie z. B. im Falle der Zugbelastung beim Körper Fig. 9, um dem Auge erkennen zu lassen, dass die Dehnung von innen nach aussen zunimmt. Wird jedoch ein *ziffernmässiger* Schluss auf die

deutend grösser sind als die Unterschiede, welche die Verschiedenheit der Gestalt bedingt.

A. Die Versuchsstäbe haben verschiedene Durchmesser d, ebenso sind die der Messung unterworfenen Stabstrecken l verschieden lang und zwar derart, dass $l:d$ konstant.

Die Versuchsstäbe wurden aus gleich starken Stangen herausgearbeitet.

Gleiche Dauer der einzelnen Versuche wurde mit Sorgfalt erstrebt.

Die angegebenen Werthe sind je die Durchschnittszahlen aus einer Versuchsreihe.

Grösse der Spannungen beabsichtigt, so muss die starke Veränderlichkeit des Verhältnisses zwischen Dehnungen und Spannungen bei Kautschuk in Rechnung gezogen werden. Bei Uebertragung auf andere Materialien ist sodann überdies deren Eigenart im Vergleich zu Kautschuk zu berücksichtigen. Dazu gesellen sich die Einflüsse, wie sie im vorliegenden Falle zu berücksichtigen waren: diejenigen der Dichte, der Querschnittsgrösse, der Herstellung u. s. w.

Soll die Zulässigkeit der Höherwerthung der Zugfestigkeit des Cementes für auszuführende Bauten nachgewiesen werden, so muss dies durch Versuche mit Körpern und unter Verhältnissen geschehen, welche denjenigen der thatsächlichen Ausführung genügend entsprechen.

Schliesslich sei noch erwähnt, dass bereits Durand-Claye 8 Jahre früher in den Annales des ponts et chaussées, 1888, II, S. 173 bis 211, ziemlich eingehend — allerdings auch nicht einwandfrei — mit dem zur Erörterung stehenden Verhalten von Cement- und Steinkörpern sich beschäftigt hat. Daselbst finden sich auch (Taf. 12) die erwähnten Formänderungslinien, welche sich auf den Kautschukkörpern zeigten, mit denen Durand-Claye gleichfalls gearbeitet hatte. Ein weiterer Aufsatz von demselben Verfasser findet sich in der gleichen Zeitschrift 1895, S. 604 u. f. Durand-Claye gelangte dabei zu dem Ergebniss, dass die wahre Zugfestigkeit des Cementes um 50 % grösser sei als diejenige der Achterform, während Föppl auf ein Mehr von 110 % kam, wie oben angegeben wurde.

Im Uebrigen ist gegenüber dem Begriff „wahre Zugfestigkeit“ ganz allgemein das in der Fussbemerkung 2, S. 10 Hervorgehobene festzuhalten.

Rundstäbe aus Flusseisen.

Nummer der Versuchsreihe	Durchmesser d cm	Stabstrecke l cm	Verhältniss $l:d$	Festigkeit K_z kg/qcm	Querschnittsverminderung $\psi = 100 \frac{f - f_b}{f}$ %	Verlängerung $l_b - l$ cm	Dehnung $\varphi = 100 \frac{l_b - l}{l}$ %
1	0,690	5,0	7,24	4220	69,3	1,64	32,8
2	1,035	7,5		4200	69,0	2,49	33,2
3	1,380	10,0		4210	69,7	3,30	33,0
4	1,725	12,5		4170	68,6	4,18	33,5
5	2,070	15,0		4160	69,2	5,08	33,6
6	2,415	17,5		4090	69,7	5,80	33,2
7	2,760	20,0		4000	68,8	6,60	33,0
8	3,105	22,5		3960	69,5	7,65	34,0
Durchschnitt				4130	69,2		33,3

Rundstäbe aus Flussstahl.

Nummer der Versuchsreihe	Durchmesser d cm	Stabstrecke l cm	Verhältniss $l:d$	Festigkeit K_z kg/qcm	Querschnittsverminderung $\psi = 100 \frac{f - f_b}{f}$ %	Verlängerung $l_b - l$ cm	Dehnung $\varphi = 100 \frac{l_b - l}{l}$ %
1	0,690	5,0	7,24	6480	36,5	1,00	20,0
2	1,035	7,5		6490	38,0	1,41	18,8
3	1,380	10,0		6390	37,4	1,82	18,2
4	1,725	12,5		6330	38,4	2,27	18,1
5	2,070	15,0		6350	31,8	2,70	18,0
6	2,415	17,5		6200	35,8	3,17	18,1
7	2,760	20,0		6320	34,4	3,90	19,5
8	3,105	22,5		nicht ermittelt			
Durchschnitt				6360	36,1		18,6

Die Versuchsergebnisse zeigen:

α) eine, wenn auch nicht bedeutende Abnahme der Festigkeit mit wachsendem Durchmesser,

β) Unabhängigkeit der Querschnittsverminderung ψ vom Durchmesser,

γ) Unabhängigkeit der Dehnung φ vom Durchmesser d und der Länge l, sofern das Verhältniss $l:d$ das gleiche bleibt.

B. Die Versuchsstäbe besitzen verschiedene Durchmesser, dagegen sind die der Messung zu Grunde gelegten Stabstrecken gleich lang.

Nummer des Versuchs	Durchmesser d cm	Stabstrecke l cm	Festigkeit K_z kg/qcm	Verlängerung $l_b - l$ cm	Dehnung $\varphi = 100 \frac{l_b - l}{l}$ %	Bemerkungen
1	2,0	10,0	3700	3,75	37,5	Flusseisen
2	1,0	10,0	3690	3,05	30,5	
3	0,5	10,0	3760	2,50	25,0	
1	2,0	10,0	5930	2,59	25,9	Flussstahl
2	1,0	10,0	5940	2,10	21,0	
3	0,5	10,0	6000	1,70	17,0	

Diese Versuchsergebnisse lehren, dass die Dehnung φ bei gleicher Grösse der Stabstrecke, welche der Bestimmung zu Grunde gelegt wird, in ziemlichem Masse abhängt von dem Durchmesser d und zwar derart, dass sie wächst mit zunehmendem Durchmesser.

Nach dem Ergebniss A, γ entfällt diese Abhängigkeit bei gleichem Verhältniss $l:d$.

Hieraus folgt, dass bei Forderung einer bestimmten Dehnung φ für eine bestimmte Stablänge l ein gewisser Durchmesser d vorgeschrieben sein muss. Sind die Durchmesser verschieden, so haben sich die Messlängen zu verhalten wie diese.

3. *Einfluss der Querschnittsform.*

A. Die Versuchsstäbe haben verschiedene Querschnittsform, jedoch gleichgrosse Querschnittsfläche.

Die angegebenen Werthe sind die Mittel aus je einer Reihe von Versuchen mit derselben Querschnittsform.

Querschnittsform	Festigkeit K_z kg/qcm	Querschnittsverminderung $\psi = 100 \frac{f - f_b}{f}$ %	Dehnung $\varphi = 100 \frac{l_b - l}{l}$ %
Rundstab	4150	58,3	32,7
Quadratstab . .	4170	57,3	33,7
Flachstab . . .	3960	56,5	36,0

Hieraus erhellt, dass rechteckige Querschnitte bei gleicher Grösse bedeutendere Dehnung ergeben als Rundstäbe.

B. Aus Versuchen mit 1 cm starken Flachstäben

ergab sich

bei der Breite von	1	2	3	4	5	6	7	8 cm
die Dehnung auf 10 cm zu	31,0	34,0	35,0	37,2	39,0	40,8	38,5	34,5%,

d. h. am grössten bei dem Querschnittsverhältniss 1 : 6.

Die Festigkeit betrug durchschnittlich 3870 kg.

C. Die Flachstäbe haben verschiedene Breite.

Nummer des Versuchs	Stärke a cm	Breite b cm	Verhältniss $b : a$	Festigkeit K_z kg/qcm	Dehnung $\varphi = 100 \frac{l_b - l}{l}$ %	Bemerkungen
1	1,015	2,000	1,98	4270	29,5	Flusseisen
2	0,995	5,985	6,02	4130	35,0	
3	1,017	9,980	9,81	4020	40,0	
1	1,310	2,000	1,53	2400	51,5	Kupfer
2	1,308	5,980	4,57	2380	55,2	
3	1,313	9,990	7,61	2315	59,0	

Nach diesen Versuchen nimmt die Festigkeit mit der Breite etwas ab (vergl. auch A).

Hierbei ist nicht ausser Acht zu lassen, dass dieser Einfluss möglicher Weise von der Einspannung herrühren kann, und dass es überhaupt nicht leicht ist, bei verhältnissmässig breiten Stäben eine gleichmässige Vertheilung der Zugkraft über den Querschnitt zu sichern.

Wir schliessen aus den im Vorstehenden niedergelegten Versuchsergebnissen, dass Ergebnisse von Zugversuchen, streng genommen, nur dann unmittelbar verglichen werden können, wenn die Versuchsstäbe, sofern sie nicht dieselben Abmessungen besitzen, wenigstens geometrisch ähnlich sind.

	Messlänge	Querschnittsabmessung	Querschnitt
Gelten für 2 Rundstäbe die Grössen	$l_1\ l_2$	$d_1\ d_2$	$f_1 = \frac{\pi}{4} d_1^2,\ f_2 = \frac{\pi}{4} d_2^2$
und für 2 Flachstäbe die Grössen	$l_1\ l_2$	$a_1 b_1\ a_2 b_2$	$f_1 = a_1\ b_1,\ \ f_2 = a_2 b_2,$

so findet sich als Bedingung der Vergleichbarkeit der ermittelten Dehnungen für Rundstäbe

$$l_1 : l_2 = d_1 : d_2 = \sqrt{\frac{\pi}{4} d_1^2} : \sqrt{\frac{\pi}{4} d_2^2} = \sqrt{f_1} : \sqrt{f_2},$$

und für Flachstäbe mit Annäherung

$$l_1 : l_2 = \sqrt{a_1 b_1} : \sqrt{a_2 b_2} = \sqrt{f_1} : \sqrt{f_2}.$$

Der Satz, welcher soeben hinsichtlich der Vergleichbarkeit der Ergebnisse von Zugversuchen festzustellen war, gilt mit der in § 10 ausgesprochenen Ergänzung dahingehend, dass auch die Geschwindigkeiten, mit welchen die Versuche durchzuführen sind, ausreichend übereinstimmen müssen, gleichfalls für alle anderen Beanspruchungsarten.

D. Versuche mit Rund- und Flachstäben aus Fluss- und Schweisseisen.

Bauschinger gelangte hinsichtlich des Einflusses der Form der Probestäbe zu folgenden Ergebnissen.

a) Der Dehnungskoefficient (α, Gleichung 3, § 2), wie er durch die üblichen Messungen an der Oberfläche der Stäbe erhalten wird, ist bei Rundstäben etwas kleiner als bei Flachstäben aus dem gleichen Material; bei dicken Flachstäben etwas kleiner als bei dünnen und überhaupt bei grösseren Querschnittsabmessungen ein wenig geringer als bei kleineren Querschnitten. Alle diese Unterschiede sind jedoch nur gering und werden durch zufällige, von Materialungleichheiten herrührende Abweichungen weit übertroffen.

b) Die Zugfestigkeit (K_z, Gleichung 1, § 3) erscheint von der Querschnittsform nicht beeinflusst.

c) Die Querschnittsverminderung (ψ, Gleichung 2, § 3) ist bei Flachstäben von der Form und Grösse des Querschnittes unabhängig. Stärkere Rundstäbe geben etwas kleinere Werthe für dieselbe als schwächere aus dem gleichen Material, doch ist der Unterschied nicht bedeutend.

d) Die Dehnung (φ, Gleichung 3, § 3), gemessen für eine bestimmte ursprüngliche Länge, ist von der Querschnittsform, von dem Verhältniss der Breite zur Dicke bei Flachstäben, also davon, ob der Querschnitt überhaupt kreisrund oder rechteckig ist, nicht abhängig; aber sie wächst mit der Grösse f des Querschnittes derart, dass

$$\varphi = a + b\sqrt{f}$$

gesetzt werden kann, worin die Koefficienten a und b wesentlich von der Beschaffenheit des Materials abhängen.

e) Vergleichbare Ergebnisse für die Dehnung (φ, Gleichung 3, § 3) werden erhalten, wenn man die Messlänge der Probestäbe proportional der Quadratwurzel aus dem Querschnitt wählt. Unter Zugrundelegung eines Normal-Rundstabes von 20 mm Stärke und 200 mm Messlänge ergiebt sich die proportionale Länge eines Probestabes vom Querschnitt f gleich

$$200 \frac{\sqrt{f}}{\sqrt{\frac{\pi}{4} \cdot 20^2}} = 11{,}3\sqrt{f} \text{ Millimeter,}$$

sofern f in qmm eingesetzt wird.

f) Das in der Fussbemerkung S. 105 zuerst angegebene Verfahren zur Messung der Dehnung erscheint genügend genau, so lange die Bruchstelle noch wenigstens ein Viertel der Messlänge von den Enden der letzteren abliegt. Dabei sind Rundstäbe auf zwei entgegengesetzten Seiten, Flachstäbe auf einer Breitseite zu messen.

g) Querschnittsverminderung (ψ, Gleichung 2, § 3) und Dehnung (φ, Gleichung 3, § 3) stehen in keinem Zusammenhang.

h) Proportionalitäts- und Streckgrenze können auch dann, wenn die Probestäbe sorgfältigst ausgeglüht worden sind, in einem und demselben Eisenstück oder in Stücken der nämlichen Erzeugungsfolge in so hohem Grade verschieden sein, dass dagegen alle anderen Einflüsse, diejenigen der Form und der Grösse des Querschnittes, falls sie überhaupt vorhanden sind, verschwinden.

Wird die Proportionalitätsgrenze von zerrissenen Stäben gleichen Materials bestimmt, so ergiebt sie sich nahezu gleich hoch gehoben, wie hoch oder niedrig sie auch ursprünglich gelegen war. Dieses interessante Ergebniss lassen die folgenden, für 3 Paar Flachstäbe giltigen Zahlen deutlich erkennen.

Bezeichnung des Probestabes	Ursprünglich			Nach dem Zerreissen	
	Dehnungskoefficient	Proportionalitätsgrenze kg/qcm	Streckgrenze kg/qcm	Dehnungskoefficient	Proportionalitätsgrenze kg/qcm
IV 1a	$\frac{1}{2\,230\,000}$	2350	2460	$\frac{1}{2\,280\,000}$	2700
IV 2c	$\frac{1}{2\,080\,000}$	1000	1670	$\frac{1}{2\,160\,000}$	2700
07c	$\frac{1}{2\,130\,000}$	1840	2130	$\frac{1}{2\,220\,000}$	2800
07a	$\frac{1}{2\,160\,000}$	1290	2080	$\frac{1}{2\,130\,000}$	2850
16a	$\frac{1}{2\,170\,000}$	2230	2370	$\frac{1}{2\,245\,000}$	2930
16d	$\frac{1}{2\,150\,000}$	1290	2230	$\frac{1}{2\,210\,000}$	2910

§ 10. Versuchsergebnisse über den Einfluss der Zeit auf Festigkeit, Dehnung und Querschnittsverminderung.

Von neueren Untersuchungen, welche den schon längst bekannten, auch in § 5, Ziff. 4 bereits erörterten Einfluss der Zeitdauer des Versuchs nachweisen, seien die folgenden angeführt.

Versuchsreihen mit Rundstäben von 1,6 cm Stärke aus Flusseisen.

Dauer des Versuchs	Festigkeit K_z	Dehnung, gemessen auf 10 cm
2,5 Minuten	3935 kg	32 %
75 -	3720 -	34 -

(Barba, Mémoires et compte-rendu des travaux de la Société des Ingénieurs Civils, 1880, S. 710.)

Feinkorneisen.

Dauer des Versuchs	Festigkeit K_z	Dehnung φ	Festigkeit K_z	Dehnung φ
Rasch zerrissen	4990 kg	22 %	4340 kg	23,3 %
Langsam zerrissen	4493 -	25,2 -	3770 -	28,8 -

Gewöhnliches Puddeleisen.

Dauer des Versuchs	Festigkeit K_z	Dehnung φ
Rasch zerrissen	3720 kg	30,4 %
Langsam zerrissen	3516 -	35,23 -

Harter Wolframstahl.

Dauer des Versuchs	Festigkeit K_z	Festigkeit K_z	Festigkeit K_z
Rasch zerrissen	14350 kg	13270 kg	11359 kg
Langsam zerrissen	12300 -	11339 -	10230 -

Dehnung 1 bis 1,5 %.

(Goedicke, Oest. Zeitschrift für Berg- u. Hüttenwesen 1883, S. 578.)

Hiernach ergeben rascher durchgeführte Versuche eine grössere Festigkeit, sowie eine kleinere Dehnung und (nach Versuchen des Verfassers) in der Regel auch eine kleinere Querschnittsverminderung. Dadurch erklärt es sich, dass die Prüfung eines und desselben Materials, welche an der einen Stelle sehr rasch durchgeführt worden ist, daselbst ungenügende Dehnung und Querschnittsverminderung ergiebt, an einer zweiten Stelle, langsamer vorgenommen, die bedungene Dehnung und Querschnittsverminderung aufweist.

Leder.

Dauer des Versuchs	Festigkeit K_z
1 Stunde 26 Minuten	301 kg
166 Tage	200 -

(George Leloutre, Les transmissions par courroies, cordes et cables métalliques, Paris 1884, oder des Verfassers Bericht hierüber in der Zeitschrift des Vereines deutscher Ingenieure 1884, S. 871. Daselbst finden sich auch Mittheilungen über das asymptotische Wachsthum der Verlängerung mit der Dauer der Belastung, sowie über das dementsprechende Verhalten bei Entlastung.)

Versuche des Verfassers über den Einfluss der Zeit auf die Festigkeit des Leders bestätigen das von Leloutre Gefundene. Vergleiche auch den dritten in § 4, Ziff. 7, besprochenen Riemen.

Hanfseile.

Die ursprünglich 750 mm lange, der Beobachtung unterworfene Strecke eines 55 mm starken Seiles aus badischem Schleisshanf, welches nach und nach bis zu 500 kg belastet worden ist, zeigt, nachdem diese Belastung 10 Minuten gewirkt hat, die Länge 788,4 mm. Das Seil bleibt längere Zeit hindurch derselben Anstrengung ausgesetzt.

Es beträgt	nach 10 Minuten	1	7	26	50	82	120 Std.
die Seillänge	788,4	789,7	791,8	793,2	794,5	795,8	796,5 mm
entsprechend einer weiteren Verlängerung um	0	1,3	3,4	4,8	6,1	7,4	8,1 -

Hierauf wurde das Seil bis auf 100 kg entlastet.

Es beträgt unmittelbar	nach der Entlastung	nach 34 Stunden
die Seillänge	791,9 mm	790,8 mm
entsprechend einer Verkürzung um	4,6 -	5,7 -

(Des Verfassers Versuche über die Elasticität von Treibriemen und Treibseilen in der Zeitschrift des Vereines deutscher Ingenieure 1887, S. 221 u. f.)

Hieraus folgt, dass die Gesammtdehnung, der Dehnungsrest wie auch die Federung Funktionen der Zeit sind.

In sehr anschaulicher Weise lässt sich der Einfluss der Geschwindigkeit, mit welcher das Zerreissen erfolgt, zeigen durch Verwendung von selbstzeichnenden Festigkeitsmessern mit Federbelastung.

(Hugo Fischer, Dingler's polyt. Journal 1884, Bd. 251, S. 337 u. f.)

Nach Massgabe des im Vorstehenden enthaltenen Materials wird behufs Erlangung vergleichbarer Versuchsergebnisse davon auszugehen sein, dass auch die Geschwindigkeit bei der Durchführung der Versuche entsprechend gewesen sein muss (vergl. Schluss von § 9). Dabei ist, wie bereits in § 5, Ziff. 4, hinsichtlich des Einflusses der Zeit bemerkt wurde, die Art des Stoffes im Auge zu behalten. Beispielsweise wird ein Stab aus hartem Stahl ausserordentlich rasch zerrissen werden müssen, soll ein Einfluss der Zeit auf das Ergebniss hervortreten. Dagegen wird sich dieser bei einem Lederriemen auch noch im Falle längerer Versuchsdauer feststellen lassen.

Die unmittelbare Vergleichbarkeit der Prüfungsergebnisse setzt somit voraus: entweder es ist jeweils die Versuchsdauer so lang, dass der Einfluss der Zeit ein unmerklicher, oder es muss die Geschwindigkeit, mit welcher die Dehnung erfolgt, wenigstens angenähert die gleiche Grösse besitzen.

Von Bauschinger ausgeführte Versuche über den Einfluss der Zeit bei Zugproben mit verschiedenen Metallen haben nach dessen Mittheilung zu dem Ergebnisse geführt, dass bei Fluss- und Schweisseisen, bei Kupfer, bei Messingblech und bei Bronceguss ein Einfluss der Zeit oder der Geschwindigkeit, mit welcher die Dehnung vorgenommen wird, nicht oder kaum merklich ist innerhalb der Grenzen, in denen diese Versuche durchgeführt worden sind. Bei Messingguss ist er sehr gering und wird, wenn überhaupt vorhanden, leicht durch zufällige Ungleichmässigkeiten des Materials verdeckt; ebenso bei Zinkguss und Gusseisen. Bei Zinkblech dagegen ist er im Verlaufe der Dehnungslinie (vergl. § 3, Fig. 1, S. 9, § 8, S. 107) sowohl als auch bei der Bruchbelastung ($E_2 E$, Fig. 1, § 3) deutlich erkennbar, nicht aber an der Dehnung (φ, Gl. 3, § 3) und Querschnittsverminderung (ψ, Gl. 2, § 3). Bei Blei (Guss- und Walzblei) ist der Einfluss der Zeit unsicher gegenüber dem Verlaufe des Arbeitsdiagrammes, unverkennbar an der Bruchbelastung und kaum bemerkbar an der Bruchdehnung. Am grössten erwies sich der in Rede stehende Einfluss bei gegossenem Zinn. (Mittheilungen aus dem mechanisch-technischen Laboratorium der k. technischen Hochschule in München, 1891, Heft XX.)

Die Dauer dieser Bauschinger'schen Versuche z. B. mit den 4 Flusseisenstäben betrug nach Ueberschreiten der Streckgrenze und unter Abrechnung der Ruhepausen (von 30 Min., 17 Min., 22 St. 32 Min., 22 Min.) 26, 41, 46 und 77 Minuten, d. s. Zeiträume, von denen der kleinste noch bedeutend grösser erscheint als derjenige, innerhalb dessen sich bei Flusseisen der Einfluss der Dauer des Versuchs durch die Prüfungsergebnisse überhaupt deutlich äussert; sie liegen somit ausserhalb des Gebietes, welches für die obigen Darlegungen wie auch für diejenigen des § 5, Ziff. 4, in Betracht kommt. Bei Beachtung dieses Umstandes klärt sich der Widerspruch auf, welcher zwischen den Ergebnissen der Bauschinger'schen Versuche und dem oben Angeführten zu bestehen scheint.

II. Druck.

Die auf den geraden stabförmigen Körper wirkenden äusseren Kräfte ergeben für jeden Querschnitt desselben eine Kraft, deren Richtungslinie in die Stabachse fällt und welche diese zu verkürzen strebt. Die Querschnittsabmessungen werden als so bedeutend vorausgesetzt, dass der Fall der Knickung (§ 23) nicht vorliegt.

§ 11. Formänderung. Druckfestigkeit.

Wie wir in § 1 und § 2 sahen, erfährt der Stab unter Einwirkung der Druckkraft gleichzeitig eine Zusammendrückung in Richtung der Achse und eine Vergrösserung der Querschnitte, eine Querausdehnung. Die Umkehrung der Spannungsrichtung hat auch eine Umkehrung der Formänderungen zur Folge.

Dementsprechend werden für den auf Druck in Anspruch genommenen Körper die zur Beurtheilung nöthigen Beziehungen sich durch Umkehrung der im Bisherigen für Zugbeanspruchung aufgestellten Gleichungen gewinnen lassen, in welcher Beziehung auf § 12 zu verweisen ist.

Wir erhalten so — indem wir zum Theil früher Bemerktes wiederholen — die Grössen:

negative Dehnung, d. i. die auf die Einheit der ursprünglichen Länge l bezogene Verkürzung,

Dehnungskoefficient gegenüber Druck, d. i. die Verkürzung eines Stabes von der ursprünglichen Länge 1 bei der Belastung von 1 Kilogramm auf die Flächeneinheit, oder kurz: die Verkürzung der Längeneinheit für das Kilogramm Pressung,
und für den Fall, dass diese Zahl bis zu einer gewissen Pressung konstant ist, in der letzteren die

Proportionalitätsgrenze gegenüber Druck,

Elasticitätsgrenze gegenüber Druck, d. i. diejenige Druckspannung, bis zu welcher hin das Material sich als voll-

Fig. 1, § 11.

Fig. 2, § 11.

kommen oder doch nahezu als vollkommen elastisch erweist,

Fliess- oder Quetschgrenze, d. i. diejenige Druckspannung, bei welcher das Material verhältnissmässig rasch nachgiebt, ohne dass Zerstörung eintritt.

Hinsichtlich dieser Grössen gelten sinngemäss dieselben Bemerkungen, welche in § 2 über sie für den Fall gemacht worden sind, dass es sich um Belastung durch eine Zugkraft handelt.

Wird die Belastung des in eine Prüfungsmaschine gespannten Prisma fortgesetzt gesteigert, so tritt schliesslich ein Augenblick ein, in welchem der Widerstand des gedrückten Körpers aufhört, der Belastung das Gleichgewicht zu halten; der Widerstand erscheint überwunden: das Prisma wird zerdrückt, d. h. mehr oder minder vollständig zertrümmert, wie z. B. harte Gesteine, oder es wird zerquetscht, d. h. sein Material weicht nach der Seite aus, fliesst seitlich ab, wie z. B. Blei. Streng genommen wird in beiden Fällen der Widerstand dadurch überwunden, dass das Material nach der Seite ausweicht: im ersteren Falle erfolgt diese Ausweichung nach vorhergegangener oder gleichzeitiger Zertrümmerung, im letzteren dagegen behält der weiche, bildsame Stoff seinen Zusammenhang bei.

Beobachten wir einen dem Zerdrücken ausgesetzten Sandsteinwürfel, so sieht man bei normalem Verlaufe an den Mantelflächen Platten sich ablösen, welche in der Mitte stärker sind als nach den in die Druckflächen verlaufenden Rändern hin. Im Innern dagegen bilden sich zwei pyramidale Bruchstücke aus, wie dies Fig. 1 (Taf. IV) deutlich erkennen lässt; die Platten, welche sich seitlich lösten, sind hierbei weggenommen. Man erkennt, wie das Material von den beiden Stirnflächen aus je in pyramidaler Form in das Innere gedrückt worden ist. (Vergl. auch § 13, Ziff. 2, a, D.) Werden die Druckplatten der Prüfungsmaschine einander noch weiter genähert, so pflegt sich der Zusammenhang der beiden Pyramiden durch Abschiebung zu lösen.

Ein dem Zerdrücken ausgesetzter Bleicylinder baucht sich zunächst aus, wie Fig. 2 (Taf. IV) zeigt, und geht schliesslich bei fortgesetzter Näherung der Druckplatten in eine immer dünner werdende Scheibe über. Ursprünglich besass der wiedergegebene

Cylinder einen Durchmesser und eine Höhe von je 80 mm; sein Mantel war durch 7 Parallelkreise in Abständen von je 10 mm und durch 25 senkrechte Gerade in Abständen von je $\frac{\pi 80}{25} = 10{,}05$ mm in 200 Quadrate eingetheilt. Fig. 2 stellt den Cylinder dar, nachdem er auf 64 mm, d. i. 0,8 seiner ursprünglichen Höhe zusammengedrückt ist. Wie ersichtlich, haben sich die Höhen der beiden End- oder Stirnschichten am stärksten vermindert: von 10 mm auf 6,5 mm, d. h. um 35% gegen 20% durchschnittliche Verringerung, entsprechend einer Bewegung des Materials in das Innere des Körpers, von wo aus der Stoff nach dem Umfange zu ausweicht. Diese Einwärtsbewegung des Materials in der Richtung des Druckes ist offenbar in der Mitte der Druckfläche am stärksten und nimmt nach aussen ab, infolgedessen erscheint auch die Druckvertheilung über den Querschnitt — jedenfalls während des Fliessens — nicht mehr als gleichmässig, sondern derart ungleichförmig, dass die Pressung von innen nach aussen abnimmt[1]).

Fig. 3 und 4 (Tafel V) geben einen Bleiwürfel wieder, welcher ursprünglich 80 mm Seitenlänge besass und dessen 6 Begrenzungsebenen je in 64 gleiche Quadrate eingetheilt worden waren. Fig. 3 zeigt den Aufriss des auf 64 mm zusammengedrückten Körpers und lässt deutlich die Figuren erkennen, in welche die kleinen Quadrate übergegangen, sowie den Umstand, dass auch hier die beiden Stirnschichten am meisten zusammengepresst oder richtiger, dass deren Material zum Theil in das Innere gedrückt worden ist. Der Grundriss (Fig. 4), die Hälfte des Würfels darstellend, giebt die eigenthümliche Wölbung wieder, welche die ursprünglich ebenen vier Seitenflächen bei der Zusammendrückung angenommen haben.

Die 3 in Fig. 5 (Tafel V) dargestellten Bruchstücke gehören Gusseisencylindern von verschiedener Höhe an. Auch hier ist zunächst eine Ausbauchung zu beobachten, welche schliesslich in Zerstörung übergeht. Die höheren Cylinder (40 mm bei 19,9 mm Durchmesser) schieben sich ab, die niederen (19,8 mm Höhe bei

---

[1]) Es hängt dies zusammen mit dem Einflusse der Reibung zwischen Druckplatte der Versuchsmaschine und Stirnfläche des geprüften Körpers (vergl. § 14). Die oben erwähnte Druckvertheilung zeigt sich auch bei dem Schmiermaterial, welches sich zwischen Zapfen und Lagerschale befindet (vergl. Fussbemerkung S. 148).

Fig. 5, § 11.

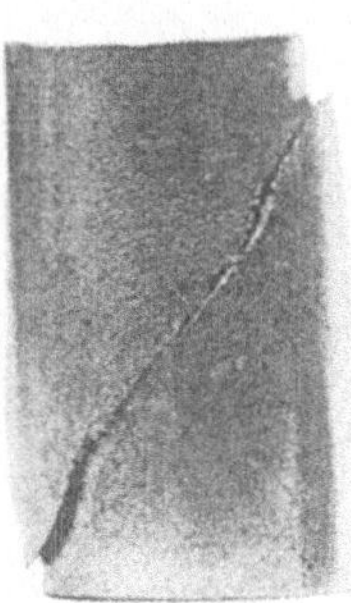

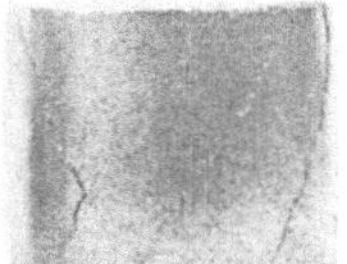

Fig. 4, § 11 (Grundriss).

Fig. 3, § 11 (Aufriss).

Fig. 6, § 11.

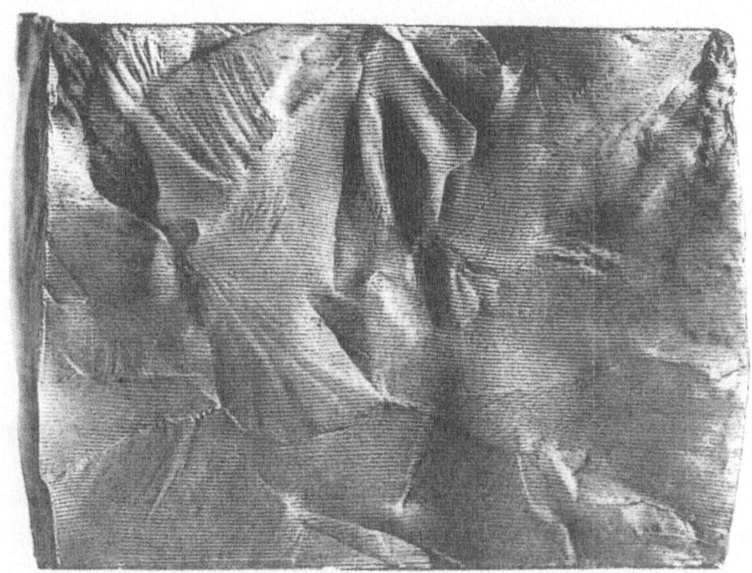

Fig. 7, § 11.

19,8 mm Durchmesser) erfahren die aus der Figur ersichtliche eigenartige Zertrümmerung. (Vergl. § 13, Ziff. 1 a.)

Zähes Flusseisen in genügend kurzen Stücken verhält sich ähnlich wie Blei. Die Versuchscylinder nehmen fassartige Gestalt an, ohne dass eine Zerstörung eintritt.

Fig. 6 und 7 (Taf. VI) stellen zwei verschiedene Seitenflächen eines Broncewürfels dar, welcher, bevor er der Druckprobe unterworfen wurde, durch Hobeln mit ebenen Flächen versehen worden war. Die Gestaltung, welche die Seitenflächen unter Einwirkung des Druckes gegen die Stirnflächen angenommen haben, ist eine eigenartige, die inneren Strukturverhältnisse nach aussen übertragende und deshalb ausserordentlich lehrreich. Der Umstand, dass die vom Hobelstahl herrührenden, ursprünglich genau wagrechten, also parallel zu den Stirnflächen laufenden Striche noch deutlich zu sehen sind, lässt die Formänderungen noch deutlicher hervortreten, als es sonst der Fall sein würde.

Die Belastung, bei welcher der Widerstand des gedrückten Körpers überwunden wird, dieser also der Zertrümmerung verfällt oder in dem geschilderten Sinne nach der Seite abfliesst, heisst Bruchbelastung. Die Pressung, welche dieser Belastung, die mit P_{max} bezeichnet werden mag, entspricht, wird Druckfestigkeit genannt. Dieselbe ist hiernach

$$K = \frac{\text{Bruchbelastung}}{\text{Stabquerschnitt}}.$$

In der Regel pflegt man als Nenner den ursprünglichen Querschnitt f des Stabes in die Rechnung einzuführen und erhält dann in

$$K = \frac{P_{max}}{f} \quad \ldots\ldots\ldots \quad 1)$$

die Druckfestigkeit, bezogen auf den ursprünglichen Stabquerschnitt (vergl. das in § 3 über die Zugfestigkeit Bemerkte).

Körper aus Materialien, welche unter Einwirkung der Druckbelastung nach der Seite ausweichen, ohne dass hierbei eine Zerstörung eintritt, vergrössern ihren Querschnitt; infolgedessen wächst die zu weiterer Zusammendrückung erforderliche Kraft. In solchen

Fällen ist es selbstverständlich unzulässig, die am Ende einer weitgetriebenen Zusammendrückung beobachtete Kraft P_{max} durch den ursprünglichen Querschnitt zu dividiren und in diesem Quotienten ein Mass der Widerstandsfähigkeit des Materials erblicken zu wollen.

Diese erscheint gegenüber den Zwecken der Konstruktion erschöpft, sobald das Abfliessen nach der Seite beginnt; die Druckfestigkeit ist dann die Fliess- oder Quetschgrenze.

§ 12. Gleichungen der Druckelasticität und Druckfestigkeit.

1. Es bedeuten für den **prismatischen Stab**

P die auf Druck wirkende Kraft,

f die Grösse des ursprünglichen Stabquerschnitts,

l die Länge des Stabes vor Einwirkung der Kraft,

λ die Verkürzung, welche der Stab durch P erfährt,

$-\varepsilon = \frac{\lambda}{l}$ die negative Dehnung, d. i. die verhältnissmässige Zusammendrückung oder Verkürzung,

α den Dehnungskoefficienten gegenüber Druckbeanspruchung, d. i. die Verkürzung der Längeneinheit für das Kilogramm Spannung,

$-\sigma$ die Spannung, welche mit der Dehnung $-\varepsilon$ verknüpft ist, also durch P hervorgerufen wird,

k die zulässige Anstrengung des Materials gegenüber Druckbeanspruchung.

Dann gilt

$$P = -\sigma f, \quad \ldots\ldots\ldots \quad 1)$$

$$P \leqq kf, \quad \ldots\ldots\ldots \quad 2)$$

$$\lambda = -\alpha l \sigma = \alpha l \frac{P}{f}. \quad \ldots\ldots\ldots \quad 3)$$

2. Für einen gedrückten **Stab mit veränderlichem Querschnitt,** entsprechend der Fig. 1 in § 6, jedoch mit auf Verkürzung hinwirkender Kraft P, gelangt man bei Benutzung der daselbst eingeführten Grössen f_0 und x zu den Beziehungen

$$P \leqq k f_0, \quad . \quad . \quad . \quad . \quad . \quad . \quad . \quad . \quad 4)$$

$$\lambda = P \int_0^l \alpha \frac{dx}{f} \quad . \quad . \quad . \quad . \quad . \quad . \quad 5)$$

Die Voraussetzungen, welche diesen Gleichungen zu Grunde liegen, sind:

1. Die äusseren Kräfte ergeben für jeden Querschnitt nur eine in die Stabachse fallende Druckkraft.
2. Auf die Stirnflächen des Stabes wirken nur senkrecht gegen dieselben gerichtete Kräfte.
3. Auf die Mantelfläche des Stabes wirken Kräfte nicht.
4. Der Einfluss des Eigengewichtes des Körpers kommt nicht in Betracht.
5. Die Abmessungen des Querschnittes sind so bedeutend, dass der Fall der Knickung (§ 23) nicht vorliegt.
6. Die Dehnungen und Spannungen sind in allen Punkten des beliebigen Querschnittes gleich gross. (Gleichmässige Vertheilung der Druckkraft über den Querschnitt.)
7. Die Form des Querschnittes ist gleichgiltig.
8. Sofern nur die Voraussetzung 5 erfüllt wird, ist die Länge oder Höhe des Stabes ohne Einfluss.

§ 13. Druckversuche.

Einfluss der Gestalt des Körpers auf die Druckfestigkeit.

Der Probekörper muss so in die Prüfungsmaschine eingespannt werden, dass die Druckkraft sich möglichst gleichmässig über den Querschnitt vertheilt. Zur Erfüllung dieser Bedingung wird die eine der beiden Druckplatten der Einspannvorrichtung möglichst leicht beweglich angeordnet (Kugellagerung, vergl. § 8, Fig. 13); ausserdem werden die Probekörper je mit zwei möglichst genau parallelen, ebenen Druckflächen (durch Hobeln — erforderlichenfalls mit Diamantstahl — oder durch Abdrehen auf der Planscheibe) versehen. Das zuweilen noch gebrauchte Verfahren, die Befriedigung der letzteren Forderung dadurch zu umgehen, dass zwischen Druckplatte und Probekörper nachgiebige Scheiben, wie z. B. Bleiplatten, gelegt werden, erscheint unzulässig. Dieses bildsame, unter der hohen Pressung wie dicke Flüssigkeit sich verhaltende Material wird bei Probekörpern aus einigermassen festen und dichten Stoffen, wie Eisen, Basalt u. dergl. herausgequetscht, also nicht nur nichts nützen, sondern vielmehr zu einer ungleichmässigen Vertheilung des Druckes über die Stirnfläche Veranlassung geben[1]), bei Probekörpern aus porösen oder Vertiefungen besitzenden Steinen u. dergl. überdies in die Poren sowie Vertiefungen eindringen und auf Sprengung hinwirken, also zu dem reinen Vorgange des Zerdrückens andere Wirkungen hinzufügen.

Die in § 11 besprochenen Erscheinungen beim Zerdrücken der Körper treten in der geschilderten Reinheit nur dann auf, wenn die Probewürfel mit ihren parallelen, ebenen Stirnflächen gleichmässig und unmittelbar an den Druckplatten anliegen.

Die in den §§ 11 und 12 enthaltenen Gleichungen lassen die Gestalt des Körpers gleichgiltig erscheinen, sofern nur nicht der Fall der Knickung (§ 23) vorliegt. Thatsächlich entspricht dies jedoch nicht der Wirklichkeit: die Querschnittsform ist nicht ganz gleichgiltig, ganz besonders aber beeinflusst die Höhe des Körpers dessen Druckfestigkeit, wobei die in § 14 erörterte Hinderung der Querdehnung an den Stirnflächen einflussnehmend auftritt. In dieser Beziehung geben die nachstehenden Versuchsergebnisse deutlich Auskunft.

1. Die Belastung trifft die ganze Stirnfläche des Probekörpers.

a) Versuche des Verfassers mit Gusseisen (vorzüglicher Beschaffenheit).

Cylinder aus einem und demselben Gusseisen-Rundstab, der bei 2,00 cm Durchmesser (bearbeitet) eine Zugfestigkeit von 1860 kg/qcm ergeben hatte.

---

[1]) Vergleiche in dieser Hinsicht die Ergebnisse der Versuche von Tower, betreffend die Vertheilung des Zapfendrucks bei geschmierten Traglagern über die Länge des Zapfens. Die Pressung nimmt von der Mitte des Zapfens nach den Stirnflächen hin ab, zuerst langsam und später ziemlich rasch. (S. des Verfassers Maschinenelemente im vierten Abschnitt unter „2. Tragzapfen“, 2. (1892) bis 8. (1901) Auflage, in letzterer S. 404 u. f.)

Vergleiche ferner im Centralblatt der Bauverwaltung 1899, S. 590 und 591; sowie 1900, S. 402 und 403 die Darlegungen von Martens gegenüber Föppl

Die Zahlen sind das Mittel aus je 3 Versuchen.

Versuchs-reihe	Höhe cm	Durch-messer cm	Quer-schnitt qcm	Druckfestigkeit nach Gl. 1, § 11 kg/qcm
1	4,00	1,99	3,11	7232
2	1,98	1,98	3,08	7500
3	1,00	1,99	3,11	8579

Die Druckfestigkeit wächst hiernach mit abnehmender Höhe der Versuchskörper.

Sie beträgt für den Fall, dass die Höhe des Cylinders gleich dem Durchmesser desselben ist, das

$$\frac{7500}{1860} = \sim 4 \text{ fache}$$

der Zugfestigkeit[1]).

Bei den Versuchsreihen 1 und 2 erhaltene Bruchstücke sind in Fig. 5 (Tafel V) dargestellt.

Prismen von kreisförmigem und von quadratischem Querschnitt aus einem und demselben Gusseisen-Rundstab, dessen Zugfestigkeit zu 2082 kg/qcm ermittelt worden war.

Quer-schnitts-form	Durch-messer cm	Quadrat-seite cm	Höhe cm	Quer-schnitt qcm	Druckfestigkeit nach Gl. 1, § 11 kg/qcm
○	1,70	—	1,70	2,27	7771
□	—	1,70	1,70	2,89	7509

in der Frage der Verwendung weicher Körper oder von Schmiermaterial zwischen Druckplatte und Versuchskörper.

[1]) Bei dem hochwerthigen Gusseisen, welches S. 238 mit B_2 bezeichnet ist, fand sich für Kreiscylinder von 2 cm Durchmesser und 2 cm Höhe

1. Druckfestigkeit = (8710 + 8714 + 8762) : 3 = 8728 kg/qcm
   = 8728 : 2535 = 3,44 . Zugfestigkeit.
2. Druckfestigkeit = (8133 + 8101 + 8048) : 3 = 8094 kg/qcm
   = 8094 : 2334 = 3,46 . Zugfestigkeit.
3. Druckfestigkeit = (8032 + 8127 + 8035) : 3 = 8081 kg/qcm
   = 8081 : 2261 = 3,57 . Zugfestigkeit.

Die Druckfestigkeit ergiebt sich demnach für den kreisförmigen Querschnitt etwas grösser als für den quadratischen.

b) Versuche von Bauschinger mit Sandstein.

(Mittheilungen aus dem mechanisch-technischen Laboratorium der königl. polytechnischen Schule in München. 6. Heft. München 1876.)

Bauschinger stellte auf Grund der Ergebnisse seiner eigenen Versuche (s. unten) und derjenigen Anderer für die Druckfestigkeit die Gleichung

$$K = \left(\alpha + \beta \frac{\sqrt{f}}{h}\right) \sqrt{\frac{\sqrt{f}}{\frac{u}{4}}} \quad . \quad . \quad . \quad . \quad . \quad . \quad 1)$$

auf, giltig für Prismen, bei denen

$$h \leqq 5\,a, \text{ sofern } a^2 = f, \text{ d. i. } a = \sqrt{f}.$$

Hierin bedeutet

f den Querschnitt des Prisma in qcm,
u den Umfang dieses Querschnittes in cm,
h die Höhe des Prisma in cm,
K die Bruchbelastung in kg/qcm,
α und β Konstante, welche von der Art des Materials abhängen.

Bauschinger hält übrigens die einfachere Gleichung

$$K = \left(\alpha + \beta \frac{\sqrt{f}}{h}\right) \frac{\sqrt{f}}{\frac{u}{4}} \quad . \quad . \quad . \quad . \quad . \quad . \quad 2)$$

für ausreichend; nur wenn die Ergebnisse der Versuche von Rondelet und Vicat einbezogen werden sollen, erscheint es nöthig, auf Gleichung 1 zurückzugreifen.

A. Prismen von rechteckigem Querschnitt, hergestellt aus einer und derselben Platte von sehr feinem graublauen Schweizer Sandstein.

Druckrichtung senkrecht zum Lager.

No.	Seite a cm	Seite b cm	Höhe h cm	Querschnitt $a\,b$ qcm	Druckfestigkeit K in kg/qcm beobachtet Gl. 1, § 11	berechnet nach Gl. 3, § 13
1	2	3	4	5	6	7
1	9,95	9,85	9,6	98,01	680	666
2	10,0	9,85	9,7	98,50	685	663
3	6,0	5,85	5,7	35,10	670	670
4	5,2	5,2	5,05	27,04	690	666
5	4,8	4,7	1,1	22,56	1950	1805
6	5,0	4,6	1,1	23,00	1910	1818
7	4,4	9,7	1,1	42,68	2140	2273

Die Versuche No. 1 bis 4 sind angestellt mit Prismen, deren Querschnitt als quadratisch angesehen werden darf und deren Höhe angenähert gleich der Seite des Quadrates ist. Die Werthe der Spalte 6 für diese 4 Versuche lassen erkennen, dass Würfel von verschiedener Grösse, jedoch aus gleichem Material hergestellt, die gleiche Druckfestigkeit besitzen.

Die Versuche No. 5 und 6 beziehen sich auf Prismen mit angenähert quadratischem Querschnitt und einer Höhe, welche weit kleiner ist als die Querschnittsabmessungen. Die Zahlen in der Spalte 6 lehren, dass die Druckfestigkeit unter sonst gleichen Verhältnissen mit abnehmender Höhe wächst.

Das Ergebniss des Versuches No. 7, verglichen mit den Ergebnissen, welche für No. 5 und 6 erlangt wurden, zeigt, dass die Druckfestigkeit unter übrigens gleichen Verhältnissen mit wachsender Grundfläche zunimmt.

Aus 18 derartigen Versuchen (Tab. III, S. 10 der Mittheilungen), wobei die Höhe h die Seiten nicht überschreitet, berechnen sich die Grössen α und β der Gleichung 1 zu $\alpha = 310$ und $\beta = 346$, sodass diese übergeht in

$$K = \left(310 + 346\,\frac{\sqrt{f}}{h}\right)\sqrt{\frac{\sqrt{f}}{\frac{u}{4}}} \quad . \quad . \quad . \quad . \quad . \quad 3)$$

Die Uebereinstimmung der hieraus ermittelten und in der Spalte 7 eingetragenen Werthe mit den beobachteten (Spalte 6) ist eine recht gute.

B. Prismen, wie unter A.

Druckrichtung parallel zum Lager.

No.	Seite a cm	Seite b cm	Höhe h cm	Querschnitt ab qcm	Druckfestigkeit K in kg/qcm	
					beobachtet Gl. 1, § 11	berechnet nach Gl. 4, § 13
1	2	3	4	5	6	7
1	10,0	9,9	29,5	99	444	371
2	10,0	9,8	9,7	98	602	588
3	6,6	6,5	4,75	42,9	676	684
4	4,8	4,6	1,4	22,08	1540	1337
5	4,7	10,0	1,4	47,00	1850	1767

Aus 17 derartigen Versuchen (Tab. II, S. 9 der Mittheilungen), wobei die Höhe h die Querschnittsabmessungen bedeutend überschreitet, ergiebt sich $\alpha = 262$ und $\beta = 320$, also

$$K = \left(262 + 320\,\frac{\sqrt{f}}{h}\right)\sqrt{\frac{\sqrt{f}}{\frac{u}{4}}} \quad . \quad . \quad . \quad . \quad . \quad 4)$$

C. Prismen von kreisförmigem und von rechteckigem Querschnitt, hergestellt aus feinkörnigem gelben Buntsandstein (Heilbronn).

Druckrichtung parallel zum Lager.

No.	Querschnittsform	Durchmesser cm	Seite a cm	Seite b cm	Höhe h cm	Querschnitt $\frac{\pi}{4} d^2$, bezw. $a b$ qcm	Druckfestigkeit in kg/qcm beobachtet Gl. 1, § 11	berechnet Gl. 5 bezw. 6	berechnet Gl. 7
1	2	3	4	5	6	7	8	9	10
1	□	—	9,25	9,18	36,3	84,91	381	377	387
2	○	9,2	—	—	36,25	66,47	451	418	407
3	□	—	9,05	9,17	12,45	82,99	440	436	444
4	○	9,22	—	—	12,20	66,76	463	473	473
5	□	—	9,20	9,22	2,73	84,82	790	754	755
6	○	9,15	—	—	2,90	65,75	806	733	729

Aus 18 solchen Versuchen (Tab. V, S. 11 der Mittheilungen) wird unter Anwendung der Methode der kleinsten Quadrate zur Bestimmung der Werthe α und β in Gleichung 1 erhalten

für die rechteckigen Prismen:

$$K = \left(347 + 121 \frac{\sqrt{f}}{h}\right) \sqrt{\frac{\sqrt{f}}{\frac{u}{4}}}, \quad . \quad . \quad . \quad . \quad 5)$$

für die Kreiscylinder:

$$K = \left(369 + 115 \frac{\sqrt{f}}{h}\right) \sqrt{\frac{\sqrt{f}}{\frac{u}{4}}}, \quad . \quad . \quad . \quad . \quad 6)$$

für sämmtliche Prismen:

$$K = \left(358 + 118 \frac{\sqrt{f}}{h}\right) \sqrt{\frac{\sqrt{f}}{\frac{u}{4}}}. \quad . \quad . \quad . \quad . \quad 7)$$

Im Ganzen erweist sich hiernach der Einfluss der Querschnittsform auf die Festigkeit kurzer Prismen — im Gegensatz zu demjenigen der Höhe — als nicht bedeutend.

c) Versuche des Verfassers mit Blei.

Cylinder aus einem und demselben Gussbleikörper durch Drehen hergestellt.

No.	Höhe cm	Durchmesser cm	Querschnitt qcm	Spec. Gewicht	Belastung in kg/qcm, bei welcher das Material noch nicht ausweicht	ausweicht, d. h. seitlich abfliesst
1	7,05	3,525	9,76	11,37	46	51
2	3,47	3,53	9,79	11,36	59	69
3	1,01	3,48	9,51	11,35	105	126

Hiernach steigt bei nahezu gleichem Durchmesser die Belastung, welche das Blei erträgt, ohne nach der Seite auszuweichen, von 46 kg/qcm auf 105 kg/qcm, wenn die Höhe des Cylinders von 7,05 cm auf 1,01 cm vermindert wird.

Gussblei in Würfeln von rund 8 cm Seitenlänge ertrug Belastungen von 50 kg/qcm; mit 72 kg/qcm belastet, wich dasselbe fortgesetzt, wenn auch sehr langsam, aus.

Gussblei in Form von Scheiben, deren Durchmesser 16 cm und deren Stärke 1,5 cm, vertrug eine Belastung von 100 kg/qcm; bei 150 kg/qcm wich das Material sehr langsam nach der Seite aus.

Weichwalzblei in Form von Scheiben verhielt sich nicht wesentlich anders als Gussblei.

Aus den angeführten Zahlen erhellt deutlich die Zunahme der Druckfestigkeit bei Abnahme der Höhe der Bleikörper.

(S. auch Zeitschrift des Vereines deutscher Ingenieure 1885, S. 629 u. f.)

2. *Die Belastung trifft unmittelbar nur einen Theil der Querschnittsfläche des Probekörpers.*

a) Versuche von Bauschinger.

Mittheilungen u. s. w., 6. Heft, 1876, S. 13 u. f.

D. Würfel mit einer durch Abschrägung der Kanten verkleinerten Stirnfläche.

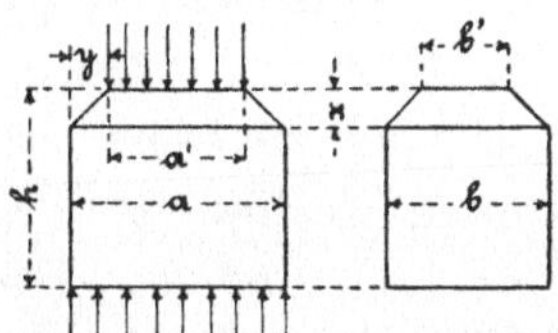

Fig. 1.

Material wie oben unter A bezeichnet.
Druckrichtung senkrecht zum Lager.

Nummer	Höhe h cm	Würfelquerschnitt			Abschrägung $x:y$ abgerundet	Stirnfläche			Belastung P kg	Druckfestigkeit K in kg/qcm bezogen auf	
		a cm	b cm	$a\,b$ qcm		a' cm	b' cm	$a'\,b'$ qcm		den Querschnitt $a\,b$ $P:a\,b$	den Querschnitt $a'\,b'$ $P:a'\,b'$
1	2	3	4	5	6	7	8	9	10	11	12
1	9,8	10,1	9,9	100,0	1 : 1	8,0	7,9	63,2	51 000	510	807
2	9,7	9,8	9,9	97,0	2 : 1	7,9	8,0	63,2	45 000	460	712
3	9,7	9,95	9,9	98,5	3 : 1	8,05	8,05	64,8	45 500	460	702
4	9,85	10,0	9,75	97,5	1 : 2	6,2	6,0	37,2	34 500	350	927
5	9,90	10,1	10,05	101,5	2 : 2	6,3	6,25	39,4	35 000	345	888
6	9,80	10,1	9,8	99,0	3 : 2	6,2	6,0	37,2	32 000	325	860
7	9,80	9,9	10,0	99,0	4 : 2	5,9	6,1	36,0	31 500	320	875
8	9,75	10,0	9,8	98,0	1 : 3	4,4	4,2	18,5	23 000	235	1243
9	9,75	9,95	9,9	98,5	2 : 3	4,2	4,2	17,6	20 500	210	1165
10	9,75	10,05	10,0	100,5	3 : 3	4,4	4,2	18,5	23 000	230	1243
11	9,85	10,10	9,75	98,5	5 : 3	4,25	4,1	17,4	19 700	200	1132

Der Bruch erfolgt immer in der Weise, dass von der kleinen Druckfläche aus eine Pyramide in das Innere des Probestückes hineingetrieben und das umliegende Material auseinander gesprengt wurde.

Bei den Versuchen 1 bis 3 war die Stirnfläche von durchschnittlich 98,5 qcm (Spalte 5) vermindert auf im Mittel 63,7 qcm (Spalte 9); die Festigkeit, welche bei Würfelgestalt z. B. nach dem unter 1, b, A, 2 angegebenen Versuch 685 kg (Spalte 6 daselbst) beträgt, sinkt beispielsweise bei Versuch 3 auf 460 kg, sofern sie auf den Querschnitt ab bezogen wird, und steigt auf 702 bei Beziehung auf den Querschnitt $a'b'$. Hiernach würde sich die Druckfestigkeit eines solchen Körpers (Fig. 1) zu gross ergeben, wenn man, von der an Würfeln ermittelten Festigkeit ausgehend, die Fläche ab der Rechnung zu Grunde legt, und zu klein, wenn die Fläche $a'b'$ in die Rechnung eingeführt wird. Dieses vorauszusehende Ergebniss tritt um so schärfer hervor, je kleiner die Stirnfläche $a'b'$. Für Versuch No. 11 erscheint die aus Versuchen mit Würfeln gewonnene Druckfestigkeit von 685 kg einerseits vermindert auf 200 kg, andererseits vergrössert auf 1132 kg, je nachdem die Bruchbelastung durch ab oder $a'b'$ dividirt wird.

Der Einfluss des Abschrägungsverhältnisses (Spalte 6) lässt sich zwar deutlich erkennen, wie ein Vergleich der Versuche 1 bis 3, 4 bis 7, 8 bis 11 je unter sich lehrt, ist jedoch nicht sehr bedeutend.

E. Würfel aus dem unter A genannten Material.

Der Druck wird durch Stahlprismen, deren Achsen mit denjenigen der Würfel zusammenfallen und deren Kanten den Würfelkanten parallel laufen, nur auf einen Theil der Stirnfläche übertragen.

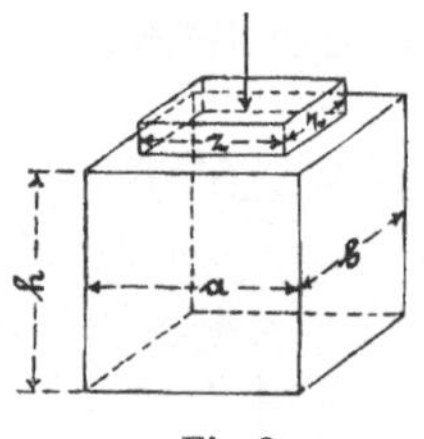

Fig. 2.

Stahlprisma (von 39 mm Höhe) nur auf einer Seite.

No.	Höhe h cm	Würfelquerschnitt a cm	b cm	ab qcm	Stahlprisma z cm	z^2 qcm	Bruchbelastung P kg	Druckfestigkeit in kg/qcm $P:ab$ kg	$P:z^2$ kg
1	2	3	4	5	6	7	8	9	10
1	9,65	10,0	9,9	99,0	3,9	15,21	16 000	162	1052
2	9,70	9,85	9,9	97,5	5,7	32,49	30 000	308	923
3	9,75	10,0	9,85	98,5	7,8	60,84	47 000	477	772

Der Bruch erfolgte auch hier wieder in der Weise, dass von der Stirnfläche des Stahlprisma aus eine Pyramide in das Innere des Prisma getrieben und das umliegende Material auseinander gesprengt wurde.

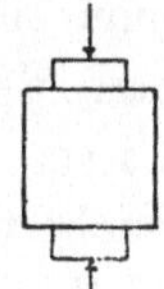

Fig. 3.

Stahlprismen auf beiden Stirnflächen.

No.	Höhe h cm	Würfelquerschnitt a cm	b cm	ab qcm	Stahlprisma z cm	z^2 qcm	Bruchbelastung P kg	Druckfestigkeit in kg/qcm $P:ab$ kg	$P:z^2$ kg
1	2	3	4	5	6	7	8	9	10
1	9,7	9,9	10,0	99,0	5,7	32,49	16 000	162	492
2	9,75	9,65	9,9	95,5	7,8	60,84	36 000	377	592

Wie ersichtlich, ist die Bruchbelastung weit kleiner, wenn der Druck auf b e i d e Stirnflächen durch die Stahlprismen wirkt.

Diese Ergebnisse sind in folgender Beziehung noch besonders bemerkenswerth. Wird nach Gleichung 3

$$K = \left(310 + 346 \frac{\sqrt{f}}{h}\right) \sqrt{\frac{\sqrt{f}}{\frac{u}{4}}}$$

für ein quadratisches Prisma berechnet, dessen Querschnitt gleich dem der Stahlprismen und dessen Höhe gleich der Würfelhöhe ist, d. h., da dann $\sqrt{f} = z$ und $u = 4\,z$,

$$K = 310 + 346\frac{\sqrt{f}}{h},$$

so ergiebt sich

für Versuch 1 $\quad K = 310 + 346\frac{5,7}{9,7} = 513,$

- - 2 $\quad K = 310 + 346\frac{7,8}{9,75} = 587.$

Diese Werthe unterscheiden sich von den beobachteten Grössen 492, bezw. 592 nur um wenig. Hiernach hätte also das Material, welches dasjenige Prisma umschliesst, das im Innern des geprüften Würfels erhalten wird, wenn man sich die Seitenflächen der aufgesetzten Stahlprismen fortgesetzt denkt, keinen merkbaren Einfluss auf die Druckfestigkeit. Dieses auffallende Ergebniss, welches Bauschinger auch durch Versuche mit Granit angenähert bestätigt fand, dürfte sich durch die verhältnissmässig geringe Zugfestigkeit des Materials erklären lassen. Mit demselben steht in Uebereinstimmung, dass unter D die Zunahme des Werthes x in dem Abschrägungsverhältniss $x:y$ (Spalte 6) bei gleichbleibender Grösse von y nur einen untergeordneten Einfluss besitzt. Bei den Versuchen No. 8 bis 11 daselbst wächst x von ungefähr 1 bis 5 cm; die Druckfestigkeit ändert sich hierbei nur unbedeutend.

F. Wird die eine Stirnfläche des Würfels (hier die untere) vollständig, dagegen die andere nur über eine kleinere, im Allgemeinen einseitig gelegene Fläche, welche in Fig. 4 durch Strichlage hervorgehoben ist, belastet, so gilt nach Bauschinger — zunächst immer nur für Sandstein —

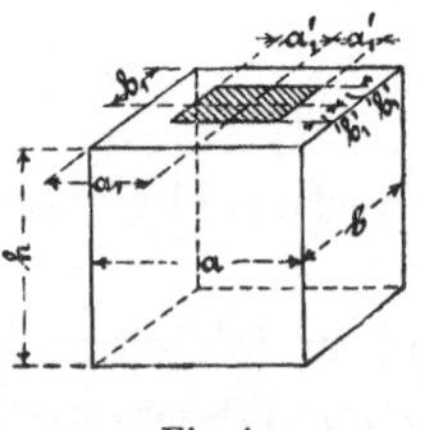

Fig. 4.

$$K = K_0 \sqrt[3]{\frac{a_1 b_1}{a_1' b_1'}} \quad \ldots \ldots \quad 8)$$

Hierin bedeutet:

K die Druckfestigkeit bei Belastung des Würfels in der schraffirten Fläche, bezogen auf die Flächeneinheit der letzteren,

K_0 die Druckfestigkeit für den Fall, dass die Belastung über die ganze Stirnfläche gleichmässig vertheilt ist.

b) Versuche des Verfassers.

Material: Buntsandstein.

Druckrichtung senkrecht zum Lager.

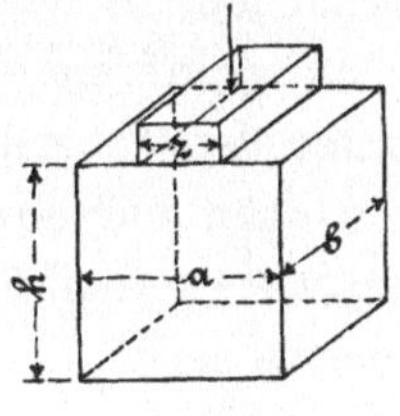

Fig. 5.

Stahlprisma nur auf einer Seite.

(Versuchsreihe, je 3 bis 5 Körper)	1	2	3	4	5	6
Seite a durchschnittlich	6,46	10,04	10,01	10,02	9,99	9,96 cm
- b -	6,03	9,99	10,01	10,03	9,95	10,02 -
Höhe h -	6,00	9,89	9,85	9,82	9,84	9,84 -
Breite z des Prisma	6,03	2,5	2,0	1,5	1,0	0,5 -
Bruchbelastung auf 1 qcm des Querschnittes $a\,b$	653	232	188	156	120	102 kg
Bruchbelastung auf 1 qcm des Querschnittes $b\,z$	653	926	943	1044	1193	2050 -

Fig. 6, Taf. II, zeigt Steine der Versuchsreihen 2 bis 6. Wie ersichtlich, erfolgte der Bruch in der Weise, dass von der Stirnfläche der Stahlplatte aus ein keilförmiger Körper in das Innere des Versuchswürfels getrieben und so das umliegende Material auseinander gesprengt wurde.

3. *Die Belastung trifft einen Körper mit gewölbter Oberfläche (Kugel, Cylinder).*

Die hier vorliegende allgemeine Aufgabe: Ermittlung der Beanspruchung und der Formänderung zweier beliebig gestalteter Körper, welche gegen einander gedrückt werden und sich dabei nur in einem sehr kleinen Theile ihrer gewölbten Oberflächen berühren, ist trotz ihrer grossen Schwierigkeiten einer strengen Lösung zugänglich, wie zuerst Hertz (1881) gezeigt hat[1]). Ausgehend von den Voraussetzungen:

1. die Stoffe beider Körper sind in allen Punkten nach allen Richtungen hin gleich beschaffen (isotrop),
2. zwischen Dehnungen und Spannungen besteht Proportionalität, der Dehnungskoefficient α besitzt gegenüber Druck denselben Werth wie gegenüber Zug,
3. die Grösse der Druckflächen, in denen sich die Körper unter Einwirkung der Belastung infolge ihrer Elasticität berühren, ist sehr klein gegenüber den Oberflächen der Körper,
4. in den Druckflächen wirken nur Kräfte, welche senkrecht zu diesen gerichtet sind (Hertz denkt sich vollkommen glatte, also reibungsfreie Oberflächen),

und den allgemeinen Gleichungen der Elasticitätslehre (vergl. Abschnitt VIII) gelangt Hertz zu den im Nachstehenden zusammengestellten Ergebnissen.

a) Zwei Kugeln

werden mit der Kraft P gegen einander gedrückt. Es seien

r_1 r_2 die Halbmesser der beiden Kugeln,

α_1 α_2 - Dehnungskoefficienten der Stoffe, aus denen die Kugeln bestehen,

m_1 m_2 die Zahlen, durch welche das Verhältniss der Längsdehnung zur Querzusammenziehung bei diesen Stoffen gemessen wird (§ 7, § 14).

Dann beträgt:

die Strecke y, um welche sich die beiden Kugeloberflächen unter der Belastung P einander nähern (Summe der Zusammen-

---

[1]) H. Hertz, Gesammelte Werke, Bd. 1, S. 155 u. f. oder auch Verhandlungen des Vereins zur Beförderung des Gewerbfleisses in Preussen 1882, S. 449 u. f.

drückungen an beiden Oberflächen — S. 183 bei Hertz — also strenggenommen nicht die Aenderung von $r_1 + r_2$),

$$y = \sqrt[3]{\left[\frac{3}{4} P \left\{\left(1 - \frac{1}{m_1^2}\right) \alpha_1 + \left(1 - \frac{1}{m_2^2}\right) \alpha_2\right\}\right]^2 \left(\frac{1}{r_1} + \frac{1}{r_2}\right)}, \quad 9)$$

der Halbmesser a der Druckfläche

$$a = \sqrt[3]{\frac{3}{4} P \frac{\alpha_1 \left(1 - \frac{1}{m_1^2}\right) + \alpha_2 \left(1 - \frac{1}{m_2^2}\right)}{\frac{1}{r_1} + \frac{1}{r_2}}}, \quad . \quad 10)$$

die grösste Pressung σ_{max} in der Mitte der Druckfläche

$$\sigma_{max} = 1{,}5 \frac{P}{\pi a^2}, \quad . \quad . \quad . \quad . \quad . \quad . \quad 11)$$

d. i. 1,5 mal so gross als bei gleichmässiger Vertheilung des Druckes P über die Berührungsfläche.

Mit

$$m_1 = m_2 = m \qquad \alpha_1 = \alpha_2 = \alpha$$

geht Gl. 11 nach Einführung von a aus Gl. 10 über in

$$\sigma_{max} = \frac{1}{\pi} \sqrt[3]{\frac{3}{2} \frac{P \left(\frac{1}{r_1} + \frac{1}{r_2}\right)^2}{\alpha^2 \left(1 - \frac{1}{m^2}\right)^2}} \quad . \quad . \quad . \quad 11\,a)$$

und für $m = \frac{10}{3}$ [1])

$$\sigma_{max} = 0{,}388 \sqrt[3]{\frac{P}{\alpha^2} \left(\frac{1}{r_1} + \frac{1}{r_2}\right)^2}. \quad . \quad . \quad . \quad 11\,b)$$

Mit

$$m_1 = m_2 = \frac{10}{3} \quad \text{und} \quad \alpha_1 = \alpha_2 = \alpha$$

---

[1]) Es empfiehlt sich, festzuhalten, dass selbst erhebliche Abweichungen hinsichtlich der Grösse von m (vergl. § 7) einen bedeutenden Einfluss auf das Ergebniss nicht äussern; dies gilt auch für die folgenden Gleichungen.

folgt aus den Gleichungen 9 und 10

$$y = 1{,}23 \sqrt[3]{P^2 \alpha^2 \left(\frac{1}{r_1} + \frac{1}{r_2}\right)} \quad . \quad . \quad . \quad . \quad 9a)$$

$$a = 1{,}11 \sqrt[3]{\frac{P\alpha}{\frac{1}{r_1} + \frac{1}{r_2}}} \quad . \quad . \quad . \quad . \quad . \quad . \quad . \quad 10a)$$

b) Kugel und ebene Platte.

Mit $r_1 = r$ und $r_2 = \infty$ folgt aus Gl. 11a

$$\sigma_{max} = \frac{1}{\pi} \sqrt[3]{\frac{3}{2} \frac{P}{\alpha^2 \left(1 - \frac{1}{m^2}\right)^2 r^2}}$$

somit

$$P = \frac{2}{3} \pi^3 \alpha^2 \left(1 - \frac{1}{m^2}\right)^2 \sigma_{max}^3 r^2$$

und nach Einführung des Kugeldurchmessers $d = 2r$

$$P = k d^2, \quad . \quad . \quad . \quad . \quad . \quad . \quad . \quad . \quad 12)$$

wenn

$$k = \frac{\pi^3}{6} \alpha^2 \left(1 - \frac{1}{m^2}\right)^2 \sigma_{max}^3 \,. \quad . \quad . \quad . \quad . \quad 13)$$

c) Zwei Cylinder,

parallel liegend und von der Länge l, werden so stark gegeneinander gepresst, dass auf die Längeneinheit die Kraft $P : l$ entfällt, gleichmässige Vertheilung der Belastung P über die Länge l vorausgesetzt. Es seien

$r_1 \ r_2$ die Halbmesser der beiden Cylinder,
$\alpha_1 \ \alpha_2$ - Dehnungskoefficienten,
$m_1 \ m_2$ - bereits unter a bezeichneten Zahlenwerthe.

Die Breite b der durch die Belastung erzeugten Berührungsfläche beträgt

$$b = 4\sqrt{\frac{P}{\pi l}\,\frac{\alpha_1\left(1-\frac{1}{m_1^2}\right)+\alpha_2\left(1-\frac{1}{m_2^2}\right)}{\frac{1}{r_1}+\frac{1}{r_2}}}, \quad . \quad . \quad 14)$$

die grösste Pressung in der Mitte der Berührungsfläche

$$\sigma_{max} = \frac{4}{\pi}\,\frac{P}{b\,l}, \quad . \quad . \quad . \quad . \quad . \quad . \quad 15)$$

d. i. $\frac{4}{\pi}$ mal so gross als bei gleichmässiger Druckvertheilung.

Für gleiches Material, d. h. für

$$m_1 = m_2 = m \qquad \alpha_1 = \alpha_2 = \alpha$$

wird

$$b = 4\sqrt{\frac{2\,P}{\pi\,l}\,\frac{\alpha\left(1-\frac{1}{m^2}\right)}{\frac{1}{r_1}+\frac{1}{r_2}}} \quad . \quad . \quad . \quad . \quad 14a)$$

Die Bestimmung der Strecke, um welche sich die beiden Cylinderoberflächen einander nähern, unterlässt Hertz, indem er bemerkt, dass sie nicht allein abhängig von den Vorgängen an der Druckstelle ist, sondern wesentlich bedingt wird durch die Form des ganzen Körpers (a. a. O. S. 187).

d) Cylinder und ebene Platte.

Mit $r_1 = r$ und $r_2 = \infty$ ergiebt sich aus Gl. 14a

$$b = 4\sqrt{\frac{2}{\pi}\,\alpha\left(1-\frac{1}{m^2}\right)\frac{P}{l}\,r} \quad . \quad . \quad . \quad 14b)$$

und damit aus Gl. 15

$$\sigma_{max} = \sqrt{\frac{P}{2\,\pi\,\alpha\left(1-\frac{1}{m^2}\right)l\,r}}.$$

Nach Einführung des Cylinderdurchmessers $d = 2r$

$$P = k\,l\,d \quad . \quad . \quad . \quad . \quad . \quad . \quad . \quad . \quad 16)$$

sofern

$$k = \pi\,\alpha \left(1 - \frac{1}{m^2}\right) \sigma^2_{max} \quad . \quad . \quad . \quad . \quad . \quad 17)$$

Die Gleichungen 10 und 11, 14 und 15 werden zur Zeit vielfach, namentlich im Bauingenieurwesen als solche angesehen, welche die unmittelbare Ermittlung der zulässigen Belastung P ermöglichen, indem man für α sowie m die den betreffenden Materialien eigenthümlichen Werthe und für σ_{max} die grösste, noch für zulässig erachtete Spannung gegenüber Druck einsetzt[1]).

Nun liegen aus neuester Zeit ausgedehnte und gründliche Versuche von Stribeck mit Stahlkugeln vor[2]), durch welche u. A. nachgewiesen wird, dass bei vorzüglicher Ausführung der Kugeln und ihrer Laufflächen (beiderseits gehärteter Stahl) die zulässige Belastung für ebene Laufflächen noch zu $P = 50\,d^2$ gewählt werden darf, sofern an der Druckstelle nur rollende Reibung auftritt. Nach Massgabe der Gl. 12 und 13 entspricht diese Belastung mit

$$\alpha = \frac{1}{2120000},$$

welchen Werth Stribeck für das Stahlmaterial der Kugel bestimmte, und mit

$$m = \frac{10}{3}$$

zufolge

$$50 = \frac{\pi^3}{6} \frac{1}{2\,120\,000^2} (1 - 0{,}3^2)^2 \sigma^3_{max}$$

---

[1]) Vergl. z. B. Zeitschrift des Hannover'schen Ingenieur- und Architektenvereins 1894, S. 131 u. f.

[2]) Stribeck, Mittheilungen aus der Centralstelle für wissenschaftlich-technische Untersuchungen, Heft 1, Mai 1900, oder auch Zeitschrift des Vereines deutscher Ingenieure 1901, S. 73 u. f., sowie Schwinning, am gleichen Ort, S. 332 u. f., ferner Stribeck, Glaser's Annalen für Gewerbe und Bauwesen, 1901, Bd. 49, No. 577.

einer Druckspannung von

$$\sigma_{max} = 37\,450 \text{ kg/qcm}.$$

Diese Zahl geht weit über das hinaus, was man bisher als zulässige Anstrengung angesehen hat, selbst wenn berücksichtigt wird, dass im vorliegenden Falle nicht die grösste Pressung, sondern die betreffende Hauptdehnung als massgebend anzusehen ist (§ 48, § 67 und 68).

Stribeck bestimmte durch unmittelbare Druckversuche die Proportionalitätsgrenze für den in Wasser gehärteten Stahl zu rund 9000 kg/qcm (die Elasticitätsgrenze lag noch ein wenig tiefer). Dieser Werth wäre unter Berücksichtigung, dass im mittleren Element der Berührungsfläche zwischen Kugel und Platte drei Hauptspannungen

$$\sigma_{max} \qquad 0{,}8\,\sigma_{max} \qquad 0{,}8\,\sigma_{max}$$

vorhanden sind, infolgedessen die Hauptdehnung senkrecht zur Oberfläche nach Gl. 1, § 67 mit $m = \frac{10}{3}$

$$\alpha\,(1 - 2\,.\,0{,}8\,.\,0{,}3)\,.\,\sigma_{max} = 0{,}52\,\alpha\,\sigma_{max},$$

also nur das 0,52 fache der Zusammendrückung beträgt, welche die Pressung σ_{max} für sich allein erzeugen würde, auf

$$\frac{9000}{0{,}52} = \backsim 17\,300 \text{ kg}$$

zu erhöhen. Diese Grösse führt (Gl. 12 und 13) zu

$$k = \frac{\pi^3}{6}\,\frac{1}{2120000^2}\,(1 - 0{,}3^2)^2\,.\,(17\,300)^3 = \backsim 5,$$

somit

$$P = 5\,d^2,$$

gegenüber $P = 50\,d^2$, durch unmittelbaren Versuch ermittelt, d. h. wird in der Hertz'schen Gleichung 11 in Verbindung mit 10 für die grösste Druckspannung diejenige Zahl eingeführt, welche der Zusammendrückung an der Proportionalitätsgrenze, die hier noch oberhalb der Elasticitätsgrenze liegend festgestellt worden ist, entspricht und die noch eine höhere Anstrengung liefert, als man nach bisheriger Auffassung für zulässig erachtet, so ergiebt sich die zulässige Belastung P der Kugeln zu einem Zehntel derjenigen, die durch unmittelbaren Versuch noch als zulässig festgestellt worden ist.

Daraus folgt, dass die Hertz'schen Gleichungen nicht in der eingangs bezeichneten Weise zur Bestimmung der zulässigen Belastung P benutzt werden können, d. h. dass der Werth k der Gleichung 12 nicht aus Gl. 13 berechnet, sondern dass diese Belastung nur durch unmittelbare Versuche bestimmt werden kann. Dass diese Versuche unter solchen Verhältnissen anzustellen sind, die denjenigen entsprechen, unter welchen die Kugeln in den betreffenden Konstruktionen sich befinden, ist selbstverständlich.

Das Bemerkte gilt in noch erhöhtem Masse für Cylinder schon deshalb, weil bei denselben das Material in denjenigen Elementen der Druckfläche, welche nach den Stirnflächen zu gelegen sind, am Ausweichen nach diesen hin weniger stark gehindert ist, als in dem mittleren Theile des Cylinders.

Sodann ist in Bezug auf die Verwendung der Hertz'schen Gleichungen noch folgender Punkt im Auge zu behalten.

Werden gehärtete Stahlkugeln unter steigender Belastung gegen einander gepresst, so tritt zunächst ein die Druckfläche umgebender Kreissprung ein, zuweilen unter Belastungen, welchen noch weniger als ein Zehntel der Belastung entspricht, bei welcher die Kugel auseinanderbricht[1]). Meridianrisse treten erst später auf.

Das Entstehen der Umfangsrisse ist die Folge von Zugspannungen, welche sich nach dem Umfange der Druckfläche hin einstellen. Auch ohne scharfe Rechnungen anzustellen, erkennt man,

[1]) Für gute Kugeln bis etwa $1^1/_4''$ engl. (31,8 mm) Durchmesser ist $P = 550\ d^2$ bis $700\ d^2$ als Belastung zu fordern, bei welcher der Umfangssprung eintritt. Grenzzahlen: $^7/_8''$ (22,2 mm) Kugeln brechen erst bei $P = 38\,000$ bis 40 000 kg, entsprechend $P =$ rund $8000\ d^2$, während der erste Sprung bereits bei 2700 kg, also bei $550\ d^2$ eintrat. $1^1/_4''$ (31,8 mm)-Kugeln, deren Bruchbelastung nur $P = 3500\ d^2 =$ rund 35 000 kg war, zeigten die hohe Sprungbelastung von $1000\ d^2 = 10\,000$ kg. (S. die in der Fussbemerkung 2, S. 164 angegebenen Quellen.)

dass am Rande der Druckfläche — man denke sich zwei gleiche Kugeln scharf zusammengepresst und die ebene kreisförmige Druckfläche übertrieben gross — schon gewissermassen infolge der starken Abbiegung, welche hier die Flächenelemente erfahren, Zugspannungen wachgerufen werden müssen. In der That pflegen auch in Kugellagern stark überlastete Kugeln durch Absplittern kleiner Theilchen unbrauchbar zu werden, nicht aber durch Bruch.

Für die bezeichnete Zugbeanspruchung, durch welche die gehärtete Stahlkugel zuerst der Unbrauchbarkeit zugeführt wird, giebt Hertz eine Gleichung nicht; er hat die Rechnung nur für das am stärksten gedrückte Flächenelement durchgeführt. Er sagt, nachdem er über das Verhalten plastischer Körper gesprochen hat (S. 167): „Schwieriger ist es, die Erscheinung in spröden Körpern, wie hartem Stahl, Glas, Krystallen zu bestimmen, in welchen eine Ueberschreitung der Elasticitätsgrenze nur als Entstehung eines Risses oder Sprunges, also nur unter dem Einflusse von Zugkräften auftritt. Von dem oben betrachteten Elemente, als von einem allseitig komprimirten, kann ein solcher Sprung nicht ausgehen, und es ist bei unserer heutigen Kenntniss von der Festigkeit spröder Körper überhaupt nicht möglich, genau dasjenige Element zu bestimmen, in welchem die Bedingungen für das Zustandekommen eines Sprunges bei wachsendem Druck zuerst auftreten. Indessen zeigt eine eingehendere Diskussion so viel, dass in Körpern, welche in ihrem elastischen Verhalten dem Glase oder hartem Stahle ähnlich sind, bei weitem die stärksten Zugkräfte in der Oberfläche und zwar am Rande der Druckfläche auftreten[1]."

---

[1]) Wenn nun Hertz zur Bestimmung der Härte eines Materials den Vorschlag macht, aus ihm zwei Körper herzustellen und ihre Oberflächen dabei so zu wählen, dass die beim Aufeinanderpressen sich bildende Druckfläche kreisförmig ausfällt, sodann (S. 193) bestimmt: „Die Härte eines Körpers wird gemessen durch den Normaldruck auf die Flächeneinheit, welcher im Mittelpunkte einer kreisförmigen Druckfläche herrschen muss, damit in einem Punkte der Körper die Spannungen eben die Elasticitätsgrenze erreichen", und dann später bemerkt (S. 195): „im Glase und allen ähnlichen Körpern besteht die erste Ueberschreitung der Elasticitätsgrenze in einem kreisförmigen Sprunge, der in der Oberfläche am Rande der Druckellipse entsteht", ohne festzustellen, in welchem Punkte des Körpers die Elasticitätsgrenze überschritten wird — der mittlere Punkt der Druckfläche ist es eben nicht — und von welchen Grössen die Spannung in diesem Punkte beeinflusst wird, sowie welche Beziehungen zwischen diesen Grössen bestehen, so tritt hier mindestens eine Lücke zu Tage; man gelangt

Vorbehaltlich der Prüfung durch Versuche wird man gut thun, anzunehmen, dass die Zugspannung, welche am Rande der Druckfläche sich einstellt, namentlich bei Materialien mit geringer Zugfestigkeit, z. B. bei Gusseisen, Granit (Gelenkbrücken, deren Gelenke aus Granit bestehen) u. s. w., die zulässige Druckbelastung beeinflussen, d. h. diese herabdrücken kann.

Wie sich aus dem Vorstehenden ergiebt, ist die entwerfende und ausführende Technik genöthigt, die Koefficienten k der Gleichungen 12 und 16, welche von ihr schon seit langer Zeit auf Grund von gewissen Annahmen entwickelt worden waren, nach wie vor durch unmittelbare Versuche festzustellen.

Mit Rücksicht hierauf und in Anbetracht, dass den älteren Betrachtungen, die zu den Gleichungen 12 und 16 führten, schon

---

damit auf ein Gebiet, das jedenfalls noch der Klarstellung bedarf. Ob diese zur Aufklärung der Thatsache, dass Versuche mit verschieden gekrümmten Körpern aus gleichem Material keine übereinstimmenden Pressungen für die Elasticitätsgrenze und somit keine übereinstimmenden Werthe für die Härte des gleichen Materials ergaben, beitragen wird, mag zunächst dahingestellt bleiben.

Hinsichtlich der Versuche, die Härte auf dem von Hertz vorgeschlagenen Wege zu bestimmen, sei insbesondere auf die Arbeiten von Auerbach in Wiedemann's Annalen verwiesen.

In Bezug auf die Härteprüfung von Kugeln s. die in der Fussbemerkung 2, S. 164 angegebenen Veröffentlichungen. Stribeck sagt hierüber: „Werden 2 Kugeln aus gleichem Material mit der Kraft P gegeneinander gedrückt, so bildet sich eine kreisförmige Druckfläche aus, deren Halbmesser a mm beträgt. Lässt man die Belastung von Null an stetig wachsen, so nimmt die Druckfläche zunächst nach Massgabe von $\sqrt[3]{P^2}$“ (vergl. Gl. 10) „und die durchschnittliche Pressung $\sigma = \frac{P}{\pi a^2}$ entsprechend $\sqrt[3]{P}$ zu. Aber schon nach Ueberschreitung der Proportionalitätsgrenze ändert sich die Abhängigkeit von P in dem Sinne, dass die Druckfläche rascher und demgemäss die Pressung langsamer zunimmt, und zwar solange, bis sich schliesslich die Druckfläche im gleichen Verhältniss wie die Kraft ändert und demzufolge die Pressung konstant bleibt. Diese konstante Pressung, die sich auch durch eine Steigerung der Belastung bis zum Eintritt des Bruches nicht mehr vergrössern lässt, wird die Druckhärte oder kurz die Härte der Kugeln (Widerstand gegen Eindringen) genannt. Sie ergiebt sich für gute Kugeln aus gehärtetem Gussstahl zwischen 780 und 850 kg/qmm. Von kleinen Kugeln wird man die grössere Härte, von 2″ (50,8 mm) - Kugeln noch etwa 780 erwarten dürfen. Bei Kugeln, die nach innen zu weicher werden, nimmt die Pressung, nachdem sie ihren grössten Betrag erreicht hat, sogar wieder ab“.

wegen ihrer Einfachheit eine gewisse Bedeutung zuerkannt werden muss, sei im Nachstehenden der Fall, dass Kugeln gegen einander gepresst werden, Fig. 7, in der älteren Weise behandelt.

Infolge der Zusammendrückbarkeit des Materials berühren sich die Kugeln unter der Einwirkung der Belastung in einer kleinen Kreisfläche gemäss der in übertriebenem Masse gegebenen Darstellung Fig. 8, wobei wir die mittlere der drei Kugeln, welche gleichen Durchmesser besitzen, ins Auge fassen wollen.

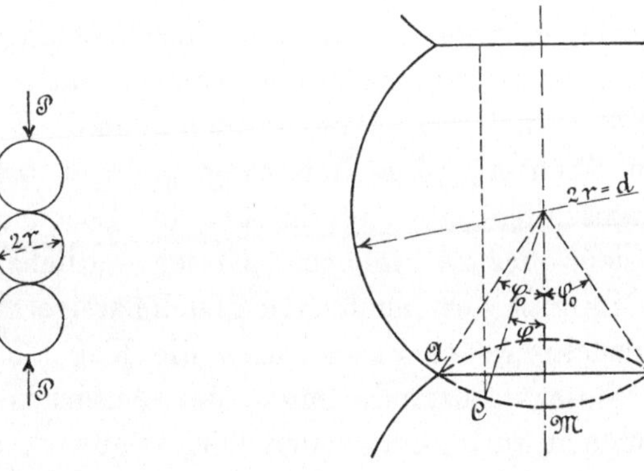

Fig. 7. Fig. 8.

Für den beliebigen Punkt C der ursprünglichen Kreislinie MCA sei die Zusammendrückung in Richtung der Belastung

$$x = r(1 - \cos \varphi_0) - r(1 - \cos \varphi) = r(\cos \varphi - \cos \varphi_0),$$

woraus bei Beachtung, dass

$$\cos \varphi = \sqrt{1 - \sin^2 \varphi}$$

und φ sowie φ_0 sehr kleine Winkel sind, also

$$\cos \varphi = \sim \sqrt{1 - \varphi^2} = \sim 1 - \frac{\varphi^2}{2}$$

$$\cos \varphi_0 \qquad = \sim 1 - \frac{\varphi_0^2}{2},$$

folgt

$$x = r\frac{\varphi_0^2 - \varphi^2}{2}.$$

Unter der Voraussetzung, dass sich diese Zusammendrückung gleichmässig durch die Kugel hindurch fortpflanzt, fände sich die verhältnissmässige Zusammendrückung in C

$$\varepsilon = \frac{x}{r} = \frac{\varphi_0^2 - \varphi^2}{2},$$

welcher die Normalspannung

$$\sigma = \frac{\varphi_0^2 - \varphi^2}{2\,\alpha}$$

entsprechen würde, falls die bezeichnete Voraussetzung erfüllt wäre und Kräfte senkrecht zur Richtung von x nicht einwirkten. Letzteres erkennt man sofort als unzutreffend, da die Faser, welche im Punkt C in Richtung der Belastung gedacht werden kann, durch das sie umschliessende Material bei der Zusammendrückung gehindert ist, sich quer zu dehnen. Dieser seitliche Zusammenhang mit dem Material wird auch eine gleichmässige Fortpflanzung der Zusammendrückung der Faser durch die Kugel hindurch hindern. Infolge dieser Umstände muss der Ausdruck für σ mit einem aus Versuchen zu bestimmenden Berichtigungskoefficienten ψ multiplicirt werden, der ganz allgemein den Abweichungen Rechnung zu tragen hat, welche zwischen der Wirklichkeit und den gemachten Voraussetzungen bestehen. Aller Wahrscheinlichkeit nach ist ψ mit φ veränderlich, wohl auch sonst noch von den Umständen beeinflusst. Nichtsdestoweniger wurde der Koefficient ψ, um die Rechnung überhaupt und einfach durchführen zu können, als Konstante angenommen und ihre mittlere Grösse bis zur Ermittlung durch Versuche auf etwa 3 geschätzt.

Damit ergiebt sich

$$\sigma = \psi\,\frac{\varphi_0^2 - \varphi^2}{2\,\alpha} \quad \ldots\ldots \quad 18)$$

Den grössten Werth erlangt σ für $\varphi = 0$, d. i. in der Mitte,

$$\sigma_{max} = \psi\,\frac{\varphi_0^2}{2\,\alpha}.$$

Der Gleichgewichtszustand bedingt

$$P = \int_0^{\varphi_0} \sigma \,.\, 2\,\pi r \varphi \,.\, r\,d\varphi = \frac{\psi\,\pi}{\alpha}\,r^2 \int_0^{\varphi_0} (\varphi_0^2 - \varphi^2)\,\varphi\,d\varphi = \frac{\psi\,\pi}{4\,\alpha}\,\varphi_0^4\,r^2,$$

woraus mit

$$\varphi_0 = \sqrt{\frac{2\alpha}{\psi}} \sigma_{max} \quad . \quad . \quad . \quad . \quad . \quad . \quad 19)$$

$$P = \frac{\pi}{\psi} \alpha \sigma^2_{max} r^2 = \frac{\pi}{4\psi} \alpha \sigma^2_{max} d^2 \quad . \quad . \quad . \quad 20)$$

$$P = k d^2 \quad . \quad . \quad . \quad . \quad . \quad . \quad . \quad . \quad 21)$$

sofern

$$k = \frac{\pi}{4\psi} \alpha \sigma^2_{max} \quad . \quad . \quad . \quad . \quad . \quad . \quad 22)$$

Gleichung 21 stimmt mit Gleichung 12 vollständig überein.

In ähnlicher Weise lässt sich auch die Entwicklung für den Cylinder durchführen. Sie führt zu

$$P = k l d, \quad . \quad . \quad . \quad . \quad . \quad . \quad . \quad 23)$$

wenn l die Länge des Cylinders ist und P die Gesammtbelastung für den Cylinder bedeutet, also ganz zum gleichen Ergebniss, wie oben in Gleichung 16 ausgesprochen. Für den Werth k der Gleichung 23 ergiebt sich der Ausdruck

$$k = 0{,}94 \sqrt{\frac{\alpha \sigma_{max}{}^3}{\psi}} \quad . \quad . \quad . \quad . \quad . \quad . \quad 24)$$

Dabei ist jedoch die Grösse von k ebensowenig aus Gleichung 22 bezw. 24 zu berechnen, wie dies aus Gleichung 13 oder 17 zu geschehen hat, k ist vielmehr durch Versuche unmittelbar zu bestimmen, wie S. 166 und 168 angegeben wurde.

Dass die Gesetzmässigkeit, wie sie in den Gleichungen 22 bezw. 24 für k zum Ausdruck gelangt, nicht beanspruchen kann, genau zu sein, folgt aus dem Gange der Rechnung.

Eine Beziehung für die grösste am Rande der Druckfläche auftretende Zugbeanspruchung liefert die Annäherungsrechnung ebensowenig wie die Hertz'schen Entwicklungen; doch lässt, wie schon oben angedeutet, Fig. 9 deutlich erkennen, dass infolge der starken Abbiegung, welche die Körperelemente am Rande der Druckfläche (bei A) erfahren, bedeutende Zugspannungen auftreten werden, die bei spröden Materialien zu dem beobachteten Kreissprung (S. 166) führen können.

§ 14. Hinderung der Querdehnung.

Wie wir in § 11 sahen, wird der Widerstand, welchen ein auf Druck in Anspruch genommener Körper leistet, schliesslich dadurch überwunden, dass das Material nach der Seite hin ausweicht. Daraus folgt, dass der Widerstand an sich unüberwindbar erscheint, wenn das Material gehindert wird, nach der Seite auszuweichen, d. h. wenn genügend grosse Druckkräfte auf die Mantelflächen wirken.

Dieser Satz gilt nicht blos für feste, sondern auch für flüssige Körper. Denken wir uns beispielsweise einen genügend festen Hohlcylinder, zum Theil gefüllt mit Wasser, auf dem ein gegen die Cylinderwandung vollkommen abdichtender Kolben ruht. Wie stark wir auch — innerhalb der Widerstandsfähigkeit des Hohlcylinders — den Kolben belasten, das nach allen Seiten hin am Entweichen gehinderte Wasser trägt die Belastung, weist also trotz seiner tropfbar flüssigen Natur unter diesen Umständen eine grosse Widerstandsfähigkeit gegen Druck auf.

Die Erscheinung ist eine ähnliche, wie die in § 7 erörterte. Dort handelt es sich um den Einfluss gehinderter Zusammenziehung, hier um denjenigen der Hinderung der Querdehnung, welche die Druckkraft zur Folge haben würde, wenn Kräfte auf die Mantelfläche senkrecht zur Achse nicht thätig wären. Die in § 7 enthaltenen Gleichungen gelten in sinngemässer Weise auch hier. Insbesondere folgt daraus, dass die Beziehung

$$\sigma = \frac{\varepsilon}{\alpha} \text{ oder } \varepsilon = \alpha\,\sigma,$$

welche bei dem nur in Richtung der Achse gedrückten Stab zwischen der Spannung $-\sigma$ (Pressung) und der Dehnung $-\varepsilon$ (Kürzung), sowie dem Dehnungskoefficienten α gegenüber Druckbeanspruchung besteht, nicht mehr giltig ist, sobald auch Kräfte senkrecht zur Stabachse angreifen[1]). Solche Kräfte wirken bei den Versuchskörpern in der Regel auf die Stirnflächen; sie rühren hier her von der Reibung, welche bei der Pressung zwischen Druck-

---

[1]) Damit hängt es dann auch zusammen, dass die zulässige Druckanstrengung im Falle gehinderter Querdehnung grösser genommen werden darf. Die in Fig. 1

platte der Prüfungsmaschine und Stirnfläche des Probekörpers durch das Bestreben des letzteren, sich quer auszudehnen, wachgerufen wird. Infolge dieser Reibung, welche die volle Reinheit der Erscheinung der Druckelasticität und Druckfestigkeit mehr oder weniger beeinträchtigen muss[1]), beträgt die Querdehnung in der Mitte des Probekörpers mehr als an den Stirnflächen, wie die Fig. 2, Taf. IV, 3 und 4, Taf. V, deutlich erkennen lassen; ferner muss infolge der an den Stirnflächen vorhandenen Hinderung der Querdehnung die Druckfestigkeit niederer Körper sich grösser ergeben als diejenige höherer Körper, bei denen der Einfluss dieser Hinderung um so mehr zurücktritt, je grösser die Höhe ist.

Ist ε die durch eine Druckkraft in Richtung der Stabachse veranlasste Zusammendrückung für die Länge 1, so wird die hiermit verknüpfte Querdehnung ε_q nach allen zur Achse senkrechten Richtungen als gleichgross angesehen und bezogen auf die Längeneinheit, gemessen durch

$$\varepsilon_q = \frac{\varepsilon}{m} \quad . \quad . \quad . \quad . \quad . \quad . \quad . \quad . \quad 1)$$

Für ein und dasselbe Material pflegt man die Grösse m in Gleichung 1, § 7 und 1, § 14, als gleich zu betrachten, also das

auf Druck beanspruchte Bleischeibe vom Durchmesser $d = 35$ mm und der Höhe $h = 10$ mm würde nach den Versuchen § 13 Ziff. 1c eine Belastung von

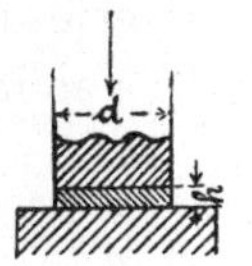

Fig. 1.

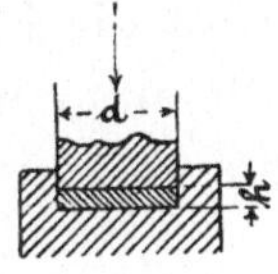

Fig. 2.

125 kg/qcm nicht mehr vertragen. Dieselbe Bleischeibe, nach Fig. 2 vertieft eingelegt, sodass das Blei nach der Seite nicht ausweichen kann, verträgt die doppelte Belastung und mehr.

[1]) Da die Körper, welche Druckversuchen unterworfen werden, verhältnissmässig kurz zu sein pflegen, so wird die Bestimmung der Querdehnung durch unmittelbare Messung derselben für die verschiedenen Querschnitte leicht zu verschiedenen Werthen führen können. Man wird deshalb bei Dehnungsmessungen die Messlänge ausreichend kleiner als die Stablänge, somit diese entsprechend gross wählen müssen.

Verhältniss der Dehnung (in Richtung der Stabachse) zur Zusammenziehung (senkrecht zur Achse) bei Zugbeanspruchung gleich zu setzen dem Verhältniss der verhältnissmässigen Zusammendrückung zur Querdehnung bei Druckbeanspruchung.

(Vergl. § 7.)

§ 15. Theorien der Druckfestigkeit.

Ueber den Vorgang des Zerdrückens sind zwei Hauptanschauungen geltend gemacht worden.

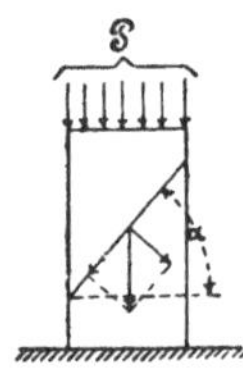
Fig. 1.

Die ältere, von Coulomb herrührende, denkt sich nach Massgabe der Fig. 1 das Zerdrücken durch Abschieben erfolgend und dabei die Druckkraft P in zwei Seitenkräfte

$P \sin \alpha$, wirkend in der Gleitungsebene,

$P \cos \alpha$, senkrecht dazu,

zerlegt. Wird der Widerstand gegen Gleiten für das Quadratcentimeter mit K_s (Schubfestigkeit) bezeichnet, so findet sich, sofern f den Querschnitt des Prisma bedeutet:

$$P \sin \alpha = K_s \frac{f}{\cos \alpha}$$

$$\frac{P}{f} = K_s \frac{2}{\sin 2\alpha}.$$

Das Gleiten wird die kleinste Kraft P erfordern, wenn $\sin 2\alpha$ am grössten ausfällt, d. i., wenn $\alpha = 45^0$; womit nach Einführung der Druckfestigkeit

$$K = \frac{P}{f}$$

sich ergiebt

$$K = 2 K_s,$$

d. h. die Druckfestigkeit müsste gleich dem Doppelten der Schubfestigkeit sein.

Diese Theorie wurde später durch Hereinziehung der von $P \cos \alpha$ veranlassten Reibung ergänzt.

Die zweite Anschauung fasst die Querdehnung ins Auge (§ 11) und nimmt an, dass das Zerdrücken stattfinde, wenn dieselbe so gross geworden, wie die Längsdehnung beim Zerreissen im Falle von Zugbeanspruchung. Mit der Genauigkeit, mit welcher die Längsdehnung drei- bis viermal so gross angenommen werden darf, wie die Querdehnung, findet sich auf diesem Wege die Druckfestigkeit gleich dem Drei- bis Vierfachen der Zugfestigkeit, was beispielsweise für das Gusseisen § 13, Ziff. 1a, mit Annäherung zutreffen würde.

Beide Lehren haben durch Druckversuche nicht die erforderliche Bestätigung erfahren.

Eine befriedigende Theorie der Druckfestigkeit würde diese jedenfalls als Funktion der Höhe geben müssen (§ 13), und wenn sie vollkommen sein soll, auch den Fall der Knickung (§ 23) einzuschliessen haben.

III. Biegung.

Die auf den geraden stabförmigen Körper wirkenden Kräfte treffen dessen Achse rechtwinklig und geben für jeden Querschnitt ein Kräftepaar, dessen Ebene senkrecht auf demselben steht.

§ 16. Gleichungen der Biegungsanstrengung und der elastischen Linie unter der Voraussetzung, dass die Ebene des Kräftepaares den Querschnitt in einer der beiden Hauptachsen schneidet.

Bei der Entwicklung dieser Beziehungen pflegt man von der durch Fig. 1 dargestellten Sachlage aus- und in folgender Weise vorzugehen.

Der bei A als eingespannt vorausgesetzte Balken AB ist am freien Ende B durch

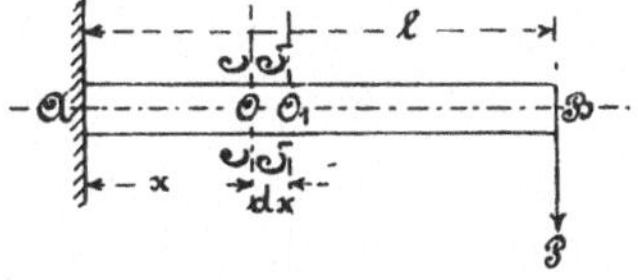

Fig. 1.

die Kraft P belastet, hinsichtlich welcher angenommen wird, dass sie in die Richtung der einen Hauptachse des Stabquerschnittes falle. (Ueber das Kennzeichen der beiden Hauptachsen eines Querschnittes vergl. § 21, Ziff. 1.) Die Kraft P ergiebt dann für den beliebigen, um x von A abstehenden Querschnitt CC ein Kräftepaar, dessen Moment $P\,(l-x)$ ist und dessen Ebene den Querschnitt senkrecht schneidet, sowie eine in die Querschnittsebene fallende Kraft P. Die Letztere wird als nicht vorhanden angesehen und damit die oben als Voraussetzung der einfachen Biegung hingestellte Bedingung, dass sich die äusseren Kräfte für jeden Querschnitt durch ein Kräftepaar ersetzen lassen, dessen Ebene den Letzteren rechtwinklig schneidet, erfüllt.

Es bezeichne mit Bezugnahme auf die Fig. 1 bis 4

M_b das Moment des biegenden Kräftepaares hinsichtlich des in Betracht gezogenen Querschnittes,

η den Abstand eines Flächenstreifens $df = z\,d\eta$ im letzteren von derjenigen Hauptachse, welche senkrecht zur Ebene des Kräftepaares steht, d. i. hier OO (Fig. 4),

$\Theta = \int \eta^2\,df = \int \eta^2 z\,d\eta$ das Trägheitsmoment des Querschnittes hinsichtlich dieser Hauptachse,

e_1 den grössten positiven Werth von η (Abstand der am stärksten gezogenen oder gespannten Faser),

e_2 den grössten negativen Werth von η (Abstand der am stärksten gedrückten Faser),

$e = e_1 = e_2$, sofern der Querschnitt so beschaffen ist, dass beide Abstände gleich gross sind,

σ die durch M_b im Abstand η, d. h. im Flächenstreifen $df = z\,d\eta$ hervorgerufene Spannung,

k_z bezw. k die zulässige Anstrengung des Materials auf Zug bezw. Druck,

x und y die Koordinaten des beliebigen Punktes O der elastischen Linie, d. h. der Kurve, in welche die ursprünglich gerade Stabachse bei der Biegung übergeht, bezogen auf das aus Fig. 2 ersichtliche Koordinatensystem,

ϱ den Krümmungshalbmesser der elastischen Linie in dem beliebigen Punkte O,

α den Dehnungskoefficienten, d. i. die Aenderung der Längeneinheit für das Kilogramm Spannung.

Unter der Einwirkung der Kraft P biegt sich der Stab, wie Fig. 2 erkennen lässt. Infolgedessen werden zwei ursprünglich parallele, um $dx = \overline{OO_1}$ von einander abstehende Querschnitte CC und C_1C_1, Fig. 1, Fig. 3, diesen Parallelismus verloren haben und einen gewissen Winkel OMO_1 mit einander einschliessen. Dass sie eben und senkrecht zur Mittellinie bleiben, wird vorausgesetzt. Die oberhalb einer gewissen Faserschicht, welche sich in $\overline{OO_1}$ darstellt, liegenden Fasern haben sich gedehnt, die unterhalb gelegenen verkürzt. Ist ϱ der Abstand des Punktes M, in welchem sich die

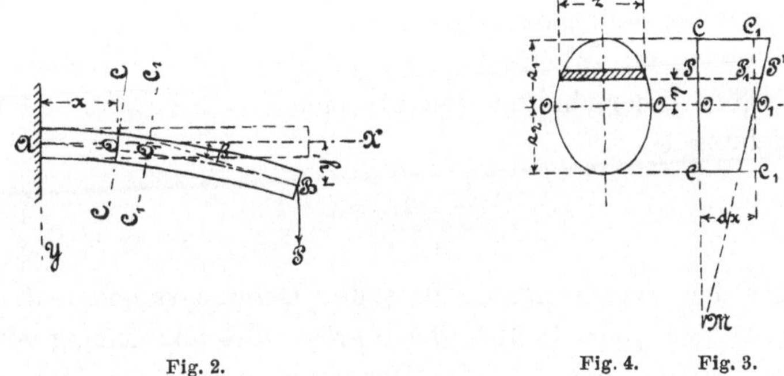

Fig. 2. Fig. 4. Fig. 3.

Durchschnittslinie der beiden Querschnitte projicirt, von dem Punkt O, also der Krümmungshalbmesser der jetzt gekrümmten Stabachse, d. h. der elastischen Linie im Punkte O, so findet sich für den in Betracht gezogenen Querschnitt COC die verhältnissmässige Dehnung ε im Abstand η von der Geraden OO (Fig. 4) aus der Erwägung, dass die Strecke $\overline{PP_1} = \overline{CC_1} = \overline{OO_1} = dx$ infolge der Biegung übergegangen ist in $\overline{PP'}$, also

$$\varepsilon = \frac{\overline{PP'} - \overline{PP_1}}{\overline{PP_1}} = \frac{\overline{PP'}}{\overline{OO_1}} - 1 = \frac{\varrho + \eta}{\varrho} - 1 = \frac{\eta}{\varrho}. \qquad 1)$$

Die hiermit verknüpfte Spannung σ ergiebt sich unmittelbar aus dem Begriff des Dehnungskoefficienten α nach Gleichung 2, § 2 zu

$$\sigma = \frac{\varepsilon}{\alpha} = \frac{1}{\alpha}\frac{\eta}{\varrho}, \quad . \quad . \quad . \quad . \quad . \quad . \qquad 2)$$

sofern Kräfte senkrecht zur Stabachse auf die Faserschicht nicht einwirken (vergl. § 7 und § 14).

Die so im Inneren des Stabes durch das Moment M_b wachgerufenen Kräfte müssen sich mit diesem im Gleichgewicht befinden. Dazu gehört, dass die algebraische Summe dieser inneren Kräfte in Richtung der Stabachse gleich Null, und dass sie ein Moment liefern, welches gleich und entgegengesetzt M_b ist.

Die erste Forderung giebt, wenn der im Abstande η liegende und in Fig. 4 durch Strichlage hervorgehobene Flächenstreifen von der Breite z und der Höhe $d\eta$ mit df bezeichnet wird,

$$\int \sigma\, df = 0, \quad . \; . \; . \; . \; . \; . \; . \; . \quad 3)$$

genommen über den ganzen Querschnitt. Mit Rücksicht auf Gleichung 2, sowie in Anbetracht, dass ϱ für sämmtliche Streifen eines und desselben Querschnittes den gleichen Werth besitzt, findet sich aus Gleichung 3

$$\int \frac{1}{\alpha} \eta\, df = 0. \quad . \; . \; . \; . \; . \; . \; . \; . \quad 4)$$

Unter der Voraussetzung, dass der Dehnungskoefficient α für alle Punkte des Querschnittes gleich gross, also unabhängig von der Grösse und dem Vorzeichen der Spannung σ oder der Dehnung ε ist, folgt

$$\int \eta\, df = 0, \quad . \; . \; . \; . \; . \; . \; . \; . \quad 5)$$

d. h. die Gerade, in welcher die Dehnungen und die Spannungen den Werth Null besitzen, die sogenannte „neutrale Achse“ oder „Nullachse“, geht durch den Schwerpunkt des Querschnittes und ist, da die Ebene der äusseren Kräfte den letzteren in der einen Hauptachse schneidet, die andere Hauptachse desselben.

Die zweite Bedingung liefert

$$\int \sigma\, df \,.\, \eta = M_b \quad . \; . \; . \; . \; . \; . \; . \; . \quad 6)$$

und nach Massgabe der Gleichung 2 unter der unmittelbar vorher bezüglich α ausgesprochenen Voraussetzung

$$M_b = \frac{1}{\alpha \varrho} \int \eta^2\, df,$$

woraus mit

$$\int \eta^2\, df = \Theta, \quad . \; . \; . \; . \; . \; . \; . \; . \quad 7)$$

d. i. das Trägheitsmoment des Querschnittes in Bezug auf OO,

$$\left.\begin{aligned} M_b &= \frac{\Theta}{\alpha \varrho}, \\ \frac{1}{\varrho} &= \alpha \frac{M_b}{\Theta}. \end{aligned}\right\} \quad \ldots \ldots \quad 8)$$

Der reciproke Werth des Krümmungshalbmessers, d. h. die Krümmung, ist hiernach proportional dem Dehnungskoefficienten α, dem biegenden Moment M_b und umgekehrt proportional dem Trägheitsmoment Θ.

Mit der Annäherung, mit welcher der allgemein giltige Ausdruck

$$\frac{\left[1 + \left(\frac{dy}{dx}\right)^2\right]^{\frac{3}{2}}}{\pm \frac{d^2y}{dx^2}} = \varrho$$

ersetzt werden darf durch

$$\frac{1}{\varrho} = \pm \frac{d^2y}{dx^2}, \quad \ldots \ldots \quad 9)$$

was wegen $1 + \left(\frac{dy}{dx}\right)^2 = \sim 1$ zulässig erscheint für Durchbiegungen des Stabes, die klein sind im Verhältniss zur Stablänge, findet sich

$$M_b = \pm \frac{\Theta}{\alpha} \frac{d^2y}{dx^2}. \quad \ldots \ldots \quad 10)$$

Der Ersatz von $\frac{1}{\varrho}$ in Gleichung 2 durch die rechte Seite der zweiten der Gleichungen 8 führt zu

$$\sigma = \frac{M_b}{\Theta} \eta. \quad \ldots \ldots \quad 11)$$

Hiernach sind die Spannungen proportional dem Abstande der Flächenelemente von der Nullachse, wie in Fig. 5 dargestellt ist.

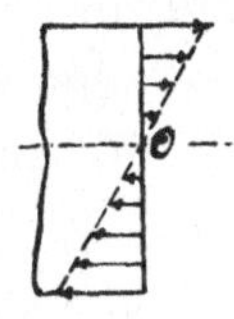
Fig. 5.

Damit ergiebt sich die grösste Zugspannung σ_1 für den grössten positiven Werth von η, d. i. nach Fig. 4 für $\eta = + e_1$, zu

$$\sigma_1 = \frac{M_b}{\Theta} e_1, \quad \ldots \ldots \quad 12)$$

die grösste Druckspannung σ_2 für den grössten negativen Werth von η, d. i. für $\eta = -e_2$, zu

$$\sigma_2 = -\frac{M_b}{\Theta} e_2, \quad \ldots \ldots \quad 13)$$

sodass

$$\left.\begin{array}{ll} k_z \geqq \frac{M_b}{\Theta} e_1 & k \geqq \frac{M_b}{\Theta} e_2, \\ \text{oder} & \\ M_b \leqq k_z \frac{\Theta}{e_1} & M_b \leqq k \frac{\Theta}{e_2}. \end{array}\right\} \quad \ldots \quad 14)$$

§ 17. Trägheitsmomente.

Die in § 16 entwickelten Hauptgleichungen setzen im Falle ihrer Benutzung die Kenntniss des betreffenden Trägheitsmomentes voraus. Hinsichtlich der Berechnung desselben sei Folgendes bemerkt.

Ist

Θ das Trägheitsmoment des Querschnittes in Bezug auf die Schwerpunktsachse $O\,O$, Fig 1, also $\Theta = \int \eta^2\, df = \int \eta^2 z\, d\eta$,

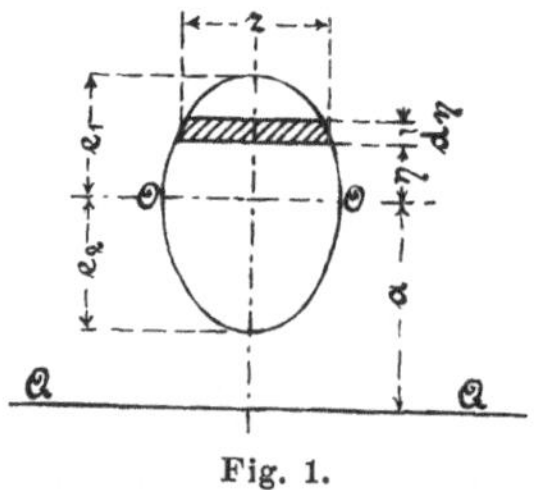

Fig. 1.

Θ_1 das Trägheitsmoment desselben Querschnittes in Bezug auf die Achse $Q\,Q$, welche im Abstande a zu $O\,O$ parallel läuft, demnach $\Theta_1 = \int (\eta + a)^2\, df$,

f die Grösse des Querschnittes,

so ergiebt sich

$$\Theta_1 = \int (\eta + a)^2\, df = \int \eta^2\, df + 2\, a \int \eta\, df + a^2 \int df$$

und unter Beachtung, dass

$$\int \eta^2 \, df = \Theta \qquad \int \eta \, df = 0 \qquad \int df = f$$

$$\Theta_1 = \Theta + a^2 f. \quad \ldots \ldots \ldots \quad 1)$$

Von diesem Hilfssatz, der ausspricht, dass das Trägheitsmoment in Bezug auf die Achse QQ gleich ist dem Trägheitsmoment hinsichtlich der zu QQ parallelen Schwerpunktsachse OO, vermehrt um das Produkt aus Querschnittsfläche und Quadrat des Abstandes der beiden Achsen, lässt sich oft mit Vortheil Gebrauch machen.

1. Rechteck, Fig. 2.

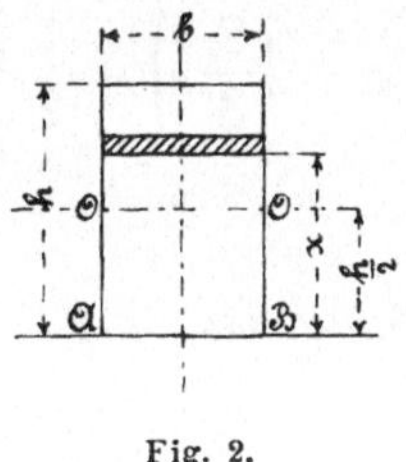

Fig. 2.

Das Trägheitsmoment in Bezug auf die Seite AB beträgt

$$\Theta_1 = \int_0^h x^2 \, b \, dx = \frac{1}{3} \, b \, h^3,$$

folglich in Bezug auf die um $\frac{h}{2}$ davon abstehende Schwerpunktsachse OO

$$\Theta = \Theta_1 - a^2 f = \frac{1}{3} \, b \, h^3 - \left(\frac{h}{2}\right)^2 b \, h = \frac{1}{12} \, b \, h^3 \quad . \quad 2)$$

und

$$\frac{\Theta}{e} = \frac{\Theta}{\frac{h}{2}} = \frac{1}{6} \, b \, h^2. \quad \ldots \ldots \quad 3)$$

2. Dreieck, Fig. 3.

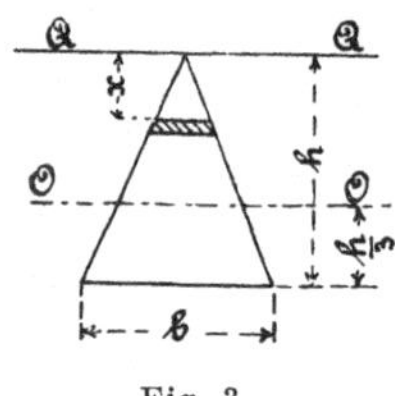

Fig. 3.

Für die Achse QQ

$$\Theta_1 = \int_0^h x^2 \left(b \frac{x}{h}\right) dx = \frac{1}{4}\, b\, h^3.$$

Für die um $\frac{2}{3}h$ davon abstehende Schwerpunktsachse OO

$$\Theta = \frac{1}{4}\, b h^3 - \left(\frac{2}{3}h\right)^2 \cdot \frac{1}{2}\, b\, h = \frac{1}{36}\, b\, h^3. \quad . \quad . \quad 4)$$

3. Kreis, Fig. 4.

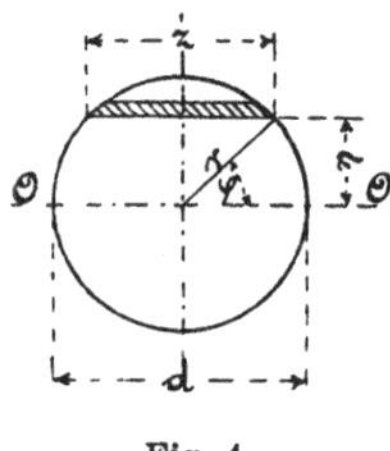

Fig. 4.

Für die Schwerpunktsachse OO wegen $\eta = r \sin \varphi$, $z = 2r \cos \varphi$

$$\Theta = \int_{-r}^{+r} \eta^2 z\, d\eta = 4 r^4 \int_0^{\frac{\pi}{2}} \sin^2 \varphi \cos^2 \varphi\, d\varphi = \frac{\pi}{4}\, r^4$$

$$\Theta = \frac{\pi}{64}\, d^4. \quad . \quad . \quad . \quad . \quad . \quad . \quad . \quad . \quad 5)$$

$$\frac{\Theta}{e} = \frac{\Theta}{\frac{d}{2}} = \frac{\pi}{32}\, d^3 = \sim \frac{1}{10}\, d^3. \quad . \quad . \quad . \quad . \quad 6)$$

4. *Ellipse*, Fig. 5.

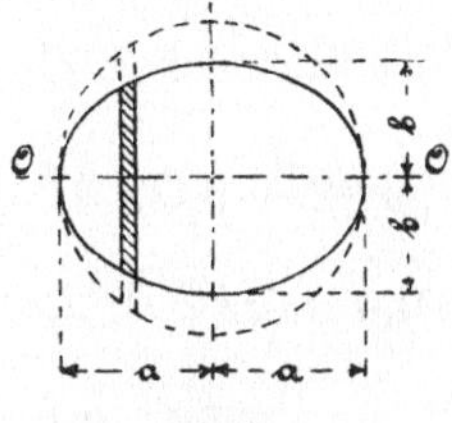

Fig. 5.

Wir denken uns die Ellipse in Verbindung gebracht mit dem sie umschliessenden Kreis vom Radius a und beide Querschnitte in unendlich schmale Streifen senkrecht zur Achse $O\,O$ geschnitten. Das Trägheitsmoment eines jeden Kreisstreifens verhält sich nach Gleichung 2 zu demjenigen des Ellipsenstreifens, wie

$$1 : \left(\frac{b}{a}\right)^3.$$

Folglich ergiebt sich das auf $O\,O$ bezogene Trägheitsmoment der Ellipse nach Gleichung 5 zu

$$\Theta = \frac{\pi}{64}(2\,a)^4 \left(\frac{b}{a}\right)^3 = \frac{\pi}{4}\,a b^3 \quad . \quad . \quad . \quad . \quad 7)$$

5. *Zusammengesetzte Querschnitte.*

a) Rechnerische Bestimmung, Fig. 6.

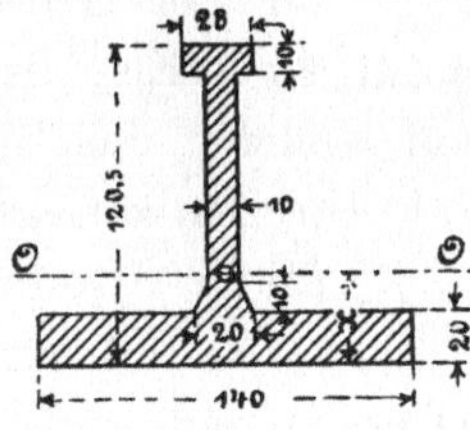

Fig. 6.

Der Querschnitt kann zusammengesetzt gedacht werden aus

dem liegenden Rechteck $14 . 2 = 28$ qcm,

- Dreieck $\frac{1}{2} . 1 . 1 = 0{,}5$ -

dem stehenden Rechteck $1 . (12,05 - 2 - 1) = 9,05$ qcm
- liegenden Rechteck $2,8 . 1 = 2,8$ -

Die Lage der Schwerpunktsachse $O\,O$ bestimmt sich aus

$$x = \frac{28 \frac{2}{2} + 0,5 \left(2 + \frac{1}{3}\right) + 9,05 . (2 + 9,05 . 0,5) + 2,8 . (12,05 - 0,5)}{28 + 0,5 + 9,05 + 2,8} = 2,99 \text{ cm}$$

und das Trägheitsmoment in Bezug auf diese Achse nach Massgabe der Gleichungen 2, 4 und 1 zu

$$\begin{aligned} \Theta = & \frac{1}{12} 14,0 . 2,0^3 + 14 . 2 (2,99 - 1)^2 \\ & + \frac{1}{36} 1 . 1^3 + \frac{1}{2} 1 . 1 (2,99 - 2,33)^2 \\ & + \frac{1}{12} 1 . 9,05^3 + 1 . 9,05 (6,025 - 2,99)^2 \\ & + \frac{1}{12} 2,8 . 1^3 + 2,8 . 1 (11,55 - 2,99)^2 = 500,7 \text{ cm}^4. \end{aligned}$$

b) Zeichnerische Bestimmung, Fig. 7 bis 9.

Bei zusammengesetzten, insbesondere unregelmässig begrenzten Querschnitten pflegt das folgende, von Mohr angegebene zeichnerische Verfahren rascher zum Ziele zu führen, als der Weg der Rechnung.

Die Querschnittsfläche von der Grösse f (im Falle des gewählten Beispiels Querschnitt einer Eisenbahnschiene) wird parallel zur Achse, in Bezug auf welche das Trägheitsmoment gesucht werden soll, in eine Anzahl Streifen zerlegt; hierauf trägt man die Querschnitte $f_1 f_2 f_3 \ldots f_{10}$ dieser Streifen als Strecken $f_1 = \overline{0\,1}$, $f_2 = \overline{1\,2}$, $f_3 = \overline{2\,3} \ldots f_{10} = \overline{9\,10}$ auf einer zur genannten Achse parallelen Geraden auf (Fig. 8) und stellt sich diese Flächen als Schwerkräfte vor, welche in den Schwerpunkten der Streifen angreifen; konstruirt mit dem symmetrisch zu 0 10 gelegenen und von dieser Linie um $\frac{f}{2}$ abstehenden Punkt O als Pol Kräfte- und Seilpolygon, Fig. 8, bezw. Fig. 9. In dem Schnittpunkt C (Fig. 9) der äussersten Polygonseiten 1 C und 10 C wird alsdann — wie ohne Weiteres aus der Natur des Seilpolygons folgt — ein Punkt der gesuchten Schwerlinie CD erhalten, während die von dem Seilpolygon 1 2 3 .... 10 und den beiden Polygonseiten 1 C und 10 C eingeschlossene Fläche F_p (in Fig. 9 durch Strichlage, von links nach rechts ansteigend, bezeichnet) mit f multiplicirt das Trägheitsmoment bezüglich der Schwerachse CD liefert.

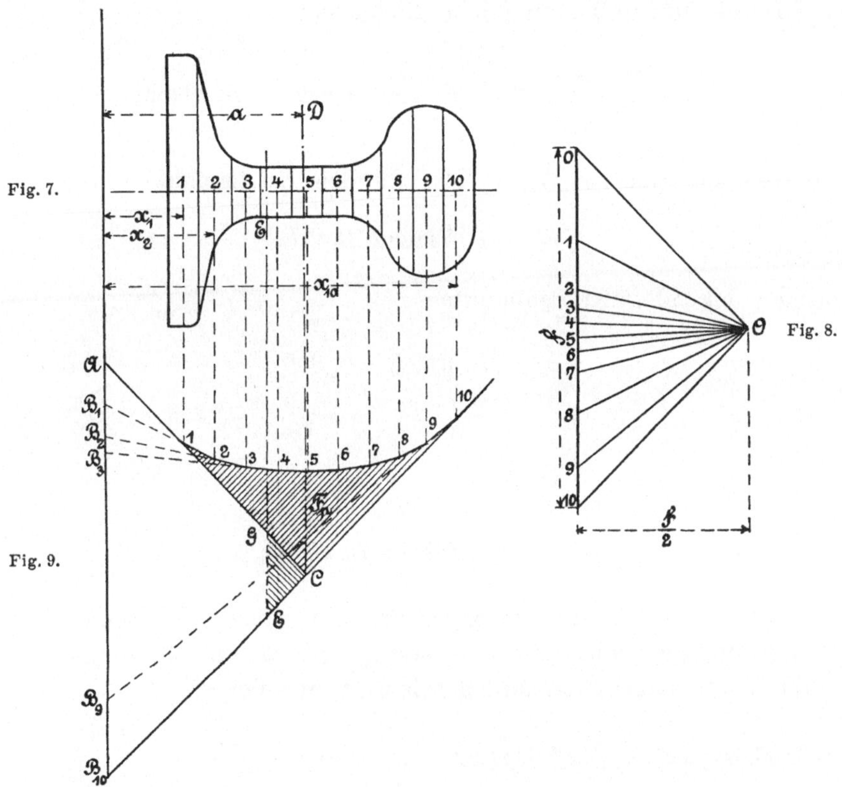

Fig. 7. Fig. 8. Fig. 9.

Beweis:

Auf den Knotenpunkt 1 des Seilpolygons, welchen wir uns herausgeschnitten denken, wirken in der Richtung C 1 die Kraft S_0, in der Richtung 1 2 die Kraft S_1 und senkrecht abwärts die Schwerkraft f_1. Dieselben ergeben in Bezug auf den Durchschnittspunkt A der Geraden C 1 mit der beliebigen, zur Richtung der Streifen und der Schwerpunktsachse CD parallel laufenden Achse $\overline{AB_{10}}$ die Momentengleichung

$$f_1 x_1 = H \cdot \overline{AB_1},$$

sofern S_1 in der eigenen Richtungslinie nach B_1 verlegt und hier in seine Vertikalkomponente und in seine wagrechte Seitenkraft

$$H = \frac{f}{2}$$

zerlegt wird.

Durch Multiplikation mit x_1 findet sich

$$f_1 x_1^2 = 2H \frac{\overline{AB_1} \cdot x_1}{2} = 2H \text{. Fläche } A\,1\,B_1 = f \text{. Fläche } A\,1\,B_1.$$

In ganz gleicher Weise folgt für den Knotenpunkt 2

$$f_2 x_2^2 = f \text{. Fläche } B_1\,2\,B_2,$$

für die folgenden Knotenpunkte

$$f_3 x_3^2 = f \text{. Fläche } B_2\,3\,B_3,$$

$$\vdots \qquad\qquad \vdots$$

$$f_{10} x_{10}^2 = f \text{. Fläche } B_9\,10\,B_{10}.$$

Nun ist das Trägheitsmoment Θ_1 des ganzen Querschnitts in Bezug auf die Achse AB_{10} — streng genommen allerdings nur unter Voraussetzung unendlich schmaler Streifen —

$$\begin{aligned}\Theta_1 &= f_1 x_1^2 + f_2 x_2^2 + f_3 x_3^2 + \ldots + f_{10} x_{10}^2 \\ &= f.(\text{Fläche } A\,1\,B_1 + \text{Fläche } B_1\,2\,B_2 + \text{Fläche } B_2\,3\,B_3 + \ldots \\ &\quad + \text{Fläche } B_9\,10\,B_{10}) \\ &= f \text{. Fläche } A\,1\,5\,10\,CB_{10}\end{aligned}$$

und in Hinsicht auf die Schwerpunktsachse $\overline{CD}$ nach Gleichung 1

$$\Theta = \Theta_1 - f a^2.$$

Unter Beachtung, dass Fläche $ACB_{10} = a^2$ (wegen $\measuredangle\, ACB_{10} = 90^0$), wird

$$\Theta = f \,.\, (\text{Fläche } A\,1\,5\,10\,CB_{10} - \text{Fläche } ACB_{10})$$
$$= f \,.\, \text{Fläche } 1\,5\,10\,C = f \,.\, F_p,$$

wie das Mohr'sche Verfahren voraussetzt.

Für die Achse $EE \parallel CD$ ist, wie nach Massgabe des Erörterten ohne Weiteres klar, das Trägheitsmoment

$$f \,.\, (F_p + \text{Fläche } CEG),$$

d. h. gleich dem Produkt aus Stabquerschnitt und der Summe der beiden in Fig. 9 durch Strichlage hervorgehobenen Flächen.

6. *Zusammenstellung.*

Querschnittsform	Trägheitsmoment Θ	Schwerpunktsabstand	Grösse des Querschnittes f
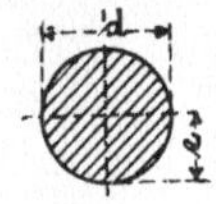 Kreis (d, e)	$\frac{\pi}{64} d^4$	$e = \frac{d}{2}$	$\frac{\pi}{4} d^2$
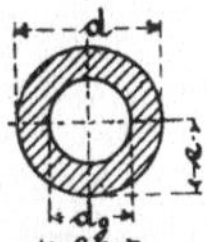 Kreisring (d, d_0, e)	$\frac{\pi}{64} (d^4 - d_0^4)$	$e = \frac{d}{2}$	$\frac{\pi}{4} (d^2 - d_0^2)$
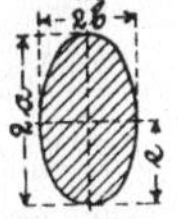 Ellipse (2a, 2b, e)	$\frac{\pi}{4} a^3 b$	$e = a$	$\pi a b$
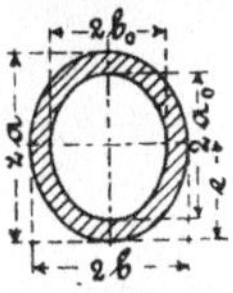 Ellipsenring (2a, 2b, $2a_0$, $2b_0$, e)	$\frac{\pi}{4} (a^3 b - a_0^3 b_0)$	$e = a$	$\pi (a b - a_0 b_0)$
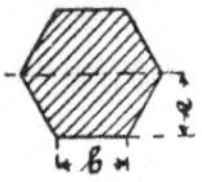 Sechseck (b, e)	$\frac{5\sqrt{3}}{16} b^4 = 0{,}54\, b^4$	$e = 0{,}866\, b$	$\frac{3\sqrt{3}}{2} b^2 = 2{,}6\, b^2$
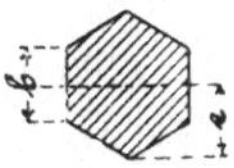 Sechseck (b, e)	$0{,}54\, b^4$	$e = b$	$2{,}6\, b^2$

Querschnittsform	Trägheitsmoment Θ	Schwerpunkts-abstand	Grösse des Querschnittes f
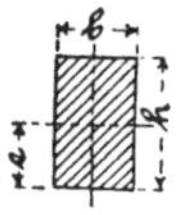	$\frac{1}{12} b h^3$	$e = \frac{h}{2}$	$b h$
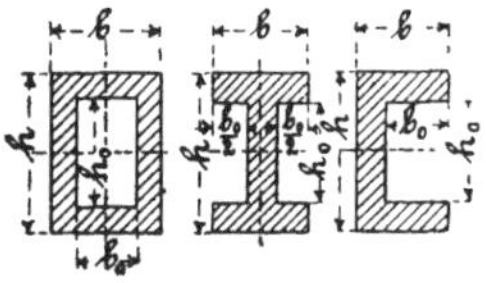	$\frac{1}{12}(b h^3 - b_0 h_0^3)$	$e = \frac{h}{2}$	$b h - b_0 h_0$
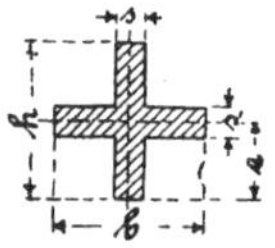	$\frac{1}{12}[h^3 s + (b - s) s^3]$	$e = \frac{h}{2}$	$h s + (b - s) s$
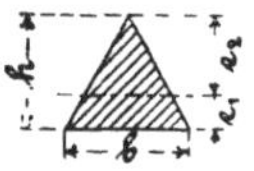	$\frac{1}{36} b h^3$	$e_1 = \frac{h}{3}$ $e_2 = \frac{2}{3} h$	$\frac{1}{2} b h$
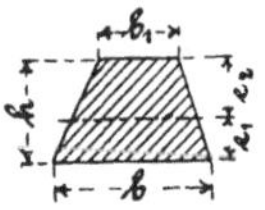	$\frac{1}{36} \frac{b^2 + 4 b b_1 + b_1^2}{b + b_1} h^3$	$e_1 = \frac{b + 2 b_1}{b + b_1} \frac{h}{3}$ $e_2 = \frac{2 b + b_1}{b + b_1} \frac{h}{3}$	$\frac{b + b_1}{2} h$
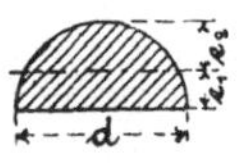	$0{,}0069\, d^4$	$e_1 = 0{,}212\, d$ $e_2 = 0{,}288\, d$	$\frac{\pi}{8} d^2$

Ueber die beiden Hauptträgheitsmomente eines Querschnittes vergl. § 21, Ziffer 1.

§ 18. Fälle bestimmter Belastungen.

1. Der Stab (vergl. Fig. 1, § 16, Fig. 2, § 16) ist an dem einen Ende eingespannt, am freien Ende mit P belastet. Ausserdem trägt derselbe eine gleichmässig über seine Länge l vertheilte Belastung $Q = p\,l$.

Für den beliebigen Querschnitt CC, welcher um x von der Einspannstelle absteht, ergiebt sich

$$M_b = P(l - x) + p\frac{(l-x)^2}{2}.$$

Den grössten Werth erlangt M_b für $x = 0$, nämlich

$$\max\,(M_b) = P\,l + \frac{p\,l^2}{2} = \left(P + \frac{Q}{2}\right) l.$$

Demnach findet nach den Gleichungen 14, § 16, die stärkste Anstrengung im Querschnitt der Einspannungsstelle A statt.

Zur Festellung der elastischen Linie ergiebt sich mit Gleichung 10, § 16

$$\frac{\Theta}{\alpha}\frac{d^2y}{dx^2} = P\,(l - x) + p\,\frac{(l-x)^2}{2}$$

und für Materialien, für welche der Dehnungskoefficient α konstant ist — Gleichung 10, § 16 gilt zunächst auch nur für solche —, sowie unter der Voraussetzung der Unveränderlichkeit des Trägheitsmomentes Θ

$$\frac{\Theta}{\alpha}\frac{dy}{dx} = P\left(l\,x - \frac{x^2}{2}\right) + \frac{p}{2}\left(l^2\,x - l\,x^2 + \frac{x^3}{3}\right) + C,$$

sofern die Integrationskonstante C genannt wird. Dieselbe bestimmt sich aus folgender Erwägung. Mit der Bezeichnung der Einspannung verknüpft man den Begriff, dass an der Einspannstelle die elastische Linie (in Fig. 2, § 16, AOB) von der ursprünglich geraden Stabachse (AX) berührt wird[1]), d. h.

[1]) Ueber die Zulässigkeit dieser nur ausnahmsweise thatsächlich ganz erfüllten Voraussetzung vergleiche § 53.

$$\text{für } x = 0 \text{ ist } \frac{dy}{dx} = 0.$$

Damit folgt $C = 0$, sodass

$$\frac{dy}{dx} = \frac{\alpha}{\Theta}\left[P\left(l - \frac{x}{2}\right) + \frac{p}{2}\left(l^2 - l\,x + \frac{x^2}{3}\right)\right]x \quad . \quad 1)$$

Hieraus lässt sich für jeden beliebigen Punkt der elastischen Linie der Winkel berechnen, welchen die Tangente an letzterer in dem betreffenden Punkt mit der ursprünglich geraden Stabachse einschliesst. Beispielsweise findet sich für das freie Ende B, Fig. 2, § 16, dieser Winkel β mit $x = l$ zu

$$\operatorname{tg}\beta = \frac{\alpha}{2\,\Theta}\left(P + \frac{Q}{3}\right)l^2$$

und angenähert, da es sich nur um sehr kleine Werthe von β zu handeln pflegt,

$$\beta = \frac{\alpha}{2\,\Theta}\left(P + \frac{Q}{3}\right)l^2. \quad . \quad . \quad . \quad . \quad . \quad 2)$$

Aus Gleichung 1 folgt unter Beachtung, dass

$$\text{für } x = 0 \text{ auch } y = 0,$$

die Gleichung der elastischen Linie

$$y = \frac{\alpha}{\Theta}\left[\frac{P}{2}\left(l - \frac{x}{3}\right) + \frac{p}{4}\left(l^2 - \frac{2}{3}l\,x + \frac{x^2}{6}\right)\right]x^2. \quad . \quad 3)$$

Die Durchbiegung y' des freien Endes beträgt, da hierfür $x = l$,

$$y' = \frac{\alpha}{\Theta}\left(\frac{P}{3} + \frac{p\,l}{8}\right)l^3 = \frac{\alpha}{\Theta}\left(\frac{P}{3} + \frac{Q}{8}\right)l^3. \quad . \quad . \quad 4)$$

2. Der Stab liegt beiderseits auf Stützen, Fig. 1. Er ist belastet durch die gleichmässig über ihn vertheilte Last $Q = p\,(a + b) = pl$ und durch die im Punkte C angreifende Kraft P.

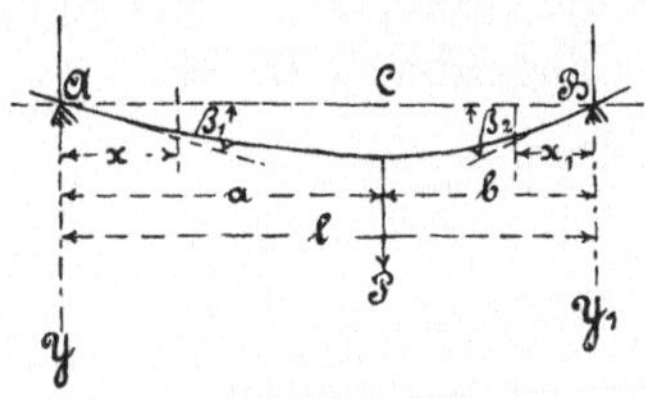

Fig. 1.

Die Auflagerdrücke der Stützen A und B sind

$$A = P\frac{b}{l} + \frac{Q}{2}, \qquad B = P\frac{a}{l} + \frac{Q}{2}.$$

Für den um x vom Auflager A abstehenden Querschnitt ist das biegende Moment

$$M_b = A\,x - p\,\frac{x^2}{2} = \left(P\,\frac{b}{l} + \frac{Q}{2}\right) x - \frac{p\,x^2}{2}.$$

Dasselbe erlangt innerhalb der Strecke $\overline{A\,C} = a$ einen grössten Werth für

$$P\,\frac{b}{l} + \frac{Q}{2} = p\,x$$

$$x = \frac{P}{Q}\,b + \frac{l}{2},$$

sofern

$$a > \frac{l}{2}.$$

Der gesuchte Querschnitt könnte hiernach nur in der grösseren der beiden Strecken a und b liegen, und zwar zwischen der Balkenmitte und dem Angriffspunkt C der Kraft P, vorausgesetzt, dass

$$\frac{P}{Q} b < a - \frac{l}{2} \quad \text{oder} \quad \frac{P}{Q} < \frac{2a - l}{2b} = \frac{a - b}{2b}$$

$$p\,a > P \frac{b}{l} + \frac{Q}{2},$$

d. h. dass die über die Strecke a gleichmässig vertheilte Last grösser ist als der Auflagerdruck in A.

Für den Fall, dass

$$\frac{P}{Q} \geqq \frac{a - b}{2b},$$

liegt der durch die Biegung am stärksten beanspruchte Querschnitt im Angriffspunkte C der Kraft P.

Demnach ergiebt sich,

$$\text{wenn } \frac{P}{Q} \geqq \frac{a - b}{2b}, \text{ d. i. für den Querschnitt } C$$

$$\max(M_b) = \left(P \frac{b}{l} + \frac{Q}{2}\right) a - \frac{p\,a^2}{2} = \left(P + \frac{Q}{2}\right) \frac{a\,b}{l}; \qquad 5)$$

wenn

$$\frac{P}{Q} < \frac{a - b}{2b}, \text{ d. i. für } x = \frac{P}{Q} b + \frac{l}{2}$$

$$\max(M_b) = \left(P \frac{b}{l} + \frac{Q}{2}\right)\left(\frac{P}{Q} b + \frac{l}{2}\right) - \frac{p}{2}\left(\frac{P}{Q} b + \frac{l}{2}\right)^2$$

$$= \left(P \frac{b}{l} + \frac{Q}{2}\right)^2 \frac{l}{2Q}. \quad \dots\dots \quad 6)$$

Für $Q = 0$ wird

$$\max(M_b) = P \frac{b}{l} \cdot a$$

und wenn

$$a = b = \frac{l}{2},$$

$$\max(M_b) = \frac{P\,l}{4}. \quad \dots\dots \quad 7)$$

Für $P = 0$ wird

$$\max(M_b) = \frac{Ql}{8} = \frac{pl^2}{8} \quad \ldots \ldots \quad 8)$$

Zur Bestimmung der elastischen Linie innerhalb der Strecke AC ergiebt sich nach Gleichung 10, § 16,

$$-\frac{\Theta}{\alpha}\frac{d^2y}{dx^2} = Ax - p\frac{x^2}{2}$$

und unter der Voraussetzung der Unveränderlichkeit von α und Θ[1]) (vergl. Ziff. 1)

$$-\frac{\Theta}{\alpha}\frac{dy}{dx} = \frac{1}{2}Ax^2 - \frac{1}{6}px^3 + C_1$$

$$-\frac{\Theta}{\alpha}y = \frac{1}{6}Ax^3 - \frac{1}{24}px^4 + C_1x + C_2.$$

Wegen

$$y = 0 \quad \text{für } x = 0 \quad \text{wird } C_2 = 0.$$

Für die Strecke BC findet sich entsprechend

$$-\frac{\Theta}{\alpha}\frac{d^2y_1}{dx_1^2} = Bx_1 - p\frac{x_1^2}{2}$$

$$-\frac{\Theta}{\alpha}\frac{dy_1}{dx_1} = \frac{1}{2}Bx_1^2 - \frac{1}{6}px_1^3 + C',$$

$$-\frac{\Theta}{\alpha}y_1 = \frac{1}{6}Bx_1^3 - \frac{1}{24}px_1^4 + C'x_1 + C'',$$

$$C'' = 0.$$

---

[1]) Für den Fall, dass Θ stark oder auch plötzlich veränderlich ist, wie dies z. B. bei Wellen von Kraftmaschinen, Dynamomaschinen u. s. w. häufig auftritt, empfiehlt sich die zeichnerische Bestimmung der elastischen Linie auf Grund des Mohr'schen Satzes, dass die elastische Linie eines geraden Stabes, der auf Biegung beansprucht wird, als eine Seilkurve aufgefasst werden darf. S. die dahingehende Arbeit Ensslin's über „Die Durchbiegung ungleich starker Wellen" in Dingler's polytechnischem Journal 1901, Band 316, Heft 22.

Ueber das Bedürfniss, die Durchbiegung von Wellen oder auch die Winkel zu bestimmen, unter denen die elastische Linie der Welle in den Lagern gegen den Horizont geneigt ist, vergl. des Verfassers Maschinenelemente, 4. Abschnitt unter „B. Achsen und Wellen" (1892, S. 317 u. f., S. 324 u. f.; 1901, S. 434 u. f., S. 441 u. f.).

Die Senkung im Punkte C muss für beide Strecken gleich erhalten werden, d. h.

$$\frac{1}{6} A a^3 - \frac{1}{24} p a^4 + C_1 a = \frac{1}{6} B b^3 - \frac{1}{24} p b^4 + C' b.$$

Ferner muss der Neigungswinkel der elastischen Linie im Punkte C der Strecke AC gleich dem negativen Werth des Neigungswinkels der elastischen Linie im Punkte C der Strecke BC sein, d. h.

$$\frac{1}{2} A a^2 - \frac{1}{6} p a^3 + C_1 = - \frac{1}{2} B b^2 + \frac{1}{6} p b^3 - C'.$$

Nach Beseitigung von C_1 und C' mittelst der beiden letzten Gleichungen findet sich

für die Strecke AC

$$\left.\begin{array}{l}
\frac{\Theta}{\alpha}\left(\beta_1 - \frac{dy}{dx}\right) = \frac{1}{2} A x^2 - \frac{1}{6} p x^3 \\
\frac{\Theta}{\alpha}(\beta_1 x - y) = \frac{1}{6} A x^3 - \frac{1}{24} p x^4 \\
\beta_1 = \left(P \frac{a b (a + 2 b)}{6 l} + \frac{Q l^2}{24}\right) \frac{\alpha}{\Theta}; \\
\text{für die Strecke } BC \\
\frac{\Theta}{\alpha}\left(\beta_2 - \frac{dy_1}{dx_1}\right) = \frac{1}{2} B x_1^2 - \frac{1}{6} p x_1^3 \\
\frac{\Theta}{\alpha}(\beta_2 x_1 - y_1) = \frac{1}{6} B x_1^3 - \frac{1}{24} p x_1^4 \\
\beta_2 = \left(P \frac{a b (2 a + b)}{6 l} + \frac{Q l^2}{24}\right) \frac{\alpha}{\Theta}.
\end{array}\right\} \quad \ldots \quad 9)$$

Die Durchbiegung y' im Angriffspunkte C der Kraft P ergiebt sich zu

$$y' = \left(P + \frac{l^2 + a b}{8 a b} Q\right) \frac{a^2 b^2}{3 l} \frac{\alpha}{\Theta}. \quad \ldots \quad 10)$$

Für den Fall, dass

$$a = b = \frac{l}{2},$$

folgt

$$\beta_1 = \beta_2 = \beta = \left(P + \frac{2}{3} Q\right) \frac{\alpha}{\Theta} \frac{l^2}{16}, \quad . \quad . \quad . \quad 11)$$

$$y' = \left(P + \frac{5}{8} Q\right) \frac{\alpha}{\Theta} \frac{l^3}{48} \quad . \quad . \quad . \quad . \quad . \quad 12)$$

und sofern $Q = 0$

$$\beta = \frac{\alpha}{16} \frac{P l^2}{\Theta}, \quad . \quad . \quad . \quad . \quad . \quad . \quad 13)$$

$$y' = \frac{\alpha}{48} \frac{P l^3}{\Theta}. \quad . \quad . \quad . \quad . \quad . \quad . \quad 14)$$

3. Der Stab ist beiderseits wagrecht eingespannt, Fig. 2, und belastet durch die gleichmässig über ihn vertheilte Last $Q = p l$, sowie durch die in der Mitte C angreifende Kraft P.

Wie bereits unter Ziff. 1 erörtert, wird mit der Bezeichnung der Einspannung der Begriff verknüpft, dass die elastische Linie

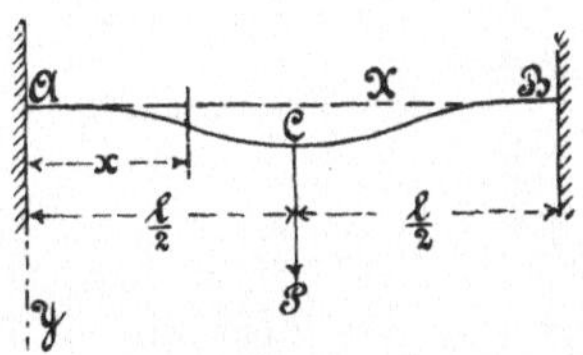

Fig. 2.

an der Einspannstelle die ursprünglich gerade Stabachse zur Tangente hat. Die vorausgesetzte Einspannung in A und B bedingt hiernach, dass die gerade Stabachse AB die elastische Linie ACB in A und B berührt. Inwieweit sich dies thatsächlich erreichen lässt, darüber wird in § 53 das Nöthige erörtert werden. Bemerkt sei jedoch schon hier, dass nur in sehr seltenen Fällen von wirklicher Einspannung in dem bezeichneten Sinne gesprochen werden kann.

Bei der Symmetrie der Belastung genügt es, nur die Hälfte AC des Stabes in Betracht zu ziehen.

An der Einspannstelle A wirken auf den Balken

ein Kräftepaar vom Momente M_A

" Auflagerdruck $A = \frac{P}{2} + \frac{Q}{2}$.

Für den beliebigen, um x von der Einspannstelle A abstehenden Querschnitt ist das biegende Moment

$$M_b = M_A + A\,x - \frac{p\,x^2}{2}.$$

Hiermit liefert die Gleichung 10, § 16

$$-\frac{\Theta}{\alpha}\frac{d^2y}{dx^2} = M_A + A\,x - \frac{p\,x^2}{2},$$

woraus unter Voraussetzung, dass α und Θ unveränderlich sind,

$$-\frac{\Theta}{\alpha}\frac{dy}{dx} = M_A\,x + \frac{1}{2}A\,x^2 - \frac{p\,x^3}{6}.$$

Die Integrationskonstante ist wegen der angenommenen Befestigungsweise der Stabenden, d. h. wegen

$$\frac{dy}{dx} = 0 \quad \text{für } x = 0,$$

ebenfalls gleich Null.

Die unbekannte Grösse des Momentes M_A ergiebt sich durch die Erwägung, dass für

$$x = \frac{l}{2} \qquad \frac{dy}{dx} = 0$$

sein muss, aus der Gleichung

$$0 = M_A\frac{l}{2} + \frac{1}{2}\left(\frac{P}{2} + \frac{Q}{2}\right)\frac{l^2}{4} - p\,\frac{l^3}{48}$$

zu

$$M_A = -\left(\frac{Pl}{8} + \frac{Ql}{12}\right), \quad \ldots\ldots \quad 15)$$

also links drehend, wie nach der Form der elastischen Linie erwartet werden musste.

Hiermit das biegende Moment im Abstande x von A

$$M_b = -\left(\frac{Pl}{8} + \frac{Ql}{12}\right) + \left(\frac{P}{2} + \frac{Q}{2}\right) x - \frac{p x^2}{2}.$$

Für die Stabmitte $x = \frac{l}{2}$ folgt

$$M_b = \frac{Pl}{8} + \frac{Ql}{24}, \quad \ldots\ldots \quad 16)$$

d. i. absolut genommen $\frac{Ql}{24}$ weniger, als das Moment M_A an der Einspannstelle.

Da M_b für die Mitte C positiv ist, so muss das Moment für einen Querschnitt zwischen A und C Null sein, entsprechend einem Wendepunkt der elastischen Linie. (In Gleichung 8, § 16, wird $\varrho = \infty$ für $M_b = 0$.)

Für den Fall, dass $Q = 0$, ergiebt sich das Moment

im Punkte A zu	$-\frac{Pl}{8}$,
- - C -	$+\frac{Pl}{8}$,
- Abstande $x = \frac{l}{4}$ (Wendepunkt)	0.

Für den Fall, dass $P = 0$, wird das Moment

im Punkte A	$-\frac{Ql}{12} = -\frac{p l^2}{12}$,
- - C	$+\frac{Ql}{24} = +\frac{p l^2}{24}$,
- Abstande $x = 0{,}2113\, l$ (Wendepunkt)	0.

Die Gleichung der elastischen Linie wird erhalten durch nochmalige Integration des für den ersten Differentialquotienten erlangten Ausdruckes unter Beachtung, dass für $x=0$ auch $y=0$

$$-\frac{\Theta}{\alpha}y=\frac{1}{2}M_A x^2+\frac{1}{6}A x^3-\frac{p x^4}{24}.$$

Hieraus findet sich die grösste Durchbiegung y' für $x=\frac{l}{2}$ zu

$$y'=\left(P+\frac{Q}{2}\right)\frac{\alpha}{\Theta}\frac{l^3}{192}. \quad \dots\dots \quad 17)$$

§ 19. Körper von gleichem Widerstande.

Körper dieser Art sind so geformt, dass die Belastung in sämmtlichen Querschnitten eines und desselben Körpers die gleiche Grösstspannung hervorruft. Unter Bezugnahme auf die Beziehungen 14, § 16, heisst dies, dass für sämmtliche Querschnitte

$$k_z=\frac{M_b}{\frac{\Theta}{e_1}}, \text{ bezw. } k=\frac{M_b}{\frac{\Theta}{e_2}}$$

konstant ist. Daraus folgt, dass die Querschnitte mit M_b sich derart ändern müssen, dass der Quotient

$$M_b:\frac{\Theta}{e_1}, \text{ bezw. } M_b:\frac{\Theta}{e_2}$$

für alle Querschnitte gleich bleibt.

Hiermit führt Gleichung 8, § 16, zu

$$\frac{1}{\varrho}=\alpha\frac{M_b}{\Theta}=\alpha\frac{M_b}{\frac{\Theta}{e_1}}\frac{1}{e_1}=\alpha\frac{k_z}{e_1},$$

woraus ersichtlich, dass im Falle eines konstanten Abstandes e_1 und bei Unveränderlichkeit von α die elastische Linie zum Kreise wird.

1. Der einerseits eingespannte, andererseits freie Körper mit rechteckigem Querschnitt von konstanter Breite b ist am freien Ende durch P belastet, Fig. 1.

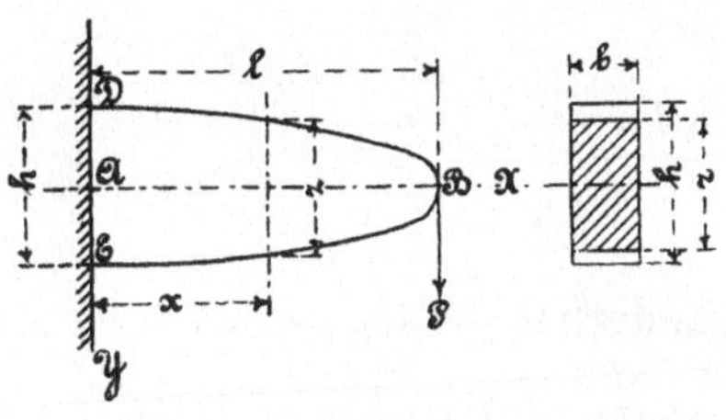

Fig. 1.

Für den um x von A abstehenden Querschnitt beträgt

$$M_b = P(l - x), \qquad \Theta = \frac{1}{12} b z^3, \qquad e_1 = e_2 = \frac{z}{2}, \qquad \frac{\Theta}{e_1} = \frac{1}{6} b z^2.$$

Folglich

$$k_z = \frac{P(l - x)}{\frac{1}{6} b z^2} = \text{konstant},$$

woraus mit $l - x = x_1$

$$z^2 = \frac{6P}{k_z b}(l - x) = \frac{6P}{k_z b} x_1,$$

d. i. die Gleichung einer Parabel. Demnach ist in Fig. 1 die Begrenzung EBD nach einer Parabel zu gestalten, für welche BA die Hauptachse, B der Scheitel und $E(D)$ ein zweiter Punkt ist, dessen Lage bestimmt erscheint durch

$$\overline{AE} = \overline{AD} = \frac{h}{2} = \frac{1}{2}\sqrt{\frac{6Pl}{k_z b}}.$$

Die Durchbiegung y' am freien Ende ergiebt sich unter Zugrundelegung des Koordinatensystems xy (vergl. Fig. 2, § 16) nach Gleichung 8 und 10, § 16, unter Beachtung des S. 198 unten Bemerkten aus

$$\frac{d^2y}{dx^2} = \frac{\alpha\, k_z}{e_1} = \frac{\alpha\, k_z}{\frac{z}{2}} = \frac{\alpha\, k_z}{\frac{1}{2}\sqrt{\frac{6P}{k_z b}(l-x)}} = \frac{2\,\alpha\, k_z \sqrt{l}}{h\sqrt{l-x}},$$

$$y' = \alpha\left(\frac{16\,P\,l\sqrt{l}}{b\,h^3}\sqrt{(l-x)^3} + \frac{24\,P\,l^2}{b\,h^3}\,x - \frac{16\,P\,l^3}{b\,h^3}\right),$$

sofern α als unveränderlich betrachtet und im Auge behalten wird, dass für

$$x = 0 \qquad \frac{dy}{dx} = 0 \qquad y = 0,$$

zu

$$y' = \alpha\,\frac{8\,P\,l^3}{b\,h^3}. \quad \dots\dots\dots \quad 1)$$

Für den gleichbelasteten, jedoch prismatischen Stab ergab Gleichung 4, § 18

$$y' = \frac{\alpha}{\frac{1}{12}b\,h^3}\,\frac{P\,l^3}{3} = \alpha\,\frac{4\,P\,l^3}{b\,h^3},$$

d. i. genau die Hälfte des Werthes von Gleichung 1.

Nach Massgabe der vorstehenden Rechnung würde der Querschnitt im Angriffspunkte der Kraft P gleich Null sein. Dieses natürlich unzulässige Ergebniss ist die Folge der Vernachlässigung der Schubkraft.

Unter „Biegung und Schub" wird in § 52 das zur Feststellung der Querschnittsabmessungen gegen das Ende des Stabes hin Erforderliche bemerkt werden.

2. *Der Stab wie unter 1, jedoch von konstanter Höhe h, Fig. 2.*

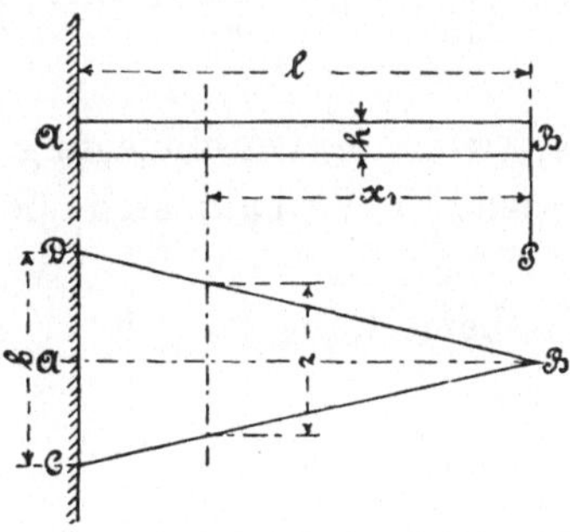

Fig. 2.

Für den um x_1 vom freien Ende B abstehenden Querschnitt ergiebt sich

$$M_b = P\,x_1, \qquad \Theta = \frac{1}{12} h^3 z, \qquad e_1 = e_2 = \frac{h}{2}, \qquad \frac{\Theta}{e_1} = \frac{1}{6} h^2 z,$$

$$k_z = \frac{P\,x_1}{\frac{1}{6} h^2 z} = \text{konstant},$$

$$z = \frac{6\,P}{k_z h^2} x_1,$$

d. h. die Begrenzungslinien BC und BD sind Gerade, deren Lage durch

$$\overline{AC} = \overline{AD} = \frac{b}{2} = \frac{3\,P\,l}{k_z h^2}$$

bestimmt wird.

Die elastische Linie ist nach Massgabe der Gleichung

$$\frac{1}{\varrho} = \alpha\,\frac{k_z}{e_1} = 2\,\alpha\,\frac{k_z}{h}$$

infolge der konstanten Höhe des Stabes ein Kreis vom Halbmesser

$$\varrho = \frac{h}{2\,\alpha\,k_z}.$$

Die Durchbiegung y' am freien Ende B wird daher

$$y' = \frac{l^2}{2\varrho} = \alpha k_z \frac{l^2}{h} = \alpha \frac{6 P l^3}{b h^3} \quad . \quad . \quad . \quad . \quad 2)$$

d. i. 1,5mal so gross, wie die Durchbiegung (nach Gleichung 4, § 18) unter sonst gleichen Verhältnissen bei konstanter Breite sein würde.

Vergleiche Schlussbemerkung zu Ziff. 1.

3. Der Stab liegt beiderseits auf Stützen, Fig. 3, und ist durch die im Punkte C angreifende Kraft P belastet.

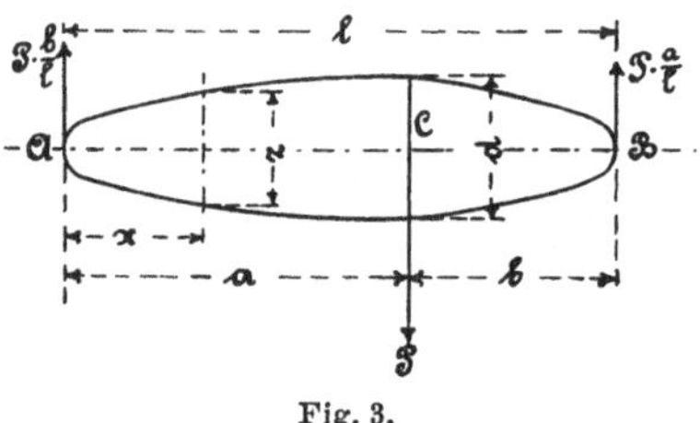

Fig. 3.

Der Theil AC verhält sich wie ein bei C eingespannter und bei A durch $P\frac{b}{l}$ belasteter Stab, der Theil BC wie ein bei C eingespannter und bei B mit $P\frac{a}{l}$ belasteter Balken (Fall wie bei Ziff. 1 und 2).

Ist der Querschnitt kreisförmig, so findet sich für den beliebigen, um x von A abstehenden Querschnitt der Strecke AC

$$M_b = P\frac{b}{l}x, \qquad \frac{\Theta}{e_1} = \frac{\pi}{32}z^3.$$

Damit wird

$$k_z = \frac{P\frac{b}{l}x}{\frac{\pi}{32}z^3} = \text{konstant},$$

$$z^3 = \frac{32\,P\,b}{\pi\,k_z\,l}\,x,$$

d. i. die Gleichung einer kubischen Parabel, für welche AC die Hauptachse, A der Scheitel ist und deren Ordinate im Querschnitt bei C durch die Gleichung

$$d = \sqrt[3]{\frac{32\,P\,a\,b}{\pi\,k_z\,l}}$$

bestimmt wird.

Da sich für die Strecke BC ein ganz entsprechendes Ergebniss findet, so besteht der gesuchte Körper AB aus zwei nach kubischen Parabeln, welche sich im Querschnitt bei C schneiden, geformten Umdrehungskörpern.

Vergleiche Schlussbemerkung zu Ziff. 1.

§ 20. Die bei der Entwicklung der Gleichungen in § 16 gemachten Voraussetzungen und ihre Zulässigkeit. Der durch Biegung in Anspruch genommene Stab auf Grund des Gesetzes $\varepsilon = \alpha\,\sigma^m$.

Die Voraussetzungen, welche in § 16 zur Bestimmung der Biegungsanstrengung, Gleichung 14, führten, sind:

1. Die auf den geraden stabförmigen Körper wirkenden äusseren Kräfte ergeben für jeden Querschnitt nur ein Kräftepaar, dessen Ebene den Querschnitt in einer der beiden Hauptachsen senkrecht schneidet.
2. Die Fasern, aus denen der Stab bestehend gedacht werden kann, wirken nicht auf einander ein, sind also unabhängig von einander.
3. Die ursprünglich ebenen Querschnitte des Stabes bleiben eben.
4. Der Dehnungskoefficient ist für alle Fasern gleich gross, also auch unabhängig von der Grösse und dem Vorzeichen der Dehnungen oder Spannungen.

Diese Annahmen treten am deutlichsten vor das Auge, wenn wir uns einen Körper so ausgeführt und beansprucht denken, dass sie erfüllt sind. Zu dem Zwecke stellen wir uns vor, der Stab bestehe aus einzelnen, von einander unabhängigen, ursprünglich gleich langen Fasern, etwa wie die Fig. 1 und 2 (Durchschnitt) erkennen lassen. Mit dem einen Ende seien dieselben im Boden AB befestigt, mit dem anderen an der Platte CD. Die Letztere, welche wir uns gewichtslos denken wollen, werde in der Mittelebene von einem Kräftepaar PP, dessen Moment $M_b = Pa$ ist, ergriffen. Sie dreht sich infolgedessen um eine Achse EE. Die links von dieser gelegenen Fasern werden gedehnt, die rechts davon befindlichen erfahren eine Verkürzung. Von den gedrückten Fasern werde vorausgesetzt, dass sie sich nach der Seite hin nicht ausbiegen. Die Auffassung der Fasern als vollkommen gleicher Spiralfedern, etwa wie in Fig. 3 gezeichnet, wird diese Vorstellung erleichtern.

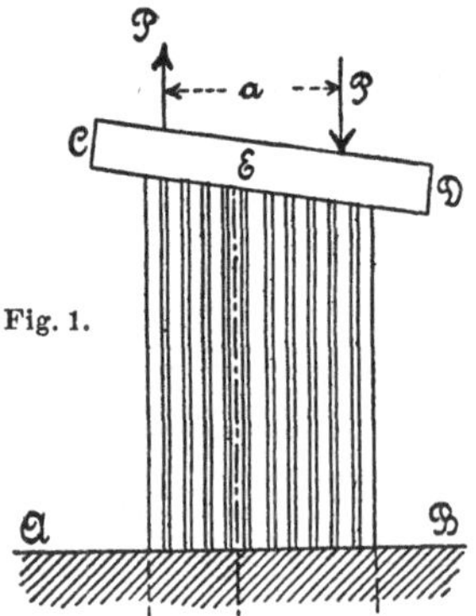

Fig. 1.

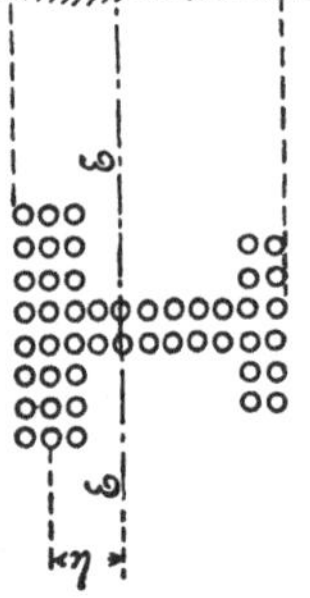

Fig. 2.

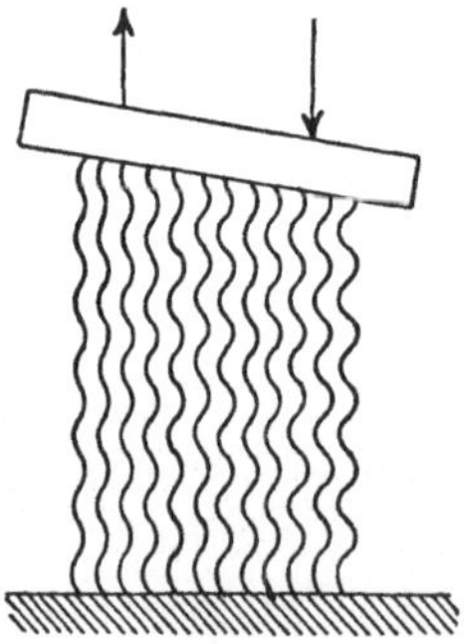

Fig. 3.

Wie ohne Weiteres ersichtlich, sind bei dieser Sachlage die Verlängerungen bezw. Verkürzungen der Fasern proportional dem Abstande von der Achse EE.

Bedeutet λ die Längenänderung, welche die ursprünglich l langen und im Abstande η von der Achse EE gelegenen Fasern erfahren haben, so ist

$$\varepsilon = \frac{\lambda}{l}$$

die verhältnissmässige Längenänderung, d. h. die Dehnung im Abstande η. Wird diese Grösse im Abstande 1 mit ε' bezeichnet, so findet sich

$$\varepsilon = \varepsilon' \eta.$$

Hiermit ist eine Spannung

$$\sigma = \frac{\varepsilon}{\alpha} = \frac{\varepsilon'}{\alpha} \eta$$

verknüpft, welcher bei dem Querschnitt f_0 der im Abstande η gelegenen Fasern eine Kraft

$$\sigma f_0 = \frac{\varepsilon'}{\alpha} \eta f_0$$

entspricht.

Die Gesammtheit dieser inneren Kräfte muss sich mit den äusseren Kräften im Gleichgewicht befinden. Infolgedessen muss sein:

die algebraische Summe dieser inneren Kräfte in Richtung der Stabachse gleich Null, d. h.

$$\Sigma \sigma f_0 = \Sigma \frac{\varepsilon'}{\alpha} \eta f_0 = 0,$$

und ferner die Summe der Momente dieser inneren Kräfte gleich dem Moment des Kräftepaares $Pa = M_b$, d. h.

$$\Sigma \sigma f_0 . \eta = \Sigma \frac{\varepsilon'}{\alpha} f_0 \eta^2 = M_b.$$

Aus der ersten Bedingungsgleichung folgt bei Unveränderlichkeit von α

$$\Sigma f_0 \eta = 0,$$

d. h. die Nullachse EE geht durch den Schwerpunkt sämmtlicher Faserquerschnitte, bildet also die zweite Hauptachse des Gesammtquerschnittes.

Die zweite Bedingungsgleichung führt unter der soeben genannten Voraussetzung, α betreffend, und bei Beachtung, dass $\Sigma f_0 \eta^2 = \Theta$, zu

$$M_b = \frac{\varepsilon'}{\alpha} \Theta.$$

Beträgt der Abstand η der am stärksten gezogenen Fasern e_1, der am stärksten gedrückten $-e_2$, so erfahren diese Fasern die Spannungen

$$\sigma_1 = \frac{\varepsilon'}{\alpha} e_1, \quad \text{bezw.} \quad \sigma_2 = -\frac{\varepsilon'}{\alpha} e_2,$$

woraus folgt

$$\frac{\varepsilon'}{\alpha} = \frac{\sigma_1}{e_1} \qquad \frac{\varepsilon'}{\alpha} = -\frac{\sigma_2}{e_2}$$

und hiermit

$$M_b = \sigma_1 \frac{\Theta}{e_1} \qquad M_b = -\sigma_2 \frac{\Theta}{e_2}.$$

Bei Berücksichtigung, dass

$$\sigma_1 \leqq k_z \qquad -\sigma_2 \leqq k,$$

folgt

$$M_b \overline{\overline{<}} k_z \frac{\Theta}{e_1}, \qquad M_b \overline{\overline{<}} k \frac{\Theta}{e_2}$$

oder

$$k_z \geqq \frac{M_b}{\Theta} e_1, \qquad k \geqq \frac{M_b}{\Theta} e_2,$$

d. s. die in § 16 entwickelten Gleichungen 14.

Wir bemerken — wie hervorgehoben sei —, dass bei der vorausgesetzten Sachlage die Stabachse gerade bleibt, dass also das Kräftepaar PP mit dem Momente Pa eine Krümmung derselben nicht veranlasst.

An die Stelle der Krümmungsachse, welche sich im Krümmungsmittelpunkt projicirt, tritt hier der Durchschnitt der Ebenen CD und AB[1]).

Weiter bemerken wir, dass hier die Ebene CD aufhört, senkrecht zur Faserrichtung und zur Stabachse zu stehen.

Die Beziehung 1, § 16, welche für den gebogenen Stab, Fig. 2, § 16, unter der Voraussetzung abgeleitet worden war, dass die

---

[1]) Der Winkel ψ, den beide Ebenen mit einander einschliessen, lässt sich durch folgende Erwägung leicht feststellen.

Es beträgt die Spannung im Abstande 1 von der Nullachse $\frac{M_b}{\Theta}$ und die Dehnung dieser Faser $\varepsilon' = \alpha \frac{M_b}{\Theta}$, somit die Längenänderung der ursprünglich l langen Faser im Abstande 1 von der Nullachse

$$\alpha \frac{M_b}{\Theta} l,$$

d. i. aber auch gleich das Mass des Drehungswinkels der einen Ebene gegen die andere, also

$$\psi = \alpha \frac{M_b}{\Theta} l. \qquad \dots\dots\dots\dots 1)$$

Querschnitte senkrecht zur gekrümmten Mittellinie stehen, gilt eben auch dann, wenn die Achse gerade bleibt, Fig. 1, nur müssen dann die einzelnen Querschnitte sich gegen die Achse derart neigen, dass ihre Ebenen sich sämmtlich in derselben Geraden schneiden, welche den Durchschnitt der Ebenen AB und CD bildet.

Die Tangente des Neigungswinkels eines beliebigen, zwischen AB und CD gelegenen Querschnittes ist proportional dem Abstand des Schwerpunktes desselben über AB. ϱ hat dann hierbei allerdings nicht mehr die Bedeutung des Krümmungshalbmessers, sondern bezeichnet den Abstand der Schwerachse EE von der Durchschnittslinie der Ebenen AB und CD. Eine Ersetzung von $\frac{1}{\varrho}$ durch $\pm \frac{d^2y}{dx^2}$ ist dann natürlich unzulässig.

1. Was nun zunächst die Voraussetzung unter 1 betrifft, dass die auf den Stab wirkenden äusseren Kräfte für

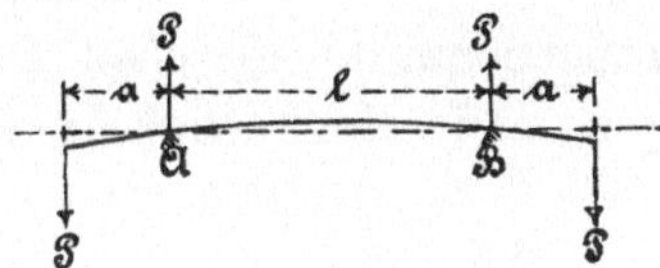

Fig. 4.

jeden Querschnitt nur ein Kräftepaar liefern, so ist festzustellen, dass dieselbe nicht erfüllt zu sein pflegt. Die Erzeugung des biegenden Momentes erfordert Kräfte, welche nur ganz ausnahmsweise, etwa wie im Falle der Fig. 1, wobei die Stabachse gerade bleibt, oder im Falle der Fig. 4 für den mittleren Theil AB, der dann wegen $M_b =$ konstant nach einem Kreise gekrümmt ist, nicht mehr als ein Kräftepaar ergeben. In der Regel ist immer eine Schubkraft vorhanden (vergl. Einleitung zu § 16), deren Einfluss allerdings in vielen Fällen in den Hintergrund tritt.

Hinsichtlich der Fälle, in denen die Schubkraft Bedeutung erlangt, muss auf „Biegung und Schub“ in § 52 verwiesen werden.

2. Was sodann die unter 2 genannte Voraussetzung anbelangt, dass die Fasern eine gegenseitige Wirkung auf einander nicht ausüben, so erkennt man sofort, dass dieselbe für einen aus dem Ganzen bestehenden Stab nicht erfüllt ist. Wie

wir in § 1, bezw. § 7 und 11 sahen, ist verbunden: mit der Dehnung in Richtung der Stabachse eine Zusammenziehung senkrecht zu derselben, also eine Verminderung des Faserquerschnittes, und mit der Verkürzung eine Querdehnung, demnach eine Vergrösserung des Faserquerschnittes. Diese Formänderungen senkrecht zur Stabachse sind um so bedeutender, je mehr die Dehnungen (positive wie negative) in Richtung der Fasern betragen. Da nun hier diese Längsdehnungen mit dem Abstande von der Nullachse in absoluter Hinsicht zunehmen, so werden die von der letzteren weiter abstehenden Fasern sich quer auch mehr zusammenziehen, bezw. mehr dehnen wollen, als die unmittelbar benachbarten und nach der Nullachse hin gelegenen. Infolgedessen werden diese der angestrebten Querzusammenziehung, bezw. Querdehnung zu einem Theile hinderlich sein. Dieser gegenseitige Einfluss der Fasern senkrecht zu ihrer Richtung muss nach dem Früheren (§ 7, bezw. 14) die Beziehung $\sigma = \frac{\varepsilon}{\alpha}$, also im Falle der Unveränderlichkeit von α die Proportionalität zwischen Dehnungen und Spannungen beeinträchtigen und die Festigkeit etwas erhöhen (§ 9, Ziff. 1, bezw. § 14).

Ausserdem werden aber auch die fest mit einander verbundenen Fasern noch dadurch auf einander einwirken müssen, dass sich die weiter von der Nullachse abstehenden mehr ausdehnen bezw. verkürzen und deshalb gegenüber den unmittelbar benachbarten, dieser Achse näher gelegenen, ein Gleitungsbestreben haben.

In Bezug auf den gegenseitigen Einfluss der Fasern werden sich verschiedene Querschnittsformen verschieden verhalten (vergl. auch § 9). Vergleichen wir beispielsweise den rechteckigen Querschnitt (Fig. 5) mit dem ⊢⊣-förmigen Fig. 6, so erkennt man sofort, dass die auf der Linie GG liegenden Fasern des ersteren von ihren benachbarten inneren Fasern mehr beeinflusst werden müssen, als die in gleichem Abstand liegenden Fasern $BCCB$ des anderen Querschnittes. Diese sind eben zum grössten Theile nach innen frei.

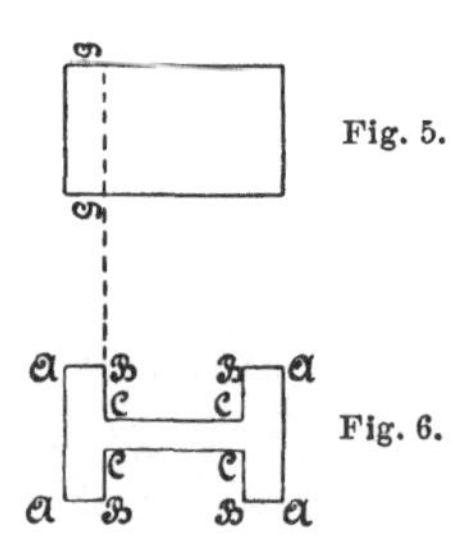

Fig. 5.

Fig. 6.

Wird z. B. aus einem und demselben Material ein Stab vom Querschnitt Fig. 5 und ein solcher vom Querschnitt Fig. 6 hergestellt, alsdann für beide auf Grund der Gleichung

$$M_b = \sigma_1 \frac{\Theta}{e_1}$$

die bei der Bruchbelastung eintretende grösste Faserspannung σ_1 ermittelt, so muss sich für den ersteren Stab ein etwas grösserer Werth, d. h. eine etwas grössere Biegungsfestigkeit ergeben als für den letzteren.

Aus dem Erörterten folgt weiter beispielsweise für die breitbasige Eisenbahnschiene, Fig. 7, dass die im Kopfe des Querschnittes zusammengedrängte Masse der Dehnung (positiven wie negativen) einen verhältnissmässig (im Vergleich zu dem, was bei den Entwicklungen im § 16 vorausgesetzt wird) grösseren Widerstand entgegensetzt als das Material in dem breiten, wenig hohen Fuss, und dass infolgedessen die thatsächliche Nullachse oberhalb der horizontalen Schwerpunktsachse des Querschnittes gelegen sein muss. Wird der Letztere so bestimmt, dass diese Achse in halber Höhe liegt, so kann hiernach der Querschnitt nicht als ganz zweckmässig bezeichnet werden, namentlich dann nicht, wenn der Fuss sehr breit ist. In solchem Falle muss die wagrechte Hauptachse des Querschnittes entsprechend tiefer als in halber Höhe sich befinden. Hierdurch erklärt sich auch eine verhältnissmässig grössere Widerstandsfähigkeit starkköpfiger Stahlschienen u. s. w. sowohl gegenüber gewöhnlicher Biegungsbeanspruchung als auch gegenüber Schlagproben.

Fig. 7. Fig. 8.

Je mehr sich die Querschnittsfläche in zwei schmale, der Nullachse parallele Streifen zusammendrängt, Fig. 8, um so geringer wird der gegenseitige Einfluss der Fasern aufeinander, um so zutreffender erscheinen unter sonst gleichen Verhältnissen die Beziehungen, welche auf Grund der Voraussetzung Ziff. 2 entwickelt wurden.

Ueberblicken wir das hinsichtlich des gegenseitigen Einflusses der Fasern Gefundene, so erkennen wir, dass im Allgemeinen die Anstrengungen k_z, bezw. k, wie sie sich nach den Gleichungen 14, § 16, ergeben, nicht mehr den Charakter der reinen Zug- bezw. Druckbeanspruchung besitzen, und dass es deshalb im Allgemeinen als richtig erscheint, bei Ermittlung der Abmessungen eines auf Biegung in Anspruch genommenen Stabes als zulässige Anstrengung des Materials Werthe einzuführen, welche aus Biegungsversuchen gewonnen wurden. Inwieweit es zutreffend ist, wenn an Stelle dieser Biegungsanstrengung die aus Zugversuchen abgeleitete Grösse k_z gesetzt wird, muss — streng genommen — durch Vergleichung der Ergebnisse von Zug- und von Biegungsversuchen für jedes Material festgestellt werden. Der Beschreitung dieses Weges können sich allerdings in manchen Fällen sehr erhebliche Schwierigkeiten entgegenstellen.

Bei zusammengesetzten Körpern, wie Gitterträgern u. s. w., welche so konstruirt sind, dass die einzelnen Theile fast nur Zug und Druck erfahren, ist naturgemäss mit k_z und k (falls nicht Knickung in Betracht kommt) zu rechnen.

3. Was die oben unter 3 aufgeführte Voraussetzung anlangt, dass die Querschnitte eben bleiben, so ist festzustellen, dass auch sie nicht genau zutrifft; die Schubkraft, welche mit dem biegenden Moment unvermeidlich verknüpft zu sein pflegt, wirkt auf Krümmung der ursprünglich ebenen Querschnitte hin (vergl. „Biegung und Schub" in § 52). Doch scheint, soweit das bis heute vorliegende Material ein Urtheil gestattet, die Annahme des Ebenbleibens der Querschnitte bei ausschliesslich oder wenigstens in entschieden vorwiegender Weise auf Biegung beanspruchten Stäben, welche aus einem Material bestehen, für welches die Voraussetzung Ziff. 4 erfüllt ist, zulässig zu sein.

Für einen Stab aus weichem Bessemerstahl von 140 mm Höhe und 55 mm Breite und 1200 mm Länge, welcher sich bei einer Auflagerentfernung von 1000 mm um 241,5 mm durchgebogen hatte, ohne zu brechen, stellte Bauschinger fest, dass bei dieser ganz bedeutenden Durchbiegung die ursprünglich ebenen Querschnitte eben, sowie senkrecht zur elastischen Linie geblieben waren, und die Länge der früher geraden, 1000 mm langen elastischen Linie sich nicht geändert hatte.

Versuche des Verfassers mit allerdings weniger hohen Stäben aus Schmiedeisen führten zu dem gleichen Ergebniss.

Wie es sich mit dem Ebenbleiben der Querschnitte bei Materialien verhält, welche Proportionalität zwischen Dehnungen und Spannungen überhaupt nicht aufweisen, muss zunächst noch dahingestellt bleiben. Immerhin scheint nach dem, was bis heute geschlossen werden kann, auch hier die Annahme des Ebenbleibens wenigstens mit Annäherung zulässig zu sein (vergl. Fussbemerkung 2, S. 232 und 233).

4. Die Voraussetzung 4, dass der Dehnungskoefficient α konstant ist, also gleich für Zug und für Druck, sowie unabhängig von der Grösse der Spannungen oder Dehnungen, erscheint nach Massgabe der in § 4 niedergelegten Versuchsergebnisse und der hierauf bezüglichen Darlegungen in § 5, nur für manche Materialien, beispielsweise für Schmiedeisen und Stahl, zulässig. Bei Gusseisen z. B. ist sie dagegen nicht zutreffend; hier wachsen die Dehnungen rascher als die Spannungen. Dasselbe ist der Fall bei Kupfer; auch bei Legirungen desselben, wie Bronce, Messing u. s. w. wird rascheres Wachsthum der Dehnungen beobachtet. Gleich verhält sich Sandstein, Granit, Cementmörtel, Beton u. s. w.

Nach Massgabe des Gesagten werden für einen auf Biegung beanspruchten Stab aus Gusseisen unter der Annahme, dass die Querschnitte eben bleiben, zwar die Dehnungen proportional mit dem Abstande η von der Nullachse wachsen, nicht aber die Spannungen; letztere müssen vielmehr langsamer zunehmen, entsprechend dem Umstande, dass α in $\sigma = \varepsilon : \alpha$ mit wachsender Dehnung (Spannung) zunimmt (vergl. z. B. S. 19). Fig. 9 veranschaulicht dies unter Voraussetzung starker Beanspruchung des Stabes. Für die beliebig um η von der in X sich projicirenden Nullachse[1]) abstehende Faserschicht sei $\overline{PP_1}$ die Dehnung und $\overline{PP_2}$ die Spannung; dann ist für Gusseisen der geometrische Ort aller Punkte P_2 eine gegen die Achse der η gekrümmte in $D_2 X P_2 Z_2$ sich projicirende Fläche, wenn auch die Punkte P_1 auf der durch

[1]) Dass diese hier nicht mehr durch den Schwerpunkt des Querschnittes geht, folgt unmittelbar aus dem, was S. 178 und S. 205 in Bezug auf die Gleichung $\int \eta \, df = 0$, bezw. $\Sigma f_0 \eta = 0$ gesagt ist. Dieselben werden nur erhalten unter der Voraussetzung, dass der Dehnungskoefficient α konstant ist.

die Nullachse gehenden Ebene D_1XZ_1 liegen. Bei Proportionalität zwischen ε und σ, d.h. auf Grund der gewöhnlichen Biegungsgleichung

$$M_b = \sigma \frac{\Theta}{\eta},$$

würde sich die Spannungsvertheilung nach Massgabe der gestrichelt eingetragenen Geraden DOZ gestalten. Wie ersichtlich, weicht die Spannungsvertheilung, wie sie sich unter Berücksichtigung der Veränderlichkeit der Dehnungen mit den Spannungen ergiebt, bedeutend ab von derjenigen, welche unter der üblichen Voraussetzung der Unveränderlichkeit von α gewonnen wird. Die Abweichung ist — unter der Voraussetzung grösserer Beanspruchung —

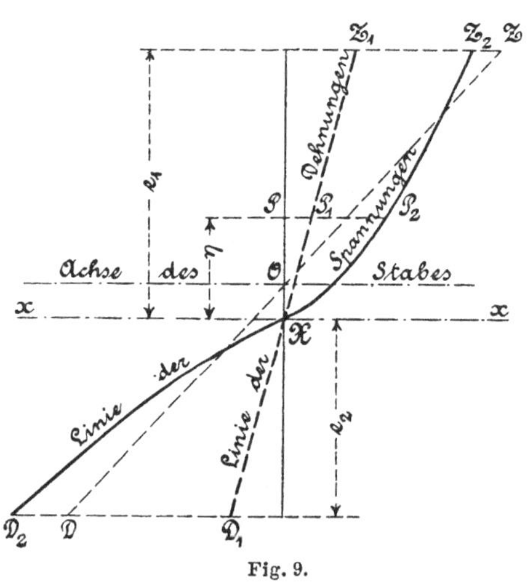

Fig. 9.

hinsichtlich der Lage der Nullachse derart, dass das Material auf der Seite der grösseren Dehnung, der grösseren Nachgiebigkeit (der geringeren Festigkeit) zur Uebertragung des Momentes einen grösseren Querschnitt bietet, als auf der anderen Seite, und in Bezug auf die Zunahme der Spannungen zeigt sich, dass das nach der Nullachse hin gelegene Material besser ausgenutzt wird, indem die Spannungskurve der senkrechten Abscissenachse ihre hohle Seite zukehrt, also die Spannungen nicht mit der ersten Potenz von η zunehmen, sondern langsamer wachsen. Beides hat zur Folge, dass die Widerstandsfähigkeit eines solchen Balkens gegenüber Biegung grösser sein muss, als es die übliche Biegungsgleichung erwarten lässt. Infolgedessen liefern die Gleichungen 12 und 14, § 16, die Zugspannungen grösser, als sie thatsächlich sind. Ein und dasselbe Gusseisen muss deshalb bei Biegungsversuchen eine höhere Festigkeit ergeben als bei Zugversuchen, wenn dieselbe auf Grund der Gleichung 12, § 16 berechnet wird.

Aus dem Erörterten folgt dann weiter, dass Stäbe mit Querschnitten, bei denen sich das Material nach der Nullachse hin zusammendrängt, widerstandsfähiger sein müssen, als nach Gleichung 14, § 16 zu schliessen ist. Beispielsweise wird ein Stab mit kreisförmigem Querschnitt eine grössere Bruchbelastung, bestimmt nach Gleichung 12, § 16, liefern müssen als ein Stab mit quadratischem Querschnitt, dieser wird dagegen eine grössere Biegungsfestigkeit aufzuweisen haben, als der I-förmige Querschnitt u. s. w.[1]).

Will man den Einfluss der Veränderlichkeit der Elasticität mit der Spannung schärfer verfolgen, so hat das unter Zugrundelegung der Gesetzmässigkeit zu geschehen, welche zwischen ε und σ besteht. Im Nachfolgenden soll das in Kürze ausgeführt und demgemäss

der durch Biegung in Anspruch genommene Stab
auf Grund des Gesetzes

$$\varepsilon = \alpha \sigma^m$$ [2])

rechnerischer Betrachtung unterworfen werden.

---

[1]) Hiermit stehen die Ergebnisse der vom Verfasser in den Jahren 1885 u. f. durchgeführten Biegungsversuche mit Gusseisen in voller Uebereinstimmung. Siehe Zeitschrift des Vereines deutscher Ingenieure 1888, S. 193 u. f., S. 221 u. f., S. 1089 u. f., oder auch „Abhandlungen und Berichte“ 1897, S. 60 u. f., sowie § 22, Ziff. 2 dieses Buches.

[2]) Wie Verfasser bei Veröffentlichung, betreffend die Aufstellung des Elasticitätsgesetzes $\varepsilon = \alpha \sigma^m$ in der Zeitschrift des Vereines deutscher Ingenieure 1897, S. 248 u. f. am Schlusse ausgesprochen, erscheint durch dasselbe eine Grundlage gewonnen, um an Entwicklungen heranzutreten, welche sich die Aufgabe zu stellen haben, die Anstrengung von solchen auf Biegung oder Drehung beanspruchten Körpern zu ermitteln, für deren Material Proportionalität zwischen Dehnungen und Spannungen nicht besteht. Verfasser hoffte, durch diese Hervorhebung noch

a) Allgemeine Gleichungen.

Wir gehen von der zu Anfang des § 16 dargestellten Sachlage aus.

Der einerseits eingespannte und am freien Ende mit P belastete prismatische Stab biegt sich unter Einwirkung dieser Kraft. Hierdurch werden zwei ursprünglich parallele, um $dx = \overline{O O_1}$ von

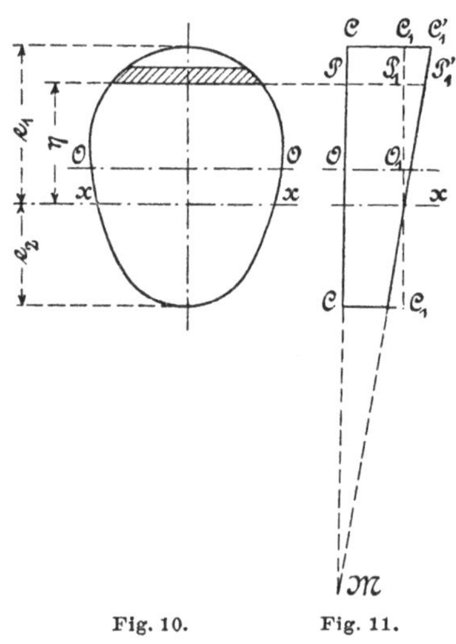

Fig. 10. Fig. 11.

einander abstehende Querschnitte CC und C_1C_1, Fig. 1, § 16, sowie Fig. 10 und 11, sich unter einem gewissen Winkel CMC'_1 gegen

besonders zu dahingehenden Arbeiten anzuregen. In der That erwies sich diese Erwartung als berechtigt, denn bereits im Juni 1897 wurde ihm von Ingenieur Ensslin eine Arbeit vorgelegt, welche sich mit der Biegungsaufgabe auf Grund des Gesetzes $\varepsilon = \alpha \sigma^m$ und insbesondere mit der Untersuchung des auf Biegung beanspruchten gusseisernen Balkens mit rechteckigem Querschnitt beschäftigte, und in der Zeitschrift des Vereines deutscher Ingenieure, Nummer vom 14. August 1897, S. 941 u. f. behandelt Latowski die gleiche Aufgabe unter Anwendung der allgemeinen Sätze auf Granitbalken. Beide Arbeiten gelangen in der Hauptsache zu den gleichen Ergebnissen. Eine weitere Darlegung von Latowski s. Zeitschrift des österr. Ingenieur- und Architektenvereins 1898, S. 56, und am gleichen Ort, S. 249, den Aufsatz von W. Carling.

Vergl. auch die Arbeit von L. Geusen in der Zeitschrift des Vereines deutscher Ingenieure 1898, S. 463 u. f., sowie S. 516; ferner die Arbeit von Fr. Engesser am gleichen Ort, S. 903 u. f.: „Widerstandsmomente und Kernfiguren bei beliebigem Formänderungs- und Spannungsgesetz“.

einander neigen. Dass sie eben bleiben, werde vorausgesetzt; mit welcher Berechtigung, ergiebt sich aus dem am Schlusse von Ziff. 3, S. 211 Bemerkten.

Die oberhalb einer gewissen Linie, welche mit xx bezeichnet sein möge, liegenden Fasern haben sich gedehnt, die unterhalb liegenden zusammengedrückt. Demgemäss sind im Querschnitt oberhalb xx Zugspannungen σ_z und unterhalb xx Druckspannungen σ_d wachgerufen worden, für welche im Allgemeinen die Beziehungen gelten

$$\left.\begin{aligned} \varepsilon &= \alpha_1 \sigma_z^{m_1} \\ \varepsilon &= \alpha_2 \sigma_d^{m_2} \end{aligned}\right\} \quad \ldots\ldots\ldots \quad 2)$$

Wird der Abstand des Punktes M, in welchem sich die Durchschnittslinie der beiden Querschnitte projicirt, von der Linie xx, in welcher die Spannungen gleich Null sind und die deshalb „Nullachse" genannt werden soll, mit ϱ bezeichnet, so ergiebt sich für den Querschnitt COC die verhältnissmässige Dehnung im Abstande η von xx zu

$$\varepsilon = \frac{\overline{PP_1'} - \overline{PP_1}}{\overline{PP_1}} = \frac{\overline{PP_1'}}{\overline{PP_1}} - 1 = \frac{\varrho + \eta}{\varrho} - 1 = \frac{\eta}{\varrho}.$$

Infolgedessen findet sich für die beliebige um η von der Nullachse xx abstehende Faserschicht

$$\left.\begin{aligned} &\text{auf der Zugseite} \\ &\varepsilon = \alpha_1 \sigma_z^{m_1} = \frac{\eta}{\varrho} \quad \text{oder} \quad \sigma_z = \left(\frac{\eta}{\alpha_1 \varrho}\right)^{\frac{1}{m_1}} \\ &\text{auf der Druckseite} \\ &\varepsilon = \alpha_2 \sigma_d^{m_2} = \frac{\eta}{\varrho} \quad \text{„} \quad \sigma_d = \left(\frac{\eta}{\alpha_2 \varrho}\right)^{\frac{1}{m_2}} \end{aligned}\right\}, \quad \ldots \quad 3)$$

und für die äussersten, um e_1 bezw. e_2 von der Nullachse abstehenden Fasern, sofern deren Dehnungen mit ε_1 bezw. ε_2 und deren Spannungen mit σ_1 bezw. σ_2 bezeichnet werden,

$$\left.\begin{aligned}\sigma_1 &= \left(\frac{e_1}{\alpha_1 \varrho}\right)^{\frac{1}{m_1}} \\ \sigma_2 &= \left(\frac{e_2}{\alpha_2 \varrho}\right)^{\frac{1}{m_2}}\end{aligned}\right\}, \quad \ldots\ldots\ldots \quad 4)$$

woraus durch Division

$$\frac{\sigma_2^{\,m_2}}{\sigma_1^{\,m_1}} = \frac{\alpha_1}{\alpha_2}\,\frac{e_2}{e_1}$$

$$\sigma_2 = \left(\frac{\alpha_1}{\alpha_2}\,\frac{e_2}{e_1}\right)^{\frac{1}{m_2}} \sigma_1^{\frac{m_1}{m_2}}. \quad \ldots\ldots \quad 5)$$

Das Gleichgewicht zwischen dem äusseren biegenden Moment M_b — von dem Einfluss der Schubkraft P werde abgesehen — und den inneren, durch dasselbe wachgerufenen Kräften verlangt, sofern der im Abstande η liegende und in Fig. 10 durch Strichlage hervorgehobene Flächenstreifen mit df bezeichnet wird,

$$\int_0^{e_1} \sigma_z\, df - \int_0^{e_2} \sigma_d\, df = 0 \quad \ldots\ldots \quad 6)$$

und

$$M_b = \int_0^{e_1} \sigma_z\, df \,.\, \eta + \int_0^{e_2} \sigma_d\, df \,.\, \eta \,. \quad \ldots\ldots \quad 7)$$

Aus Gleichung 6 folgt unter Beachtung der Gleichung 3

$$0 = \int_0^{e_1} \left(\frac{\eta}{\alpha_1 \varrho}\right)^{\frac{1}{m_1}} df - \int_0^{e_2} \left(\frac{\eta}{\alpha_2 \varrho}\right)^{\frac{1}{m_2}} df$$

$$= \left(\frac{1}{\alpha_1 \varrho}\right)^{\frac{1}{m_1}} \int_0^{e_1} \eta^{\frac{1}{m_1}}\, df - \left(\frac{1}{\alpha_2 \varrho}\right)^{\frac{1}{m_2}} \int_0^{e_2} \eta^{\frac{1}{m_2}}\, df,$$

und mit Rücksicht auf die Gleichung 4, sowie Gleichung 5

$$0 = \frac{\sigma_1}{e_1^{\frac{1}{m_1}}} \int_0^{e_1} \eta^{\frac{1}{m_1}} df - \frac{\sigma_2}{e_2^{\frac{1}{m_2}}} \int_0^{e_2} \eta^{\frac{1}{m_2}} df$$

$$= \frac{\sigma_1}{e_1^{\frac{1}{m_1}}} \int_0^{e_1} \eta^{\frac{1}{m_1}} df - \left(\frac{\alpha_1}{\alpha_2} \frac{1}{e_1}\right)^{\frac{1}{m_2}} \sigma_1^{\frac{m_1}{m_2}} \int_0^{e_2} \eta^{\frac{1}{m_2}} df. \quad . \quad . \quad 8)$$

Diese Gleichung bestimmt durch den Abstand e_1 die Lage der Nullachse. Sie zeigt, dass dieselbe hier abhängt von der Grösse der Spannung σ_1, also von der Grösse des biegenden Momentes. Da nun dieses für die verschiedenen Querschnitte des Stabes verschieden ist, so muss bei gleichbleibender Belastung derselben die Nullachse ihre Lage von Querschnitt zu Querschnitt ändern. Wird die Belastung des Balkens eine andere, d. h. ändert sich die belastende Kraft P, so verschiebt sich auch die Nullachse in den auf Biegung beanspruchten Querschnitten.

Bei Voraussetzung von Proportionalität zwischen Dehnungen und Spannungen (§ 16) war die Lage der Nullachse unabhängig von der Spannung; sie fiel mit der einen Hauptachse zusammen; sie änderte sich deshalb nicht von Querschnitt zu Querschnitt und auch nicht mit der Belastung, wie dies hier der Fall ist.

Infolge der Abhängigkeit der Lage der Nullachse, d. h. der Grösse e_1 von dem biegenden Moment, muss Gleichung 7 zur Bestimmung herangezogen werden. Dieselbe ergiebt unter Berücksichtigung der Gleichungen 3 und 4

$$M_b = \left(\frac{1}{\alpha_1 \varrho}\right)^{\frac{1}{m_1}} \int_0^{e_1} \eta^{1+\frac{1}{m_1}} df + \left(\frac{1}{\alpha_2 \varrho}\right)^{\frac{1}{m_2}} \int_0^{e_2} \eta^{1+\frac{1}{m_2}} df$$

$$= \frac{\sigma_1}{e_1^{\frac{1}{m_1}}} \int_0^{e_1} \eta^{1+\frac{1}{m_1}} df + \frac{\sigma_2}{e_2^{\frac{1}{m_2}}} \int_0^{e_2} \eta^{1+\frac{1}{m_2}} df$$

und nach Ersetzung von σ_2 durch den Werth Gleichung 5

$$M_b = \frac{\sigma_1}{e_1^{\frac{1}{m_1}}} \int_0^{e_1} \eta^{1+\frac{1}{m_1}} df + \left(\frac{\alpha_1}{\alpha_2}\frac{1}{e_1}\right)^{\frac{1}{m_2}} \sigma_1^{\frac{m_1}{m_2}} \int \eta^{1+\frac{1}{m_2}} df. \quad . \quad 9)$$

Für den Fall der Proportionalität zwischen Dehnungen und Spannungen, d. h. für

$$\alpha_1 = \alpha_2 = \alpha \quad \text{und} \quad m_1 = m_2 = 1$$

geht Gleichung 9 über in

$$M_b = \frac{\sigma_1}{e_1}\left(\int_0^{e_1} \eta^2 df + \int_0^{e_2} \eta^2 df\right),$$

d. i. die bekannte Biegungsgleichung, da der Klammerausdruck das Trägheitsmoment des Querschnittes in Bezug auf die Hauptachse $O\,O$ bedeutet.

b) Rechteckiger Querschnitt.

Für einen rechteckigen Querschnitt von der Breite b und der Höhe $h = e_1 + e_2$ gehen die Gleichungen 8 und 9 unter Beachtung, dass $df = b\,d\eta$, über in

$$0 = \frac{\sigma_1}{e_1^{\frac{1}{m_1}}} \int_0^{e_1} \eta^{\frac{1}{m_1}} d\eta - \left(\frac{\alpha_1}{\alpha_2}\frac{1}{e_1}\right)^{\frac{1}{m_2}} \sigma_1^{\frac{m_1}{m_2}} \int_0^{e_2} \eta^{\frac{1}{m_2}} d\eta,$$

$$M_b = \frac{\sigma_1}{e_1^{\frac{1}{m_1}}}\, b \int_0^{e_1} \eta^{\frac{m_1+1}{m_1}} d\eta + \left(\frac{\alpha_1}{\alpha_2}\frac{1}{e_1}\right)^{\frac{1}{m_2}} \sigma_1^{\frac{m_1}{m_2}}\, b \int_0^{e_2} \eta^{\frac{m_2+1}{m_2}} d\eta.$$

Für die Integralwerthe wird erhalten

$$\int_0^{e_1} \eta^{\frac{1}{m_1}} d\eta = \frac{m_1}{m_1+1} e_1^{\frac{m_1+1}{m_1}}, \qquad \int_0^{e_2} \eta^{\frac{1}{m_2}} d\eta = \frac{m_2}{m_2+1} e_2^{\frac{m_2+1}{m_2}},$$

$$\int_0^{e_1} \eta^{\frac{m_1+1}{m_1}} d\eta = \frac{m_1}{2m_1+1} e_1^{\frac{2m_1+1}{m_1}}, \qquad \int_0^{e_2} \eta^{\frac{m_2+1}{m_2}} d\eta = \frac{m_2}{2m_2+1} e_2^{\frac{2m_2+1}{m_2}}.$$

Damit folgt aus der ersten der beiden Gleichungen

$$\sigma_1 = \left(\frac{\alpha_2}{\alpha_1}\right)^{\frac{1}{m_1 - m_2}} \left[\frac{m_1 (m_2 + 1)}{m_2 (m_1 + 1)}\right]^{\frac{m_2}{m_1 - m_2}} \left(\frac{e_1}{e_2}\right)^{\frac{m_2 + 1}{m_1 - m_2}} \quad . \quad . \quad 10)$$

oder

$$\frac{e_1}{e_2} = \left\{\frac{\alpha_1}{\alpha_2} \left[\frac{m_2 (m_1 + 1)}{m_1 (m_2 + 1)}\right]^{m_2} \sigma_1^{m_1 - m_2}\right\}^{\frac{1}{m_2 + 1}} \quad . \quad . \quad . \quad 11)$$

Aus der zweiten Gleichung wird

$$M_b = \sigma_1 b \left\{\frac{m_1}{2 m_1 + 1} e_1^2 + \left(\frac{\alpha_1}{\alpha_2} \frac{e_2}{e_1}\right)^{\frac{1}{m_2}} \frac{m_2}{2 m_2 + 1} \sigma_1^{\frac{m_1 - m_2}{m_2}} e_2^2\right\}$$

und nach Beseitigung von σ_1 mittelst der Gleichung 10

$$M_b = \left(\frac{\alpha_2}{\alpha_1}\right)^{\frac{1}{m_1 - m_2}} m_1 \left[\frac{m_1 (m_2 + 1)}{m_2 (m_1 + 1)}\right]^{\frac{m_2}{m_1 - m_2}} b \left(\frac{e_1}{e_2}\right)^{\frac{m_2 + 1}{m_1 - m_2}} \left\{\frac{1}{2 m_1 + 1}\right.$$

$$\left. + \frac{m_2 + 1}{(m_1 + 1)(2 m_2 + 1)} \frac{e_2}{e_1}\right\} e_1^2. \quad . \quad . \quad . \quad 12)$$

Sind für ein bestimmtes Material die Werthe $\alpha_1 \alpha_2 m_1$ und m_2 bekannt, so liefert Gleichung 11 mit einem bestimmten Werth von σ_1 das Verhältniss $\frac{e_1}{e_2} = \varphi$, womit die Lage der Nullachse bestimmt erscheint; denn es ist

$$\frac{e_1}{e_2} + 1 = \varphi + 1$$

$$\frac{e_1 + e_2}{e_2} = \varphi + 1 = \frac{h}{e_2}$$

$$e_2 = \frac{h}{1 + \varphi} \quad \text{und} \quad e_1 = h \frac{\varphi}{1 + \varphi}.$$

Durch Einführung von e_1 und e_2 in Gleichung 12 erhält man den Werth des Biegungsmomentes, welches in dem betrachteten Querschnitt die Zugspannung σ_1 im Abstande e_1 hervorruft.

Mit dem angenommenen Werthe von σ_1 (gleich der zulässigen Zuganstrengung) ergiebt Gleichung 5 die grösste Druckspannung σ_2.

Behufs Gewinnung eines anschaulichen Bildes hinsichtlich der Spannungsvertheilung über den Querschnitt ist auf die Gleichungen 3 und 4 zurückzugehen, nach denen

$$\sigma_z = \sigma_1 \left(\frac{\eta}{e_1}\right)^{\frac{1}{m_1}}, \quad \sigma_d = \sigma_2 \left(\frac{\eta}{e_2}\right)^{\frac{1}{m_2}}.$$

Fig. 9, S. 212, giebt ein solches Schaubild für Materialien, z. B. Gusseisen (vergl. das auf S. 211 bis 213 zu dieser Abbildung Bemerkte).

Wie oben erkannt wurde, hängt die Lage der Nullachse in dem prismatischen Stab, Fig. 2, § 16, von der Grösse des biegenden Momentes für den betreffenden Querschnitt ab[1]). Denkt man sich den Stab stark belastet, so zeigt sich, bei näherer Verfolgung, dass ein um so grösserer Theil des Querschnittes an der Uebertragung der Zugspannungen, gegenüber welchen das Gusseisen, der Sandstein, der Granit u. s. w. weniger widerstandsfähig sind, Theil nimmt, je grösser das biegende Moment ist: Die Nullachse rückt aus der Mitte des Querschnittes nach der Druckseite hin, wie in Fig. 9 angenommen ist[2]). Je nach den Zahlenwerthen,

---

[1]) Eine kritische Besprechung über „die bis jetzt vorliegenden Versuche zur unmittelbaren Bestimmung der Lage der neutralen Achse im gebogenen Stab aus Stein und Gusseisen“ von E. Roser findet sich in der Zeitschrift des Vereines deutscher Ingenieure 1899, S. 205 u. f., und dazu gehörig: die hieran sich schliessende Auseinandersetzung am gleichen Ort, S. 371 und 372.

[2]) Die Strecke, um welche die Nullachse in dem am stärksten beanspruchten Querschnitt selbst bei hoher Belastung des Stabes aus der Mitte gelegen ist, ergiebt sich für Stoffe wie Gusseisen und Sandstein u. s. w. nicht sehr gross. Sie beträgt — soweit das Versuchsmaterial des Verfassers reicht — gegen den Bruch hin noch keine 10 % der Höhe des rechteckigen Querschnitts.

Indem man z. B. für ein und dasselbe Gusseisen durch Zugversuche den Zusammenhang zwischen Dehnungen und Zugspannungen sowie die Zugfestigkeit, durch Druckversuche die Beziehung zwischen Zusammendrückungen und Druckspannungen, durch Biegungsversuche die zu den einzelnen Belastungen gehörigen

welche die Grössen $\alpha_1 m_1 \alpha_2 m_2$ der Beziehungen 2 besitzen, kann die Nullachse zu Anfang, d. h. für kleinere Beanspruchung nach der Zugseite hin aus der Mitte gelegen sein und erst mit Steigerung der auf Biegung wirkenden Last durch die Mitte nach der Druckseite hin sich bewegen.

Die auf S. 212 erörterte Abweichung der Spannungsvertheilung fällt demnach um so grösser aus, je stärker die Beanspruchung wird. Die gewöhnliche Biegungsgleichung $M_b = \sigma \frac{\Theta}{e}$ wird deshalb um so weniger zutreffende Ergebnisse liefern, je mehr sich die Anstrengung derjenigen beim Bruche nähert.

5. Zusammenfassung.

Bedeutet

k_b die im Allgemeinen aus **Biegungsversuchen** abgeleitete zulässige Anstrengung des Materials,

e den Abstand der am stärksten angestrengten Faser des auf Biegung in Anspruch genommenen Stabes,

so wird nach Massgabe des unter 2 und 4 Erkannten an Stelle der Beziehungen 14, § 16, zu setzen sein

$$M_b \leqq k_b \frac{\Theta}{e} \quad . \; . \; . \; . \; . \; . \; . \; . \quad 13)$$

Durchbiegungen und schliesslich die Bruchbelastung feststellt, erhält man das zu einer Prüfung nöthige Versuchsmaterial. Durch die Zug- und Druckversuche sind $\alpha_1 m_1 \alpha_2 m_2$ der Gleichung 2 und damit auch die Durchbiegungen bestimmt, welche bei dem Biegungsstab für gewisse Belastungen erwartet werden dürfen. Da nun diese Durchbiegungen beim Biegungsversuch unmittelbar gemessen worden sind, so ist eine Vergleichung, d. h. eine Prüfung gegeben. Eine zweite Prüfung ermöglicht der Umstand, dass aus den Zugversuchen die Zugfestigkeit und bei den Biegungsversuchen die Bruchbelastung ermittelt worden ist. Das setzt allerdings voraus, dass die Werthe $\alpha_1 m_1 \alpha_2 m_2$ für genügend hoch gesteigerte Belastungen, d. h. dass insbesondere $\alpha_1 m_1$ noch für Zugkräfte bestimmt worden sind, die nahe an diejenige Belastung heranreichen, welche das Zerreissen herbeiführt.

Der Natur der Sache nach sind der vorstehend angedeuteten Untersuchung die gesammten Dehnungen, Zusammendrückungen und Durchbiegungen zu Grunde zu legen.

Statt des Potenzgesetzes kann nun eine andere Funktion zu Grunde gelegt werden, welche den Zusammenhang zwischen Dehnungen und Spannungen aus-

Hierin ist k_b — streng genommen für alle Materialien — abhängig von der Querschnittsform. Von grösserer Bedeutung wird diese Abhängigkeit — wie das vorliegende Versuchsmaterial schliessen lässt — jedoch erst bei solchen Materialien, für welche der Dehnungskoefficient α veränderlich ist (Gusseisen); bei Materialien mit konstantem α (Schmiedeisen, Stahl) tritt sie zurück.

Die Feststellung der elastischen Linie auf Grund der Gleichung 10, § 16, liefert für den Fall, dass α konstant ist, befriedigende Ergebnisse. Trifft jedoch diese Voraussetzung nicht zu, so kann bei starker Beanspruchung des Materials der Unterschied zwischen Rechnung und thatsächlichem Ergebniss erheblich ausfallen[1]).

Streng genommen wären für Stäbe aus Materialien mit veränderlichen Dehnungskoefficienten die in §§ 16, 18 und 19 gegebenen Entwicklungen unter Beachtung der zwischen ε und σ bestehenden Gesetzmässigkeit (Gl. 1, § 4, S. 20) durchzuführen, wie es beispielsweise oben für Gusseisen geschehen ist. Die Rücksicht auf die erforderliche Einfachheit unserer technischen Rechnungen hält jedoch im Allgemeinen zur Zeit noch davon ab, in dieser Weise vorzugehen; nur in denjenigen Fällen, in welchen die Anforderungen der Technik das bisherige Verfahren nicht mehr gestatten, wird die strengere Rechnung anzulegen sein. Hinsichtlich des vom Verfasser vor rund 15 Jahren eingeschlagenen Annäherungsweges, der Veränderlichkeit von α bei Gusseisen Rechnung zu tragen, sei auf § 22, Ziff. 2 verwiesen.

---

reichend genau zum Ausdruck bringt und die Durchführung der Rechnungen ermöglicht.

S. 241 u. f. ist die zweite Prüfung ohne Zuhilfenahme einer Funktion auf graphischem Wege durchgeführt.

[1]) Nach Gleichung 14, § 18,

$$y' = \frac{\alpha}{48} \frac{P l^3}{\Theta}$$

kommt es bezüglich der Durchbiegung y' eines in der Mitte mit P belasteten Stabes nur auf das Trägheitsmoment Θ des Querschnittes an; infolgedessen es z. B. gleichgiltig erscheint, ob bei einem Querschnitte, wie Fig. 6, § 17, die breite oder die schmale Flansche als die gezogene auftritt, wenn nur P und l die gleichen Werthe besitzen. Thatsächlich erweist sich bei gusseisernen Trägern wegen der Veränderlichkeit von α die Durchbiegung im letzteren Falle entschieden grösser als im ersteren. (Vergl. des Verfassers Arbeit „Die Biegungslehre und das Gusseisen“ in der Zeitschrift des Vereines deutscher Ingenieure 1888, S. 224, oder auch „Abhandlungen und Berichte“ 1897, S. 72 und 73.)

§ 21. Biegungsanstrengung und Durchbiegung unter der Voraussetzung, dass die Ebene des Kräftepaares keine der beiden Hauptachsen des Querschnittes in sich enthält.

1. Hauptachsen eines Querschnittes. Hauptträgheitsmomente.

In der Fläche, Fig. 1, sei O ein beliebiger Punkt derselben, OX und OY ein rechtwinkliges, sonst jedoch in ersterer beliebig gelegenes Achsenkreuz; die Koordinaten des mit dem Flächenpunkte P zusammenfallenden Flächenelementes df seien x und y. Dann ist das Trägheitsmoment der Fläche

in Bezug auf die X-Achse $\Theta_x = \int y^2\, df$,
- - - - Y- - $\Theta_y = \int x^2\, df$

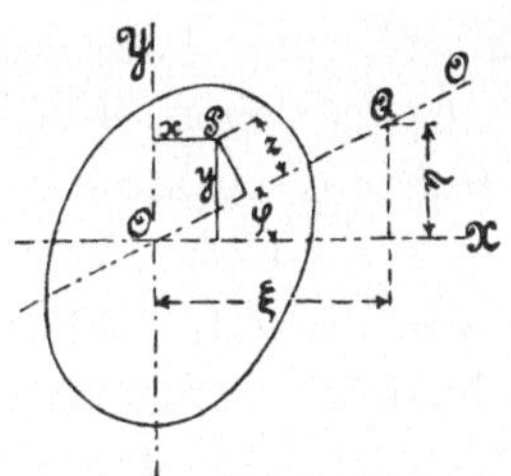

Fig. 1.

und hinsichtlich der unter dem Winkel φ gegen die X-Achse geneigten Geraden OO, von welcher P, demnach auch df um $z = y \cos\varphi - x \sin\varphi$ absteht,

$$\Theta = \int z^2\, df = \int (y \cos\varphi - x \sin\varphi)^2\, df$$

$$\Theta = \Theta_x \cos^2\varphi + \Theta_y \sin^2\varphi - 2\, Z \sin\varphi \cos\varphi, \quad . \quad . \quad 1)$$

sofern

$$Z = \int xy\, df. \quad . \quad . \quad . \quad . \quad . \quad . \quad . \quad 2)$$

Auf der Achse OO werde nun von O aus die Strecke $\overline{OQ} = r = \sqrt{\frac{1}{\Theta}}$ aufgetragen und den Koordinaten des so erhaltenen

Punktes Q in Bezug auf OX und OY die Bezeichnung ξ und η ertheilt, sodass

$$\xi = r \cos \varphi \qquad \eta = r \sin \varphi.$$

Aus Gleichung 1 folgt dann mit Rücksicht darauf, dass

$$\Theta = \frac{1}{r^2}$$

$$1 = \Theta_x r^2 \cos^2 \varphi + \Theta_y r^2 \sin^2 \varphi - 2 Z r^2 \sin \varphi \cos \varphi,$$

$$1 = \Theta_x \xi^2 + \Theta_y \eta^2 - 2 Z \xi \eta.$$

Diese Beziehung zwischen den Veränderlichen ξ und η ist die Gleichung einer Ellipse. Hiernach findet sich der geometrische Ort aller derjenigen Punkte Q, welche erhalten werden, wenn auf jeder durch O möglichen Geraden die Wurzel aus dem reciproken Werthe des für diese Gerade sich ergebenden Trägheitsmomentes aufgetragen wird, als Ellipse, mit O als Mittelpunkt, d. i. die sogenannte Trägheitsellipse. Nun sind in einer Ellipse zwei senkrecht aufeinander stehende Achsen vorhanden — die grosse und die kleine Achse —, für welche das Glied mit dem Produkt der beiden Koordinaten verschwindet. Dies tritt ein, wenn $Z = O$. Werden demnach diese beiden Achsen zu Achsen der x und der y gewählt, so wird der Ausdruck Gleichung 2 zu Null.

Ferner ist bekannt, dass die grosse Halbachse der Ellipse der grösste und die kleine Halbachse der kleinste der möglichen Werthe von r ist. Diese beiden ausgezeichneten Richtungen werden als die beiden Hauptachsen der Fläche für den Punkt O bezeichnet. Sie sind nach Massgabe des Vorstehenden gekennzeichnet durch

$$Z = \int x y \, df = 0$$

und

$$\Theta_x = \text{Max.}, \qquad \Theta_y = \text{Min.} \quad \text{oder} \quad \Theta_x = \text{Min.}, \qquad \Theta_y = \text{Max.}$$

Dieser kleinste und dieser grösste Werth unter den Trägheitsmomenten, welche sich für alle Geraden ergeben, die durch den Punkt O in der Ebene der Fläche gezogen werden können, heissen die beiden Hauptträgheitsmomente der Fläche für den Punkt O derselben.

Werden die beiden Hauptträgheitsmomente mit Θ_1 und Θ_2 bezeichnet, so findet sich das Trägheitsmoment Θ für eine beliebige durch O gehende Gerade, welche mit der Achse des Hauptträgheitsmomentes Θ_1 den Winkel φ einschliesst, nach Gleichung 1 zu

$$\Theta = \Theta_1 \cos^2 \varphi + \Theta_2 \sin^2 \varphi. \quad . \quad . \quad . \quad . \quad . \quad 3)$$

Besitzen Θ_1 und Θ_2 gleiche Grösse, so folgt

$$\Theta = \Theta_1 = \Theta_2,$$

d. h. die Trägheitsmomente für alle durch O möglichen Geraden sind einander gleich. Die Trägheitsellipse geht dann in einen Kreis über.

Das Vorstehende gilt für einen beliebigen Punkt der Fläche. Dementsprechend hat eine Fläche unendlich viele Hauptachsen und Hauptträgheitsmomente. Wird von den Hauptachsen oder den Hauptträgheitsmomenten eines Querschnittes kurzhin gesprochen, so sind hierunter die entsprechenden Grössen für den Schwerpunkt des Letzteren verstanden.

2. *Biegungsanstrengung.*

Wir wählen die beiden Hauptachsen des Querschnittes Fig. 2 zu Achsen der y und z. Θ_1 gelte als das Trägheitsmoment in Bezug auf die Hauptachse OY und Θ_2 als dasjenige hinsichtlich

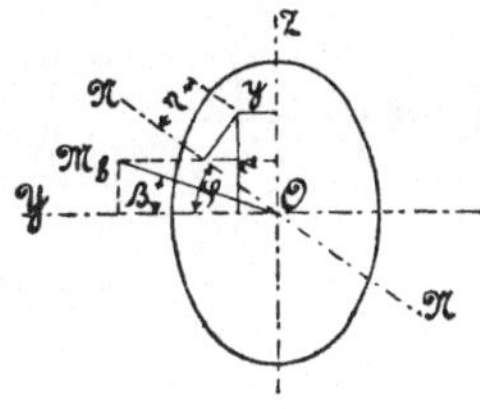

Fig. 2.

der Hauptachse OZ. Ferner sei $\overline{OM_b}$ die Paarachse des biegenden Kräftepaares vom Momente M_b, d. h. diejenige Gerade, welche in O senkrecht zur Paarebene steht, mit ihrer Grösse OM_b das Moment M_b darstellt und derart eingetragen wird, dass von M_b nach O hin gesehen das Moment M_b rechts drehend erscheint. Die zur Krümmungsachse, welche um ϱ von O absteht, parallele Nullachse besitze die Lage NN, schliesse also mit OY den Winkel φ ein, während OM_b um β gegen OY geneigt ist.

Nach Gleichung 2, § 16, ist die Spannung σ in dem Flächenelement df, dessen Lage durch y und z bestimmt ist

$$\sigma = \frac{1}{\alpha}\,\frac{\eta}{\varrho} = \frac{1}{\alpha}\,\frac{z\cos\varphi - y\sin\varphi}{\varrho}.$$

Je die Summe der Momente, welche diese Spannung für alle Flächenelemente in Bezug auf die y- und die z-Achse ergiebt, muss sich im Gleichgewicht befinden mit den Komponenten des Kräftepaares M_b, d. i. mit

$$M_b \cos\beta, \quad \text{bezw.} \quad M_b \sin\beta.$$

Folglich

$$M_b \cos\beta = \int \sigma df \,.\, z = \int \frac{1}{\alpha}\,\frac{z\cos\varphi - y\sin\varphi}{\varrho}\, z\, df,$$

$$M_b \sin\beta = -\int \sigma df \,.\, y = -\int \frac{1}{\alpha}\,\frac{z\cos\varphi - y\sin\varphi}{\varrho}\, y\, df$$

Unter Voraussetzung der Unveränderlichkeit des Dehnungskoefficienten α und unter Beachtung, dass OY und OZ die Hauptachsen des Querschnittes sind, für welche die Grösse Z (Gleichung 2) verschwindet, ergiebt sich

$$M_b \cos\beta = \frac{1}{\alpha\varrho}\,\Theta_1 \cos\varphi \quad \text{oder} \quad \frac{\cos\varphi}{\varrho} = \alpha\,\frac{M_b}{\Theta_1}\cos\beta,$$

$$M_b \sin\beta = \frac{1}{\alpha\varrho}\,\Theta_2 \sin\varphi \quad \text{oder} \quad \frac{\sin\varphi}{\varrho} = \alpha\,\frac{M_b}{\Theta_2}\sin\beta,$$

und hieraus

$$\operatorname{tg}\varphi = \frac{\Theta_1}{\Theta_2}\operatorname{tg}\beta, \quad \ldots \ldots \quad 4)$$

$$\frac{1}{\varrho} = \alpha\, M_b \sqrt{\frac{\cos^2\beta}{\Theta_1^2} + \frac{\sin^2\beta}{\Theta_2^2}}, \quad \ldots \ldots \quad 5)$$

$$\sigma = \frac{1}{\alpha} \frac{\eta}{\varrho} = M_b \eta \sqrt{\frac{\cos^2 \beta}{\Theta_1^2} + \frac{\sin^2 \beta}{\Theta_2^2}}, \quad . \quad . \quad . \quad 6)$$

oder

$$\sigma = \frac{1}{\alpha} \frac{z \cos \varphi - y \sin \varphi}{\varrho} = M_b \left(\frac{z \cos \beta}{\Theta_1} - \frac{y \sin \beta}{\Theta_2} \right). \quad . \quad 7)$$

Die Gleichung 6 geht in die Gleichung 11, § 16, über, wenn

$$\beta = 0,$$

d. h. wenn die Paarachse mit einer der beiden Hauptachsen zusammenfällt, oder

$$\text{wenn } \Theta_1 = \Theta_2 = \Theta,$$

d. h. wenn die Hauptträgheitsmomente und damit alle Trägheitsmomente gleich sind, was beispielsweise zutrifft für den Kreis, das gleichseitige Dreieck, das Quadrat, überhaupt für alle regelmässigen Vielecke, für den kreuzförmigen Querschnitt bei gleichen Abmessungen der Rippen u. s. f.

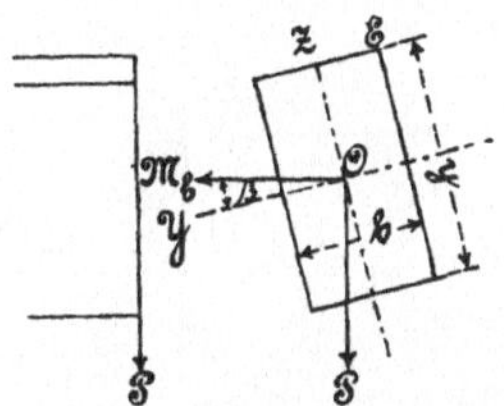

Fig. 3.

Für den besonderen Fall des Rechteckes, Fig. 3, folgt wegen

$$\Theta_1 = \frac{1}{12} b h^3 \qquad \Theta_2 = \frac{1}{12} b^3 h$$

aus Gleichung 4

$$\operatorname{tg} \varphi = \left(\frac{h}{b} \right)^2 \operatorname{tg} \beta.$$

Die grösste Spannung σ_{max} wird auftreten im Punkte E, für welchen $z = 0{,}5\, h$, $y = -0{,}5\, b$

$$\sigma_{max} = \frac{6\,M_b}{b\,h}\left(\frac{\cos\beta}{h} + \frac{\sin\beta}{b}\right)$$

und mit Rücksicht auf § 20, Ziff. 5

$$k_b \geqq \frac{6\,M_b}{b\,h}\left(\frac{\cos\beta}{h} + \frac{\sin\beta}{b}\right) \quad . \quad . \quad . \quad . \quad . \qquad 8)$$

3. Durchbiegung.

Die Durchbiegung eines Stabes, dessen Belastungsebene die Querschnitte nicht in einer der beiden Hauptachsen schneidet, pflegt nur insofern praktisches Interesse zu haben, als unter Umständen der Stab gehindert sein kann, sich in der Richtung zu bewegen, in welcher er sich durchbiegen will, wodurch Zusatzkräfte wachgerufen werden. Denken wir uns beispielsweise einen l langen Stab von dem in Fig. 4 gezeichneten Querschnitt an einem Ende

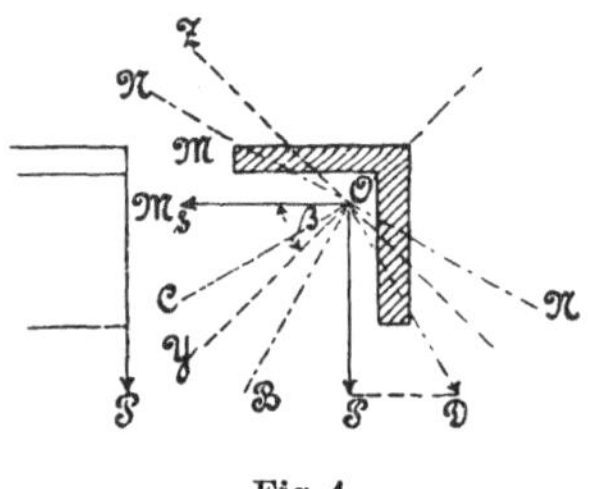

Fig. 4.

eingespannt und am anderen Ende mit P belastet, so ergiebt sich für die senkrechte Belastungsebene OP die horizontale Paarachse $\overline{OM_b} = M_b = Pl$. Unter der Voraussetzung, dass der winkelförmige Querschnitt gleiche Schenkel besitzt, werden die beiden Hauptachsen OY und OZ unter 45^0 gegen den Horizont geneigt sein. Bezeichnet nun Θ_1 das Trägheitsmoment in Bezug auf die eine Hauptachse OY und Θ_2 dasjenige hinsichtlich der zweiten Hauptachse OZ, so folgt die Lage der Nullachse NN nach Gleichung 4 unter Beachtung, dass $\beta = 45^0$. Da die Krümmungsachse parallel zu NN läuft, so ergiebt sich die Durchbiegungsrichtung in der zu NN senkrechten Geraden OB. Hiermit wird sich das eine Ende des Stabes unter Einwirkung der vertikalen Belastung P in der Richtung OB durchbiegen.

Wenn nun zwei solche Stäbe miteinander verbunden sind, wie z. B. Fig. 5 erkennen lässt, so wird diese Durchbiegung infolge der Verbindung mehr oder minder vollständig gehindert, d. h. auf die beiden Stäbe wirkt noch je eine horizontale, nach innen gerichtete Kraft H, welche unter Umständen, namentlich dann, wenn

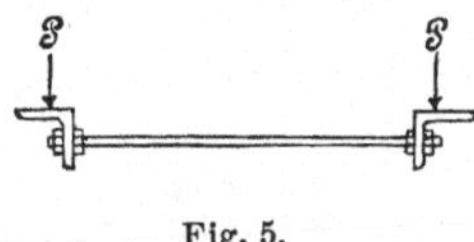

Fig. 5.

sie nicht durch den Schwerpunkt des Querschnittes geht — und damit auch auf Verdrehung hinwirkt —, die Anstrengung des Materials wesentlich beeinflussen kann.

Unter der Annahme, dass die Abweichung der Träger in horizontaler Richtung durch ihre Verbindung vollständig gehindert wird, würde sich H aus der Erwägung ergeben, dass die Durchbiegungsrichtung mit OP zusammenfallen muss. Damit dies eintritt, müsste $\measuredangle\, YON = \varphi = 45^0$ sein, also nach Gleichung 4

$$\operatorname{tg} 45^0 = \frac{\Theta_1}{\Theta_2} \operatorname{tg} \beta ,$$

$$\operatorname{tg} \beta = \frac{\Theta_2}{\Theta_1} .$$

Die hierdurch bestimmte Lage der Paarachse OC lieferte in der zu ihr Senkrechten OD die Richtung der Belastung (für vertikale Durchbiegung) und damit in $\overline{PD}$ die gesuchte Horizontalkraft H.

§ 22. Biegungsversuche.

1. Biegungsversuche im Allgemeinen.

Biegungsversuche werden in der Regel nach Massgabe der Fig. 1, § 18, angestellt und zwar derart, dass die Belastung P in der Mitte des Stabes angreift. Mit der Genauigkeit, mit welcher das Eigengewicht desselben vernachlässigt werden darf, ergiebt sich alsdann für den mittleren Querschnitt die Durchbiegung y' der Mittellinie des Stabes nach Gleichung 14, § 18, zu

$$y' = \frac{\alpha}{48} \frac{P l^3}{\Theta}$$

und die Spannung σ_1 der um e_1 von der Nullachse abstehenden und am stärksten gespannten Fasern nach Gleichung 7, § 18, und Gleichung 12, § 16, zu

$$\sigma_1 = \frac{P l}{4 \Theta} e_1,$$

unter den Voraussetzungen, welche zu diesen beiden Gleichungen führten: Ebenbleiben der Querschnitte und Unabhängigkeit des Dehnungskoefficienten α von der Grösse und dem Vorzeichen der Spannungen oder Dehnungen.

Durch Beobachtung der zu einer gewissen Belastung P gehörigen Durchbiegung y' lässt sich für einen bestimmten Stab der Dehnungskoefficient

$$\alpha = 48 \frac{\Theta}{l^3} \frac{y'}{P},$$

oder auch dessen reciproker Werth (Elasticitätsmodul)

$$\frac{1}{\alpha} = \frac{l^3}{48 \Theta} \frac{P}{y'}$$

innerhalb des Spannungsgebietes, für welches α als unveränderlich angesehen werden kann, ermitteln.

Es ist bis vor nicht zu langer Zeit allgemein üblich gewesen, α, bezw. $\frac{1}{\alpha}$ in dieser Weise zu bestimmen, gleichgiltig, wie gross die Höhe des Stabes im Verhältniss zur Entfernung der Auflage war. Ist sie verhältnissmässig bedeutend, so verliert die Gleichung 14, § 18, an Genauigkeit, da die Durchbiegung des Stabes nicht blos von dem biegenden Moment, sondern auch von der Schubkraft abhängt. Die Vernachlässigung des Einflusses der Schubkraft liefert α zu gross und $\frac{1}{\alpha}$ zu klein. Wie Verfasser in der Zeitschrift des Vereines deutscher Ingenieure 1888, S. 222 u. f. erstmals nachgewiesen hat, beträgt der hierdurch begangene Fehler in Fällen stattgehabter Ermittelung des Werthes $\frac{1}{\alpha}$ über 30%.

Diese Ausserachtlassung der Schubkraft vorzugsweise ist es gewesen, welche zu dem Irrthum Veranlassung gegeben hat, dass der Elasticitätsmodul, d. i. $\frac{1}{\alpha}$ für Biegung entschieden geringer sei als für Zug und Druck[1]). Die Erwägung des in § 20 unter 2 Erörterten führt übrigens ohne Weiteres zu der Erkenntniss, dass genaue Biegungsversuche und strenge Rechnung α eher ein wenig kleiner, also $\frac{1}{\alpha}$ eher etwas grösser als Zug- und Druckversuche liefern müssen.

Unter Umständen kann der nach Gleichung 14, § 18, ermittelte Werth von α noch durch einen anderen Einfluss ungenau geworden sein. Infolge der Durchbiegung gleitet die Staboberfläche auf den Auflagern; hierdurch werden Reibungskräfte wachgerufen, welche auf die Grösse des biegenden Momentes je nach den Verhältnissen mehr oder minder abändernd einwirken. (Vergl. Zeitschrift des Vereines deutscher Ingenieure 1888, S. 224 u. f.)

Im vierten Abschnitt unter „Biegung und Schub“ (§ 52), sowie unter „Zug, Druck, Biegung“ (§ 46, Ziff. 1), wird auf den Einfluss der Schubkraft, bezw. der zuletzt erwähnten Reibung näher einzugehen sein.

Die Beobachtung der Belastung P_{max}, bei welcher der Bruch des durchgebogenen Stabes erfolgt, führt mittelst der Gleichung

---

[1]) Hiernach ist auch die ältere Angabe zu beurtheilen, dass der Elasticitätsmodul für Biegung um etwa ein Zehntel geringer als für Zug und Druck zu wählen sei.

$$K_b = \frac{P_{max}\, l}{4\, \Theta}\, e_1$$

zur **Biegungsfestigkeit** K_b, bezogen auf den ursprünglichen Stabquerschnitt.

In Hinsicht auf **diese Bestimmung der Biegungsfestigkeit** sei Nachstehendes zur Klarstellung hervorgehoben, wobei zähes und nicht zähes Material unterschieden werden soll.

a) Zähes Material, wie z. B. Flusseisen.

Der der Biegungsprobe unterworfene Körper, den wir uns der Einfachheit der Betrachtung wegen als Prisma mit rechteckigem Querschnitt vorstellen wollen, sei so belastet, dass die Spannung in der äussersten Faser gerade der Proportionalitätsgrenze entspricht. Dann erfolgt die Spannungsvertheilung im Querschnitt nach Massgabe der Fig. 1. Steigern wir die Belastung derart, dass in den äussersten Fasern die Streck-, bezw. Quetschgrenze überschritten wird, so geben die aussen gelegenen Fasern verhältnissmässig rasch nach[1]). Die nach innen gelegenen Fasern werden dagegen verhältnissmässig stark zur Uebertragung des biegenden Momentes herangezogen: die Spannungsvertheilung gestaltet sich etwa, wie in Fig. 2 dargestellt, gleiche Verhältnisse für Zug und Druck vorausgesetzt[2]). Sie weicht weit ab von derjenigen in

---

[1]) Vergl. die Dehnungslinien § 4, Fig. 10 und 12 (S. 44 bezw. 48). Dieses Nachgeben erfolgt allerdings nicht ganz so rasch, als diese Linien schliessen lassen, da die nach aussen liegenden Fasern durch die benachbarten inneren, noch nicht über die Streck- und Quetschgrenze hinaus beanspruchten Fasern im Fliessen eine gewisse Hinderung und damit eine gewisse Erhöhung der Widerstandsfähigkeit erfahren. **Biegungs**versuche mit Stäben, deren Material bei **Zug**versuchen Dehnungslinien wie in Fig. 10 oder 12 liefert, also sehr deutlich die Fliessgrenze hervortreten lässt, ergeben keine derart ausgeprägte Streck- oder Quetschgrenze; es wird eben zunächst nur in der Mitte des Stabes und hier wieder nur in der äussersten Faserschicht die dieser Grenze entsprechende Spannung eintreten.

[2]) Es ist von Interesse zu beachten, dass, wie Versuche **Bauschinger's** und des Verfassers nachweisen, die Querschnitte von Stäben aus zähem Stahl oder Schmiedeisen (Fluss- oder Schweissmaterial) selbst bei sehr weit getriebener Durchbiegung eben und senkrecht zur Mittellinie bleiben. Wenigstens lässt sich dies mit grosser Annäherung aussprechen. Dieses Verhalten — bei einer Span-

Fig. 1, welche bei Entwicklung der oben angegebenen Gleichung für K_b vorausgesetzt wurde. Durch weitere Erhöhung der Belastung wird diese Abweichung noch gesteigert werden. In dem Masse, wie die Durchbiegung vorschreitet, also die gezogenen Fasern gedehnt, die gedrückten verkürzt werden, beginnt auch noch die Querzusammenziehung der ersteren und die Querdehnung der letzteren eine Aenderung der Querschnittsform des Stabes im

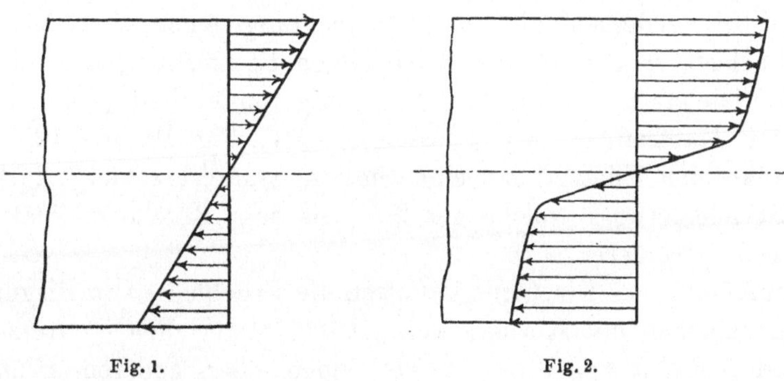

Fig. 1. Fig. 2.

mittleren Theil herbeizuführen derart, dass sie trapezförmig wird: auf der Zugseite nimmt die Breite ab, auf der Druckseite wächst sie. Ein Bruch tritt meist überhaupt nicht ein: nur eine grosse Durchbiegung. Dabei erlangt die Belastung eine Höhe, welche bei der Beurtheilung mittelst der Gleichung

$$K_b = \frac{P_{max}\, l}{4\,\Theta}\, e$$

zu Biegungsfestigkeiten führt, die nach den vorstehenden Darlegungen — der Versuch lehrt das Gleiche — mehr oder minder weit über die Zugfestigkeit des gleichen Materials hinausgehen müssen.

Streng genommen läuft dieses Verfahren darauf hinaus, dass man die Dehnungslinie bis zum Eintritt der grössten Belastung

---

nungsvertheilung, wie in Fig. 2 dargestellt — lässt vermuthen, dass auch bei Materialien, bei welchen Proportionalität zwischen Dehnungen und Spannungen überhaupt nicht besteht, Ebenbleiben der Querschnitte mit Annäherung wird vorausgesetzt werden dürfen, insoweit es sich um den Einfluss eines biegenden Momentes handelt.

als Gerade ansieht, also beispielsweise im Falle der Fig. 1, § 3 auf S. 9 (giltig für Flusseisen) die Kurve $OBCE$ als gerade Linie auffasst.

b) Material, wie z. B. Gusseisen, Granit, Sandstein und dergl.

Biegungsversuche mit Körpern aus solchen Stoffen führen zum Bruch, infolgedessen hier die Beobachtung einer thatsächlichen Bruchbelastung möglich ist. Auch zeigen die Dehnungslinien dieser Materialien einen gleichmässigeren, stetigeren Verlauf (§ 4, Fig. 8) als zähe Materialien, wie Flusseisen (§ 4, Fig. 10 und 12), bei denen an der Fliessgrenze eine Stetigkeitsunterbrechung auftritt. Die Formänderung, welche der Stab bis zum Bruche erleidet, ist eine weit geringere.

Infolge dieser Umstände gestatten die Ergebnisse von Biegungs-Bruchversuchen mit Körpern von solchen Materialien — trotz der Veränderlichkeit von α — in der einen oder anderen Hinsicht meist eher einen — wenn auch beschränkten — Schluss auf die Widerstandsfähigkeit eines Körpers innerhalb der üblichen Anstrengung als die Ergebnisse von Biegungs-Bruchversuchen mit zähen Körpern. (Vergl. die Spannungsvertheilung § 20, Fig. 9, mit derjenigen in Fig. 2, hier.) Immerhin müssen solche Schlüsse auch hier mit grosser Vorsicht und mit Rücksicht auf die wesentlichen Einfluss nehmenden Verhältnisse gezogen werden (vergl. S. 221, oben); es sei denn, dass man die Veränderlichkeit von α in der Rechnung oder zeichnerischen Ermittlung berücksichtigt (vergl. Fussbemerkung 2, S. 220 bis 222).

2. Abhängigkeit der Biegungsfestigkeit des Gusseisens von der Querschnittsform.

Nach § 20, Ziff. 4 muss Gusseisen infolge der Veränderlichkeit des Dehnungskoefficienten gegenüber den Konstruktionsmaterialien, welche innerhalb gewisser Spannungsgrenzen konstante Dehnungskoefficienten besitzen, ein abweichendes Verhalten bei Biegungsversuchen zeigen; namentlich muss trotz der vergleichsweise geringen Formänderungen, welche Gusseisen erfährt, die

Biegungsfestigkeit K_b, berechnet auf Grund der Gleichung 12, § 16,

$$M_b = K_b \frac{\Theta}{e_1}$$

wesentlich grösser sich ergeben als die Zugfestigkeit und in bedeutendem Masse abhängig sein von der Querschnittsform.

In diese Verhältnisse gewähren die vom Verfasser angestellten Versuche Einblick. Ausführlich ist hierüber berichtet in der Zeitschrift des Vereines deutscher Ingenieure 1888, S. 193 bis 199, S. 221 bis 226, S. 1089 bis 1094, 1889, S. 137 bis 145.

Die im Folgenden je unter einer Bezeichnung aufgeführten Versuchskörper sind aus dem gleichen Material bei einem und demselben Gusse hergestellt worden.

Gusseisen A.

Zug- und Biegungsstäbe bearbeitet.

Zugversuche zur Ermittelung der Zugfestigkeit.

$$\text{Zugfestigkeit} = \frac{1445 + 1355 + 1409 + 1377}{4} = 1396 \text{ kg}$$

$$\text{Zugfestigkeit} = \frac{1369 + 1303 + 1355}{3} = 1342 \text{ -}$$

$$K_z = 1369 \text{ kg.}$$

47 Biegungsversuche zur Bestimmung der Biegungsfestigkeit.

No.	Querschnitts-form	Biegungsfestigkeit $K_b = \frac{P_{max}\, l}{4\, \Theta} e_1$ absolut in kg/qcm	in Theilen der Zugfestigkeit	$\frac{6}{5}\sqrt{\frac{e}{z_0}}$, bezw. $\frac{4}{3}\sqrt{\frac{e}{z_0}}$	Bemerkungen
1	2	3	4	5	6
1	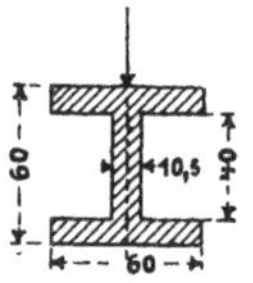	1979	1,45	1,43	
2	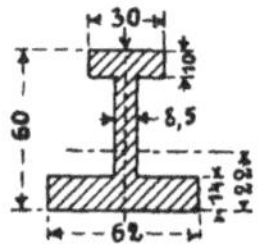	2081	1,52	1,49	
3	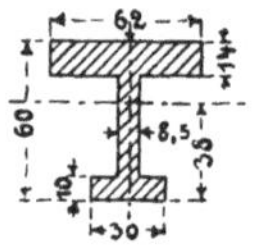	2076	1,52	1,49	Es zerreisst die schmale Flansche, die breite bleibt unverletzt.
4	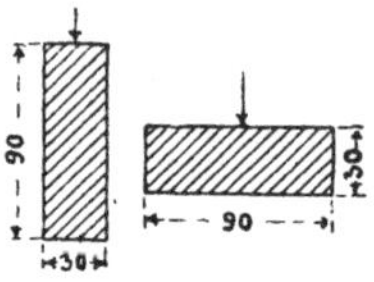	2395	1,75	1,70	
5	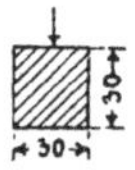	2372	1,73	1,70	
6	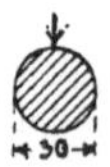	2905	2,12	2,05	
7	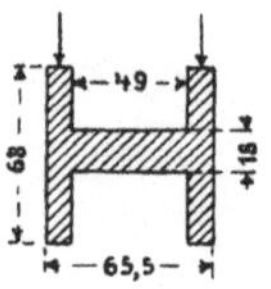	2929	2,14	2,06	
8	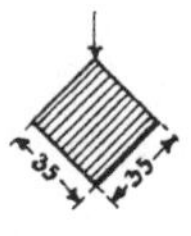	3218	2,35	2,31	

Die in der bezeichneten Weise ermittelte Biegungsfestigkeit überschreitet hiernach die für dasselbe Gusseisen ermittelte Zugfestigkeit um so bedeutender, je mehr sich das Material verhältnissmässig nach der Nullachse hin zusammendrängt. (Vergl. § 20, Ziff. 4.)

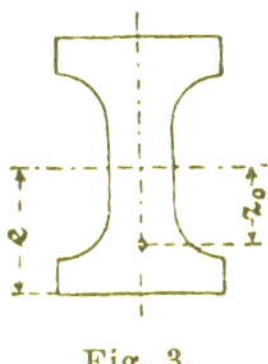

Fig. 3.

Die hiernach festgestellte Abhängigkeit der Biegungsfestigkeit K_b von der Querschnittsform und der Zugfestigkeit K_z lässt sich mit guter Annäherung zum Ausdruck bringen durch die Beziehung

$$K_b = \mu_0 \sqrt{\frac{e}{z_0}} \,.\, K_z \,. \quad . \quad . \quad . \quad . \quad . \quad . \quad 1)$$

Hierin bedeutet

z_0 den Abstand des Schwerpunktes des auf der einen Seite der Nullachse gelegenen Theiles der Querschnittsfläche von dieser Schwerlinie, Fig. 3,

μ_0 einen Koefficienten, der im vorliegenden Falle (vergl. die Werthe der Spalte 4 und 5, S. 236) gewählt werden darf

a) für diejenigen Querschnitte, welche oben und unten durch eine wagrechte Gerade begrenzt sind, wie No. 1, 2, 3, 4, 5 und 7, etwa $\frac{6}{5} = 1{,}2$,

b) für die beiden Querschnitte No. 6 und 8, welche oben und unten nicht durch wagrechte Gerade begrenzt sind, bei denen — streng genommen — nur eine einzige Faser am stärksten gespannt ist, etwa $\frac{4}{3} = 1{,}33$.

Ueber den Einfluss der Gusshaut auf μ_0 vergl. Ziff. 3, Schluss

Gusseisen B_1 von hoher Festigkeit.

Zug- und Biegungsstäbe bearbeitet.

Querschnitt kreisförmig, 36 mm Durchmesser.

Zugfestigkeit = (1893 + 1847 + 1805 + 1846) : 4 = 1848 kg.
Biegungsfestigkeit = (4321 + 4148 + 4073 + 3930 + 4295 + 3903 + 4513 + 3920) : 8 = 4139 kg = 2,24 . Zugfestigkeit.

Gusseisen B_2 von hoher Festigkeit[1]).

Biegungsstäbe von 30 mm Quadratseite mit Gusshaut.

Zugstäbe von 20 mm Kreisdurchmesser bearbeitet.

Material 1.

Zugfestigkeit = (2535 + 2312 + 2334) : 3 = 2394 kg.
Biegungsfestigkeit = (4294 + 4347 + 4305) : 3 = 4315 kg = 1,80 . Zugfestigkeit[2]).
Arbeitsvermögen = (0,120 + 0,126 + 0,132) : 3 = 0,126 kg/ccm.

Material 2.

Zugfestigkeit = (2379 + 2354 + 2261) : 3 = 2331 kg.
Biegungsfestigkeit = (4392 + 4442 + 4472) : 3 = 4435 kg = 1,90 . Zugfestigkeit[2]).
Arbeitsvermögen = (0,142 + 0,136 + 0,116) : 3 = 0,131 kgm/ccm.

Ueber die Abnahme der Zugfestigkeit dieses Gusseisens für Temperaturen bis 570° C. findet sich berichtet in der Zeitschrift des Vereines deutscher Ingenieure 1900, S. 168 u. f. (Mittheilungen über Forschungsarbeiten auf dem Gebiete des Ingenieurwesens, Heft 1, S. 61 u. f.)

---

[1]) Zeitschrift des Vereines deutscher Ingenieure 1900, S. 409 u. f. (Mittheilungen über Forschungsarbeiten auf dem Gebiete des Ingenieurwesens, Berlin, Heft 1, S. 49.)

[2]) Diese Verhältnisszahlen 1,8 und 1,9 sind ganz erheblich grösser als sie sich für gewöhnliches Maschinen-Gusseisen ergeben (Quadratische Biegungsstäbe mit Gusshaut, kreisförmige Zugstäbe ohne Gusshaut).

Gusseisen C.

Zugstäbe bearbeitet, Biegungsstab unbearbeitet (also mit Gusshaut).

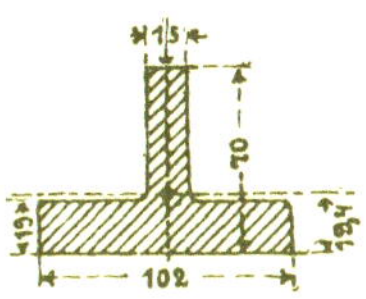

Zugfestigkeit	1310 kg,
Biegungsfestigkeit	2114 kg,
Verhältniss beider	2114 : 1310 = 1,61 : 1.

Gusseisen D.

Zug- und Biegungsstäbe bearbeitet.

a) Querschnitt: Fig. 6, § 17.

Die schmale Flansche ist die gezogene, die breite die gedrückte.

Beim Biegungsversuch reisst die schmale Flansche, die breite bleibt unverletzt.

Zugfestigkeit	1418 kg,
Biegungsfestigkeit	2077 kg,
Verhältniss beider	2077 : 1418 = 1,46 : 1.

b) Quadratischer Querschnitt:

Biegungsfestigkeit	2539 kg,
Verhältniss	2539 : 1418 = 1,78 : 1.

3. *Einfluss der Gusshaut.*

Gusseisen E.

Zugstäbe (3 Stück) bearbeitet.
Biegungsstäbe (14 Stück), zum Theil bearbeitet (5 Stück), zum Theil unbearbeitet (9 Stück).

$$\text{Zugfestigkeit } K_z = \frac{1560 + 1586 + 1640}{3} = 1595 \text{ kg.}$$

No.	Querschnittsform	Biegungsfestigkeit $K_b = \frac{P_{max}\, l}{4\,\Theta} e_1$			
		Stäbe bearbeitet		Stäbe unbearbeitet	
		absolut in kg/qcm	in Theilen von K_z	absolut in kg/qcm	in Theilen von K_z
1	2	3	4	5	6
1	30 × 30	2765	1,73	—	—
2	40 × 40	—	—	2295	1,44
3	32 × 32	—	—	2390	1,50
4	60; 60,1; 10; 39,5	2254	1,41	—	—
5	71,2; 70,9; 21,6; 29,9	—	—	2026	1,27

Der Vergleich der Spalten 4 und 6 zeigt deutlich, dass die Biegungsfestigkeit der bearbeiteten, also von der Gusshaut befreiten Stäbe entschieden grösser ist als diejenige der unbearbeiteten Stäbe. Das Vorhandensein der Gusshaut wirkt demnach auf Verminderung der Biegungsfestigkeit hin.

Diese Erscheinung lässt sich erklären einmal durch den Einfluss etwa vorhandener Gussspannungen und zweitens dadurch, dass der Dehnungskoefficient für das Gusshautmaterial geringer ist, wie derjenige für das weiter nach dem Innern des Stabes zu gelegene Gusseisen[1]). Für die letztere Erklärung spricht insbesondere die Beobachtung, dass die Durchbiegungen, namentlich die bleibenden, bei den bearbeiteten Stäben verhältnissmässig weit grösser sind als bei den unbearbeiteten. Die geringere Nachgiebigkeit der an und für sich am stärksten beanspruchten äusseren Fasern hat zur Folge, dass die Festigkeit der inneren Fasern weniger ausgenützt wird[1]).

Die Grösse des hiermit festgestellten Einflusses der Gusshaut auf die Biegungsfestigkeit hängt jedenfalls auch z. B. davon ab, ob die Gussstücke in frischem Sand oder in getrockneten Formen gegossen werden. Unter Umständen wird dieser Einfluss sehr bedeutend werden können[2]).

Demgemäss ergiebt sich der Koefficient μ_0 der Gleichung 1 für unbearbeitete Stäbe kleiner als für bearbeitete. Den Werthen in Spalte 6 würde ein Werth μ_0 im Mittel reichlich 1 entsprechen, d. i. nahezu $^1/_6$ kleiner als für die bearbeiteten Stäbe.

4. *Versuche zur Klarstellung des Zusammenhangs zwischen Zug- und Biegungsfestigkeit von Gusseisen, und der Spannungsvertheilung über den Querschnitt des gebogenen Stabes.*

Zu diesen Versuchen wurden von Gusseisen bei dem gleichen Guss (aus derselben Pfanne), also aus dem gleichen Material, soweit sich dies überhaupt erreichen lässt, hergestellt:

---

[1]) Den vom Verfasser aus Biegungsversuchen in der Mitte der achtziger Jahre gezogenen Schluss, dass die Gusshaut einen kleineren Dehnungskoefficienten besitze als das weiter nach dem Stabinnern gelegene Material, haben unmittelbar Zugversuche, über welche er in der Zeitschrift des Vereines deutscher Ingenieure 1899, S. 857 u. f. (Mittheilungen über Forschungsarbeiten auf dem Gebiete des Ingenieurwesens, Heft 1, S. 1 u. f.) berichtet, bestätigt.

[2]) Hieraus folgt, dass nur bearbeitete Stäbe der Prüfung unterworfen werden sollten, falls man Zahlen erhalten will, welche unter sich mit Berechtigung verglichen werden können.

Cylinder von 90 mm Durchmesser und rund 950 mm Länge,
Quadratische Stäbe von 90 mm Seite - - 1100 - -

Durch Bearbeitung dieser Körper auf der Drehbank bezw. Hobelmaschine fand Ueberführung derselben in Cylinder von 80 mm Durchmesser, bezw. in quadratische Stäbe von 80 mm Seitenlänge statt.

Von den Cylindern wurden sodann Stücke in der Länge von ungefähr 320 mm abgestochen und aus ihnen zu Zugversuchen je 4 Rundstäbe von 20 mm Durchmesser im mittleren Theile herausgearbeitet. Das jeweils verbleibende Cylinderstück von rund 620 mm Länge wurde zu Druckversuchen verwendet.

Die quadratischen Stäbe dienten den Biegungsuntersuchungen.

Die Belastung wurde von Stufe zu Stufe gesteigert und dabei — ohne Zurückgehen auf die erste Belastungsstufe — jeweils die gesammte Längenänderung bezw. Durchbiegung festgestellt.

Sowohl bei den Zug- als auch bei den Druck- und Biegungsversuchen wurden die Verlängerungen, bezw. Zusammendrückungen und Durchbiegungen je nach 5 Minuten Belastungsdauer abgelesen.

Von den Ergebnissen seien die folgenden hier mitgetheilt.

a) Zugversuche.

Belastungsstufe in kg/qcm	Gesammte Verlängerungen in $^1/_{1000}$ cm auf 10 cm Länge	Unterschied der Verlängerungen
159,15 und 318,3	2,14	
159,15 - 477,5	4,99	2,85
159,15 - 636,6	8,83	3,84
159,15 - 795,8	14,15	5,32
159,15 - 954,9	21,60	7,45
159,15 - 1114,1	33,31	11,71
159,15 - 1273,2	55,58	22,27

Die Zugfestigkeit des Stabes ergab sich zu

$$K_z = 1315 \text{ kg/qcm}.$$

Diejenige von zwei anderen Stäben zu

1289 und 1273 kg/qcm.

b) Druckversuche.

Belastungsstufe in kg/qcm	Gesammte Zusammen-drückungen in $^1/_{200}$ cm auf 29,0 cm	Unterschied der Zusammendrückungen
0,46 und 298,4	2,13	
0,46 - 596,8	4,63	2,50
0,46 - 895,2	7,20	2,57
0,46 - 1193,6	10,45	3,25
0,46 - 1531,9	14,54	4,09
0,46 - 1790,4	18,51	3,97
0,46 - 2088,8	24,10	5,59
0,46 - 2387,2	31,08	6,98
0,46 - 2685,6	41,20	10,12
0,46 - 2984,0	56,72	15,52

c) Biegungsversuche.

Stabbreite $b = 8{,}01$ cm, Stabhöhe $h = 8{,}005$ cm.
Entfernung der Auflager $l = 1000$ mm.
Belastung erfolgt in der Mitte durch die Kraft P.

Belastung P kg	$\dfrac{0{,}25\,P\,l}{\frac{1}{6}\,b\,h^2}$	Gesammte Durchbiegungen der Stabachse in der Mitte in mm	Unterschied der Durchbiegungen in mm
500	146,1	0	
1000	292,2	0,355	0,355
2000	584,4	1,227	0,872
3000	876,6	2,226	0,999
4000	1168,8	3,392	1,166
5000	1461,0	4,830	1,438
6000	1753,2	6,698	1,868
7000	2045,4	9,143	2,445

Der Bruch erfolgt bei $P = 7380$ kg. Die für Proportionalität zwischen Dehnungen und Spannungen giltige Gleichung auf S. 232 würde liefern

$$K_b = \frac{25 \cdot 7380}{\frac{1}{6} \cdot 8{,}01 \cdot 8{,}005^2} = 2157 \text{ kg/qcm.}$$

d) Prüfung des Zusammenhanges der Versuchsergebnisse.

Es liegt nahe, die Prüfung in der Art auszuführen, dass auf die Entwicklungen S. 214 u. f. zurückgegriffen und ermittelt wird:

aus den Zugversuchen α_1 und m_1

- - Druckversuchen α_2 - m_2

- Gl. 11 (S. 219) mit $\sigma_1 = 1315$ kg/qcm die Lage der Nullachse,

- Gl. 12 (S. 219) die Grösse des biegenden Momentes, welches mit $\sigma_1 = 1315$ kg den Bruch herbeiführen würde.

Dieses Moment wäre sodann mit dem thatsächlichen Bruchmoment

$$\frac{Pl}{4} = \frac{100}{4} \cdot 7380 = 184\,500 \text{ kg . cm}$$

zu vergleichen.

Die Beschreitung dieses Weges führt zunächst zu der Erkenntniss, dass das Potenzgesetz $\varepsilon = \alpha \sigma^m$ für die gesammten Dehnungen bis zum Bruch den thatsächlichen Verlauf der Dehnungslinie weder bei Zug noch bei Druck zutreffend genug zum Ausdruck bringt. In Fig. 4 sind auf Grund der unter a und b angegebenen Versuchsergebnisse zu den Spannungen als wagrechte Abscissen die jeweils erhaltenen Dehnungen als senkrechte Ordinaten aufgetragen und dadurch die ausgezogenen Kurven erhalten worden: OZ_1Z gilt für Zug und OE_1ED für Druck.

Der Linienzug, wie ihn das Potenzgesetz mit

$$\alpha_1 = \frac{1}{24\,956\,000\,000}, \qquad m_1 = 2{,}623,$$

$$\alpha_2 = \frac{1}{20\,000\,000}, \qquad m_2 = 1{,}491$$

liefert, ist strich-punktirt eingetragen. Man erkennt deutlich, dass, wenn auch die Werthe von $\alpha_1 m_1$, bezw. $\alpha_2 m_2$ anders als geschehen

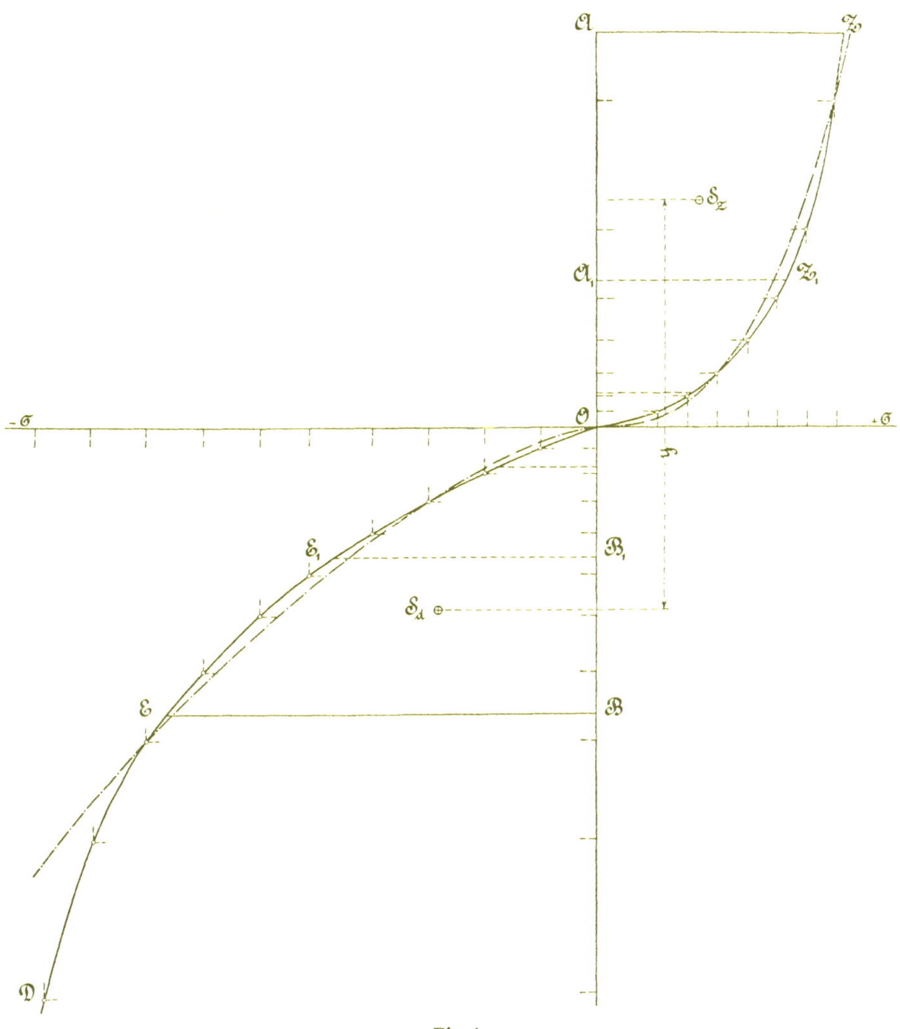

Fig. 4.

gewählt werden, bedeutende Abweichungen der beiden Linienzüge bestehen bleiben.

Unter diesen Umständen verzichten wir auf die Benutzung des Potenzgesetzes, sowie auf die Heranziehung einer anderen Funktion und verfahren in einer anderen, schon von W. Schüle angedeuteten Weise. Die in Fig. 4 ausgezogene Kurve OZ_1Z liefert für $\sigma_z = 1315$ kg $= \overline{AZ}$ in der Ordinate $\overline{OA}$ die zugehörige Dehnung. Unter der Voraussetzung, dass der Stabquerschnitt bei der Biegung eben bleibt[1]), ergiebt die Linie OZ_1Z die Vertheilung der Zugspannungen von der durch O gehenden Nullachse bis zu der am stärksten gespannten Faser in A. Die Grösse der Fläche OAZ bildet unter Berücksichtigung der Breite des rechteckigen Querschnittes das Mass für die Summe der inneren Kräfte auf der Zugseite. Da nun diese Summe, welche mit N bezeichnet sei, gleich sein muss der Summe der inneren Kräfte auf der Druckseite (Gl. 6, S. 216), so ist auf letzterer eine Fläche OBE = Fläche OAZ abzugrenzen, was sich mittelst des Polarplanimeters ziemlich rasch ausführen lässt. $\overline{BE}$ ist alsdann die grösste Spannung, welche auf der Druckseite eintritt, wenn die grösste Spannung auf der Zugseite $\overline{AZ} = 1315$ kg/qcm beträgt. Die zeichnerische Darstellung liefert die grösste Druckspannung $\overline{BE} =$ 2270 kg/qcm, d. i. um $100 \frac{2270 - 1315}{1315} = 73\%$ grösser als die grösste Zugspannung.

Die Nullachse ist in dem rechteckigen Querschnitt von der Höhe $\overline{AOB}$ so gelegen, dass die Abstände von aussen

$$e_1 = \overline{OA} \qquad \text{und} \qquad e_2 = \overline{OB}$$

betragen. Dies giebt, da der für die Dehnungen — zunächst ohne Rücksicht auf die Höhe des Stabquerschnittes — gewählte Massstab in der ursprünglichen Zeichnung Fig. 4 zur Strecke $\overline{OA}$ $= 20{,}3$ cm und zur Strecke $\overline{OB} = 14{,}7$ cm, also zu $\overline{AB} = 20{,}3 + 14{,}7 = 35{,}0$ cm geführt hat, bei der Querschnittshöhe $h = 8{,}005$ cm

$$e_1 = 20{,}3 \frac{8{,}005}{35{,}0} = 4{,}64 \text{ cm},$$

$$e_2 = 14{,}7 \frac{8{,}005}{35{,}0} = 3{,}36 \text{ cm}.$$

Die Nullachse liegt somit im Augenblick des Bruches um 0,64 cm, d. i. um 8% der Querschnittshöhe aus der Mitte nach der Druckseite hin.

---

[1]) Vergl. Fussbemerkung S. 232 und 233.

Sind S_z und S_d die Schwerpunkte der beiden Flächen OAZ bezw. OBE, so findet sich zunächst in der Strecke y der Abstand, in welchem die beiden resultirenden Innenkräfte N wirkend anzunehmen sind, und damit das Moment der inneren Kräfte gleich Ny.

Aus der Zeichnung entnehmen wir unter Berücksichtigung, dass die Stabbreite 8,01 cm beträgt,

$$N = 37160 \text{ kg} \qquad y = 21{,}0 \frac{8{,}005}{35{,}0} = 4{,}8 \text{ cm},$$

folglich

$$Ny = 37160 \,.\, 4{,}8 = 178368 \text{ kg} \,.\, \text{cm}.$$

Das Moment der äusseren Kräfte, welches zum Bruche führte, betrug — wie oben ermittelt — 184500 kg . cm. Somit findet sich der Unterschied zwischen diesem Bruchmoment und dem Moment der inneren Kräfte, wie es in Vorstehendem festgestellt worden ist, zu

$$100 \frac{184500 - 178368}{184500} = 3{,}3\,\%.$$

Dieser Unterschied hält sich nicht blos innerhalb der Grenzen der Abweichungen, welche in solchen Fällen zu erwarten sind, sondern er muss sogar als recht klein bezeichnet werden. Hiernach erscheint die Spannungsvertheilung im Querschnitt des gebogenen gusseisernen Stabes im Augenblick des Bruches und damit auch der Zusammenhang zwischen der Biegungsfestigkeit und der Zugfestigkeit klargestellt. Man erkennt, dass in dem gebogenen Stabe wesentlich höhere Zugspannungen nicht auftreten, als sie der unmittelbare Zugversuch liefert.

Für ein unterhalb des Bruchmomentes liegendes Biegungsmoment, etwa für ein solches, das $\sigma_z = \overline{A_1 Z_1}$ liefert, welchem Werthe dann gemäss der Gleichgewichtsbedingung, dass Fläche OA_1Z_1 = Fläche OB_1E_1 sein muss, die Druckspannung $\sigma_d = \overline{E_1 B_1}$ entspricht, verschiebt sich wegen des flacheren Verlaufs der Drucklinie OE_1E gegenüber demjenigen der Zuglinie OZ_1Z die Nullachse nach der Mitte hin, für noch kleinere

Momente kann sie aus der Mitte des rechteckigen Querschnittes nach der Zugseite hin gelegen sein[1]).

Beispielsweise findet sich

$$\text{für } \sigma_z = 1000 \text{ kg/qcm}$$

$$\sigma_d = 1388 \text{ kg/qcm} \qquad e_1 = 4{,}27 \text{ cm} \qquad e_2 = 3{,}73 \text{ cm},$$

somit die Nullachse um 0,27 cm, d. i. 3,4 % der Höhe aus der Mitte nach der Druckseite gelegen,

$$\text{für } \sigma_z = 500 \text{ kg/qcm},$$

$$\sigma_d = 525 \text{ kg/qcm} \qquad e_1 = 3{,}77 \text{ cm} \qquad e_2 = 4{,}23 \text{ cm},$$

somit die Nullachse um 0,23 cm, d. i. 2,9 % der Höhe aus der Mitte nach der Zugseite gelegen.

Um für kleine Momente, welche auch nur geringe Spannungen (Dehnungen) geben, die Lage der Nullachse auf dem zeichnerischen Wege ausreichend genau feststellen zu können, müssen bei den Zug- und Druckversuchen die Dehnungen und Zusammendrückungen für geringere Spannungen mit entsprechend niedrigeren Belastungsstufen ermittelt und muss für die Dehnungen ein grösserer Massstab gewählt werden, als dies im Falle der Fig. 4 geschehen ist, mit welcher nur die Aufgabe zu lösen war, die Verhältnisse für den Bruch zu untersuchen.

Zur weiteren Klarstellung sind Versuche mit verschiedenen Gusseisensorten, mit Steinen, Beton u. s. w. durchzuführen; ebenso wird der Einfluss zu ermitteln sein, den Wechsel der Belastungen (Spannungen) äussert.

---

[1]) Diese Feststellung giebt nicht nur eine weitgehende Aufklärung über die Anstrengung von auf Biegung beanspruchten Körpern, deren Material stark veränderlichen Dehnungskoefficienten besitzt, wie Gusseisen, Sandstein, Beton u. s. w., sondern sie beleuchtet auch die Mittheilungen, welche in neuerer Zeit hinsichtlich der Lage der Nullachse bei Biegungsbalken aus solchen Stoffen gemacht worden sind. Je nach der verhältnissmässigen Grösse des biegenden Momentes konnte man die Nullachse in der Stabachse oder auch mehr oder minder weit ausserhalb gelegen ermitteln, ohne damit der eigentlichen Erkenntniss der Spannungsvertheilung über den Querschnitt näher zu kommen. Ueber diese giebt Fig. 4, S. 245, vollen Aufschluss.

IV. Knickung.

§ 23. Wesen der Knickung.

Es sei *AB*, Fig. 1, ein prismatischer Stab von grosser Länge und geringen Querschnittsabmessungen, belastet durch die Kraft P. Wenn nun die Voraussetzungen,

1. dass die Kraft P genau mit der Stabachse zusammenfällt,
2. dass diese thatsächlich eine gerade Linie bildet, dass das Material des Stabes durchaus gleichartig ist und an allen Stellen in dem gleichen Zustande sich befindet,
3. dass seitliche Kräfte auf den Stab nicht einwirken, dass derselbe überhaupt Einflüssen, welche solche hervorrufen würden, nicht unterworfen ist,

zuträfen, so würde der Stab nach § 11 nur eine Zusammendrückung in Richtung der Achse und senkrecht dazu eine Querschnittsvergrösserung erfahren. Eine Veranlassung, mit dem freien Ende seitlich auszuweichen, läge dann nicht vor.

In Wirklichkeit sind die genannten Voraussetzungen, namentlich diejenigen unter Ziff. 1 und 2 genau überhaupt nicht zu erfüllen und angenähert um so weniger leicht, je grösser die Länge des Stabes im Verhältniss zu seinen Querschnittsabmessungen ist. Infolgedessen zeigt die Erfahrung, dass ein solcher Stab mit seinem freien Ende auszuweichen bestrebt ist, dass er eine Biegung erleidet. Um uns über das, was hierbei eintritt, ein richtiges Bild zu verschaffen, führen wir folgende Versuche durch.

a) Wir nehmen einen sorgfältig gerade gerichteten Stahldraht von 3,5 mm Durchmesser, spannen denselben möglichst genau senkrecht in den Schraubstock so ein, dass er eine freie Länge von $l = 850$ mm besitzt, Fig. 2. Hierauf belasten wir ihn in Richtung seiner Achse mit $P = P_1 = 0{,}4$ kg. Sobald Draht und Belastung sich selbst überlassen werden, beginnt das freie Ende des ersteren auszuweichen, bis er bei $y' =$ rund 25 mm zur Ruhe gelangt. In dieser Lage befindet sich das biegende Moment $P y'$ (sofern von dem Einfluss des Eigengewichtes des Drahtes abgesehen wird) im

Gleichgewicht mit den durch dasselbe im Innern des Stabes wachgerufenen Elasticitätskräften. Die wiederholte Zurückführung des ausgewichenen Drahtes in die senkrechte Lage erwidert derselbe durch erneute Ausbiegung um y'. Wird das freie Ende des Stabes mit der Hand noch etwas weiter, d. h. um mehr als y' ausgebogen und alsdann sich selbst überlassen, so kehrt er in die Lage $y' = 25$ mm zurück. Der Gleichgewichtszustand ist demnach ein stabiler.

Die Belastung $P_1 = 0{,}4$ kg wird entfernt und durch $P = P_2 = 1{,}1$ kg ersetzt. Sobald der Drahtstab mit der Belastung sich

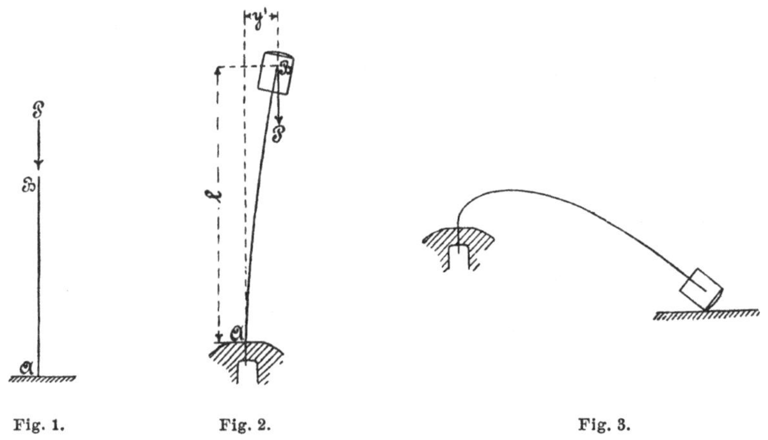

Fig. 1. Fig. 2. Fig. 3.

selbst überlassen bleibt, beginnt das freie Ende auszuweichen, der Draht biegt sich fortgesetzt, bis das belastende Gewicht die Werkbank, an welcher der Schraubstock befestigt ist, erreicht hat, Fig. 3.

Die Biegung ist naturgemäss an der Einspannstelle am stärksten. Der Stab ist hierbei nicht gebrochen. Nach der Entlastung verschwindet ein ziemlich bedeutender Theil der erlittenen Formänderung wieder; namentlich erlangt die nach dem freien Ende hin gelegene Strecke die Geradlinigkeit wieder.

b) Ein schlanker Holzstab von quadratischem Querschnitt, Seitenlänge 7,5 mm, wird möglichst genau senkrecht in den Schraubstock gespannt, alsdann am freien Ende mit $P = P_1 = 1{,}1$ kg belastet, wobei $l = 850$ mm. Das freie Ende beginnt auszuweichen und gelangt schliesslich bei $y' =$ rund 150 mm zur Ruhe.

Die Belastung $P_1 = 1{,}1$ kg wird entfernt und durch $P = P_2 = 1{,}3$ kg ersetzt. Der hierauf sich selbst überlassene Stab beginnt mit dem freien Ende auszuweichen, auch nach wiederholter Zurückführung in die senkrechte Lage, und biegt sich, bis er bei y' etwa gleich 550 mm bricht.

Die Erscheinungen, welche die beiden Stäbe bei der Belastung mit $P = P_2$ zeigen, werden unter dem Namen Knickung des Stabes zusammengefasst: im ersten Falle tritt eine Biegung ein, welche — abgesehen von der Möglichkeit, dass es sich um eine Feder handelt — mit dem Zwecke des Stabes, ein widerstandsfähiger Konstruktionstheil zu sein, unvereinbar ist; im zweiten Falle erfolgt ein Bruch, der gleichfalls unzulässig erscheint.

Aus den Versuchen a und b erkennen wir Folgendes.

Bei der Belastung P_1 weicht der Stab nur um y' aus und gelangt zur Ruhe. Wird das freie Ende des Stabes mit der Hand noch etwas weiter ausgebogen und sich dann selbst überlassen, so kehrt er in diese Lage zurück. In derselben herrscht demnach stabiles Gleichgewicht zwischen dem biegenden Moment, welches die auf den Stab wirkenden äusseren Kräfte, d. h. die Schwerkräfte der Belastung und der eigenen Masse, liefern, und den hierdurch im Innern des Stabes wachgerufenen Elasticitätskräften. Bei der Belastung P_2 dagegen besteht überhaupt ein Gleichgewichtszustand nicht, der Stab biegt sich aus, bis die Belastung zum Aufruhen gelangt, also zum Theil aufgehoben wird (Versuch a), beziehungsweise bis sie zum Bruche führt (Versuch b). In beiden Fällen muss es hiernach eine zwischen P_1 und P_2 gelegene Belastung $P = P_0$ geben, für die der stabile Gleichgewichtszustand, welcher bei $P = P_1$ noch zu beobachten war, gerade aufhört, zu bestehen.

Diese Kraft P_0 wird als Knickbelastung bezeichnet.

§ 24. Knickbelastung.

(Euler'sche Gleichung.)

Für den Stab Fig. 1 bezeichne

P die in der Richtung der ursprünglich geraden Stabachse wirkende Kraft,

P_0 die Knickbelastung, d. h. diejenige Grösse von P, welche die Knickung herbeizuführen im Stande ist,

Θ das der Biegung gegenüber in Betracht kommende Trägheitsmoment des Stabquerschnittes (in der Regel das kleinere der beiden Hauptträgheitsmomente),

l die Länge des Stabes,

α den Dehnungskoefficienten.

In Bezug auf den durch den Abstand x bestimmten Querschnitt ist, da die zu x gehörige Ordinate der elastischen Linie y beträgt, das biegende Moment, dessen Ebene den Querschnitt in einer der beiden Hauptachsen schneide,

$$M_b = P(a + y' - y)$$

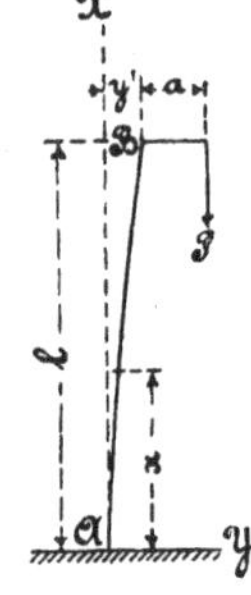

Fig. 1.

und damit unter der Voraussetzung, welche in § 16 zu Gleichung 9 führt, nach Gleichung 10 daselbst

$$\frac{d^2y}{dx^2} = \frac{\alpha P}{\Theta}(a + y' - y).$$

Wird gesetzt

$$\frac{\alpha P}{\Theta} = n^2 \qquad a + y' - y = -z,$$

so folgt

$$\frac{d^2z}{dx^2} = \frac{d^2y}{dx^2} = -n^2z.$$

Dieser Gleichung entspricht unter Voraussetzung, dass α und Θ konstant sind, das Integral

$$z = C_1 \sin(nx) + C_2 \cos(nx)$$

oder

$$y - a - y' = C_1 \sin(nx) + C_2 \cos(nx),$$

sofern die beiden Integrationskonstanten mit C_1 und C_2 bezeichnet werden. Dieselben sind bestimmt dadurch, dass für den Punkt A, also für $x = 0$

$$y = 0 \quad \text{und} \quad \frac{dy}{dx} = 0,$$

d. h.

$$C_2 = -a - y' \qquad C_1 = 0.$$

Hiermit folgt

$$y = (a + y')\,[1 - \cos(n x)]. \quad . \quad . \quad . \quad . \quad . \quad 1)$$

Für $x = l$ wird $y = y'$, also

$$y' = (a + y')\,[1 - \cos(n\,l)]$$

$$y' = a\,\frac{1 - \cos(n l)}{\cos(n l)} = a\left[\frac{1}{\cos(n l)} - 1\right]$$

$$= a\left[\frac{1}{\cos\left(l\sqrt{\frac{\alpha P}{\Theta}}\right)} - 1\right], \quad . \quad . \quad . \quad . \quad . \quad . \quad 2)$$

und damit findet sich die Gleichung der elastischen Linie

$$y = a\,\frac{1 - \cos(n\,x)}{\cos(n\,l)} = a\,\frac{1 - \cos\left(x\sqrt{\frac{\alpha P}{\Theta}}\right)}{\cos\left(l\sqrt{\frac{\alpha P}{\Theta}}\right)}. \quad . \quad 3)$$

Denken wir beispielsweise die Gleichung 2 angewendet auf einen schmiedeisernen Stab von 100 cm Länge und 1 cm Durchmesser, so findet sich mit

$$\alpha = \frac{1}{2\,000\,000} \qquad \Theta = \frac{\pi}{64}\,d^4 = \sim\frac{1}{20}\,d^4 = \frac{1}{20} \qquad l = 100$$

$$y' = a\left[\frac{1}{\cos 100\sqrt{\frac{20\,P}{2\,000\,000}}} - 1\right] = a\left[\frac{1}{\cos\sqrt{\frac{P}{10}}} - 1\right].$$

Für den Hebelarm a wollen wir uns einen kleinen Betrag vorstellen, etwa daher kommend, dass der Stab schon ursprünglich nicht genau gerade war und dass P nicht genau durch den Schwerpunkt des Querschnittes geht.

Es ergiebt sich

$$\text{für } P = \;\;5 \text{ kg} \qquad y' = a\left(\frac{1}{\cos 0{,}707} - 1\right) = \;\; 0{,}32\,a,$$

$$\text{für } P = 10 \text{ kg} \quad y' = a\left(\frac{1}{\cos 1} - 1\right) = 0{,}85\, a,$$

$$\text{für } P = 15 \text{ kg} \quad y' = a\left(\frac{1}{\cos 1{,}225} - 1\right) = 1{,}95\, a,$$

$$\text{für } P = 20 \text{ kg} \quad y' = a\left(\frac{1}{\cos 1{,}4142} - 1\right) = 5{,}54\, a,$$

$$\text{für } P = 22{,}5 \text{ kg} \quad y' = a\left(\frac{1}{\cos 1{,}5} - 1\right) = 13{,}16\, a.$$

Wir erkennen, dass y' anfangs langsam, dann aber ausserordentlich rasch mit P wächst; für $P = 24{,}674$ kg wird sogar

$$y' = a\left(\frac{1}{\cos 1{,}5708} - 1\right) = a\left(\frac{1}{0} - 1\right) = a \,.\, \infty = \infty.$$

Wie klein also auch a sein mag — sofern es nur nicht Null ist —, für $P = 24{,}674$ kg liefert die Rechnung $y' = \infty$. Dieses Ergebniss ist natürlich nicht so aufzufassen, dass die Ausbiegung des Stabes, der eine endliche Länge besitzt, thatsächlich unendlich sich ergiebt, sondern es wird damit nur ausgesprochen: erreicht P den Werth 24,674 kg, so wird bei der geringsten Abweichung der Belastung von der Stabachse, oder bei nicht vollkommener Geradlinigkeit derselben, oder bei nicht vollständiger Gleichartigkeit des Stabmaterials, oder endlich bei der geringsten seitlichen Einwirkung auf den Stab, dieser umknicken, das Gleichgewicht zwischen der äusseren Kraft P und den inneren Elasticitätskräften wird aufhören, zu bestehen. Dabei ist P selbstverständlich nur mit derjenigen Genauigkeit bestimmt, welche den Voraussetzungen der Rechnung entspricht.

Dieser Werth von P kann demnach als diejenige Kraft bezeichnet werden, welche im Stande ist, die Knickung herbeizuführen und w e l c h e s i e a u c h h e r b e i f ü h r e n w i r d, da die Voraussetzungen unter Ziff. 1 und 2 in § 23 nicht streng erfüllbar sind und deshalb stets ein biegendes Moment vorhanden sein muss. Diese Kraft ist die Knickbelastung P_0.

Allgemein lässt sich dieselbe aus der Gleichung 2 durch die Erwägung bestimmen, dass

$$P = P_0 \quad \text{für} \quad y' = a \,.\, \infty,$$

d. h.

$$\cos\left(l\sqrt{\frac{\alpha P_0}{\Theta}}\right)=0$$

$$l\sqrt{\frac{\alpha P_0}{\Theta}}=\frac{\pi}{2}$$

$$P_0=\frac{\pi^2}{4}\,\frac{1}{\alpha}\,\frac{\Theta}{l^2}\quad\ldots\ldots\ldots\quad 4)$$

Für den Fall der Fig. 2, nach Massgabe welcher der Stab gezwungen ist, mit seinen sonst beweglichen Enden A und B in der ursprünglich geraden Stabachse zu bleiben, verhält sich jede der beiden Stabhälften genau so, wie der ganze Stab in Fig. 1.

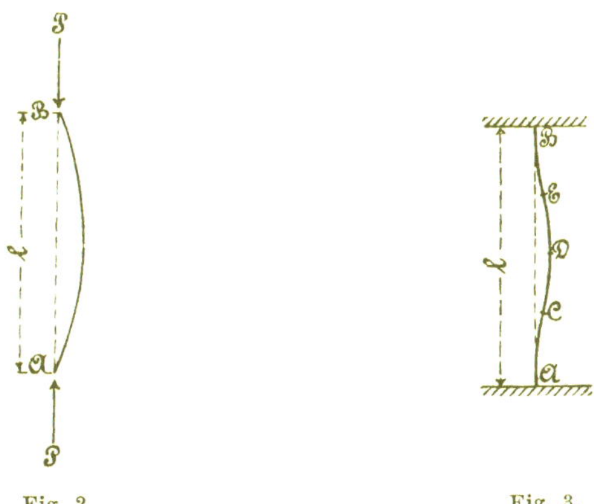

Fig. 2. Fig. 3.

Demnach ergiebt sich für die Kraft, durch welche hier die Knickung erfolgen wird, mittelst Einführung von 0,5 l in die Gleichung 4 an Stelle von l

$$P_0=\frac{\pi^2}{4}\,\frac{1}{\alpha}\,\frac{\Theta}{(0{,}5\,l)^2}=\pi^2\,\frac{1}{\alpha}\,\frac{\Theta}{l^2}\text{[1]},\quad\ldots\quad 5)$$

d. i. ein viermal so grosser Werth, wie für den Stab mit freiem Ende.

[1]) Eine einfache, elementare Ableitung dieser Gleichung giebt R. Land in der Zeitschrift des Vereines deutscher Ingenieure 1896, S. 99 u. f. In anderer, auf die Vorgänge bei der Knickungsbeanspruchung eingehender Weise behandelt W. Schüle diese Aufgabe, Zeitschrift des Vereines deutscher Ingenieure 1899, S. 779.

Die Bezeichnung 5 wird nach ihrem Urheber als die Euler'sche Gleichung bezeichnet.

Wenn der Stab, Fig. 3, an beiden Enden A und B so eingeklemmt ist, dass bei etwaiger Ausbiegung die Gerade AB Tangente in den Punkten A und B der elastischen Linie bleibt — was übrigens in Wirklichkeit nur sehr selten zutreffen wird (vergl. § 53) —, so liegen in den Mitten C und E der Stabstrecken AD und BD Wendepunkte. Die hierdurch entstehenden Endstücke AC und BE verhalten sich wie der ganze Stab im Falle der Fig. 1 ($a = 0$ gesetzt), während das Mittelstück CDE dem Stabe in Fig. 2 entspricht. Diese Erwägung ergiebt für die beiden Endstücke je von der Länge $\frac{l}{4}$ nach Gleichung 4

$$P_0 = \frac{\pi^2}{4}\frac{1}{\alpha}\frac{\Theta}{\left(\frac{l}{4}\right)^2} = 4\pi^2\frac{1}{\alpha}\frac{\Theta}{l^2},$$

für das Mittelstück, dessen Länge $\frac{l}{2}$, nach Gleichung 5

$$P_0 = \pi^2\frac{1}{\alpha}\frac{\Theta}{\left(\frac{l}{2}\right)^2} = 4\pi^2\frac{1}{\alpha}\frac{\Theta}{l^2}.$$

Folglich gilt für den ganzen Stab, Fig. 3,

$$P_0 = 4\pi^2\frac{1}{\alpha}\frac{\Theta}{l^2} \quad . \quad . \quad . \quad . \quad . \quad . \quad . \quad 6)$$

Hiernach verhalten sich die Knickbelastungen für die Stäbe Fig. 1, 2 und 3 unter sonst gleichen Verhältnissen wie

$$\frac{\pi^2}{4}\frac{1}{\alpha}\frac{\Theta}{l^2} : \pi^2\frac{1}{\alpha}\frac{\Theta}{l^2} : 4\pi^2\frac{1}{\alpha}\frac{\Theta}{l^2} = 1 : 4 : 16.$$

Die 3 Gleichungen 4 bis 6 lassen sich zusammenfassen in die eine

$$P_0 = \omega\frac{1}{\alpha}\frac{\Theta}{l^2}, \quad . \quad . \quad . \quad . \quad . \quad . \quad . \quad 7)$$

worin

$$\left.\begin{array}{l}\omega = \frac{\pi^2}{4} \text{ für die Befestigungsweise Fig. 1} \\ \omega = \pi^2 \text{ für diejenige Fig. 2 und} \\ \omega = 4\,\pi^2 \text{ für diejenige Fig. 3}\end{array}\right\} \quad . \quad . \quad 8)$$

§ 25. Zulässige Belastung gegenüber Knickung.

Als zulässige Gesammtbelastung P der in § 24 besprochenen Stäbe wird der $\mathfrak{S}$-te Theil von P_0 genommen, d. h.

$$P = \frac{P_0}{\mathfrak{S}}.$$

Insbesondere

$$\left.\begin{array}{ll}\text{für Stab Fig. 1, § 24,} & P = \frac{\pi^2}{4\,\mathfrak{S}} \frac{1}{\alpha} \frac{\Theta}{l^2}, \\ \text{- - - 2, -} & P = \frac{\pi^2}{\mathfrak{S}} \frac{1}{\alpha} \frac{\Theta}{l^2}, \\ \text{- - - 3, -} & P = \frac{4\pi^2}{\mathfrak{S}} \frac{1}{\alpha} \frac{\Theta}{l^2},\end{array}\right\} \quad . \quad . \quad 1)$$

oder allgemein

$$P = \frac{\omega}{\mathfrak{S}} \frac{1}{\alpha} \frac{\Theta}{l^2}, \quad . \quad . \quad . \quad . \quad . \quad . \quad . \quad 2)$$

worin ω einen von der Befestigungsweise der Stabenden abhängigen Koefficienten, den Befestigungskoefficienten bedeutet, dessen Grösse für bestimmte Fälle am Schlusse von § 24 angegeben ist. Hinsichtlich $\omega = 4\,\pi^2$ sei nochmals darauf hingewiesen, dass es nur äusserst selten der Wirklichkeit entsprechen wird, den Stab als beiderseits eingespannt anzusehen (vergl. § 53).

Die Benützung der Gleichungen 1 oder 2 bei Feststellung der Querschnittsabmessungen einer Stütze kommt nach Massgabe des Erörterten darauf hinaus, diese so zu wählen, dass erst durch das $\mathfrak{S}$-fache der wirkenden Kraft P die Knickung herbeigeführt wird. Mehr ist hierdurch zunächst nicht erreicht. Insbesondere erscheint es unzutreffend, bei Verwendung dieser Gleichungen zu schliessen, dass erst durch das $\mathfrak{S}$-fache der Kraft P die Möglichkeit einer

Biegung eintreten würde. Die beiden, in § 23 unter a und b angegebenen Versuche zeigen deutlich eine ganz bedeutende Ausbiegung bei $P = P_1 < P_0$. Die tägliche Erfahrung lehrt ebenfalls, dass Ausbiegung von schlanken Stäben schon bei verhältnissmässig sehr geringer Belastung eintritt. (Vergl. auch die in § 27 unter Ziff. 1 am Schlusse von a gemachten Angaben.) Aus der Unmöglichkeit, die in § 23 unter Ziff. 1 und 2 angegebenen Voraussetzungen genau zu erfüllen, was darauf hinauskommt, dass die Grösse a in Gleichung 2, § 24, grösser als Null ist, erklärt sich diese Erscheinung ohne Weiteres.

Will man das Eintreten solcher weit unterhalb der Knickungsgefahr liegenden Ausbiegungen nach Möglichkeit verhindern, so wird das unter sonst gleichen Verhältnissen um so erfolgreicher geschehen, je grösser man $\mathfrak{S}$ in die Gleichungen 1 oder 2 einführt.

Bei gewissen stangenartigen Maschinentheilen wechseln Zug und Druck, so dass die Stange zunächst auf Zug, hierauf auf Knickung beansprucht ist u. s. f. Folgen nun — wie häufig der Fall — Zug und Druck so rasch auf einander, dass von einer Ausbildung der Formänderung, wie sie die Entwicklung der Gleichungen voraussetzt, nicht die Rede sein kann, so wird ein geringerer Werth von $\mathfrak{S}$ genügen, als wenn der genannte Vorgang langsamer vor sich geht[1]).

Ferner kommt in Betracht, dass in den meisten Fällen selbst der Anordnung Fig. 2, § 24, schon infolge der Reibung in den Gelenken bei A und B ein (wenn auch nicht bedeutendes) Biegungsmoment vorhanden zu sein pflegt. Bei nicht senkrechter Lage der Stange tritt noch hinzu der auf Biegung wirkende Einfluss des Eigengewichts und im Falle ungleichförmiger Bewegung noch derjenige des Trägheitsvermögens. Nicht selten wird der Wärmezustand des Stabes ein einseitig verschiedener sein, welcher Umstand für eiserne Stützen Bedeutung erlangen kann. Auch diesen Einflüssen, wenn sie sich innerhalb gewisser Grenzen halten, wird in der Regel bei Wahl von $\mathfrak{S}$ Rechnung getragen.

Unter diesen Verhältnissen ist es natürlich ausgeschlossen, dass für $\mathfrak{S}$ ein bestimmter Werth angegeben werden kann; es werden vielmehr jeweils die besonderen Umstände in Erwägung zu

---

[1]) Vergl. z. B. des Verfassers Maschinenelemente, 1. Aufl. (1881), S. 311, oder 2. Aufl. (1891/92), S. 493, 8. Aufl. (1901), S. 658 und 659.

ziehen sein. Hierzu gehört insbesondere auch die Befestigung der Enden der gedrückten Stange. Eine Säule mit grosser und kräftiger Fuss- und Kopfplatte wird sich anders verhalten als eine sonst gleiche Säule mit kleinen Endplatten. Die erstere Säule erscheint in höherem Masse als an den Enden eingespannt, wie die letztere, und insofern tragfähiger; dagegen wird die belastende Kraft um so mehr von der Achse der Säule abweichen, d. h. die Säule voraussichtlich mit einem um so grösseren Hebelarm belasten können, je grösser die Kopf- und die Fussplatte sind (vergl. auch Fig. 1 und Fig. 2, § 27). Bei Bleiunterlage wird sich die gleiche Säule leichter nach Fig. 2, § 24, krümmen können, als wenn sie mit Cement untergossen worden ist, der vor der Einwirkung der Belastung genügend erhärtet, u. s. w. Streng genommen wäre allerdings diesen Umständen bei Feststellung des Befestigungskoefficienten ω Rechnung zu tragen; doch kommt es, da P proportional dem Quotienten $\omega : \mathfrak{S}$, thatsächlich auf dasselbe hinaus, wenn ω, wie es für Stützen, deren Enden seitlich nicht ausweichen können, zu geschehen pflegt, mit π^2 eingeführt und $\mathfrak{S}$ entsprechend kleiner gewählt wird, falls man nicht, durch Erwägungen besonderer Art veranlasst, vorzieht, statt der ganzen Säulenlänge einen Bruchtheil derselben in Rechnung zu stellen. (Vergl. Schluss von § 27.)

Für Säulen von Gusseisen darf, ganz abgesehen von der selbstverständlichen Rücksichtnahme auf die Herstellungsweise (liegend oder stehend gegossen), nicht ausser Acht bleiben, dass α, welches bei der Entwicklung in § 24 als konstant vorausgesetzt wurde, thatsächlich veränderlich ist, und zwar zunimmt mit wachsender Spannung oder Dehnung (vergl. § 20, Ziff. 4), sowie überdies für die Gusshaut weniger beträgt als für das im Inneren gelegene Material (vergl. § 22, Ziff. 3).

Schliesslich wird auch dem Umstand Beachtung geschenkt werden müssen, dass in der Regel schon frühzeitig, d. h. unter verhältnissmässig geringer Belastung bleibende Formänderungen eintreten (vergl. § 4); weshalb die Durchbiegung des auf Knickung beanspruchten Stabes grösser sich ergeben muss, als es der Dehnungskoefficient der Federung α erwarten lässt, und infolgedessen der einmal durchgebogene Stab sich so verhält, als ob der Hebelarm a (Fig. 1) von vornherein um die bleibende Durchbiegung grösser gewesen wäre.

Unter allen Umständen muss bei einem Stabe, welcher auf Knickung berechnet wird, die in § 12 aufgestellte Forderung bei einfacher Druckbeanspruchung

$$P \leqq kf \quad . \quad . \quad . \quad . \quad . \quad . \quad . \quad . \quad 3)$$

befriedigt sein.

§ 26. Navier'sche (Schwarz'sche) Knickungsformel.

Die in den §§ 24 und 25 erörterte Grundgleichung zur Berechnung eines Stabes, welcher der Gefahr des Knickens ausgesetzt ist, hat bis auf unsere Tage in den Kreisen der Techniker des Hochbau- und Bauingenieurwesens vielfach Bemängelung erfahren, deren Wurzel namentlich in dem Umstande zu suchen sein dürfte, dass in ihr nicht die Spannung auftritt, welche man sich gewöhnt hat, als Massstab der Sicherheit einer Konstruktion aufzufassen und von der man deshalb bei Feststellung der Abmessungen immer auszugehen pflegt[1]).

---

[1]) Im Maschineningenieurwesen war nichts oder verhältnissmässig nur wenig von einer solchen Bemängelung zu bemerken und zwar aus verschiedenen Gründen.

Zunächst hat der Gleichgewichtszustand, wie er im Augenblicke des Beginnes der Knickung vorhanden ist, für den Maschineningenieur nichts Fremdes. Es ist demselben geläufig, dass schon die Herstellung eines längeren schlanken Körpers mit thatsächlich gerader Achse und vollständiger Gleichartigkeit des Materials trotz grösster Sorgfalt nicht zu erzielen ist, und dass infolgedessen, ganz abgesehen davon, mit welcher Genauigkeit es möglich erscheint, die Achsialkraft P in die vermeintlich gerade Stabachse fallen zu lassen, bei Belastung durch P eine mit dieser Kraft wachsende Durchbiegung eintreten muss. (Lange Druckstangen, wie sie z. B. bei vertikalen Balanciermaschinen auftreten, sind deshalb auch bei genau senkrechter Lage niemals durchbiegungsfrei zu erhalten, die Erzitterungen lassen sich bei wechselnder Belastung nicht ganz beseitigen.) Dass bis zu einer gewissen Grösse von P das mit dieser Kraft und dem Eigengewicht verknüpfte biegende Moment von den inneren Elasticitätskräften des Stabes im Gleichgewicht gehalten wird, und dass bei Ueberschreitung der bezeichneten Grenze dieses Gleichgewicht aufhört und der Stab sich umbiegt oder zerbricht, erscheint dann ganz natürlich. Durch Steigerung der Belastung wird der Stab auf einfachstem Wege aus dem Zustand des stabilen Gleichgewichts in den des labilen übergeführt. An den Letzteren muss sich dann schon infolge des Einflusses der Zeit auf die Ausbildung der Formänderungen der Vorgang des Knickens anschliessen.

Ferner zeigten die Ergebnisse von Knickungsversuchen keine Uebereinstimmung mit dem, was die *Euler*'sche Gleichung

---

Das Verhalten des unter *äusserem* Ueberdruck stehenden Flammrohres eines Dampfkessels, Fig. 1, ist ein ganz entsprechendes. Erfährt die Pressung der Flüssigkeit, welche das Rohr umgiebt, eine Steigerung, so wird das Letztere schliesslich eingedrückt oder zusammengedrückt. Eine eigentliche Zerstörung des Materials tritt hierbei häufig nicht ein. Die Grösse der Pressung, welche das Ein- oder Zusammendrücken herbeiführt, hängt in erster Linie mit ab von der Vollkommenheit der Kreisform des Rohrquerschnittes. In ganz gleicher Lage befinden sich nicht wenige Gefässe und Rohrleitungen der Industrie, welche der Regel nach oder auch nur ausnahmsweise äusserem Ueberdruck Widerstand zu leisten haben.

In solchen Fällen sind eben die Abmessungen so zu wählen, dass *unzulässige Formänderungen* ferngehalten werden. Allgemein von einer *zulässigen Spannung* auszugehen, erscheint dann unzutreffend. Die üblichen Sicherheitskoefficienten $\mathfrak{S}$ haben, wie oben (§ 25) bereits erörtert, hierbei den allgemeinen Rücksichten und den besonderen Umständen des gerade vorliegenden Falles Rechnung zu tragen.

Fig. 1.

Im Maschinenbau ist auch in anderen Fällen als bei Knickbeanspruchung von einer höchstens zulässigen Formänderung auszugehen, selbstverständlich unter Festhaltung der Forderung, dass die Anstrengung des Materials in keinem Punkte den höchstens für zulässig erachteten Werth überschreitet. Bei stark belasteten Wellen u. s. w. gestattet man nur eine bestimmte Durchbiegung oder eine gewisse Abweichung der Richtung der elastischen Linie von der ursprünglich geraden Stabachse an bestimmten Stellen; in anderen Fällen wird von einer höchstens zulässigen Verdrehung ausgegangen. Die zulässigen Belastungen unserer Treibriemen u. s. w. bezwecken, die Dehnungen innerhalb gewisser Grenzen zu halten u. s. f. Andererseits werden Federn u. dergl. so konstruirt, dass mit Sicherheit auf eine gewisse Formänderung gerechnet werden darf. (Vergl. des Verfassers Maschinenelemente 1881, Vorwort S. IV, S. 35, 37, 202, 279, 317 u. s. f., oder 1891/92, Vorwort S. IV, VIII, S. 61, 64, 232, 317, 318, 323 u. f., S. 427 u. f., S. 498, 504, 540 u. s. w.)

Die oben erwähnten Bemängelungen der *Euler*'schen Gleichung in den Kreisen des Baufachs haben von H. *Zimmermann* im Centralblatt der Bauverwaltung 1886, S. 217 u. f. eine klare und eingehende Beleuchtung erfahren.

$$P_0 = \pi^2 \frac{1}{\alpha} \frac{\Theta}{l^2}$$

lieferte[1]).

Auf diesem Boden war die von Navier herrührende Knickungsformel

$$P = f \frac{k}{1 + \varkappa \frac{f\, l^2}{\Theta}} = f \frac{k}{1 + \varkappa \left(\frac{l}{r}\right)^2} \quad . \quad . \quad . \quad 1)$$

entstanden[2]).

Hierin bedeutet

P die zulässige Gesammtbelastung des Stabes,

k die zulässige Druckanstrengung des Materials,

---

[1]) Man übersah hierbei, dass, während die Entwicklung dieser Gleichung freie Beweglichkeit der Stabenden voraussetzt (Fig. 2, § 24), bei den Versuchen diese freie Beweglichkeit nicht vorhanden war. Hätte man in der Erwägung, dass die vollständige Aufhebung dieser Beweglichkeit, d. i. die Einspannung des Stabes, dazu führt, in Gleichung 5, § 24, an Stelle der Länge l nur deren Hälfte einzusetzen, in jedem einzelnen Fall zu ermitteln gesucht, welcher Bruchtheil von l oder welcher Werth von ω in Gleichung 7, § 24 (Gleichung 2, § 25) den Befestigungsverhältnissen der Stabenden ungefähr entsprochen haben würde, das Ergebniss würde ein anderes gewesen sein.

Auch der Einfluss der Veränderlichkeit des Dehnungskoefficienten des Gusseisens, derjenige der Gusshaut und etwaiger Gussspannungen durften bei der Beurtheilung der Versuchsergebnisse, welche gusseiserne Stützen lieferten, nicht übersehen werden (vergl. § 20, Ziff. 4 und § 22).

Die Versuche von Bauschinger und v. Tetmajer (§ 27) liefern den Nachweis, dass der Werth

$$P_0 = \pi^2 \frac{1}{\alpha} \frac{\Theta}{l^2}$$

der Knickbelastung bei freier Beweglichkeit der Stabenden entspricht.

[2]) Rühlmann stellt in seinem Werk: Vorträge über Geschichte der technischen Mechanik, Leipzig 1885, S. 364 und 365 fest, dass diese Gleichung, welche auch als Gordon- und Rankine'sche Formel bezeichnet wird, von Navier zuerst entwickelt wurde, dass später 1854 Schwarz sie in anderer Weise ableitete u. s. f.

Sie hat, wenn es sich darum handelt, ihre Richtigkeit durch die Ergebnisse von Knickungsversuchen zu prüfen, den Vortheil, zwei Koefficienten k und $\varkappa$ zu besitzen, durch deren Wahl leichter eine Anschmiegung der Versuchsergebnisse erreicht werden kann, als wenn nur ein Koefficient vorhanden ist.

Die Euler'sche Gleichung 5, § 24, ist in dieser Hinsicht allerdings weniger gut daran.

f den Querschnitt des Stabes,

l dessen Länge,

Θ das kleinere der beiden Hauptträgheitsmomente des Stabquerschnittes,

r den Trägheitshalbmesser derart, dass $\Theta = f r^2$,

$\varkappa$ eine Erfahrungszahl, den sogenannten Zerknickungskoefficienten.

Die von Navier dem Wesen nach gegebene Begründung erhellt aus dem Folgenden.

Der in Fig. 2 gezeichnete Stab ist im mittleren Querschnitt durch das Moment $P a$, dessen Ebene den Letzteren senkrecht zu derjenigen Hauptachse schneidet, für welche Θ gilt, auf Biegung und durch die Kraft P auf Druck in Anspruch genommen; infolgedessen erfährt die im Abstande e von der Nullachse gelegene Faserschicht eine Pressung

$$k = \frac{P}{f} + \frac{P a}{\Theta} e,$$

woraus

$$P = f \frac{k}{1 + \frac{a e f}{\Theta}} \quad . \quad . \quad . \quad . \quad . \quad 2)$$

Fig. 2.

In dieser Gleichung tritt die Unbekannte a auf, deren Zweck nach § 23 und 24 darin zu bestehen hat, die Möglichkeit des excentrischen Angreifens der Kraft P bei auf Knickung in Anspruch genommenen Stäben, sowie die Ungleichartigkeit des Materials, die etwaige Verschiedenartigkeit des Wärmezustandes u. s. w. und den Umstand zu berücksichtigen, dass die Stabachse keine genau geradlinige ist. Um diese — offenbar ausserhalb des Rahmens der wissenschaftlichen Elasticitäts- und Festigkeitslehre liegende — Grösse nicht willkürlich wählen zu müssen, worin überhaupt die hauptsächlichste Schwierigkeit bei der Berechnung eines auf Knickung beanspruchten Stabes liegt, hat Navier folgender Erwägung stattgegeben.

Durch das Moment $P a$ (allein) tritt in den um e von der Nullachse abstehenden Fasern die Spannung

$$\sigma = \frac{P a}{\Theta} e$$

auf. Zu dieser Spannung oder Pressung gehört die Dehnung oder Zusammendrückung

$$\varepsilon = \alpha\,\sigma.$$

Hiermit wird aus der vorigen Gleichung

$$P = \varepsilon\,\frac{\Theta}{\alpha\,a\,e} \quad . \; . \; . \; . \; . \; . \; . \; . \quad 3)$$

und durch Gleichsetzung dieses Werthes mit der rechten Seite von Gleichung 5, § 24,

$$P = \varepsilon\,\frac{\Theta}{\alpha\,a\,e} = \pi^2\,\frac{1}{\alpha}\,\frac{\Theta}{l^2},$$

woraus folgt

$$a = \varepsilon\,\frac{l^2}{\pi^2\,e}.$$

Durch Einführung dieses Werthes in die Gleichung 2 findet sich

$$P = f\,\frac{k}{1 + \frac{\varepsilon}{\pi^2}\,\frac{f\,l^2}{\Theta}}.$$

Mit

$$\frac{\varepsilon}{\pi^2} = \varkappa$$

ergiebt sich

$$P = f\,\frac{k}{1 + \varkappa\,\frac{f\,l^2}{\Theta}} = f\,\frac{k}{1 + \varkappa\left(\frac{l}{r}\right)^2} \quad . \; . \; . \quad 1)$$

wie oben.

Richtiger erscheint es, die Gleichung 3 nicht mit Gleichung 5, § 24, sondern mit Gleichung 2, § 25, in Verbindung zu setzen, so dass

$$P = \varepsilon\,\frac{\Theta}{\alpha a e} = \frac{\omega}{\mathfrak{S}}\,\frac{1}{\alpha}\,\frac{\Theta}{l^2},$$

woraus dann mit

$$\varkappa = \frac{\mathfrak{S}}{\omega} \varepsilon \quad . \quad . \quad . \quad . \quad . \quad . \quad . \quad . \quad . \quad 4)$$

ebenfalls folgen würde

$$P = f \frac{k}{1 + \varkappa \frac{f\, l^2}{\Theta}} = f \frac{k}{1 + \varkappa \left(\frac{l}{r}\right)^2} \quad . \quad . \quad . \quad . \quad 1)$$

Hiernach bedeutet der Koefficient $\varkappa$ das $\frac{\mathfrak{S}}{\omega}$ fache derjenigen Dehnung (Zusammendrückung), welche im massgebenden Faserabstande e vorhanden ist, insoweit dieselbe von dem biegenden Momente allein herrührt.

Die Einführung von $\varkappa$ als einem Erfahrungskoefficienten heisst demnach nichts Anderes, als die Festsetzung eines bestimmten Werthes für die Dehnung, insoweit diese durch das vorhandene biegende Moment hervorgerufen wird. Ob es leichter ist, $\varkappa = \frac{\mathfrak{S}}{\omega} \varepsilon$ anzunehmen, oder a unter Beachtung der besonderen Verhältnisse schätzungsweise zu wählen, mag hier dahingestellt bleiben.

Soll nun $\varkappa$ — wie unter dem Vorbehalt, die etwaige Veränderlichkeit des Befestigungskoefficienten besonders zu berücksichtigen, angegeben wird — eine vom Material abhängige Konstante sein, so wird damit festgesetzt, dass diese Dehnung (oder die ihr entsprechende Kantenspannung), soweit sie von der Biegung herrührt, für ein bestimmtes Material konstant anzunehmen ist, also beispielsweise unter sonst gleichen Verhältnissen unabhängig davon, ob es sich um eine Stütze von 10 m Höhe oder um eine solche von 3 m Höhe handelt.

Greifen wir auf die Gründe zurück, welche überhaupt dazu veranlassten, die Grösse a einzuführen, so finden wir, dass diese Grösse folgenden Umständen Rechnung tragen sollte:

a) die Achse ist bei längeren Stäben keine gerade Linie,

b) das Material ist nicht vollkommen gleichartig, sein Zustand nicht an allen Stellen der gleiche,

c) die Kraft P fällt nicht genau mit der Stabachse zusammen.

Naturgemäss wachsen die Abweichungen unter a und b vom normalen Zustande mit der absoluten Länge der Stütze verhältnissmässig rasch, so dass nicht Unveränderlichkeit, sondern Abnahme der für das biegende Moment zugelassenen Kantendehnung oder Kantenspannung angezeigt erscheint. Knickungsversuche werden den Nachweis erbringen müssen, dass $\varkappa$ nicht konstant sein kann, sondern mit l zunehmen muss und zwar bedeutend, wenn schlanke hohe Stützen in das Bereich der Prüfung gezogen werden[1]).

Eine scharfe Betrachtung des Zweckes, zu dem überhaupt die Gleichung 1 dienen soll, sowie dessen, was von dem Zerknickungskoefficienten $\varkappa$ verlangt wird, führt zu der Erkenntniss, dass $\varkappa$ — selbst bei dem gleichen Werthe von ω — nicht blos Materialkonstante sein kann, sondern in der Hand eines rationell arbeitenden Konstrukteurs — falls derselbe die Gleichung 1 überhaupt benutzt — eine von verschiedenen Umständen zum Theil sehr stark beeinflusste Grösse sein muss. (Vergl. das in § 25 über $\mathfrak{S}$ Bemerkte.)

Laissle & Schübler setzen (S. 71 ihres Werkes „Der Bau der Brückenträger“, 4. Auflage, 1876) für an den Enden drehbare Stäbe (Fig. 2, § 24)

$\varkappa = 0{,}0001$ für Schmiedeisen (zutreffendenfalls auch für weichen Stahl),
$\varkappa = 0{,}0003$ für Gusseisen,
$\varkappa = 0{,}0002$ für Holz.

---

[1]) Thatsächlich glaubte man, diesen Einfluss der Stützenhöhe bereits voll bei der Entwicklung der Gleichung 1 berücksichtigt zu haben.

Laissle & Schübler (Bau der Brückenträger, 4. Auflage, 1876, S. 70), welche wohl am meisten zur Verbreitung der Navier'schen Knickungsformel beigetragen haben dürften, ausgehend von der Gleichung 2

$$P = f \frac{k}{1 + \frac{a e f}{\Theta}},$$

setzen in der Erwägung, dass a „für ein und dasselbe Material mit zunehmender Länge sich sehr vergrössern, dagegen bei zunehmenden Querschnittsdimensionen abnehmen wird“,

$$a = \varkappa \frac{l^2}{e},$$

„worin $\varkappa$ ein durch die Erfahrung für jedes Material festzustellender Koefficient ist“, und erhalten damit

$$P = f \frac{k}{1 + \varkappa \frac{f l^2}{\Theta}}.$$

Es entspricht dies, wenn $\omega = \pi^2 = \backsim 10$ genommen wird,

$$\varepsilon = \frac{0{,}001}{\mathfrak{S}},$$

$$\text{bezw.}\ \frac{0{,}003}{\mathfrak{S}},$$

$$\text{bezw.}\ \frac{0{,}002}{\mathfrak{S}}.$$

Scharowski giebt in seinem Musterbuch für die Säulen der Eisenkonstruktionen

	k_z (§ 6)	k (§ 12)	$\varkappa$
bei Schmiedeisen	1000 kg	1000 kg	0,0001,
bei Gusseisen	250 -	500 -	0,0002.

Wenn bei gusseisernen Säulen $\varkappa f l^2 : \Theta > 3$, so wählt Scharowski

$$P = \frac{250 f}{-1 + \varkappa \frac{f l^2}{\Theta}}.$$

Hierbei ist freie Beweglichkeit der Säulenenden nicht vorhanden, andererseits kann aber auch nicht Einspannung derselben angenommen werden.

Möller — Ueber die Widerstandsfähigkeit auf Druck beanspruchter eiserner Baukonstruktionstheile bei erhöhter Temperatur, von M. Möller und R. Lühmann, vom Vereine zur Beförderung des Gewerbfleisses in Preussen mit einem Preise gekrönte Arbeit. Berlin 1888. Abdruck aus den Verhandlungen des Vereines zur Beförderung des Gewerbfleisses 1887 (siehe daselbst S. 603 u. f.) — empfiehlt für gusseiserne und schmiedeiserne Säulen, welche im Falle eines Brandes dem Feuer ausgesetzt sein können, zu nehmen

$$k = 1000 \text{ bis } 1200 \qquad \varkappa = 0{,}0004, \text{ d. i. } \varepsilon = \frac{0{,}0004}{\mathfrak{S}}\,\omega.$$

Krohn entwickelt im Centralblatt der Bauverwaltung 1885, S. 400 bis 401, für an den Enden bewegliche Säulen die Beziehung

$$\varkappa = \frac{1}{8}\,\alpha\,k,$$

worin α den Dehnungskoefficienten bedeutet.

Dies würde beispielsweise geben

$$\text{für Schmiedeisen mit } \frac{1}{\alpha} = 2\,000\,000, \qquad k = 800$$

$$\varkappa = 0{,}00005,$$

$$\text{für Gusseisen mit } \frac{1}{\alpha} = 900\,000, \qquad k = 800$$

$$\varkappa = 0{,}00011.$$

Ueber die Grösse $\varkappa$ vergleiche auch § 27.

§ 27. Knickungsversuche.

1. Versuche von Bauschinger.

(Mittheilungen aus dem mechanisch-technischen Laboratorium der königl. technischen Hochschule in München, Heft 15, München 1887.)

Von der grossen Anzahl von Versuchen mit Stützen aus ⊢⊣-, ⊔-, ⊥-, ∟-Eisen greifen wir diejenigen heraus, welche sich auf Stäbe mit Querschnitten bezichen, die zwei Symmetrieachsen besitzen.

Material: Walzeisen. Querschnittsform: ⊢⊣.

a) Die Enden der Versuchsstäbe sind in Spitzen, also frei beweglich gelagert, Fig. 2, § 24.

No.	Querschnitt			Trägheitsmoment Θ	Länge l	Knickbelastung		Belastung auf 1 qcm $\sigma = P'_0 : f$	Abweichung $\frac{P'_0 - P_0}{P'_0} 100$
	Breite	Höhe	Inhalt f			beobachtet P'_0	berechnet $P_0 = \frac{\pi^2}{\alpha} \frac{\Theta}{l^2}$		
	cm	cm	qcm	cm⁴	cm	kg	kg	kg	%
1	2	3	4	5	6	7	8	9	10
1	25,2	13,8	63,55	575,6	405,5	70 500	69 000	1105	+ 2
2	12,4	7,2	20,7	37,99	89	61 000	94 500	3035	s. u.
3	—	—	18,22	—	151	30 250	33 000	1662	— 9
4	—	—	18,22	—	223	17 250	15 000	948	+ 13
5	9,93	4,92	11,16	17,31	156,1	10 650	14 000	956	— 31
6	—	—	11,38	—	270	4 100	4 700	360	— 15
7	—	—	11,76	—	465	1 300	1 600	111	— 23
8	9,99	5,01	10,58	14,2	254,3	3 900	4 300	369	— 10
9	9,98	5,01	10,58	14,2	254,3	4 000	4 300	378	— 7,5
10	9,95	5,00	10,55	14,2	254,4	3 900	4 300	370	— 10
11	10,00	5,00	10,56	14,2	254,4	4 050	4 300	384	— 6
12	9,96	4,99	10,55	14,2	254,3	3 900	4 300	370	— 10

Bis auf den Versuch No. 2, welcher bei der Belastung von 3035 kg/qcm (Spalte 9) schon infolge der Anforderungen der einfachen Druckfestigkeit hier auszuscheiden hat (vergl. Schlussbemerkung zu § 25), also nicht in Betracht kommt, sind die Abweichungen zwischen den beobachteten Knickbelastungen P'_0 (Spalte 7) und den mit $\alpha = \frac{1}{2\,000\,000}$ berechneten Werthen P_0 (Spalte 8) durchschnittlich nicht so gross, dass das in der Gleichung

$$P_0 = \frac{\pi^2}{\alpha} \frac{\Theta}{l^2}$$

ausgesprochene Gesetz als unzutreffend erschiene, namentlich wenn noch berücksichtigt wird, dass die Querschnittsform, welche hier vorliegt, gegenüber Knickung sich nicht ganz so sicher verhalten dürfte, wie dies die Entwicklung voraussetzt.

Hiernach ist in den Ergebnissen der vorstehenden Versuche eine Bestätigung des in Frage stehenden Gesetzes zu erblicken.

Zum Zwecke der Klarstellung, dass die Ausbiegungen schon bei verhältnissmässig sehr geringen Belastungen beginnen, sei ein Theil der auf den Versuchsstab No. 12 bezüglichen Ermittelungen angeführt.

Belastung P kg	$P:f$ kg/qcm	Ausbiegung der Mitte mm
0	0	0,00
200	19	0,00
400	38	0,04
600	57	0,11
800	76	0,20
1000	95	0,34
2000	190	1,25
3000	284	3,88
3200	303	5,08
3400	322	6,86
3600	341	9,92
3800	360	17,14

b) Die Versuchsstäbe liegen mit ihren ebenen Stirnseiten an den festen Druckplatten.

Hier gestalten sich die Vorgänge bei der Biegung weniger einfach als unter a. Zu der Schwierigkeit, den Stab so einzuspannen, dass die Richtung der Druckkraft mit der Stabachse zusammenfällt, tritt die weitere hinzu, ein gleichmässiges Anlegen der Stirnflächen an die Druckplatten herbeizuführen und zu sichern. Die Erfüllung der letzteren Bedingung musste sich naturgemäss als unmöglich erweisen. Sobald der Stab seine Ausbiegung — etwa nach A, Fig. 1, hin — begonnen, hat er das Bestreben, sich bei

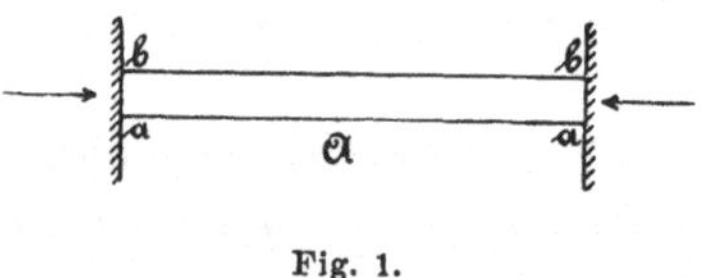

Fig. 1.

bb von den Druckplatten zu lösen. Damit aber muss dann eine Aenderung der Vertheilung des Druckes über die Stirnflächen eintreten: die Pressung wird hier von der Stabmitte aus gerechnet nach a hin wachsen, nach b hin abnehmen. Thatsächlich beobachtete Bauschinger, dass sich am Schlusse des Versuches die Stirnflächen bis auf die bei a zusammengedrückten Kanten von den Druckplatten lösten, Fig. 2.

Bei dieser Sachlage erscheint es nicht wahrscheinlich, dass es möglich sein werde, für Stäbe, welche mit ihren ebenen Stirnflächen

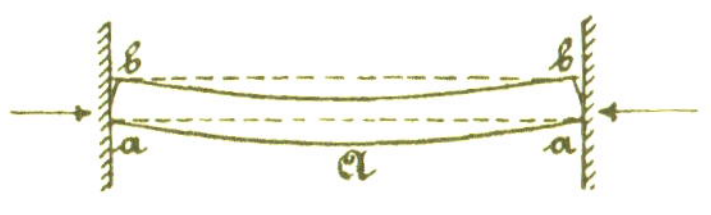

Fig. 2.

an festen Druckplatten anliegen, den Vorgang rechnerisch genau zu verfolgen. Bauschinger hat deshalb zum Zwecke der weiteren Betrachtung seiner Versuchsergebnisse die Navier'sche Gleichung 1, § 26, herangezogen, derart, dass in

$$P_0 = f \frac{K}{1 + \varkappa \frac{f\,l^2}{\Theta}}$$

unter K die Druckfestigkeit verstanden und hierfür 4500 kg eingeführt wird. Dann findet sich

a) für die in Spitzen gelagerten Stäbe $\varkappa$ schwankend zwischen 0,00009 und 0,000614,

b) für die Stäbe mit flachen Enden $\varkappa$ schwankend zwischen 0,000041 und 0,00031,

d. i. überaus veränderlich.

Werden K und $\varkappa$ aus den Versuchsergebnissen mittelst der Methode der kleinsten Quadrate berechnet, so ergiebt sich

a) $K = 2270 \qquad \varkappa = 0{,}000058,$

b) $K = 3100 \qquad \varkappa = 0{,}000029.$

Die für K gefundenen Werthe bestätigen die Richtigkeit der Schlussbemerkung des § 11. Die Fliess- oder Quetschgrenze war von Bauschinger für das untersuchte Eisen als schwankend zwischen 2150 und 3690 kg festgestellt worden.

Ferner weisen die Ergebnisse darauf hin, dass die aus Knickungsversuchen bestimmten Werthe $\varkappa$ ebenfalls mit einem Sicherheitskoefficienten multiplicirt in die Rechnung einzuführen sind, ganz wie das bei K geschieht, wie es auch oben bei der Entwicklung, welche die Gleichung 4, § 26, ergab, vorgenommen worden ist.

Die mit $K = 2270$ und $\varkappa = 0{,}000058$ berechneten Werthe P_0 für die Stäbe mit beweglichen Enden stimmen mit den beobachteten Werthen nicht gerade gut überein; besser ist dies der Fall bei den mit $K = 3100$ und $\varkappa = 0{,}000029$ ermittelten Werthen P_0 für die Stäbe mit flachen Enden.

Auf Grund der Bauschinger'schen Versuche kann geschlossen werden:

a) für Stäbe mit drehbaren Enden ist die Euler'sche Gleichung 5, § 24, zutreffend, sofern die Beziehung 3, § 25, befriedigt erscheint,

b) für Stäbe mit ebenen, an festen Druckplatten anliegenden Stirnflächen bietet die Navier'sche Knickungsformel 1, § 26, brauchbare Werthe.

2. *Versuche von v. Tetmajer* [1]).

Schweizerische Bauzeitung 1887, Bd. X, S. 93 u. f.
- - 1888, Bd. XI, S. 110 u. f.

a) Versuche mit Schweiss- und Flusseisen in Rundstäben bis 5 cm Stärke.
(30 Stäbe Schweiss- und 30 Stäbe Flusseisen bearbeitet.)
Einspannung der Versuchsstangen zwischen Spitzen.

v. Tetmajer fand:

1. Uebereinstimmung der beobachteten Knickbelastungen mit denjenigen, welche sich auf Grund der Euler'schen Gleichung berechnen liessen.

---

[1]) Die neueste, ausserordentlich reichhaltige Schrift v. Tetmajer's: „Die Gesetze der Knickungs- und der zusammengesetzten Druckfestigkeit der technisch wichtigsten Baustoffe", Zürich 1901, erschien, als es bereits zu spät war, sie für die vorliegende Ausgabe zu benutzen.

2. Veränderlichkeit des Zerknickungskoefficienten $\varkappa$, falls die Gleichung 1, § 26, von Navier zu Grunde gelegt wird;

es müsste dann sein

$$\varkappa = 0{,}0001 \sqrt{0{,}00867 \frac{l}{r} - 0{,}6936}$$

in

$$\frac{P_0}{f} = \frac{2650}{1 + \varkappa \left(\frac{l}{r} \right)^2} \text{ für Flusseisen (2650 Fliessgrenze),}$$

$$\frac{P_0}{f} = \frac{2350}{1 + \varkappa \left(\frac{l}{r} \right)^2} \text{ für Schweisseisen (2350 Fliessgrenze).}$$

b) Versuche mit Bauhölzern.

	Dehnungs-koefficient	Druck-festigkeit	Bemerkungen
Lärche und Föhre im Durchschnitt . . .	$\frac{1}{104230}$	318 kg	astfreies Holz
Roth- und Weisstanne		285 kg	astig.

v. Tetmajer stellte zunächst für die zwischen Spitzen gelagerten Stäbe fest:

1. das Gleiche wie unter a, Ziff. 1, genügend grosse Länge der Stäbe vorausgesetzt,
2. die starke Veränderlichkeit von $\varkappa$, falls die Navier'sche Gleichung in Betracht gezogen wird:

$$\varkappa = 0{,}0001 \sqrt{0{,}05 \frac{l}{r} - 0{,}80}$$

in

$$\frac{P_0}{f} = \frac{318}{1 + \varkappa \left(\frac{l}{r} \right)^2} \text{ für Lärche und Föhre,}$$

$$\frac{P_0}{f} = \frac{285}{1 + \varkappa\left(\frac{l}{r}\right)^2} \text{ für Roth- und Weisstanne.}$$

Für die mit ebenen Stirnflächen an festen Druckplatten anliegenden Hölzer beobachtete v. Tetmajer den Abstand der Wendepunkte von einander zwischen 0,5 l_0 und 0,6 l_0, sofern l_0 die Entfernung der beiden Druckplatten ist. Er empfiehlt, um sicher zu rechnen, in den soeben gegebenen Gleichungen 0,6 l_0 für l einzuführen, im Uebrigen jedoch nichts zu ändern.

Was in § 26 aus der Natur von $\varkappa$ zu schliessen war, nämlich Wachsthum dieses Koefficienten mit zunehmendem Verhältnisse $l : r$, bestätigen die von v. Tetmajer sowohl für Holz, als auch für Eisen erlangten Versuchsergebnisse.

Zweiter Abschnitt.

Die einfachen Fälle der Beanspruchung gerader stabförmiger Körper durch Schubspannungen (Schiebungen).

Einleitung.

§ 28. Schiebung.

Die im Vorhergehenden (§ 1 bis § 27) betrachteten Aenderungen der Form waren Aenderungen der Länge (vergl. die §§ 1, 6, 11 u. s. f.). Damit sind die auftretenden Formänderungen jedoch noch nicht erschöpft, wie aus folgender Betrachtung erhellt.

Wir denken uns in dem von äusseren Kräften noch nicht ergriffenen Körper, welcher der Betrachtung unterworfen werden soll, einen kleinen Vierflächner (Fig. 1). Begrenzt von den drei in den Kanten OA, OB, und OC sich rechtwinklig schneidenden Ebenen AOB, BOC, COA und der weiteren Ebene ABC, erscheint derselbe bestimmt durch die drei Kantenlängen OA, OB und OC, sowie durch die Kantenwinkel, welche die Ebenen der körperlichen Ecke mit einander bilden, nämlich

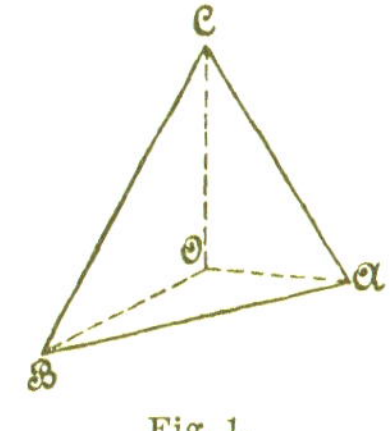

Fig. 1.

$\measuredangle\ BOC$ (an der Kante OA),
$\measuredangle\ COA$ (- - - OB),
$\measuredangle\ AOB$ (- - - OC).

Wenn nun jetzt auf den Körper äussere Kräfte, die sich an ihm das Gleichgewicht halten mögen, einwirken, so erleidet er in allen seinen Theilen Formänderungen. Hierbei werden auch die den Vierflächner bestimmenden Grössen sich ändern: die Kanten werden eine Aenderung ihrer Länge, die Kantenwinkel eine Aenderung ihrer Grösse erfahren.

Die Möglichkeit, dass die Ebenen AOB, BOC, COA und ABC in gekrümmte Flächen übergehen können, darf unter der Voraussetzung, dass der Vierflächner unendlich klein gedacht wird, unberücksichtigt bleiben, weil ein unendlich kleines Flächenelement — solche liegen dann in den vier Begrenzungsflächen vor — immer als eben angesehen werden kann, und weil die Aenderungen der Lage der vier Flächenelemente bereits durch die Aenderungen der Kanten und der Winkel bestimmt sind.

Hiernach treten zu den im Früheren allein betrachteten Aenderungen der Länge noch Winkeländerungen hinzu.

Zur Klarstellung des Wesens dieser Aenderungen denken wir uns einen Würfel $OADBCGFE$ (Fig. 2) von einer nach OA gerichteten, in der oberen Ebene $CGFE$ liegenden und über dieselbe

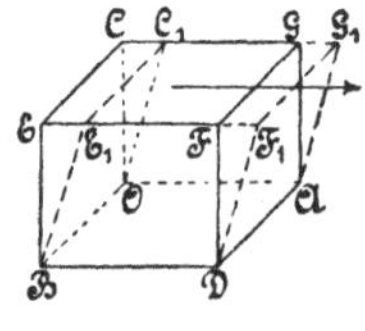

Fig. 2.

gleichmässig vertheilten Kraft ergriffen und unten (in der Ebene $OADB$) festgehalten. Dann wird sich die obere Begrenzungsebene $CGFE$ nach $C_1G_1F_1E_1$ verschieben, der rechte Winkel $EBD = \measuredangle COA$ wird in den spitzen Winkel $E_1BD = \measuredangle C_1OA$ übergehen, sich also um

$$\measuredangle EBE_1 = \measuredangle COC_1 = \gamma$$

ändern. Diese Winkeländerung ist bestimmt durch

$$\operatorname{tg} \gamma = \frac{\overline{EE_1}}{\overline{BE}} = \frac{\overline{CC_1}}{\overline{OC}},$$

wofür unter Voraussetzung, dass es sich nur um kleine Aenderungen handelt, gesetzt werden darf

$$\gamma = \frac{\overline{EE_1}}{\overline{BE}} = \frac{\overline{CC_1}}{\overline{OC}} = \frac{\overline{FF_1}}{\overline{DF}} = \frac{\overline{GG_1}}{\overline{AG}}.$$

Dieser Quotient ist aber auch gleich der Verschiebung, welche unter den gleichen Verhältnissen eine in der Richtung OC um 1 von der Kante BO abstehende Ebene (abstehendes Flächenelement, abstehender Punkt) erfahren haben würde. Aus diesem Grunde wird die Aenderung γ des ursprünglich rechten Winkels auch als verhältnissmässige (specifische) Verschiebung und kurz als Schiebung oder Gleitung bezeichnet.

Zur weiteren Klarstellung der Schiebung γ werde noch die folgende Betrachtung angestellt.

Zwei ursprünglich unter rechtem Winkel sich schneidende Ebenen OX und OZ, Fig. 3, gelangen durch die Formänderung

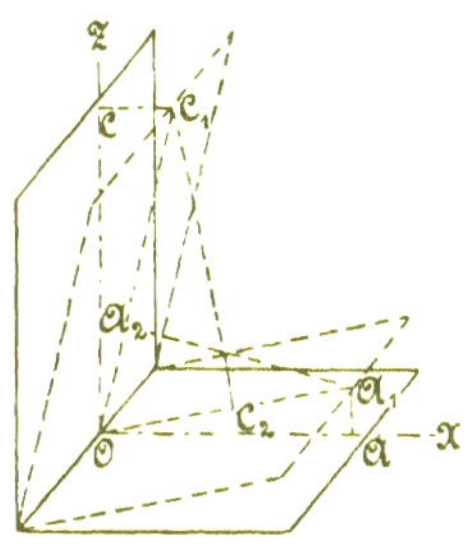

Fig. 3.

in die Lagen OA_1 und OC_1. Der ursprünglich rechte Winkel XOZ hat sich hierbei geändert um die Winkel XOA_1 und ZOC_1, deren Tangenten betragen

$$\frac{\overline{AA_1}}{\overline{OA}}, \quad \text{bezw.} \quad \frac{\overline{CC_1}}{\overline{OC}},$$

wenn A_1A und CC_1 senkrecht zu OX, bezw. OZ stehen. Da es sich nur um sehr kleine Winkeländerungen handelt, so darf die Gesammtänderung γ gesetzt werden

$$\gamma = \frac{\overline{AA_1}}{\overline{OA}} + \frac{\overline{CC_1}}{\overline{OC}}.$$

Bei dem betrachteten Vorgange hat sich der ursprünglich in der OX-Ebene gelegene Punkt A_1 gegen die jetzt nach OC_1 gekommene OZ-Ebene verschoben um $\overline{OA_2}$, sofern A_1A_2 das von

A_1 auf OC_1 gefällte Loth ist, und der ursprünglich in C der OZ-Ebene gelegene Punkt C_1 gegen die jetzt nach OA_1 gelangte OX-Ebene um OC_2, wenn $C_1C_2 \perp OA_1$. Hiernach ergiebt sich für die Schiebung

$$\gamma = \sim \frac{\overline{OA_2}}{A_1A_2} = \frac{\overline{OC_2}}{C_1C_2} = \frac{\overline{AA_1}}{OA} + \frac{\overline{CC_1}}{OC}.$$

Das Vorstehende zusammenfassend, finden wir, dass mit Schiebung bezeichnet ist:

die Aenderung des rechten Winkels (in Bogenmass) zweier ursprünglich senkrecht zu einander stehenden Flächenelemente,

oder auch

die Strecke, um welche sich zwei um 1 von einander abstehende Flächenelemente gegen einander verschieben.

§ 29. Schubspannung. Schubkoefficient.

Der in § 28 der Betrachtung unterstellte sehr kleine Würfel $OADBCGFE$ gehöre dem Inneren eines festen Körpers an und nehme unter Einwirkung der äusseren Kräfte, von welchen dieser ergriffen wird, die Gestalt $OADBC_1G_1F_1E_1$ an. Die innere Kraft, mit welcher aus diesem Anlass die an den Würfel anschliessenden Körpertheile in der Ebene $CGFE$ auf denselben einwirken und dadurch die Verschiebung der letzteren nach $C_1G_1F_1E_1$ herbeiführen, heisst, bezogen auf die Flächeneinheit, Schubspannung. Sie unterscheidet sich von der in § 1 besprochenen Spannung dadurch, dass ihre Richtung in das Flächenelement hineinfällt, auf welches sie wirkt, während die im Früheren betrachteten Spannungen senkrecht hierzu standen und deshalb zum Unterschiede als Normalspannungen (Zug- oder Druckspannungen) bezeichnet werden.

Die Schubspannung, die zur Schiebung γ (§ 28) gehört, werde mit τ bezeichnet.

Die Schiebung, welche sich für die Schubspannung gleich der Krafteinheit, d. i. für das Kilogramm ergiebt, soll Schubkoefficient genannt und mit β bezeichnet werden. Sie beträgt

$$\beta = \frac{\gamma}{\tau} \quad \ldots \ldots \ldots \quad 1)$$

> Der Schubkoefficient ist demnach derjenige Winkel (in Bogenmass ausgedrückt), um welchen der rechte Winkel zweier ursprünglich senkrecht zu einander stehenden Flächenelemente unter Einwirkung der Schubspannung von 1 Kilogramm sich ändert, oder kurz: die Aenderung des rechten Winkels für das Kilogramm Schubspannung,

oder auch

> diejenige Strecke, um welche sich zwei um 1 von einander abstehende Flächenelemente unter Einwirkung der Schubspannung von 1 Kilogramm gegen einander verschieben.

Diese Begriffsbestimmung liefert unmittelbar die Schiebung als Produkt aus Schubspannung und Schubkoefficient, d. h.

$$\gamma = \beta \tau, \quad \ldots \ldots \ldots \quad 2)$$

wonach der Schubkoefficient auch als diejenige Zahl erklärt werden kann, mit welcher die Schubspannung zu multipliciren ist, um die Schiebung zu erhalten.

Die Schubspannung ergiebt sich als der Quotient: Schiebung durch Schubkoefficient, d. i.

$$\tau = \frac{\gamma}{\beta} \quad \ldots \ldots \ldots \quad 3)$$

Der reciproke Werth von β wird als Schubelasticitätsmodul bezeichnet.

Der Vergleich mit § 2 lässt erkennen, dass zwischen Schiebung, Schubspannung und dem Schubkoefficienten genau dieselben Beziehungen bestehen, wie zwischen Dehnung, Normalspannung und dem Dehnungskoefficienten.

Die vorstehenden Gleichungen 1 bis 3 setzen voraus, dass β innerhalb eines gewissen Spannungsgebietes konstant ist, ganz wie dies die Gleichungen 1 bis 4, § 2, hinsichtlich α thun. Im Allgemeinen wird diese Voraussetzung wohl ebensowenig zutreffen, wie dies bei α der Fall ist. Doch liegen dahingehende Versuche nach Wissen des Verfassers nur in Bezug auf Gusseisen vor. Unter diesen Umständen bleibt, insoweit es sich um allgemeine Entwicklungen handelt, nichts anderes übrig, als β konstant anzunehmen.

§ 30. Paarweises Auftreten der Schubspannungen.

Wir denken uns aus dem betrachteten und von äusseren Kräften ergriffenen Körper ein unendlich kleines Parallelepiped $OADBCGFE$, Fig. 1, dessen Kanten

$$\overline{OA} = a, \qquad \overline{OB} = b, \qquad \overline{OC} = c$$

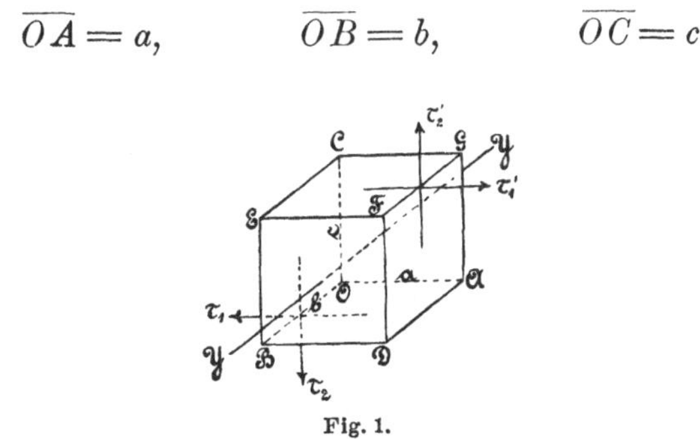

Fig. 1.

sind, herausgeschnitten und die Kräfte eingetragen, mit welchen die an dasselbe anschliessenden Körpermassen in den Schnittflächen auf den Würfel einwirken. Dabei sei zunächst angenommen, dass nur Schubspannungen vorhanden sind, und zwar treten auf:

1. in der Begrenzungsfläche $OADB$ von der Grösse ab die Schubspannung τ_1, also die Kraft $\tau_1 \cdot ab$;
2. in der hierzu parallelen Fläche $CGFE$ von dem Inhalte ab die Schubspannung τ_1', also die Kraft $\tau_1' \cdot ab$; da $CGFE$ unendlich nahe an $OADB$ liegt, so kann sich τ_1' nur um eine unendlich kleine Grösse, die mit $\varDelta_1$ bezeichnet sein mag, von τ_1 unterscheiden, d. i. $\tau_1' = \tau_1 + \varDelta_1$;
3. in der Begrenzungsfläche $OBEC$ von der Grösse bc die Schubspannung τ_2, demnach die Kraft $\tau_2 \cdot bc$;
4. in der hierzu parallelen Fläche $ADFG$ von dem Inhalte bc die Schubspannung τ_2', demnach die Kraft $\tau_2' \cdot bc$; da beide Flächen unendlich nahe bei einander gelegen sind, so kann sich τ_2' nur um eine unendlich kleine Grösse $\varDelta_2$ von τ_2 unterscheiden, d. i. $\tau_2' = \tau_2 + \varDelta_2$.

Soll Gleichgewicht bestehen, so muss u. A. auch die Summe der Momente in Bezug auf die Achse YY, welche durch den Schwerpunkt des Parallelepipeds geht und mit der Kante OB gleich gerichtet ist, Null sein, d. h. unter Bezugnahme auf Fig. 2:

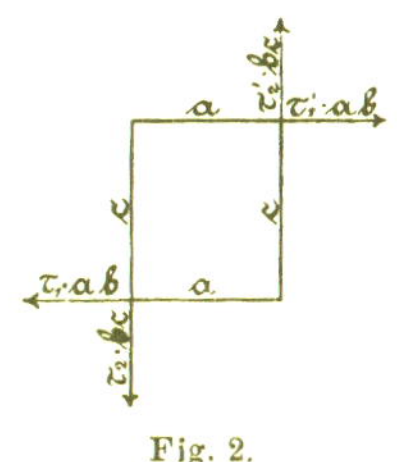

Fig. 2.

$$\tau_1 ab \cdot \frac{c}{2} - \tau_2 bc \frac{a}{2} + \tau_1' ab \frac{c}{2} - \tau_2' bc \frac{a}{2} = 0,$$

$$\tau_1 abc + \frac{1}{2} \Delta_1 abc - \tau_2 abc - \frac{1}{2} \Delta_2 abc = 0.$$

Hieraus unter Vernachlässigung der unendlich kleinen Grössen Δ_1 und Δ_2 gegenüber den endlichen Grössen τ_1 und τ_2

$$\tau_1 - \tau_2 = 0,$$

$$\tau_1 = \tau_2, \qquad \text{. . . . . 1)}$$

d. h. die beiden senkrecht zur Kante $OB = b$ stehenden Schubspannungen τ_1 und τ_2 sind einander gleich. Ist die eine vorhanden, so muss es auch die andere sein; sie treten also paarweise auf.

Zu diesem Ergebniss gelangten wir unter der Voraussetzung, dass lediglich Schubspannungen auf den Würfel einwirkten und zwar nur in den vier Ebenen $OADB$, $CGFE$, $OBEC$ und $ADFG$ des Körperelementes, Fig. 1.

Im Allgemeinen werden die Körpertheile, welche das Parallelepiped umgeben, auf dasselbe in den sechs Begrenzungsflächen je mit einer Normalspannung und einer Schubspannung einwirken. Ausserdem können noch Massenkräfte (Schwere, Trägheitsvermögen) ihren Einfluss äussern.

Was zunächst die Normalspannungen anbelangt, so erkennen wir, dass dieselben für die oben aufgestellte Momentengleichung nicht in Betracht kommen: die Normalspannungen in den Begrenzungsflächen $OADB$, $CGFE$, $OBEC$ und $ADFG$ liefern je eine Kraft, welche die Momentenachse YY senkrecht schneidet, also ein Moment gleich Null giebt; die Normalspannungen in den Begrenzungsflächen $OAGC$ und $BDFE$ ergeben in die Momentenachse fallende Kräfte, sind also einflusslos. Die etwaigen Massenkräfte greifen im Schwerpunkte des Würfels an, gehen demnach durch die Achse, liefern also ein Moment gleich Null.

Von den Schubspannungen entfallen die in den Flächen $OAGC$ und $BDFE$ wirkenden ohne Weiteres, da die ihnen entsprechenden Kräfte die Achse YY schneiden. Hiernach verbleiben noch die Schubspannungen in den vier Flächen $OADB$, $CGFE$, $OBEC$ und $ADFG$.

Wir zerlegen jede derselben nach den Richtungen der Kanten in zwei Komponenten. Momentgebend treten hiervon nur auf die senkrecht zu den Kanten OB und GF wirkenden Spannungen, d. s. τ_1 τ_2 τ'_1 und τ'_2. Für diese aber fanden wir den oben ausgesprochenen Satz. Derselbe gilt demnach allgemein, gleichgiltig, welche Formänderung das Körperelement unter Einwirkung von Normalspannungen, Schubspannungen und Massenkräften erfährt:

> immer sind für zwei rechtwinklig sich schneidende Ebenen die senkrecht zur Durchschnittslinie gerichteten Komponenten der Schubspannungen einander gleich,

oder auch mit Rücksicht darauf, dass diese Durchschnittslinie eine ganz beliebige Lage im Körper haben kann,

> wird in einem Körper eine beliebige Gerade gelegt und dieselbe als der Durchschnitt zweier sich rechtwinklig schneidenden Ebenen angesehen, so ist die senkrecht zur Geraden gerichtete Schubspannung in der einen Ebene gleich der senkrecht zu derselben Geraden stehenden Schubspannung in der anderen Ebene.

Die Schubspannungen treten also paarweise auf.

Es entspricht dies ganz der Natur der Schiebung, eine Aenderung des ursprünglich rechten Winkels zu sein. Die auf die Flächeneinheit der beiden Winkelebenen wirkenden Kräfte, welche diese Aenderung herbeiführen, müssen in der Richtung des einen Schenkels so gross sein, wie in derjenigen des anderen, da keine der beiden Schenkelrichtungen in irgend einer Weise vor der anderen ausgezeichnet ist.

§ 31. Schiebungen und Dehnungen. Schubkoefficient und Dehnungskoefficient.

1. Mit der Schiebung verknüpfte Dehnung und deren grösster Werth.

$ABCD$, Fig. 1, sei der Durchschnitt durch ein Parallelepiped.

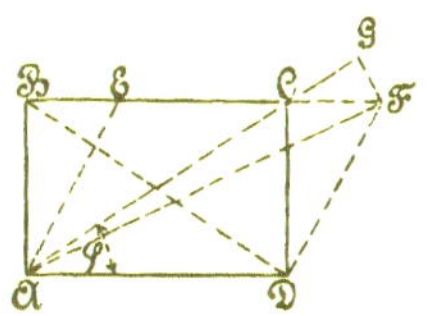

Fig. 1.

Der Körper, welchem dieses angehört, werde nun durch äussere Kräfte ergriffen; infolgedessen ändert er seine Gestalt. Hierbei geht das Rechteck in das Parallelogramm $AEFD$ über: die Ebene, welche ursprünglich in BC sich darstellte, erleidet eine Verschiebung um $\overline{BE} = \overline{CF}$, so dass die Schiebung

$$\gamma = \frac{\overline{CF}}{\overline{CD}}.$$

Gleichzeitig erfährt die Diagonale $\overline{AC}$ eine Vergrösserung auf $\overline{AF}$. Wird von A aus mit $\overline{AF}$ ein Kreisbogen beschrieben, so schneidet dieser die Verlängerung von AC in G. Die sehr kleine Strecke FG darf dann als Senkrechte zu AG angesehen werden, während CG die Zunahme der Länge der Diagonale ist. Damit findet sich die Dehnung in Richtung der letzteren

$$\varepsilon = \frac{\overline{CG}}{\overline{AC}} = \frac{\overline{CF} \cos \varphi}{\dfrac{\overline{CD}}{\sin \varphi}} = \frac{\overline{CF}}{\overline{CD}} \frac{1}{2} \sin 2\varphi,$$

und wegen

$$\frac{\overline{CF}}{\overline{CD}} = \gamma$$

$$\varepsilon = \frac{1}{2} \gamma \sin 2 \varphi.$$

Für $\varphi = \frac{\pi}{4}$, d. h. für $\overline{CD} = \overline{AD}$, also für die quadratische Form des Rechteckes, erlangt ε seinen grössten Werth

$$\varepsilon_1 = \frac{1}{2} \gamma. \quad \ldots \ldots \ldots \quad 1)$$

Gleichzeitig erfährt die andere, wegen $\varphi = \frac{\pi}{4}$ dazu rechtwinklige Diagonale DB eine Zusammendrückung $-\varepsilon_2$ von der gleichen Grösse

$$-\varepsilon_2 = \frac{1}{2} \gamma.$$

Hiernach ist die Schiebung γ mit einer grössten Dehnung ε_1 und einer gleichzeitigen, dazu senkrechten grössten Verkürzung (Zusammendrückung) ε_2 verknüpft[1]), welche absolut genommen je halb so gross sind als die Schiebung. Die Richtung dieser Dehnung zweitheilt den rechten Winkel, dessen Aenderung die Schiebung misst.

Hieraus würde zu folgern sein, dass der zuzulassende Werth γ_1 der Schiebung höchstens doppelt so gross sein darf, als die äussersten Falles noch für zulässig erachtete Dehnung ε_1, d. h.

$$\gamma_1 \leqq 2 \varepsilon_1.$$

---

[1]) Hieraus folgt, dass, wenn ein aus durchaus gleichartigem Material bestehender Körper lediglich infolge von Schubspannungen zum Bruche gebracht wird, die Rissbildung senkrecht zur Richtung von ε_1 (der Diagonale AC des Quadrates), also in der Richtung von ε_2 (der Diagonale DB des Quadrates) stattfinden muss, sofern das Verhalten des Materials bis zum Bruche hin — wenigstens mit Annäherung — der gleichen Gesetzmässigkeit folgt. Bei zähen Materialien ist dies infolge der Erscheinung des Fliessens nicht zutreffend.

Nach Einführung der zulässigen Zuganstrengung

$$k_z = \frac{\varepsilon_1}{\alpha},$$

sowie der zulässigen Schubanstrengung

$$k_s = \frac{\gamma_1}{\beta}$$

ergiebt sich

$$k_s \leqq 2 \frac{\alpha}{\beta} k_z, \quad . \quad . \quad . \quad . \quad . \quad . \quad . \quad . \quad 2)$$

allerdings unter der Voraussetzung, dass das Material in allen Punkten nach allen Richtungen hin gleich beschaffen, also isotrop ist, und α sowie β als unveränderlich angesehen werden können. Wenn die Beziehung 2 benutzt werden soll, um von der zulässigen Normalspannung eines Materials auf die zulässige Schubspannung desselben zu schliessen, so erscheint es nöthig, überdies zu beachten, dass hierfür Gleichartigkeit der Beanspruchungsweise Vorbedingung ist.

2. *Beziehung zwischen Dehnungskoefficient und Schubkoefficient.*

Auf einen Würfel $ABCD$, Fig. 2, von der ursprünglichen Seitenlänge 1 wirken in den Seitenflächen AD und BC die Normal-

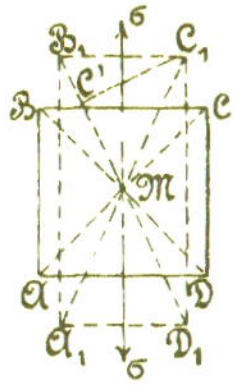

Fig. 2.

spannungen σ. Hierdurch werden die Seitenlängen AB und DC um ε gedehnt, also auf die Grösse $\overline{A_1 B_1} = \overline{D_1 C_1} = 1 + \varepsilon$ gebracht werden, während sich die rechtwinklig hierzu stehenden Kanten AD

und BC um $\frac{\varepsilon}{m}$ verkürzen (§ 7), demnach die Länge $1 - \frac{\varepsilon}{m}$ annehmen.

Die beiden Diagonalebenen AC und BD schlossen ursprünglich einen rechten Winkel mit einander ein. Unter Einwirkung der Normalspannungen σ hat sich dieser Winkel um γ geändert, entsprechend einer Verschiebung z. B. des Punktes C der Diagonalebene AC gegenüber der anderen Diagonalebene um

$$\gamma = \frac{\overline{MC'}}{\overline{C'C_1}},$$

sofern $C_1 C' \perp D_1 B_1$.

Die Grösse γ folgt unter Berücksichtigung des Umstandes, dass der halbe rechte Winkel sich um $\frac{\gamma}{2}$ geändert hat, aus

$$\operatorname{tg}\left(\frac{\pi}{4} - \frac{\gamma}{2}\right) = \frac{\frac{1}{2}\left(1 - \frac{\varepsilon}{m}\right)}{\frac{1}{2}(1 + \varepsilon)}.$$

Die Benützung des Satzes

$$\operatorname{tg}(\alpha - \beta) = \frac{\operatorname{tg}\alpha - \operatorname{tg}\beta}{1 + \operatorname{tg}\alpha \operatorname{tg}\beta}$$

führt zu

$$\frac{1 - \frac{\gamma}{2}}{1 + \frac{\gamma}{2}} = \frac{1 - \frac{\varepsilon}{m}}{1 + \varepsilon};$$

und unter Beachtung, dass γ und ε sehr kleine Grössen gegenüber 1 sind, zu

$$1 - \gamma = 1 - \left(1 + \frac{1}{m}\right)\varepsilon,$$

$$\gamma = \frac{m + 1}{m}\varepsilon.$$

Denken wir uns jetzt den Würfel in der Diagonalebene AC auseinander geschnitten, Fig. 3, so wird die Aufrechterhaltung des Gleichgewichts die Anbringung einer Normalspannung σ_1 und einer Schubspannung τ fordern, derart, dass die Resultante der Kräfte

$$\sigma_1 . \overline{AC} = \sigma_1 \sqrt{2} \text{ und } \tau . \overline{AC} = \tau \sqrt{2}$$

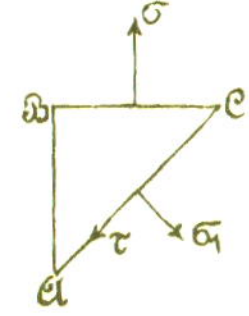

Fig. 3.

gleich der Kraft

$$\sigma . \overline{BC} = \sigma . 1 = \sigma,$$

d. h.

$$\sigma_1 \sqrt{2} . \sqrt{\frac{1}{2}} + \tau \sqrt{2} . \sqrt{\frac{1}{2}} = \sigma$$

$$\sigma_1 + \tau = \sigma$$

und ferner

$$\sigma_1 \sqrt{2} . \sqrt{\frac{1}{2}} - \tau \sqrt{2} . \sqrt{\frac{1}{2}} = 0$$

$$\sigma_1 = \tau,$$

womit

$$\tau = \frac{\sigma}{2} .$$

Nach dem Früheren ist

$$\tau = \frac{\gamma}{\beta},$$

$$\sigma = \frac{\varepsilon}{\alpha},$$

sodass

$$\frac{\gamma}{\beta} = \frac{1}{2} \frac{\varepsilon}{\alpha}$$

und mit

$$\gamma = \frac{m+1}{m}\,\varepsilon,$$

$$\frac{1}{\beta}\,\frac{m+1}{m} = \frac{1}{2\alpha},$$

$$\beta = 2\,\frac{m+1}{m}\,\alpha, \quad \ldots\ldots\ldots \quad 3)$$

d. h. der Schubkoefficient ist das $2\,\frac{m+1}{m}$-fache des Dehnungskoefficienten.

Da m als eine zwischen 3 und 4 liegende Zahl betrachtet zu werden pflegt, so findet sich

$$\left.\begin{array}{l} \beta = \frac{5}{2}\,\alpha \text{ bis } \frac{8}{3}\,\alpha = 2{,}5\,\alpha \text{ bis } 2{,}67\,\alpha \\ \text{oder} \\ \alpha = \frac{3}{8}\,\beta \text{ bis } \frac{2}{5}\,\beta = 0{,}375\,\beta \text{ bis } 0{,}4\,\beta. \end{array}\right\} \quad \ldots \quad 4)$$

Aus Gleichung 2 wird alsdann wegen

$$\frac{\alpha}{\beta} = \frac{m}{2\,(m+1)}$$

$$k_s \leqq \frac{m}{m+1}\,k_z \quad \ldots\ldots\ldots \quad 5)$$

und für $m = 3$ bis 4

$$k_s \leqq \frac{3}{4}\,k_z \text{ bis } \frac{4}{5}\,k_z = 0{,}75\,k_z \text{ bis } 0{,}8\,k_z \quad \ldots \quad 6)$$

unter den Voraussetzungen, welche zur Beziehung 2 ausgesprochen wurden, und unter der weiteren Voraussetzung, dass m einen festen Werth besitzt. Treffen dieselben nicht zu, so erscheint die Gleichung 6 nicht ohne Weiteres giltig. Dann kann es auf Grund von Versuchsergebnissen und sonstigen Erfahrungen nothwendig werden, davon abzuweichen.

V. Drehung.

Die auf den geraden stabförmigen Körper wirkenden äusseren Kräfte ergeben für jeden Querschnitt desselben ein Kräftepaar, dessen Ebene senkrecht zur Stabachse steht.

Es bezeichne

M_d das Moment des drehenden Kräftepaares,

Θ_1 und Θ_2 die beiden Hauptträgheitsmomente des Stabquerschnittes (§ 21, Ziff. 1),

Θ das kleinere der beiden Hauptträgheitsmomente,

$\Theta' = \Theta_1 + \Theta_2$ das polare Trägheitsmoment,

f den Inhalt des Querschnittes,

τ die Schubspannung in einem beliebigen Punkte des Querschnittes,

k_d die zulässige Anstrengung des Materials gegenüber Drehungsbeanspruchung,

β den als unveränderlich vorausgesetzten Schubkoefficienten (§ 29), (reciproker Werth des Schubelasticitätsmodul),

$\gamma = \beta \tau$ die Schiebung oder Gleitung in einem beliebigen Punkte des Querschnittes (§ 28),

ϑ den verhältnissmässigen Drehungswinkel, d. h. den Winkel, um welchen sich das Hauptachsenkreuz eines Stabquerschnittes gegenüber demjenigen des um 1 davon abstehenden Querschnittes verdreht,

l die Länge des Stabes.

§ 32. Stab von kreisförmigem Querschnitt.

Durch die beiden Kräftepaare KK, Fig. 1, deren Ebenen die Stabachse senkrecht schneiden und welche, das Moment M_d besitzend, sich an dem Kreiscylinder das Gleichgewicht halten, werden die einzelnen Querschnitte des Stabes gegen einander verdreht. Um uns ein Bild über diese Formänderung zu verschaffen, theilen wir die Mantelfläche des Cylinders, Fig. 2, bevor dieser von den äusseren Kräften ergriffen wird, durch n Gerade $a\,a$ parallel zur

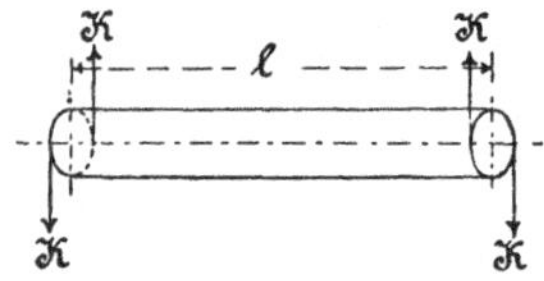

Fig. 1.

Achse in n (25) Rechtecke, je von der Breite $\pi\,d : n$ $(40\,\pi : 25 = 5{,}0$ mm, da $d = 40$ mm), und diese durch Parallelkreise im Abstand $\pi\,d : n$ (5,0 mm) in Quadrate, deren Seitenlänge $\pi\,d : n$

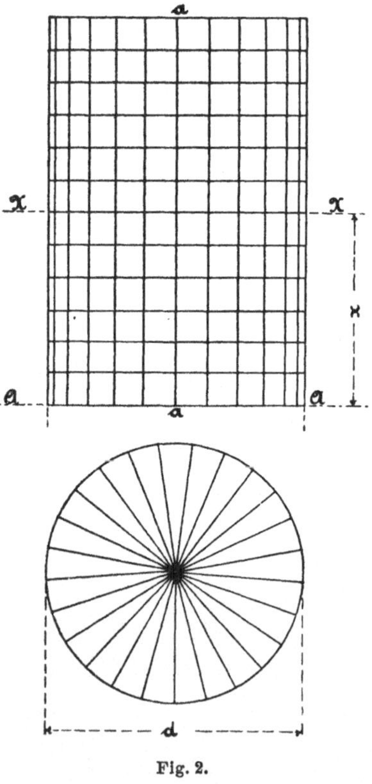

Fig. 2.

(5,0 mm) beträgt. Auf diese Weise erhalten wir die Fig. 2. Wird nun der so gezeichnete Cylinder der Verdrehung unterworfen, so geht er in Fig. 3 (Tafel VII) über. Aus derselben ist zu entnehmen:

Fig. 6, § 32.

Fig. 3, § 32.

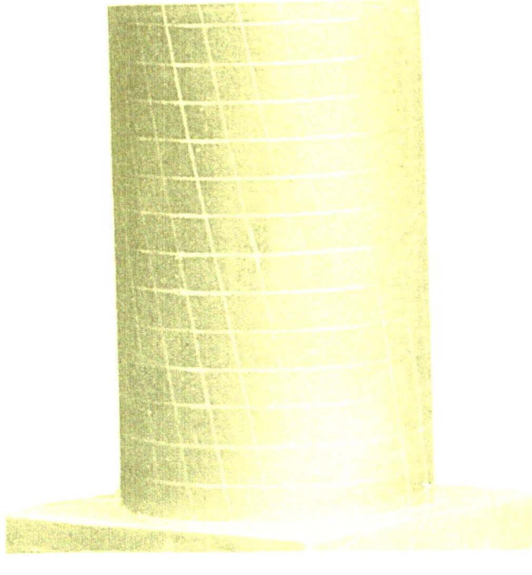

a) dass die auf den unbelasteten Cylinder gezeichneten Quadrate in unter sich gleiche Rhomben übergegangen sind,

b) dass die Ebenen der Parallelkreise, d. s. die Querschnitte des Stabes eben und senkrecht zur Achse des letzteren geblieben sind,

c) dass sich je zwei aufeinander folgende Querschnitte immer gleich viel gegen einander verdreht haben, dass also beispielsweise der Bogen, um welchen sich ein Punkt des Parallelkreises XX, Fig. 2, gegenüber dem ursprünglich gleich gelegenen Punkte im Stabquerschnitt AA bewegt hat, proportional dem Abstande x ist.

Sind nun f_1 und f_2 zwei um 1 von einander abstehende Querschnitte des Stabes und $P_1 P_2$ zwei ursprünglich gleich gelegene Umfangspunkte in denselben, so wird sich unter Einwirkung der

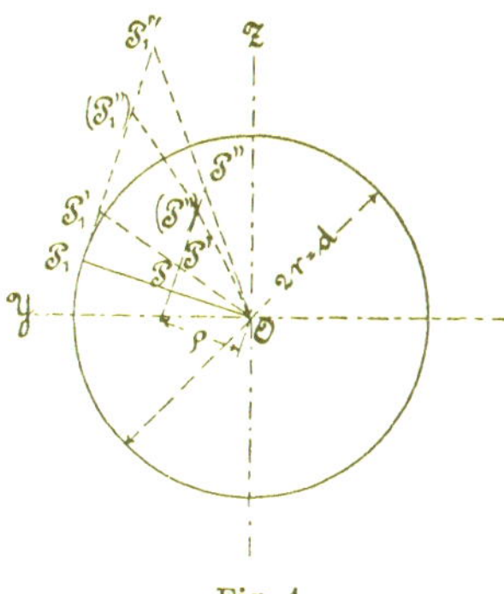

Fig. 4.

äusseren Kräfte P_2 gegen P_1 um eine Strecke γ_1 verdreht haben, welche nach Massgabe des in § 28 Erörterten als die Schiebung im Punkte P_1 zu bezeichnen ist. Für die Schiebung γ in einem auf dem Halbmesser OP_1, Fig. 4, im Abstande $\overline{OP} = \varrho$ von der Achse gelegenen Punkt P erscheint auf Grund der oben angeführten Erfahrungen die Annahme zutreffend, dass sie sich zu derjenigen im Umfangspunkte P_1 verhält wie $\varrho : r$, also

$$\gamma : \gamma_1 = \varrho : r,$$

d. h.

$$\gamma = \gamma_1 \frac{\varrho}{r} \quad . \quad . \quad . \quad . \quad . \quad . \quad . \quad . \quad . \quad 1)$$

Wird in Fig. 4 die tangentiale Linie $\overline{P_1 P_1'} = \gamma_1$ und die hierzu parallele Strecke $\overline{PP'} = \gamma = \gamma_1 \frac{\varrho}{r}$ gemacht, so liefert die zeichnerische Darstellung der Schiebungen in allen Punkten der Geraden OP_1 die Gerade $OP'P_1'$.

Nach § 29 sind die entsprechenden Schubspannungen

$$\text{im Punkte } P_1 \qquad \tau_1 = \frac{\gamma_1}{\beta},$$

$$\text{im Punkte } P \qquad \tau = \frac{\gamma}{\beta} = \frac{\gamma_1}{\beta r} \varrho.$$

τ_1 muss naturgemäss tangential zum Kreise, also senkrecht zum Halbmesser OP_1 gerichtet sein. Das Letztere gilt auch für τ.

Wird die Schubspannung τ durch die Strecke $\overline{PP''}$, welche senkrecht zu OP steht, dargestellt und ist der Schubkoefficient β konstant, so ergiebt sich als geometrischer Ort aller Punkte P'' eine durch den Mittelpunkt O gehende Gerade. Dies trifft z. B. mit grosser Annäherung zu für Schmiedeisen und Stahl innerhalb der Proportionalitätsgrenze. Ist dagegen β veränderlich und zwar derart, dass β zunimmt mit wachsender Schiebung oder Spannung, wie dies beispielsweise bei Gusseisen der Fall, so liegen die durch

$$\tau_1 = \overline{P_1 (P_1'')} \qquad \tau = \overline{P (P'')}$$

bestimmten Punkte (P_1'') und (P'') auf einer gegen die Gerade OP_1 gekrümmten Kurve $O(P'')(P_1'')$. Die Spannungen nehmen dann nach aussen hin langsamer zu als bei Unveränderlichkeit von β.

Die im Querschnitte durch das Kräftepaar vom Momente M_d wachgerufenen Schubspannungen müssen sich mit M_d im Gleichgewicht befinden. Wird das in P liegende Flächenelement mit df bezeichnet, so spricht sich diese Forderung aus in

$$\int \tau \, df \, . \, \varrho = M_d,$$

$$M_d = \frac{\gamma_1}{r} \int \frac{1}{\beta} \varrho^2 \, df,$$

und wenn β konstant

$$M_d = \frac{\gamma_1}{\beta r} \int \varrho^2 \, df.$$

Unter Beachtung, dass

$$\varrho^2 = y^2 + z^2,$$

sofern y und z die rechtwinkligen Koordinaten des in P liegenden Flächenelementes sind, und mit

$$\int y^2\, df = \Theta_1 \quad \text{und} \quad \int z^2\, df = \Theta_2$$

wird

$$M_d = \frac{\gamma_1}{\beta r}(\Theta_1 + \Theta_2) = \tau_1 \frac{\Theta_1 + \Theta_2}{r} = \tau_1 \frac{\Theta'}{r}.$$

Die beiden Trägheitsmomente Θ_1 und Θ_2 sind für den vollen Kreisquerschnitt

$$\Theta_1 = \Theta_2 = \frac{\pi}{64} d^4 = \frac{\pi}{4} r^4.$$

Demnach

$$M_d = \tau_1 \frac{\pi}{16} d^3 = \tau_1 \frac{\pi}{2} r^3 \quad . \quad . \quad . \quad . \quad . \quad . \quad 2)$$

$$M_d \leqq \frac{\pi}{16} k_d d^3 \quad \text{oder} \quad k_d \geqq \frac{16}{\pi} \frac{M_d}{d^3} \quad . \quad . \quad . \quad 3)$$

Für den Kreisringquerschnitt ergiebt sich, sofern d der äussere und d_0 der innere Durchmesser ist,

$$\Theta_1 = \Theta_2 = \frac{\pi}{64}(d^4 - d_0^4)$$

$$M_d = \tau_1 \frac{\pi}{16} \frac{d^4 - d_0^4}{d}$$

$$M_d \leqq \frac{\pi}{16} k_d \frac{d^4 - d_0^4}{d} \quad \text{oder} \quad k_d \geqq \frac{16}{\pi} M_d \frac{d}{d^4 - d_0^4}. \quad 4)$$

Der Drehungswinkel ϑ folgt unmittelbar aus der gegebenen Begriffsbestimmung

$$\vartheta = \frac{\gamma_1}{r} = \frac{\beta M_d}{\Theta_1 + \Theta_2} = \frac{32}{\pi} \beta \frac{M_d}{d^4}, \quad . \quad . \quad . \quad 5)$$

beziehungsweise

$$\vartheta = \frac{32}{\pi} \beta \frac{M_d}{d^4 - d_0^4} \quad . \quad . \quad . \quad . \quad . \quad . \quad 6)$$

Hiernach der im Abstande 1 von der Achse gemessene Verdrehungsbogen der beiden um l von einander abstehenden Querschnitte des Kreiscylinders

$$\vartheta_l = \vartheta\, l = \frac{32}{\pi} \beta \frac{M_d}{d^4} l, \quad \text{bezw.} \quad \frac{32}{\pi} \beta \frac{M_d}{d^4 - d_0^4} l.$$

Bei den vorstehenden Betrachtungen wurden nur Schubspannungen im Stabquerschnitte ins Auge gefasst; so z. B. im Punkte P, Fig. 4, nur die Schubspannung τ, welche, senkrecht zu OP_1 angreifend, in der Bildebene wirkt. Nach § 30 treten jedoch die Schubspannungen immer paarweise auf, derart, dass in demselben Punkte P senkrecht zur Bildebene, d. h. senkrecht zum Querschnitte, eine der oben erwähnten Spannung τ gleiche Schubspannung vorhanden ist. Das Flächenelement, in dem sie wirkt, liegt im Punkte P derjenigen Ebene, welche durch den Halbmesser OP_1 und die Stabachse bestimmt wird. So findet sich beispielsweise im Punkte P_1 die Schubspannung τ_1 nicht blos im Querschnitt (tangential zum Kreisumfang gerichtet), sondern auch in der Achsialebene OP_1 mit der Mantellinie des Cylinders zusammenfallend.

Der Uebergang der Quadrate, Fig. 2, (bei Verdrehung des Cylinders) in die Rhomben, Fig. 3 (Taf. VII), beweist dies auch unmittelbar aus der Anschauung. Wie wir in § 28 sahen, ist die Aenderung des ursprünglich rechten Winkels gleich der Schiebung. Diese Winkeländerung misst demnach wegen $\tau = \frac{\gamma}{\beta}$ die Schubspannung unmittelbar. Sie betrifft sowohl den wagrechten, wie auch den senkrechten Schenkel des rechten Winkels. Die entsprechende Schubspannung ist deshalb ebensowohl in senkrechter, wie in wagrechter Richtung vorhanden. Sie muss, da alle Rhomben unter sich gleich sind, für alle Stellen der Mantelfläche des Cylinders dieselbe Grösse besitzen, sowohl tangential zur Umfangslinie, als auch in Richtung der Achse des Stabes. Die grösste Schubspannung, welche im Querschnitt stattfindet, tritt also auch in Richtung der Stabachse auf.

Schneiden wir aus dem Cylinder ein kleines Körperelement *ACDBEF*, Fig. 5, heraus, mit den Querschnittsebenen *ACD*, *BEF* und den Achsialebenen *ABFD*, *ABEC*, so ergiebt die graphische Darstellung der in den Ebenen *CDA* und *BFDA* wirkenden Schubspannungen unter Voraussetzung eines unveränderlichen Schubkoefficienten je ein Dreieck. Sie zeigt deutlich das paarweise Auftreten der Schubspannungen in den beiden Ebenen, welche *AD* zur Durchschnittslinie haben.

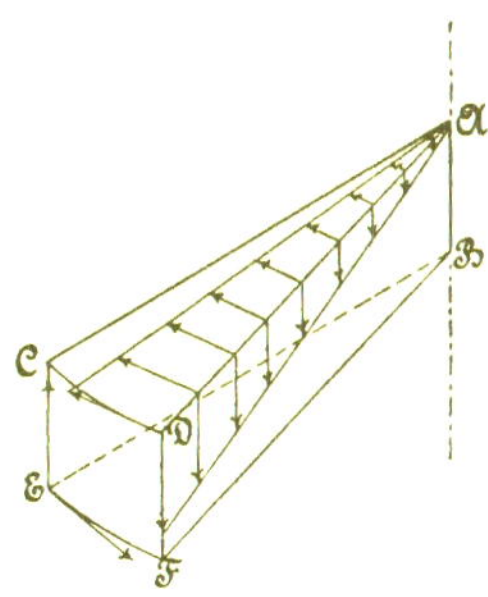

Fig. 5.

Bei gewalztem Schweisseisen oder Draht aus solchem Material u. s. w. findet infolge der ausgeprägten Faserrichtung die achsiale Schubspannung häufig einen verhältnissmässig geringen Widerstand, weshalb dann Längsrisse eintreten, wie Fig. 6 (Tafel VII) für ein der Verdrehung unterworfenes Stück Walzeisen erkennen lässt[1]). Die achsial gerichteten Schubspannungen sind auch Ursache, dass bei auf Drehung in Anspruch genommenen Körpern nicht selten schon frühzeitig bleibende Verdrehung eintritt, wie dies z. B. bei gewalztem Schweisseisen ausgeprägt der Fall zu sein pflegt.

Bei mehr isotropem Material erfolgt die Rissbildung nach Massgabe der Fussbemerkung zu § 31, Ziff. 1, S. 284 unter 45^0 gegen die Richtungen der Schubspannungen, wie dies der Verlauf der Bruchlinien in den Abbildungen auf Tafel XII deutlich erkennen lässt. In Fig. 3 (Tafel VII) müsste die Bruchlinie als

---

[1]) Wird die Verdrehung weiter fortgesetzt, so liegen die Längsrisse auf mehr oder minder stark geneigten Schraubenlinien, wie z. B. die betreffenden Abbildungen auf Tafel XIV erkennen lassen. Vergl. hierzu das in § 35, Ziff. 3 Gesagte.

rechtsgängige, unter 45° geneigte Schraubenlinie verlaufen, sofern die in der Fussbemerkung zu § 31, Ziff. 1, S. 284 bezeichnete Voraussetzung erfüllt ist.

§ 33. Stab von elliptischem Querschnitt.

1. Formänderung.

Nach dem in § 32 gegebenen Vorgange wird ein Cylinder mit elliptischem Querschnitt (grosse Achse $= 2a = 50$ mm, kleine Achse $= 2b = 25$ mm) hergestellt und seine Mantelfläche in Quadrate eingetheilt.

Unter Einwirkung der beiden Kräftepaare, welche sich an ihm das Gleichgewicht halten, geht derselbe in die Gestalt Fig. 1 (Tafel VIII) über[1]). Die beiden ursprünglich geraden Mantellinien, welche die Endpunkte der grossen Halbachsen aller Querschnitte enthalten, sind durch die Bezeichnung aa hervorgehoben, während diejenigen zwei Linien, welche von den Endpunkten der kleinen Halbachsen sämmtlicher Querschnitte gebildet werden, die Bezeichnung bb tragen. Wir erkennen bei genauer Untersuchung des verdrehten Cylinders:

a) dass die Quadrate in Rhomben übergegangen sind,
b) dass die Winkel derjenigen Rhomben, welche mit der einen Seite in der jetzt schraubenförmig gekrümmten Linie bb liegen, am meisten von dem ursprünglich rechten Winkel abweichen, während diejenigen Rhomben, deren eine Seite von der Schraubenlinie aa gebildet wird, die geringste Abweichung von ihrer früheren Gestalt, dem Quadrate, zeigen,
c) dass die ursprünglich ebenen Querschnitte sich gewölbt haben,

---

[1]) Das Material des auf photographischem Wege dargestellten Cylinders ist wie bei Fig. 3, § 32 (Tafel VII) und bei Fig. 1, § 34 (Tafel IX) sowie Fig. 2, § 34 (Tafel X) Hartblei. Dasselbe behält die Formänderung fast vollständig bei und giebt deshalb auch nach der Lösung des Stabes aus der Prüfungsmaschine ein gutes Bild dieser Aenderung. Bei Verwendung von stark elastischem Material, wie Gummi, ist die Formänderung eine gleiche, nur verschwindet sie mit der Entlastung des Probekörpers zu einem grossen Theile und entzieht sich so der Darstellung. Versuche mit schmiedbarem Eisen führen zu einem ganz entsprechenden Ergebnisse.

Fig. 1, § 33.

d) dass jedoch die beiden Hauptachsen eines Querschnittes in der ursprünglichen Ebene verblieben sind und den rechten Winkel beibehalten haben,

e) dass sich je die beiden Hauptachsen zweier auf einander folgenden Querschnitte immer um gleichviel gegen einander (um die in ihrer Lage unverändert gebliebene Stabachse) verdreht haben [1]).

2. *Schubspannungen.*

Fassen wir zunächst einen Umfangspunkt P' des Querschnittes, Fig. 2, ins Auge, so muss die Schubspannung τ' in dem zu P'

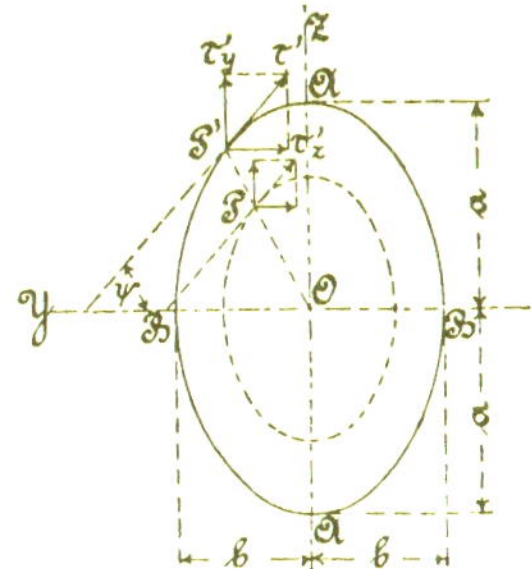

Fig. 2.

gehörigen Querschnittselement naturgemäss tangential zur Umfangslinie gerichtet sein, sofern hier äusere, eine andere Richtung der Schubspannung bedingende Kräfte nicht angreifen.

Wir zerlegen τ' in die beiden Komponenten

τ'_y, senkrecht zur y-Achse wirkend,

τ'_z, - - z- - - und

bezeichnen durch ψ den Winkel, welchen die Tangente im Punkte P' mit der y-Achse einschliesst, sowie durch y' und z' die Koordinaten des Umfangspunktes P'. Dann folgt zunächst

$$\operatorname{tg} \psi = \frac{\tau'_y}{\tau'_z}$$

und sodann aus der Gleichung der Ellipse

[1]) Die Bestimmung dieses Verdrehungswinkels erfolgt in § 43.

$$\frac{y'^2}{b^2} + \frac{z'^2}{a^2} = 1,$$

durch Differentiation

$$\frac{y'}{b^2}\,dy' + \frac{z'}{a^2}\,dz' = 0$$

$$\frac{dz'}{dy'} = -\frac{a^2}{b^2}\,\frac{y'}{z'}\,.$$

Aus Fig. 2 ergiebt sich unmittelbar

$$\operatorname{tg}\psi = \frac{dz'}{-\,dy'}\,.$$

Folglich durch Gleichsetzen der beiden für tg ψ erhaltenen Werthe

$$\frac{\tau'_y}{\tau'_z} = \frac{a^2}{b^2}\,\frac{y'}{z'}\,. \quad . \quad . \quad . \quad . \quad . \quad . \quad . \quad . \quad 1)$$

Hiernach erscheint τ'_y proportional y' und τ'_z proportional z'.

Denken wir uns für den im Inneren des Querschnittes liegenden Punkt P, bestimmt durch die Koordinaten y und z, die entsprechende (ähnliche) Ellipse konstruirt, so wird auch hier die Schubspannung τ, deren Komponenten τ_y ($\perp$ OY) und τ_z ($\perp OZ$) seien, tangential gerichtet sein müssen. Demgemäss erhalten wir

$$\tau_y = Ay \qquad\qquad \tau_z = Bz, \quad . \quad . \quad . \quad . \quad . \quad 2)$$

worin A und B Konstante bedeuten.

Die im Querschnitte wachgerufenen Schubspannungen müssen sich nun mit dem Momente M_d im Gleichgewicht befinden. Wird das in P liegende Flächenelement mit df bezeichnet, so ergiebt sich die Bedingungsgleichung

$$\int (\tau_y\,df\,.\,y + \tau_z\,df\,.\,z) = M_d,$$

woraus unter Beachtung der Gleichungen 2 und mit Rücksicht darauf, dass nach § 17, Ziff. 6

$$\int y^2\,df = \frac{\pi}{4}\,a\,b^3 \qquad\qquad \int z^2\,df = \frac{\pi}{4}\,a^3\,b$$

$$M_d = A\,\frac{\pi}{4}\,a\,b^3 + B\,\frac{\pi}{4}\,a^3\,b.$$

Die Verbindung der Gleichungen 1 und 2 ergiebt

$$\frac{a^2}{b^2}\,\frac{y'}{z'} = \frac{A\,y'}{B\,z'},$$

woraus

$$\frac{A}{B} = \frac{a^2}{b^2} \text{ oder } A = B\,\frac{a^2}{b^2}.$$

Durch Einführung dieses Werthes in die Gleichung für M_d findet sich

$$M_d = B\,\frac{a^2}{b^2}\,\frac{\pi}{4}\,a\,b^3 + B\,\frac{\pi}{4}\,a^3\,b = \frac{\pi}{2}\,a^3\,b\,B,$$

$$B = \frac{2}{\pi}\,\frac{M_d}{a^3\,b},$$

$$A = B\,\frac{a^2}{b^2} = \frac{2}{\pi}\,\frac{M_d}{a\,b^3}.$$

Hiermit nach den Gleichungen 2 die Schubspannungen für den beliebigen Querschnittspunkt P

$$\left.\begin{aligned} \tau_y &= A y = \frac{2}{\pi}\,\frac{M_d}{a\,b^3}\,y, \\ \tau_z &= B z = \frac{2}{\pi}\,\frac{M_d}{a^3\,b}\,z, \end{aligned}\right| \quad \ldots\ldots \quad 3)$$

$$\tau = \sqrt{\tau_y^2 + \tau_z^2} = \frac{2}{\pi}\,\frac{M_d}{a^3\,b^3}\cdot\sqrt{a^4\,y^2 + b^4\,z^2}. \quad \ldots \quad 4)$$

Dieser Ausdruck wächst mit y und z, erlangt also für bestimmte Umfangspunkte den grössten Werth. Zur Feststellung, in welchen Punkten des Umfangs dies der Fall ist, werde $a \geqq b$ vorausgesetzt und dem Ausdruck für τ', giltig für den Umfangspunkt y' z', die Form

$$\tau' = \frac{2}{\pi} \frac{M_d}{a b^2} \sqrt{\left(\frac{y'}{b}\right)^2 + \left(\frac{z'}{a}\right)^2 \left(\frac{b}{a}\right)^2} \quad . \quad . \quad . \quad 5)$$

gegeben. Da

$$\left(\frac{y'}{b}\right)^2 + \left(\frac{z'}{a}\right)^2 = 1,$$

so muss wegen $a \geqq b$

$$\left(\frac{y'}{b}\right)^2 + \left(\frac{z'}{a}\right)^2 \left(\frac{b}{a}\right)^2 \leqq 1$$

sein. Demnach ergiebt sich der grösste Werth der Schubspannung für $y' = \pm b$ und $z' = 0$ zu

$$\tau'_{max} = \frac{2}{\pi} \frac{M_d}{a b^2} \quad . \quad . \quad . \quad . \quad . \quad . \quad . \quad . \quad 6)$$

d. h. die grösste Schubspannung tritt in den Endpunkten BB der kleinen Achse, also in denjenigen Punkten auf, welche der Stabachse am nächsten liegen.

Hiermit folgt

$$k_d \geqq \frac{2}{\pi} \frac{M_d}{a b^2} \quad \text{oder} \quad M_d \leqq \frac{\pi}{2} k_d a b^2 \quad . \quad . \quad . \quad 7)$$

In den Endpunkten AA der grossen Achse ist die Schubspannung, da hier

$$y' = 0 \qquad z' = \pm a$$

$$\tau' = \frac{2}{\pi} \frac{M_d}{a^2 b} = \frac{b}{a} \tau_{max}, \quad . \quad . \quad . \quad . \quad . \quad . \quad 8)$$

d. i. im Verhältniss der Halbachsen kleiner als die Spannung in den Punkten BB.

Dieses für den ersten Augenblick überraschende Ergebniss steht in voller Uebereinstimmung mit der oben unter Ziff. 1, b angeführten Beobachtung. Die Winkeländerungen, welche nach § 28 die Schiebungen γ messen, die ihrerseits nach § 29 zu den Schubspannungen in der Beziehung

$$\tau = \frac{\gamma}{\beta}$$

stehen, sind — Fig. 1 (Taf. VIII) — am grössten in den Endpunkten der kleinen und am kleinsten in den Endpunkten der grossen Achse der Ellipse.

Hinsichtlich des Gesetzes, nach dem sich die Schubspannungen im Innern ändern, ist die ohne Weiteres aus den Gleichungen 3 und 4 folgende Bemerkung von Interesse, dass für alle auf der Geraden OP', Fig. 2, liegenden Querschnittselemente die Spannungen parallel gerichtet und proportional dem Abstande von der Stabachse sind. In Fig. 3 ist das Aenderungsgesetz der Schubspannungen dargestellt für die Punkte der grossen und der kleinen, sowie für diejenigen einer beliebigen Halbachse OP'. Für die Umfangspunkte lässt sich dasselbe unmittelbar der Gleichung 5 entnehmen.

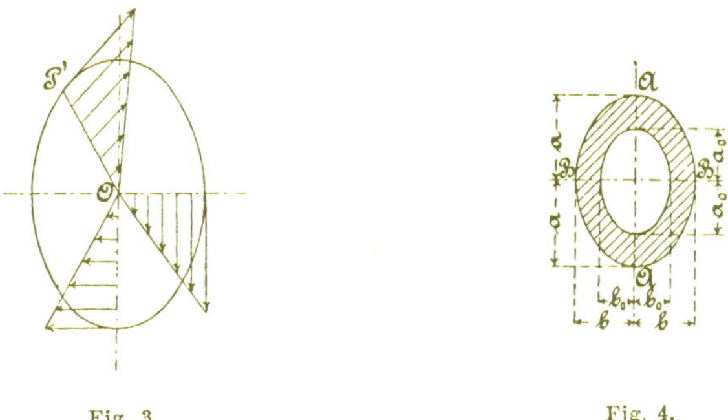

Fig. 3. Fig. 4.

Handelt es sich nicht um einen Voll-, sondern um einen Hohlstab, Fig. 4, so gilt unter der von dem Gange der obigen Entwicklung bedingten Voraussetzung, dass die innere Begrenzungsellipse der äusseren ähnlich ist, d. h.

$$a_0 : a = b_0 : b = m,$$

wegen

$$\int y^2 df = \frac{\pi}{4}(a\,b^3 - a_0\,b_0^3) \qquad \int z^2 df = \frac{\pi}{4}(a^3\,b - a_0^3\,b_0)$$

$$M_d = A\frac{\pi}{4}(a\,b^3 - a_0\,b_0^3) + B\,\frac{\pi}{4}(a^3\,b - a_0^3\,b_0),$$

woraus dann mit

$$A = \frac{a^2}{b^2}\,B$$

$$B = \frac{2}{\pi}\,\frac{M_d}{(1 - m^4)\,a^3\,b}$$

und schliesslich

$$\tau = \frac{2}{\pi}\,\frac{M_d}{(1 - m^4)\,a^3\,b^3}\sqrt{a^4 y^2 + b^4 z^2} \quad . \quad . \quad . \quad . \quad 9)$$

Für die Punkte B des Umfanges erlangt τ seinen Grösstwerth, nämlich

$$\tau'_{max} = \frac{2}{\pi}\,\frac{M_d}{(1 - m^4)\,a\,b^2} = \frac{2}{\pi}\,\frac{M_d}{a\,b^3 - a_0\,b_0^3}\,b, \quad . \quad 10)$$

sodass

$$k_d \geqq \frac{2}{\pi}\,\frac{M_d}{a\,b^3 - a_0\,b_0^3}\,b \text{ oder } M_d \leqq \frac{\pi}{2}\,k_d\,\frac{a\,b^3 - a_0\,b_0^3}{b}. \qquad 11)$$

Die Gleichungen 7 und 10 zeigen deutlich, dass die Widerstandsfähigkeit eines elliptischen Voll- oder Hohlstabes gegenüber der Drehungsbeanspruchung abhängt von dem kleinen der beiden Hauptträgheitsmomente, also nicht von der Summe beider, wie die ältere Lehre von der Drehungsfestigkeit angab.

Die letztere schuf ursprünglich ihre Entwickelungen, welche davon ausgingen, dass die Schubspannungen proportional mit dem Abstande des Querschnittselementes von der Stabachse wachsen und senkrecht zu diesem Abstande stehen, allerdings nur für die in § 32 behandelten Querschnitte; hierfür war sie auch zutreffend. Ihre Uebertragung auf andere Querschnitte war unzulässig.

Die Gleichung 11 enthält die Beziehung 3 und 4, § 32, je als besonderen Fall in sich. Es wird für

$$a = b = \frac{d}{2} \qquad a_0 = b_0 = \frac{d_0}{2}$$

$$M_d \leqq \frac{\pi}{16} k_d \frac{d^4 - d_0^4}{d}$$

und für $d_0 = 0$

$$M_d \leqq \frac{\pi}{16} k_d d^3.$$

Die Schlussbemerkungen zu § 32, betreffend das paarweise Auftreten der Schubspannungen u. s. w., gelten auch hier, überhaupt sinngemäss für alle auf Drehung beanspruchten Körper.

Hinsichtlich der Folgen, welche eine Hinderung der oben unter Ziff. 1c festgestellten Querschnittswölbung mit sich bringt, sei auf § 34, Ziff. 3 verwiesen.

§ 34. Stab von rechteckigem Querschnitt.

1. Formänderung.

Nach dem Vorgange in den Paragraphen 32 und 33 wird ein Prisma von rechteckigem Querschnitt (60 mm breit, 20 mm stark) hergestellt und jede seiner 4 Mantelflächen in Quadrate von 5 mm Seitenlänge eingetheilt. Unter Einwirkung der beiden Kräftepaare, welche sich an dem Stabe das Gleichgewicht halten, geht derselbe in die Form Fig. 1 (Taf. IX) über.

Wir erkennen Folgendes:

a) Die Quadrate haben ihre ursprüngliche Form mehr oder minder verloren und rhombenartige Gestalt angenommen.

Die Querlinien schneiden mit ihren äussersten Elementen die 4 Eckkanten des Stabes senkrecht, wie dies ursprünglich jede der früher geraden Querlinien in ihrer ganzen Erstreckung that; dagegen ändert sich die Rechtwinkligkeit zwischen Quer- und Längslinien um so mehr, je näher die letzteren der Seitenmitte liegen. Die Aenderung des rechten Winkels, d. h. die Schiebung (§ 28), beträgt hiernach in den Kanten des Stabes Null, wächst von da zunächst ziemlich rasch, sofern die breite Seitenfläche ins Auge gefasst wird, und erreicht für sämmtliche Seitenflächen in deren Mitten ausgezeichnete Werthe, von denen derjenige in der Mitte der breiten Seitenflächen der grössere ist. Die grösste Schiebung findet hiernach in denjenigen Punkten des Stabumfanges statt, welche der Achse am nächsten liegen.

b) Die ursprünglich ebenen Querschnitte haben sich gewölbt.

c) Die beiden Hauptachsen eines Querschnittes sind in der ursprünglichen Ebene geblieben. (Für einen Querschnitt ist dessen ursprüngliche Ebene gestrichelt eingetragen.)

d) Je die beiden Hauptachsen zweier auf einander folgenden Querschnitte haben sich immer um gleichviel gegen einander verdreht[1]).

Hinsichtlich der Wölbung der Querschnitte ist es von Interesse zu beachten, dass der Abstand derjenigen Punkte des gewölbten Querschnittes, welche von den Seitenmitten ab- und nach den Stabkanten hin gelegen sind, von der ursprünglichen Querschnittsebene (vergl. Ziff. 3) sich als ziemlich bedeutend erweist, und dass infolgedessen die Ausbildung dieser gewölbten Form eine verhältnissmässig grosse Zurückziehung (positive im ersten und dritten, negative im zweiten und vierten Quadranten) der von den Seitenmitten abgelegenen Fasern gegenüber der früheren Querschnittsebene zur Folge hat. Wie ersichtlich, ist die Wölbung erhaben, d. h. der Abstand der einzelnen Querschnittselemente von der Grundebene hat sich vergrössert, in denjenigen diametral zu einander liegenden beiden Querschnittsvierteln, gegen deren lange Seiten die Kräfte des drehenden Kräftepaares gerichtet sein müssten, wenn hierdurch die stattgehabte Verdrehung bewerkstelligt werden sollte. In den beiden anderen Querschnittsvierteln ist die Wölbung vertieft, d. h. der Abstand der einzelnen Querschnittselemente von der Grundebene hat sich verkleinert.

Die Stirnflächen des verdrehten Prisma werden hiernach zeigen (vergl. Fig. 1, unten rechts)

---

[1]) Die Bestimmung dieses Verdrehungswinkels erfolgt in § 43. Vergl. auch die erste Fussbemerkung zu § 52, Ziff. 2, b.

Fig. 1, § 34.

Fig. 2, § 34.

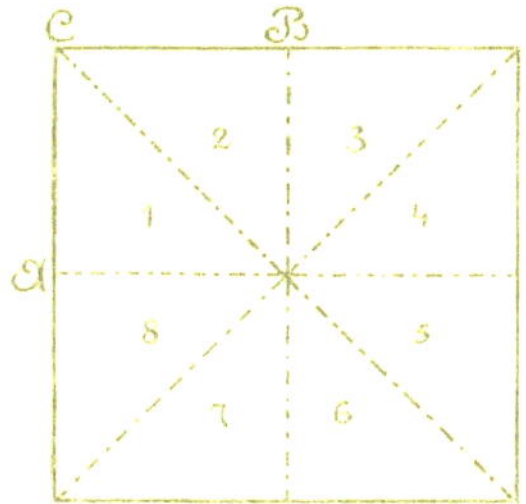

im Viertel 1 erhabene Wölbung,
- - 2 vertiefte -
- - 3 erhabene -
- - 4 vertiefte -

Ist für den rechteckigen Stab $b = h$, d. h. handelt es sich um einen quadratischen Querschnitt, so nimmt derselbe bei der Verdrehung die Form Fig. 2 (Taf. X) an. Dieselbe bestätigt das oben unter a) bis d) Erkannte durchaus. Nur hinsichtlich der Wölbung der Querschnitte tritt insofern eine Aenderung ein, als hier alle Seiten gleich gross sind und deshalb kein Grund vorliegt, weshalb sich das eine Viertel anders verhalten soll, wie das andere, wenn die Kräfte, welche das vorhandene Kräftepaar liefern, auf den durch die Verdrehungsrichtung bestimmten 4 Halbseiten wirkend gedacht werden. Thatsächlich weist Fig. 2 nach, dass für quadratischen Querschnitt (vergl. Fig. 2) bei der angenommenen Verdrehungsrichtung die Wölbung eine erhabene ist in den Achteln 1, 3, 5 und 7, dagegen eine vertiefte in den Achteln 2, 4, 6 und 8. Ausser den beiden Symmetrieachsen verbleiben noch die zwei Diagonalen in der ursprünglichen Querschnittsebene und damit auch die vier Eckpunkte. Die hierdurch ausgezeichneten vier Linien weisen nach Ziff. 2 noch die weitere Eigenschaft auf, dass die in ihren Punkten wirkenden Schubspannungen senkrecht zu ihnen gerichtet sind.

Die Erkenntniss dieser eigenartigen Formänderungen der Querschnitte ist unter Umständen von grosser praktischer Bedeutung, wie unter Ziff. 3 am Schlusse dieses Paragraphen näher erörtert werden wird.

2. *Schubspannungen.*

Da die Schubspannungen in den Querschnittselementen der Umfangslinie unter der Voraussetzung, dass äussere Kräfte hier nicht auf die Mantelfläche des Stabes wirken, nur tangential an diese Linie gerichtet sein können, so müssen sie auf der Begrenzungsstrecke $\overline{AC}$, Fig. 1 (Taf. IX) oder Fig. 3, in die Richtung AC fallen, ebenso auf der Strecke BC in die Richtung BC. Demgemäss ergeben sich im Flächenelement C (Eckpunkt) des Querschnittes, da dasselbe sowohl der Linie AC, wie auch der

Linie BC angehört, zwei senkrecht zu einander gerichtete Schubspannungen, welche eine Resultante liefern müssten. Dieselbe hätte jedenfalls die Forderung zu befriedigen, dass sie gleichzeitig in die Richtungen von AC und BC falle. Dieser Bedingung kann sie nur entsprechen, wenn ihre Grösse Null ist. Infolgedessen muss die Schubspannung in C selbst Null sein. Aus diesem Grunde werden sich die in den Querschnittselementen AC wirkenden Schubspannungen von A nach C hin bis auf Null vermindern müssen; ebenso werden die in BC thätigen Schubspannungen von B nach C bis auf Null abzunehmen haben.

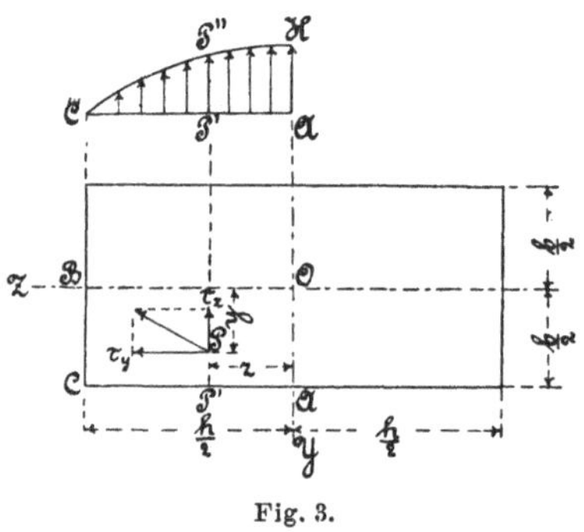

Fig. 3.

Die Richtigkeit dieser Erwägungen wird voll bestätigt durch die oben unter Ziff. 1, a angegebene Beobachtung. Dort war festzustellen, dass die Schiebungen in den Kantenpunkten, d. h. in C Null waren, nach der Mitte der Seite, d. h. nach A bezw. B hin erst rasch und dann langsamer wuchsen, entsprechend einem Verlaufe etwa nach der Kurve CH, Fig. 3, die erhalten wird durch Ermittelung der Aenderungen der ursprünglich rechten Winkel; demgemäss werden sich auch die Schubspannungen von C nach A hin ändern.

Zum Zwecke der Bestimmung der Letzteren erinnern wir uns, dass beim elliptischen Querschnitt (§ 33) die im beliebigen Punkte P wirkende Spannung τ die beiden Komponenten τ_y und τ_z lieferte, für welche galt

$$\tau_y = Ay \qquad \tau_z = Bz.$$

Hier werden τ_y (senkrecht zur y-Achse) und τ_z (senkrecht zur z-Achse) in entsprechender Weise von y und z abhängen müssen.

Dort waren A und B konstante Grössen, während sie hier veränderlich sein müssen, da ja τ_y für $y = \frac{b}{2}$ nach C hin bis auf Null abzunehmen hat, ebenso τ_z für $z = \frac{h}{2}$.

Wird die Schubspannung in der Mitte der langen Seite, d. h. in A mit τ'_a, diejenige in Punkt P', welcher im Abstande z von A auf der Strecke AC gelegen ist, mit τ' bezeichnet und $\overline{AH} = \tau'_a$, $P'P'' = \tau'$ gemacht; wird ferner in Anlehnung an § 38, Fig. 4, dem Aenderungsgesetz der Schubspannungen in der Linie AC, d. h. dem Verlaufe der Linie $CP''H$, die einfachste Kurve, die gewöhnliche Parabel mit H als Scheitel und HA als Hauptachse zu Grunde gelegt, so folgt nach dem bekannten Satz, dass sich bei der Parabel die Abscissen verhalten wie die Quadrate der Ordinaten

$$(\tau'_a - \tau') : \tau'_a = z^2 : \left(\frac{h}{2}\right)^2$$

$$\tau' = \tau'_a \left[1 - \left(\frac{2z}{h}\right)^2\right].$$

Demgemäss setzen wir für den Faktor A in der Gleichung $\tau_y = Ay$

$$A = c\tau'_a \left[1 - \left(\frac{2z}{h}\right)^2\right] = m\left[1 - \left(\frac{2z}{h}\right)^2\right]$$

und ganz entsprechend für B in dem Ausdruck $\tau_z = Bz$

$$B = d\tau'_b \left[1 - \left(\frac{2y}{b}\right)^2\right] = n\left[1 - \left(\frac{2y}{b}\right)^2\right],$$

wenn c, d, m und n Konstante sind und τ'_b die Schubspannung im Punkte B bezeichnet.

Nach dem bei der Ellipse (§ 33) gewonnenen Ergebnisse — dort verhielten sich die Schubspannungen in den Endpunkten der grossen Achse zu denjenigen in den Endpunkten der kleinen Achse umgekehrt wie die zugehörigen Halbachsen — sowie mit Rücksicht darauf, dass in Fig. 1, Tafel IX, die Aenderungen der rechten Winkel in der Mitte der langen Seite, sowie diejenigen in der

Mitte der kurzen Seite auf das Verhältniss $h:b$ hinweisen, werde angenommen

$$\tau_b' = \tau_a' \frac{b}{h}.$$

Es ergiebt sich

$$\left.\begin{array}{l} \tau_y = m \left[1 - \left(\frac{2z}{h}\right)^2\right] y, \\ \tau_z = n \left[1 - \left(\frac{2y}{b}\right)^2\right] z \end{array}\right\} \quad . \; . \; . \; . \; . \quad 1)$$

und in ganz gleicher Weise wie in § 33, Ziff. 2

$$\int \left(\tau_y df . y + \tau_z df . z\right) = M_d$$

$$= m \int \left[1 - \left(\frac{2z}{h}\right)^2\right] y^2 df + n \int \left[1 - \left(\frac{2y}{b}\right)^2\right] z^2 df,$$

$$M_d = \frac{1}{12} m b^3 h + \frac{1}{12} n b h^3 - 4 \left(\frac{m}{h^2} + \frac{n}{b^2}\right) \int y^2 z^2 df.$$

Wegen

$$\int y^2 z^2 df = \int_{-\frac{b}{2}}^{+\frac{b}{2}} y^2 dy \int_{-\frac{h}{2}}^{+\frac{h}{2}} z^2 dz = \frac{1}{144} b^3 h^3$$

wird

$$M_d = \frac{1}{12} m b^3 h + \frac{1}{12} n b h^3 - \frac{1}{36} \left(\frac{m}{h^2} + \frac{n}{b^2}\right) b^3 h^3. \quad . \quad 2)$$

Nun ist

für den Punkt A, d. i. $y = \frac{b}{2}$ und $z = 0$,

$$\tau_y = \tau_a',$$

womit nach der ersten der Gleichungen 1

$$\tau_a' = m \frac{b}{2} \quad \text{oder} \quad m = \frac{2 \tau_a'}{b}$$

und

für den Punkt B, d. i. $y = 0$ und $z = \frac{h}{2}$,

$$\tau_z = \tau_b',$$

infolgedessen nach der zweiten der Gleichungen 1

$$\tau_b' = n\,\frac{h}{2} \quad \text{oder} \quad n = \frac{2\tau_b'}{h} = \frac{2b}{h^2}\,\tau_a'.$$

Hiermit gehen die Gleichungen 1 und 2 über in

$$\left.\begin{aligned} \tau_y &= 2\tau_a'\,\frac{1}{b}\left[1 - \left(\frac{2z}{h}\right)^2\right] y, \\ \tau_z &= 2\tau_b'\,\frac{1}{h}\left[1 - \left(\frac{2y}{b}\right)^2\right] z \\ &= 2\tau_a'\,\frac{b}{h^2}\left[1 - \left(\frac{2y}{b}\right)^2\right] z, \end{aligned}\right\} \quad \ldots\ldots \quad 3)$$

beziehungsweise

$$M_d = \frac{2}{9}\,\tau_a' b^2 h. \quad \ldots\ldots\ldots \quad 4)$$

Gleichung 4 führt zu

$$M_d \leqq \frac{2}{9}\,k_d b^2 h \quad \text{oder} \quad k_d \geqq \frac{9}{2}\,\frac{M_d}{b^2 h}. \quad \ldots \quad 5)$$

Die grösste Anstrengung tritt hierbei auf in denjenigen Punkten der Umfangslinie des Querschnittes, welche der Stabachse am nächsten liegen.

(Vergl. das unter Ziff. 3 Erörterte.)

Um ein Bild der Spannungsvertheilung über den rechteckigen Querschnitt zu erhalten, sind in Fig. 4 die Spannungen für einige Flächenstreifen eingetragen. Es werden dargestellt die Schubspannungen

für die in der Linie CA liegenden Querschnittselemente durch die wagrechten Ordinaten der Kurve CH, für die in der Linie CB liegenden Querschnittselemente durch die senkrechten Ordinaten der Kurve CJ,

für die in der Linie OA liegenden Querschnittselemente durch die zu OA senkrechten Pfeillinien,

für die in der Linie OB liegenden Querschnittselemente durch die wagrechten Ordinaten der Geraden OK,

für die in der Linie OC liegenden Querschnittselemente durch die geneigten Ordinaten der Kurve OMC.

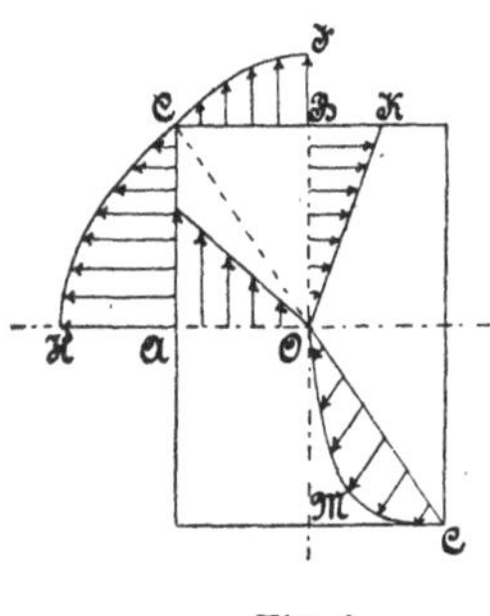

Fig. 4.

Die letztere Linie folgt aus den Gleichungen 3 unter Beachtung, dass für die Punkte der Diagonale OC

$$\frac{y}{z} = \frac{b}{h}$$

ist. Hiermit ergiebt sich dann für die einzelnen in OC gelegenen Flächenelemente

$$\tau_z : \tau_y = b : h,$$

d. h. die Schubspannungen sind parallel gerichtet, und

$$\tau = \sqrt{\tau_y^2 + \tau_z^2}$$

$$= 2\tau_a' \left[1 - \left(\frac{2y}{b}\right)^2\right] \frac{y}{b} \sqrt{1 + \left(\frac{b}{h}\right)^2}.$$

Für

$$y = 0{,}577 \frac{b}{2}$$

erlangt τ seinen grössten Werth.

Im Falle $b = h$, d. i. für den quadratischen Querschnitt, stehen die Schubspannungen senkrecht auf den Diagonalen.

Hierbei ist im Auge zu behalten, dass diese Schubspannungen immer paarweise auftreten und deshalb gleichzeitig in der Ebene des Querschnittes und in senkrecht dazu stehenden Ebenen wirken. (Vergl. Schlussbemerkung zu § 32.)

Die Beziehungen 3, § 32 (Kreis), 4, § 32 (Kreisring), 7, § 33 (Ellipse), 11, § 33 (Ellipsenring) und 5, § 34 (Rechteck) lassen sich auf die gemeinsame Form

$$M_d \leqq \varphi \, k_d \frac{\Theta}{b} \quad \text{. . . . . 6)}$$

bringen, worin bedeutet

M_d das Moment des drehenden Kräftepaares,

Θ das kleinere der beiden Hauptträgheitsmomente,

b für den Kreis den Halbmesser, für die Ellipse die kleine Halbachse, für das Rechteck die kleinere Seite,

k_d die zulässige Drehungsanstrengung,

φ einen Zahlenwerth, welcher beträgt

für den Vollkreis und den Kreisring mit $b = \frac{d}{2}$ $\varphi = 2$,

für die Vollellipse und den Ellipsenring $\varphi = 2$,

für das Rechteck $\varphi = \frac{8}{3}$.

Auf dieselbe Form, Gleichung 6, lässt sich auch der Ausdruck für das gleichseitige Dreieck

$$M_d = \frac{1}{20} k_d b^3 \text{ [1]},$$

sowie derjenige für das gleichseitige Sechseck

$$M_d = \frac{1}{1,09} k_d b^3 \text{ [1]},$$

worin je b die Seitenlänge bezeichnet, bringen.

[1] S. u. A. Herrmann, Zeitschrift des österr. Ingenieur- und Architektenvereines 1883, S. 172.

Es ist dann

$$\varphi = 1{,}385$$

beziehungsweise

$$\varphi = 1{,}694.$$

Die Gleichung 6 spricht deutlich aus, dass die Widerstandsfähigkeit gegenüber Drehungsbeanspruchung von dem kleineren der beiden Hauptträgheitsmomente bestimmt wird, dass also das grössere nicht in Betracht kommt.

3. Gehinderte Ausbildung der Querschnittswölbung.

Unter Ziff. 1 erkannten wir, dass die ursprünglich ebenen Querschnitte des rechteckigen Prisma infolge Einwirkung des Drehungsmomentes in gekrümmte Flächen übergehen. Für den Fall, dass der Querschnitt langgestreckt war, wie bei Stab Fig. 1 (Taf. IX), fand sich, dass die Strecken, um welche hierbei die einzelnen, von den Seitenmitten abgelegenen Querschnittselemente aus der ursprünglichen Querschnittsebene herausgetreten waren, verhältnissmässig bedeutend ausfielen. (Vergleiche daselbst die gestrichelte Linie, welche die ursprüngliche Ebene des jetzt gewölbten Querschnittes angiebt; das Achsenkreuz ist beiden gemeinsam.)

So lange der auf Drehung in Anspruch genommene Körper durchaus prismatisch ist, hat diese Krümmung der Querschnitte verhältnissmässig geringes Interesse für den Ingenieur. Ganz anders gestaltet sich jedoch die Sache, sobald diese Voraussetzung nicht mehr erfüllt ist.

Handelt es sich beispielsweise um einen Körper, wie in § 35, Fig. 1, dargestellt, der an seinen Enden Platten trägt, durch welche die beiden Kräftepaare, die sich an ihm das Gleichgewicht halten, auf den mittleren prismatischen Theil wirken, so bietet sich da, wo dieser an die Platte anschliesst, der Querschnittskrümmung ein Hinderniss. Insbesondere sind die nach den Stabkanten zu gelegenen Fasern, Fig. 1, Taf. IX, gehindert, um den verhältnissmässig bedeutenden Betrag, den die erhabene Wölbung verlangt, von der Platte sich zurückzuziehen. Infolgedessen entstehen in allen denjenigen Querschnittselementen, welche unter Einwirkung des Drehungsmomentes bestrebt sind, ihre Entfernung von der

Grundebene zu vergrössern (sich erhaben zu wölben, d. s. die Rechtecksviertel 1 und 3, Fig. 1), Zugspannungen, während in allen denjenigen Querschnittspunkten, welche bestrebt sind, den bezeichneten Abstand zu verringern (sich vertieft zu wölben, d. s. die Rechtecksviertel 2 und 4, Fig. 1), Druckspannungen wachgerufen werden. Sind diese Normalspannungen genügend gross, so kann der Bruch, obgleich die äusseren Kräfte nur ein auf Drehung wirkendes Kräftepaar ergeben, durch Zerreissen der am stärksten gespannten Fasern veranlasst werden.

Einer äusseren Zug- oder Druckkraft bedarf es nicht, da die Zugspannungen in gewissen Querschnittstheilen (Rechtecksviertel 1 und 3, Fig. 1) durch Druckspannungen in den anderen Querschnittselementen (Rechtecksviertel 2 und 4, Fig. 1) im Gleichgewicht gehalten werden.

In solchen Fällen der mehr oder minder vollständig gehinderten Ausbildung der Querschnittswölbung rücken die gefährdetsten Stellen, welche bei Nichthinderung dieser Ausbildung mit denjenigen Punkten des Querschnittsumfanges zusammenfallen, welche der Stabachse am nächsten liegen, von der letzteren fort; beispielsweise in Fig. 1 von A nach C hin. Bei langgestreckten Querschnitten werden sie sehr rasch von A nach C hin vorwärtsschreiten.

Beim quadratischen Querschnitt, Fig. 2 (Taf. X), bleibt C in der ursprünglichen Querschnittsebene; infolgedessen ist es ausgeschlossen, dass bei Gleichartigkeit des Materiales die grösste Anstrengung in oder nahe bei C auftritt. Sie ist — allgemein — da zu suchen, wo die Gesammtinanspruchnahme, herrührend von den Schubspannungen, welche durch das Drehungsmoment verursacht werden, und von den Normalspannungen, die infolge der Hinderung der Querschnittswölbung in's Dasein treten, den grössten Werth erlangt. Bei dem quadratischen Querschnitt wird sie — soweit dies hier ohne Anstellung besonderer Rechnungen beurtheilt werden kann — der Mitte der Seitenflächen viel näher liegen als den Stabkanten. Ihre Bestimmung, welche überdies von dem Grade der Vollständigkeit der mehrfach erwähnten Hinderung der Querschnittskrümmung abhängt, gehört in das Gebiet der zusammengesetzten Elasticität und Festigkeit.

(Vergl. auch den vorletzten Absatz von § 32, sowie die Bemerkungen zu Gleichung 2, § 31, Ziff. 1.)

Die zur Berechnung von Stäben, welche durch Drehung beansprucht werden, in diesem und den vorhergehenden Paragraphen aufgestellten Gleichungen sind unter der stillschweigend gemachten Voraussetzung entwickelt, dass die Querschnittswölbung sich ungehindert ausbilden kann.

§ 35. Drehungsversuche.

1. Abhängigkeit der Drehungsfestigkeit des Gusseisens von der Querschnittsform.

Diese Abhängigkeit muss bei Gusseisen wegen der Veränderlichkeit des Schubkoefficienten β in ziemlich bedeutendem Masse vorhanden sein. (Vergl. § 32.)

Verfasser hat nach der bezeichneten Richtung hin eine Anzahl von Versuchen angestellt. Ueber einen Theil derselben ist in der Zeitschrift des Vereines deutscher Ingenieure 1889, S. 140 bis 145 und 162 bis 166 ausführlich berichtet worden[1]).

Die je unter einer Bezeichnung aufgeführten Versuchskörper sind aus dem gleichen Material (bei demselben Gusse) hergestellt worden.

Gusseisen A.

Zugstäbe bearbeitet.

$$\text{Zugfestigkeit } K_z = \frac{1655 + 1480 + 1601}{3} = 1579 \text{ kg/qcm.}$$

a) Stäbe mit rechteckigem Querschnitt, unbearbeitet.

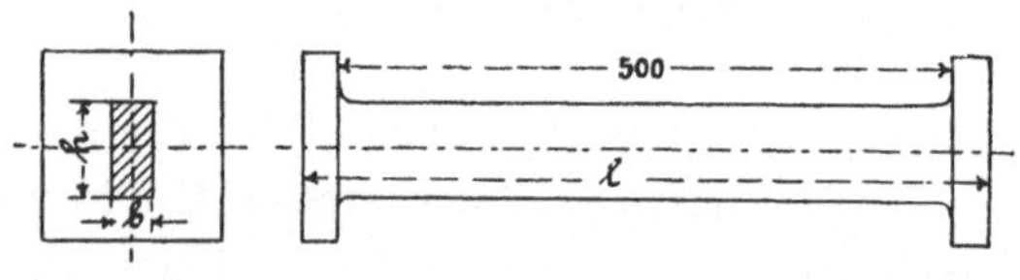

Fig. 1.

[1]) Siehe auch „Abhandlungen und Berichte“ 1897, S. 80 u. f.

Fig. 8, § 35.

Fig. 9, § 35.

Seiten-verhältniss	Durchschnittliche Abmessungen			Drehungs-festigkeit	$\frac{K_d}{K_z}$	Bemerkungen
	l cm	b cm	h cm	$K_d = 4{,}5 \frac{M_d}{b^2 h}$ kg/qcm		
4 Stäbe $b:h = 1:1$	53	3,15	3,20	2228	1,42	Bruch erfolgt im prismatischen Theil, Figur 8 (Tafel XI).
4 Stäbe $b:h = 1:2{,}5$	56	3,13	7,82	2529	1,60	Bruch erfolgt in der Nähe der einen oder anderen Endplatte, Figur 9 (Tafel XI).
4 Stäbe $b:h = 1:5$	56	3,08	15,07	2366	1,50	Desgl.
3 Stäbe $b:h = 1:9$	54	1,66	15,13	2508	1,59	Desgl.

Die Bruchfläche, Fig. 8 (Taf. XI), lässt vermuthen, dass bei den quadratischen Stäben der Bruch, der plötzlich erfolgt, in der Mitte der Seitenfläche oder wenigstens in deren Nähe begonnen habe, wie dies nach § 34, Ziff. 3, der Fall sein soll.

Bei den Stäben mit langgestreckter Form des Querschnittes scheint es dagegen, als ob der Bruch, Fig. 9 (Taf. XI), welcher immer in der Nähe einer der beiden zum Einlegen in die Prüfungsmaschine dienenden Endplatten erfolgte, von aussen, d. h. von einer Ecke oder in deren Nähe seinen Anfang genommen habe.

Jedenfalls ist hieraus zu schliessen, dass K_d für die Stäbe mit langgestrecktem Querschnitt zu klein ermittelt wurde. Ferner erkennen wir, als durch den Versuch nachgewiesen, dass ein auf Drehung beanspruchter Körper, dessen Querschnitt in der einen Richtung eine wesentlich grössere Erstreckung besitzt als in der anderen, da, wo in Richtung der Stabachse der schwächere prismatische Theil an einen stärkeren anschliesst — wie im vorliegenden Falle das rechteckige Prisma an die Endplatten — die Anstrengung keine reine

Drehungsbeanspruchung mehr ist, dass vielmehr daselbst auch Normalspannungen auftreten. (Vergl. § 34, Ziff. 3.)

b) Stäbe mit kreisförmigem Querschnitt.

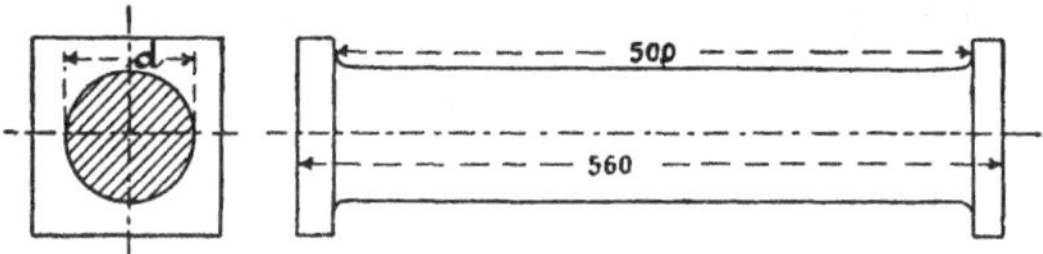

Fig. 2.

Bezeichnung	Durchmesser d cm	Drehungsfestigkeit $K_d = \frac{16}{\pi}\frac{M_d}{d^3}$ kg/qcm	$\frac{K_d}{K_z}$	Bemerkungen
3 Stäbe, unbearbeitet	10,23	1618	1,02	Bruch erfolgt plötzlich im prismatischen Theil.
1 Stab, bearbeitet	9,6	1655	1,05	Desgleichen, siehe Fig. 10 (Taf. XII).

Von hohem Interesse erscheint die Bruchfläche des linken Stückes der Fig. 10 (Taf. XII). Deutlich sprechen hier die kleinen, der Längsfuge anhängenden Bruchstücke dafür, dass die Trennung schliesslich — nach vorhergegangener Rissbildung unter 45° — durch Abschiebung in angenähert achsialer Richtung erfolgt ist (vergl. Fig. 5, § 32, sowie das in § 32 am Schlusse Bemerkte).

Ein Einfluss der Entfernung der Gusshaut auf die Drehungsfestigkeit kann nicht festgestellt werden, da dieselbe für die drei unbearbeiteten Stäbe zwischen 1574 und 1683 kg schwankte.

c) Hohlstäbe mit kreisförmigem Querschnitt, unbearbeitet.

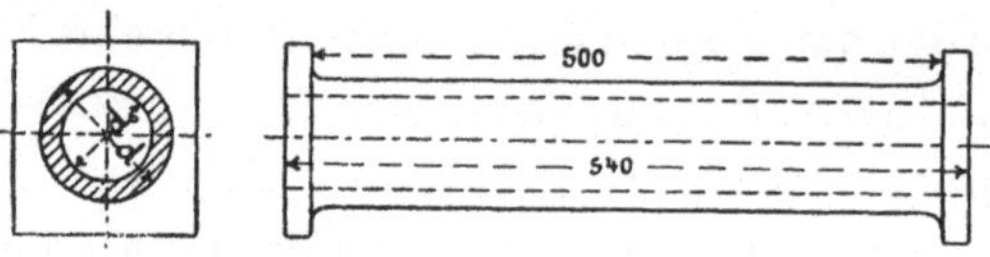

Fig. 3.

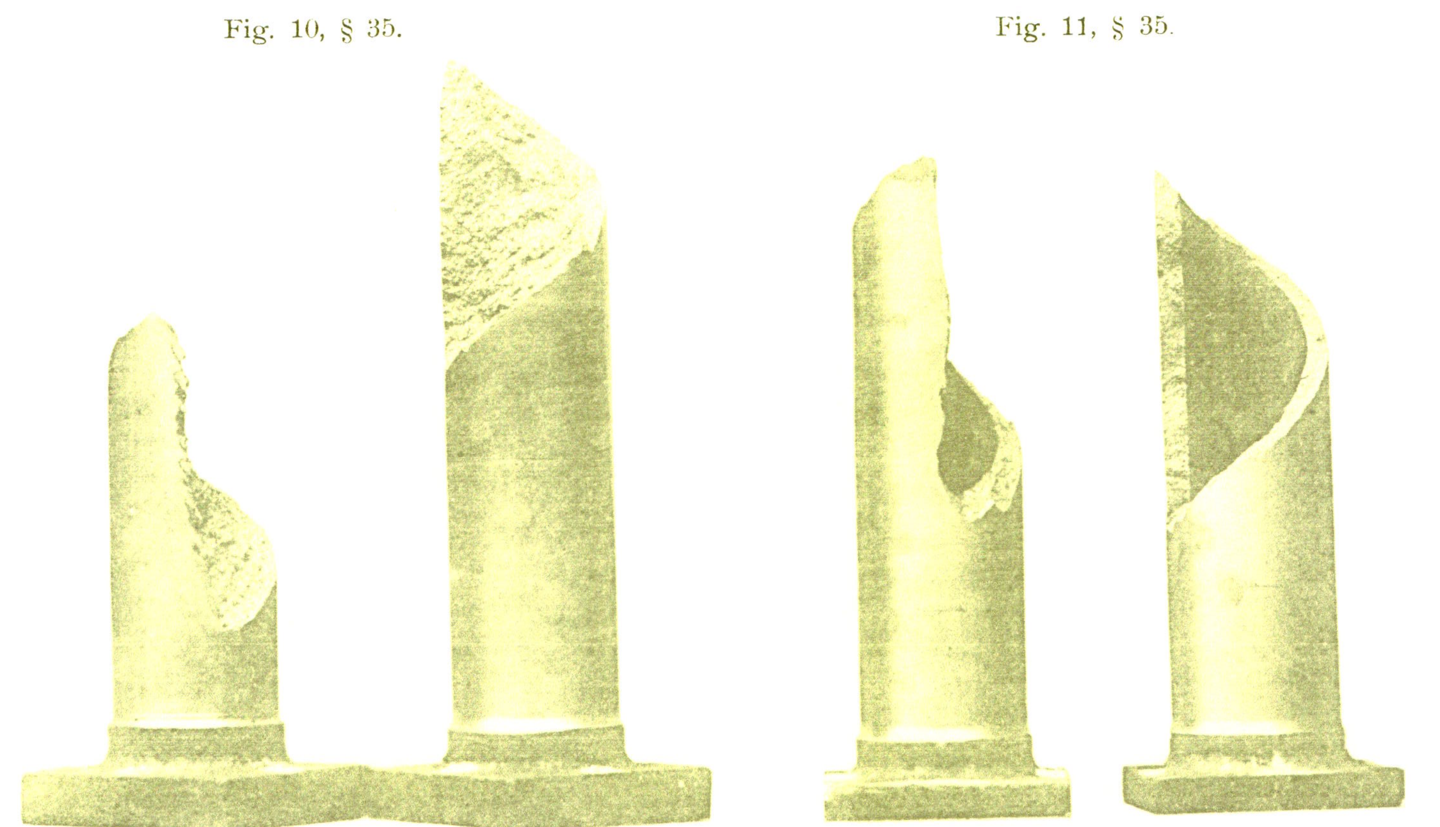

Fig. 10, § 35.

Fig. 11, § 35.

Bezeichnung	Durchmesser d cm	Durchmesser d_0 cm	Drehungsfestigkeit $K_d = \frac{16}{\pi} \frac{M_d}{d^4 - d^4_0} d$ kg/qcm	$\frac{K_d}{K_z}$	Bemerkungen
3 Stäbe	10,2	6,97	1297	0,82	Bruch erfolgt plötzlich im prismatischen Theil.

Hinsichtlich der Bruchfläche vergl. die zu „Gusseisen B“ gehörige Fig. 11 (Taf. XII).

Die Drehungsfestigkeit nähert sich dem Werthe, welcher nach Gleichung 6, § 31, zu erwarten ist, entsprechend dem Umstande, dass die Drehungsbeanspruchung hier der einfachen Schubanstrengung ziemlich nahe gekommen ist. Für $d_0 = d$ würde die Drehungsanstrengung vollständig dieselbe sein, wie die Inanspruchnahme auf Schub.

d) Hohlstäbe mit quadratischem Querschnitt, unbearbeitet.

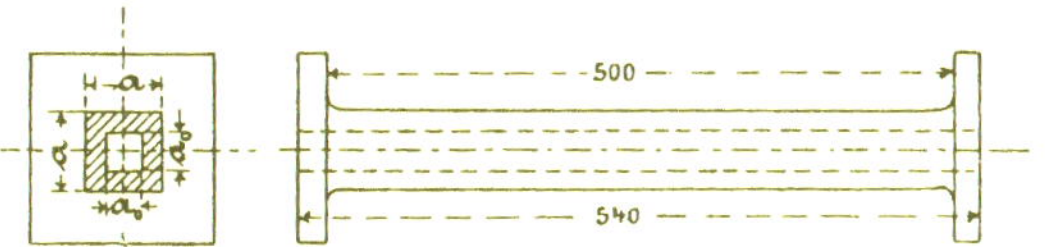

Fig. 4.

Bezeichnung	Seitenlänge a cm	Seitenlänge a_0 cm	Drehungsfestigkeit $K_d = 4{,}5 \frac{M_d}{a^4 - a^4_0} a$ kg/qcm	$\frac{K_d}{K_z}$	Bemerkungen
4 Stäbe	6,21	3,16	1788	1,13	Bruch erfolgt plötzlich im prismatischen Theil, Fig. 12 (Taf. XIII).

Die Bruchfläche, Fig. 12 (Taf. XIII), berechtigt zur Vermuthung, dass der Bruch in der Mitte der Seite begonnen habe.

Vergleicht man die Drehungsfestigkeit bei vollquadratischem Querschnitt (a) mit derjenigen bei hohlquadratischem, so findet sich

$$2228 : 1788 = 1{,}25 : 1.$$

Derselbe Vergleich für Vollkreis (b) mit Kreisring (c) ergiebt

$$1618 : 1297 = 1,25 : 1,$$

also dasselbe.

Beide Vergleiche lehren, dass das nach der Stabachse zu gelegene Material (Gusseisen) bei der Drehung durchaus nicht so schlecht ausgenützt wird, wie man dies anzunehmen pflegt.

Nach § 32 war, da für Gusseisen der Schubkoefficient β mit zunehmender Spannung wächst, dieses Ergebniss zu erwarten.

Es entspricht dies ganz dem Ergebnisse, zu welchem die Erörterungen in § 20, Ziff. 4, sowie die Versuche § 22, Ziff. 2, bei Biegungsbeanspruchung des Gusseisens führten.

e) Stäbe mit [-förmigem Querschnitt, unbearbeitet.

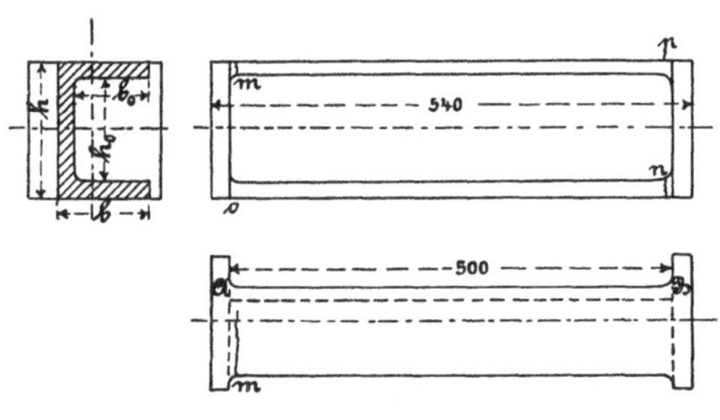

Fig. 5.

α) Verhältniss $b : h = \sim 1 : 1,5$.

No.	Abmessungen				Bruchmoment M_d
	b cm	h cm	b_0 cm	h_0 cm	kg.cm
1	10,3	15,1	8,6	11,9	34000
2	10,25	15,15	8,6	11,95	33750
3	10,3	15,2	8,6	12,0	35500

Der Bruch beginnt damit, dass gleichzeitig oder unmittelbar auf einander folgend die beiden Querrippen von aussen einreissen und zwar die eine bei *m*, die andere bei *n*, also diametral gegenüberliegend. Die Drehrichtung des Momentes ist hierbei derart, dass — von Platte *A* nach Platte *B* gesehen — *A* in der Richtung des Uhrzeigers verdreht wird.

Die oben eingetragenen Werthe von M_d sind die Drehungsmomente, welche sich unmittelbar vor diesem Einreissen der Querrippen ergaben. Sobald Letzteres erfolgt, sinkt die Schale der Kraftwage, entsprechend einer Verminderung des Momentes, welches auf den Stab wirkt. Für den Stab No. 3 wurde diese Verminderung bestimmt, weshalb dessen Verhalten noch kurz beschrieben werden soll.

Stab No. 3.

Bei $M_d = 35500$ kg.cm reissen die Querrippen an den zwei Stellen *m* und *n* von aussen ein, das Drehungsmoment sinkt auf 25250 kg.cm. Unverletzt ist in dem Querschnitt bei *m* beziehungsweise *n* noch der innere Theil der nur aussen (auf reichlich die Hälfte) gerissenen Querrippe, der Steg und die andere Querrippe bei *o* beziehungsweise *p*. Bei fortgesetzter Verdrehung steigt das Moment auf 35250 kg.cm und nimmt dann wieder ab. Der Bruch der Querrippe bei *n* beginnt sich in den Steg hinein zu erstrecken, schliesslich bricht dieser und bald auch die andere Querrippe bei *p*.

β) Verhältniss $b : h = \backsim 1 : 3$.

No.	Abmessungen.				Bruchmoment	
	b cm	h cm	b_0 cm	h_0 cm	M_d kg.cm	M'_d kg.cm
1	5,2	15,2	3,5	12,0	27250	—
2	5,2	15,2	3,5	12,0	26750	27750
3	5,2	15,3	3,5	12,0	24000	25500

Bruch erfolgt in ähnlicher Weise wie unter α erörtert.

Bei dem Drehungsmoment M_d reissen die Querrippen an zwei einander diametral gegenüberliegenden Stellen (*m* und *n*, Fig. 5) von aussen ein, das Drehungsmoment sinkt ein wenig (z. B. bei

No. 3 von 24000 auf 23000, also um weit weniger als beim Einreissen der Stäbe unter α, für welche die Breite b rund noch einmal so gross ist). Mit Wiederaufnahme der Verdrehung steigt es auf $M_d' > M_d$, den Bruch herbeiführend. Der Bruch des Steges, welch letzterer noch unterstützt wird durch die zweite unverletzte Querrippe desselben Querschnittes, fordert also ein etwas grösseres Drehungsmoment, als zum Einreissen der einen Querrippe des unverletzten Stabes nöthig ist; der Stab trägt demnach mit eingerissener Querrippe mehr, wie im unverletzten Zustande.

Für den Versuch No. 1 unter α würde Gleichung 6, § 34, mit $\varphi = \frac{8}{3}$ und bei Ersetzung von k_d durch K_d liefern

$$K_d = \frac{3}{8} \frac{M_d}{\Theta} b = \frac{3}{8} \cdot \frac{34000}{528} \cdot 10{,}3 = \backsim 290 \text{ kg}.$$

Für den Versuch No. 1 unter β würde die Gleichung 6, § 34, ergeben

$$K_d = \frac{3}{8} \frac{M_d}{\Theta} b = \frac{3}{8} \cdot \frac{27250}{70{,}5} \cdot 5{,}2 = \backsim 880 \text{ kg}.$$

Werden diese beiden für K_d erlangten Werthe mit der Drehungsfestigkeit rechteckiger Stäbe verglichen (a), so ergiebt sich, dass die Gleichung 6, § 34, für Körper mit Querschnitten der hier vorliegenden Art unbrauchbar ist; denn um auf eine Spannung zu gelangen, wie sie der Drehungsfestigkeit rechteckiger Stäbe entspricht, müsste φ im ersteren Falle (290 kg) 8mal, im letzteren (880 kg) dagegen reichlich $2^1/_2$ mal so gross genommen werden.

Würde man beim Stab No. 1 unter α die Querrippen umlegen und an den Steg anschliessen, so dass ein rechteckiger Querschnitt erhalten würde von der Höhe $h + 2b_0 = 15{,}1 + 2 \,.\, 8{,}6 = 32{,}3$ cm bei einer durchschnittlichen Breite von

$$\frac{h(b - b_0) + 2b_0(h - h_0)}{h + 2b_0} = \frac{15{,}1 \,.\, 1{,}7 + 17{,}2 \,.\, 1{,}6}{32{,}3} = 1{,}64 \text{ cm},$$

so wäre mit $K_d = 2500$ (wie unter a für rechteckige Stäbe von 15,1 cm Höhe und 1,66 cm Stärke gefunden) nach Gleichung 5, § 34, auf ein Drehungsmoment von

$$M_d = \frac{2}{9}\, b^2\, h\, K_d = \frac{2}{9}\, 1{,}64^2 \,.\, 32{,}3 \,.\, 2500 = \backsim 48\,200 \text{ kg . cm}$$

zu rechnen. Das würde

$$100\, \frac{48\,200 - 34\,000}{34\,000} = 42\,\%$$

mehr sein, als der rippenförmige Querschnitt thatsächlich vertrug.

Wird die Festigkeit des Stabes No. 1 unter β in Vergleich gesetzt mit der Widerstandsfähigkeit, welche sein Steg allein besitzen würde, d. h. mit

$$M_d = \frac{2}{9}\,(5{,}2 - 3{,}5)^2 \,.\, 15{,}2 \,.\, 2500 = \backsim 24\,400 \text{ kg . cm,}$$

so findet sich, dass der Stab No. 1 unter β nicht wesentlich mehr trägt ($M_d = 27\,250$ kg . cm), als der Steg für sich ohne Querrippen.

Wir erkennen hieraus, dass die untersuchten Stäbe mit ⊏-förmigem Querschnitt gegenüber Drehungsbeanspruchung verhältnissmässig wenig widerstandsfähig sind. (Vergl. unter Gusseisen *B*, *d.*)

f) Stäbe mit I-förmigem Querschnitt, unbearbeitet.

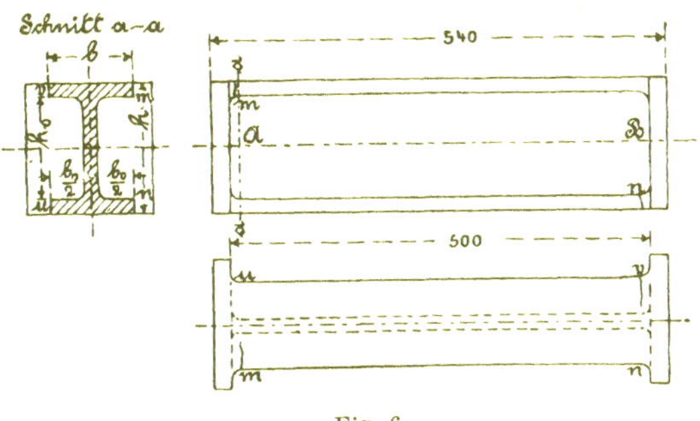

Fig. 6.

α) Verhältniss $b:h = \sim 1:1{,}5$.

No.	Abmessungen				Bruchmoment	
	b cm	h cm	b_0 cm	h_0 cm	M_d kg.cm	M_d' kg.cm
1	10,1	15,1	8,6	11,9	45 000	52 500
2	10,2	15,2	8,6	12,0	55 000	63 000
3	10,3	15,2	8,7	12,0	46 500	59 000

Bruch gesund.

Bei M_d reissen gleichzeitig oder unmittelbar aufeinander folgend die Querrippen an 4 Stellen von aussen ein. Ist der Drehungssinn des Momentes derart, dass beim Sehen von der Platte A gegen die Platte B hin A in der Richtung des Uhrzeigers gegenüber B verdreht wird, so reisst die untere Rippe rechts bei n, links bei u, die obere rechts bei m, links bei v von aussen ein. Mit diesem Einreissen sinkt das Moment nur sehr wenig. Bei Fortsetzung des Versuchs steigt das Moment auf M_d', welches wesentlich grösser ist als M_d, führt in dieser Grösse den Bruch des Steges und damit des Stabes herbei. Derselbe trägt demnach mit eingerissenen Querrippen bedeutend mehr, wie im unverletzten Zustande.

β) Verhältniss $b:h = \sim 1:3$.

No.	Abmessungen				Bruchmoment	
	b cm	h cm	b_0 cm	h_0 cm	M_d kg.cm	M_d' kg.cm
1	5,0	15,1	3,4	11,9	32 500	33 750
2	5,0	15,2	3,4	12,0	30 750	32 250
3	5,0	15,1	3,4	11,9	28 750	30 750

Bruchfläche bei 1 und 2 gesund, bei 3 gesund bis auf eine unbedeutende Stelle.

Bruch erfolgt in ganz ähnlicher Weise wie unter α erörtert. Bei M_d beginnt das Einreissen der Querrippen, M_d' bringt den Steg und damit den Stab zum Bruche.

γ) Verhältniss $b : h = \sim 1 : 6$.

No.	Abmessungen				Bruchmoment
	b cm	h cm	b_0 cm	h_0 cm	M_d kg . cm
1	2,5	15,1	0,9	12,0	25 250

Bruch erfolgt plötzlich. Bruchfläche bis auf eine sehr kleine Stelle gesund.

Wird K_d auf Grund der Gleichung 6, § 34, mit $\varphi = \frac{8}{3}$ für die Stäbe No. 3 unter α, No. 1 unter β und No. 1 unter γ berechnet, so findet sich

$$K_d = \frac{3}{8} \frac{46\,500}{295} \cdot 10{,}3 = 609 \text{ kg},$$

$$K_d = \frac{3}{8} \frac{32\,500}{37} \cdot 5 = 1641 \text{ kg},$$

$$K_d = \frac{3}{8} \frac{25\,250}{8{,}13} \cdot 2{,}5 = 2912 \text{ kg}.$$

Aus der Verschiedenartigkeit und der absoluten Grösse dieser Werthe erkennen wir, dass auch für I-Querschnitte die Gleichung 6, § 34, nicht verwendbar erscheint.

Würde man die Querrippen umlegen und an den Steg anschliessen, so dass je ein rechteckiger Querschnitt von

der Höhe 15,2 + 2 . 8,7 = 32,6 cm, der Breite 1,6 cm, bezw.
- - 15,1 + 2 . 3,4 = 21,9 - - - 1,6 - -
- - 15,1 + 2 . 0,9 = 16,9 - - - 1,6 -

sich ergäbe, so wäre mit $K_d = 2500$ nach Gleichung 5, § 34, auf ein Drehungsmoment zu rechnen von

$$M_d = \frac{2}{9} b^2 h K_d = \frac{2}{9} \cdot 1{,}6^2 \cdot 32{,}6 \cdot 2500 = \sim 46360 \text{ kg . cm},$$

bezw.

$$M_d = \frac{2}{9} \cdot 1{,}6^2 \cdot 21{,}9 \cdot 2500 = \sim 31150 \text{ kg . cm},$$

bezw.

$$M_d = \frac{2}{9} \cdot 1{,}6^2 \cdot 16{,}9 \cdot 2500 = \sim 24040 \text{ kg . cm}.$$

Der Versuch ergab

46500, bezw. 32500, bezw. 25250,

also nur wenig hiervon verschieden, sodass ausgesprochen werden darf, dass die untersuchten I-förmigen Querschnitte hinsichtlich des Widerstandes gegen Bruch durch Drehung nahezu gleichwerthig erscheinen mit rechteckigen Querschnitten, deren Breite gleich der Steg- und gleich der Rippenstärke s und deren Höhe gleich der Summe $h + 2b_0$, d. h.

$$M_d = \frac{2}{9} K_d s^2 (h + 2b_0). \quad \ldots \ldots \quad 1)$$

g) Stäbe mit kreuzförmigem Querschnitt, unbearbeitet.

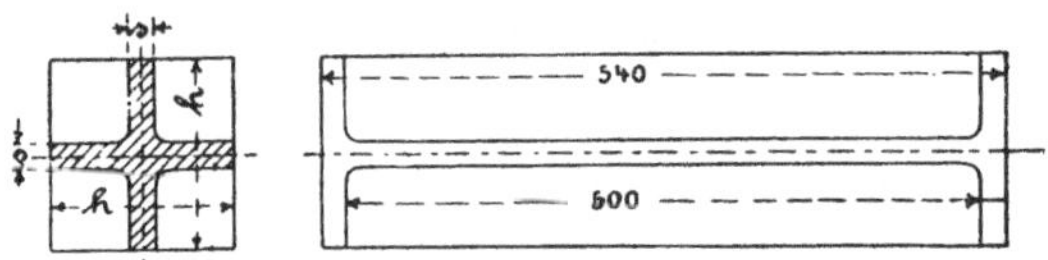

Fig. 7.

No.	Abmessungen s cm	Abmessungen h cm	Trägheitsmoment Θ cm⁴	Bruchmoment M_d kg.cm	Bemerkungen
1	2,14	15,2	637	72500	Bruch gesund.
2	2,14	15,1	616	73750	Bruch gesund bis auf eine ganz unbedeutende Stelle.

Der Bruch erfolgt in beiden Fällen plötzlich.

Fig. 2, § 40.

Fig. 12, § 35.

Ueber die Bruchfläche vergleiche Fig. 13 (Taf. XIII). Wie ersichtlich, entstehen je bei dem Bruche 6 Stücke: die beiden Endkörper, sowie vier Dreiecke, welche aus den Rippen herausbrechen.

Die Gleichung 6, § 34, würde mit $\varphi = \frac{8}{3}$ liefern

für No. 1 $$K_d = \frac{3}{8} \frac{72500}{637} \cdot 15{,}2 = 719 \text{ kg},$$

- - 2 $$K_d = \frac{3}{8} \frac{73750}{616} \cdot 15{,}1 = 676 \text{ kg},$$

also einen viel zu kleinen Werth.

Aber auch eine einfache Ueberlegung zeigt, dass die Gleichung 6, § 34, für Stäbe mit kreuzförmigem Querschnitt nicht brauchbar sein kann.

Ein kreuzförmiger Querschnitt mit verhältnissmässig geringer Rippenstärke s kann in der Weise entstanden gedacht werden, dass man zwei gleiche rechteckige Querschnitte sich rechtwinklig kreuzend auf einander legt. Aus der Natur der Inanspruchnahme auf Drehung folgt dann ohne Weiteres, dass der Widerstand dieses kreuzförmigen Querschnittes doppelt so gross sein muss, wie derjenige jedes der beiden Rechtecke, sofern zunächst davon abgesehen wird, dass sich in der Mitte Theile der beiden Rechtecke decken. Nachdem nun für rechteckigen Querschnitt die Gleichung

$$M_d = \frac{2}{9} K_d b^2 h$$

als zutreffend erkannt worden ist, nach welcher die Breite b des Querschnittes das Drehungsmoment im quadratischen Verhältnisse beeinflusst, während die Höhe nur mit der ersten Potenz wirksam ist, so ergiebt sich auf Grund der eben angestellten Erwägung für den kreuzförmigen Querschnitt

$$M_d = \frac{2}{9} K_d s^2 h + \frac{2}{9} K_d s^2 (h - s),$$

$$\left. \begin{aligned} &= \frac{2}{9} K_d s^2 (2h - s) \\ &= \frac{2}{9} K_d s^2 h \left(2 - \frac{s}{h}\right) \end{aligned} \right\} , \quad \ldots \ldots \quad 2)$$

d. h. wie für einen rechteckigen Querschnitt, dessen Breite gleich der Rippenstärke und dessen Höhe durch Aneinandersetzen der Rippen erhalten wird.

Zur Prüfung der so gewonnenen Gleichung 2 ziehen wir die Versuchsergebnisse heran. Dieselben liefern

für No. 1

$$K_d = 4{,}5 \frac{72\,500}{2{,}14^2 (2 \,.\, 15{,}2 - 2{,}14)} = 2520 \text{ kg},$$

für No. 2

$$K_d = 4{,}5 \frac{73\,750}{2{,}11^2 (2 \,.\, 15{,}1 - 2{,}11)} = 2655 \text{ kg},$$

Durchschnitt 2587 kg.

Dieses sind Werthe, die denjenigen entsprechen, welche unter a für rechteckigen Querschnitt erhalten worden sind. Die auf dem Wege einfacher Ueberlegung gewonnene Gleichung 2 liefert demnach Zahlen, welche mit den Versuchsergebnissen in guter Uebereinstimmung stehen.

Gusseisen B.

a) Stäbe mit quadratischem Querschnitt.

S. Fig. 1, $l = 530$.

α) Unbearbeitet.

No.	Breite b cm	Höhe h cm	Bruch-moment M_d kg . cm	Drehungsfestigkeit $K_d = 4{,}5 \frac{M_d}{b^2 h}$ kg/qcm	Bemerkungen
1	3,18	3,32	20 750	2776	Bruch gesund.
2	3,19	3,28	19 000	2561	„ „
3	3,30	3,47	21 250	2530	„ „ .
4	3,10	3,26	17 500	2514	Bruch gesund bis auf eine blasige Stelle.
Durchschnitt	3,22	3,34		2598	

Aus den hierbei erhaltenen Bruchstücken wurden 3 Zugstäbe herausgearbeitet.

No.	Durch-messer d cm	Quer-schnitt $\frac{\pi}{4}d^2$ qcm	Bruch-belastung Z kg	Zugfestigkeit $K_z = Z : \frac{\pi}{4}d^2$ kg/qcm	Bemerkungen
1	2,38	4,45	7860	1766	Bruch gesund.
2	2,37	4,41	7150	1621	- -
3	2,38	4,45	7340	1649	- -
Durchschnitt				1679	

$$K_d : K_z = 2598 : 1679 = 1{,}55 : 1.$$

β) Bearbeitet.

No.	Quadrat-seite b cm	Bruch-moment M_d kg . cm	Drehungsfestigkeit $K_d = 4{,}5\frac{M_d}{b^3}$ kg/qcm	Bemerkungen
1	3,00	17 250	2875	Bruch gesund.
2	3,03	16 750	2710	- -
3	3,22	21 000	2830	- -
4	3,20	19 250	2643	Bruch gesund bis auf eine blasige Stelle.
Durchschnitt			2764	

Aus Rohgussstäben von 38 bis 39 mm Seite gehobelt.

$$K_d : K_z = 2764 : 1679 = 1{,}65 : 1.$$

Hiernach erscheint die Drehungsfestigkeit der bearbeiteten, also von der Gusshaut befreiten Stäbe um

$$100\frac{2764 - 2598}{2598} = 6{,}4\ \%$$

grösser als diejenige der unbearbeiteten Stäbe von quadratischem Querschnitt.

Die Verdrehung, namentlich auch die bleibende, welche der bearbeitete Stab bis zum Bruche erfährt, ist wesentlich grösser als diejenige des unbearbeiteten.

(Vergl. § 22, Ziff. 3, das Folgende unter b, β, sowie in diesem Paragraphen unter „Gusseisen A“, b Schlusssatz.)

b) Hohlstäbe mit kreisförmigem Querschnitt.

S. Fig. 3.

α) Unbearbeitet.

No.	Durchmesser		Bruchmoment M_d kg . cm	Drehungsfestigkeit $K_d = \frac{16}{\pi} \frac{M_d}{d^4 - d^4_0} d$ kg/qcm	Bemerkungen
	d cm	d_0 cm			
1	10,2	7,0	231 500	1428	Bruch gesund.
2	10,25	6,9	243 750	1451	Bruch bis auf eine kleine Stelle gesund.
Durchschnitt				1439	

$K_d : K_z = 1439 : 1679 = 0{,}86 : 1.$

β) Aussen abgedreht.

Ursprünglicher Durchmesser 102 mm.

No.	Durchmesser		Bruchmoment M_d kg . cm	Drehungsfestigkeit $K_d = \frac{16}{\pi} \frac{M_d}{d^4 - d^4_0} d$ kg/qcm	Bemerkungen
	d cm	d_0 cm			
1	9,65	7	173 500	1360	Bruch bis auf eine ganz unerhebliche Stelle gesund, Kern um 1 mm verlegt, Bruchfläche siehe Fig. 11 (Taf. XII)

$K_d : K_z = 1360 : 1679 = 0{,}81 : 1.$

Hiernach würde der bearbeitetete Hohlcylinder eine etwas geringere Drehungsfestigkeit aufweisen als die unbearbeiteten; doch kann ein Urtheil hierüber nicht gefällt werden, da der Einfluss ungleicher Wandstärke (einerseits reichlich 12, andererseits reichlich 14 mm) das Ergebniss trübt und da überdies durch Verringerung des äusseren Durchmessers das Verhältniss $d_0 : d$ grösser geworden ist. (Vergl. unter Gusseisen A, c letzten Absatz, sowie Bemerkung 1 am Schlusse des § 36.)

c) Stäbe mit ∟-förmigem Querschnitt, unbearbeitet.

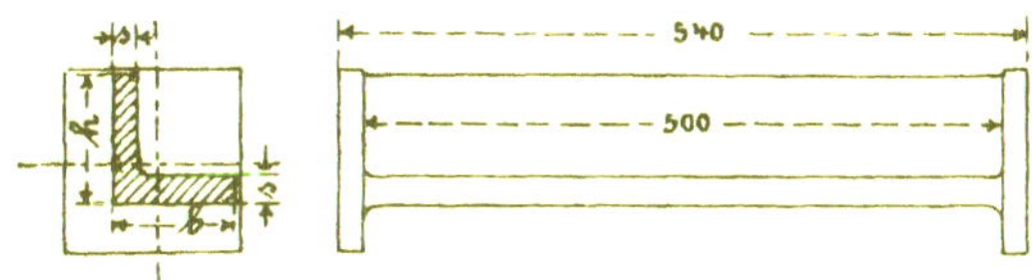

Fig. 14.

α) Seitenverhältniss $b : h = 1 : 1$.

No.	Abmessungen			Bruch-moment M_d kg . cm	Drehungsfestigkeit $K_d = 4{,}5 \frac{M_d}{s^2(b+h-s)}$ kg/qcm	Bemerkungen
	b cm	h cm	s cm			
1	10,2	10,4	2,15	47 250	2494	Bruch gesund bis auf eine ganz unerhebliche Stelle.
2	10,2	10,2	2,15	47 250	2520	Desgleichen.
	Durchschnitt				2507	

Bruch erfolgt plötzlich, ein dreieckiges Stück in der Nähe einer der beiden Endplatten bricht heraus.

(Vergl. die Versuche unter Gusseisen A, g, Fig. 13, Taf. XIII.)

β) Seitenverhältnisse $b:h = 0{,}6:1$.

No.	Abmessungen			Bruchmoment M_d	Drehungsfestigkeit $K_d = 4{,}5\frac{M_d}{s^2(b+h-s)}$	Bemerkungen
	b cm	h cm	s cm	kg . cm	kg/qcm	
1	6,3	10,4	2,15	37 750	2526	Bruch gesund.
2	6,0	10,3	2,10	35 000	2515	Desgl. bis auf eine unerhebliche Stelle.
Durchschnitt					2520	

Bruch erfolgt plötzlich; ein Dreieck bricht aus, wie unter α.

γ) $b = s$, Querschnitt: Rechteck.

No.	Abmessungen		Bruchmoment M_d	Drehungsfestigkeit $K_d = 4{,}5\frac{M_d}{b^2 h}$	Bemerkungen
	b cm	h cm	kg . cm	kg/qcm	
1	2,00	10,3	24 500	2700	Bruch gesund bis auf eine sehr kleine Stelle.
2	2,02	10,35	24 500	2611	Desgl.
3	2,02	10,35	25 250	2679	-
Durchschnitt				2663	

Bruch erfolgt plötzlich in der Nähe einer der beiden Endplatten.

$$K_d : K_z = 2663 : 1679 = 1{,}59 : 1.$$

Werden die unter α und β auf Grund der Gleichung

$$K_d = 4{,}5\frac{M_d}{s^2(b+h-s)} \quad . \quad . \quad . \quad . \quad . \quad . \quad 3)$$

erhaltenen Drehungsfestigkeiten verglichen mit den unter γ erzielten, so ergiebt sich das Mittel aus den ersteren allerdings um

$$100 \frac{2663 - 0{,}5\,(2507 + 2520)}{2663} = 5{,}7\,\%$$

geringer. Dieser Unterschied ist aber verhältnissmässig so gering, dass die Gleichung 3, welche auf dieselbe Weise wie Gleichung 1 gebildet wurde, als brauchbare Ergebnisse liefernd bezeichnet werden muss. Hierbei wird allerdings festzuhalten sein, dass die Rippenstärke wenigstens $\frac{1}{5}$ der Höhe beträgt.

d) Stäbe mit [-förmigem Querschnitt, unbearbeitet. Fig. 5.

Die untersuchten Stäbe unterscheiden sich von den Prismen, welche aus dem Gusseisen A gefertigt worden waren und über deren Prüfungsergebnisse dort unter e) berichtet wurde, dadurch, dass hier die Rippen- und Stegstärke verhältnissmässig grösser ist.

α) Höhe b_0 der Querrippen gleich der doppelten Rippenstärke.

No.	Abmessungen				Bruch-moment M_d kg . cm	Bemerkungen
	b cm	h cm	b_0 cm	h_0 cm		
1	6,1	10,2	4,0	6,1	38 500	Bruch gesund.
2	6,2	10,3	4,1	6,1	39 000	- -

Der Bruch beginnt damit, dass gleichzeitig oder unmittelbar auf einander folgend die beiden Querrippen von aussen einreissen und zwar die eine bei m, die andere bei n, Fig. 5, also diametral gegenüber liegend.

Wird nach dem Einreissen der Rippen der Stab weiter verdreht, so setzt sich der Riss durch den Steg hindurch fort bei nahezu derselben Belastung, welche das Einreissen der Querrippen herbeiführte.

β) Höhe b_0 der Querrippen gleich der Rippenstärke.

No.	Abmessungen				Bruch-moment M_d	Bemerkungen
	b	h	b_0	h_0		
	cm	cm	cm	cm	kg.cm	
1	4,1	10,1	2,1	5,9	34750	Bruch gesund.
2	4,2	10,0	2,05	5,9	36250	- -

Bruch erfolgt plötzlich an den Enden.

Die Stäbe unter α mit $b_0 = \sim 4$ cm halten hiernach nicht viel mehr als diejenigen unter β mit $b_0 = \sim 2$ cm.

Die Prüfung der Ergebnisse auf Grund der Gleichung

$$K_d = 4{,}5 \frac{M_d}{s^2 (h + 2\, b_0)}, \quad . \quad . \quad . \quad . \quad . \quad 4)$$

worin

s die mittlere Steg- und Rippenstärke bezeichnet,

führt zu folgenden Werthen, wenn hierbei für s die Stegstärke gesetzt wird,

1 α) $$K_d = 4{,}5 \frac{38500}{2{,}1^2 (10{,}2 + 2 \,.\, 4)} = 2159 \text{ kg},$$

2 α) $$K_d = 4{,}5 \frac{39000}{2{,}1^2 (10{,}3 + 2 \,.\, 4{,}1)} = 2151 \text{ kg}$$

Durchschnitt 2155 kg.

1 β) $$K_d = 4{,}5 \frac{34750}{2^2 (10{,}1 + 2 \,.\, 2{,}1)} = 2734 \text{ kg},$$

2 β) $$K_d = 4{,}5 \frac{36250}{2{,}15^2 (10 + 2 \,.\, 2{,}05)} = 2502 \text{ kg}$$

Durchschnitt 2618 kg.

Der für die Stäbe 1 α) und 2 α) erhaltene Mittelwerth von 2155 kg bleibt um

$$100 \frac{2663 - 2155}{2663} = \sim 19\,\%$$

unter der Drehungsfestigkeit der Stäbe mit rechteckigem Querschnitt (c, γ), während der Durchschnittswerth für die Stäbe 1 β) und 2 β) nur um

$$100 \frac{2663 - 2618}{2663} = \sim 1{,}7\,\%$$

davon abweicht.

Der Widerstand, welchen die Stäbe unter β dem Bruche durch Drehung entgegensetzen, ist demnach so gross, wie für einen Stab mit rechteckigem Querschnitt, dessen Breite gleich dem Mittel aus der Steg- und der Rippenstärke und dessen Höhe gleich $h + 2\,b_0$. Die Stäbe unter α dagegen leisten einen wesentlich geringeren Widerstand.

Hieraus und in Erwägung des bei dem Gusseisen A unter e) gefundenen Ergebnisses schliessen wir: wenn Stäbe mit [-förmigem Querschnitt gegenüber Drehungsbeanspruchung widerstandsfähig sein sollen, so müssen der Steg und die Rippen verhältnissmässig kräftig und überdies die Höhe b_0 der letzteren gering gehalten werden. Dann erreicht die Widerstandsfähigkeit diejenige eines rechteckigen Stabes, dessen Breite gleich der Steg- und Rippenstärke s und dessen Höhe gleich $h + 2\,b_0$ ist.

C. Zusammenstellung der Drehungsfestigkeit für die Querschnittsgrundformen des Kreises und des Rechteckes.

Zugfestigkeit des Gusseisens A 1579 kg
- - - B 1679 kg.

No.	Querschnittsform	Drehungsfestigkeit			
		K_d in kg/qcm		in Theilen der Zugfestigkeit	
		A	B	A	B
1	Kreis	1618	—	1,02	—
2	Kreisring	1297	1439	0,82	0,86
3	Rechteck				
	$b:h = 1:1$	2228	2598	1,42	1,55
	$1:2,5$	2529	—	1,60	—
	$1:5$	2366	2663	1,50	1,59
	$1:9$	2508	—	1,59	—
4	Hohlquadrat	1788	—	1,13	—

2. *Drehungswinkel.*

In dieser Hinsicht liegen eine grössere Anzahl von Versuchen Bauschinger's vor.

Civilingenieur 1881, S. 115 u. f.

Bauschinger hatte sich die Aufgabe gestellt, die von de Saint-Venant herrührende Gleichung

$$\vartheta = \psi M_d \frac{\Theta'}{f^4} \beta \quad . \ . \ . \ . \ . \ . \quad 5)$$

zu prüfen. In derselben haben ϑ M_d $\Theta' f$ und β die unter V, S. 289 angegebene Bedeutung, während ψ einen Koefficienten bezeichnet, welcher rechnungsmässig betragen soll[1])

[1]) Comptes rendus 1878, t. LXXXVII S. 893 u. f.
- - 1879, t. LXXXVIII S. 143.

für den Vollkreis, den Kreisring, die Vollellipse, den Ellipsenring		$\psi = 4\pi^2 \doteq 39{,}5$,
für das Rechteck, wenn	$h : b = 1 : 1$,	$\psi = 42{,}68$,
-	$h : b = 2 : 1$,	$\psi = 42{,}0$,
-	$h : b = 4 : 1$,	$\psi = 40{,}2$,
-	$h : b = 8 : 1$,	$\psi = 38{,}5$,
für das gleichseitige Dreieck		$\psi = 45$,
für das regelmässige Sechseck		$\psi = 41$,
für den Kreisausschnitt, wenn der Centriwinkel	45^0,	$\psi = 42{,}9$,
	90^0,	$\psi = 42{,}4$,
	180^0,	$\psi = 40{,}8$.

Wird das gleichseitige Dreieck ausser Acht gelassen, so unterscheiden sich die Werthe von ψ nicht bedeutend, infolgedessen bereits de Saint-Venant für ψ den abgerundeten Mittelwerth 40 vorgeschlagen hat.

Bauschinger liess 5 Paar Probestücke aus Gusseisen, je von 1 m Länge, herstellen, und zwar:

a)	2 Stäbe von kreisförmigem Querschnitt,		
b)	2 - - elliptischem	-	$a : b = \sim 2 : 1$,
c)	2 - - quadratischem	-	
d)	2 - - rechteckigem	-	$h : b = \sim 2 : 1$,
e)	2 - - -	-	$h : b = \sim 4 : 1$.

Die Grösse der Querschnitte betrug

bei den Stäben a) bis d)	$f = 50$ qcm,
- - - e)	$f = 25$ -

Für gleiche Drehungsmomente (also bei im Allgemeinen ungleicher Anstrengung des Materials) lässt die Gleichung 5 mit den angegebenen Einzelwerthen von ψ Drehungswinkel ϑ_a ϑ_b ϑ_c ϑ_d ϑ_e erwarten, welche sich verhalten wie

$$\vartheta_a : \vartheta_b : \vartheta_c : \vartheta_d : \vartheta_e = 1 : 1{,}25 : 1{,}13 : 1{,}40 : 9{,}1.$$

Gemessen hat Bauschinger

$$\vartheta_a : \vartheta_b : \vartheta_c : \vartheta_d : \vartheta_e = 1 : 1{,}24 : 1{,}20 : 1{,}47 : 9{,}65.$$

Der Vergleich beider Verhältnissreihen zeigt, dass die für den kreisförmigen und für den elliptischen Querschnitt auf dem Wege des Versuches ermittelten Verhältnisszahlen mit den berechneten in sehr guter Uebereinstimmung stehen. Bei den übrigen Querschnitten ist dies nicht in dem gleichen Masse der Fall. Berücksichtigt man jedoch, dass die Entwicklung der Gleichung 5 Unveränderlichkeit des Schubkoefficienten oder Dehnungskoefficienten voraussetzt, während diese Koefficienten für Gusseisen thatsächlich veränderliche, mit wachsender Anstrengung zunehmende Werthe aufweisen, welcher Umstand bedingt, dass die bei gleichem Momente stärker angestrengten Stäbe — das Paar e) ist stärker beansprucht als d), d) bedeutender als c) und c) mehr als a) — einen grösseren Drehungswinkel ergeben müssen, als die Rechnung erwarten lässt, so darf die Uebereinstimmung der beiden Verhältnissreihen immerhin als eine gute bezeichnet werden.

Zur Prüfung der Gleichung 5 können auch noch die Drehungsversuche herangezogen werden, welche Bauschinger mit kreisförmigen und quadratischen Wellen aus verschiedenen Rohmaterialien (Siemens-Martinstahl von 6 verschiedenen Härtegraden, Bessemerstahl von 5 verschiedenen Härtegraden, Feinkorneisen und sehnigem Eisen) ausgeführt hat.

Nach Gleichung 5 ergiebt sich, da der Durchmesser bezw. die Quadratseite dieser Wellen je 100 mm betrug, dass die Drehungswinkel sich verhalten müssen wie

$$\vartheta_1 : \vartheta_2 = 4\pi^2 M_d \frac{\frac{\pi}{32} 10^4}{\left(\frac{\pi}{4} 10^2\right)^4} \beta : 42{,}68\, M_d \frac{\frac{1}{6} 10^4}{10^8} \beta = 1 : 0{,}698,$$

Gleichheit des Schubkoefficienten vorausgesetzt.

Die Messung an den 13 Wellenpaaren lieferte im Mittel

$$\vartheta_1 : \vartheta_2 = 1 : 0{,}696$$

allerdings mit Schwankungen der Einzelwerthe zwischen 0,633 bis 0,747. Das Mittel der beobachteten Werthe stimmt hiernach sehr gut mit der berechneten Drehung überein.

Die Herbeiführung des Bruches der oben unter a) bis e) erwähnten 10 unbearbeiteten Gusseisenkörper durch Verdrehung ergab nach Bauschinger folgende aus Gleichung 6, § 34, berechnete Werthe für die Drehungsfestigkeit

a) Kreis $K_d = \frac{1915 + 1985}{2} = 1950$ kg,

b) Ellipse $K_d = \frac{2362 + 2720}{2} = 2541$ -

c) Quadrat $K_d = \frac{2337 + 2569}{2} = 2453$ -

d) Rechteck $h : b = \backsim 2 : 1$ $K_d = \frac{2561 + 2919}{2} = 2740$ -

e) - $h : b = \backsim 4 : 1$ $K_d = \frac{3390 + 3134}{2} = 3262$ -

3. Versuche mit Rundstäben und mit Schrauben aus Schweiss- und Flusseisen.

Ueber diese vom Verfasser in erster Linie zu dem Zweck durchgeführten Untersuchungen, den Einfluss der Gewindegänge auf die Widerstandsfähigkeit der Schrauben festzustellen, ist ausführlich in der Zeitschrift des Vereines deutscher Ingenieure 1895, S. 854 bis 860 und S. 889 bis 894 berichtet[1]). Verfasser, indem er auf diese Veröffentlichung verweist, muss sich hier auf die Anführung einiger der Hauptergebnisse beschränken.

Rechtsgängige Schrauben aus Schweisseisen, durch ein linkssinniges Moment verdreht, erfahren Einreissen, bezw. Zerreissen der Gewindegänge von aussen, wie die Fig. 15 bis 18, Taf. XIV, deutlich erkennen lassen, und zwar bei einer Beanspruchung, durch welche die Drehungsfestigkeit des Kernquerschnittes noch nicht erschöpft ist, im Durchschnitt bei rund 0,8 der Drehungsfestigkeit des Kernquerschnittes.

---

[1]) S. auch „Abhandlungen und Berichte“ 1897, S. 244 u. f.

Fig. 15 und 17 gelten für Schrauben aus gezogenem, Fig. 16 und 18 für Schrauben aus gewöhnlichem (vorher nicht überanstrengtem) Schweisseisen.

Linksgängige Schrauben aus Schweisseisen zeigen bei linksdrehendem Momente diese Rissbildung nicht, ebensowenig rechtsgängige Schrauben aus Schweisseisen bei rechtsdrehendem Momente.

Bei Schrauben aus zähem Flusseisen tritt eine Rissbildung überhaupt nicht auf. Hierin liegt — nebenbei bemerkt — ein Beitrag zur Werthschätzung des Flusseisens gegenüber dem Schweisseisen; einen weiteren liefert der Vergleich des Aussehens der Oberflächen der verdrehten Schweisseisenstäbe Fig. 19 bis 23, Taf. XIV, mit dem Aussehen der Oberflächen der verdrehten Flusseisenstäbe Fig. 24 und 25, Taf. XIV [1]).

Rundstäbe erfahren durch die Verdrehung eine Zunahme der Länge.

Bei Schrauben hat die Verdrehung durch ein linksdrehendes Moment zur Folge eine Verlängerung, wenn sie rechtsgängig sind, und eine Verkürzung, wenn sie linksgängig sind. Die Ganghöhe wird im ersteren Falle kleiner, im letzteren grösser.

Die Zugfestigkeit der Schrauben ist grösser als diejenige der Rundstäbe aus dem gleichen Material (Schweisseisen, Flusseisen), eine Folge der Hinderung der Querzusammenziehung.

Die Drehungsfestigkeit der rechtsgängigen Schrauben aus Schweisseisen ist bei linksdrehendem Momente kleiner als diejenige der Rundstäbe aus dem gleichen Material.

Bei Flusseisen, das durch ein linkssinniges Moment verdreht wird, ist die Drehungsfestigkeit der rechtsgängigen Schrauben nahezu gleich derjenigen der Rundstäbe, diejenige der linksgängigen Schrauben dagegen kleiner.

Während die Zugfestigkeit der Schrauben aus gezogenem Schweisseisen bedeutend grösser ist als diejenige der Schrauben aus nicht gezogenem Schweisseisen, erscheint dies bei der Drehungsfestigkeit nur in geringem Masse der Fall.

---

[1]) Der Werth der Verdrehungsprobe zur Feststellung der Güte des Materials ist heute viel zu wenig gewürdigt.

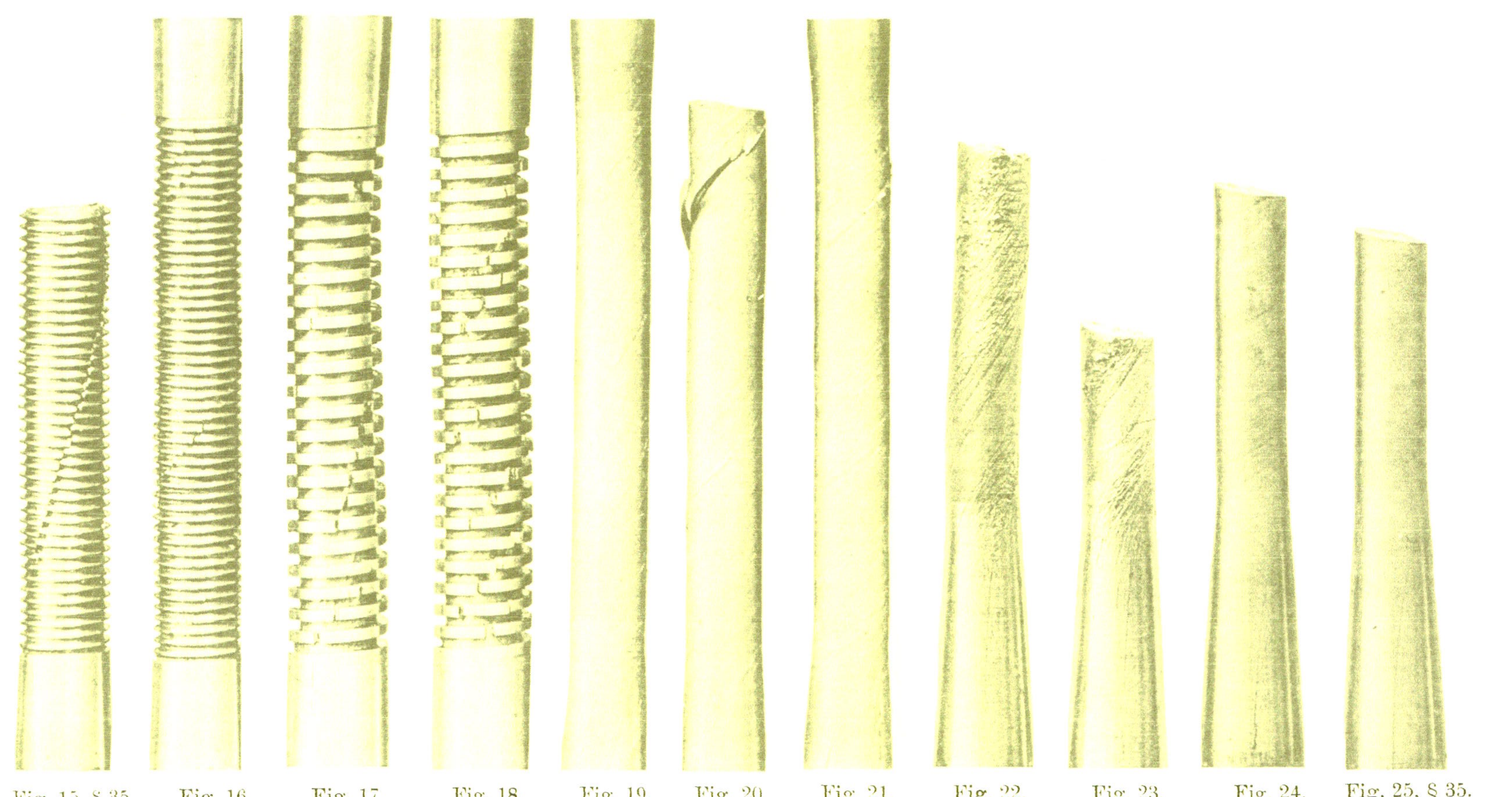

Fig. 15, § 35. Fig. 16. Fig. 17. Fig. 18. Fig. 19. Fig. 20. Fig. 21. Fig. 22. Fig. 23. Fig. 24. Fig. 25, § 35.

§ 36. Zusammenfassung.

Nach Massgabe der in den Paragraphen 32 bis 34 enthaltenen Erörterungen, sowie auf Grund der in § 35, Ziff. 1 und 2, niedergelegten Versuchsergebnisse lassen sich folgende Beziehungen zusammenstellen.

No.	Querschnittsform	Drehungsmoment M_d	Drehungswinkel ϑ	$K_d : K_z$ für Gusseisen
1	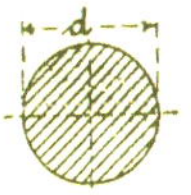	$\frac{\pi}{16} k_d d^3$	$\frac{32}{\pi} \frac{M_d}{d^4} \beta$	reichlich 1
2	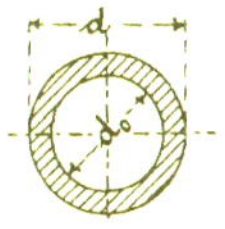	$\frac{\pi}{16} k_d \frac{d^4 - d_0^4}{d}$	$\frac{32}{\pi} \frac{M_d}{d^4 - d_0^4} \beta$	- 0,8[1])
3	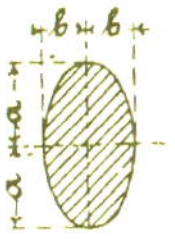 $a > b$	$\frac{\pi}{2} k_d a b^2$	$\frac{1}{\pi} M_d \frac{a^2 + b^2}{a^3 b^3} \beta$	1 bis 1,25[2])
4	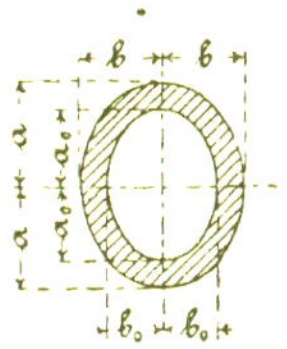 $a > b$ $a_0 : a = b_0 : b = m$	$\frac{\pi}{2} k_d \frac{a b^3 - a_0 b_0^3}{b}$	$\frac{1}{\pi} M_d \frac{a^2 + b^2}{a^3 b^3 (1 - m^4)} \beta$	0,8 bis 1[3])
5	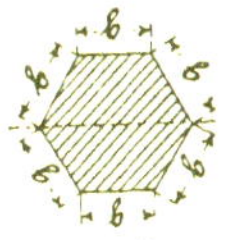	$\frac{1}{1,09} k_d b^3$	$0,967 \frac{M_d}{b^4} \beta$	—

No.	Querschnittsform	Drehungsmoment M_d	Drehungswinkel ϑ	$K_d : K_z$ für Gusseisen
6	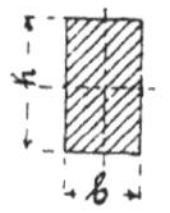 $h > b$	$\frac{2}{9} k_d b^2 h$	für $h : b = 1 : 1$ $3{,}56\, M_d \frac{b^2 + h^2}{b^3 h^3} \beta$, für $h : b = 2 : 1$ $3{,}50\, M_d \frac{b^2 + h^2}{b^3 h^3} \beta$, für $h : b = 4 : 1$ $3{,}35\, M_d \frac{b^2 + h^2}{b^3 h^3} \beta$, für $h : b = 8 : 1$ $3{,}21\, M_d \frac{b^2 + h^2}{b^3 h^3} \beta$	1,4 bis 1,6[2])
7		$\frac{1}{20} k_d b^3$	$46{,}2 \frac{M_d}{b^4} \beta$	—
8	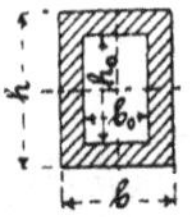 $h > b$ $h_0 : h = b_0 : b$	$\frac{2}{9} k_d \frac{b^3 h - b_0{}^3 h_0}{b}$	—	1 bis 1,25[3])
9	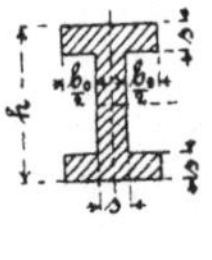	$\frac{2}{9} k_d s^2 (h + 2 b_0)$	—	1,4 bis 1,6[2])

No.	Querschnittsform	Drehungsmoment M_d	Drehungswinkel ϑ	$K_d : K_z$ für Gusseisen
10	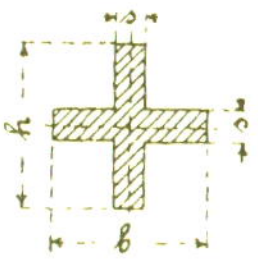	$\frac{2}{9} k_d s^2 (h + b - s)$	—	1,4 bis 1,6 [2])
11	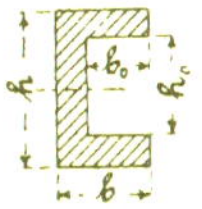 $s = b - b_0 = 0{,}5 (h - h_0)$	$\frac{2}{9} k_d s^2 (h + 2 b_0)$	—	1,4 bis 1,6 [2])
12		$\frac{2}{9} k_d s^2 (h + b - s)$	—	1,4 bis 1,6 [2])

Die Zugfestigkeiten K_z und die Drehungsfestigkeiten K_d setzen Gusseisen voraus, wie es zu zähem, festem Maschinenguss Verwendung findet. Die Drehungsfestigkeiten wurden an unbearbeiteten Stäben, Fig. 1 bis Fig. 7, § 35, und Fig. 14, § 35, (in getrockneten Formen gegossen) ermittelt.

Die Versuchsstäbe No. 6 (sofern $h > b$), No. 9 bis 12 brachen immer in der Nähe der Endplatten, entsprechend dem Umstande, dass sich an diesen Stellen der Ausbildung der Querschnittswölbung ein Hinderniss bietet, welches trotz der Hohlkehle, mit welcher der prismatische Theil an die Endplatten anschliesst, hier zum Bruche führt. Der Letztere ist die Folge einer gleichzeitigen Inanspruchnahme durch Schub- und durch Normalspannungen, wie in § 34, Ziff. 3, erörtert worden ist. (Vergl. auch § 35, Gusseisen A, a.) Der ermittelte Werth von K_d muss deshalb kleiner sein als die thatsächliche Drehungsfestigkeit. In denjenigen Fällen der Anwendung, in welchen die Sachlage hinsichtlich des Anschlusses eines auf Drehung in Anspruch genommenen Stabes an einen solchen mit grösserem Querschnitt eine ähnliche ist, wie bei den Versuchskörpern, schliessen die angegebenen Werthe von K_d die Berücksichtigung der gleichzeitigen Inanspruchnahme durch Normalspannungen in sich. In Fällen der reinen Drehungsanstrengung führt die Verwendung dieser Werthe zu einer etwas grösseren Sicherheit, was im Sinne des Zweckes unserer Festigkeitsrechnungen zu liegen pflegt.

Die Gleichungen für No. 11 und No. 12 bedingen kräftige Rippen, etwa von $s : h = 1 : 5$ an. Ausserdem ist für No. 11 noch zu fordern, dass b_0 nicht wesentlich mehr als $s = b - b_0$ beträgt.

[1]) Dieser Werth hängt ab von dem Verhältniss $d_0 : d$. In dem Masse, in welchem sich dasselbe der Null nähert, steigt er etwa bis reichlich 1. Die Zahl 0,8 gilt für $d_0 : d$ ungefähr gleich 0,7.

[2]) Es sind um so geringere, der kleineren Zahl näher kommende Werthe zu wählen, je mehr sich je beziehungsweise die Ellipse dem Kreise, das Rechteck dem Quadrate, der I- und der [-Querschnitt der Quadratform ($b_0 = 0$, $h = s$), ebenso der +- und der L-förmige Querschnitt der Letzteren ($h = b = s$) nähern.

[3]) Hier sind die Bemerkungen [1]) und [2]) zu berücksichtigen. Je kleiner verhältnissmässig a_0 und b_0 (gegenüber a und b) beziehungsweise b_0 und h_0 (gegenüber b und h) sind, um so mehr nähert sich unter sonst gleichen Verhältnissen der Koefficient der oberen Grenze. Das Gleiche gilt, je langgestreckter der Querschnitt ist.

In der Zeitschrift des Vereines deutscher Ingenieure 1901, S. 1099 u. f. bringt Autenrieth unter Zugrundelegung gewisser Annahmen und unter Stützung auf die Versuchsergebnisse des Verfassers die Ausdrücke für M_d, bezw. K_d bei denjenigen Querschnitten, welche einen Mittelpunkt besitzen — in der Zusammenstellung No. 1 bis 10 — auf eine gemeinsame Form. Er kommt dabei im Falle des rechteckigen Querschnittes No. 6 und der ihm verwandten Querschnittsformen No. 8 bis 10 statt des Koefficienten $\frac{9}{2} = 4{,}5$ auf 5,14, eine Folge der für die Schubspannungen gemachten Annahme. Hinsichtlich des Weiteren muss auf die Arbeit selbst verwiesen werden.

VI. Schub.

§ 37. Allgemeines.

Schubanstrengung unter der Voraussetzung gleichmässiger Vertheilung der Schubspannungen über den Querschnitt.

Der Fall der Inanspruchnahme auf Schub wird dann als vorhanden betrachtet, wenn sich die auf den geraden stabförmigen Körper wirkenden äusseren Kräfte für den in Betracht gezogenen Querschnitt ersetzen lassen durch eine Kraft (Schubkraft), welche in die Ebene des Letzteren fällt und die Stabachse senkrecht schneidet.

Erfüllt erscheint diese Voraussetzung nur bei einer Sachlage, wie sie in Fig. 1 dargestellt ist, entsprechend dem Arbeitsvorgange bei einer Scheere zum Schneiden von Eisen. Aber auch hier nur in dem Augenblick, in welchem der Stab von den Kanten der beiden Scheerblätter A und B gerade berührt wird; denn sobald das obere Blatt sich weiter vorwärts bewegt, dringen beide Blätter in den Stab ein, Fig. 2: an die Stelle der Berührung des Letzteren in zwei Linien durch A und B tritt eine solche in zwei Flächen. Damit rückt die obere Kraft S nach rechts, die untere nach links; es entsteht neben der Schubkraft S ein rechtsdrehendes Kräftepaar, welches Biegungsbeanspruchungen wachruft, die in dem betrachteten Beispiele allerdings zurückzutreten pflegen. Indem dieses Kräftepaar den Stab in rechtsläufigem Sinne zu drehen sucht, drückt dieser in Richtung seiner Achse auf das obere Scheerblatt nach rechts, auf das untere nach links und erfährt infolgedessen

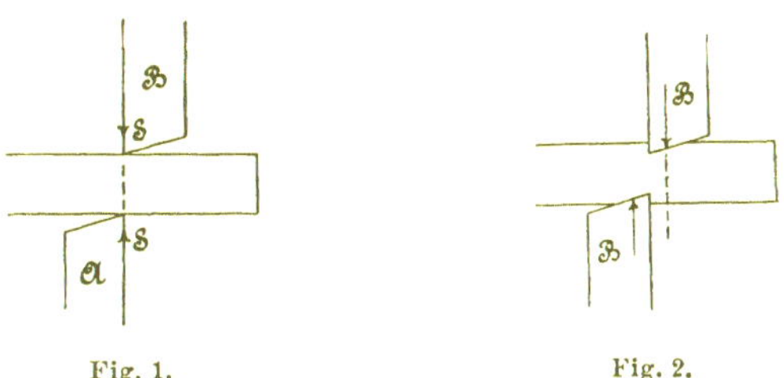

Fig. 1. Fig. 2.

entsprechende Gegenwirkung: ein zweites linksdrehendes Kräftepaar tritt gegenüber dem Stabe in Thätigkeit.

Wir erkennen, dass — streng genommen — Schubinanspruchnahme allein niemals vorkommen kann, dass vielmehr die Schubkraft S immer von einem biegenden Moment begleitet sein wird.

Die Schubkraft S ruft in dem betrachteten Querschnitt Schubspannungen wach, die im Allgemeinen von Flächenelement zu Flächenelement veränderlich sein werden, und bezüglich welcher zunächst nur bekannt ist, dass sie, je multiplicirt mit dem zugehörigen Flächenelement und zusammengefasst, eine Resultante geben müssen, welche gleich und entgegengesetzt S ist. Mit der Unterstellung, dass die Schubspannungen in den verschiedenen Flächenelementen entgegengesetzt S gerichtet, also unter sich parallel sind, und die gleiche Grösse τ über den ganzen Querschnitt von der Grösse f besitzen, findet sich

$$S = \tau f \text{ oder } \tau = \frac{S}{f}, \quad . \quad . \quad . \quad . \quad . \quad 1)$$

woraus mit

k_s als zulässiger Schubanstrengung

folgt

$$S \leqq k_s f \text{ oder } k_s \geqq \frac{S}{f} . \quad . \quad . \quad . \quad . \quad . \quad 2)$$

Hinsichtlich der gemachten Annahme, betreffend die Richtung und die Grösse der Schubspannungen, ist Folgendes zu bemerken.

Greifen wir den kreisförmigen Querschnitt, Fig. 3, heraus, so müsste hiernach beispielsweise im Querschnittselement des Um-

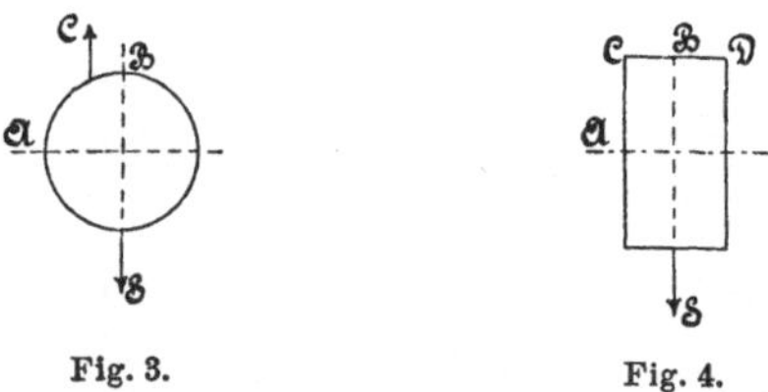

Fig. 3. Fig. 4.

fangspunktes C bei senkrecht nach unten wirkender Schubkraft S die Schubspannung vertikal aufwärts gerichtet sein, während sie thatsächlich in die Richtung der Tangente im Punkte C des Kreises fallen muss, es sei denn, dass in diesem Umfangspunkte eine äussere Kraft thätig wäre, welche eine andere Richtung von τ bedingen würde. In den Punkten C bis D des rechteckigen Querschnittes, Fig. 4, wird die entgegengesetzt S gerichtete Schubspannung in Wirklichkeit Null sein müssen — sofern äussere Kräfte hier nicht angreifen —, während sie nach der obigen Voraussetzung in allen Flächenelementen die gleiche Grösse besitzen sollte u. s. f.

Hieraus folgt, dass die Unterstellung, welche zu der Beziehung 1 und 2 führte, wenigstens im Allgemeinen unzutreffend ist.

§ 38. Die Schubspannungen im rechteckigen Stabe.

Wir erkannten in der Einleitung, dass die Schubkraft immer von einem biegenden Moment begleitet sein wird. Davon ausgehend, stellen wir uns die Aufgabe, für die in Fig. 1 und 2 gezeichnete Sachlage — Balken einerseits eingespannt, am anderen freien Ende belastet — die Grösse der Schubspannungen im Abstande η von der y-Achse, die hinsichtlich der Inanspruchnahme auf Biegung als Nullachse erscheint, zu ermitteln.

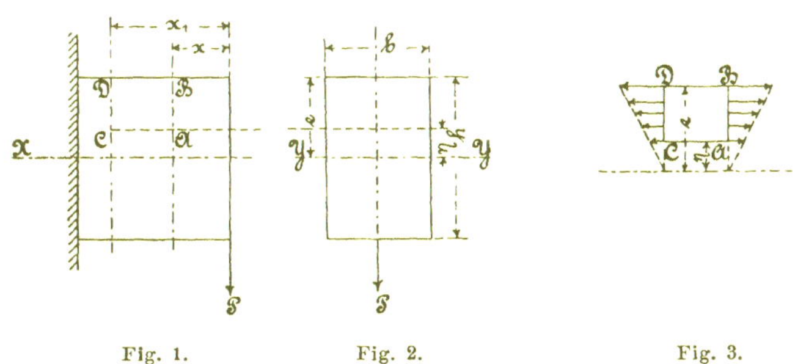

Fig. 1. Fig. 2. Fig. 3.

Zu dem Zwecke denken wir uns ein Körperelement $ABCD$, Fig. 1 bis 3, von der Länge $x_1 - x$, der Breite b und der Höhe $e - \eta$ aus dem Stabe herausgeschnitten. Auf die Stirnflächen AB und CD desselben, Fig. 3, wirken Normalspannungen σ, welche mit dem Abstande η wachsen. Nach § 16 darf unter der Voraussetzung, dass der Dehnungskoefficient unveränderlich ist, diese Zunahme proportional **der ersten** Potenz von η gesetzt werden, wie auch Fig. 5, § 16, daselbst erkennen lässt.

Nach Gleichung 11, § 16, ist für den Querschnitt AB, da hier $M_b = P\,x$, die Normalspannung im Abstande η

$$\sigma_\eta = \frac{P\,x}{\Theta}\,\eta$$

und die Normalspannung im Abstande e

$$\sigma_e = \frac{P\,x}{\Theta}\,e,$$

sofern $\Theta = \frac{1}{12}\,b\,h^3$ das Trägheitsmoment des Querschnittes in Bezug auf die y-Achse.

Die auf die Querschnittsfläche AB von der Grösse $b\,(e-\eta)$ wirkenden Spannungen liefern zusammengefasst eine Normalkraft

$$N = \frac{\sigma_\eta + \sigma_e}{2}\,b\,(e-\eta) = \frac{P\,x}{\Theta}\,\frac{e+\eta}{2}\,b\,(e-\eta) = \frac{P\,x}{\Theta}\,\frac{e^2-\eta^2}{2}\,b.$$

Für den Querschnitt CD findet sich wegen $M_b = P\,x_1$ auf ganz gleichem Wege diese Normalkraft zu

$$N_1 = \frac{P\,x_1}{\Theta}\,\frac{e^2-\eta^2}{2}\,b.$$

Da infolge $x_1 > x$ auch $N_1 > N$ ist, so muss die Kraft

$$N_1 - N = \frac{P}{\Theta}\,(x_1 - x)\,\frac{e^2-\eta^2}{2}\,b$$

durch Spannungen in der Fläche CA, deren Grösse gleich $(x_1 - x)\,b$, übertragen werden, sofern an der Mantelfläche BD äussere Kräfte nicht angreifen, was vorausgesetzt werden soll. Diese in der Richtung CA wirkenden und über die Stabbreite b als gleich gross angenommenen Schubspannungen seien mit τ bezeichnet. Dann gilt

$$N_1 - N = \tau(x_1 - x)\,b = \frac{P}{\Theta}(x_1 - x)\frac{e^2 - \eta^2}{2}b,$$

woraus

$$\tau = \frac{P}{\Theta}\frac{e^2 - \eta^2}{2} = 6\frac{P}{b h^3}(e^2 - \eta^2) = \frac{3}{2}\frac{S}{b h}\left[1 - \left(\frac{\eta}{\frac{h}{2}}\right)^2\right] \quad 1)$$

unter Beachtung, dass hier $P = S$.

Die Schubspannung erlangt ihren grössten Werth für $\eta = 0$, d. i. für die Stabmitte (Nullachse). Derselbe beträgt

$$\tau_{max} = \frac{3}{2}\frac{S}{b h} = \frac{3}{2}\frac{S}{f}, \quad \ldots \ldots \quad 2)$$

sofern $b\,h = f$ gesetzt wird.

In der Nullachse ist hiernach die Schubspannung um 50% grösser, als bei gleichmässiger Vertheilung der Spannungen über den Querschnitt.

Für $\eta = \frac{h}{2}$, d. i. für die am weitesten von der Nullachse abstehenden Punkte, wird $\tau = 0$.

Werden in Fig. 4 die zu den einzelnen Abständen η gehörigen Werthe von τ als wagrechte Ordinaten aufgetragen, so wird eine Linie EFE erhalten, welche das Aenderungsgesetz von τ klar veranschaulicht. Diese Linie ist für das Rechteck eine Parabel, deren Scheitel F um $\overline{OF} = \tau_{max} = \frac{3}{2}\frac{S}{b h}$ von O abliegt, wie sich ohne Weiteres ergiebt, wenn die Senkrechte FG als Ordinatenachse gewählt wird und der Gleichung 1 die Form

$$\tau_{max} - \tau = \tau_{max}\left(\frac{\eta}{\frac{h}{2}}\right)^2$$

oder

$$\eta^2 = \left(\frac{h}{2}\right)^2 \frac{\tau_{max} - \tau}{\tau_{max}}$$

gegeben wird.

Die vorstehende Betrachtung ermittelte die Schubspannungen in Ebenen, welche parallel zur Stabachse laufen und senkrecht zur Richtung der Schubkraft S stehen, so z. B. in einem beliebigen Punkt P der Linie $P' P'$, Fig. 4, immer diejenige Schubspannung τ, welche senkrecht zu $P' P'$ wirkt und parallel zur Stabachse (demnach senkrecht zur Bildebene, Fig. 4) gerichtet ist. Nach § 30

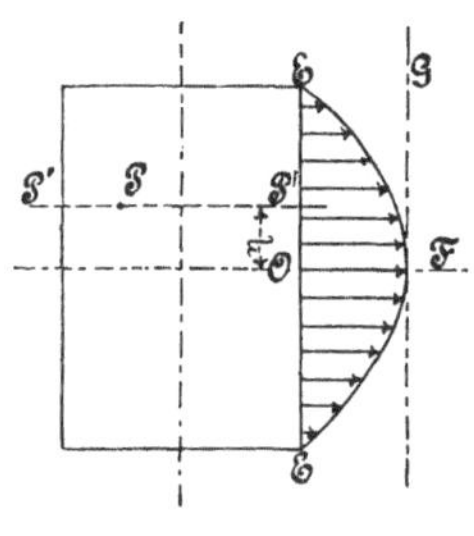

Fig. 4.

(vergl. auch Fig. 5, § 32) treten die Schubspannungen immer paarweise auf, derart, dass die oben erwähnte Spannung τ auch im Punkte P der Querschnittsebene, also in der Bildebene liegend, vorhanden ist. Infolgedessen ergiebt die Gleichung 1 gleichzeitig die Schubspannungen in der Querschnittsebene und zwar diejenigen, welche im Abstande η in dem Flächenstreifen $b\,d\eta$ wirksam sind. Damit ist in Gleichung 1 ebenfalls das Gesetz gewonnen, nach dem sich die Schubspannungen in der Ebene des Querschnittes vertheilen.

Die Forderung, dass diese Spannungen in den Umfangspunkten des Querschnittes immer mit der Tangente an der Begrenzungslinie zusammenfallen müssen, sofern äussere, eine andere Richtung bedingende Kräfte hier nicht angreifen, wird von diesem Vertheilungsgesetz erfüllt. In den Punkten der Begrenzungslinie AC, Fig. 4, § 37, fällt die Richtung von τ mit AC zusammen und in CBD ist $\tau = 0$.

Mit der Veränderlichkeit der Schubspannung ist naturgemäss Krümmung der ursprünglich ebenen Querschnitte verknüpft, bezüglich welcher auf § 52 verwiesen sei.

§ 39. Die Schubspannungen im prismatischen Stabe von beliebigem, jedoch hinsichtlich der Kraftebene symmetrischem Querschnitt.

Es bezeichne unter Bezugnahme auf Fig. 1

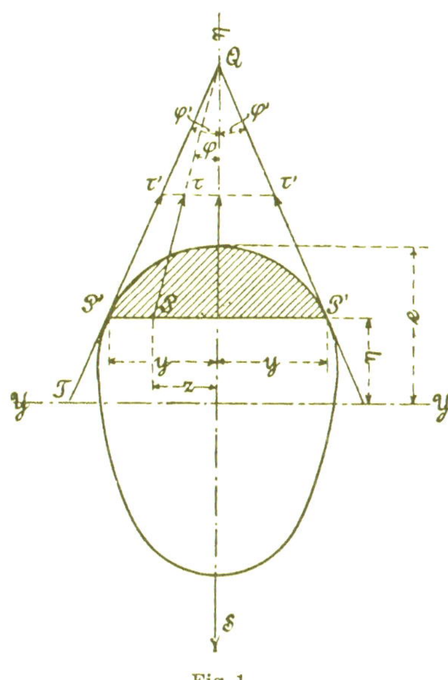

Fig. 1.

S die Schubkraft, welche in die Richtung derjenigen Hauptachse fällt, von der vorausgesetzt werde, dass sie Symmetrieebene des Querschnittes ist,

Θ das Trägheitsmoment des Querschnittes in Bezug auf diejenige Achse, welche zu S senkrecht steht, d. i. die y-Achse,

f die Grösse des Querschnittes,

$2y$ die Breite des Querschnittes im Abstande η,

$M_\eta = \int_\eta^e 2\, y\, \eta\, d\eta$ das statische Moment der zwischen den Abständen η und e gelegenen (in der Figur durch Strichlage hervorgehobenen) Fläche des Querschnittes hinsichtlich der y-Achse,

φ' den Winkel, welchen die Tangente im Umfangspunkte P' mit der Symmetrieachse einschliesst,

τ' die Schubspannung, welche in dem um η abstehenden Umfangspunkte P' durch S hervorgerufen wird,

k_s die zulässige Anstrengung des Materials bei Inanspruchnahme auf Schub.

Nach dem Vorgange in § 38 schneiden wir aus dem Stabe (vergleiche auch Fig. 1 und 2, § 38) ein Körperelement, Fig. 2,

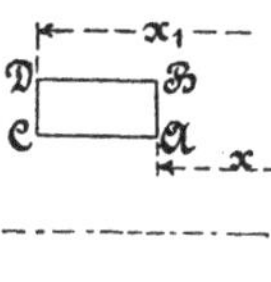

Fig. 2.

heraus. Auf das im Abstande η gelegene Flächenelement $2\,y\,d\eta$ der Stirnfläche AB wirkt die Normalspannung

$$\sigma_\eta = \frac{Px}{\Theta}\eta.$$

Hieraus ergiebt sich für die Schnittfläche AB von der Grösse $\int_\eta^e 2\,y\,d\eta$ die Normalkraft

$$N = \int_\eta^e 2\,y\,\sigma_\eta\,d\eta = \frac{Px}{\Theta}\int_\eta^e 2\,y\,\eta\,d\eta = Px\frac{M_\eta}{\Theta}.$$

Für die Stirnfläche CD findet sich auf ganz gleichem Wege die Normalkraft

$$N_1 = Px_1\frac{M_\eta}{\Theta}.$$

Demnach der Ueberschuss N_1 über N

$$N_1 - N = \frac{P}{\Theta}(x_1 - x)\,M_\eta.$$

Diese Kraft muss durch Schubspannungen in der Fläche CA, deren Grösse gleich $(x_1 - x)\,2y$ ist, übertragen werden. Dieselben, in Richtung der Stabachse, also senkrecht zur y-Achse wirkend, seien als gleich gross über die Breite $2y$ vorausgesetzt und mit τ_y bezeichnet. Dann folgt

$$N_1 - N = \tau_y \,.\, 2\,(x_1 - x)\,y = \frac{P}{\Theta}\,(x_1 - x)\,M_\eta,$$

$$\tau_y = \frac{P}{2y} \cdot \frac{M_\eta}{\Theta} \quad . \quad . \quad . \quad . \quad . \quad . \quad . \quad 1)$$

Bei der vorstehenden Entwicklung wurde angenommen, dass die Aenderung des biegenden Momentes beim Vorwärtsschreiten von dem einen zu dem anderen der beiden um $x_1 - x$ von einander abstehenden Querschnitte nach Massgabe der Fig. 1, § 38, nur von der Kraft P beeinflusst werde. Für den Fall, dass diese Voraussetzung nicht zutrifft, dass vielmehr der Stab, Fig. 3, ausser

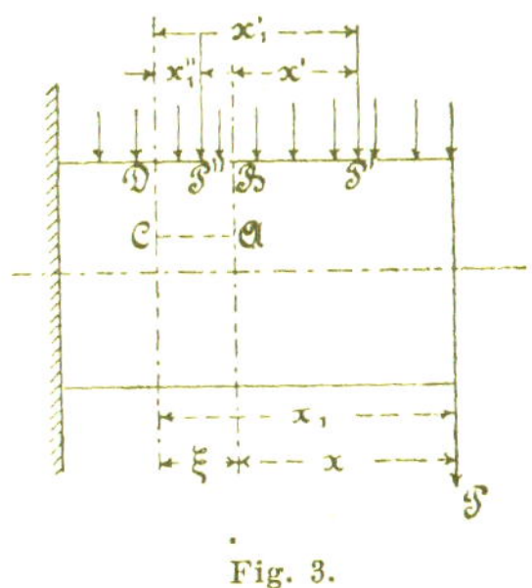

Fig. 3.

durch die am freien Ende angreifende Kraft P auch noch sonst belastet ist, etwa durch eine Kraft P', durch die gleichmässig über ihn vertheilte Last ql, sowie durch eine zwischen den beiden Querschnitten angreifende Last P'', so findet sich

für die Stirnfläche AB die Stirnfläche CD

das biegende Moment:

$$Px + P'x' + q\,\frac{x^2}{2}, \qquad Px_1 + P'x_1' + q\,\frac{x_1^2}{2} + P''x_1'',$$

die Normalspannung σ_η:

$$\frac{Px + P'x' + q\frac{x^2}{2}}{\Theta}\eta, \qquad \frac{Px_1 + P'x_1' + q\frac{x_1^2}{2} + P''x_1''}{\Theta}\eta,$$

die Normalkraft $\int_\eta^e 2\, y\, \sigma_\eta\, d\eta$:

$$N = \frac{Px + P'x' + q\frac{x^2}{2}}{\Theta} M_\eta, \quad N_1 = \frac{Px_1 + P'x_1' + q\frac{x_1^2}{2} + P''x_1''}{\Theta} M_\eta.$$

Hieraus folgt

$$N_1 - N = \frac{P(x_1 - x) + P'(x_1' - x') + \frac{q}{2}(x_1^2 - x^2) + P''x_1''}{\Theta} M_\eta.$$

Wegen

$$\xi = x_1 - x = x_1' - x',$$

$$\frac{x_1^2 - x^2}{2} = \frac{x_1 + x}{2}(x_1 - x) = \xi\frac{x_1 + x}{2}$$

wird

$$N_1 - N = \frac{P\xi + P'\xi + q\frac{x_1 + x}{2}\xi + P''x_1''}{\Theta} M_\eta.$$

Diese Kraft ist durch die Schubspannungen in der Fläche CA vom Inhalte $2\,y\,\xi$ zu übertragen. Soll deren Grösse innerhalb dieser Fläche als konstant angenommen werden dürfen, so muss ξ unendlich klein gewählt werden. Dann ergiebt sich zunächst

$$N_1 - N = \tau_y\, 2\, y\, \xi$$

und die Schubspannung:

1. für den Querschnitt CD im Abstande $x_1 = x + \xi$ vom freien Ende

$$\tau_y = \frac{P + P' + q\,\frac{x_1 + x}{2} + P''\,\frac{x''_1}{\xi}}{2\,y\,\Theta}\,M_\eta,$$

woraus unter Beachtung, dass, wenn ξ unendlich klein ist, $\frac{x''_1}{\xi} = 1$ sein muss,

$$\tau_y = \frac{P + P' + q\,x_1 + P''}{2\,y\,\Theta}\,M_\eta;$$

2. für den Querschnitt AB im Abstande x vom freien Ende

$$\tau_y = \frac{P + P' + qx}{2\,y\,\Theta}\,M_\eta.$$

Im ersteren Falle ist

$$P + P' + qx_1 + P'' = S$$

und im zweiten

$$P + P' + qx = S.$$

Demnach allgemein

$$\tau_y = \frac{S}{2\,y}\,\frac{M_\eta}{\Theta}, \quad \ldots\ldots\ldots \quad 1)$$

ganz, wie oben schon gefunden[1]).

Dieser Werth, welcher zunächst nur die wagrechte Schubspannung bestimmt, nach § 30 aber auch gleich der senkrechten Schubspannung in demselben Punkte des in wagrechter Lage ge-

[1]) Die vorstehende Entwicklung lässt sich kürzen und allgemeiner gestalten, wenn von dem Satze Gebrauch gemacht wird, dass der erste Differentialquotient des biegenden Momentes M_b in Bezug auf x gleich der Schubkraft ist, d. h.

$$\frac{dM_b}{dx} = S.$$

Aus leicht ersichtlichem Grunde wurde dem eingeschlagenen Wege der Vorzug gegeben.

dachten Stabes ist, bedarf noch einer Ergänzung, damit die Forderung befriedigt wird, dass die Schubspannungen in den Querschnittselementen der Umfangspunkte tangential zur Begrenzungslinie gerichtet sind.

Diese Forderung bedingt beispielsweise für das im Punkte P', Fig. 1, gelegene Flächenelement, dass die Schubspannung in die Richtung der Tangente $T P' Q$ oder $Q P' T$ fällt. Andererseits fanden wir oben, dass die senkrecht zur y-Achse, also parallel zur Richtung der Schubkraft wirkenden Schubspannungen die nach Gleichung 1 bestimmte Grösse τ_y besitzen müssen. Beiden Bedingungen wird durch die Annahme Befriedigung, dass die Schubspannung im Punkte P' beträgt

$$\tau' = \frac{\tau_y}{\cos\varphi'} = \frac{S}{2y\cos\varphi'}\,\frac{M_\eta}{\Theta} \quad . \quad . \quad . \quad . \quad . \quad 2)$$

und für den beliebig zwischen $P' P'$ gelegenen Querschnittspunkt P

$$\tau = \frac{\tau_y}{\cos\varphi} = \frac{S}{2y\cos\varphi}\,\frac{M_\eta}{\Theta} \quad . \quad . \quad . \quad . \quad . \quad 3)$$

Gleichung 3, aus welcher sich die Beziehung 2 mit $\varphi = \varphi'$ als Sonderwerth ergiebt, spricht aus, dass die sämmtlichen Schubspannungen in den um η von $Y Y$ abstehenden Querschnittselementen sich in demselben Punkte Q schneiden und die gleiche Komponente τ_y in der Richtung von S besitzen.

Wegen $\tau' \leqq k_s$ ergiebt sich

$$k_s \geqq \frac{S}{2y\cos\varphi'}\,\frac{M_\eta}{\Theta} \quad . \quad . \quad . \quad . \quad . \quad . \quad 4)$$

oder

$$S \leqq k_s \frac{\Theta}{M_\eta}\, 2y\cos\varphi' \quad . \quad . \quad . \quad . \quad . \quad . \quad . \quad 5)$$

Aus der Gleichung 2 folgt Nachstehendes.

a) Rechteckiger Querschnitt, Fig. 2, § 38, da hier

$$2y = b \qquad \varphi' = 0,$$

$$M_\eta = b\left(\frac{h}{2} - \eta\right)\frac{\frac{h}{2} + \eta}{2} = \frac{b}{2}\left(\frac{h^2}{4} - \eta^2\right),$$

$$\tau' = \frac{S}{b} \frac{\frac{b}{2}\left(\frac{h^2}{4} - \eta^2\right)}{\frac{1}{12}\, b h^3} = \frac{3}{2} \frac{S}{b\,h}\left[1 - \left(\frac{\eta}{\frac{h}{2}}\right)^2\right]$$

und für $\eta = 0$

$$\tau_{max} = \frac{3}{2} \frac{S}{b\,h} = \frac{3}{2} \frac{S}{f},$$

wie schon im § 38 als Gleichung 2 ermittelt.

b) Kreisförmiger Querschnitt, Fig. 4.

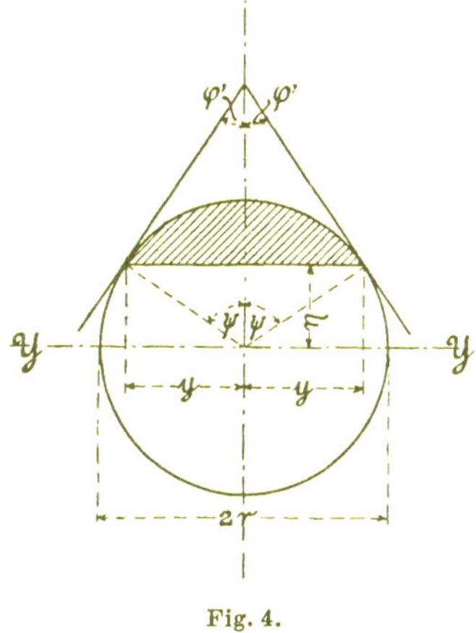

Fig. 4.

$$y = r \sin \psi = r \cos \varphi' \qquad \Theta = \frac{\pi}{4} r^4 \qquad f = \pi r^2.$$

Das statische Moment M_η des Kreisabschnittes kann unmittelbar bestimmt werden durch Integration oder auch durch die Erwägung, dass der Abstand des Schwerpunktes desselben

$$\frac{(2\,y)^3}{12 f_a},$$

sofern f_a den Inhalt des Abschnittes bezeichnet.

$$M_\eta = \frac{(2\,y)^3}{12\,f_a} f_a = \frac{2\,y^3}{3} = \frac{2\,r^3 \cos^3 \varphi'}{3}$$

$$\tau' = \frac{S}{2\,r\cos^2\varphi'} \frac{2\,r^3\cos^3\varphi'}{3\,.\,\frac{\pi}{4} r^4} = \frac{4}{3} \frac{S}{\pi r^2} \cos\varphi' = \frac{4}{3} \frac{S}{f} \cos\varphi' \qquad 6)$$

oder auch, da

$$\cos\varphi' = \sqrt{1 - \cos^2\psi} = \sqrt{1 - \left(\frac{\eta}{r}\right)^2}$$

$$\tau' = \frac{4}{3} \frac{S}{f} \sqrt{1 - \left(\frac{\eta}{r}\right)^2}.$$

Für $\varphi' = 0$, d. i. für die Nullachse, erlangt τ' seinen grössten Werth

$$\tau_{max} = \frac{4}{3} \frac{S}{f}. \quad . \quad . \quad . \quad . \quad . \quad . \quad . \quad 7)$$

Bei kreisförmigem Querschnitt ergiebt sich demnach die Schubspannung in der Nullachse um $33^1/_3\,\%$ grösser, als wenn gleichmässige Vertheilung der Schubkraft über den Querschnitt unterstellt wird.

c) Kreisringförmiger Querschnitt, Fig. 5.

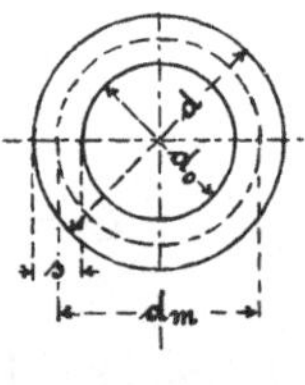

Fig. 5.

Unter der Voraussetzung, dass die Wandstärke verhältnissmässig klein ist und es sich nur um die Ermittlung der grössten, in der Nullachse auftretenden Schubspannung handelt, findet sich mit

$$2\,y = d - d_0 = 2\,s \qquad \varphi' = 0 \qquad d + d_0 = 2\,d_m$$

$$\Theta_z = \frac{\pi}{64}(d^4 - d_0^4) = \frac{\pi}{64}(d^2 + d_0^2)(d + d_0)(d - d_0) = \sim \frac{\pi}{8} d_m^3 s.$$

$$M_\eta = \frac{1}{2} \pi d_m s \cdot \frac{1}{\pi} d_m = \frac{1}{2} d_m^2 s,$$

$$\tau_{max} = \frac{S}{2s} \frac{\frac{1}{2} d_m^2 s}{\frac{\pi}{8} d_m^3 s} = 2 \frac{S}{\pi d_m s} = 2 \frac{S}{f}, \quad . \quad . \quad 8)$$

sofern der Querschnitt des Ringes

$$\frac{\pi}{4}(d^2 - d_0^2) = \pi d_m s = f.$$

Hiernach erscheint die Schubspannung in der Nullachse um 100 % grösser, als bei gleichmässiger Vertheilung der Spannung über den Querschnitt.

d) I-Querschnitt, Fig. 6.

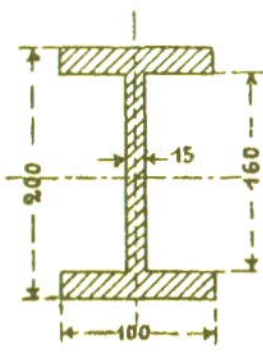

Fig. 6.

In der Mitte des Steges ist

$$2y = 1{,}5 \text{ cm} \qquad \varphi' = 0,$$

$$M_\eta = 1{,}5 \cdot 8 \cdot 4 + 10 \cdot 2 \cdot 9 = 228 \text{ cm}^3,$$

$$\Theta = \frac{1}{12}(10 \cdot 20^3 - 8{,}5 \cdot 16^3) = 3765 \text{ cm}^4,$$

$$\tau_{max} = \frac{S}{1{,}5} \frac{228}{3765} = 0{,}0404\, S.$$

Wegen

$$f = 10 . 20 - 8,5 . 16 = 64 \text{ qcm}$$

wird

$$\tau_{max} = 2,59 \frac{S}{f}.$$

Streng genommen ist für Querschnitte dieser Art, bei denen sich die Breite $2y$ und der Winkel φ' beim Uebergang des Steges in die Flanschen plötzlich ändern, die Gleichung 2 nicht mehr richtig; jedenfalls kann sie für die Beurtheilung der Schubspannungen an dieser Uebergangsstelle und in der Nähe derselben ganz unzutreffende Werthe liefern. Da, wo ein so plötzlicher Wechsel in der Breite des Querschnittes eintritt, muss die oben gemachte Voraussetzung des Gleichbleibens von τ_y über die ganze Breite $2y$ unzulässig werden.

Die Gleichung 3 und ihre Sonderwerthe beruhen auf der Voraussetzung eines unveränderlichen Schubkoefficienten. Bei Materialien, für welche diese Voraussetzung nicht zutrifft, wie z. B. bei Gusseisen, werden dieselben unter Umständen zu mehr oder minder bedeutenden Unrichtigkeiten führen können.

§ 40. Schubversuche.

Dieselben pflegen durchgeführt zu werden nach Massgabe der Fig. 1, § 37, S. 343, oder insbesondere für Rundstäbe mit der in

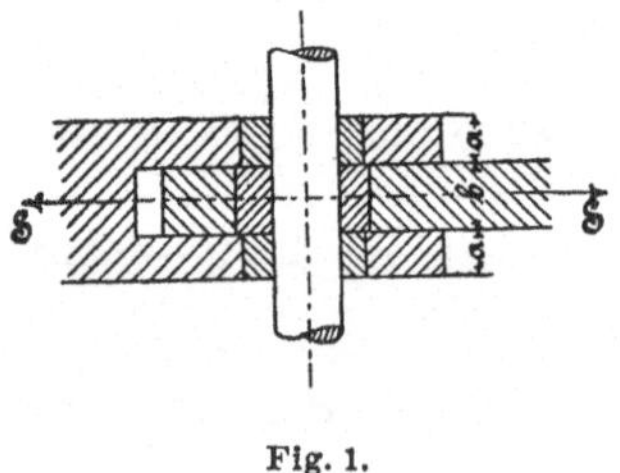

Fig. 1.

Fig. 1 dargestellten Einrichtung, wobei der Versuchsstab in zwei Querschnitten, also doppelschnittig, durchgescheert wird.

Bedeutet S die Kraft, welche erforderlich ist, um den Stab vom Querschnitte f abzuscheeren, so wird der Quotient

$$\frac{S}{f} \text{ (Verfahren Fig. 1, § 37, S. 343)},$$

bezw.

$$\frac{S}{2f} \text{ (Verfahren Fig. 1)}$$

als Schubfestigkeit oder Scheerfestigkeit des Materials bezeichnet. Der letztere Ausdruck erscheint als der zutreffendere. Es wird, namentlich durch das Verfahren, wie es Fig. 1, § 37, S. 343, andeutet, weniger die Widerstandsfähigkeit ermittelt, welche bei einem auf Schub beanspruchten Konstruktionstheil nach Massgabe der Betrachtungen in den §§ 38 und 39 in Frage steht, als vielmehr diejenige Kraft, welche erforderlich ist, um den Stab durchzuschneiden. Aus diesem Grunde hat es auch Bedenken, von der so ermittelten Scheerfestigkeit auf die zulässige Schubanstrengung zu schliessen. In dieser Beziehung sei insbesondere noch auf Folgendes hingewiesen.

Nach Gleichung 6, § 31, besteht für durchaus gleichartiges Material zwischen der Schub- und Zuganstrengung die Beziehung

$$k_s = 0{,}75\, k_z \text{ bis } 0{,}8\, k_z.$$

Weiter ist beispielsweise nach Gleichung 2, § 38, für einen Stab von rechteckigem Querschnitt

$$\tau_{max} = \frac{3}{2} \frac{S}{b\,h} = \frac{3}{2} \frac{S}{f},$$

woraus wegen $\tau_{max} \leqq k_s$

$$k_s \geqq \frac{3}{2} \frac{S}{f},$$

$$\frac{3}{2} \frac{S}{f} \leqq 0{,}75\, k_z \text{ bis } 0{,}8\, k_z,$$

$$\frac{S}{f} \leqq 0{,}5\, k_z \text{ bis } 0{,}53\, k_z.$$

Abscheerversuche mit Schmiedeisen und Stahl, in einer der beiden beschriebenen Weisen angestellt, liefern die Scheerfestigkeit = 0,67 bis 0,8 der Zugfestigkeit, also wesentlich höher.

Für kreisförmigen Querschnitt ist nach Gleichung 7, § 39,

$$\tau_{max} = \frac{4}{3} \frac{S}{f},$$

woraus

$$\frac{S}{f} \leqq 0{,}56\, k_z \text{ bis } 0{,}6\, k_z.$$

Abscheerversuche, nach Fig. 1, S. 358, durchgeführt, pflegen die Scheerfestigkeit des Schmiedeisens und des Stahles zu 0,75 bis 0,8 der Zugfestigkeit zu geben, also ebenfalls wesentlich grösser.

Die unten folgenden Versuche mit gusseisernen Rundstäben liefern sogar

Scheerfestigkeit : Zugfestigkeit = 1630 : 1595 = 1,02 : 1,
bezw. 1967 : 1679 = 1,17 : 1.

Dieses abweichende Verhalten des Gusseisens gegenüber Schmiedeisen und Stahl erklärt sich in erster Linie aus der Veränderlichkeit des Schubkoefficienten β (Dehnungskoefficienten α).

Für die Beurtheilung der beiden Prüfungsverfahren kommt sodann weiter in Betracht der oben festgestellte Umstand, dass die wirkende Schubkraft von einem biegenden Moment begleitet wird. Bei dem durch Fig. 1, § 37, S. 343, angedeuteten Vorgang lässt sich dasselbe allerdings auf einen unerheblichen Betrag herabdrücken, dagegen tritt es stark auf bei dem Verfahren nach Fig. 1, S. 358: wir haben thatsächlich einen im mittleren Theile (innerhalb der Strecke b) belasteten und nach aussen aufliegenden Stab. Eine scharfe Beobachtung zeigt auch deutlich, dass der Versuchskörper durch die Belastung zunächst eine Durchbiegung erfährt und dann erst abgescheert wird. Ist das Material spröde, wie z. B. Gusseisen, so erfolgt zunächst Bruch des Stabes durch das biegende Moment und zwar innerhalb der Strecke b; erst später (bei höherer Belastung) tritt das Abscheeren ein. In dieser Hinsicht geben die nachstehenden Versuche des Verfassers lehrreichen Aufschluss.

Rundstäbe von 20,0 mm Durchmesser ($f = 3{,}14$ qcm), aus Gusseisen gedreht, geprüft nach dem Verfahren Fig. 1, S. 358.

No. 1. Bei der Belastung $S = 3000$ kg bricht der Stab infolge Biegung, die Wage der Maschine sinkt. Der Versuch wird fortgesetzt, hierbei steigt die Belastung allmählich bis $S = 10200$ kg, welche Kraft das Abscheeren herbeiführt[1]).

Fig. 2 (Taf. XIII) zeigt den an den Enden auf die Länge b abgescheerten und im mittleren Theile durch Biegung gebrochenen Stabtheil. Die von dem biegenden Moment gezogenen Fasern sind gerissen, während die gedrückten zum Theil noch unangegriffen erscheinen.

$$\text{Die Scheerfestigkeit beträgt } \frac{10200}{2 \,.\, 3{,}14} = 1635 \text{ kg.}$$

No. 2. Bei der Belastung $S = 2825$ kg bricht der Stab infolge der Biegung (d. h. die gezogenen Fasern zerreissen), bei $S = 9950$ kg erfolgt das Abscheeren.

$$\text{Scheerfestigkeit} = \frac{9950}{2 \,.\, 3{,}14} = 1593 \text{ kg.}$$

No. 3. Verhalten ganz wie bei No. 1 und 2, $S = 3350$ kg, beziehungsweise 10370 kg.

$$\text{Scheerfestigkeit} = \frac{10370}{2 \,.\, 3{,}14} = 1662 \text{ kg.}$$

$$\text{Durchschnitt der Scheerfestigkeiten} = \frac{1635 + 1593 + 1662}{3} = 1630 \text{ kg.}$$

Eine genaue Bestimmung der Biegungsfestigkeit ist nicht möglich, da die Feststellung des biegenden Moments M_b die Kenntniss der Vertheilung der Belastung über die Strecken a, a und b voraussetzt, und überdies neben der Biegungsanstrengung auch Schubanstrengung stattfindet. Ausserdem kommt noch der Einfluss der

[1]) Diese Erscheinung der Aufeinanderfolge des Biegungsbruches und des Abscheerens, sowie der grosse Unterschied zwischen den betreffenden Belastungen sind um so bemerkenswerther, als die Biegungsfestigkeit gusseiserner Rundstäbe das Doppelte der Zugfestigkeit übersteigt. (Vergl. § 22, Ziff. 2.)

Reibungskräfte in Betracht, welche durch die Biegung des Stabes in den Auflagerflächen wachgerufen werden. (Vergl. § 46, oder auch Zeitschrift des Vereines deutscher Ingenieure 1888, Fussbemerkung auf S. 224 u. f.) Wird in Uebereinstimmung mit Fig. 3

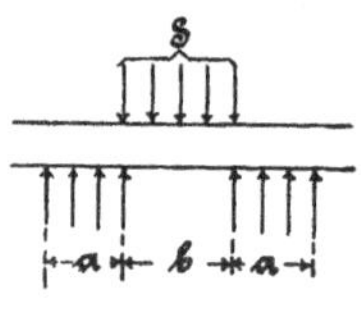

Fig. 3.

gleichmässige Vertheilung unterstellt und der Einfluss des Reibungswiderstandes vernachlässigt, so wäre

$$M_b = \frac{S}{2}\left(\frac{a}{2} + \frac{b}{2} - \frac{b}{4}\right) = \frac{S}{4}\left(a + \frac{b}{2}\right)$$

und, da im vorliegenden Falle

$$a = 2{,}2 \text{ cm} \qquad b = 3{,}0 \text{ cm} \qquad \frac{\Theta}{e} = \frac{\pi}{32}\,2^3,$$

die Biegungsfestigkeit K_b

für No. 1 $$\frac{\frac{3000}{4}(2{,}2 + 1{,}5)}{\frac{\pi}{32} \cdot 2^3} = \frac{3000 \,.\, 3{,}7}{3{,}14} = \sim 3530 \text{ kg},$$

für No. 2 $$\frac{2825 \,.\, 3{,}7}{3{,}14} = \sim 3330 \text{ kg},$$

für No. 3 $$\frac{3350 \,.\, 3{,}7}{3{,}14} = \sim 3950 \text{ kg},$$

im Durchschnitt $K_b =$ 3603 kg.

Die Zugprobe mit denselben Rundstäben hatte ergeben die Zugfestigkeit

für No. 1	1560 kg,
für No. 2	1586 kg,
für No. 3	1640 kg,
im Durchschnitt	$K_z = 1595$ kg.

Nach § 22, Ziff. 2, Gusseisen A, S. 236, No. 6, wäre hieraus auf eine Biegungsfestigkeit von

$$K_b = 2{,}12\ K_z = 1595\ .\ 2{,}12 = 3381 \text{ kg}$$

zu schliessen, welche Grösse nicht sehr bedeutend abweicht von derjenigen, die auf Grund der Annahme gleichmässiger Vertheilung der Kräfte über die Strecken a, a und b erhalten wurde. Würde der das biegende Moment vermindernde Einfluss der Reibung berücksichtigt worden sein, so wäre eine noch weiter gehende Uebereinstimmung eingetreten.

Rundstäbe von rund 24 mm Durchmesser, aus Gusseisen gedreht, geprüft nach Fig. 1, S. 358.

No.	Durchmesser d cm	Querschnitt $\frac{\pi}{4} d^2$ qcm	Belastung S beim Bruch durch		Scheerfestigkeit $K_s = S_2 : 2 \frac{\pi}{4} d^2$ kg/qcm
			Biegung S_1 kg	Abscheeren S_2 kg	
1	2,38	4,45	7600	17650	1973
2	2,37	4,41	8250	17060	1934
3	2,38	4,45	8450	17750	1994
			Durchschnitt		1967

Die Zugfestigkeit der drei Stäbe war vorher zu

$$K_z = \frac{1766 + 1621 + 1649}{3} = 1679 \text{ kg}$$

ermittelt worden.

Wird Schmiedeisen der Prüfung nach Fig. 1, S. 358, unterworfen, so erfolgt allerdings vor dem Abscheeren kein Bruch, weil das Material dem biegenden Momente gegenüber eine genügend weitgehende Formänderung zulässt. Da aber bei Konstruktionstheilen derartige Formänderungen in der Regel nicht statthaft erscheinen, so erhellt, dass selbst in Fällen der Beanspruchung, wie sie durch Fig. 1, S. 358, dargestellt wird, die Berechnung auf Biegung — wenigstens der Regel nach — massgebend ist[1]).

[1]) In dieser Hinsicht bringt die Literatur noch häufig irrthümliche Angaben, obgleich sie hiermit schon seit langer Zeit und naturgemäss im Widerspruch mit dem steht, was zweckmässiger Weise thatsächlich ausgeführt wird. So pflegt beispielsweise in Beziehung auf die Gelenkbolzen bei Dachkonstruktionen u. dergl., für die Keile der Keilverbindungen, die Bolzen gewisser Schraubenverbindungen, die Zähne der Sperrräder u. s. f. angegeben zu werden, dass dieselben auf Schub oder gegen Abscheeren zu berechnen seien. Hinsichtlich der Gelenkbolzen und ähnlicher Theile dürfte das oben Erörterte zur Klarstellung ausreichen (vergl. auch § 52, Ziff. 1a), betreffs der Keile, Gewindegänge u. s. f. sei auf des Verfassers Maschinenelemente 1880, S. 41 u. f. (Taf. 1, Fig. 28 und 30), bezw. S. 50, S. 238, 1891/92, S. 80 u. f., S. 92 u. s. w. verwiesen. In Bezug auf Sperrzähne möge das Folgende bemerkt werden.

Die Kraft P, Fig. 4, im ungünstigsten Falle aussen im Punkt B angreifend (vergl. Schlussabsatz dieser Fussbemerkung), ergiebt in Bezug auf den zunächst

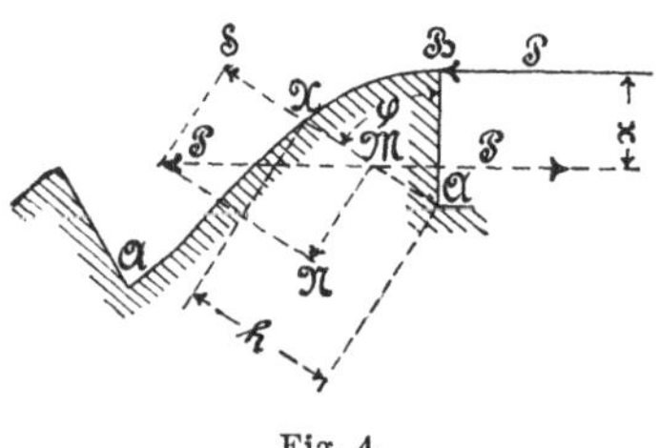

Fig. 4.

beliebig unter dem Winkel φ angenommenen Bruchquerschnitt AX mit dem Mittelpunkt M ein Kräftepaar vom Moment Px, welches auf Biegung wirkt, ferner eine Schubkraft $S = P \sin \varphi$ und eine Druckkraft $N = P \cos \varphi$, welch' letztere in der Regel ohne Weiteres vernachlässigt werden kann.

Bezeichnet b die Breite der Sperrzähne, so findet sich die grösste Biegungsanstrengung σ des Materials nach Gleichung 12, § 16, zu

$$\sigma = \frac{Px}{\frac{1}{6} b h^2} = 6 \frac{Px}{b h^2} \cdot$$

Durch Verminderung von b und a kann allerdings das biegende Moment verringert werden; gleichzeitig wächst aber dann die Pressung $S : bd$ gegen die Mantelfläche des Rundstabes. Hierdurch aber wird der Verringerung von a und damit auch derjenigen des biegenden Momentes eine Grenze gezogen.

Da die Widerstandsfähigkeit des Stabes vom Durchmesser d gegen Biegung der dritten Potenz von d, gegen Schub dagegen nur der zweiten Potenz von d proportional ist, so muss das Prüfungsverfahren nach Fig. 1, S. 358, für das gleiche Material unter sonst gleichen Verhältnissen Werthe für die Schubfestigkeit $S : f$ liefern, welche von d abhängig sind. Durch die grossen Pressungen gegen die Mantelflächen der abzuscheerenden Cylinder, welche Kräfte ihrerseits gegenüber dem Bestreben des Stabes, auf der

---

Es ist nun derjenige Querschnitt festzustellen, für welchen σ den grössten Werth erlangt, was bei im Allgemeinen beliebiger Gestalt der Begrenzungslinie des Zahnes am einfachsten durch Ausproben geschieht.

Zur Biegungsspannung tritt nun allerdings die Schubanstrengung. Wie in § 52 unter Ziff. 1b erörtert werden wird, ergiebt sich jedoch für den rechteckigen Querschnitt, dass die Biegungsanstrengung allein massgebend ist, so lange

$$\frac{x}{\sin \varphi} \geqq 0{,}325\, h,$$

d. h. so lange

$$x \geqq 0{,}325\, h \sin \varphi.$$

Diese Bedingung wird fast ausnahmslos erfüllt sein, infolgedessen Sperrzähne ebenso ausnahmslos auf Biegung zu berechnen sind.

Indem der Bruchquerschnitt durch A geführt wird, wie oben geschehen, ist vorausgesetzt, es habe die Begrenzungslinie des Zahnes eine solche Form, dass die Widerstandsfähigkeit der oberhalb A möglichen Bruchquerschnitte einen grösseren oder mindestens den gleichen Werth besitzt. Wird P als ganz aussen angreifend angenommen, wie in Fig. 4 gezeichnet, so trifft diese Voraussetzung bei den üblichen Zahnformen allerdings nicht zu, wohl aber dann, wenn die Angriffslinie von P — in Uebereinstimmung mit der Wirklichkeit — um eine kleine Strecke von B nach innen verlegt wird. Beim Entwerfen pflegt man in der Weise vorzugehen, dass die Begrenzungslinie des Zahnes gewählt und sodann untersucht wird, ob die Beanspruchung die zulässige Anstrengung des Materials in keinem der möglichen Bruchquerschnitte überschreitet. Bei Inbetrachtziehung von Querschnitten, die oberhalb A gelegen sind, ist sinngemäss in der gleichen Weise vorzugehen, wie oben für den durch A gehenden Querschnitt dargelegt wurde.

Unterlage zu gleiten, Reibungskräfte wachrufen (vergl. § 46), findet allerdings eine weitere Trübung dieses Verhältnisses statt.

Das vorstehend Erörterte führt zu dem Ergebniss, dass die Schubversuche, wie sie angestellt zu werden pflegen, nicht geeignet sind, die Richtigkeit der Hauptgleichung (2, § 39) zu prüfen, noch die Unterlagen für die zulässigen Schubanstrengungen mit der wünschenswerthen Genauigkeit zu liefern. Eine unmittelbare und genaue Prüfung der Gleichung 2, § 39, auf dem Wege des Versuches begegnet erheblichen Schwierigkeiten. Dieselben erwachsen aus dem Umstande, dass die Schubkraft immer von einem biegenden Moment begleitet ist, und dass da, wo dessen Einfluss zurücktritt, so bedeutende Kräfte auf verhältnissmässig kleine Theile der Mantelfläche des Stabes zusammengedrängt wirken müssen, dass die den weiteren Entwickelungen zu Grunde liegende Voraussetzung des Nichtvorhandenseins von Normalspannungen senkrecht zur Stabachse — und unter Umständen derjenigen des Nichtauftretens von senkrecht zur Stabachse stehenden Schubanstrengungen, welche in Ebenen wirken, die sich in Parallelen zur Achse schneiden — unerfüllt bleibt.

Dritter Abschnitt.

Formänderungsarbeit gerader stabförmiger Körper bei Beanspruchung auf Zug, Druck, Biegung, Drehung oder Schub.

§ 41. Arbeit der Längenänderung.

Ein prismatischer Stab von der Länge l und dem Querschnitt f sei an dem einen Ende festgehalten, am anderen freien Ende durch eine von Null an stetig wachsende Kraft P belastet. Er erfährt hierdurch eine Verlängerung. Solcher Aenderungen der Länge sind nach Massgabe der Darlegungen in § 4 und § 5 dreierlei zu unterscheiden:

1. die gesammte Längenänderung λ,
2. die bleibende Längenänderung λ',
3. die federnde Längenänderung λ'',

welche mit der Kraft P in einem solchen Zusammenhange stehen, dass

$$\begin{aligned} \lambda &= f_1(P) \quad \text{oder} \quad P = F_1(\lambda), \\ \lambda' &= f_2(P) \quad \text{-} \quad P = F_2(\lambda'), \\ \lambda'' &= f_3(P) \quad \text{-} \quad P = F_3(\lambda''). \end{aligned}$$

Handelt es sich beispielsweise um einen Lederriemen, bei dem die Verlängerungen langsamer wachsen als die Belastungen, so zeigt die Linie, welche durch $\lambda = f_1(P)$ oder $P = F_1(\lambda)$ bestimmt wird, etwa den in Fig. 1 skizzirten Verlauf. Die mechanische Arbeit, welche aufzuwenden ist, den Riemen z. B. um $\lambda = \overline{OQ_2}$ zu verlängern, wozu die von Null an gewachsene Belastung $P = \overline{OQ_1} = \overline{Q_2 Q}$ gehört, wird dargestellt durch die schraffirte Fläche OQQ_2 von der Grösse

$$A_1 = \int_0^\lambda P\,d\lambda = \int_0^\lambda F_1(\lambda)\,d\lambda \quad . \quad . \quad . \quad . \quad . \quad 1)$$

Davon ist zu bleibender Formänderung verwendet worden

$$A_2 = \int_0^{\lambda'} P\,d\lambda' = \int_0^{\lambda'} F_2(\lambda')\,d\lambda', \quad . \quad . \quad . \quad . \quad 2)$$

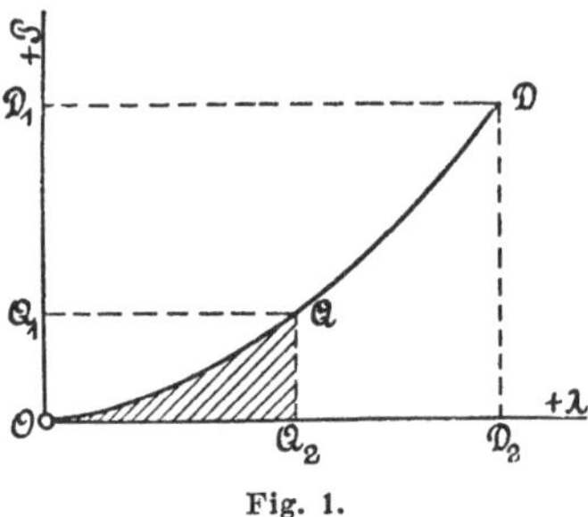

Fig. 1.

somit die mechanische Arbeit, welche der Körper infolge seiner Elasticität in sich aufgespeichert hat und die er bei der Entlastung wieder zurückzugeben in der Lage ist,

$$A_3 = A_1 - A_2 = \int_0^{\lambda''} P\,d\lambda'' = \int_0^{\lambda''} F_3(\lambda'')\,d\lambda'' \quad . \quad . \quad . \quad 3)$$

Die Elasticitätslehre, indem sie sich lediglich mit den elastischen Formänderungen beschäftigt, pflegt nur die diesen Formänderungen entsprechende Arbeit als Formänderungsarbeit (Deformationsarbeit) in Betracht zu ziehen und überdies vorauszusetzen, dass Proportionalität zwischen Dehnungen und Spannungen besteht, dass also die Dehnungslinie eine Gerade ist, wie z. B. in Fig. 1, § 2, bis zum Punkte A.

Unter dieser Voraussetzung findet sich, wenn im Folgenden die Formänderungsarbeit, in dem soeben bezeichneten Sinne aufgefasst, mit A und die elastische Längenänderung kurz mit λ bezeichnet wird, die Arbeit der Längenänderung

$$A = \frac{1}{2} P\lambda = \frac{1}{2} f\sigma\lambda,$$

und da nach § 2, sofern Kräfte senkrecht zur Stabachse nicht wirken,

$$\lambda = \alpha \sigma l,$$

$$A = \frac{1}{2} \alpha \sigma^2 f l = \frac{1}{2} \alpha \sigma^2 V, \quad . \quad . \quad . \quad . \quad 4)$$

d. h. die Arbeit der Längenänderung ist proportional dem Volumen $V = f l$ des Stabes und dem Quadrate der Spannung.

Wird σ durch die verhältnissmässige Dehnung ε ersetzt nach Massgabe der Gleichung

$$\varepsilon = \alpha \sigma,$$

so folgt

$$A = \frac{1}{2\alpha} \varepsilon^2 f l = \frac{1}{2\alpha} \varepsilon^2 V. \quad . \quad . \quad . \quad . \quad . \quad 5)$$

Handelt es sich um einen Körper von veränderlichem Querschnitt, wie Fig. 1, § 6, so ergiebt sich unter der Voraussetzung, dass der Dehnungskoefficient α konstant ist und Kräfte senkrecht zur Stabachse nicht thätig sind, die Arbeit A mit Annäherung[1]) durch folgende Erwägung.

Damit das im Abstande x von der freien Stirnfläche des Stabes, Fig. 1, § 6, gelegene Körperelement $f\,dx$ in der Richtung von x um $\varepsilon\,dx$ gedehnt wird, wobei die Spannung

$$\sigma = \frac{\varepsilon}{\alpha}$$

eintritt, bedarf es der Aufwendung einer Arbeit

$$dA = \frac{1}{2} f \sigma . \varepsilon\, dx = \frac{1}{2\alpha} f \varepsilon^2\, dx = \frac{\alpha}{2} f \sigma^2\, dx.$$

[1]) Mit Annäherung namentlich deshalb, weil die Spannungen in sämmtlichen Punkten eines Querschnittes nicht die gleiche Richtung haben können. Die Spannung im Mittelpunkte des Querschnitts fällt allerdings in die Stabachse, steht also senkrecht zu letzterem, dagegen werden beispielsweise die Spannungen in den auf der Umfangslinie des Querschnitts liegenden Elementen die Richtung der Mantellinien des Stabes besitzen, also geneigt gegen die Stabachse sein müssen.

Folglich die Arbeit, welche die Formänderung des ganzen Stabes fordert,

$$A = \frac{1}{2\alpha}\int_0^l \varepsilon^2 f\,dx = \frac{\alpha}{2}\int_0^l \sigma^2 f\,dx. \quad . \quad . \quad . \quad . \quad 6)$$

Für den Fall, dass der Stab ein Prisma, wird hieraus

$$A = \frac{1}{2\alpha}\varepsilon^2 f l = \frac{\alpha}{2}\sigma^2 f l,$$

wie oben bereits ermittelt worden ist.

Bei den vorstehenden Erörterungen wurde vorausgesetzt, dass die Belastung stetig von Null an wächst, sodass in jedem Augenblick Gleichgewicht vorhanden ist zwischen der äusseren belastenden Kraft und den hierdurch wachgerufenen inneren Kräften. Wird nun der Stab plötzlich der Einwirkung der ganzen Kraft P überlassen, ohne dass jedoch ein Stoss hierbei stattfindet, d. h. ohne dass der zweite, den Stab belastende Körper diesen mit einer gewissen Geschwindigkeit trifft, so erhebt sich die Frage nach der Grösse der Anstrengung σ, welche das Material in dem Augenblick der grössten Verlängerung λ des Stabes erleidet. Bei der im Folgenden gegebenen Beantwortung, wobei ein prismatischer Stab zu Grunde gelegt wurde, soll von dem Einflusse der Zeit auf die Ausbildung der Formänderung abgesehen werden.

Unter der Voraussetzung unveränderlicher Grösse des Dehnungskoefficienten α beträgt die Arbeit, welche die Ueberwindung der inneren, durch die Dehnung wachgerufenen Kräfte bei der Verlängerung λ fordert,

$$\frac{1}{2}\lambda f \sigma.$$

Dieselbe muss gleich sein derjenigen mechanischen Arbeit, welche die äussere Kraft P verrichtet, indem sie in ihrer Richtung um λ fortschreitet, d. i. $P\lambda$. Also

$$P\lambda = \frac{1}{2}\lambda f \sigma,$$

woraus

$$\sigma = 2\frac{P}{f},$$

d. h. die den Stab mit ihrer ganzen Grösse plötzlich, jedoch ohne Stoss belastende Kraft P veranlasst eine doppelt so grosse Anstrengung des Materials, als wenn P von Null an stetig gewachsen wäre.

Nachdem der Stab sich um λ gedehnt hat, in welchem Augenblick $\sigma f = 2\,P$ ist, werden die inneren Kräfte, da sie um P grösser sind als die äussere Kraft P, eine Wiederverkürzung einleiten, welche für den Fall vollkommener Elasticität und abgesehen von Widerständen die Stablänge auf l zurückbringt; hieran schliesst sich neuerlich eine Verlängerung u. s. f.: der Stab wird Schwingungen vollführen, welche, wegen der in Wirklichkeit vorhandenen Widerstände fort und fort abnehmend, schliesslich Null werden.

§ 42. Arbeit der Biegung.

Der Körper sei in der Weise gestützt und belastet, dass der Fall der einfachen Biegung vorliegt (III, § 16). Unter Vernachlässigung der Schubkräfte, sowie der örtlichen Zusammendrückung, welche der Körper da erfährt, wo die äusseren Kräfte auf die Oberfläche wirken, und unter der Voraussetzung, dass der Dehnungskoefficient α konstant ist, ergiebt sich die Biegungsarbeit durch folgende Betrachtung.

Um das im Abstande η von der Nullachse gelegene, streifenförmige Körperelement vom Querschnitt df und der Länge dx (in Richtung der Stabachse), Fig. 4, § 16, so zu dehnen, dass dessen Länge die verhältnissmässige Dehnung ε erfährt, wobei die Normalspannung

$$\sigma = \frac{\varepsilon}{\alpha}$$

eintritt, ist eine Arbeit

$$dA = \frac{\sigma df}{2}\,\varepsilon\,dx = \frac{\alpha}{2}\,\sigma^2\,df\,dx$$

erforderlich.

Unter der Annahme, dass die Ebene des den Stab biegenden Kräftepaares vom Momente M_b die eine der beiden Hauptachsen des Querschnittes, dessen Trägheitsmoment in Bezug auf die andere

Hauptachse mit Θ bezeichnet sei, in sich enthält, gilt nach Gleichung 11, § 16,

$$\sigma = \frac{M_b}{\Theta} \eta.$$

Infolgedessen

$$dA = \frac{\alpha}{2} \frac{M_b^2}{\Theta^2} \eta^2 \, df \, dx,$$

und hiermit die mechanische Arbeit, welche die Biegung des ganzen Körpers beansprucht,

$$A = \frac{\alpha}{2} \int \frac{M_b^2}{\Theta^2} dx \int \eta^2 \, df = \frac{\alpha}{2} \int \frac{M_b^2}{\Theta} dx, \quad . \quad . \quad . \quad 1)$$

wobei die Integration sich auf die ganze Länge des Stabes zu erstrecken hat.

Für den Fall Fig. 1, § 16, — der prismatische Stab ist an dem einen Ende befestigt, am anderen freien Ende durch die Kraft P belastet — findet sich, sofern man, von B nach A hin schreitend, $(l - x)$ mit ξ bezeichnet und dementsprechend $M_b = P\xi$ einführt, sowie dx durch $d\xi$ ersetzt,

$$A = \frac{\alpha}{2} \int_0^l \frac{P^2 \xi^2}{\Theta} d\xi = \frac{\alpha}{6} \frac{P^2}{\Theta} l^3.$$

Diese Gleichung gestattet eine sehr rasche Feststellung der Durchbiegung y' des freien Stabendes durch die Erwägung, dass die mechanische Arbeit, welche die stetig von Null bis auf P gewachsene Belastung beim Sinken um y' verrichtet, d. i.

$$\frac{1}{2} P y',$$

gleich A sein muss.

Demnach

$$\frac{1}{2} P y' = \frac{\alpha}{6} \frac{P^2}{\Theta} l^3,$$

$$y' = \frac{\alpha}{3} \frac{P}{\Theta} l^3,$$

welches Ergebniss in Uebereinstimmung mit Gleichung 4, § 18, steht, sofern man in letzterer die hier nicht vorhandene Belastung Q gleich Null setzt.

Wird die Anstrengung an der Befestigungsstelle im Abstande $\eta = e_1$ von der Nullachse mit k_b bezeichnet, so folgt

$$P\,l = k_b \frac{\Theta}{e_1}$$

und damit

$$A = \frac{\alpha}{6} k_b^2 \frac{\Theta}{e_1^2} l.$$

Wenn

$$\Theta = \iota f e_1^2$$

gesetzt wird, was z. B. ergiebt für den rechteckigen Querschnitt

$$\Theta = \frac{1}{12} b h^3 = \iota b h \left(\frac{h}{2}\right)^2 \qquad \iota = \frac{1}{3},$$

für den kreisförmigen Querschnitt

$$\Theta = \frac{\pi}{64} d^4 = \iota \frac{\pi}{4} d^2 \left(\frac{d}{2}\right)^2 \qquad \iota = \frac{1}{4},$$

so findet sich unter Beachtung, dass $f l$ gleich dem Stabvolumen V,

$$A = \frac{\alpha}{6} \iota k_b^2 f l = \frac{\alpha}{6} \iota k_b^2 V, \quad \ldots\ldots \quad 2)$$

d. h. die Biegungsarbeit ist proportional dem Volumen des Stabes und dem Quadrate der Materialanstrengung.

Handelt es sich um einen Körper von gleichem Widerstande gegen Biegung (§ 19), so ist

$$k_b = \frac{M_b}{\Theta} e$$

für die einzelnen Querschnitte konstant, wobei unter e der Abstand der hinsichtlich der grössten Anstrengung massgebenden Faser verstanden werden soll. Durch Einführung des hieraus folgenden Werthes von M_b in Gleichung 1 wird

$$A = \frac{\alpha}{2} \int \left(\frac{\Theta\, k_b}{e} \right)^2 \frac{dx}{\Theta} = \frac{\alpha}{2} k_b^2 \int \frac{\Theta}{e^2} dx,$$

und mit Rücksicht darauf, dass $\Theta = \iota f e^2$,

$$A = \frac{\alpha}{2} \iota\, k_b^2 \int_0^l f\, dx = \frac{\alpha}{2} \iota\, k_b^2\, V. \quad . \quad . \quad . \quad . \quad 3)$$

Hiernach ist die Biegungsarbeit eines Körpers von gleichem Widerstand bei bestimmter Querschnittsform

1. unabhängig von der Art der Unterstützung (Befestigung) und der Belastung,
2. proportional dem Volumen des Körpers und dem Quadrate der Materialanstrengung,
3. verhältnissmässig 3 Mal grösser als der Werth Gleichung 2, welcher sich für den prismatischen Stab Fig. 1, § 16, ergiebt.

Für den Stab Fig. 2, § 19, liefert Gleichung 3 wegen

$$\iota = \frac{1}{3}$$

$$A = \frac{\alpha}{6} k_b^2\, V.$$

§ 43. Arbeit der Drehung.

Der Körper ist in der Weise beansprucht, dass der Fall der einfachen Drehung vorliegt (V, § 32).

Vorausgesetzt sei, dass es sich um einen prismatischen Stab handle, dass die örtlichen Formänderungen an den Stellen, wo die äusseren Kräfte auf den Körper einwirken, vernachlässigt werden dürfen, dass sich ein auf gehinderte Ausbildung der Querschnittswölbung gerichteter Einfluss (vergl. § 34, unter Ziff. 3) nicht geltend mache und dass der Schubkoefficient β (§ 29) unveränderlich ist.

Um das im beliebigen Punkte P des Querschnittes (Fig. 4, § 32, Fig. 2, § 33 oder Fig. 3, § 34) gelegene Körperelement von der Grundfläche $dy\,dz = df$ und der Länge l so zu verdrehen, dass es die verhältnissmässige Schiebung γ erfährt, wobei die Schubspannung

$$\tau = \frac{\gamma}{\beta}$$

eintritt, ist eine Arbeit

$$dA = \frac{\tau\,df}{2}\gamma\,l = \frac{\beta}{2}\,l\,\tau^2\,df$$

aufzuwenden; demnach zur Verdrehung des ganzen Stabes

$$A = \frac{\beta}{2}\,l\int \tau^2\,df, \quad \ldots\ldots\ldots \quad 1)$$

wobei die Integration sich über den ganzen Querschnitt zu erstrecken hat.

Für den kreisförmigen Querschnitt, Fig. 4, § 32, folgt mit k_d als Drehungsanstrengung im Abstande r

$$\tau = k_d\,\frac{\varrho}{r},$$

$$A = \frac{\beta}{2}\,l\,\frac{k_d^{\,2}}{r^2}\int \varrho^2\,df = \frac{\beta}{2}\,l\,\frac{k_d^{\,2}}{r^2}\,\frac{\pi}{2}\,r^4 = \frac{\beta}{4}\,k_d^{\,2}\,\pi\,r^2\,l$$

und da $\pi\,r^2\,l$ gleich dem Stabvolumen V,

$$A = \frac{\beta}{4}\,k_d^2\,V, \quad \ldots\ldots\ldots \quad 2)$$

worin k_d bei gegebenem Drehungsmoment M_d nach Beziehung 3, § 32, bestimmt ist durch die Gleichung

$$M_d = \frac{\pi}{16}\,k_d\,d^3.$$

Für den Hohlcylinder, Fig. 5, § 39, findet sich

$$A = \frac{\beta}{4} k_d^2 \frac{d^2 + d_0^2}{d^2} V, \quad \ldots \ldots \quad 3)$$

worin

$$V = \frac{\pi}{4} (d^2 - d_0^2) l,$$

$$k_d = \frac{16}{\pi} M_d \frac{d}{d^4 - d_0^4}.$$

Vergleicht man die mechanischen Arbeiten A_z, A_b und A_d, welche ein Kreiscylinder vom Volumen V aus durchaus gleichartigem Material bei Beanspruchung auf Zug, bezw. Biegung (Fig. 1, § 16) und bezw. Drehung fordert, so erhält man zunächst

nach Gleichung 4, § 41 mit $\sigma = k_z$ $\quad A_z = \frac{1}{2} \alpha k_z^2 V,$

- - 2, § 42 - $\iota = \frac{1}{4}$ $\quad A_b = \frac{1}{24} \alpha k_b^2 V,$

- - 2, § 43 $\quad A_d = \frac{1}{4} \beta k_d^2 V,$

Nach Gleichung 3, bezw. 5, § 31, ist

$$\beta = 2 \frac{m+1}{m} \alpha, \qquad k_s = \frac{m}{m+1} k_z.$$

Wird nun

$$m = \frac{10}{3}, \qquad k_s = k_d, \qquad k_b = k_z$$

gesetzt, womit

$$\beta = 2{,}6\, \alpha, \qquad k_d = \frac{10}{13} k_z,$$

so folgt

$$A_z : A_b : A_d = \frac{1}{2} \alpha k_z^2 : \frac{1}{24} \alpha k_z^2 : \frac{1}{4} 2{,}6\, \alpha \left(\frac{10}{13} k_z\right)^2$$

$$= 1 : \frac{1}{12} : \frac{10}{13}$$

$$= 1 : 0{,}083 : 0{,}769.$$

Hieraus erhellt, dass bei der Biegung die geringste Formänderungsarbeit aufzuwenden ist, und dass infolgedessen der gebogene Cylinder auch nur eine verhältnissmässig geringe Formänderungsarbeit in sich aufnimmt.

Für den elliptischen Querschnitt, Fig. 2, § 33, mit den Halbachsen a und b ergiebt Gleichung 4, § 33

$$\tau = \frac{2}{\pi} \frac{M_d}{a^3 b^3} \sqrt{a^4 y^2 + b^4 z^2}.$$

Folglich nach Gleichung 1

$$A = 2 \frac{\beta}{\pi^2} \frac{M_d^2}{a^6 b^6} l \int (a^4 y^2 + b^4 z^2) \, df,$$

woraus wegen

$$\int y^2 \, df = \frac{\pi}{4} a b^3, \qquad \int z^2 \, df = \frac{\pi}{4} a^3 b,$$

$$A = \frac{\beta}{2\pi} \frac{a^2 + b^2}{a^3 b^3} M_d^2 l, \quad \ldots \ldots \quad 4)$$

und unter Berücksichtigung der Gleichung 7, § 33, mit k_d als Drehungsanstrengung

$$A = \frac{\beta}{2} \frac{\pi}{4} k_d^2 \frac{b}{a} (a^2 + b^2) l = \frac{\beta}{8} \frac{a^2 + b^2}{a^2} k_d^2 V, \quad . \; . \quad 5)$$

sofern

$$V = \pi a b l$$

das Volumen des Stabes ist.

Die Gleichung 4 ermöglicht die Feststellung des Winkels, um welchen sich jede der beiden Hauptachsen (das Hauptachsenkreuz) des einen Endquerschnittes des elliptischen Stabes gegenüber der ihr entsprechenden Achse (dem Hauptachsenkreuz) des anderen Endquerschnittes verdreht, in überaus leichter Weise. Dieser Winkel, dividirt durch die Entfernung l der beiden Querschnitte, giebt den verhältnissmässigen Drehungswinkel ϑ.

(Vergl. § 33, Ziff. 1, d und e.) Seine Grösse sei deshalb $\vartheta\, l$ bezeichnet.

Das drehende Kräftepaar (vergl. auch Fig. 1, § 32), dessen Moment von Null an stetig bis zu M_d wächst, verrichtet bei der Drehung des einen Querschnittes gegen den anderen, d. h. des Achsenkreuzes des einen Querschnittes gegenüber demjenigen des anderen, um $\vartheta\, l$ eine mechanische Arbeit

$$\frac{1}{2} M_d \,.\, \vartheta\, l.$$

Dieselbe muss gleich sein der durch Gleichung 4 bestimmten Arbeit, welche die Ueberwindung der inneren Kräfte fordert, d. h.

$$\frac{1}{2} M_d\, \vartheta\, l = \frac{\beta}{2\,\pi}\, \frac{a^2 + b^2}{a^3\, b^3}\, M_d^{\,2}\, l,$$

$$\vartheta = \frac{1}{\pi}\, \frac{a^2 + b^2}{a^3\, b^3}\, M_d\, \beta, \quad . \quad . \quad . \quad . \quad . \quad 6)$$

wie in § 36 unter No. 3 angegeben ist.

Für den rechteckigen Querschnitt, Fig. 3, § 34, mit der Breite b und der Höhe h findet sich unter Beachtung der Gleichung 1, § 34, die Spannung im beliebigen Punkte P zu

$$\tau = \sqrt{\tau_y^{\,2} + \tau_z^{\,2}} = \sqrt{m^2 \left[1 - \left(\frac{2\,z}{h}\right)^2\right]^2 y^2 + n^2 \left[1 - \left(\frac{2\,y}{b}\right)^2\right]^2 z^2};$$

infolgedessen

$$\int \tau^2\, df = m^2 \int y^2\, df + n^2 \int z^2\, df - 8 \left(\frac{m^2}{h^2} + \frac{n^2}{b^2}\right) \int y^2\, z^2\, df$$

$$+ \frac{16\, m^2}{h^4} \int y^2\, z^4\, df + \frac{16\, n^2}{b^4} \int y^4\, z^2\, df.$$

Wegen

$$\int y^2\, df = \frac{1}{12}\, b^3\, h, \qquad \int z^2\, df = \frac{1}{12}\, b\, h^3,$$

$$\int y^2 z^2 \, df = \frac{1}{144} b^3 h^3,$$

$$\int y^2 z^4 \, df = \frac{1}{960} b^3 h^5, \qquad \int y^4 z^2 \, df = \frac{1}{960} b^5 h^3,$$

wird

$$\int \tau^2 \, df = \frac{1}{10} m^2 b^3 h + \frac{1}{10} n^2 b h^3 - \frac{1}{18} \left(\frac{m^2}{h^2} + \frac{n^2}{b^2} \right) b^3 h^3.$$

Nach § 34 ist

$$m = \frac{2}{b} \tau'_a \qquad n = \frac{2 b}{h^2} \tau'_a.$$

Hiermit folgt, sofern noch die Spannung τ'_a im Punkte A des Querschnittumfanges, Fig. 3, § 34, durch k_d ersetzt wird,

$$\int \tau^2 \, df = \frac{8}{45} k_d^2 b \frac{b^2 + h^2}{h};$$

infolgedessen nach Gleichung 1

$$A = \frac{4}{45} \beta k_d^2 \frac{b}{h} (b^2 + h^2) l = \frac{4}{45} \beta \frac{b^2 + h^2}{h^2} k_d^2 V, \quad . \quad 7)$$

sofern

$$V = b h l$$

das Volumen des Stabes bezeichnet.

Wird nach Massgabe der Gleichung 5, § 34,

$$k_d = \frac{9}{2} \frac{M_d}{b^2 h}$$

gesetzt, so findet sich jetzt

$$A = \frac{9}{5} \beta \frac{b^2 + h^2}{b^3 h^3} M_d^2 l. \quad . \quad . \quad . \quad . \quad . \quad 8)$$

Diese Beziehung gestattet in ganz gleicher Weise, wie oben für den elliptischen Stab erörtert, die Ermittelung des verhältnissmässigen Drehungswinkels ϑ für Prismen mit rechteckigem Querschnitt.

Die Arbeit, welche das drehende Kräftepaar bei der Verdrehung der um l von einander entfernten Querschnitte verrichtet, muss gleich A sein, d. h.

$$\frac{1}{2} M_d \vartheta l = \frac{9}{5} \beta \frac{b^2 + h^2}{b^3 h^3} M_d^2 l$$

$$\vartheta = 3{,}6 \frac{b^2 + h^2}{b^3 h^3} M_d \beta. \quad . \quad . \quad . \quad . \quad . \quad 9)$$

Dieses Ergebniss unterscheidet sich von den in § 36 unter No. 6 aufgenommenen de Saint Venant'schen Werthen durch den Zahlenkoefficienten. Es schliesst sich den Ergebnissen der Versuche, welche Bauschinger zu dem Zwecke anstellte, die de Saint Venant'sche Gleichung zu prüfen, noch besser an. Wie in § 35 unter Ziff. 2 berichtet, sollten nach den de Saint Venant'schen Koefficienten sich verhalten

$$\vartheta_a : \vartheta_b : \vartheta_c : \vartheta_d : \vartheta_e = 1 : 1{,}25 : 1{,}13 : 1{,}40 : 9{,}1.$$

Bauschinger's Messungen ergaben

$$\vartheta_a : \vartheta_b : \vartheta_c : \vartheta_d : \vartheta_e = 1 : 1{,}24 : 1{,}20 : 1{,}47 : 9{,}65.$$

Die Einführung des hier ermittelten Zahlenkoefficienten 3,6 der Gleichung 9 für die rechteckigen Stäbe (c, d und e) führt zu

$$\vartheta_a : \vartheta_b : \vartheta_c : \vartheta_d : \vartheta_e = 1 : 1{,}24 : 1{,}14 : 1{,}44 : 9{,}76.$$

Dass der Zahlenwerth 3,6 der Gleichung 9 an sich der richtigere sei, darf hieraus jedoch nicht geschlossen werden, da die Versuche mit Gusseisen angestellt wurden, dessen Dehnungskoefficient veränderlich ist (vergl. das S. 336 im ersten Absatz Gesagte).

§ 44. Arbeit der Schiebung.

Der Fall der Inanspruchnahme auf Schub allein wird dann als vorhanden betrachtet, wenn sich die auf den geraden stabförmigen Körper wirkenden äusseren Kräfte für den in Betracht gezogenen Querschnitt ersetzen lassen durch eine Kraft S (Schubkraft), welche in die Ebene des Letzteren fällt und die Stabachse senkrecht schneidet. Wie im zweiten Abschnitt unter VI. erörtert, kann — streng genommen — diese Schubanstrengung niemals allein vorkommen; die Schubkraft S ist vielmehr immer von einem biegenden Moment begleitet.

Wird trotzdem nur diese in Betracht gezogen, welche nach Massgabe der Gleichung 3, § 39, und der Fig. 1, § 39, für den beliebig zwischen $P' P'$ gelegenen Punkt P die Schubspannung

$$\tau = \frac{S}{2 y \cos \varphi} \frac{M_\eta}{\Theta}$$

liefert, so ergiebt sich unter Voraussetzung der Unveränderlichkeit des Schubkoefficienten β Folgendes.

Die Herbeiführung der Schiebung γ des im Punkte P, Fig. 1, § 39, welcher um z von der senkrechten Hauptachse abstehe, zu denkenden Körperelementes von dem Querschnitt

$$df = d\eta \, dz$$

und der Länge dx, wobei eine Schubspannung

$$\tau = \frac{\gamma}{\beta}$$

wachgerufen wird, fordert eine mechanische Arbeit

$$dA = \frac{\tau \, df}{2} \gamma \, dx = \frac{\beta}{2} \tau^2 \, df \, dx.$$

Demnach die gesammte Formänderungsarbeit der Schubkräfte

$$A = \frac{\beta}{2} \int dx \int \tau^2 \, df = \frac{\beta}{2} \int dx \int \int \tau^2 \, d\eta \, dz. \quad . \quad . \quad 1)$$

Hieraus findet sich beispielsweise für den rechteckigen Querschnitt von der Breite b und der Höhe h, Fig. 2, § 38, da hier (vergl. § 39 unter a)

$$\varphi = \varphi' = 0, \qquad \tau = \frac{3}{2}\frac{S}{b\,h}\left[1 - \left(\frac{\eta}{\frac{h}{2}}\right)^2\right], \qquad df = b\,d\eta,$$

$$A = \frac{\beta}{2}\int dx \, . \, \frac{9}{4}\frac{S^2}{b\,h^2}\int\limits_{-\frac{h}{2}}^{+\frac{h}{2}}\left[1 - \left(\frac{\eta}{\frac{h}{2}}\right)^2\right]^2 d\eta = \frac{3}{5}\,\beta\int\frac{S^2}{b\,h}\,dx. \qquad 2)$$

Vierter Abschnitt.

Zusammengesetzte Beanspruchung gerader stabförmiger Körper.

VII. Beanspruchung durch Normalspannungen (Dehnungen). Zug, Druck und Biegung.

§ 45.

Allgemeines. Der Stab ist nur durch Kräfte beansprucht, welche in Richtung seiner Achse wirken.

Allgemeines.

Die auf den geraden stabförmigen Körper wirkenden äusseren Kräfte ergeben für den in Betracht gezogenen Querschnitt eine in die Stabachse fallende Kraft P und ein Kräftepaar vom Momente M_b, dessen Ebene den Querschnitt senkrecht schneidet.

Für einen beliebigen Punkt des Querschnittes liefert die Kraft P eine Dehnung und Normalspannung. Gleiche Wirkung hat das biegende Moment M_b. Die Gesammtdehnung, wie auch die Gesammtspannung ergiebt sich als die algebraische Summe aus den beiden Einzeldehnungen, bezw. Einzelspannungen.

Unter der Voraussetzung, dass die Ebene des Kräftepaares die eine der beiden Hauptachsen des Querschnittes in sich enthält, findet sich die durch M_b im Abstande η von der anderen Hauptachse hervorgerufene Normalspannung nach Gleichung 11, § 16, zu

$$\frac{M_b}{\Theta}\eta.$$

Trifft diese Voraussetzung nicht zu, so ist die Normalspannung nach Massgabe des in § 21 unter 2 Erörterten festzustellen.

Die Normalspannung, welche von P herrührt, beträgt unter

der Voraussetzung gleichmässiger Vertheilung über den Querschnitt in allen Punkten des Letzteren

$$\frac{P}{f}.$$

Folglich die Gesammtspannung σ im Abstande η von der bezeichneten Hauptachse

$$\sigma = \frac{M_b}{\Theta}\eta \pm \frac{P}{f} \quad \ldots \ldots \quad 1)$$

Das obere Vorzeichen gilt, wenn P ziehend, das untere, wenn P drückend wirkt.

M_b, P, Θ und f sind als absolute Grössen zu betrachten, während η als positiv oder negativ einzuführen ist, je nachdem die betreffende Faserschicht auf der erhabenen oder der hohlen Seite der elastischen Linie liegt.

Bei Benutzung der Gleichung 1 sind die Voraussetzungen, welche zu ihr führten, im Auge zu behalten; insbesondere kann sie ganz unrichtige Werthe ergeben, wenn unter Einfluss von M_b der Stab sich in solchem Masse durchbiegt, dass P infolge dieser Durchbiegung ebenfalls Momente liefert, die von Bedeutung sind und nicht mehr vernachlässigt werden dürfen.

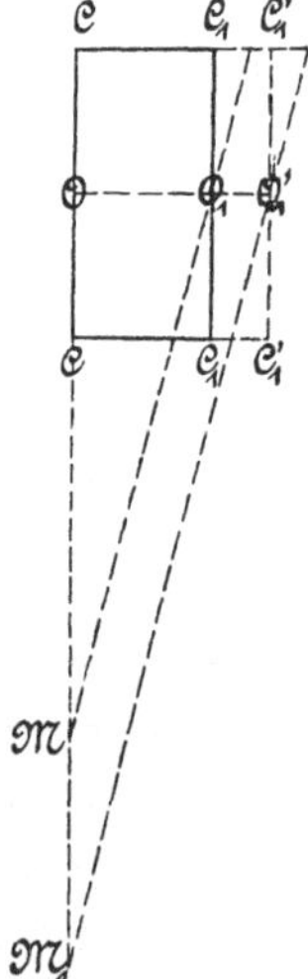

Fig. 1.

Hinsichtlich des Krümmungshalbmessers der elastischen Linie sei unter den in § 16 gemachten Voraussetzungen Folgendes bemerkt.

Die beiden um dx von einander abstehenden Querschnitte $\overline{CC}$ und $\overline{C_1C_1}$, Fig. 1, ändern unter Einwirkung der in die Stabachse fallenden Kraft P lediglich ihre Entfernung, und zwar um $\overline{O_1O_1'} = \varepsilon_0\, dx$, sofern ε_0 die durch P herbeigeführte Dehnung ist, entsprechend der Normalspannung $\sigma = \frac{P}{f}$. $C_1'C_1'CC$ sei diese neue Lage von C_1C_1 gegenüber CC.

Infolge der Wirksamkeit des Momentes M_b neigen sich die beiden Querschnitte gegen einander. Wäre nur M_b thätig, so würden sich die beiden Querschnitte in der durch den Punkt M bestimmten Linie schneiden, wegen der Parallelverrückung um $\overline{O_1O_1'} = \varepsilon_0\, dx$ erfolgt dieses Schneiden jedoch in einer dazu parallelen Linie, die sich im Punkte M_1 darstellt, für den gilt

$$\overline{MM_1} : \overline{OM} = \varepsilon_0\, dx : dx = \varepsilon_0 : 1$$

$$\overline{OM_1} = \overline{OM} + \overline{MM_1} = \overline{OM}\,(1 + \varepsilon_0) = \varrho\,(1 + \varepsilon_0),$$

wenn ϱ den Krümmungshalbmesser bedeutet, wie er sich unter Einwirkung des biegenden Momentes allein ergiebt. Da ε_0 eine sehr kleine Grösse gegenüber 1 ist, so darf mit Annäherung $\overline{OM_1} = \sim \varrho$ gesetzt, also mit der oben bezeichneten Annäherung hinsichtlich des Krümmungshalbmessers so verfahren werden, als sei nur das biegende Moment wirksam.

Der einerseits befestigte prismatische Stab wird durch eine zur Stabachse parallele, jedoch excentrisch zu ihr gelegene Kraft P belastet.

1. Die Kraft P wirkt ziehend, Fig. 2 und 3.

Die durch P und die Stabachse bestimmte Ebene schneidet sämmtliche Körperquerschnitte in einer der beiden Hauptachsen.

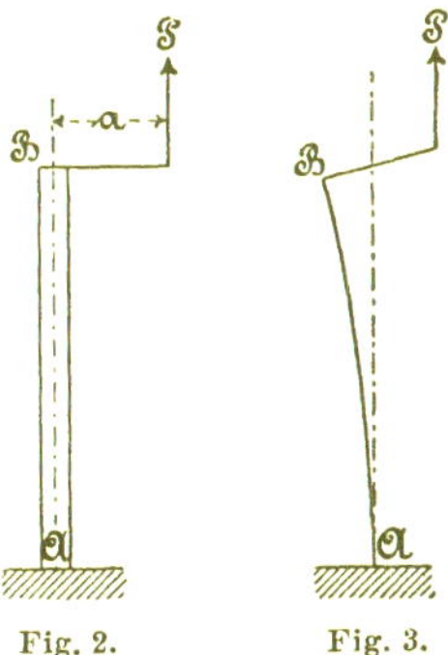

Fig. 2. Fig. 3.

Die hierbei eintretende Biegung des Stabes, Fig. 3, ist eine derartige, dass das biegende Moment, insoweit es von der Grösse der Durchbiegung beeinflusst wird, von B nach A hin abnimmt, also seinen grössten Werth Pa im Querschnitt bei B besitzt. Für diesen gilt daher nach Gleichung 1, sofern der Werth von η für die am stärksten gespannte Faser gleich e ist,

$$\sigma_{max} = \frac{Pa}{\Theta}\,e + \frac{P}{f} = \frac{P}{f}\left(1 + \frac{aef}{\Theta}\right).$$

Hierbei ist der — übrigens nicht erhebliche — Einfluss, welchen die mit der Durchbiegung verknüpfte Neigung des Querschnitts nimmt, vernachlässigt.

Nach A hin wird sich σ_{max} vermindern in dem Masse, in welchem die Durchbiegung den Hebelarm der Kraft P verringert.

Für kreisförmigen Querschnitt vom Durchmesser d und mit $a = \frac{d}{2}$ (Kraft geht durch den Umfang des Querschnittes) folgt beispielsweise

$$f = \frac{\pi}{4} d^2, \qquad \Theta = \frac{\pi}{64} d^4, \qquad e = \frac{d}{2},$$

$$\sigma_{max} = \frac{P}{f} \left(1 + \frac{\frac{d}{4} \frac{\pi}{4} d^2 \frac{d}{2}}{\frac{\pi}{64} d^4} \right) = \frac{P}{f} (1 + 4) = 5 \frac{P}{f},$$

d. h. die grösste Anstrengung ist 5 Mal so gross, als bei centrischem Angriff der Kraft P. Der Einfluss der Excentricität ist demnach ein ganz bedeutender.

Besteht der Stab aus einem Material, für welches die zulässige Anstrengung gegenüber Biegung, d. i. k_b, sich wesentlich unterscheidet von derjenigen gegenüber Zug, d. i. k_z, wie dies z. B. für Gusseisen zutrifft (vergl. § 22, Zusammenstellung auf S. 236, Spalte 4, Gleichung 1, § 22 auf S. 237), so würde es unrichtig sein, ohne Weiteres nach Massgabe der Beziehungen

$$\frac{P}{f} + \frac{P\,a}{\Theta} e \leqq k_b \quad \text{oder} \quad \frac{P}{f} + \frac{P\,a}{\Theta} e \leqq k_z$$

zu rechnen. In solchem Falle ergeben sich mit

$$k_b = \beta_0 \, k_z$$

die Beziehungen

$$\left. \begin{array}{l} \beta_0 \frac{P}{f} + \frac{P\,a}{\Theta} e \leqq k_b \quad \text{oder} \quad \frac{P}{f} + \frac{1}{\beta_0} \frac{P\,a}{\Theta} e \leqq k_z, \\ \beta_0 = \frac{k_b}{k_z} = \frac{\text{zulässige Biegungsanstrengung}}{\text{zulässige Zuganstrengung}} \end{array} \right\} \quad . \; . \quad 2)$$

2. Die Kraft P wirkt drückend, Fig. 4.

Voraussetzung wie unter Ziff. 1.

Hier nimmt bei eingetretener Durchbiegung das Moment M_b von B nach A hin zu, wie bereits in § 24 an Hand der Fig. 1 erörtert worden ist. In Bezug auf den durch x bestimmten Querschnitt fand sich dort

Fig. 4.

$$M_b = P\,(a + y' - y)$$

und hiermit, indem die Gleichung

$$\frac{d^2 y}{dx^2} = \frac{\alpha P}{\Theta}\,(a + y' - y)$$

zum Ausgangspunkt genommen wurde,

$$\frac{y'}{a+y'} = 1 - \cos\left(l\sqrt{\frac{\alpha P}{\Theta}}\right),$$

woraus

$$a + y' = \frac{a}{\cos\left(l\sqrt{\frac{\alpha P}{\Theta}}\right)} \quad \ldots\ldots \quad 3)$$

und damit die Durchbiegung des freien Endes

$$y' = a\left[\frac{1}{\cos\left(l\sqrt{\frac{\alpha P}{\Theta}}\right)} - 1\right]. \quad \ldots\ldots \quad 4)$$

Für den Querschnitt bei A erlangt M_b den grössten Werth, nämlich

$$\max\,(M_b) = P\,(a + y') = \frac{P a}{\cos\left(l\sqrt{\frac{P \alpha}{\Theta}}\right)};$$

folglich beträgt hier die Gesammtspannung der im Abstande $\eta = + e_1$ gelegenen Fasern nach Gleichung 1

$$\max(\sigma_1) = \frac{P a}{\cos\left(l\sqrt{\frac{P\alpha}{\Theta}}\right)} \frac{e_1}{\Theta} - \frac{P}{f} \leqq k_b \quad . \quad . \quad 5)$$

und die Gesammtpressung der im Abstande $\eta = -e_2$ gelegenen Fasern

$$\max(\sigma_2) = \frac{P a}{\cos\left(l\sqrt{\frac{P\alpha}{\Theta}}\right)} \frac{e_2}{\Theta} + \frac{P}{f} \leqq k, \quad . \quad . \quad 6)$$

sofern k_b und k die zulässigen Anstrengungen gegenüber Biegung bezw. Druck bezeichnen.

Besteht der stabförmige Körper aus einem Material, für welches k_b erheblich von k abweicht, so muss streng genommen in sinngemässer Weise so verfahren werden, wie am Schlusse von Ziff. 1 angegeben worden ist. Da jedoch hier unter allen Umständen eine grössere Sicherheit darin liegt, wenn die Gleichung 5 ohne Weiteres benützt wird, während dort die Ausserachtlassung von β_0 in der ersten der Beziehungen 2 zu einer wesentlichen Unterschätzung der Materialanstrengung führen könnte, so dürfte an dieser Stelle der gegebene Hinweis genügen.

a) Der Stab ist schlank und der Hebelarm a klein.

Diese Sachlage entspricht dem im ersten Abschnitt unter IV behandelten Falle der Knickung. Dort wurde zwar centrische Belastung des Stabes durch die Kraft P zunächst vorausgesetzt; wir erkannten aber, dass es sehr schwer hält, diese Voraussetzung zu erfüllen, infolgedessen ein, wenn auch sehr kleiner, Hebelarm als thatsächlich vorhanden angenommen werden musste. Diese Annahme wurde ausserdem noch dadurch zu einer Nothwendigkeit, dass in Wirklichkeit die Achse bei längeren Stäben keine gerade Linie und dass thatsächlich das Material nicht vollkommen gleichartig ist. Wir gelangten sodann in § 24 zu dem Ergebniss, dass, wenn die Belastung P beträgt,

$$P_0 = \frac{\pi^2}{4} \frac{1}{\alpha} \frac{\Theta}{l^2},$$

die Durchbiegung y' nach Gleichung 4 selbst für einen sehr kleinen Werth des Hebelarmes a die Grösse ∞ annimmt. Infolgedessen war P_0 als diejenige Belastung zu bezeichnen, welche die Knickung, d. h. Bruch oder unzulässige Biegung des Stabes herbeiführen wird, sofern nur $a > 0$. Letzteres muss aber aus den bezeichneten Gründen immer angenommen werden.

Demgemäss wurde in § 25 als zulässige Grösse der den Stab belastenden Kraft P nur der $\mathfrak{S}$te Theil von P_0 in Rechnung gestellt, also gewählt

$$P = \frac{\pi^2}{4\mathfrak{S}} \frac{1}{\alpha} \frac{\Theta}{l^2}$$

unter Beachtung, dass überdies die Forderung der einfachen Druckbeanspruchung

$$P \geqq kf$$

befriedigt sein muss.

Wird in Gleichung 4 für P der in der vorletzten Gleichung enthaltene Werth eingeführt, so ergiebt sich

$$y' = a\left[\frac{1}{\cos\left(\frac{\pi}{2}\sqrt{\frac{1}{\mathfrak{S}}}\right)} - 1\right],$$

woraus beispielsweise

für $\mathfrak{S} =$	4	9	16	25
die Ausbiegungen $y' =$	$0{,}414a$	$0{,}155a$	$0{,}082a$	$0{,}052a$

folgen.

Die Bedingung

$$P \leqq \frac{P_0}{\mathfrak{S}}$$

kommt demnach darauf hinaus, dass man die Abweichung y' von der Geraden, d. h. die Ausbiegung, innerhalb einer gewissen Grenze hält.

Ganz entsprechend wird auch hier vorzugehen sein. Der einzige Unterschied besteht darin, dass infolge des excentrischen Angreifens der Kraft P von vornherein ein Hebelarm gegeben ist. Derselbe, mit a_1 bezeichnet, ist schätzungsweise um einen Betrag a_2

zu vergrössern, welcher den oben bezeichneten Umständen (Nichtgeradlinigkeit der Stabachse, Ungleichartigkeit des Materials, einschliesslich Verschiedenartigkeit seines Zustandes) Rechnung trägt. Hinsichtlich a_1 wird wesentlich die Genauigkeit in Betracht kommen, mit welcher sich die Lage der auf den Stab wirkenden Kräfte feststellen und wenigstens dahin sichern lässt, dass Ueberschreitung des in Rechnung genommenen Werthes von a_1 in Wirklichkeit nicht stattfindet. Indem hierbei die Konstruktion, Material, Ausführung und Aufstellung Einfluss nehmen werden, greift die Grösse a_1 in das Gebiet von a_2 über.

Liegen die Grössen a_1 und a_2, nach Massgabe des Vorstehenden mit Rücksicht auf die besonderen Verhältnisse der jeweiligen Aufgabe ermittelt, vor, so kann unter Beachtung, dass die zulässige Biegung y' für nicht federnde Konstruktionstheile sehr klein sein muss, zunächst gesetzt werden

$$M_b = P(a_1 + a_2),$$

womit sich ergiebt

$$\left.\begin{aligned} \frac{P(a_1+a_2)}{\Theta} e_1 - \frac{P}{f} &\leqq k_1, \\ \frac{P(a_1+a_2)}{\Theta} e_2 + \frac{P}{f} &\leqq k \end{aligned}\right\} \quad \ldots\ldots \quad 7)$$

(Vergl. die Bemerkungen zu Gleichung 5 und 6.)

Befriedigt der Stab diese Bedingungen, so ist die Durchbiegung

$$y' = (a_1 + a_2)\left[\frac{1}{\cos\left(l\sqrt{\frac{P\alpha}{\Theta}}\right)} - 1\right] \quad \ldots\ldots \quad 8)$$

zu berechnen und Entschliessung hinsichtlich ihrer Zulässigkeit zu fassen. Erforderlichenfalls sind die Abmessungen des Stabes zu ändern.

Die Gleichungen 7 und 8 setzen voraus, dass a_2 in die Richtung von a_1 fällt, was nicht nothwendigerweise der Fall sein muss. Ist das Trägheitsmoment Θ (bezogen auf die zum Abstande a_1 senkrechte Hauptachse) das kleinere der beiden Hauptträgheitsmomente, so wird diese Annahme allerdings im Sinne des Zweckes der ganzen Rechnung liegen. Wenn dagegen Θ das grössere Trägheitsmoment ist, so verlangt dieser Gesichtspunkt, dass a_2 senkrecht zu a_1, sofern nicht besondere Gründe für eine andere Richtung sprechen, angenommen und nach Massgabe des in § 21 unter 2 Erörterten verfahren wird.

Um die unmittelbare Wahl von a_2 zu umgehen, kann z. B. für Baukonstruktionen in derselben oder in ähnlicher Weise vorgegangen werden, wie dies in § 26 für den Fall einfacher Knickung besprochen worden ist[1]. Näheres Eingehen hierauf würde den Rahmen dieser Arbeit weit überschreiten, ganz abgesehen davon, dass die besonderen Einflüsse, welche bei den einzelnen Aufgaben zu berücksichtigen sind, die Berechnung des betreffenden Konstruktionstheiles dahin verweisen, wo derselbe seiner Wesenheit nach, sowie in seinem Zusammenhange mit den an ihn anschliessenden Theilen zu behandeln ist.

b) Der Stab ist schlank und der Hebelarm a im Verhältniss zu den Abmessungen des Querschnittes gross.

In diesem Falle wird zunächst die erste der Beziehungen 7 mit $a_1 + a_2 = a$, d. h.

$$\frac{P\,a}{\Theta}\,e_1 - \frac{P}{f} \leqq k_b$$

massgebend; der Einfluss des Gliedes

$$\frac{P}{f}$$

tritt hierbei zurück. Sodann ist für den Fall, dass der Stab dieser Beziehung genügt, die nach Gleichung 8 eintretende Durchbiegung zu ermitteln und über deren Zulässigkeit Entscheidung zu treffen.

---

[1] S. z. B. v. Tetmajer, Die angewandte Elasticitäts- und Festigkeitslehre, Zürich 1889, S. 162 u. f., und aus neuester Zeit: „Die Gesetze der Knickungs- und der zusammengesetzten Druckfestigkeit der technisch wichtigen Baustoffe, Zürich 1901. v. Tetmajer steht hinsichtlich der Behandlung der Knickungsaufgabe auf einem anderen Standpunkt als Verfasser, weshalb auf dessen Arbeiten besonders aufmerksam gemacht sei. (Vergl. auch des Verfassers Besprechung des zuerst genannten v. Tetmajer'schen Buches in der Zeitschrift des Vereines deutscher Ingenieure 1889, S. 474 u. f.)

c) Die Querschnittsabmessungen des Körpers sind im Vergleich zur Länge desselben und zur Grösse des Hebelarmes so bedeutend, dass eine Biegung von Erheblichkeit nicht eintritt.

Dann sind einfach die Gleichungen 7 zu beachten und in ihnen

$$a_1 + a_2 = a$$

zu setzen; Gleichung 8 kommt nicht mehr in Betracht.

Hierher gehören auch Beispiele, wie das folgende. Der senkrechte Mauerpfeiler vom Gewichte G und der Länge l, Fig. 5, empfängt durch ein Lager den abwärts gerichteten Druck P. Das im Schwerpunkte angreifende Gewicht ergiebt für die Grundfläche ls des Bodens, auf welchem der Pfeiler steht, unter Voraussetzung gleichmässiger Druckvertheilung die Pressung

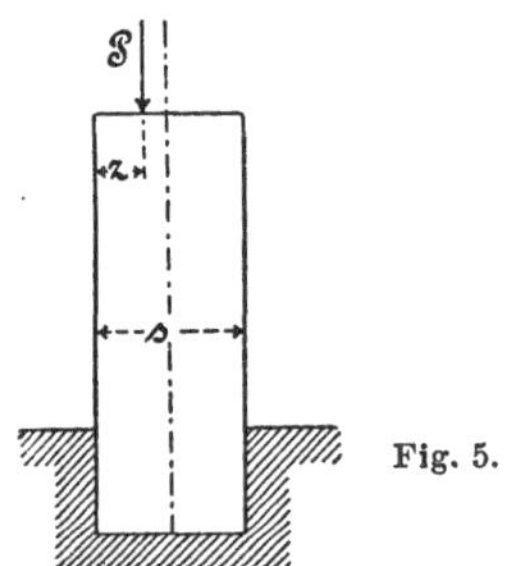
Fig. 5.

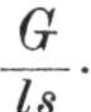

$$\frac{G}{ls}.$$

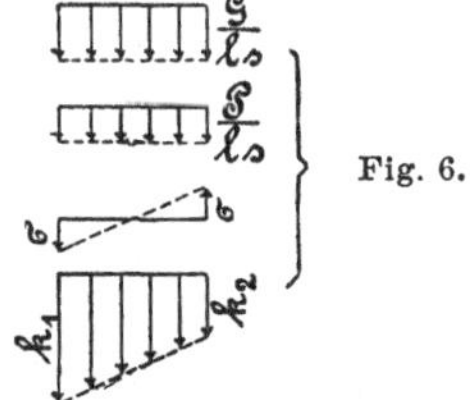
Fig. 6.

Der Druck P, in die Mittelebene des Pfeilers, d. h. um $\frac{s}{2} - z$ verlegt, liefert eine Kraft P und ein Kräftepaar vom Momente

$$P\left(\frac{s}{2} - z\right).$$

Die Erstere führt zu einer gleichmässig über die Bodenfläche vertheilten Pressung

$$\frac{P}{ls},$$

das Letztere dagegen ergiebt für die linke Mauerkante eine Pressung σ, welche sich bestimmt aus

$$P\left(\frac{s}{2}-z\right)=\frac{1}{6}\sigma l s^2$$

zu

$$\sigma=\frac{6P\left(\frac{s}{2}-z\right)}{l s^2},$$

mit der Genauigkeit, mit welcher die Hauptgleichung der Biegungselasticität auf den vorliegenden Fall angewendet werden darf.

Damit beträgt die gesammte Pressung an der linken Mauerkante

$$k_1=\frac{G+P}{l s}+\frac{6P\left(\frac{s}{2}-z\right)}{l s^2},$$

an der rechten dagegen

$$k_2=\frac{G+P}{l s}-\frac{6P\left(\frac{s}{2}-z\right)}{l s^2}.$$

Die Erstere soll die für den Boden höchstens noch als zulässig erachtete Grösse nicht überschreiten.

Fig. 6 giebt ein Bild der Pressungsvertheilung über die Bodenfläche.

Diese Rechnungsweise gilt für das gewählte Beispiel naturgemäss nur so lange, als $k_2 \geq 0$ ausfällt. Würde sich k_2 negativ ergeben, so wären an der rechten Kante des Mauerpfeilers von dem Boden Zugspannungen auf diesen auszuüben, was in Wirklichkeit nicht geschehen kann. In solchem Falle würde in allen denjenigen Flächenelementen, für welche sich Zugspannungen ergeben, die Berührung zwischen Pfeiler und Boden aufhören müssen und damit dieser Theil des Querschnittes für die Druckvertheilung nicht mehr in Betracht kommen können. Die Rechnung ist dann derart durchzuführen, dass nur derjenige Theil des Querschnittes berücksichtigt wird, welcher thatsächlich in Wirksamkeit tritt. Wird unter Bezugnahme auf Fig. 7 mit x die Breite dieses Querschnittstheils bezeichnet, so folgt

$$k_1 = \frac{G + P}{l\,x} + \sigma,$$

und da

$$P\left(\frac{x}{2} - z\right) - G\left(\frac{s}{2} - \frac{x}{2}\right) = \frac{1}{6}\sigma\, l\, x^2,$$

$$k_1 = \frac{G + P}{l\,x} + \frac{6P\left(\frac{x}{2} - z\right) - 6G\left(\frac{s}{2} - \frac{x}{2}\right)}{l\,x^2}.$$

Die Unbekannte x ergiebt sich aus der Erwägung, dass die Pressung im Abstande x von der linken Pfeilerkante gleich Null sein muss, d. h.

$$0 = \frac{G + P}{l\,x} - \frac{6P\left(\frac{x}{2} - z\right) - 6G\left(\frac{s}{2} - \frac{x}{2}\right)}{l\,x^2},$$

woraus

$$x = 3\,\frac{G\frac{s}{2} + Pz}{G + P}.$$

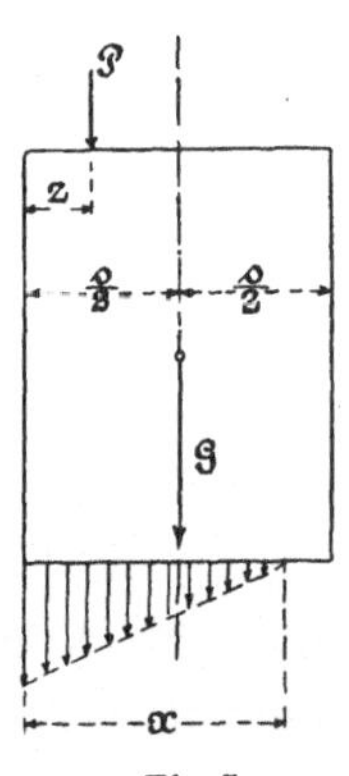

Fig. 7.

Denken wir uns P und G durch ihre Resultante $P + G$ ersetzt, so müsste diese im Abstande

$$y = \frac{G\frac{s}{2} + Pz}{G + P}$$

von der linken Pfeilerkante angreifen. Demnach

$$x = 3\,y,$$

d. h. die Breite x der für die Druckvertheilung in Betracht kommenden Fläche ist gleich dem 3 fachen Werthe des Abstandes y.

Die Einführung von y in den Ausdruck für k_1 liefert

$$k_1 = \frac{G+P}{l\,x} + \frac{6\,(G+P)\left(\frac{x}{2} - y\right)}{l\,x^2} = \frac{G+P}{3\,l\,y} + \frac{6\,(G+P)\,0{,}5\,y}{9\,l\,y^2}$$

$$= \frac{2}{3}\,\frac{G+P}{l\,y} = 2\,\frac{G+P}{l\,x},$$

d. i. doppelt soviel als bei gleichmässiger Vertheilung des Druckes über den Querschnitt $l\,x$.

Galt der oben für k_1 gefundene Ausdruck nur für das durch

$$k_2 = \frac{G+P}{l\,s} - \frac{6\,P\left(\frac{s}{2} - z\right)}{l\,s^2} \geqq 0$$

umschlossene Gebiet, so ist das Geltungsbereich der zuletzt für k_1 ermittelten Gleichung durch

$$k_2 = \frac{G+P}{l\,s} - \frac{6\,P\left(\frac{s}{2} - z\right)}{l\,s^2} \leqq 0$$

oder durch

$$x = 3\,y = 3\,\frac{G\,\frac{s}{2} + P\,z}{G+P} \leqq s$$

begrenzt. Für den Grenzfall $k_2 = 0$ oder $x = s$ müssen beide Ausdrücke zu dem gleichen Werthe führen. Die Beurtheilung kann am raschesten in der Weise geschehen, dass man y ermittelt und zusieht, ob $y \gtreqless \frac{s}{3}$ ist. Im ersten und im zweiten Falle gilt der zuerst für k_1 bestimmte Werth, im zweiten und dritten Falle dagegen der zuletzt ermittelte.

§ 46. Einfluss von Kräften, welche in Richtung der Stabachse oder parallel zu ihr wirken, während der Stab durch Querkräfte durchgebogen wird.

1. Einfluss des Widerstandes beim Gleiten der Oberfläche des beiderseits gelagerten und in der Mitte durch P belasteten Stabes gegenüber den Stützen infolge der Durchbiegung.

Der zunächst als gewichtlos gedachte Stab, im ursprünglichen, unbelasteten Zustande, berührt die beiden Auflager mit bestimmten Theilen seiner Mantelfläche. Wenn er sich zu biegen beginnt, so muss derjenige Punkt der Stabachse, welcher ursprünglich über dem einen, etwa dem linken, Auflager sich befand, nach der Mitte rücken — vergl. Fig. 1 —, da die Achse, d. h. die elastische Linie,

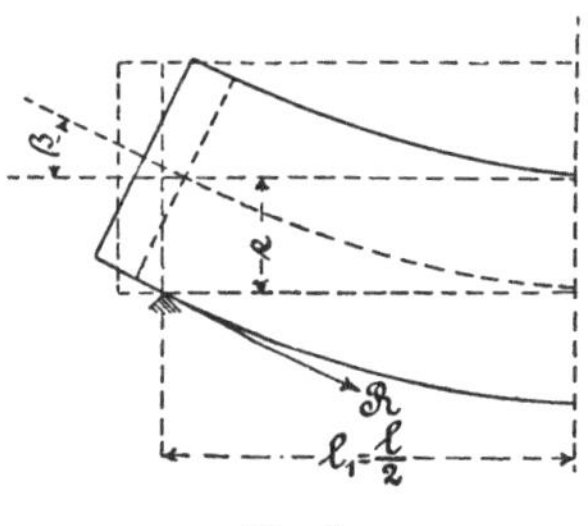

Fig. 1.

ihre Länge beibehält. Diese Verrückung $\triangle$ nach der Stabmitte hin lässt sich auffassen als Differenz zwischen der halben Stablänge $l_1 = 0{,}5\, l$ und der halben Sehne des Bogens der elastischen Linie, dessen Länge unveränderlich, nämlich gleich l_1, und dessen Pfeilhöhe gleich der Durchbiegung y' in der Mitte ist.

Wird, was für unseren Zweck zulässig, die elastische Linie als flacher Parabelbogen aufgefasst, so erhält man, da für diesen, sofern dessen halbe Sehne a, dessen halbe Länge s und dessen Pfeilhöhe δ beträgt, bekanntlich gesetzt werden darf

$$s = a \left(1 + \frac{2}{3} \frac{\delta^2}{a^2}\right),$$

entsprechend einem Unterschied von

$$\frac{2}{3}\left(\frac{\delta}{a}\right)^2 a = \sim \frac{2}{3}\left(\frac{\delta}{s}\right)^2 s$$

zwischen s und a,

$$\triangle = \frac{2}{3}\left(\frac{y'}{l_1}\right)^2 l_1 = \frac{4}{3}\left(\frac{y'}{l}\right)^2 l.$$

Gleichzeitig mit dieser Verrückung des Endpunktes der elastischen Linie nach einwärts neigt sich derjenige Stabquerschnitt, welcher über dem Auflager stand, unter dem kleinen Winkel β. Hiermit ist eine Auswärtsbewegung der Linie (oder des Punktes), in welcher, bezw. in welchem der Stab vor der Biegung das Auflager berührte, um $e\,\beta$ verknüpft. Da nach Gleichung 13, § 18,

$$\beta = \frac{\alpha}{16}\frac{P\,l^2}{\Theta},$$

so beträgt diese Auswärtsbewegung

$$\frac{\alpha}{16}\frac{P\,l^2}{\Theta}\,e.$$

Demnach rücken diejenigen Theile der Mantelfläche des Stabes, mit welchen derselbe im unbelasteten Zustande, d. h. bei gerader Achse, die Auflager berührte, nach auswärts um die Strecke

$$x = e\,\beta - \triangle = \frac{\alpha}{16}\frac{P\,l^2}{\Theta}\,e - \frac{4}{3}\left(\frac{y'}{l}\right)^2 l.$$

Gleichung 14, § 18, ergiebt

$$y' = \frac{\alpha}{48}\frac{P\,l^3}{\Theta},$$

folglich

$$x = \frac{\alpha}{16}\frac{P\,l^2}{\Theta}\left(e - \frac{\alpha}{108}\frac{P\,l^3}{\Theta}\right).$$

So lange x positiv ist, d. h. wenn

$$e \geqq \frac{\alpha P l^3}{108\, \Theta},$$

$$P \leqq 108 \frac{\Theta e}{\alpha l^3},$$

oder nach Einführung von

$$\frac{P l}{4} = \sigma \frac{\Theta}{e},$$

worin σ die grösste Biegungsanstrengung in der Mitte des Stabes bezeichnet,

$$\frac{e}{l} > \sqrt{\frac{1}{27} \alpha \sigma}, \quad . \quad . \quad . \quad . \quad . \quad . \quad . \quad . \quad 1)$$

so lange wird die in Frage stehende Bewegung nach auswärts erfolgen und damit während des Vorsichgehens der Durchbiegung eine auf den Stab wirkende, einwärts gerichtete Kraft R (vergl. Fig. 1) wachgerufen werden. Setzen wir, um zu erkennen, ob diese Voraussetzung für gewöhnlich zutrifft, für Stahl

$$\alpha = \frac{1}{2\,150\,000}, \qquad \sigma = 1600,$$

so findet sich

$$\frac{e}{l} > \sqrt{\frac{1600}{27 \,.\, 2\,150\,000}} \qquad e > \frac{1}{190} l,$$

was ausnahmslos der Fall sein wird. Es wirkt also — unter der Voraussetzung kleiner Durchbiegungen — R thatsächlich in der bezeichneten Richtung. Diese Kraft ist für unbewegliche Auflager, welche sich nicht in den Stab eindrücken, gleich der Reibung, d. h.

$$R = \frac{P}{2} \mu,$$

sofern μ den Koefficienten der gleitenden Reibung zwischen Staboberfläche und festem Auflager bezeichnet.

Drücken sich die Auflager in den Stab ein, so tritt R nicht mehr als einfache Reibung, sondern als weit grösserer Widerstand auf.

Werden die Stützen von Rollen gebildet, welche sich um feste Zapfen drehen können (Rollenauflager), so wird R kleiner als $0{,}5\, P\mu$ ausfallen.

Die Kraft R wirkt nun, abgesehen von ihrem Einflusse auf die Länge der Stabachse, mit dem Momente

$$R\,e = 0{,}5\, P\mu\, e \quad \ldots \ldots \quad 2)$$

auf den Stab, sofern der Einfluss der Durchbiegung auf das Moment vernachlässigt wird. Für den mittleren Stabquerschnitt ergiebt sich alsdann nicht das Moment

$$\frac{Pl}{4},$$

sondern

$$\frac{Pl}{4} - Re = \frac{Pl}{4} - \frac{P\mu e}{2} = \frac{Pl}{4}\left(1 - 2\mu\frac{e}{l}\right). \quad . \quad 3)$$

Beispielsweise beträgt für $e = 50$ mm und $l = 1000$ mm die Verminderung des Momentes

bei

$\mu = 0{,}1$	$\mu = 0{,}5$
1 %	5 %,

für

$e = 200$ mm und $l = 1000$ mm,

bei

$\mu = 0{,}1$	$\mu = 0{,}5$
4 %	20 %.

Deutlich zeigt sich der Einfluss der verhältnissmässigen Höhe des Stabes und des Koefficienten μ.

Werden feste Auflager verwendet, welche die Form einer Schneide haben und sich vielleicht gar in den Stab eindrücken, wodurch μ einen verhältnissmässig hohen Werth erlangen muss, so kann die Kraft R selbst bei nicht hohen Körpern in erheblicher Grösse auftreten[1]).

---

[1]) Aus diesem Grunde sollen der Biegungsprobe zu unterwerfende Stäbe, deren Querschnittsabmessungen nicht klein sind im Vergleich zur Stützweite,

Handelt es sich z. B. um die Ermittlung der Anstrengung, die eine Schwelle, Fig. 2, beim Eindrücken in die Bettung erfährt, so wird der Einfluss der Reibung, welche infolge der Durchbiegung zwischen Bettung und Unterfläche der Schwelle auftritt, nicht ohne Weiteres ausser Acht gelassen werden dürfen. Auch bei gebogenen

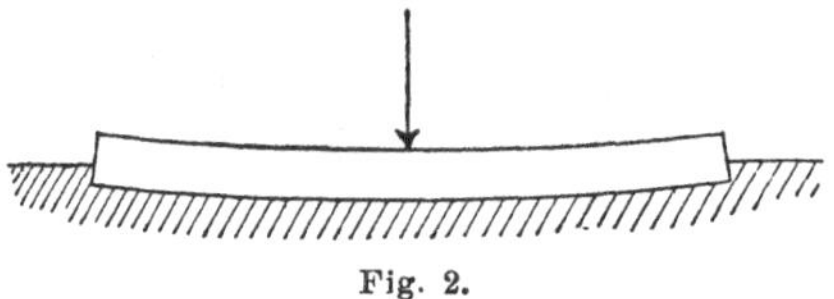

Fig. 2.

Federn, welche an beiden Enden aufliegen und in der Mitte belastet sind, können infolge des mit der Pfeilhöhe der gebogenen Mittellinie wachsenden Hebelarmes der Reibungskräfte diese von erheblicher Bedeutung werden u. s. w.

Immerhin aber werden es nur Ausnahmefälle sein, in denen auf die im Vorstehenden erörterte Wirkung der Reibung zwischen gebogenem Stab und Auflager Rücksicht zu nehmen ist.

Schliesslich sei noch darauf hingewiesen, dass bei — auch theilweiser — Entlastung des Stabes sich die Durchbiegung vermindert; damit kehrt die Kraft R ihre Richtung und das Moment $R e$ seinen Sinn um, die Biegungsbeanspruchung nicht mehr vermindernd, sondern vermehrend.

2. Der an den Enden drehbar befestigte und hier durch Zugkräfte gespannte prismatische Stab wird durch die gleichmässig über ihn vertheilte Querkraft $Q = pl$ belastet.

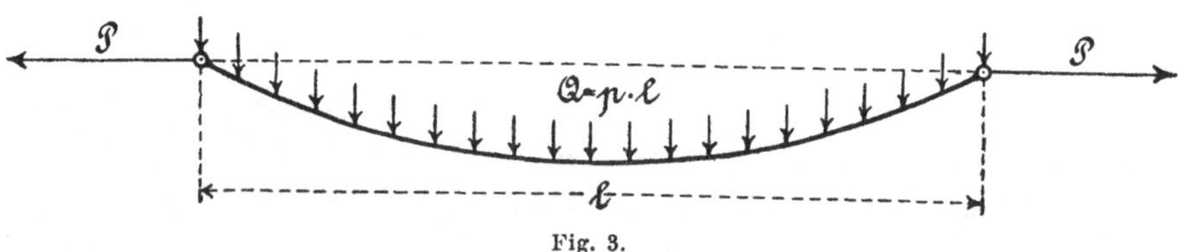

Fig. 3.

Wir denken uns den nach einem flachen Bogen durchhängenden Stab in der Mitte durchschnitten und daselbst eingespannt,

Rollenauflager erhalten, was meist zu geschehen pflegt. (Vergl. hierüber Zeitschrift des Vereines deutscher Ingenieure 1888, S. 244 u. f., Fussbemerkung daselbst.)

wie in Fig. 4 gezeichnet. Dann ergiebt sich für den beliebigen um x von der Mitte abstehenden Querschnitt bei P das biegende Moment

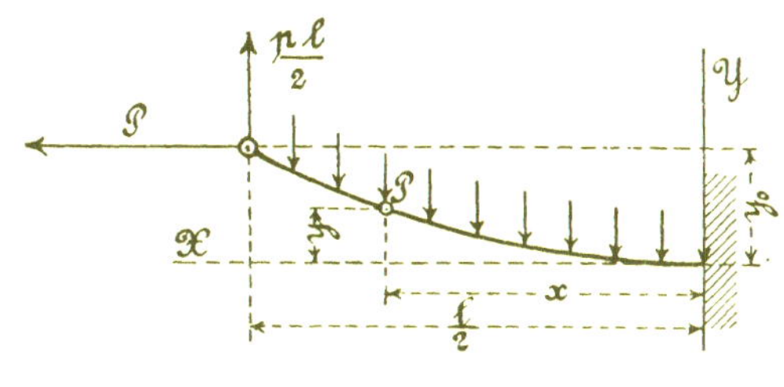

Fig. 4.

$$M_b = \frac{p\,l}{2}\left(\frac{l}{2} - x\right) - p\,\frac{\left(\frac{l}{2} - x\right)^2}{2} - P(y_0 - y)$$

$$= \frac{p\,l^2}{8} - \frac{p\,x^2}{2} - P(y_0 - y)$$

und hiermit unter Beachtung von Gleichung 10, § 16,

$$\frac{\Theta}{\alpha}\,\frac{d^2y}{dx^2} = \frac{p\,l^2}{8} - \frac{p x^2}{2} - P(y_0 - y)$$

$$\frac{\Theta}{\alpha}\,\frac{d^2y}{dx^2} - P\,y + \frac{p x^2}{2} - \frac{p\,l^2}{8} + P\,y_0 = 0.$$

Die Integration dieser Differentialgleichung liefert unter der Voraussetzung, dass Θ und α konstant sind,

$$y = C_1 e^{x\sqrt{\frac{\alpha P}{\Theta}}} + C_2 e^{-x\sqrt{\frac{\alpha P}{\Theta}}} + \frac{p}{2P}\,x^2 + \frac{\Theta p}{\alpha P^2} - \frac{1}{P}\left(\frac{p\,l^2}{8} - P\,y_0\right). \qquad 4)$$

Da für $x = 0$

$$y' = \frac{dy}{dx} = 0,$$

so folgt

$$y'_{x=0} = \left| C_1 \sqrt{\frac{\alpha P}{\Theta}} e^{x\sqrt{\frac{\alpha P}{\theta}}} - C_2 \sqrt{\frac{\alpha P}{\Theta}} e^{-x\sqrt{\frac{\alpha P}{\theta}}} + \frac{p}{P} x \right|_{x=0} = 0,$$

d. h.

$$C_1 = C_2 = C.$$

Für $x = \frac{l}{2}$ ist $M_b = 0$, somit $\varrho = \infty$, also

$$\frac{1}{\varrho} = y'' = \frac{d^2y}{dx^2} = 0,$$

demnach

$$y''_{x=\frac{l}{2}} = \left| C \left[\frac{\alpha P}{\Theta} e^{x\sqrt{\frac{\alpha P}{\theta}}} + \frac{\alpha P}{\Theta} e^{-x\sqrt{\frac{\alpha P}{\theta}}}\right] + \frac{p}{P} \right|_{x=\frac{l}{2}} = 0,$$

woraus

$$C = -\frac{p\Theta}{\alpha P^2 \left[e^{\frac{l}{2}\sqrt{\frac{\alpha P}{\theta}}} + e^{-\frac{l}{2}\sqrt{\frac{\alpha P}{\theta}}}\right]}.$$

Ferner muss für $x = 0$ $y = 0$ sein, womit aus Gleichung 4 unter Berücksichtigung der Werthe der Konstanten folgt

$$y_0 = \frac{1}{P}\left[\frac{p l^2}{8} - \frac{p\Theta}{\alpha P} + \frac{2p\Theta}{\alpha P\left(e^{\frac{l}{2}\sqrt{\frac{\alpha P}{\theta}}} + e^{-\frac{l}{2}\sqrt{\frac{\alpha P}{\theta}}}\right)}\right].$$

Hiermit findet sich das biegende Moment in der Mitte der Stange, d. i. für $x = \frac{l}{2}$,

$$\max(M_b) = \frac{p l^2}{8} - P y_0 = \frac{p\Theta}{\alpha P}\left[1 - \frac{2}{e^{\frac{l}{2}\sqrt{\frac{\alpha P}{\theta}}} + e^{-\frac{l}{2}\sqrt{\frac{\alpha P}{\theta}}}}\right] \qquad 5)$$

und infolgedessen die Biegungsanstrengung

$$\sigma_b = \frac{\max(M_b)}{\frac{\Theta}{e_1}} = e_1 \frac{p}{\alpha P}\left[1 - \frac{2}{e^{\frac{l}{2}\sqrt{\frac{\alpha P}{\Theta}}} + e^{-\frac{l}{2}\sqrt{\frac{\alpha P}{\Theta}}}}\right]. \quad 6)$$

Diese Gleichung liefert beispielsweise für eine 6 m lange Stange von 25 mm Durchmesser, die durch $P = 3000$ kg gespannt ist, bei Einführung von

$$e_1 = \frac{2,5}{2}, \quad p = \frac{\pi}{4} . 2,5^2 . 0,0078 = \sim 0,04 \text{ kg}, \quad \alpha = \frac{1}{2000000},$$

$$\Theta = \frac{\pi}{64} . 2,5^4 = 1,914.$$

$$\sigma_b = \frac{2,5}{2} \frac{0,04}{\frac{1}{2000000} 3000}\left[1 - \frac{2}{e^{300\sqrt{\frac{3000}{2\,000\,000 . 1,914}}} + e^{-300\sqrt{\frac{3000}{2\,000\,000 . 1,914}}}}\right]$$

$$= \frac{100}{3}\left(1 - \frac{1}{2220,5}\right) = 33,3 \text{ kg/q cm.}$$

Wie ersichtlich, tritt der Einfluss des zweiten Gliedes der Klammer ganz zurück, so dass es für den Fall grösserer Länge der Zugstange und grosser Zugkraft bei mässigem Trägheitsmoment vollständig genügt, die Biegungsanstrengung zu berechnen aus

$$\sigma_b = e_1 \frac{p}{\alpha P}, \quad \ldots \ldots \ldots \quad 7)$$

d. i. die bereits in § 6, Gleichung 12, für den frei aufgehängten Draht gefundene Biegungsinanspruchnahme, wenn dort e durch e_1 und H durch P ersetzt wird.

Unter den bezeichneten Verhältnissen erscheint hiernach die Biegungsbeanspruchung einer Zugstange so gut wie unabhängig von der Spannweite[1]).

[1]) Die Berechnung der Biegungsbeanspruchung, z. B. der oben behandelten Stange in der Weise, dass gesetzt wird

In ähnlicher Weise ist vorzugehen, wenn es sich um an den Enden eingespannte, oder auch um schräge Zugstangen handelt.

3. *Ein dünner Stab ist um eine Rolle geschlungen und durch Zugkräfte belastet,* Fig. 5.

Die Beanspruchung des Bandes von der Stärke s, der Breite b, also dem Querschnitt $f = b\,s$, setzt sich zusammen aus der An-

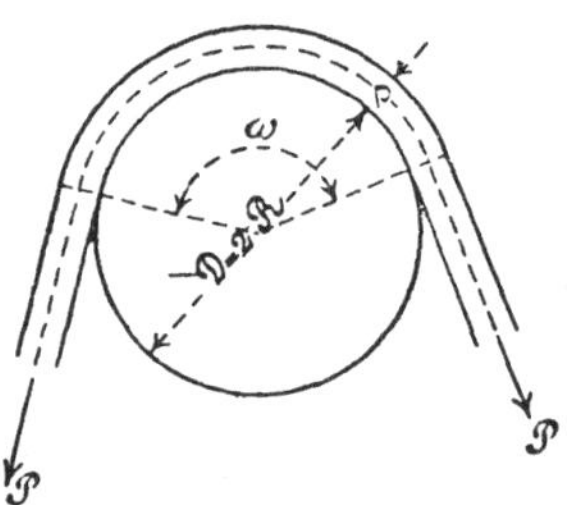

Fig. 5.

strengung, herrührend von der Zugkraft P, und aus der Anstrengung, welche dadurch hinzutritt, dass das Band um die Scheibe geschlungen, also gebogen werden muss.

Die erstere Inanspruchnahme giebt mit der Genauigkeit, mit welcher gleichmässige Vertheilung über den Querschnitt des Bandes angenommen werden kann, die Zugspannung

$$\sigma_z = \frac{P}{b\,s} \quad . \quad . \quad . \quad . \quad . \quad . \quad . \quad . \qquad 8)$$

$$M_b = \frac{p\,l^2}{8} = \frac{0{,}04\,.\,600^2}{8} = \sigma_b\,\frac{\Theta}{e} = \sigma_b\,\frac{\pi}{32}\,2{,}5^3,$$

woraus folgen würde

$$\sigma_b = \sim 1150 \text{ kg/qcm},$$

ergiebt somit eine durchaus irrthümliche Beurtheilung der Biegungsanstrengung. Sie vernachlässigt eben den starken, das biegende Moment vermindernden Einfluss der Zugkraft P (vergl. Fig. 4) infolge der Durchbiegung.

Die erste dahingehende Veröffentlichung, welche dem Verfasser bekannt geworden ist, rührt von J. Schmidt her und findet sich im Civilingenieur 1874, S. 215 u. f. In neuerer Zeit hat Tolle den Gegenstand eingehend behandelt: Zeitschrift des Vereines deutscher Ingenieure 1897, S. 885 u. f.

Die letztere Anstrengung pflegt in folgender Weise berechnet zu werden.

Unter der Voraussetzung, dass die Querschnitte des um die Scheibe gebogenen Stabes senkrecht zur gekrümmten Mittellinie stehen, erlangen die äussersten Fasern eine Länge $\omega\ (R+s)$, während sie vor der Biegung die Länge $\omega\left(R+\frac{s}{2}\right)$ besassen; sie erfahren also eine Verlängerung um

$$\omega\,(R+s)-\omega\left(R+\frac{s}{2}\right)=\omega\,\frac{s}{2},$$

entsprechend der Dehnung

$$\frac{\frac{1}{2}\,\omega\,s}{\left(R+\frac{s}{2}\right)\omega}=\sim\frac{s}{2\,R},$$

somit der Spannung

$$\sigma_b=\frac{1}{\alpha}\,\frac{s}{2\,R}=\frac{1}{\alpha}\,\frac{s}{D}, \quad . \quad . \quad . \quad . \quad . \quad . \quad 9)$$

sofern α den innerhalb der eintretenden Beanspruchung als konstant vorausgesetzten Dehnungskoefficienten bezeichnet.

Nach dieser Rechnung zeigt sich in den Querschnitten, welche dem gekrümmten Theile des Stabes angehören, die in Fig. 6 — mit übertrieben gross gezeichneter Bandstärke — nach der Linie $a\ b\ c$ dargestellte Spannungsvertheilung. Zu diesen Biegungsspannungen tritt die von P herrührende Normalspannung σ_z, womit sich als Begrenzungslinie der Gesammtspannungen die Gerade $a_1\,b_1\,c_1$ und infolgedessen $\sigma_z+\sigma_b$ als Grösstwerth der Inanspruchnahme ergiebt.

Diese Rechnungsweise liefert jedenfalls für den durch $A\,B$ gegebenen Querschnitt des Bandes eine zu grosse Beanspruchung, wie sofort aus folgender Erwägung erhellt. In dem durch den Umschlingungswinkel ω bestimmten Endquerschnitt $A\,B$ des gebogenen Stabes soll die Spannungsvertheilung nach der Linie $a_1\,b_1\,c_1$ herrschen, also in der äussersten Faser die Zugspannung $\sigma_z+\sigma_b$, in der innersten dagegen die Druckspannung $\sigma_b - \sigma_z$, sofern $\sigma_z < \sigma_b$ ist. Im unmittelbar danebenliegenden Querschnitt EF dagegen soll die konstante Zugspannung $\sigma_z = \overline{b b_1}$ vorhanden sein. In Wirklichkeit wird sich ein gewisser Ausgleich vollziehen, derart, dass im Querschnitt AB die von der Biegung herrührende Spannung aussen und innen kleiner ist, als Gleichung 9 angiebt, d. h. der Querschnitt des Stabes nimmt nicht die radiale Lage ein, welche die Rechnung voraussetzt, bleibt vielleicht auch nicht ganz eben. Die Biegungsanstrengung ist also thatsächlich im Quer-

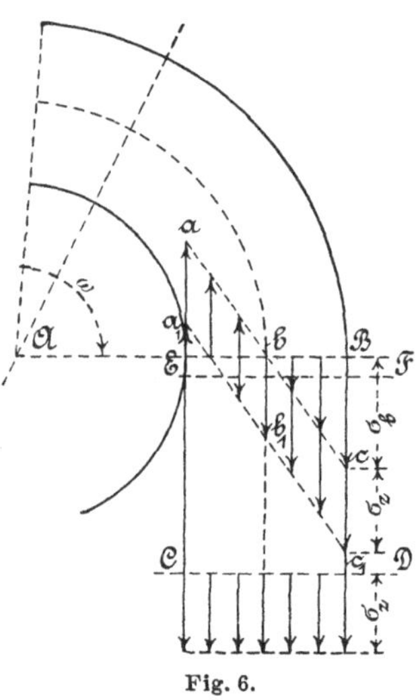

Fig. 6.

schnitt AB kleiner, als Gleichung 9 angiebt. Dagegen wird sie jedenfalls in dem durch den Umschlingungswinkel $\frac{\omega}{2}$ bestimmten Stabquerschnitt diese Grösse erreichen.

Für den Fall, dass die eine der beiden Zugkräfte P grösser ist als die andere, infolgedessen sich Reibungskräfte zwischen Band und Scheibe geltend machen, kann durch diese eine mehr oder minder grosse Abänderung der Spannungsvertheilung über die Querschnitte veranlasst werden[1]).

[1]) Es ist hier der Ort, auf eine häufig anzutreffende irrthümliche Beurtheilung der Beanspruchung von Bändern, Drähten u. s. w. aufmerksam zu machen, welche über eine Rolle oder Stütze gebogen sind.

Fig. 7 zeigt die Einrichtung einer ziemlich verbreiteten Drahtzerreissmaschine. Das eine Ende des Drahtes wird um einen Cylinder geschlungen und

VIII. Beanspruchung durch Schubspannungen (Schiebungen).

§ 47. Schub und Drehung.

Die auf den geraden stabförmigen Körper wirkenden äusseren Kräfte ergeben für den in Betracht gezogenen Querschnitt eine in denselben fallende Kraft S und ein Kräftepaar vom Momente M_d, dessen Ebene die Stabachse senkrecht schneidet.

In einem beliebigen Element des Querschnittes erzeugt die Schubkraft S eine Schubspannung τ_s und das auf Drehung wirkende Moment M_d eine Schubspannung τ_d; die Resultante aus τ_s und

---

mittelst eines Backens gegen denselben gepresst. Das andere, durch Backen gehaltene Ende wird durch eine Schraubenspindel wagrecht gezogen, wobei die Belastung des Drahtes in dem Masse stetig steigt, wie der Hebelarm wächst, an welchem das Gewicht wirkt. Nach üblicher Auffassung müsste der

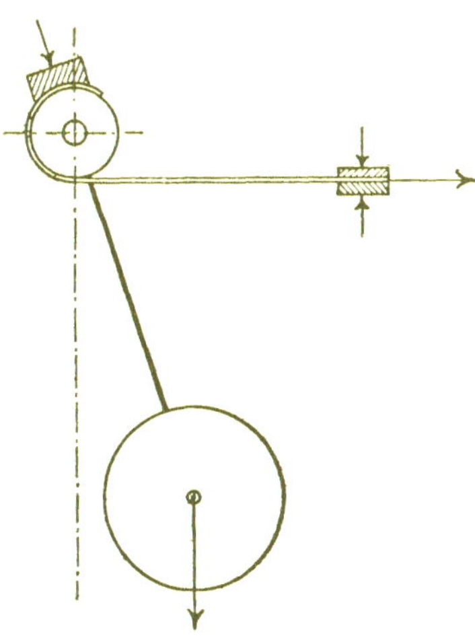

Fig. 7.

Draht da reissen, wo er um den Cylinder gebogen ist. In der Regel zerreisst er jedoch in der geraden Strecke.

Dieses Verhalten, auf dem die Verwendbarkeit der Umschlingung des Drahtes als Einspannung beruht, lässt sich auf folgende Weise erklären. Bei dem Biegen

τ_d liefert die Inanspruchnahme in dem betreffenden Querschnittselemente.

Bei Beurtheilung derselben, sowie bei Wahl der zulässigen Anstrengung ist es von Bedeutung, zu beachten, dass sie nicht blos in dem Querschnitt, sondern auch senkrecht dazu auftritt (§ 30, s. auch Fig. 5, § 32, und Fig. 6, Taf. VII, bezw. die Erörterung, welche in § 45, Ziff. 1 zur Einführung von β_0 und in § 48, Ziff. 2 zur Einführung von α_0 Veranlassung giebt).

1. *Kreisquerschnitt.*

Nach § 39, b ist die von S herrührende Schubspannung am grössten für die Umfangspunkte des zu S senkrechten Durchmessers, und zwar beträgt sie daselbst

$$\tau_s = \frac{4}{3} \frac{S}{f} = \frac{16}{3\pi} \frac{S}{d^2},$$

sofern

$$f = \frac{\pi}{4} d^2$$

die Grösse des Querschnittes und d dessen Durchmesser bezeichnet.

des Drahtes um den verhältnissmässig kleinen Cylinder erfährt er eine starke bleibende Krümmung; die Beanspruchung entspricht auch entfernt nicht mehr der durch Gleichung 9 bestimmten Grösse. Dabei wird das Material überanstrengt, die Festigkeit desselben nimmt zu, die Zähigkeit dagegen ab. Somit besitzt die gekrümmte Strecke eine grössere Festigkeit. Bei der Durchführung der Zerreissprobe selbst vermindert sich die Zugbelastung des auf dem Cylinder liegenden Drahtstabes um so mehr, je weiter die Querschnitte von der Ablaufstelle entfernt liegen. Das Reissen erfolgt alsdann, wenigstens der Regel nach, in der geraden Strecke.

Aehnlich verhält es sich mit einem Bremsband, das um die Bremsscheibe geschlungen wird, oder mit dem Bleche eines Kessels, das kalt gerollt wird, und — wenn auch etwas verschieden davon — mit dem Kabel einer Kabelbrücke da, wo dasselbe auf den gewölbten Lagern ruht u. s. w.

Eine solche Ueberschreitung der zulässigen Anstrengung des Materials erscheint, bei ausreichender Zähigkeit des letzteren, in den meisten Fällen ebenso, wie z. B. das kalte Richten eines Stabes aus zähem Eisen unbedenklich; nur darf es sich nicht oft wiederholen, jedenfalls nicht öfter, als es die Zähigkeit des Materials und dessen nachherige Verwendung gestattet.

Nach § 32 ist für alle Umfangspunkte die durch M_d wachgerufene Schubspannung

$$\tau_d = \frac{16}{\pi} \frac{M_d}{d^3}$$

die grösste. Demnach beträgt die resultirende Anstrengung, welche in jenen beiden Umfangspunkten den grössten Werth erreicht,

$$\tau_s + \tau_d = \frac{16}{3\pi} \frac{S}{d^2} + \frac{16}{\pi} \frac{M_d}{d^3} = \frac{16}{\pi d^2} \left(\frac{S}{3} + \frac{M_d}{d} \right).$$

2. *Kreisringquerschnitt von geringer Wandstärke,* Fig. 5, § 39.

Nach § 39, c ist

$$\tau_s = 2 \frac{S}{f},$$

nach § 32

$$\tau_d = \frac{16}{\pi} M_d \frac{d}{d^4 - d_0^4} = \sim 2 \frac{M_d}{d_m f},$$

sofern

$$d_m = \frac{d + d_0}{2} \qquad f = \frac{\pi}{4} (d^2 - d_0^2).$$

Folglich

$$\tau_s + \tau_d = \frac{2}{f} \left(S + \frac{M_d}{d_m} \right).$$

3. *Rechteckiger Querschnitt,* Fig. 2, § 38.

Unter der Voraussetzung, dass S senkrecht zur Breite b wirkt, werden beide Schubspannungen am grössten in den Mitten der langen Seiten.

Nach § 38 beträgt hier

$$\tau_s = \frac{3}{2} \frac{S}{b\,h},$$

und nach § 34

$$\tau_d = \frac{9}{2} \frac{M_d}{b^2 h}.$$

Somit

$$\tau_s + \tau_d = \frac{3}{2} \frac{1}{b h} \left(S + 3 \frac{M_d}{b}\right).$$

IX. Beanspruchung durch Normalspannungen (Dehnungen) und Schubspannungen (Schiebungen).

§ 48. Grösste Anstrengung bei gleichzeitig vorhandener Dehnung (Normalspannung) und Schiebung (Schubspannung).

1. Begriff der zulässigen Anstrengung des Materials.

Bei den bisherigen Betrachtungen haben wir stillschweigend vorausgesetzt, dass hinsichtlich des Begriffs der zulässigen Anstrengung ein Zweifel nicht bestehe. So lange nur Normalspannungen in Richtung der Stabachse (Zug, Druck, Biegung) oder lediglich Schubspannungen (Drehung, Schub) vorhanden sind, pflegt ein solcher auch thatsächlich nicht in die Erscheinung zu treten; anders gestaltet sich jedoch die Sachlage, sobald Normalspannungen und Schubspannungen gleichzeitig thätig, oder senkrecht zu einander wirkende Normalspannungen vorhanden sind. Dann kann in der That eine Unsicherheit entstehen. Aus diesem Grunde ist hier, wo uns erstmals gleichzeitig Normalspannungen und Schubspannungen entgegen treten, der Begriff der zulässigen Anstrengung zu erörtern.

Bei der Herleitung der Abmessungen von Maschinen- oder Bautheilen, sowie von ganzen Konstruktionen aus den beanspruchenden Kräften, sind drei Gesichtspunkte festzuhalten, sofern abgesehen wird von den Fällen, in denen Rücksichten auf Herstellung, Fortschaffung, Abnützung u. s. w. massgebend erscheinen.

Der erste Gesichtspunkt, welcher das bestimmt, was der Regel nach als zulässige Anstrengung gilt, liefert die Forderung, dass

a) (nach der Ansicht der Einen) die Spannung,

oder

b) (nach der Ansicht der Anderen) die verhältnissmässige Dehnung

in keinem Punkte des Körpers die höchstens für zulässig erachtete Grösse überschreite.

Bei einfacher Zug-, Druck- und Biegungselasticität, sowie bei Verbindung derselben besteht — streng genommen allerdings nur im Falle der Unveränderlichkeit des Dehnungskoefficienten — Proportionalität zwischen Dehnungen und den ihnen entsprechenden Normalspannungen. In diesen Fällen kommt deshalb die Forderung a) auf dasselbe hinaus, wie diejenige unter b); denn multiplicirt man die höchstens für zulässig erachtete Normalspannung mit dem Dehnungskoefficienten, so tritt an ihre Stelle die höchstens noch für zulässig gehaltene Dehnung.

Da bei einfacher Drehungs- und Schubelasticität, sowie bei Verbindung beider ebenfalls Proportionalität zwischen Schubspannungen und den zugehörigen Dehnungen vorhanden ist (§ 31), so dürfen auch in diesen Fällen — Unveränderlichkeit des Dehnungskoefficienten vorausgesetzt — die Bedingungen unter a) und b) als zusammenfallend betrachtet werden.

Wirken dagegen senkrecht zu einander stehende Normalspannungen gleichzeitig, so hört die sonst vorhandene Proportionalität zwischen Dehnungen und Spannungen auf, wie in § 7 und § 14 erörtert worden ist, und die Auffassung nach a) fordert etwas anderes als diejenige nach b). Die Erstere räumt den senkrecht zum gezogenen oder gedrückten Stab wirkenden Kräften keinen Einfluss auf die zulässige Anstrengung ein, sie lässt die in § 9, Ziff. 1, erörterten Versuchsergebnisse unbeachtet, sie belastet einen in Richtung der Achse gezogenen und senkrecht zu seiner Achse gedrückten Stab ebenso stark, als wenn diese Druckkräfte nicht vorhanden wären, sie wählt die zulässige Anstrengung der Bleischeibe Fig. 1, § 14, ebenso gross wie diejenige der Fig. 2, § 14, obgleich dieselbe im letzteren Falle erfahrungsgemäss weit grösser genommen werden darf; für sie ist die zulässige Anstrengung im Falle der Fig. 5, § 13 (Fig. 3, § 13), dieselbe, gleichgiltig, ob $z = 60$ mm oder $z = 5$ mm, und zwar auch dann, wenn etwa an Stelle des Steinwürfels ein solcher aus Schmiedeisen träte; sie kann folgerichtig den in § 20, Ziff. 2 besprochenen Einfluss der Fasern auf einander nicht anerkennen u. s. f.

Treten gleichzeitig Normal- und Schubspannungen auf, so ergeben sich für den betreffenden Punkt des Körpers eine grösste Spannung und eine grösste Dehnung; beide stehen jedoch nicht in dem Verhältnisse, wie einfache Normalspannung und Dehnung nach Massgabe der Gleichung 2 oder 4, § 2. Die Bedingung unter a) verlangt deshalb in solchem Falle auch nicht das Gleiche, wie die Forderung unter b).

Die Auffassung unter a) ist die ältere und erfreut sich auch heute noch einer grossen Verbreitung. Mariotte dürfte wohl der Erste gewesen sein, welcher darauf hingewiesen hat, dass die Dehnung eine gewisse Grenze nicht überschreiten soll; dagegen scheint es, dass erst Poncelet (vor sechs Jahrzehnten) die Forderung unter b) mit Entschiedenheit vertreten und durchgeführt hat.

Dass die Bedingung unter a) in verschiedenen Fällen nicht zutreffend ist, erhellt aus dem Erörterten. Unter diesen Umständen erachtet Verfasser die Feststellung des Begriffs der zulässigen Anstrengung nach Massgabe der Forderung unter b) für die zweckmässigere. Welcher Grad der Zuverlässigkeit ihr innewohnt, welche Mängel ihr anhaften, wird durch ausgedehnte — übrigens erheblichen Schwierigkeiten begegnende — Versuche noch zu entscheiden sein.

Folgerichtig wäre hiernach, mit zulässigen Dehnungen statt mit zulässigen Spannungen zu rechnen. Da sich jedoch der Begriff der zulässigen Anstrengung als einer auf die Flächeneinheit bezogenen Kraft eingebürgert hat, es auch keine Schwierigkeit bietet, zu jeder zulässigen Spannung eine entsprechende Dehnung zu bestimmen[1]), so erscheint die Beibehaltung der auf die Flächeneinheit bezogenen Kraft als Mass der zulässigen Anstrengung ausführbar und berechtigt. Nur ist hierbei festzuhalten, dass dann in den Fällen gleichzeitigen Vorhandenseins von senkrecht zu einander stehenden Normalspannungen oder von Normal- und Schubspannungen an die Stelle der höchstens zulässigen Dehnung keine

---

[1]) Nach S. 288 ist die Normalspannung mit α, die Schubspannung mit $\frac{m+1}{m}\alpha$ zu multipliciren.

wirkliche, sondern nur eine gedachte Spannung tritt, nämlich der Quotient: zulässige Dehnung dividirt durch den Dehnungskoefficienten. (S. Gleichung 3, 7.)

Der zweite Gesichtspunkt ergiebt sich in der Forderung, dass die Gesammtformänderung des belasteten Körpers innerhalb der Grenzen bleibe, welche durch den besonderen Zweck desselben oder durch den Zusammenhang mit anderen Konstruktionstheilen gesteckt sind. Da, wo eine höchstens zulässige Durchbiegung, Verdrehung u. s. w. die Abmessungen bestimmt, ist im Allgemeinen eine Rechnung mit zulässiger Anstrengung im soeben erörterten Sinne des Wortes nicht mehr richtig. Dieselbe ist dann eine Funktion der Form und Grösse des in Frage stehenden Körpers. (S. auch die erste Fussbemerkung zu § 26, vierten Absatz.)

Der dritte Gesichtspunkt führt zu der Bedingung, dass der Körper gegen die etwaige Wirkung lebendiger Kräfte genügend widerstandsfähig zu machen ist. Hier wird besondere Rechnung anzustellen oder die eigenthümliche Beanspruchung durch Verminderung der für die zulässige Anstrengung sonst üblichen Werthe schätzungsweise zu berücksichtigen sein, sofern die strenge Rechnung überhaupt nicht oder nur mit einem verhältnissmässig grossen Aufwand an Zeit durchführbar ist. — Jedenfalls wird der zweite Weg da einzuschlagen sein, wo sich die plötzlichen Krafttäusserungen, die Stösse, der rechnungsmässigen Feststellung entziehen.

Die Anführung des zweiten und dritten Gesichtspunktes an dieser Stelle bezweckt, den Begriff der eigentlichen zulässigen Anstrengung des Materials nach Möglichkeit klar- und vor missverständlicher Auffassung sicherzustellen.

2. *Ermittlung der grössten Anstrengung.*

Wir denken uns in dem Stabe, Fig. 1, ein Körperelement, eine Faser $ABCD$ von der Länge $\overline{AB} = \overline{CD}$ abgegrenzt derart, dass die in AD sich projicirende Stirnfläche mit dem in Betracht gezogenen Stabquerschnitt zusammenfällt, während die Richtungen AB und DC mit der Stabachse parallel laufen. In Fig. 2 sei dieses Faserstück, entsprechend dem ursprünglichen Zustande, d. h. vor der Inanspruchnahme des Stabes, in grösserem Massstabe durch die ausgezogenen Linien dargestellt.

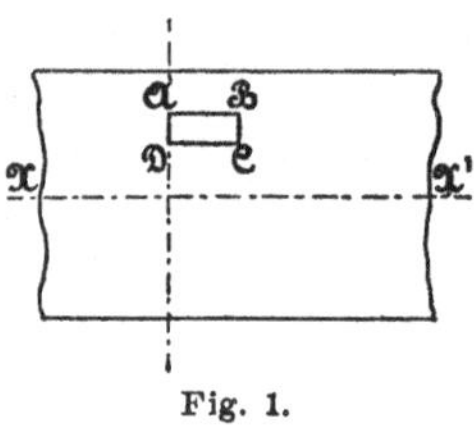

Fig. 1.

Unter Einwirkung der äusseren Kräfte dehne sich die Faser in der Richtung AB um

$$\overline{BE} = \overline{KF} = \varepsilon \,.\, \overline{AB},$$

sofern

$$\varepsilon = \frac{\overline{BE}}{\overline{AB}}$$

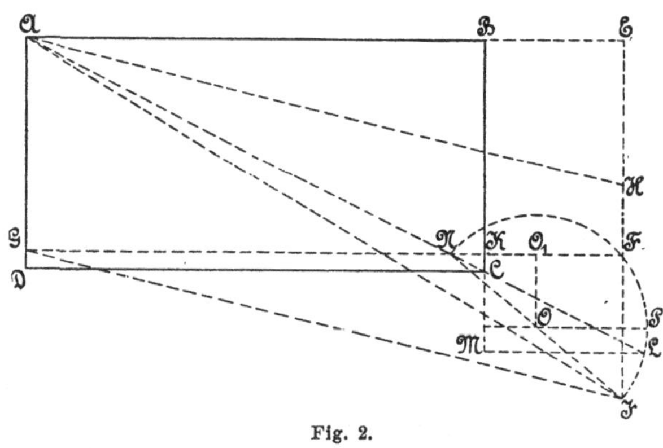

Fig. 2.

die verhältnissmässige Dehnung bezeichnet. Nach § 1 muss sich die Faser gleichzeitig senkrecht zu ihrer Achse zusammenziehen. Diese Zusammenziehung betrage

$$\overline{CK} = \overline{DG} = \varepsilon_q \,.\, \overline{BC},$$

wenn

$$\varepsilon_q = \frac{\overline{CK}}{\overline{BC}},$$

(vergl. § 7).

Zu dieser mit der Normalspannung verknüpften Formänderung tritt nun die der Schubspannung entsprechende. Es verschiebe sich der Querschnitt EF (ursprünglich BC) um

$$\overline{EH} = \overline{FJ} = \gamma \,.\, \overline{AB}$$

gegen den Querschnitt AGD, sofern γ die Schiebung (vergl. § 28) bedeutet.

Hierbei dehnt sich die ursprünglich $\overline{AC}$ lange Strecke bis zur Grösse $\overline{AJ}$. Fällt man von J ein Loth JL auf die über C hinaus verlängerte Linie AC, so dass also $\measuredangle\, JLA = 90^0$ ist, so ergiebt sich die Verlängerung, welche $\overline{AC}$ beim Uebergang in $\overline{AJ}$ erfahren hat, mit Rücksicht darauf, dass die Formänderungen überhaupt klein sind, angenähert zu $\overline{CL}$. Hiermit wird dann die verhältnissmässige Dehnung ε_1 der Strecke $\overline{AC}$

$$\varepsilon_1 = \frac{\overline{CL}}{\overline{AC}} \,.$$

Dieser Werth ist aber auch gleich $\overline{LM} : \overline{AB}$, sofern $LM \parallel BA$ durch L gezogen wird; folglich

$$\varepsilon_1 = \frac{\overline{LM}}{\overline{AB}} \,.$$

ε_1 erlangt seinen grössten Werth, wenn dies bei $\overline{LM}$ eintritt, da die ursprüngliche Faserlänge $\overline{AB}$ als Konstante gilt.

Zur Feststellung von max $(\overline{LM})$ führt nachstehende Betrachtung.

Mit N als Schnittpunkt der Linien GF und AC findet sich

$$\overline{FN} = \overline{FK} + \overline{KN} = \varepsilon \,.\, \overline{AB} + \overline{KC} \frac{\overline{AB}}{\overline{BC}} = (\varepsilon + \varepsilon_q)\, \overline{AB}.$$

Ausserdem ist

$$\overline{FJ} = \gamma \,.\, \overline{AB}.$$

Ueber der Hypotenuse NJ des durch FN und FJ bestimmten rechtwinkeligen Dreiecks NFJ beschreiben wir mit NJ als Durchmesser und O als Mittelpunkt einen Kreis, welcher die Punkte L

und F in sich enthalten muss (wegen $\measuredangle JLN = 90^0$ und $\measuredangle JFN = 90^0$). Man erkennt nun leicht, dass $\overline{LM}$ seinen grössten Werth erreicht, wenn L, auf dem Kreisbogen sich bewegend, in die durch den Kreismittelpunkt O gehende Horizontale, d. h. nach P gelangt.

Ist O_1 die Projektion von O auf GF, so ergiebt sich

$$\max(\overline{LM}) = \overline{KO_1} + \frac{1}{2}\overline{NJ}.$$

Wegen

$$\overline{KO_1} = \overline{NO_1} - \overline{NK} = \frac{\overline{NF}}{2} - \overline{NK}$$

unter Beachtung, dass

$$\overline{NF} = (\varepsilon + \varepsilon_q)\,\overline{AB},$$

$$\overline{NK} = \overline{CK}\frac{\overline{AB}}{\overline{BC}} = \varepsilon_q\,.\,\overline{AB},$$

infolgedessen

$$\overline{KO_1} = \frac{1}{2}(\varepsilon + \varepsilon_q)\,\overline{AB} - \varepsilon_q\,\overline{AB} = \frac{1}{2}(\varepsilon - \varepsilon_q)\,\overline{AB};$$

und da

$$\overline{NJ} = \sqrt{\overline{NF}^2 + \overline{JF}^2} = \sqrt{(\varepsilon + \varepsilon_q)^2\,\overline{AB}^2 + \gamma^2\,.\,\overline{AB}^2}$$

$$= \overline{AB}\sqrt{(\varepsilon + \varepsilon_q)^2 + \gamma^2},$$

so findet sich

$$\max(\overline{LM}) = \frac{1}{2}\overline{AB}\,(\varepsilon - \varepsilon_q) + \frac{1}{2}\overline{AB}\sqrt{(\varepsilon + \varepsilon_q)^2 + \gamma^2},$$

und hieraus

$$\max\left(\frac{\overline{LM}}{\overline{AB}}\right) = \max(\varepsilon_1) = \frac{1}{2}\left[\varepsilon - \varepsilon_q + \sqrt{(\varepsilon + \varepsilon_q)^2 + \gamma^2}\right]. \qquad 1)$$

Unter der Voraussetzung, dass innerhalb der in Betracht gezogenen Stabstrecke senkrecht zur Stabachse Kräfte von Bedeutung überhaupt nicht einwirken, so dass die verhältnissmässige Querzusammenziehung

$$\varepsilon_q = \frac{\varepsilon}{m}$$

gesetzt werden darf (§ 1 und § 7), folgt zunächst

$$\max(\varepsilon_1) = \frac{m-1}{2m}\varepsilon + \frac{m+1}{2m}\sqrt{\varepsilon^2 + \left(\frac{m}{m+1}\right)^2 \gamma^2} \quad . \quad 2)$$

und sodann (nach § 2, Gleichung 2, bezw. § 31, Gleichung 3) mit

$$\varepsilon = \alpha\,\sigma,$$

und

$$\gamma = \beta\,\tau = 2\,\alpha\,\frac{m+1}{m}\,\tau$$

$$\max\,(\varepsilon_1) = \alpha\left(\frac{m-1}{2m}\,\sigma + \frac{m+1}{2m}\sqrt{\sigma^2 + 4\,\tau^2}\right).$$

Hierdurch ist die Grösse von $\max(\varepsilon_1)$ und damit nach Ziff. 1 auch die grösste Anstrengung

$$\max\left(\frac{\varepsilon_1}{\alpha}\right) = \frac{m-1}{2m}\,\sigma + \frac{m+1}{2m}\sqrt{\sigma^2 + 4\,\tau^2} \quad . \quad . \quad 3)$$

des Materials festgestellt.

Der im Vorstehenden zur Bestimmung der Letzteren beschrittene Weg wurde nach Wissen des Verfassers zuerst von Poncelet eingeschlagen[1]).

Wie aus dem Gange der Entwicklung folgt, setzt die Gleichung 3 voraus, dass die Fasern, aus denen der Stab bestehend gedacht werden kann, auf die ganze Erstreckung weder einen

[1]) Die Ableitung aus den allgemeinen Gleichungen der Elasticitätslehre findet sich im § 69.

Zug, noch einen Druck, noch einen Querschub aufeinander ausüben, also auch nicht von aussen empfangen.

Was die Richtung anbetrifft, in welcher die grösste Anstrengung stattfindet, so erkennt man, dass diese mit der Verbindungslinie der Punkte N und P, d. h. mit NP zusammenfällt. Wird nun berücksichtigt, dass $\measuredangle\, FNP = \varphi$ wegen $\widehat{FP} = \widehat{PJ}$ die Hälfte von $\measuredangle\, FNJ$ ist und dass

$$\operatorname{tg} \measuredangle\, FNJ = \frac{\overline{FJ}}{\overline{NF}} = \frac{\gamma \,.\, \overline{AB}}{(\varepsilon + \varepsilon_q)\, \overline{AB}},$$

so findet sich

$$\operatorname{tg} 2\varphi = \frac{\gamma}{\varepsilon + \varepsilon_q} = \frac{m}{1+m}\,\frac{\gamma}{\varepsilon} \quad . \quad . \quad . \quad . \quad 4)$$

Hiermit erscheint die durch φ gegenüber der Stabachse (Richtung der Normalspannung) festgelegte Richtung AC, in welcher die Dehnung ihren grössten Werth erlangt, bestimmt.

Mit

$$\varepsilon = \alpha\,\sigma, \qquad \gamma = 2\,\alpha\,\frac{m+1}{m}\,\tau$$

wird

$$\operatorname{tg} 2\varphi = \frac{m\gamma}{(1+m)\,\varepsilon} = 2\,\frac{\tau}{\sigma} . \quad . \quad . \quad . \quad . \quad 5)$$

Für $\tau = 0$ ergiebt sich $\varphi = 0$, d. h. die grösste Dehnung findet dann in Richtung der Stabachse statt, wie ohne Weiteres klar ist.

Für $\sigma = 0$ wird

$$\varphi = \frac{\pi}{4} = 45^0,$$

wie bereits in § 31, Ziff. 1, festgestellt wurde.

Für $\tau = 0$ ergiebt Gleichung 3

$$\max\left(\frac{\varepsilon_1}{\alpha}\right) = \sigma$$

und für $\sigma = 0$

$$\max\left(\frac{\varepsilon_1}{\alpha}\right) = \frac{m+1}{m}\,\tau.$$

Hiernach entspricht die Schubspannung τ allein einer Dehnung

$$\frac{m+1}{m} \alpha \tau,$$

während die Normalspannung σ mit einer solchen im Betrage von

$$\alpha \sigma$$

verknüpft ist. Bei gleicher Grösse der beiden Spannungen ergiebt sich die erstere Dehnung im Verhältniss von $(m+1):m$ bedeutender, als die Letztere. Soll die Dehnung, d. h. die Anstrengung, in beiden Fällen die gleiche sein, so muss τ im Verhältniss von $m:(m+1)$ weniger betragen als σ, wie bereits aus dem in § 31 Erörterten hervorgeht[1]).

Die Gleichung 3 setzt voraus, dass das Material in allen Punkten des Körpers nach allen Richtungen hin gleich beschaffen (isotrop) ist. Diese Voraussetzung trifft nun nicht immer zu, wie dies z. B. bei Walzeisen der Fall ist, dessen Widerstandsfähigkeit namentlich gegenüber Schubspannungen in Ebenen, parallel zur Walzrichtung und senkrecht zur Richtung des beim Walzen ausgeübten Druckes, sich vergleichsweise erheblich geringer erweist. In derartigen Fällen ist es natürlich unzutreffend, den Einfluss der Dehnung ε, welche einer bestimmten Schubspannung entspricht, gegenüber derjenigen Dehnung, welche bei Normalspannungen als höchstens zulässig erachtet wird, nach Massgabe der Gleichung

$$\varepsilon_1 = \frac{m+1}{m} \alpha \tau = \alpha \sigma \quad . \quad . \quad . \quad . \quad . \quad 6)$$

zu beurtheilen. Dann muss vielmehr die Beziehung

$$\gamma = 2 \alpha \frac{m+1}{m} \tau$$

vor Einführung in die Gleichung 2 eine Berichtigung oder Ergänzung erfahren, am einfachsten durch Multiplikation mit einem Koefficienten α_0, welcher ganz allgemein die Aufgabe haben soll, dem Umstande Rechnung zu tragen, dass die zulässige Schubspannung zur zulässigen Normalspannung für die zwischen 4 und 3 liegende Grösse m nicht immer in dem Verhältnisse

[1]) Die thatsächlichen Anstrengungen verhalten sich hiernach nicht wie $\tau:\sigma$, sondern wie $\frac{m+1}{m} \tau:\sigma$.

$$m:(m+1)=4:5 \text{ bis } 3:4=1:1{,}25 \text{ bis } 1:1{,}33$$

steht. (S. auch Gleichung 5, § 31.)

Mit

$$\gamma = 2\,\alpha\,\frac{m+1}{m}\,\alpha_0\,\tau$$

geht Gleichung 3 über in

$$\left.\begin{aligned} \max\left(\frac{\varepsilon_1}{\alpha}\right) &= \frac{m-1}{2\,m}\,\sigma + \frac{m+1}{2\,m}\sqrt{\sigma^2+4\,(\alpha_0\,\tau)^2} \\ \alpha_0 &= \frac{\text{zulässige Anstrengung bei Normalspannung in kg}}{\frac{m+1}{m}\,\text{zulässige Anstrengung bei Schubspannung in kg}} \end{aligned}\right\} \quad . \quad 7^{1)}$$

Mit Rücksicht hierauf werde α_0 als das Verhältniss der zulässigen Anstrengungen für den gerade vorliegenden Fall, oder kurz als Anstrengungsverhältniss bezeichnet.

Setzt man, dem heutigen Stande der Versuchsergebnisse entsprechend und in der Absicht, zu runden Zahlenkoefficienten zu gelangen,

$$m = \frac{10}{3},$$

so gehen die Gleichungen 7 über in

$$\left.\begin{aligned} \max\left(\frac{\varepsilon_1}{\alpha}\right) &= 0{,}35\,\sigma + 0{,}65\sqrt{\sigma^2+4\,(\alpha_0\,\tau)^2} \\ \alpha_0 &= \frac{\text{zulässige Anstrengung bei Normalspannung}}{1{,}3 \text{ zulässige Anstrengung bei Schubspannung}} \end{aligned}\right\} \quad . \quad . \quad 8)$$

Der Unterschied, welcher sich hinsichtlich der Anstrengung $\max\left(\frac{\varepsilon_1}{\alpha}\right)$ ergiebt, je nachdem man $m=3$ oder $m=4$ oder einen dazwischen gelegenen Werth setzt, ist übrigens unbedeutend.

---

[1]) S. des Verfassers Maschinenelemente, 1881, S. 11, 207, 208, 210, 211, 216 u. s. f., 1891/92, S. 22 u. f., 330, 331 u. s. f., 1901 (8. Aufl.), S. 26 u. f. S. 447 u. s. w.

Durch die Feststellung in den Gleichungen 7 und 8 erfüllt der Koefficient α_0 nicht blos seinen Zweck beim Mangel allseitiger Gleichartigkeit des Materials, sondern auch dann, wenn die Werthe für die beiden zulässigen Anstrengungen aus anderen Gründen nicht in dem Verhältnisse $(m + 1) : m$ stehen. Das wird bei vorhandener Isotropie des Materials allgemein dann der Fall sein, wenn die gleichzeitig auftretenden Normalspannungen und Schubspannungen nicht gleichartig sind, beispielsweise dann, wenn die erstere eine fortgesetzt wechselnde ist (Biegungsanstrengung einer sich drehenden Welle u. s. w.), während die Letztere als unveränderlich gelten kann (Drehungsanstrengung derselben Welle bei Ueberwindung eines konstanten Arbeitswiderstandes) u. s. f.[1]).

Bei Entwicklung der grundlegenden Beziehungen 1 bis 3 war in Uebereinstimmung mit der hierfür entworfenen Figur 2, S. 414, angenommen worden, dass die Dehnung ε (die Normalspannung σ) in Richtung der Stabachse eine positive sei, entsprechend einem an der betreffenden Stelle wirkenden Zug. Ist das Entgegengesetzte der Fall, erfährt der Stab in Richtung seiner Achse eine Zusammendrückung, d. h. sind ε und σ negativ, so führt die gleiche Betrachtung zu dem Ergebniss

$$\max\left(-\frac{\varepsilon_1}{\alpha}\right) = \frac{m-1}{2m}\sigma + \frac{m+1}{2m}\sqrt{\sigma^2 + 4\tau^2}. \quad . \quad 3\text{a})$$

Hierbei ist σ nur mit seiner absoluten Grösse einzusetzen. Diese Gleichung unterscheidet sich von der Beziehung 3 lediglich dadurch, dass hier die grösste Anstrengung als Druckbeanspruchung erscheint, während sie dort als Zuginanspruchnahme auftrat. Dementsprechend treten an die Stelle der Gleichungen 7 und 8 die Beziehungen

$$\max\left(-\frac{\varepsilon_1}{\alpha}\right) = \frac{m-1}{2m}\sigma + \frac{m+1}{2m}\sqrt{\sigma^2 + 4(\alpha_0\tau)^2}, \quad 7\text{a})$$

bezw.

$$\max\left(-\frac{\varepsilon_1}{\alpha}\right) = 0{,}35\,\sigma + 0{,}65\sqrt{\sigma^2 + 4(\alpha_0\tau)^2}. \quad . \quad 8\text{a})$$

[1]) S. des Verfassers Maschinenelemente, 1881, S. 18 u. f., 1891/92, S. 34 u. f., 1901 (8. Aufl.), S. 40 u. f.

Neben dieser Druckbeanspruchung, wie sie hierdurch bestimmt ist, wird unter Umständen noch eine grösste Zuganstrengung massgebend sein können, nämlich dann, wenn die positive Dehnung, welche der Schiebung γ entspricht (vergl. § 31, S. 284), die Zusammendrückung, welche mit der negativen Normalspannung in Richtung der Stabachse verknüpft ist, bedeutend überwiegt. Diese grösste Zuganstrengung, welche dann gleichzeitig mit der grössten Druckbeanspruchung $\max\left(-\frac{\varepsilon_1}{\alpha}\right)$ auftritt und die mit $\max\left(\frac{\varepsilon_2}{\alpha}\right)$ bezeichnet sei, kann in gleicher Weise ermittelt werden, wie oben die Gleichungen 1 bis 3 gefunden wurden, oder man kann sie unmittelbar aus Gleichung 3 ableiten, indem in der Letzteren σ negativ gesetzt wird. Auf beiden Wegen ergiebt sich

$$\max\left(\frac{\varepsilon_2}{\alpha}\right) = -\frac{m-1}{2m}\sigma + \frac{m+1}{2m}\sqrt{\sigma^2 + 4\tau^2}\,. \quad 3\text{b})$$

und damit nach Gleichung 7 und 8

$$\max\left(\frac{\varepsilon_2}{\alpha}\right) = -\frac{m-1}{2m}\sigma + \frac{m+1}{2m}\sqrt{\sigma^2 + 4(\alpha_0\tau)^2}, \quad 7\text{b})$$

$$\max\left(\frac{\varepsilon_2}{\alpha}\right) = -0{,}35\,\sigma + 0{,}65\sqrt{\sigma^2 + 4(\alpha_0\tau)^2}. \quad . \quad . \quad 8\text{b})$$

In diese Beziehungen ist σ natürlich nur mit seiner Grösse ohne Rücksicht auf das Vorzeichen einzuführen.

Der absolute Werth von $\max\left(-\frac{\varepsilon_1}{\alpha}\right)$ ist nach Gleichung 3a allerdings grösser als derjenige, welchen Gleichung 3b für $\max\left(\frac{\varepsilon_2}{\alpha}\right)$ liefert. Da aber die zulässige Zuganstrengung in manchen Fällen bedeutend geringer zu sein pflegt als die zulässige Druckinanspruchnahme, so kann trotzdem $\max\left(\frac{\varepsilon_2}{\alpha}\right)$ massgebend werden.

§ 49. Zug (Druck) und Drehung.

Die auf den geraden stabförmigen Körper wirkenden äusseren Kräfte ergeben für den in Betracht gezogenen Querschnitt eine in die Richtung der Stabachse fallende Kraft P und ein Kräftepaar vom Momente M_d, dessen Ebene die Stabachse senkrecht schneidet.

In einem beliebigen Element des Querschnitts von der Grösse f wird durch die Zugkraft P eine Normalspannung

$$\sigma = \frac{P}{f}$$

wachgerufen, während das auf Drehung wirkende Moment M_d eine Schubspannung τ erzeugt, welche nach den §§ 32 bis 36 zu bestimmen ist. Da σ für alle Punkte des Querschnittes als gleich gross aufgefasst werden darf, so tritt die bedeutendste Anstrengung da auf, wo τ seinen grössten Werth erlangt.

Nach den Gleichungen 7, § 48, ergiebt sich mit k_z als zulässiger Zug- und k_d als zulässiger Drehungsanstrengung

$$\left.\begin{aligned} k_z &\geqq \frac{m-1}{2\,m}\,\sigma + \frac{m+1}{2\,m}\sqrt{\sigma^2 + 4\,(\alpha_0\,\tau)^2}, \\ \alpha_0 &= \frac{k_z}{\dfrac{m+1}{m}\,k_d}, \end{aligned}\right\} \quad . \quad . \quad 1)$$

und mit $m = \dfrac{10}{3}$

$$\left.\begin{aligned} k_z &\geqq 0{,}35\,\sigma + 0{,}65\,\sqrt{\sigma^2 + 4\,(\alpha_0\,\tau)^2}, \\ \alpha_0 &= \frac{k_z}{1{,}3\,k_d}. \end{aligned}\right\} \quad . \quad . \quad . \quad . \quad 2)$$

Wirkt P nicht ziehend, sondern drückend, so wird σ negativ, infolgedessen nach Gleichung 8a, § 48, zunächst die mit k als zulässiger Druckanstrengung giltige Beziehung

$$\left.\begin{aligned} k &\geqq 0{,}35\,\sigma + 0{,}65\sqrt{\sigma^2 + 4\,(\alpha_0\,\tau)^2},\\ \alpha_0 &= \frac{k}{1{,}3\,k_d} \end{aligned}\right\} \quad \ldots \quad 3)$$

und sodann auch nach Gleichung 8b, § 48, die Forderung

$$\left.\begin{aligned} k_z &\geqq -0{,}35\,\sigma + 0{,}65\sqrt{\sigma^2 + 4\,(\alpha_0\,\tau)^2},\\ \alpha_0 &= \frac{k_z}{1{,}3\,k_d} \end{aligned}\right\} \quad \ldots \quad 3\text{a})$$

befriedigt sein muss. Hierbei ist vorausgesetzt, dass Rücksichtnahme auf Knickung (§ 23) nicht nöthig wird.

Die Werthe von τ können unmittelbar aus der Spalte 3 der Zusammenstellung des § 36 entnommen werden, sofern k_d durch τ ersetzt wird. Die Normalspannung σ tritt nur mit ihrer absoluten Grösse in die Beziehungen 1 bis 3a ein.

§ 50. Biegung und Drehung.

Die auf den geraden stabförmigen Körper wirkenden äusseren Kräfte ergeben für den betrachteten Querschnitt zwei Kräftepaare, das eine (biegende) vom Momente M_b und das andere (drehende) vom Momente M_d; die Ebene des ersteren schneidet den Querschnitt, diejenige des letzteren die Stabachse senkrecht.

In einem beliebigen Punkte des Querschnitts verursacht

M_b eine Normalspannung σ, welche nach § 16 oder § 21 festzustellen ist,

M_d eine Schubspannung τ, deren Bestimmung nach den §§ 32 bis 34 zu erfolgen hat.

Die für den betreffenden Punkt resultirende Anstrengung ergiebt sich alsdann aus Gleichung 7, § 48. Bezeichnet k_b die zulässige Biegungs- und k_d die zulässige Drehungsanstrengung, so gilt mit $m = \frac{10}{3}$

$$\left.\begin{aligned} k_b &\geqq 0{,}35\,\sigma + 0{,}65\sqrt{\sigma^2 + 4\,(\alpha_0\,\tau)^2},\\ \alpha_0 &= \frac{k_b}{1{,}3\,k_d}\,. \end{aligned}\right\} \quad . \quad . \quad . \quad 1)$$

Naturgemäss sind σ und τ für denjenigen Querschnitt und hier für denjenigen Punkt einzuführen, für welchen die rechte Seite den grössten Werth erlangt.

1. Kreisquerschnitt.

Hier fallen die Punkte der grössten Normalspannung

$$\sigma = \frac{32}{\pi}\,\frac{M_b}{d^3}$$ (Gleichung 12, § 16 und Gleichung 5, § 17)

und die Punkte der grössten Schubspannung

$$\tau = \frac{16}{\pi}\,\frac{M_d}{d^3}$$ (Gleichung 3, § 32)

zusammen, folglich

$$k_b \geqq 0{,}35\,\frac{32}{\pi}\,\frac{M_b}{d^3} + 0{,}65\sqrt{\left(\frac{32}{\pi}\,\frac{M_b}{d^3}\right)^2 + \left(\frac{32}{\pi}\,\frac{M_d}{d^3}\,\alpha_0\right)^2}$$

$$k_b \geqq \frac{32}{\pi}\,\frac{1}{d^3}\left[0{,}35\,M_b + 0{,}65\sqrt{M_b^2 + (\alpha_0 M_d)^2}\right]. \quad . \quad . \quad 2)$$

Auch für den Kreisringquerschnitt findet dieses Zusammenfallen statt.

2. Elliptischer Querschnitt, Fig. 2, § 33.

a) Die Ebene des biegenden Kräftepaares läuft parallel zur kleinen Achse der Ellipse.

Die grösste Normalspannung

$$\sigma = \frac{4}{\pi}\,\frac{M_b}{a\,b^2}$$

tritt hier auf in den Endpunkten B der kleinen Achse (Gleichung 12, § 16 und 7, § 17).

Die Schubspannung erlangt ihren Grösstwerth

$$\tau = \frac{2}{\pi} \frac{M_d}{a b^2}$$

an denselben Stellen (Gleichung 6, § 33).

Hiernach findet die grösste Anstrengung in den Punkten B statt. Demgemäss ergiebt sich aus Gleichung 1

$$k_b \geqq 0{,}35 \frac{4}{\pi} \frac{M_b}{a b^2} + 0{,}65 \sqrt{\left(\frac{4}{\pi} \frac{M_b}{a b^2}\right)^2 + \left(\frac{4}{\pi} \frac{M_d}{a b^2} \alpha_0\right)^2}$$

$$k_b \geqq \frac{4}{\pi} \frac{1}{a b^2} [0{,}35\, M_b + 0{,}65 \sqrt{M_b^2 + (\alpha_0 M_d)^2}] \quad . \quad . \quad 3)$$

b) Die Ebene des biegenden Kräftepaares läuft parallel zur grossen Achse der Ellipse.

Die Normalspannung besitzt ihren Grösstwerth in den Endpunkten A der grossen Achse, während die Schubspannung in den Endpunkten B der kleinen Achse am grössten ausfällt. Infolgedessen muss zunächst ermittelt werden, an welchen Stellen die grösste Anstrengung eintritt.

Dass dieselben auf dem Umfange liegen, ist ohne Weiteres klar. Nun ist nach Gleichung 11, § 16, die Normalspannung σ im Abstande z' von der kleinen Achse

$$\sigma = \frac{M_b}{\Theta} z' = \frac{M_b}{\frac{\pi}{4} a^3 b} z'$$

und nach Gleichung 5, § 33, die vom drehenden Moment verursachte Schubspannung in den um z' von derselben Achse abstehenden Umfangspunkten

$$\tau = \frac{2}{\pi} \frac{M_d}{a b^2} \sqrt{\left(\frac{y'}{b}\right)^2 + \left(\frac{z'}{a}\right)^2 \left(\frac{b}{a}\right)^2}$$

oder unter Beachtung, dass

$$\left(\frac{y'}{b}\right)^2 = 1 - \left(\frac{z'}{a}\right)^2,$$

$$\tau = \frac{2}{\pi}\,\frac{M_d}{a\,b^2}\sqrt{1 - \frac{a^2 - b^2}{a^4}\,z'^2}.$$

Hieraus ergiebt sich die Anstrengung in den durch z' bestimmten Umfangspunkten zu

$$\max\left(\frac{\varepsilon_1}{\alpha}\right) = 0{,}35\,\frac{4\,M_b}{\pi\,a^3\,b}\,z' + 0{,}65\sqrt{\left(\frac{4\,M_b}{\pi\,a^3\,b}\,z'\right)^2 + \left(\frac{4\,M_d}{\pi\,a\,b^2}\,\alpha_0\right)^2\left(1 - \frac{a^2 - b^2}{a^4}\,z'^2\right)}$$

$$= \frac{4\,M_b}{\pi\,a^3\,b}\left[0{,}35\,z' + 0{,}65\sqrt{z'^2 + \left(\frac{M_d}{M_b}\,\frac{a^2}{b}\,\alpha_0\right)^2\left(1 - \frac{a^2 - b^2}{a^4}\,z'^2\right)}\,\right] \quad . \quad . \quad . \quad 4)$$

Dieser Ausdruck erlangt seinen Grösstwerth für den durch

$$d\,\frac{\max\left(\frac{\varepsilon_1}{\alpha}\right)}{dz'} = 0, \qquad z' = z'_0$$

bestimmten Werth z'_0, womit dann

$$k_b \geqq \frac{4\,M_b}{\pi\,a^2\,b}\left[0{,}35\,\frac{z'_0}{a} + 0{,}65\sqrt{\left(\frac{z'_0}{a}\right)^2 + \left(\frac{M_d}{M_b}\,\frac{a}{b}\,\alpha_0\right)^2\left(1 - \frac{a^2 - b^2}{a^4}\,z'^2_0\right)}\,\right]. \quad 5)$$

Zweckmässiger Weise wird zur Feststellung der grössten Anstrengung auch in der Weise vorgegangen werden können, dass man aus Gleichung 4 für verschiedene Werthe von z' die Anstrengungen ermittelt, diese dann in den zugehörigen Abständen als Ordinaten aufträgt, wie dies in § 52 unter a) und b) für den Fall der Beanspruchung auf Biegung und Schub geschehen ist (Fig. 2 und 3, § 52), und aus dem Verlaufe der so gewonnenen Kurve die grösste Ordinate mit der Sicherheit bestimmt, welche das zeichnerische Verfahren gestattet.

3. *Rechteckiger Querschnitt,* Fig. 3, § 34.

a) Die Ebene des biegenden Kräftepaares läuft parallel zur kurzen Seite des Rechtecks.

Hier fallen die Stellen der grössten Dehnungsanstrengung τ, d. s. die Mitten der langen Seiten, auf solche der grössten Biegungsanstrengung σ, d. s. sämmtliche Punkte der langen Seiten.

Wegen

$$\sigma = 6 \frac{M_b}{b^2 h} \text{ (Gleichung 12, § 16, und 2, § 17),}$$

$$\tau = 4{,}5 \frac{M_d}{b^2 h} \text{ (Gleichung 4, § 34)}$$

ergiebt sich nach Gleichung 1

$$k_b \geqq \frac{6}{b^2 h} [0{,}35 M_b + 0{,}65 \sqrt{M_b^2 + (1{,}5 \alpha_0 M_d)^2}] \quad . \quad . \quad 6)$$

und für das Quadrat mit $h = b$

$$k_b \geqq \frac{6}{b^3} [0{,}35 M_b + 0{,}65 \sqrt{M_b^2 + (1{,}5 \alpha_0 M_d)^2}]. \quad . \quad . \quad 7)$$

b) Die Ebene des biegenden Kräftepaares läuft parallel zur langen Seite h des Rechtecks.

Hier erlangen σ und τ ihre Grösstwerthe nicht in den gleichen Punkten (σ wird am grössten in den kurzen Seiten, τ dagegen in den Mitten der langen Seiten), infolgedessen in derselben Weise vorzugehen ist, wie unter Ziff. 2, b für den elliptischen Querschnitt angegeben wurde.

c) Die Ebene des biegenden Kräftepaares hat keine der beiden unter a und b bezeichneten Lagen.

Für ein beliebiges, durch y und z bestimmtes Querschnittselement betrug die Biegungsanstrengung σ nach § 21, Ziff. 2, mit den daselbst gebrauchten Bezeichnungen

$$\sigma = M_b \left(\frac{z \cos \beta}{\Theta_1} - \frac{y \sin \beta}{\Theta_2} \right),$$

$$\Theta_1 = \frac{1}{12} b h^3, \qquad \Theta_2 = \frac{1}{12} b^3 h,$$

die Drehungsanstrengung τ folgt aus § 34

$$\tau = \sqrt{\tau_y^2 + \tau_z^2},$$

und nach Einführung von

$$\left.\begin{array}{l} \tau_y = 9 \dfrac{M_d}{b^3 h} \left[1 - \left(\dfrac{2z}{h}\right)^2\right] y, \\ \tau_z = 9 \dfrac{M_d}{b^3 h} \left[1 - \left(\dfrac{2y}{b}\right)^2\right] z, \end{array}\right\} \quad \ldots \ldots \quad 8)$$

$$\tau = 9 \frac{M_d}{b h} \sqrt{\left[1 - \left(\frac{2z}{h}\right)^2\right]^2 \frac{y^2}{b^4} + \left[1 - \left(\frac{2y}{b}\right)^2\right]^2 \frac{z^2}{h^4}} \quad . \; . \quad 9)$$

Diese Werthe von σ und τ sind nun in die rechte Seite der Gleichung 1 einzuführen, hiermit die Punkte, in denen dieser Ausdruck seinen Grösstwerth erlangt, zu ermitteln und sodann der Letztere selbst zu bestimmen, wie dies unter Ziff. 2, b für den Fall des elliptischen Querschnitts angedeutet worden ist.

Hier führt das am Schlusse von Ziff. 2, b angedeutete zeichnerische Verfahren, den Verhältnissen der vorliegenden Aufgabe entsprechend angepasst, zu einer verhältnissmässig raschen Lösung[1]).

[1]) Die vorliegende Aufgabe ist beispielsweise zu lösen bei der Berechnung einer Dampfmaschinenkurbel. In des Verfassers Maschinenelementen, 1891/92, S. 474 u. f., 1901 (8. Aufl.), S. 636 u. f., findet sich diese Berechnung vollständig durchgeführt. Ausser den Schubspannungen, welche durch das drehende Moment hervorgerufen werden, sind dabei auch noch die von der Schubkraft veranlassten Spannungen berücksichtigt.

§ 51. Zug (Druck) und Schub.

Die äusseren Kräfte liefern für den in Betracht gezogenen Querschnitt f eine in die Richtung der Stabachse fallende Zugkraft P und eine diese senkrecht schneidende Kraft S.

Die mit P verknüpfte und in allen Punkten als gleich angenommene Normalspannung beträgt

$$\sigma = \frac{P}{f},$$

die durch S wachgerufene Schubspannung unter Bezugnahme auf Fig. 1, § 39, und mit den in § 39 aufgeführten Bezeichnungen nach Gleichung 2, § 39, allgemein in dem durch y oder η bestimmten Umfangspunkte

$$\tau' = \frac{S}{2\,y \cos\varphi'} \frac{M_\eta}{\Theta}.$$

Massgebend ist der grösste Werth, welchen τ' erreicht, also beispielsweise

für den Kreis $\tau = \frac{4}{3} \frac{S}{\frac{\pi}{4} d^2}$,

für das Rechteck $\tau = \frac{3}{2} \frac{S}{b\,h}$.

Nach Gleichung 8, § 48, folgt alsdann mit k_z als zulässiger Zuganstrengung und k_s als zulässiger Schubanstrengung

$$\left.\begin{aligned} k_z &\geqq 0{,}35\,\sigma + 0{,}65 \sqrt{\sigma^2 + 4\,(\alpha_0\,\tau)^2} \\ \alpha_0 &= \frac{k_z}{1{,}3\,k_s}, \end{aligned}\right\} \quad . \quad . \quad . \quad 1)$$

wobei die Punkte der grössten resultirenden Anstrengung diejenigen sind, in denen die Schubspannung den grössten Werth erlangt.

Wirkt P drückend (Fall der Knickung, § 23, ausgeschlossen), so müssen die aus den Gleichungen 8a und 8b, § 48, folgenden Beziehungen

$$\left.\begin{aligned} k &\geqq 0{,}35\,\sigma + 0{,}65\sqrt{\sigma^2 + 4\,(\alpha_0\,\tau)^2},\\ \alpha_0 &= \frac{k}{1{,}3\,k_s}, \end{aligned}\right\} \quad . \quad . \quad . \quad 1\text{a})$$

und

$$\left.\begin{aligned} k_z &\geqq -0{,}35\,\sigma + 0{,}65\sqrt{\sigma^2 + 4\,(\alpha_0\,\tau)^2},\\ \alpha_0 &= \frac{k_z}{1{,}3\,k_s} \end{aligned}\right\} \quad . \quad . \quad 1\text{b})$$

befriedigt sein.

§ 52. Biegung und Schub.

Die auf den geraden stabförmigen Körper wirkenden äusseren Kräfte ergeben für den betrachteten Querschnitt ein Kräftepaar M_b, dessen Ebene den Querschnitt senkrecht schneidet, und eine in den Letzteren fallende Kraft S.

1. Anstrengung des Materials.

In einem beliebigen Querschnittselement verursacht

M_b eine Normalspannung σ, welche nach § 16 oder § 21 festzustellen ist,

S eine Schubspannung τ, zu deren Bestimmung die Gleichung 3, § 39, zur Verfügung steht.

Da die Letztere unter der Voraussetzung entwickelt wurde, dass die Schubkraft S in eine Symmetrielinie des Querschnitts fällt, so muss auch hier diese Beschränkung bezüglich der Lage von S getroffen werden. Demgemäss wurde vorausgesetzt, dass der Querschnitt symmetrisch ist und dass die Ebene des biegenden Kräftepaares M_b den Querschnitt in der Symmetrielinie schneide. Dann folgt nach § 16 und § 39 unter Bezugnahme auf Fig. 1, § 39, sowie mit den daselbst gewählten Bezeichnungen:

für die in allen um η von der wagrechten Schwerlinie abstehenden Querschnittselementen gleich grosse Normalspannung

$$\sigma = \frac{M_b}{\Theta} \eta ,$$

und für die in den Umfangspunkten $P' P'$ ihren Grösstwerth erlangende Schubspannung

$$\tau' = \frac{S}{2 y \cos \varphi'} \frac{M_\eta}{\Theta} .$$

Demnach mit k_b und k_s als zulässiger Biegungs- bezw. Schubanstrengung aus Gleichung 8, § 48, die grösste Anstrengung in diesen Punkten

$$\left. \begin{aligned} k_b \geq \max \left(\frac{\varepsilon_1}{\alpha} \right) \\ = 0{,}35 \frac{M_b}{\Theta} \eta + 0{,}65 \sqrt{\left(\frac{M_b}{\Theta} \eta \right)^2 + 4 \left(\frac{S}{2 y \cos \varphi'} \frac{M_\eta}{\Theta} \alpha_0 \right)^2} \\ \alpha_0 = \frac{k_b}{1{,}3\, k_s} . \end{aligned} \right\} . \qquad 1)$$

Hierbei ist derjenige Querschnitt in Betracht zu ziehen, sowie für η derjenige Werth einzuführen, wodurch der Ausdruck auf der rechten Seite seinen Grösstwerth annimmt, und zu beachten, dass im Allgemeinen S und M_b nicht in ein und demselben Querschnitt ihre Grösstwerthe zu erlangen brauchen.

a) Kreisquerschnitt, Fig. 4, § 39.

Unter Voraussetzung der durch Fig. 1 dargestellten Belastungsweise ergiebt sich

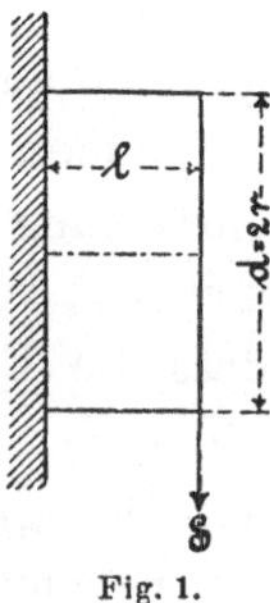

Fig. 1.

$$M_b = S\,l$$

und mit

$$\Theta = \frac{\pi}{4} r^4, \qquad \eta = r \sin \varphi',$$

$$\sigma = \frac{S\,l}{\frac{\pi}{4} r^4} r \sin \varphi' = \frac{4}{\pi} \frac{S\,l}{r^3} \sin \varphi'.$$

Gemäss § 39, Gleichung 6, ist

$$\tau' = \frac{4}{3} \frac{S}{\pi r^2} \cos \varphi',$$

somit nach Gleichung 8, § 48

$$k_b \geqq \max \left(\frac{\varepsilon_1}{\alpha}\right)$$

$$= 0{,}35 \frac{4}{\pi} \frac{Sl}{r^3} \sin \varphi' + 0{,}65 \sqrt{\left(\frac{4}{\pi} \frac{Sl}{r^3} \sin \varphi'\right)^2 + 4 \left(\frac{4}{3} \alpha_0 \frac{S}{\pi r^2} \cos \varphi'\right)^2},$$

$$k_b \geqq \max \left(\frac{\varepsilon_1}{\alpha}\right) = \frac{Sl}{\frac{\pi}{4} r^3} \left[0{,}35 \sin \varphi' + 0{,}65 \sqrt{\sin^2 \varphi' + \left(\frac{2}{3} \alpha_0 \frac{r}{l} \cos \varphi'\right)^2}\right].$$

Wird hierin das Anstrengungsverhältniss $\alpha_0 = 1$ gesetzt, d. h.

$$k_b = 1{,}3\, k_s \qquad \text{oder} \qquad k_s = 0{,}77\, k_b,$$

und ausserdem die von dem biegenden Moment herrührende Normalspannung

$$\frac{S\,l}{\frac{\pi}{4} r^3},$$

welche, in der äussersten Faser stattfindend, die massgebende Anstrengung sein würde, wenn die Schubkraft gleich Null wäre, durch σ_b ersetzt, so findet sich

$$k_b \geqq \max\left(\frac{\varepsilon_1}{\alpha}\right)$$

$$= \sigma_b\left[0{,}35 \sin\varphi' + 0{,}65\sqrt{\sin^2\varphi' + \left(\frac{2}{3}\frac{r}{l}\cos\varphi'\right)^2}\right]. \qquad 2)$$

Behufs Gewinnung eines Urtheils über das Gesetz, nach welchem sich die resultirende Anstrengung mit $\frac{r}{l}$ und φ' ändert, werde dieselbe für verschiedene Werthe von $\frac{r}{l}$ und φ' ermittelt.

α) $l = r = \frac{d}{2}$.

Aus Gleichung 2 wird

$$\max\left(\frac{\varepsilon_1}{\alpha}\right) = \sigma_b\left[0{,}35 \sin\varphi' + 0{,}65\sqrt{\sin^2\varphi' + \left(\frac{2}{3}\cos\varphi'\right)^2}\right]$$

und damit

für $\varphi' = 0^0$ $\max\left(\frac{\varepsilon_1}{\alpha}\right) = 0{,}43\,\sigma_b$ im Punkte 0, Fig. 2,

- $\sin\varphi' = 0{,}25$ $\max\left(\frac{\varepsilon_1}{\alpha}\right) = 0{,}54\,\sigma_b$ - - 1, -

- $\varphi' = 30^0$ $\max\left(\frac{\varepsilon_1}{\alpha}\right) = 0{,}67\,\sigma_b$ - - 2, -

- $\varphi' = 45^0$ $\max\left(\frac{\varepsilon_1}{\alpha}\right) = 0{,}80\,\sigma_b$ - - 3, -

- $\varphi' = 60^0$ $\max\left(\frac{\varepsilon_1}{\alpha}\right) = 0{,}91\,\sigma_b$ - - 4, -

- $\varphi' = 90^0$ $\max\left(\frac{\varepsilon_1}{\alpha}\right) = 1{,}00\,\sigma_b$ - - 5, -

Wir ziehen durch die Kreispunkte 0, 1, 2, 3, 4, 5, Fig. 2,

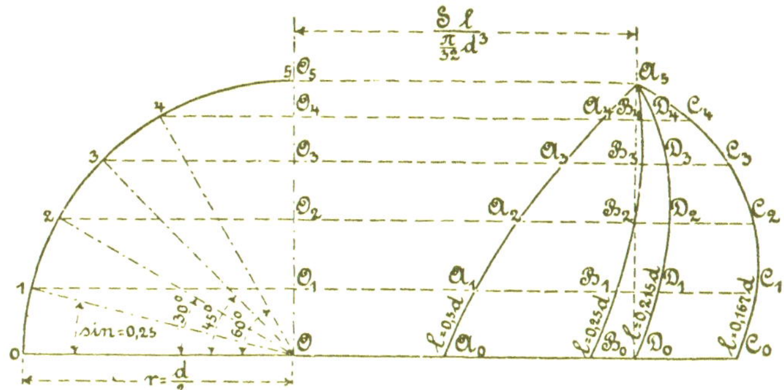

Fig. 2.

wagrechte Gerade und tragen alsdann von den Punkten O, O_1, O_2, O_3, O_4, O_5 des senkrechten Halbmessers $O\,O_5$ die Strecken

$$\overline{O A_0} = 0{,}43, \qquad \overline{O_1 A_1} = 0{,}54, \qquad \overline{O_2 A_2} = 0{,}67,$$

$$\overline{O_3 A_3} = 0{,}80, \qquad \overline{O_4 A_4} = 0{,}91, \qquad \overline{O_5 A_5} = 1{,}00$$

auf und erhalten so in der Schaulinie $A_0\,A_1\,A_2\,A_3\,A_4\,A_5$ ein Bild über das Gesetz, nach welchem sich die von σ und τ herrührende Anstrengung von Punkt zu Punkt des Umfanges ändert. Im Punkte 0 ist $\sigma = 0$, und deshalb τ' allein massgebend, im Punkte 5 dagegen ist $\tau' = 0$ und deshalb σ allein bestimmend für die Anstrengung. Wir erkennen, dass im vorliegenden Falle, d. h. bei

$$l = r = \frac{d}{2},$$

gemäss den Verhältnissen der Fig. 1, die der grössten Schubspannung entsprechende Anstrengung noch nicht die Hälfte derjenigen Anstrengung beträgt, welche im Umfangspunkte 5 durch die Normalspannung allein bedingt wird. Würde man, wie dies nicht selten für derartige Verhältnisse angegeben ist, den Stab auf Schubinanspruchnahme berechnen, so läge hierin ein Fehler von über 100 %.

$\beta)\ l = \frac{1}{2} r = \frac{d}{4}.$

Gleichung 2, welche hiermit übergeht in

$$\max\left(\frac{\varepsilon_1}{\alpha}\right) = \sigma_b \left[0{,}35 \sin\varphi' + 0{,}65 \sqrt{\sin^2\varphi' + \left(\frac{4}{3}\cos\varphi'\right)^2}\right]$$

liefert

$$\text{für}\quad \varphi' = 0^0 \quad \max\left(\frac{\varepsilon_1}{\alpha}\right) = 0{,}87\,\sigma_b,$$

$$-\quad \sin\varphi' = 0{,}25 \quad \max\left(\frac{\varepsilon_1}{\alpha}\right) = 0{,}94\,\sigma_b,$$

$$-\quad \varphi' = 30^0 \quad \max\left(\frac{\varepsilon_1}{\alpha}\right) = 0{,}99\,\sigma_b,$$

$$-\quad \varphi' = 45^0 \quad \max\left(\frac{\varepsilon_1}{\alpha}\right) = 1{,}01\,\sigma_b,$$

$$-\quad \varphi' = 60^0 \quad \max\left(\frac{\varepsilon_1}{\alpha}\right) = 1{,}01\,\sigma_b,$$

$$-\quad \varphi' = 90^0 \quad \max\left(\frac{\varepsilon_1}{\alpha}\right) = 1{,}00\,\sigma_b.$$

Die bildliche Darstellung liefert in Fig. 2 die Schaulinie $B_0 B_1 B_2 B_3 B_4 A_5$. Wir erkennen, dass auch für $l = 0{,}5\ r = 0{,}25\ d$ die grösste in der Nullachse eintretende Schubanstrengung noch wesentlich kleiner ist als die Anstrengung, welche im Punkte 5 von dem biegenden Moment allein veranlasst wird. Der Grösstwerth der resultirenden Anstrengung liegt zwischen $\varphi' = 45^0$ und $\varphi' = 60^0$ und überschreitet σ_b um rund 1,5 %.

$\gamma)\ l = \frac{1}{3} r = \frac{d}{6}.$

In gleicher Weise, wie unter α und β, erhalten wir hier

$$\max\left(\frac{\varepsilon_1}{\alpha}\right) = \sigma_b \left[0{,}35 \sin\varphi' + 0{,}65 \sqrt{\sin^2\varphi' + (2\cos\varphi')^2}\right]$$

und

$$\text{für} \quad \varphi' = 0^0 \quad \max\left(\frac{\varepsilon_1}{\alpha}\right) = 1{,}30\,\sigma_b,$$

$$- \quad \sin\varphi' = 0{,}25 \quad \max\left(\frac{\varepsilon_1}{\alpha}\right) = 1{,}35\,\sigma_b,$$

$$- \quad \varphi' = 30^0 \quad \max\left(\frac{\varepsilon_1}{\alpha}\right) = 1{,}35\,\sigma_b,$$

$$- \quad \varphi' = 45^0 \quad \max\left(\frac{\varepsilon_1}{\alpha}\right) = 1{,}28\,\sigma_b,$$

$$- \quad \varphi' = 60^0 \quad \max\left(\frac{\varepsilon_1}{\alpha}\right) = 1{,}16\,\sigma_b,$$

$$- \quad \varphi' = 90^0 \quad \max\left(\frac{\varepsilon_1}{\alpha}\right) = 1{,}00\,\sigma_b.$$

Die zugehörige Kurve ergiebt sich in $C_0 C_1 C_2 C_3 C_4 A_5$. Wie ersichtlich, überschreitet hier die Schubanstrengung in der Nullachse die Biegungsanstrengung im Punkt 5 um 30 %, also bedeutend. Der Grösstwerth der resultirenden Anstrengung findet sich in einem zwischen 0,25 r und 0,5 r gelegenen Abstande von der Nullachse und überschreitet die Anstrengung in Letzterer um etwa 4 %, also nur um wenig; hiernach würde es zulässig sein, bei

$$l = \frac{d}{6}$$

den Stab nur auf Schubinanspruchnahme zu berechnen.

δ) $l = 0{,}43\,r = 0{,}215\,d.$

Im Falle

$$l = \frac{d}{4}$$

ergab sich die Schubanstrengung in der Stabmitte zu 0,87 der Biegungsanstrengung im Abstande r, für

$$l = \frac{d}{6}$$

dagegen um 30 % grösser als die Letztere. Es ist nun von Interesse, festzustellen, für welches Verhältniss $l : r$ beide gleich werden.

Dasselbe muss nach Gleichung 2 mit

$$\max\left(\frac{\varepsilon_1}{\alpha}\right) = \sigma_b \qquad \varphi' = 0$$

sich ergeben aus

$$1 = 0{,}65 \frac{2}{3} \frac{r}{l}$$

zu

$$\frac{l}{r} = \frac{1{,}3}{3} = 0{,}43.$$

Wird dieser Werth in Gleichung 2 eingeführt, so folgt

$$\max\left(\frac{\varepsilon_1}{\alpha}\right) = \sigma_b \left[0{,}35 \sin \varphi' + 0{,}65 \sqrt{\sin^2 \varphi' + \left(\frac{2}{3} \frac{3}{1{,}3} \cos \varphi'\right)^2}\right]$$

und hieraus

$$\text{für} \quad \varphi' = 0^0 \qquad \max\left(\frac{\varepsilon_1}{\alpha}\right) = 1{,}00\, \sigma_b,$$

$$\text{-} \quad \sin \varphi' = 0{,}25 \qquad \max\left(\frac{\varepsilon_1}{\alpha}\right) = 1{,}07\, \sigma_b,$$

$$\text{-} \quad \varphi' = 30^0 \qquad \max\left(\frac{\varepsilon_1}{\alpha}\right) = 1{,}10\, \sigma_b,$$

$$\text{-} \quad \varphi' = 45^0 \qquad \max\left(\frac{\varepsilon_1}{\alpha}\right) = 1{,}09\, \sigma_b,$$

$$\text{-} \quad \varphi' = 60^0 \qquad \max\left(\frac{\varepsilon_1}{\alpha}\right) = 1{,}06\, \sigma_b,$$

$$\text{-} \quad \varphi' = 90^0 \qquad \max\left(\frac{\varepsilon_1}{\alpha}\right) = 1{,}00\, \sigma_b.$$

Die bildliche Darstellung liefert in Fig. 2 die Schaulinie $D_0 D_1 D_2 D_3 D_4 A_5$ mit dem Grösstwerth der Anstrengung ungefähr in halber Höhe. Derselbe beträgt rund 10% mehr als die Schubanstrengung in der Nullachse und um ebensoviel mehr als die Biegungsanstrengung im Punkte 5.

Fassen wir das im Vorstehenden unter α bis δ Gefundene zusammen, so ergiebt sich Folgendes:

Bei der Belastungsweise des kreiscylindrischen Stabes nach Fig. 1 genügt es, denselben mit Rücksicht auf die Biegungsanstrengung

$$\sigma_b = \frac{S\,l}{\frac{\pi}{32}d^3} = \sim \frac{10\,S\,l}{d^3}$$

allein zu berechnen, so lange l nicht wesentlich kleiner als $\frac{d}{4}$ ist. Beträgt l erheblich weniger als $\frac{d}{4}$, so erscheint es ausreichend, nur die Schubanstrengung

$$\tau = \frac{4}{3}\,\frac{S}{\frac{\pi}{4}d^2}$$

zu berücksichtigen[1]).

Der etwaige Fehler, der hierbei begangen wird und nach Massgabe der soeben durchgeführten Berechnungen beurtheilt werden kann, liegt innerhalb des Genauigkeitsgrades, welcher bei Festigkeitsrechnungen erreichbar zu sein pflegt.

Die Berechnung auf Schubanstrengung allein in Fällen, in denen

$$l \geqq \frac{d}{4},$$

erscheint unzutreffend, insbesondere dann, wenn

$$\tau = \frac{S}{\frac{\pi}{4}d^2}$$

gesetzt wird.

(Vergl. auch die in § 40 mitgetheilten Versuchsergebnisse, sowie die Fussbemerkung S. 364.)

---

[1]) Hiernach hat die Bestimmung der Abmessungen des Körpers von gleichem Widerstande, Fig. 3, § 19, in der Nähe der Punkte A und B zu erfolgen, wobei

$$S = P\frac{b}{l}, \quad \text{bezw.} \quad P\frac{a}{l}$$

ist. Streng genommen wäre die Stabform überhaupt auf Grund der Gleichung 1 festzustellen und hierbei darauf Rücksicht zu nehmen, dass die Kraft P, wie auch S über eine, wenn auch kleine Strecke vertheilt angreift.

Ist das Anstrengungsverhältniss α_0 von 1, welcher Werth den besonderen Erörterungen unter α bis δ zu Grunde liegt, wesentlich verschieden, so wird auf die Gleichung

$$\max\left(\frac{\varepsilon_1}{\alpha}\right) = \sigma_b \left[0,35 \sin\varphi' + 0,65 \sqrt{\sin^2\varphi' + \left(\frac{2}{3}\,\alpha_0\,\frac{r}{l}\,\cos\varphi'\right)^2}\,\right]$$

zurückgegriffen werden müssen.

b) Rechteckiger Querschnitt.

In ganz entsprechender Weise, wie unter a) gelangen wir, sofern b die Breite, h die Höhe des Rechtecks bedeutet und die Richtung von S parallel zu h läuft, mit

$$M_b = S\,l \text{ (s. Fig. 1)}$$

zu

$$\sigma = \frac{S\,l}{\frac{1}{12}\,b\,h^3}\,\eta,$$

und nach Gleichung 1, § 38, zu

$$\tau = \frac{3}{2}\,\frac{S}{b\,h}\left[1 - \left(\frac{\eta}{\frac{h}{2}}\right)^2\right],$$

giltig für die Spannungen im Abstande η von der Nullachse.

Unter der Voraussetzung $\alpha_0 = 1$ liefert Gleichung 1

$$k_b \geqq \max\left(\frac{\varepsilon_1}{\alpha}\right)$$

$$= \sigma_b \left\{0,35 \cdot \frac{\eta}{\frac{h}{2}} + 0,65 \sqrt{\left(\frac{\eta}{\frac{h}{2}}\right)^2 + \frac{1}{4}\left(\frac{h}{l}\right)^2 \left[1 - \left(\frac{\eta}{\frac{h}{2}}\right)^2\right]^2}\,\right\}, \quad 3)$$

wenn die Biegungsspannung der äussersten Faser

$$\frac{S\,l}{\frac{1}{6}\,b\,h^2} = \sigma_b$$

gesetzt wird.

Wählen wir $l = 0{,}325\, h$, so findet sich

$$\text{für } \eta = 0 \quad \max\left(\frac{\varepsilon_1}{\alpha}\right) = 1{,}00\, \sigma_b,$$

$$- \quad \eta = \frac{1}{8} h \quad \max\left(\frac{\varepsilon_1}{\alpha}\right) = 1{,}04\, \sigma_b,$$

$$- \quad \eta = \frac{1}{4} h \quad \max\left(\frac{\varepsilon_1}{\alpha}\right) = 0{,}99\, \sigma_b,$$

$$- \quad \eta = \frac{3}{8} h \quad \max\left(\frac{\varepsilon_1}{\alpha}\right) = 0{,}91\, \sigma_b,$$

$$- \quad \eta = \frac{1}{2} h \quad \max\left(\frac{\varepsilon_1}{\alpha}\right) = 1{,}00\, \sigma_b.$$

Die bildliche Darstellung giebt die Fig. 3. Wie ersichtlich, erlangt die Anstrengung zwischen der Nullachse und

$$\eta = \frac{h}{2}$$

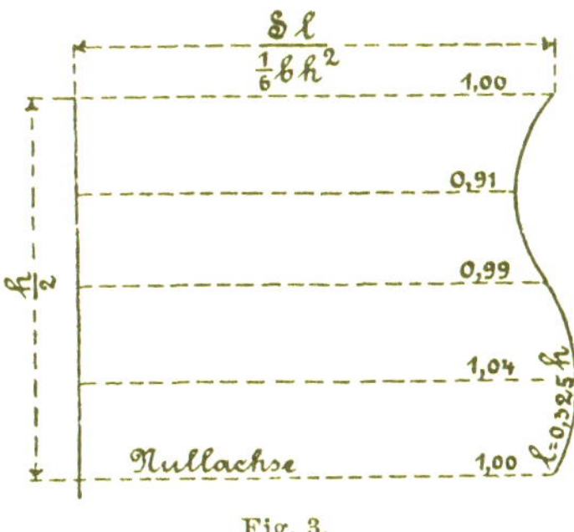

Fig. 3.

einen grössten und einen kleinsten Werth. Ersterer überschreitet σ_b um etwa 4 %, Letzterer bleibt um 9 % darunter. Die Anstrengung in der Nullachse (lediglich Schub) ist gleich der Anstrengung in der äussersten Faser (nur Biegung). Würde $l < 0{,}325\, h$ genommen, so übersteigt die Erstere die Letztere; für $l > 0{,}325\, h$ tritt das Entgegengesetzte ein.

Demgemäss folgt:

Ist bei dem Stabe mit rechteckigem Querschnitt, belastet nach Massgabe der Fig. 1, $l \geqq 0{,}325\, h$, so genügt es, ihn mit Rücksicht auf die Biegungsbeanspruchung

$$\sigma_b = \frac{6\, S\, l}{b\, h^2}$$

allein zu berechnen; beträgt dagegen $l \leqq 0{,}325\, h$, so reicht es aus, lediglich die Schubbeanspruchung

$$\tau = \frac{3}{2} \frac{S}{b\, h}$$

der Berechnung zu Grunde zu legen[1]).

Die Rücksichtnahme auf die Schubkraft allein, bei l erheblich grösser als $0{,}325\, h$, muss unzutreffende Ergebnisse liefern. (Vergl. Fussbemerkung S. 364.)

Wenn das Anstrengungsverhältniss α_0 von 1 wesentlich abweicht, so ist auf Gleichung 1 zurückzugehen.

c) I-Querschnitt.

Für Querschnitte dieser und ähnlicher Art lassen sich so einfache Festsetzungen, wie sie unter a) und b) für den Kreis, bezw. das Rechteck ausgesprochen werden konnten, nicht aufstellen. Hier muss im einzelnen Falle die Gleichung 1 unter Beachtung der daselbst angeschlossenen Bemerkung sowie des in § 39 d Gesagten zum Ausgangspunkt genommen werden.

Hinsichtlich der erforderlichen Stärke des Steges pflegt für den Fall, dass nicht Herstellungsrücksichten die Entscheidung treffen, die Fernhaltung von Ausbiegungen (Knickung) und nicht die Schubspannung in der Nullachse bestimmend zu sein, namentlich dann, wenn die Belastung des Trägers örtlich zusammengedrängt angreift, wie Versuche mit eisernen I-Trägern lehren und wie sich auch unter Beachtung der geringen Widerstandsfähigkeit verhältnissmässig dünner Wandungen gegenüber

---

[1]) Hiernach sind die Abmessungen der in der Nähe des Punktes B gelegenen Querschnitte der Körper gleicher Festigkeit, Fig. 1 und Fig. 2, § 19, zu bestimmen. Vergl. auch Fussbemerkung zu a, S. 439.

Fig. 4, § 52.

Einflüssen, welche auf seitliche Ausbiegung hinwirken, aus dem unter „IV. Knickung“ Erörterten ohne Weiteres ergiebt, selbst unter Voraussetzung einer (in Bezug auf den Trägerquerschnitt) symmetrischen Belastung. Oft ist jedoch auf eine solche nicht zu rechnen, beispielsweise dann nicht, wenn die Belastung durch Querbalken erfolgt, die mit ihren Enden aufliegen. Indem sich dieselben unter ihrer Last durchbiegen, belasten sie den inneren Theil der Trägerflansche stärker, während der äussere Theil entlastet wird. Die Kraft geht nicht mehr durch die Mitte des Steges; sie kann bei entsprechender Flanschenbreite für den Steg unter Umständen ein verhältnissmässig sehr bedeutendes Biegungsmoment ergeben.

Um die Formänderung eines in der Mitte hinsichtlich des Querschnittes symmetrisch belasteten und an den Enden unterstützten Trägers deutlich erkennen zu lassen, wurde ein Träger von 200 mm Höhe aus Hartblei[1]) (Flanschen: 70 mm breit, 20 mm stark, Steg: 10 mm stark, Entfernung der Auflager 500 mm) vor der Belastung mit einem Quadratnetz versehen. Fig. 4, Taf. XV, giebt das Bild des mittleren Theiles dieses Trägers, wie er sich infolge der Belastung gestaltet hat, wieder. Von Interesse ist namentlich die Verfolgung der Aenderungen, welche die Form einzelner Quadrate erfahren hat.

2. *Formänderung.*

a) Im Allgemeinen.

Ein prismatischer Stab sei in der aus Fig. 4, § 20, ersichtlichen Weise belastet. Die auf denselben wirkenden äusseren Kräfte ergeben — abgesehen von dem Eigengewicht —

a) für jeden innerhalb der Strecke AB gelegenen Querschnitt ein biegendes Kräftepaar vom konstanten Moment $M_b = Pa$; infolgedessen die elastische Linie zwischen A und B (vergl. § 16, Gleichung 8) einen Kreisbogen vom Halbmesser

$$\varrho = \frac{\Theta}{\alpha M_b}$$

bildet;

[1]) Vergl. Fussbemerkung S. 296.

b) für die Querschnitte ausserhalb der Strecke AB, je nach ihrem Abstand von der Querschnittsebene A, bezw. B ein verschieden grosses, zwischen Pa (im Querschnitt bei A, bezw. B) und Null (in den Endquerschnitten) liegendes Moment und eine Schubkraft P.

Um uns ein anschauliches Bild über die hierbei auftretenden Formänderungen zu verschaffen, ziehen wir auf dem unbelasteten Stabe, dessen Querschnitt ein Rechteck mit der Breite b und der in der Bildebene liegenden Höhe h sein mag, nach Massgabe der Fig. 5, welche den halben Stab von der Länge $a + \frac{l}{2}$ darstellt, gerade Linien und zwar zunächst parallel zur Stabachse, die als Achsenlinien bezeichnet werden sollen, und sodann senkrecht zu Letzteren, d. s. Querschnittslinien, je in gleichem Abstande von einander. Hierdurch wird die Seitenfläche von der Höhe h in eine Anzahl gleicher Rechtecke eingetheilt.

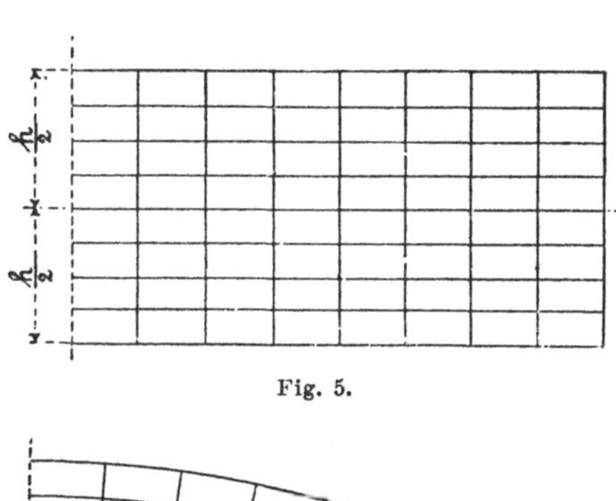

Fig. 5.

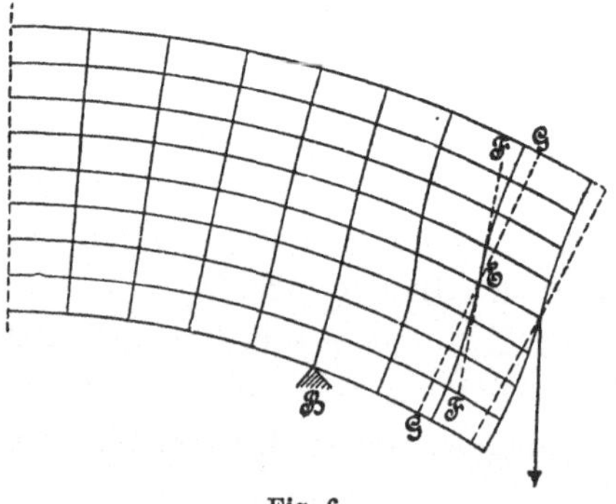

Fig. 6.

Unter Einwirkung der Belastung — Fig. 4, § 20 — wird der Stab eine Aenderung seiner Gestalt erfahren, wobei die Rechtecke ebenfalls ihre Form ändern müssen.

Für die Stabquerschnitte zwischen A und B liefert die Belastung, wie oben unter a) bereits hervorgehoben wurde, lediglich ein biegendes Moment. Demgemäss werden nach § 16 die oberhalb der Nullachse gelegenen Fasern eine mit ihrem Abstande von dieser zunehmende Dehnung, die unterhalb gelegenen eine entsprechende Zusammendrückung erfahren. Die ursprünglich parallelen Querschnitte sind jetzt gegen einander geneigt, ihr früherer Abstand ist nur noch in der Stabachse vorhanden. Es treten lediglich Normalspannungen auf, Schubspannungen fehlen; infolgedessen müssen die auf die Stabfläche gezeichneten Achsen- und Querschnittslinien die rechten Winkel, unter denen sie sich ursprünglich schnitten, beibehalten: die ursprünglichen Rechtecke gehen in Kreisringsektoren über. Fig. 6 lässt dieselben für die rechte Hälfte von AB (Fig. 4, § 20) erkennen.

Auf die rechts von B gelegenen Querschnitte wirkt, wie oben unter b) bereits bemerkt, ausser dem biegenden Moment noch eine Schubkraft, welche Schubspannungen wachruft, die nach § 38 (s. namentlich Fig. 4, § 38) im Abstande $+\frac{h}{2}$ und $-\frac{h}{2}$ von der Nullachse, d. h. in der oberen und in der unteren Begrenzungsfläche des Stabes, sofern hier äussere Kräfte nicht angreifen, Null sein müssen, während sie nach der Achse hin zunehmen und in Letzterer den grössten Werth erreichen. Daraus folgt, dass die auf der Staboberfläche gezogenen Querschnittslinien auch ausserhalb der Strecke AB — Fig. 4, § 20 — die im Abstande $+\frac{h}{2}$ und $-\frac{h}{2}$ befindlichen Begrenzungslinien da, wo äussere Kräfte nicht angreifen, rechtwinklig schneiden müssen, dass sie dagegen die nach der Stabachse zu gelegenen Achsenlinien schiefwinklig zu treffen haben. Die Abweichung von der Rechtwinkligkeit wird in der Stabachse ihren grössten Werth erreichen. Nach Fig. 6 muss, sofern GG in E senkrecht zur gekrümmten Stabachse und FF Tangente im Punkte E der Querschnittslinie ist, dieser Grösstwerth gleich dem Bogen γ_{max} des Winkels FEG sein und mit der durch Gleichung 2, § 38, bestimmten Schubspannung

$$\tau_{max} = \frac{3}{2}\frac{P}{bh}$$

in der Beziehung

$$\gamma_{max} = \beta\,\tau_{max}$$

stehen, worin β den Schubkoefficienten bedeutet (§ 29). Für eine beliebige, um η von der Nullachse abstehende Stelle ist die Schubspannung nach Gleichung 1, § 38

$$\tau = \frac{3}{2}\,\frac{P}{b\,h}\left[1 - \left(\frac{\eta}{\frac{h}{2}}\right)^2\right]$$

und somit die Abweichung von der Rechtwinkligkeit

$$\gamma = \beta\,\tau = \frac{3}{2}\,\frac{P}{b\,h}\left[1 - \left(\frac{\eta}{\frac{h}{2}}\right)^2\right]\beta.$$

Für

$$\eta = \pm\frac{h}{2}$$

wird $\gamma = 0$, wie bereits hervorgehoben.

Dem Vorstehenden gemäss wird der ursprünglich ebene Querschnitt auch dann, wenn er unter Einfluss des biegenden Momentes eben geblieben ist, durch die Einwirkung der Schubkraft in eine gekrümmte Fläche übergehen, wie dies Fig. 6 rechts von B — in übertrieben gezeichneter Weise — erkennen lässt. Diese Wölbungslinie, welche in der Stabachse einen Wendepunkt besitzt, ist hiernach eine nothwendige Folge der besprochenen Veränderlichkeit der Schubspannung. Eine strenge Darstellung derselben wird zu berücksichtigen haben, dass die äusseren Kräfte nicht in einem Punkte oder einer Linie, sondern in einer Fläche den Stab treffen, sodass also beispielsweise die Querschnitte unmittelbar rechts vom Mittelpunkte oder der Mittelebene B des Auflagers nicht sofort die volle Krümmung annehmen, während die unmittelbar links davon gelegenen auch nicht mehr vollkommen eben sein können.

Die Feststellung der besprochenen Querschnittswölbung auf dem Wege des Versuches begegnet grossen Schwierigkeiten. Um die Krümmung deutlich zu machen, sind im Vergleich zur Länge verhältnissmässig hohe Stäbe zu verwenden; dann aber müssen zur

Fig. 8, § 52.

Fig. 12, § 64.

Herbeiführung einer für den bezeichneten Zweck genügenden Formänderung so bedeutende Kräfte auf verhältnissmässig kleine Theile der Staboberfläche wirken, dass hier starke örtliche Formänderungen eintreten, welche die Reinheit des Bildes erheblich beeinträchtigen. Soll dieser Uebelstand vermieden werden, so wird man suchen müssen, dem Stabe eine solche Gestalt zu geben, dass schon weit kleinere Schubkräfte erhebliche Schubspannungen wachrufen. Ein solcher Körper ist in Fig. 7 dargestellt: I-Träger, in der Mittellinie zum Theil ausgebohrt, sodass zur Uebertragung der

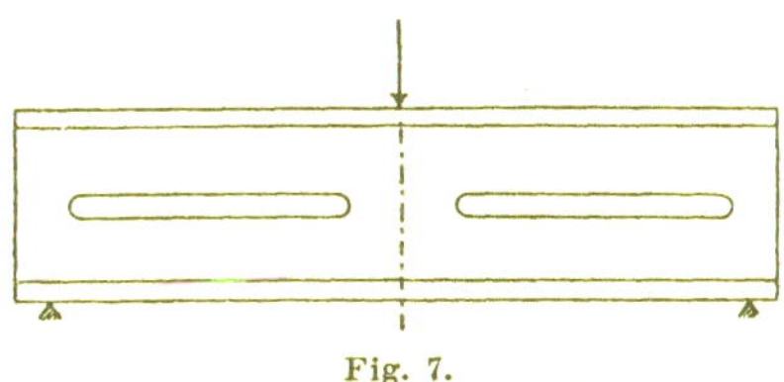

Fig. 7.

Schubkräfte in der Stabachse nur ein verhältnissmässig kleiner Querschnitt zur Verfügung steht, weshalb hier die Schubspannungen bedeutend ausfallen müssen. Wird der Stab in der Mitte belastet und an den Enden unterstützt, so nimmt die ursprünglich ebene Stirnfläche die Gestalt Fig 8 (Schmiedeisenträger), Taf. XVI, an. Dieselbe entspricht der Form, welche in Fig. 6 rechts von B angegeben wurde: Die gedrückten Fasern widerstreben der Verkürzung, die gezogenen der Verlängerung infolge der Kleinheit des Querschnittes, durch welchen sich die Druckkräfte (oberhalb der Nullachse) und die Zugkräfte (unterhalb dieser Achse) in's Gleichgewicht setzen, mit sichtbarem Erfolg.

Wie das rechts gezeichnete Trägerende erkennen lässt, erfolgt das innen seinen Anfang nehmende Einreissen des Stabes zunächst in einer Richtung von ungefähr 45^0 gegen die Richtung der Schubspannung, entsprechend dem Umstande, dass die Dehnung, welche mit der Schubspannung verknüpft ist, unter einem Winkel von 45^0 zu dieser ihren grössten Werth erreicht (§ 31, Ziff. 1).

b) Durchbiegung mit Rücksicht auf die Schubkraft.

Ein prismatischer Stab sei auf zwei um l von einander abstehenden Stützen aufgelagert und in der Mitte durch die Kraft P belastet. Die Durchbiegung, welche von P veranlasst wird, setzt sich aus zwei Theilen zusammen: aus derjenigen Durchbiegung, welche von dem biegenden Moment $\left(\text{in der Mitte } M_b = \frac{Pl}{4}\right)$ allein verursacht wird, und aus der Verschiebung, welche die Querschnitte durch die Schubkraft $\frac{P}{2}$ (Auflagerdruck) erfahren.

Die Durchbiegung der ursprünglich geraden Stabachse im mittleren Querschnitt infolge des biegenden Moments beträgt nach Gleichung 14, § 18

$$y' = \frac{\alpha}{48} \frac{Pl^3}{\Theta},$$

sofern Θ das gegenüber der Biegung in Betracht kommende Trägheitsmoment des Stabquerschnittes bedeutet.

Zur Feststellung desjenigen Theiles der thatsächlichen Durchbiegung, welcher von der Verschiebung der Querschnitte herrührt, führt die nachstehende Betrachtung.

$ABCD$, Fig. 9, sei ein zwischen den beiden Querschnitten AC und BD gelegenes Körperelement des unbelasteten Stabes.

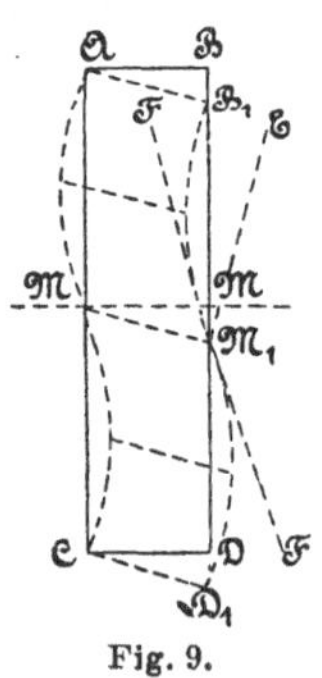

Fig. 9.

Denken wir uns jetzt im Querschnitte BD eine abwärts wirkende Schubkraft S thätig, während AC festgehalten wird, so rückt der Querschnitt BD um einen gewissen Betrag $\overline{BB_1} = \overline{MM_1} = \overline{DD_1}$ abwärts. Unter der Voraussetzung gleichmässiger Vertheilung der Schubkraft S über den Querschnitt würde die Aenderung des Körperelements darin bestehen, dass das Rechteck $ABDC$ in das Parallelogramm AB_1D_1C übergeht. Die Querschnitte würden Ebenen bleiben. Da nun aber die Schubspannungen von der Mitte nach aussen (d. i. von M_1 nach B_1 und D_1) hin bis auf Null abnehmen, so müssen dies die Schiebungen ebenfalls thun und damit auch die äussersten Elemente der Querschnittslinien die Begrenzungsstrecken AB_1 und CD_1 senkrecht schneiden, d. h. die Querschnitte müssen sich krümmen, wie in Fig. 9 gestrichelt angegeben ist. Die Strecke MM_1 der Achse, welche ursprünglich die Lage MM einnahm und hierbei mit der Querschnittslinie BD einen rechten Winkel bildete, weist jetzt, sofern $M_1E \perp MM_1$ und FF Tangente im Punkte M_1 der Querschnittslinie ist, eine Abweichung um den Winkel FM_1E von dieser Rechtwinkligkeit auf. Nach aussen hin nimmt diese Abweichung ab bis auf Null. Wie wir wiederholt gesehen, misst der Bogen γ, welcher diesem Abweichungswinkel entspricht, die Schiebung und steht nach Gleichung 2, § 29, zu der Schubspannung τ an der betreffenden Stelle in der Beziehung

$$\gamma = \beta \tau.$$

Für die Stabachse weist $\gamma\,(\tau)$ seinen Grösstwerth auf und zwar ist

$$\gamma_{max} = \operatorname{tg} \measuredangle\, EM_1F = \sim \operatorname{arc} \measuredangle\, EM_1F.$$

Der Winkel EM_1F setzt sich aus zwei Theilen zusammen, nämlich

$$\measuredangle\, EM_1F = \measuredangle\, EM_1B_1 + \measuredangle\, B_1M_1F.$$

Der erste Theil ist gleich

$$\measuredangle\, BAB_1 = \measuredangle\, MMM_1 = \measuredangle\, DCD_1.$$

Er entspricht also der senkrechten Verschiebung des ganzen Querschnitts, während der zweite Theil die Folge der Querschnittskrümmung ist. Für die Ermittlung der Durchbiegung y'' infolge der Verschiebung des Querschnitts kann demnach nur der erste Theil in Betracht kommen[1]). Dieselbe erscheint dadurch bestimmt,

[1]) Die Ermittlung der von der Schubkraft S bewirkten Durchbiegung y' nach dem Vorgange Poncelet's und Grashof's — Theorie der Elasticität und Festigkeit, 1878, S. 213 u. f. — derart, dass gesetzt wird

$$y'' = \int \gamma_{max}\, dx = \beta \int \tau_{max}\, dx,$$

muss, wie vorstehende Darlegung erkennen lässt, y'' zu gross ergeben. In den-

dass die mechanische Arbeit, welche die Schubkraft beim Sinken um $\overline{BB_1} = \overline{MM_1} = \overline{DD_1}$ verrichtet, gleich sein muss der Summe der Arbeiten der Schubspannungen beim Uebergang des Stabelementes $ABCD$ in die Form AB_1CD_1 mit gekrümmter Querschnittsfläche.

---

jenigen Fällen, in welchen die Rücksichtnahme auf y'' überhaupt in Frage zu kommen pflegt (vergl. § 22, S. 230 und 231, auch weiter oben), ist übrigens der Einfluss dieses Zugross nicht von erheblicher Bedeutung.

Die vorstehende Betrachtung über die Wölbung der ursprünglich ebenen Querschnitte eines durch Schub in Anspruch genommenen Körpers lässt sich auch auf den durch ein drehendes Kräftepaar belasteten Stab übertragen, wie folgende Bemerkungen, die der Einfachheit wegen einen bestimmten und zwar rechteckigen Querschnitt voraussetzen mögen, erkennen lassen.

Das Gesetz, nach welchem sich die Schubspannung in den Querschnittselementen der Umfangsstrecke AC des auf Drehung beanspruchten rechteckigen Stabes, Fig. 3, § 34, ändert, ist das gleiche, dem die Schubspannungen des durch die Schubkraft belasteten rechteckigen Stabes, Fig. 4, § 38, folgen; bei beiden Körpern entspricht der Verlauf der Spannungskurve einer Parabel. Wir haben demnach im ersteren Falle (Drehung) für die in der Umfangsstrecke AC liegenden Querschnittselemente auch dasselbe Krümmungsgesetz zu erwarten, wie im zweiten Falle. Thatsächlich zeigen die auf der Staboberfläche liegenden Querschnittslinien der Fig. 1, Taf. IX, den gleichen Verlauf, der sich in Fig. 8 fand. Auch für Fig. 1, Taf. IX, ergiebt die Abweichung von der Rechtwinkligkeit, d. i. der Winkel, welcher die Schiebung und damit die Schubspannung misst, zwei Theile, von denen der eine die Verschiebung der Querschnittselemente senkrecht zur Stabachse bestimmt, während der andere der eingetretenen Neigung des Querschnittselements entspricht. Für die Mitte der längeren Seite erreichen beide den grössten Werth. Hier wird ihre Summe gemessen durch das Produkt aus τ'_a (Gleichung 4, § 34) und β, während der erste Theil durch den Drehungswinkel ϑ (Gleichung 9, § 43) bestimmt erscheint, so dass der zweite Theil, d. i. die Neigung, welche die gewölbte Querschnittslinie, Fig. 1, Taf. IX, in der Mitte der längeren Seite (im Wendepunkte) gegenüber dem ursprünglichen Querschnitt besitzt, den Bogen

$$4{,}5 \frac{M_d}{b^2 h} \beta - 3{,}6 \frac{b^2 + h^2}{b^3 h^3} M_d \beta \frac{b}{2} = 4{,}5 \frac{M_d}{b^2 h} \left[0{,}6 - 0{,}4 \left(\frac{b}{h}\right)^2\right] \beta$$

$$= \tau'_a \left[0{,}6 - 0{,}4 \left(\frac{b}{h}\right)^2\right] \beta$$

ergiebt.

Je grösser h im Vergleich zu b, um so bedeutender wird diese Neigung; sie nähert sich hierbei asymptotisch dem Werthe

$$4{,}5 . 0{,}6 \frac{M_d}{b^2 h} \beta = 2{,}7 \frac{M_d}{b^2 h} \beta = 0{,}6 \, \tau'_a \, \beta.$$

Nach § 44 findet sich für die mechanische Arbeit, welche die Formänderung des $\overline{AB} = \overline{MM} = \overline{CD} = dx$ langen Körperelementes bei der Verschiebung fordert,

$$\frac{\beta}{2} dx \iint \tau^2 \, d\eta \, dz.$$

Für $h = b = a$, d. h. für den quadratischen Querschnitt wird sie am kleinsten, nämlich gleich

$$4{,}5 \, . \, 0{,}2 \frac{M_d}{a^3} \beta = 0{,}9 \frac{M_d}{a^3} \beta = 0{,}2 \, \tau'_a \, \beta.$$

Fig. 1, Taf. IX und Fig. 2, Taf. X (vergl. je die gewölbte Querschnittslinie mit der ursprünglich geraden, durch Striche bezeichneten Querschnittslinie) bestätigen die Abnahme der Neigung mit Näherung von h an b.

Würde man z. B. für den quadratischen Querschnitt diese Neigung dem eigentlichen Drehungswinkel zuzählen, indem man setzt

$$\vartheta \frac{a}{2} = \tau'_a \, \beta = 4{,}5 \frac{M_d}{a^3} \beta,$$

so ergäbe sich

$$\vartheta = 9 \frac{M_d}{a^4} \beta,$$

welcher Werth mit der von Grashof in seiner Theorie der Elasticität und Festigkeit 1878, S. 144 gefundenen Grösse (Gleichung 246) übereinstimmt.

Nach Massgabe unserer Darlegungen erscheint somit diese um

$$100 \frac{9 - 7{,}2}{7{,}2} = 25\,\%$$

zu gross. Wie aus den Erörterungen des Verfassers „über die heutige Grundlage der Berechnung auf Drehung beanspruchter Körper“ in der Zeitschrift des Vereines deutscher Ingenieure 1889, S. 139 (oder auch „Abhandlungen und Berichte“ 1897, S. 81 u. f.) erhellt, ergiebt sich in Uebereinstimmung hiermit der Drehungswinkel nach der Grashof'schen Gleichung

für Gusseisen um

$$100 \frac{1{,}43 - 1{,}20}{1{,}20} = 19\,\%,$$

für Schmiedeisen und Stahl um

$$100 \frac{0{,}883 - 0{,}696}{0{,}696} = 27\,\%$$

grösser, als Bauschinger durch Messung bestimmte (vergl. auch Schluss von § 43).

Hierin ist unter Bezugnahme auf Fig. 1, § 39 und nach Gleichung 3, § 39

$$\tau = \frac{S}{2\,y\cos\varphi}\,\frac{M_\eta}{\Theta}$$

die Schubspannung in dem um z von der η-Achse abstehenden Punkte P, der mit dem Flächenelemente $d\eta\,dz$ zusammenfällt.

Wird nun $\overline{BB_1} = \overline{MM_1} = \overline{DD_1}$ mit dy'' bezeichnet, so erhalten wir

$$\frac{1}{2}\,S\,dy'' = \frac{\beta}{2}\,dx \int\!\!\int \tau^2\,d\eta\,dz$$

$$dy'' = \frac{\beta}{S}\,dx \int\!\!\int \tau^2\,d\eta\,dz$$

$$y'' = \beta \int \frac{dx}{S} \int\!\!\int \tau^2\,d\eta\,dz, \quad \ldots\ldots \quad 4)$$

sofern der Schubkoefficient β unveränderlich ist.

Beispielsweise findet sich für den rechteckigen Querschnitt von der Breite b und der Höhe h (vergl. Schluss von § 44), da hier wegen $\varphi = \varphi' = 0$ die Schubspannung für alle in demselben Abstande η gelegenen Flächenelemente gleich ist, nämlich

$$\tau' = \tau = \frac{3}{2}\,\frac{S}{bh}\left[1 - \left(\frac{\eta}{\frac{h}{2}}\right)^2\right],$$

sodass an die Stelle von $d\eta\,dz$ sofort der Flächenstreifen $b\,d\eta$ treten kann,

$$y'' = \frac{9}{4}\,\beta \int \frac{S\,dx}{b\,h^2} \int_{-\frac{h}{2}}^{+\frac{h}{2}} \left[1 - \left(\frac{\eta}{\frac{h}{2}}\right)^2\right]^2 d\eta = \frac{6}{5}\,\beta \int \frac{S}{bh}\,dx \quad 5)$$

und bei Unveränderlichkeit von S, b und h innerhalb der Strecke x

$$y'' = \frac{6}{5}\,\beta\,\frac{S}{bh}\,x,$$

d. i. $\frac{6}{5} = 1{,}2$ mal so gross, als wenn die Schubkraft sich gleichmässig über den Querschnitt vertheilt haben würde.

Für den in der Mitte durch P belasteten prismatischen Stab folgt unter Vernachlässigung des Eigengewichtes wegen

$$S = \frac{P}{2},$$

$$y'' = \frac{6}{5}\beta \frac{\frac{1}{2}P}{b\,h}\,\frac{l}{2} = 0{,}3\,\beta\,\frac{P}{b\,h}\,l. \quad . \quad . \quad . \quad 6)$$

Hiernach die Gesammtdurchbiegung des rechteckigen Stabes in der Mitte

$$y' + y'' = \frac{\alpha}{48}\,\frac{P\,l^3}{\frac{1}{12}b\,h^3} + 0{,}3\,\beta\,\frac{P}{bh}\,l$$

$$= \left\{0{,}25\,\alpha\left(\frac{l}{h}\right)^2 + 0{,}3\,\beta\right\}\frac{P}{b\,h}\,l.$$

Wird der Schubkoefficient β nach Gleichung 3, § 31, durch

$$\beta = 2\,\frac{m+1}{m}\,\alpha$$

ersetzt, so folgt

$$y' + y'' = \left\{0{,}25\left(\frac{l}{h}\right)^2 + 0{,}6\,\frac{m+1}{m}\right\}\alpha\,\frac{P}{b\,h}\,l \quad . \quad 7)$$

und mit $m = \frac{10}{3}$

$$y' + y'' = \left\{0{,}25\left(\frac{l}{h}\right)^2 + 0{,}78\right\}\alpha\,\frac{P}{b\,h}\,l. \quad . \quad . \quad 8)$$

Hierin bestimmt das erste Glied der Klammer den Einfluss des biegenden Momentes auf die Durchbiegung, während das zweite denjenigen der Schubkraft zum Ausdruck bringt. Das Verhältniss von y'' zu y' ist demnach

$$\frac{y''}{y'} = \frac{0{,}78}{0{,}25\left(\frac{l}{h}\right)^2} = \frac{3{,}12}{\left(\frac{l}{h}\right)^2}.$$

Es beträgt

für $l =$	$2\,h$	$4\,h$	$8\,h$	$16\,h$
	0,78 : 1	0,195 : 1	0,049 : 1	0,012 : 1.

Von praktischer Bedeutung kann die Rücksichtnahme auf y'' werden, wenn es sich um die Ermittlung des Dehnungskoefficienten α aus Biegungsversuchen mit Stäben oder Trägern handelt, deren Höhe erheblich ist, worauf bereits § 22, Ziff. 1 aufmerksam gemacht wurde. Durch die bisher übliche Vernachlässigung von y'' beging man im Falle des rechteckigen Querschnittes bei $l = 1000$ mm und

$h = \frac{l}{4} = 250$ mm einen Fehler von 19,5 %,

$h = \frac{l}{8} = 125$ - - - - 4,9 -

$h = \frac{l}{16} = 62{,}5$ - - - - 1,2 -

Hieraus folgt, dass die Höhe der Stäbe verhältnissmässig nicht bedeutend sein darf, wenn die Ausserachtlassung von y'' zulässig erscheinen soll.

Allgemein wird zur Bestimmung von α oder $\frac{1}{\alpha}$ aus Versuchen mit Stäben von rechteckigem Querschnitt die Gleichung 7 zu verwenden sein. Dieselbe liefert

$$\alpha = \frac{b\,h}{\left\{0{,}25\left(\frac{l}{h}\right)^2 + 0{,}6\,\frac{m+1}{m}\right\}l} \cdot \frac{y' + y''}{P}.$$

Hierbei ist streng genommen m für das untersuchte Material besonders zu bestimmen; doch erweist sich der Einfluss der Abweichung der besonders ermittelten Werthe von dem Mittelwerth $\frac{10}{3}$

als so unbedeutend, dass es genügt, α aus der Gleichung 8, d. h. nach

$$\alpha = \frac{b\,h}{\left\{0{,}25\left(\frac{l}{h}\right)^2 + 0{,}78\right\} l} \; \frac{y' + y''}{P}$$

zu berechnen. $y' + y''$ wird zu jedem Werthe von P beobachtet und damit für jede Belastung der Dehnungskoefficient α bestimmbar.

Ganz bedeutenden Einfluss erlangt unter Umständen die Schubkraft auf die Durchbiegung bei I-Trägern, da hier im Steg die Querschnittsbreite gering, also γ und τ gross sein können. (Vergl. Zeitschrift des Vereines deutscher Ingenieure 1888, S. 222 u. f., sowie § 22, Ziff. 1.)

Der Einfluss des in § 46 erörterten Widerstandes, welcher aus Anlass des Gleitens der Staboberfläche auf den Stützen (infolge der Durchbiegung) entsteht, ist bei strengen Biegungsversuchen mit erheblich hohen Stäben durch Verwendung von Rollenauflagern nach Möglichkeit herabzumindern.

Im Falle des Kreisquerschnitts vom Halbmesser $r = \frac{d}{2}$ findet sich nach Gleichung 6, § 39, für die Umfangspunkte P' die Schubspannung

$$\tau' = \frac{4}{3} \frac{S}{\pi r^2} \cos \varphi'.$$

Die Schubspannung τ (Fig. 1, § 39), welche in dem beliebigen um η von der Nullachse und um z von der η-Achse abstehenden Punkt P wirkt, werde in ihre zwei Komponenten zerlegt:

die eine senkrecht zur y-Achse sei $\tau_y = \tau \cos \varphi$,
die andere senkrecht zur η-Achse $\tau_\eta = \tau \sin \varphi$.

Nach § 39 ist die Erstere für alle im gleichen Abstande η liegenden Flächenelemente konstant, also

$$\tau_y = \tau' \cos \varphi' = \frac{4}{3} \frac{S}{\pi r^2} \cos^2 \varphi' = \tau'_y,$$

während die Letztere, von aussen nach der Mitte zu bis auf Null abnehmend, in den Umfangspunkten P' die Grösse

$$\tau'_\eta = \tau' \sin \varphi' = \tau'_y \operatorname{tg} \varphi',$$

in dem beliebigen um z von der η-Achse abstehenden Punkte P den Werth

$$\tau_\eta = \tau_y \operatorname{tg} \varphi = \tau_y \frac{z}{y} \operatorname{tg} \varphi'$$

besitzt.

Wegen

$$\tau^2 = \tau_y^2 + \tau_\eta^2 = \left(1 + \frac{z^2}{y^2} \operatorname{tg}^2 \varphi'\right) \tau_y^2$$

ergiebt Gleichung 4

$$y'' = \beta \int \frac{dx}{S} \int \tau_y^2 \, d\eta \int_{-y}^{+y} \left(1 + \frac{z^2}{y^2} \operatorname{tg}^2 \varphi'\right) dz$$

$$= 2\beta \int \frac{dx}{S} \int \left(1 + \frac{1}{3} \operatorname{tg}^2 \varphi'\right) y \, \tau_y^2 \, d\eta.$$

Hieraus folgt mit

$$\tau_y = \frac{4}{3} \frac{S}{\pi r^2} \cos^2 \varphi', \quad y = r \cos \varphi', \quad d\eta = d(r \sin \varphi') = r \cos \varphi' \, d\varphi',$$

$$y'' = \frac{32\beta}{27 \pi r^2} \int S \, dx \int_{-\frac{\pi}{2}}^{+\frac{\pi}{2}} (3 + \operatorname{tg}^2 \varphi') \cos^6 \varphi' \, d\varphi'$$

$$= \frac{32\beta}{27 \pi r^2} \int S \, dx,$$

und sofern S unveränderlich innerhalb der Strecke x

$$y'' = \frac{32}{27} \beta \frac{S}{\pi r^2} x$$

d. i.

$\frac{32}{27} = 1{,}185$ mal so gross, als wenn die Schubkraft sich gleichmässig über den Querschnitt vertheilt haben würde.

Für den Fall des auf beide Enden im Abstande l gestützten und in der Mitte mit P belasteten Stabes ist unter Vernachlässigung des Eigengewichts $S = \frac{P}{2}$ und damit

$$y'' = \frac{32\,\beta}{27\,\pi r^2}\int_0^{\frac{l}{2}} \frac{P}{2}\,dx = \frac{32}{27}\,\beta\,\frac{\frac{P}{2}}{\pi r^2}\,\frac{l}{2}$$

$$= \frac{8}{27}\,\beta\,\frac{P}{\pi r^2}\,l = \frac{8}{27}\,\beta\,\frac{P}{\frac{\pi}{4}\,d^2}\,l. \quad . \quad . \quad . \quad . \quad 9)$$

Hiernach beträgt die Gesammtdurchbiegung

$$y' + y'' = \frac{\alpha}{48}\,\frac{P\,l^3}{\frac{\pi}{64}\,d^4} + \frac{32}{27}\,\beta\,\frac{P}{\pi\,d^2}\,l$$

$$= \left\{\frac{4}{3}\,\alpha\left(\frac{l}{d}\right)^2 + \frac{32}{27}\,\beta\right\}\frac{P}{\pi\,d^2}\,l.$$

Mit

$$\beta = 2\,\frac{m+1}{m}\,\alpha$$

wird

$$y' + y'' = \left\{\frac{1}{3}\left(\frac{l}{d}\right)^2 + \frac{16}{27}\,\frac{m+1}{m}\right\}\alpha\,\frac{P}{\frac{\pi}{4}\,d^2}\,l, \quad . \quad 10)$$

und für $m = \frac{10}{3}$

$$y' + y'' = \left\{\frac{1}{3}\left(\frac{l}{d}\right)^2 + 0{,}77\right\}\alpha\,\frac{P}{\frac{\pi}{4}\,d^2}\,l. \quad . \quad . \quad 11)$$

Unter Umständen erscheint es vortheilhaft, die nach Massgabe des Vorstehenden ermittelte Grösse y'' allgemein in Vergleich zu stellen mit derjenigen Verschiebung, die sich ergiebt, wenn man die (thatsächlich nicht zutreffende) Annahme macht, dass sich die

Schubkraft S gleichmässig über den Querschnitt f vertheile. Diese Unterstellung führt für das Körperelement von der Länge dx zu

$$\gamma\, dx = \beta\, \tau\, dx = \beta \frac{S}{f} dx,$$

während Gleichung 4 für dasselbe liefert

$$\beta \frac{\int\int \tau^2\, d\eta\, dz}{S} dx.$$

Demnach das Verhältniss μ der letzteren Grösse (der thatsächlichen Verschiebung) zu der ersteren (der unterstellten Verrückung)

$$\mu = \frac{f}{S^2} \iint \tau^2\, d\eta\, dz. \quad . \quad . \quad . \quad . \quad . \quad 12)$$

Der Koefficient μ, welcher für jeden Querschnitt besonders ermittelt werden muss[1]) und welcher als Koefficient der Querschnittsverschiebung bezeichnet werden kann, ist dann diejenige Zahl, mit welcher die unter Voraussetzung gleichmässiger Spannungsvertheilung gewonnene Verschiebung multiplicirt werden muss, um die thatsächliche zu erhalten. Beispielsweise beträgt derselbe für das Rechteck 1,2, für den Kreis 1,185[2]) — wie wir oben bereits gefunden haben — für I-Querschnitt steigt er bis auf 3 und darüber.

§ 53. Frage der Einspannung eines Stabes.

Wie in § 18, Ziff. 1, 3 und später erörtert, sowie benützt, liegt dem Begriff der Einspannung eines auf Biegung in Anspruch genommenen Stabes die Auffassung zu Grunde, dass an der Einspannstelle die elastische Linie von der ursprünglich geraden Stabachse berührt wird, d. h., dass in diesem Punkte die letztere

---

[1]) Ritter hat sich in den „Anwendungen der graphischen Statik“, Zürich 1888, No. 32 und 36, mit dieser Aufgabe eingehend und erfolgreich befasst.

[2]) Die in der Literatur zu findende Angabe $\mu = 1{,}11$ beruht auf der Voraussetzung, dass die oben in der Rechnung auftretende Schubspannung τ_η für alle Querschnittselemente gleich Null sei.

Tangente an der elastischen Linie ist. Hierdurch wird dieser an der Einspannstelle eine bestimmte Ordinate, sowie eine bestimmte Richtung zugewiesen.

Die Einspannung stellt man sich hierbei nicht selten in der Weise vor, dass das eingespannte Ende durch zwei, von entgegengesetzten Seiten stützende Auflager, die man als unbeweglich und unzusammendrückbar betrachtet, gehalten wird, wie Fig. 1

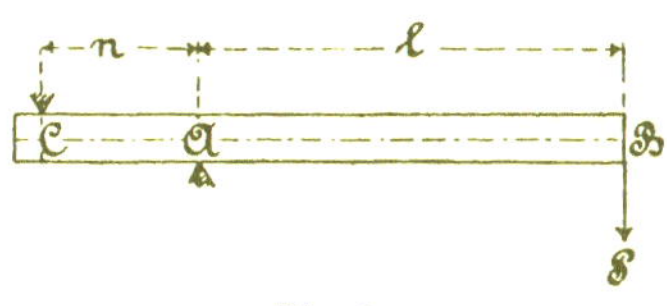

Fig. 1.

zeigt. Als Einspannstelle gilt der Querschnitt A. Zur Bestimmung der beiden in A und C wirkenden Auflagerdrücke denken wir uns in A eine senkrecht abwärts gerichtete Kraft $+P$ und eine zweite vertikal aufwärts wirkende Kraft $-P$ angebracht. Da sich diese zwei Kräfte gegenseitig aufheben, wird hierdurch nichts an dem Gleichgewichtszustande geändert. Wir haben alsdann mit der am freien Ende B angreifenden Last P — das Eigengewicht des Stabes werde vernachlässigt — drei Kräfte. $+P$ können wir uns aufgehoben vorstellen unmittelbar durch die Stütze A, während $-P$ und die Last P ein rechtsdrehendes Kräftepaar vom Moment $P\,l$ bilden, zu dessen Auffangung in A und C je der Widerlagsdruck P_1 erforderlich ist, welcher durch die Gleichung

$$P_1\,n = P\,l$$

zu

$$P_1 = P\,\frac{l}{n}$$

bestimmt wird.

Demnach ergiebt sich der Widerlagsdruck in A

$$N_a = P + P\,\frac{l}{n} = P\left(1 + \frac{l}{n}\right)$$

und derjenige in C

$$N_c = P\,\frac{l}{n}.$$

Je kleiner n im Vergleich zu l, um so bedeutender werden die Kräfte N_a und N_c ausfallen. Selbst wenn man sich diese nicht in dem Punkte oder in der Linie A bezw. C zusammengedrängt angreifend denkt, sondern auf kleine Flächen vertheilt vorstellt, so werden sie doch eine Zusammendrückung des Materials der Stützen A und C, sowie der Oberfläche des Stabes an den Angriffsstellen zur Folge haben. Hiermit aber ist eine Abwärtsbewegung des Stabes bei A und eine — unter sonst gleichen Umständen wegen $N_a > N_c$ jedoch geringere — Aufwärtsbewegung desselben bei C verknüpft. Der ganze Stab wird sich — abgesehen von der Verschiebung seiner Querschnitte gegen einander, sowie von seiner Biegung — gegen seine ursprüngliche Lage neigen müssen, entsprechend der Drehung um einen zwischen A und C befindlichen Punkt, welcher infolge $N_a > N_c$ bei sonst gleichen Verhältnissen näher an C als an A gelegen ist. Wir erkennen, dass die Stützung des Stabes nach Fig. 1 die Auffassung nicht

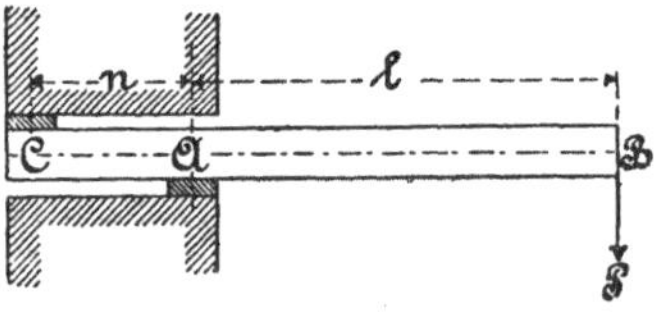

Fig. 2.

rechtfertigt, die elastische Linie, d. i. die gekrümmte Achse des durch P gebogenen Stabes, habe an der Einspannstelle (d. i. in A) die ursprünglich gerade Stabachse zur Tangente.

Nur dann, wenn n verhältnissmässig gross gewählt wird und die Flächen, gegen welche sich der Stab bei A und C legt, so bedeutend sind, dass die Zusammendrückung der Stützen und ihrer Widerlager, sowie die örtliche Zusammenpressung des Stabes als unerheblich betrachtet werden dürfen, erscheint diese Auffassung mit Annäherung zulässig. Wir gelangen dann zur Konstruktion Fig. 2 mit zwei Auflagerplatten unter A bezw. über C.

Genauer würde die in Frage stehende Auffassung zutreffen im Falle der Fig. 3, wenn der Stab in der Mitte A eine genügend grosse Auflagerfläche besitzt, sodass die Zusammendrückung daselbst verschwindend wenig beträgt, und wenn er an den beiden

Enden gleich starke Belastung erfährt. Dann fällt die Richtung der Tangente im Punkte A der elastischen Linie mit der Richtung der früher geraden Stabachse zusammen. Bei erheblicher Zusammendrückung des Widerlagers und des Stabes würde im Punkte A nur Parallelismus zwischen beiden bestehen.

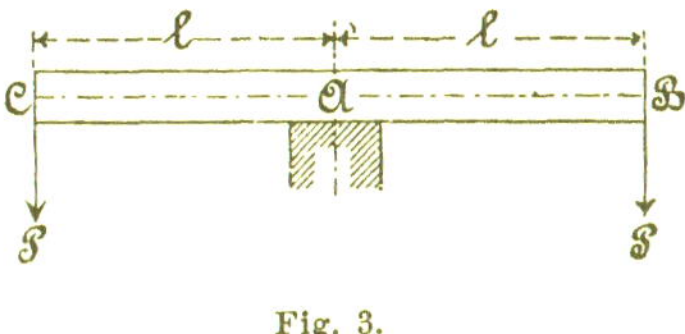

Fig. 3.

Wird der Stab, dessen Querschnitt ein Rechteck von der Breite b und der Höhe h sei, nach Massgabe der Fig. 4 derart befestigt, dass er in unbelastetem Zustande unter Vernachlässigung des Eigengewichtes die obere und untere Wandung, gegen die er sich legt, gerade spannungslos berührt, so liefert die Verlegung der Kraft P in die Mitte zwischen A und C die daselbst senkrecht abwärts wirkende Kraft P und ein rechtsdrehendes Kräftepaar vom Moment $P\left(l+\frac{a}{2}\right)$.

Unter Voraussetzung gleichmässiger Vertheilung von P über die Fläche $a\,b$ ergiebt sich die von P allein herrührende Pressung p_1, zwischen dem Stab und der unteren Wandungsfläche,

$$p_1 = \frac{P}{a\,b}.$$

In Fig. 5 ist dieselbe dargestellt.

Das Moment $P\left(l+\frac{a}{2}\right)$ ruft gegenüber der rechten Hälfte der unteren Wandungsfläche von aussen nach innen zu abnehmende Pressungen wach, während die obere Wandungsfläche auf der linken Hälfte aufwärts gerichtete, von der Mitte nach aussen wachsende Pressungen erfährt, wie in Fig. 6 dargestellt ist. Mit der Genauigkeit, mit welcher die Gleichung 12, § 16, auf den vorliegenden Fall angewendet werden darf, findet sich wegen

$$\sigma_1 = p_2, \qquad M_b = P\left(l + \frac{a}{2}\right), \qquad \Theta = \frac{1}{12}\, b\, a^3, \qquad e_1 = \frac{a}{2}$$

die Pressung

$$p_2 = \frac{P\left(l + \frac{a}{2}\right)}{\frac{1}{6}\, b\, a^2} = 6\,\frac{P}{ab}\left(\frac{l}{a} + \frac{1}{2}\right).$$

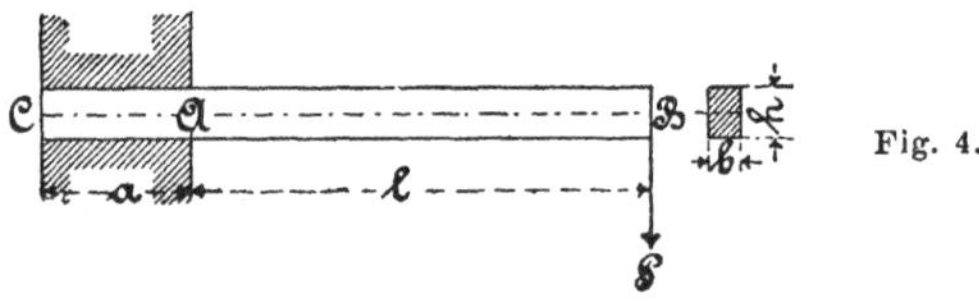

Fig. 4.

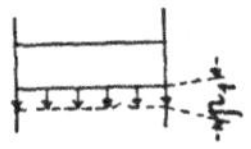

Fig. 5.

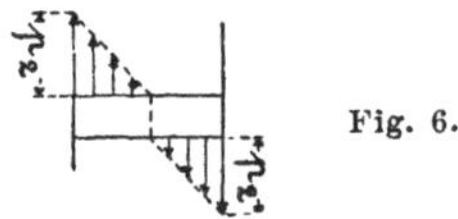

Fig. 6.

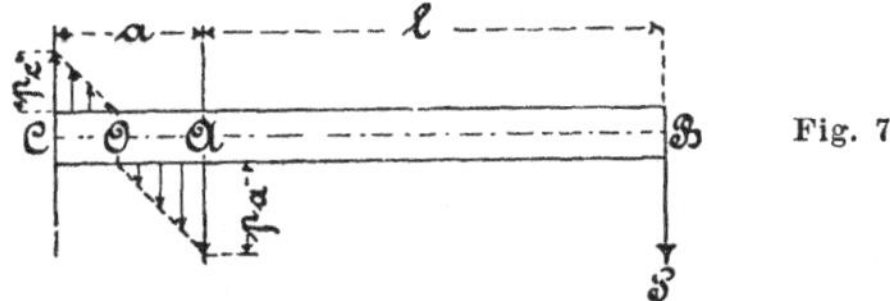

Fig. 7.

Hiermit folgt die resultirende Pressung in der Kante bei A

$$p_a = p_1 + p_2 = \frac{P}{ab} + 6\,\frac{P}{ab}\left(\frac{l}{a} + \frac{1}{2}\right)$$

$$= 2\,\frac{P}{ab}\left(2 + 3\,\frac{l}{a}\right), \quad . \quad . \quad . \quad . \quad . \quad 1)$$

und an derjenigen bei C

$$p_c = -p_1 + p_2 = -\frac{P}{ab} + 6\frac{P}{ab}\left(\frac{l}{a} + \frac{1}{2}\right)$$

$$= 2\frac{P}{ab}\left(1 + 3\frac{l}{a}\right). \quad . \quad . \quad . \quad . \quad . \quad . \quad . \quad 2)$$

In Fig. 7 ist diese Spannungsvertheilung dargestellt. Naturgemäss darf p_a den für die betreffenden Materialien (Stab, Stütze) noch höchstens für zulässig erachteten Werth der Druckanstrengung nicht überschreiten.

Infolge der örtlichen Zusammenpressung des Stabes, wie auch der Zusammendrückung des Materials der Wandung wird sich die Stabachse um den Punkt O drehen, dessen Abstand η von der Mitte der Wandung sich aus der Erwägung ergiebt, dass

$$p_2 \frac{\eta}{\frac{a}{2}} = p_1,$$

$$6\frac{P}{ab}\left(\frac{l}{a} + \frac{1}{2}\right)\frac{\eta}{\frac{a}{2}} = \frac{P}{ab},$$

$$\eta = \frac{a}{12\left(\frac{l}{a} + \frac{1}{2}\right)}.$$

Demnach

$$\overline{AO} = \frac{a}{2} + \eta = \frac{a}{2}\left[1 + \frac{1}{6\left(\frac{l}{a} + \frac{1}{2}\right)}\right].$$

Wir erkennen, dass auch hier die ursprünglich gerade Stabachse im Einspannungsquerschnitt A die elastische Linie nicht berühren kann.

Würde der Stab im unbelasteten Zustande, d. h. für $P=0$, die obere und die untere Wandungsfläche nicht spannungslos, sondern mit einer gewissen Pressung p_0 berühren[1]), was z. B. der Fall sein kann, wenn auf dem Balken ein Theil des Gewichts der darüber aufgeführten Mauer lastet, so wird sich die Stabachse auch hier innerhalb der Wandung drehen, jedoch nicht soviel, wie folgende Betrachtung erkennen lässt. Durch die Pressung p_0 findet zunächst eine Zusammenpressung der sich berührenden Oberflächen statt, so dass bei Beginn der Einwirkung der Belastung P die betreffenden Flächen des Stabes und der Wandung sich bereits in weit vollkommenerer Weise berühren als bei ursprünglich spannungsloser Befestigung, infolgedessen der in Frage kommende Einfluss der von P veranlassten Pressungen kleiner ausfallen muss. Auch die Reibung, welche zwischen Wandung und Stab mit innerhalb der Wandung eintretender Biegung (vergl. § 46) wachgerufen wird, wirkt in diesem Sinne und zwar um so stärker, je grösser p_0.

In ähnlicher Weise wie bei dem nur einerseits gestützten Stabe gelangt man hinsichtlich des beiderseits befestigten Stabes, Fig. 2, § 18, zu der Erkenntniss, dass infolge der Zusammendrückbarkeit des Materials der Wandungen und des Stabes Einspannung in dem strengen Sinne, in welchem sie von der Rechnung für ihre Zwecke aufgefasst wird, auch nicht angenähert vorhanden zu sein pflegt. Recht anschaulich tritt dies vor das Auge, wenn man in einzelnen Fällen, für welche ermittelt werden soll, ob der Stab als eingespannt betrachtet werden darf, zunächst unterstellt, der Stab liege beiderseits frei auf, und sodann die Neigung der elastischen Linie über den Stützen bestimmt; hierauf prüft, ob der Stab durch die Befestigung in Wirklichkeit, wenn auch nicht vollständig, so doch ausreichend verhindert ist, diese Neigung anzunehmen. Hierbei wird in der Regel gefunden werden, dass man schon zur Befestigungsweise Fig. 2 mit verhältnissmässig grossem Werthe von n greifen muss, um die fragliche Neigung genügend zu verhindern.

---

[1]) Bei den Spannungsverbindungen des Maschinenbaues ist eine solche Pressung stets vorhanden (s. des Verfassers Maschinenelemente 1881, S. 39, 1891/92, S. 77, 1901 [8. Aufl.], S. 104).

Auch die gegenüber gewissen Theilen der Baukonstruktionen — wie z. B. gegenüber den durch Druck in Anspruch genommenen Brückenstäben, bei welchen die Gefahr der Knickung, d. h. der seitlichen Ausbiegung, besteht u. s. w. — oft ohne Weiteres gemachte Unterstellung, dass der Stab beiderseits als fest eingespannt zu betrachten sei, erweist sich bei genauer Prüfung ziemlich häufig als unzutreffend.

Am nächsten kommt dem Zustande der vollkommenen Einspannung ein ausser an den Enden auch noch in der Mitte so gelagerter und entsprechend belasteter Träger, dass die ursprünglich

Fig. 8.

gerade Stabachse Tangente an der elastischen Linie im Querschnitt der Mittelstütze ist. Letzterer Querschnitt — bei B, Fig. 8 — kann dann als Einspannstelle betrachtet werden.

Es ist von Interesse und zur Beurtheilung der thatsächlichen Inanspruchnahme nicht selten von Werth, zu beachten, dass durch die Nachgiebigkeit an den Befestigungsstellen die Grösse der Biegungsanstrengung bis zu einem gewissen Grade der Nachgiebigkeit hin vermindert wird[1]), wie folgende Betrachtung erkennen lässt.

Der an den Enden befestigte und auf der Längeneinheit mit p belastete Stab, Fig. 9, ist bei vollkommener Einspannung nach § 18, Ziff. 3 beansprucht:

an der Befestigungsstelle A (rechts) durch das rechtsdrehende Moment $M_a = \frac{p l^2}{12}$ und durch die senkrechte Kraft $\frac{p l}{2}$ (vergl. auch Fig. 10),

in der Mitte C durch das drehende Moment $M_c = \frac{p l^2}{24}$.

---

[1]) S. des Verfassers Arbeit über die Formänderungen und die Anstrengung flacher Böden in der Zeitschrift des Vereines deutscher Ingenieure 1897, S. 1223 und 1224, oder auch Versuche über die Widerstandsfähigkeit von Kesselwandungen, Heft 3.

Giebt die Befestigungsstelle nach, sodass das Moment hier auf einen Werth $M_a < \frac{p l^2}{12}$ sinkt, dann findet sich unter Beachtung von Fig. 10 das Moment in der Stabmitte zu

$$M_c = M_a - \frac{pl}{2}\frac{l}{2} + \frac{pl}{2}\frac{l}{4} = M_a - \frac{p l^2}{8},$$

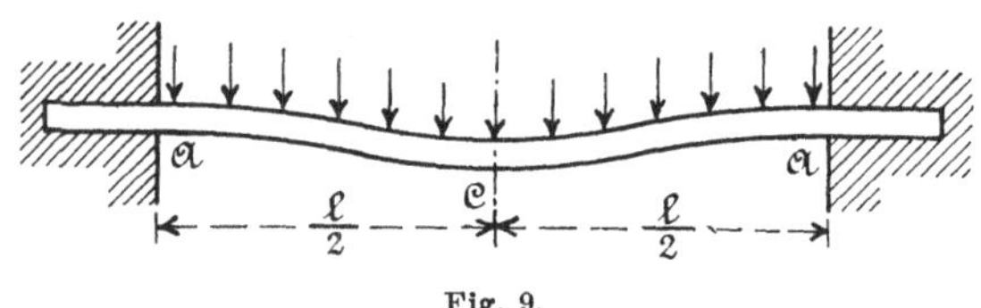

Fig. 9.

worin M_a zwischen $\frac{p l^2}{12}$ (Stab vollkommen eingespannt) und O (Stab frei aufliegend) schwanken kann; somit beispielsweise für

$$M_a = \quad \frac{p l^2}{12} \quad \frac{p l^2}{15} \quad \frac{p l^2}{16} \quad \frac{p l^2}{24} \quad O$$

$$M_c = \quad \frac{p l^2}{24} \quad \frac{7 p l^2}{120} \quad \frac{p l^2}{16} \quad \frac{p l^2}{12} \quad \frac{p l^2}{8}.$$

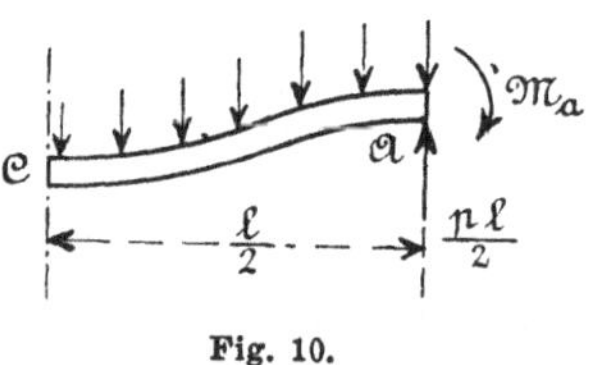

Fig. 10.

Wie ersichtlich, nimmt M_a ab und der Werth von M_c wächst, bis für $M_a = \frac{p l^2}{16}$ beide gleich geworden sind; d. h. insbesondere für einen Stab mit rechteckigem Querschnitt: giebt die Befestigung an den Stabenden gegenüber dem Zustande vollkommener Einspannung soweit nach, dass hier das biegende Moment von $\frac{p l^2}{12}$ auf $\frac{p l^2}{16}$ sinkt, sich also im Verhältniss von $16 : 12 = 4 : 3$

vermindert, so verringert sich auch die grösste Biegungsinanspruchnahme des Stabes in dem gleichen Verhältniss, oder die Tragfähigkeit erhöht sich im Verhältniss von 3 : 4[1]).

Ist die Nachgiebigkeit der Befestigung eine weitergehende, so wird die grösste Beanspruchung, die nunmehr in C statthat, wieder wachsen, bis das Moment den Werth $\frac{p\,l^2}{8}$ erreicht hat für $M_a = 0$.

Für $M_a = M_c = \frac{p\,l^2}{16}$ liegt der Wendepunkt um 0,1465 l von dem Stabende entfernt gegen 0,2113 l bei $M_a = \frac{p\,l^2}{12}$.

[1]) Ist der Querschnitt des prismatischen Stabes in Bezug auf die zur Ebene der belastenden Kräfte senkrecht stehende Hauptachse unsymmetrisch, so muss beachtet werden, dass die am stärksten gezogene Faser an der Befestigungsstelle A oben, in der Stabmitte C unten liegt.

Fünfter Abschnitt.

Stabförmige Körper mit gekrümmter Mittellinie.

I. Die Mittellinie ist eine einfach gekrümmte Kurve, ihre Ebene Ort der einen Hauptachse sämmtlicher Stabquerschnitte, sowie der Richtungslinien der äusseren Kräfte.

Die den Stab belastenden Kräfte ergeben dann für einen beliebigen Querschnitt im Allgemeinen

1. eine im Schwerpunkte des Letzteren angreifende Kraft R, welche zerlegt werden kann
   a) in eine tangential zur Mittellinie, also senkrecht zum Querschnitt gerichtete Kraft P (Normalkraft), und
   b) in eine in den Querschnitt fallende Kraft S (Schubkraft),
2. ein auf Biegung wirkendes Kräftepaar vom Moment M_b.

§ 54. Dehnung. Spannung. Krümmungshalbmesser.

In dem gekrümmten stabförmigen Körper denken wir uns zwei unendlich nahe gelegene Querschnitte $C_1 O_1 C_1$ und $C_2 O_2 C_2$, Fig. 1. Dieselben begrenzen das Stabelement $C_1 O_1 C_1 C C_2 O_2 C_2 C$ und schneiden sich in der Krümmungsachse M. Der folgenden Betrachtung unterwerfen wir nur die Hälfte $C O C C_1 O_1 C_1$ und fassen hierbei die Bogenelemente CC_1, $O O_1$ und CC_1 als gerade Linien auf, wie durch Fig. 2, S. 471, in grösserem Massstabe dargestellt ist.

Es bezeichne nun unter Bezugnahme auf Fig. 2:

f den Querschnitt COC allgemein und dessen Grösse im Besonderen,

f_1 den Querschnitt $C_1O_1C_1$ allgemein und dessen Grösse im Besonderen,

O den Schwerpunkt von f,

O_1 denjenigen von f_1,

$r = \overline{MO}$ den Krümmungshalbmesser im Punkte O der Mittellinie vor Eintritt der Formänderung,

$d\varphi = \measuredangle\, OMO_1$ den Winkel, welchen die Ebenen der beiden Querschnitte f und f_1 vor der Formänderung mit einander einschliessen, oder den Winkel, unter welchem die beiden Tangenten an der Mittellinie in den Punkten O und O_1 (vergl. Fig. 1) sich schneiden,

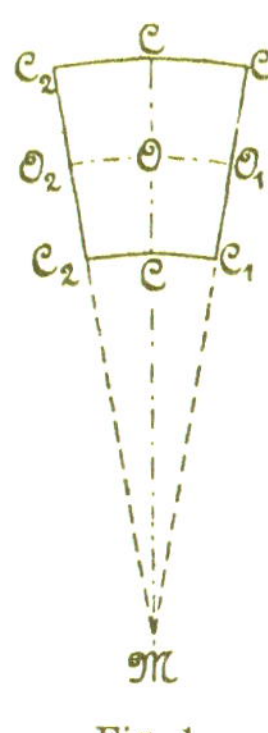

Fig. 1.

$ds = r\, d\varphi$ die Länge des Bogenelementes $\overline{OO_1}$ der Mittellinie im ursprünglichen Zustande,

$\overline{PP_1} = ds_1 = (r + \eta)\, d\varphi = r\, d\varphi + \eta\, d\varphi = ds + \eta\, d\varphi$ die Entfernung zweier in den Querschnitten f und f_1 gleich gelegenen, um η von der Mittellinie abstehenden Punkte, bevor die äusseren Kräfte auf den Stab wirken; wobei der Abstand η als positiv gilt, wenn er von O aus in der Richtung MO zu messen ist, negativ dagegen, wenn er in der Richtung OM, d. h. nach der Krümmungsachse hin liegt,

e_1 den grössten positiven Werth von η,

e_2 den grössten negativen Werth von η,

$e = e_1 = e_2$, falls der Querschnitt so beschaffen ist, dass beide Abstände gleich gross sind,

$\Theta = \int \eta^2 df$ das Trägheitsmoment des Querschnitts f in Bezug auf die in O sich projicirende Hauptachse.

Ferner sei

P die Normalkraft im Punkte O des Querschnitts f, positiv oder negativ, je nachdem sie ziehend oder drückend thätig ist,

M_b das für den Querschnitt f sich ergebende, auf Biegung wirkende Moment, positiv, wenn es eine Vermehrung der Krümmung, also eine Verkleinerung des Krümmungshalbmessers herbeiführt, negativ, wenn das Entgegengesetzte der Fall ist,

$\sigma = \frac{\varepsilon}{\alpha}$ (§ 2) die durch P und M_b im Abstande η (von der in O sich projicirenden Hauptachse des Querschnittes f) hervorgerufene Spannung, entsprechend der daselbst eingetretenen Dehnung ε, wobei vorausgesetzt werde, dass Proportionalität zwischen Dehnungen und Spannungen besteht,

k_z, k, k_b die zulässige Anstrengung des Materials gegenüber Zug, bezw. Druck, bezw. Biegung,

ε_0 die Dehnung der Mittellinie im Punkte O, d. i. $\frac{\Delta\, ds}{ds}$, sofern sich das Bogenelement ds unter Einwirkung der äusseren Kräfte um $\Delta\, ds$ verlängert,

ω die verhältnissmässige Aenderung des Winkels $d\varphi$ der beiden Querschnitte, d. i. $\frac{\Delta\, d\varphi}{d\varphi}$, wenn der Winkel $d\varphi$ infolge der Formänderung in $d\varphi + \Delta\, d\varphi$ übergeht, also um $\Delta\, d\varphi$ sich ändert,

ϱ der Krümmungshalbmesser im Punkte O der Mittellinie während der Formänderung.

1. Anstrengung des Materials.

Die Normalkraft P wirke allein.

Hätte der Stab eine gerade Achse, so wären die beiden Querschnitte f und f_1 parallel; die Normalkraft P würde bei gleichmässiger Vertheilung über den Querschnitt sämmtliche dazwischen gelegenen Fasern wegen der Gleichheit ihrer Länge um gleichviel dehnen: es ändert sich nur die Entfernung der beiden Querschnitte, nicht aber ihre Neigung zu einander, dieselbe bleibt Null.

Fig. 2.

Anders verhält sich das Körperelement, Fig. 2. Hier sind die Fasern zwischen den beiden Querschnitten ungleich gross und zwar um so länger, je weiter sie von der Krümmungsachse abstehen. Bei gleichmässiger Vertheilung von P über den Querschnitt muss die Spannung σ in allen Querschnittspunkten gleich gross sein; infolgedessen müssen sich die längeren Fasern, absolut genommen, mehr dehnen als die kürzeren und zwar genau in dem Verhältniss, in welchem sie grösser sind, d. h. die Verlängerungen müssen sich verhalten wie die Abstände der Fasern von der Krümmungsachse M. Daraus folgt, dass die Ebene des Querschnitts, von dem angenommen wird, dass er eben bleibt[1]), in ihrer neuen Lage $C_0 C_0$ die Krümmungsachse M schneidet, wie in Fig. 2 angedeutet ist. Wir erkennen: unter alleiniger Einwirkung der über den Querschnitt sich gleichmässig vertheilenden Normalkraft P ändert sich die Neigung desselben derart, dass seine Ebene die bisherige Krümmungsachse schneidet, dass also der Krümmungshalbmesser derselbe bleibt.

---

[1]) In Bezug auf diese Annahme vergl. § 56, Ziff. 2.

Normalkraft P und biegendes Kräftepaar vom Moment M_b sind vorhanden.

Wie soeben erörtert, führt die Normalkraft P den Querschnitt f_1 in die Lage $C_0 C_0$, Fig. 3, über. Beginnt nun jetzt das Moment M_b zu wirken, so wird der Querschnitt f_1 aus der Lage $C_0 C_0$ in eine andere, etwa $C'_1 O'_1 C'_1$ gelangen und die Krümmungsachse von M nach M' rücken, entsprechend einer Verkürzung des Krümmungshalbmessers von r auf ϱ, sowie einer Vergrösserung des Querschnittswinkels $d\varphi$ auf $d\varphi + \varDelta\, d\varphi$. Hierbei erfährt das Bogenelement $\overline{O O_1} = ds$ der Mittellinie die gesammte Dehnung

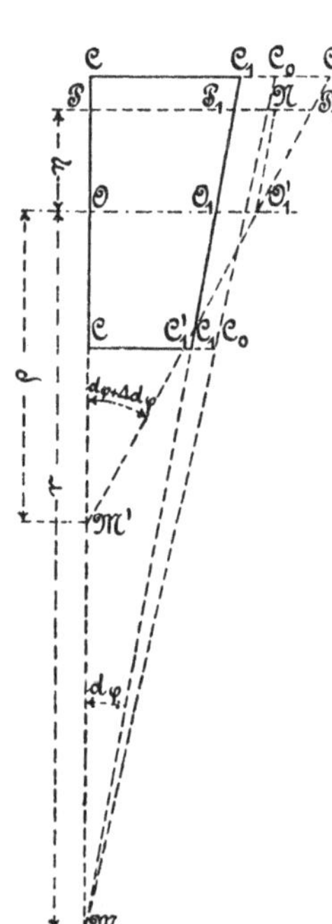

Fig. 3.

$$\varepsilon_0 = \frac{\varDelta\, ds}{ds} = \frac{\overline{O_1 O'_1}}{\overline{O\, O_1}},$$

während diejenige der im Abstande η gelegenen Faserschicht $P P_1$ aus der Verlängerung $\overline{P_1 P'_1}$ zu bestimmen ist. Wird durch O'_1 die Gerade $O'_1 N \parallel$ zu $C_1 C_1$ gezogen, so findet sich

$$\overline{P_1 P'_1} = \overline{P_1 N} + \overline{N P'_1} = \overline{O_1 O'_1} + \overline{N P'_1}$$
$$= \varepsilon_0 ds + \eta \operatorname{arc} N O'_1 P'_1 = \varepsilon_0\, r\, d\varphi + \eta \varDelta d\varphi;$$

hiermit die Dehnung ε im Abstande η

$$\varepsilon = \frac{\overline{P_1 P'_1}}{\overline{P P_1}} = \frac{\varepsilon_0\, r\, d\varphi + \eta \varDelta\, d\varphi}{(r + \eta)\, d\varphi}$$

$$= \frac{\varepsilon_0 + \frac{\eta}{r} \frac{\varDelta\, d\varphi}{d\varphi}}{1 + \frac{\eta}{r}},$$

unter Beachtung, dass

$$\frac{\varDelta\, d\varphi}{d\varphi} = \omega,$$

$$\varepsilon = \varepsilon_0 + (\omega - \varepsilon_0) \frac{\frac{\eta}{r}}{1 + \frac{\eta}{r}}, \quad \ldots \ldots \quad 1)$$

und die zugehörige Spannung, sofern Kräfte senkrecht zur Stabachse nicht einwirken,

$$\sigma = \frac{\varepsilon}{\alpha} = \left[\varepsilon_0 + (\omega - \varepsilon_0)\frac{\eta}{r + \eta}\right]\frac{1}{\alpha} \quad . \quad . \quad . \quad 2)$$

Die im Innern des Stabes wachgerufenen Kräfte müssen sich mit den äusseren im Gleichgewicht befinden, d. h. (§ 16, Gleichung 3 und Gleichung 6)

$$\int \sigma\, df = P = \int \frac{1}{\alpha}\left[\varepsilon_0 + (\omega - \varepsilon_0)\frac{\eta}{r + \eta}\right] df, \quad . \quad . \quad 3)$$

$$\int \sigma\, df \,.\, \eta = M_b = \int \frac{1}{\alpha}\,\eta\left[\varepsilon_0 + (\omega - \varepsilon_0)\frac{\eta}{r + \eta}\right] df. \quad 4)$$

Unter Voraussetzung, dass der Dehnungskoefficient α konstant ist, folgt

$$P = \frac{1}{\alpha}\left[\varepsilon_0 \int df + (\omega - \varepsilon_0)\int \frac{\eta}{r + \eta}\, df\right],$$

$$M_b = \frac{1}{\alpha}\left[\varepsilon_0 \int \eta\, df + (\omega - \varepsilon_0)\int \frac{\eta^2}{r + \eta}\, df\right].$$

Mit

$$\int df = f, \qquad \int \eta\, df = 0,$$

$$\int \frac{\eta}{r + \eta}\, df = -\varkappa f, \quad . \quad . \quad . \quad . \quad . \quad 5)$$

$$\int \frac{\eta^2}{r + \eta}\, df = \int \left(\eta - r\frac{\eta}{r + \eta}\right) df = -r\int \frac{\eta}{r + \eta}\, df = \varkappa f r \quad 6)$$

wird

$$P = \frac{f}{\alpha}\left[\varepsilon_0 - (\omega - \varepsilon_0)\varkappa\right],$$

$$M_b = \frac{f}{\alpha}(\omega - \varepsilon_0)\,\varkappa\, r,$$

woraus

$$\left.\begin{aligned} \omega - \varepsilon_0 &= \alpha \frac{M_b}{\varkappa f r} \\ \varepsilon_0 &= \alpha \frac{P}{f} + (\omega - \varepsilon_0)\varkappa = \frac{\alpha}{f}\left(P + \frac{M_b}{r}\right) \\ \omega &= \varepsilon_0 + \alpha \frac{M_b}{\varkappa f r} = \frac{\alpha}{f}\left(P + \frac{M_b}{r} + \frac{M_b}{\varkappa r}\right). \end{aligned}\right\} \quad . \quad . \quad 7)$$

Hiermit liefert Gleichung 2

$$\sigma = \frac{P}{f} + \frac{M_b}{f r} + \frac{M_b}{\varkappa f r} \frac{\eta}{r + \eta} \quad . \quad . \quad . \quad . \quad . \quad 8)$$

Handelt es sich um ein Material, für welches die zulässige Anstrengung gegenüber Biegung, d. i. k_b, erheblich abweicht von derjenigen gegenüber Zug k_z, so ist das in § 45, Ziff. 1 hierüber Bemerkte zu beachten. Die hier in Betracht kommenden Verhältnisse sind allerdings weniger einfach und erscheinen deshalb der weiteren Klarstellung durch Versuche dringend bedürftig. (Vergl. in dieser Hinsicht die Versuchsergebnisse in § 56.)

Wenn

$$P = 0,$$

so wird

$$\sigma = \frac{M_b}{f r} + \frac{M_b}{\varkappa f r} \frac{\eta}{r + \eta}$$

und für $\eta = 0$

$$\sigma = \frac{M_b}{f r}.$$

Bei dem geraden Stab ergiebt sich nach Gleichung 11, § 16, für $\eta = 0$

$$\sigma = 0,$$

d. h. während bei dem nur durch M_b belasteten Stabe mit gerader Achse die Normalspannungen in der zur Ebene des Kräftepaares senkrechten Hauptachse des Querschnittes Null sind, herrscht bei dem gekrümmten, auch nur durch M_b belasteten Stabe in dieser Linie die Spannung $M_b : fr$. Die bezeichnete Hauptachse ist demnach hier nicht Nullachse.

Der Grund für dieses abweichende Verhalten liegt einfach darin, dass bei dem gekrümmten Stab die zwischen zwei Querschnitten gelegenen Fasern verschiedene Längen besitzen, während bei dem geraden Stab Gleichheit besteht. (Vergl. das zu Anfang von Ziff. 1 Erörterte.)

Entsteht M_b dadurch, dass eine Last Q senkrecht zu dem in Betracht gezogenen Querschnitt im Abstande r von dem Schwerpunkt desselben ziehend angreift, also durch den Krümmungsmittelpunkt der Stabachse geht, dabei auf Verminderung der Krümmung hinwirkt, so ist wegen

$$P = Q, \qquad M_b = -Qr$$

nach Gleichung 8

$$\sigma = \frac{Q}{f} - \frac{Qr}{fr} - \frac{Qr}{\varkappa fr}\frac{\eta}{r+\eta} = -\frac{Q}{\varkappa f}\frac{\eta}{r+\eta} = \frac{M_b}{\varkappa fr}\frac{\eta}{r+\eta}. \quad 9)$$

Für $\eta = 0$ ergiebt sich hieraus $\sigma = 0$, obgleich eine Normalkraft vorhanden ist.

Nach Gleichung 6 ist

$$\int \frac{\eta^2}{r+\eta}\, df = \varkappa f r.$$

Folglich auch

$$\int \frac{\eta^2}{1+\frac{\eta}{r}}\, df = \varkappa f r^2.$$

Wenn nun r sehr gross ist gegenüber η, d. h. gegenüber der Abmessung des Querschnittes in Richtung von r, infolgedessen $\frac{\eta}{r}$ gegen 1 vernachlässigt werden darf, so geht dieser Ausdruck — streng genommen nur für $r = \infty$ — über in

$$\varkappa f r^2 = \int \frac{\eta^2}{1+\frac{\eta}{r}} df = \backsim \int \eta^2 df = \Theta^{1)},$$

woraus

$$\varkappa = \frac{\Theta}{f r^2} \quad \ldots \ldots \ldots \quad 10)^{1)}$$

---

[1]) Zur Beurtheilung, für welche Werthe von r — im Verhältniss zu den Querschnittsabmessungen in Richtung von r — diese Annäherungsgleichung benutzt werden kann, sei Folgendes bemerkt.

Es ist für den rechteckigen Querschnitt (vergl. Ziff. 2, a) nach Gleichung 13, § 54, da $\Theta = \frac{1}{12} b h^3 = \frac{2}{3} b e^3$,

$$\frac{\varkappa f r^2}{\Theta} = \left[\frac{1}{3}\left(\frac{e}{r}\right)^2 + \frac{1}{5}\left(\frac{e}{r}\right)^4 + \frac{1}{7}\left(\frac{e}{r}\right)^6 + \ldots\right] . 3 \left(\frac{r}{e}\right)^2$$

$$= 1 + \frac{3}{5}\left(\frac{e}{r}\right)^2 + \frac{3}{7}\left(\frac{e}{r}\right)^4 + \ldots$$

$$= 1 + \frac{3}{5}\left(\frac{h}{2r}\right)^2 + \frac{3}{7}\left(\frac{h}{2r}\right)^4 + \ldots,$$

somit

für r	=	h	$2h$	$3h$	$4h$
$\frac{\varkappa f r^2}{\Theta}$	=	1,18	1,04	1,02	1,01.

Im Falle kreisförmigen oder elliptischen Querschnitts (vergl. Ziff. 2, b) ergiebt sich nach Gleichung 15, § 54

$$\frac{\varkappa f r^2}{\Theta} = 1 + \frac{1}{2}\left(\frac{e}{r}\right)^2 + \frac{5}{16}\left(\frac{e}{r}\right)^4 + \ldots,$$

folglich

für r	=	$2e$	$4e$	$6e$	$8e$
$\frac{\varkappa f r^2}{\Theta}$	=	1,15	1,03	1,02	1,01.

Hiernach liefert die Gleichung 8a gegenüber der Gleichung 8 das dritte Glied der rechten Seite zu gross und zwar beispielsweise bei elliptischem Querschnitt nach Massgabe der Zahlen 1,15, 1,03 u. s. w. Wird in diesem Gliede noch der Quotient $\eta : r$ vernachlässigt, also dasselbe $\frac{M_b}{\Theta} \eta$ gesetzt, wie es sich für gerade stabförmige Körper ergiebt, so kann dagegen sein Werth erheblich zu klein ausfallen, wie die Zahlen der nachstehenden Betrachtung erkennen lassen.

Die Einsetzung dieses Werthes in Gleichung 8 führt zu

$$\sigma = \frac{P}{f} + \frac{M_b}{f\,r} + \frac{M_b}{\Theta}\,\frac{\eta}{1 + \frac{\eta}{r}} \quad . \ . \ . \ 8a)$$

und ergiebt mit $r = \infty$

$$\sigma = \frac{P}{f} + \frac{M_b}{\Theta}\,\eta,$$

d. i. die für gerade Stäbe giltige Gleichung 1, § 45.

Für den kreisförmigen Querschnitt A des ringförmigen Körpers Fig. 4 beträgt $M_b = -Q\,r$ und somit der Werth des dritten Gliedes in Gleichung 8 mit $\eta = -e$ (d. i. für den innersten Punkt)

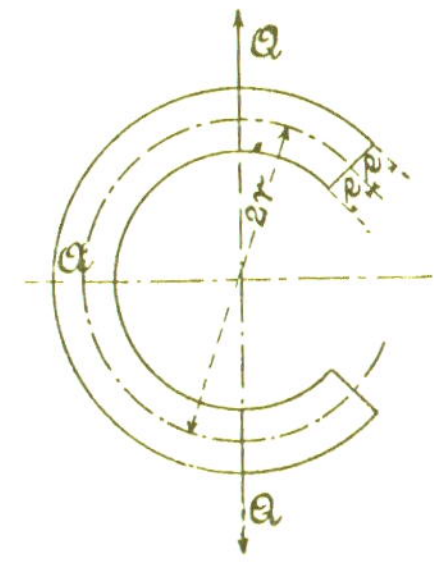

Fig. 4.

$$-\frac{Q\,r}{\Theta}\,\frac{-e}{1 - \frac{e}{r}}\,\frac{\Theta}{\varkappa f r^2} = \frac{Q\,r}{\Theta}\,\frac{e}{1 - \frac{e}{r}}\,\frac{\Theta}{\varkappa f r^2},$$

welche Grösse

für $r =$	$2\,e$	$4\,e$	$6\,e$	$8\,e$
ergiebt	$\frac{Q\,r}{\Theta}\,\frac{2}{1{,}15}\,e,$	$\frac{Q\,r}{\Theta}\,\frac{4}{3 \cdot 1{,}03}\,e,$	$\frac{Q\,r}{\Theta}\,\frac{6}{5 \cdot 1{,}02}\,e,$	$\frac{Q\,r}{\Theta}\,\frac{8}{7 \cdot 1{,}01}\,e,$
	$= 1{,}74\,\frac{Q\,r}{\Theta}\,e,$	$= 1{,}29\,\frac{Q\,r}{\Theta}\,e,$	$= 1{,}18\,\frac{Q\,r}{\Theta}\,e,$	$= 1{,}13\,\frac{Q\,r}{\Theta}\,e,$
d. i.	74 %	29 %	18 %	13 %

mehr als der Ausdruck $\frac{M_b}{\Theta}\,\eta$, giltig für gerade stabförmige Körper, mit dem grössten Werthe von η liefert.

Soll die Anstrengung durch die Schubkraft S, welche sich nach dem oben unmittelbar zu I unter Ziffer 1b, S. 468, Bemerkten ergiebt, ermittelt werden, so kann das mit Annäherung derart geschehen, wie in § 39 beim geraden stabförmigen Körper; nur ist dabei zu berücksichtigen, dass das Gesetz, nach welchem sich hier σ ändert, ein anderes ist.

Grashof (Theorie der Elasticität und Festigkeit, Berlin 1878, S. 283 u. f.) gelangt auf diesem Wege zu der Gleichung

$$\tau = \frac{S}{2\,y\,.\,\varkappa f\,(r \pm \eta)^2 \cos \varphi'} \int_\eta \eta\, df = \frac{S\,M_\eta}{2\,y\,\varkappa f\,(r \pm \eta)^2 \cos \varphi'}, \quad . \quad 11)$$

welche unter Bezugnahme auf Fig. 1, § 39, an die Stelle der Beziehung 2, § 39,

$$\tau = \frac{S\,M_\eta}{2\,y\,\Theta \cos \varphi'}$$

tritt.

Die resultirende Spannung σ würde unter Zugrundelegung dieser Zahlen betragen

	bei $r =$	$2\,e$	$4\,e$	$6\,e$	$8\,e$
für gekrümmte stabförmige Körper	$\sigma =$	$8 \cdot 1{,}74 \frac{Q}{f}$	$16 \cdot 1{,}29 \frac{Q}{f}$	$24 \cdot 1{,}18 \frac{Q}{f}$	$32 \cdot 1{,}13 \frac{Q}{f}$
		$= 13{,}92 \frac{Q}{f}$,	$= 20{,}64 \frac{Q}{f}$,	$= 28{,}32 \frac{Q}{f}$,	$= 36{,}16 \frac{Q}{f}$.

Für gerade stabförmige Körper wird sein

$$\sigma = \frac{Q}{f} + \frac{Q\,r}{\Theta}\,e = 9{,}0\,\frac{Q}{f}, \qquad 17\,\frac{Q}{f}, \qquad 25\,\frac{Q}{f}, \qquad 33\,\frac{Q}{f}.$$

2. Werthe von $\varkappa = -\frac{1}{f}\int\frac{\eta}{r+\eta}\,df$.

a) Rechteckiger Querschnitt.

Mit b als Breite und h als Höhe, sodass

$$f = b\,h, \qquad df = b\,d\eta,$$

ergiebt sich

$$\varkappa = -\frac{1}{bh}\int_{-\frac{h}{2}}^{+\frac{h}{2}}\frac{\eta}{r+\eta}\,b\,d\eta = -\frac{1}{h}\int_{-\frac{h}{2}}^{+\frac{h}{2}}\left(1-\frac{r}{r+\eta}\right)d\eta,$$

$$\varkappa = -1+\frac{r}{h}\,ln\frac{r+\frac{h}{2}}{r-\frac{h}{2}} \quad \ldots\ldots \quad 12)$$

Wird

$$\frac{h}{2} = e$$

gesetzt, so folgt

$$ln\frac{r+\frac{h}{2}}{r-\frac{h}{2}} = ln\frac{1+\frac{e}{r}}{1-\frac{e}{r}},$$

und unter Voraussetzung, dass $r > e$

$$ln\frac{1+\frac{e}{r}}{1-\frac{e}{r}} = 2\left[\frac{e}{r}+\frac{1}{3}\left(\frac{e}{r}\right)^3+\frac{1}{5}\left(\frac{e}{r}\right)^5+\frac{1}{7}\left(\frac{e}{r}\right)^7+\ldots\right],$$

womit

$$\varkappa = \frac{1}{3}\left(\frac{e}{r}\right)^2+\frac{1}{5}\left(\frac{e}{r}\right)^4+\frac{1}{7}\left(\frac{e}{r}\right)^6+\ldots\ldots \quad 13)$$

b) Kreisquerschnitt. Elliptischer Querschnitt.

Zum Zwecke der Entwicklung in eine unendliche Reihe werde gesetzt

$$\varkappa = -\frac{1}{f\,r}\int \frac{1}{1+\frac{\eta}{r}}\,\eta\,df$$

$$= -\frac{1}{f r}\int\left(1-\frac{\eta}{r}+\frac{\eta^2}{r^2}-\frac{\eta^3}{r^3}+\frac{\eta^4}{r^4}-\frac{\eta^5}{r^5}+\frac{\eta^6}{r^6}\cdots\right)\eta\,df$$

$$= -\frac{1}{f\,r}\left(-\frac{1}{r}\int\eta^2\,df+\frac{1}{r^2}\int\eta^3\,df-\frac{1}{r^3}\int\eta^4\,df+\ldots\right),$$

$$\varkappa = +\frac{1}{f}\left(\frac{1}{r^2}\int\eta^2\,df-\frac{1}{r^3}\int\eta^3\,df+\frac{1}{r^4}\int\eta^4\,df\right.$$

$$\left.-\frac{1}{r^5}\int\eta^5\,df+\ldots\right). \quad \ldots\ldots \quad 14)$$

Für den Kreis wird infolge der Symmetrie

$$\int\eta^3\,df = 0 \qquad \int\eta^5\,df = 0$$

u. s. f.

Ferner gilt, Fig. 4, § 17, mit e als Halbmesser:

$$f = \pi\,e^2, \qquad \eta = e\sin\varphi, \qquad df = z\,d\eta = 2\,e^2\cos^2\varphi\,d\varphi,$$

$$\int\eta^2\,df = \frac{\pi}{4}\,e^4.$$

Damit findet sich

$$\int\eta^4\,df = 4\,e^6\int_0^{\frac{\pi}{2}}\sin^4\varphi\,\cos^2\varphi\,d\varphi = \frac{\pi}{8}\,e^6,$$

$$\int\eta^6\,df = 4\,e^8\int_0^{\frac{\pi}{2}}\sin^6\varphi\,\cos^2\varphi\,d\varphi = \frac{5}{64}\,\pi\,e^8,$$

sodass

$$\varkappa = \frac{1}{\pi e^2}\left(\frac{1}{r^2}\frac{\pi}{4}e^4 + \frac{1}{r^4}\frac{\pi}{8}e^6 + \frac{1}{r^6}\frac{5}{64}\pi e^8 + \dots\right)$$

$$= \frac{1}{4}\left(\frac{e}{r}\right)^2 + \frac{1}{8}\left(\frac{e}{r}\right)^4 + \frac{5}{64}\left(\frac{e}{r}\right)^6 + \dots \quad 15)$$

Derselbe Werth ergiebt sich für den elliptischen Querschnitt, sofern e diejenige Halbachse der Ellipse ist, welche in die Ebene der Mittellinie des Stabes fällt.

c) Trapezförmiger Querschnitt mit Symmetrielinie.

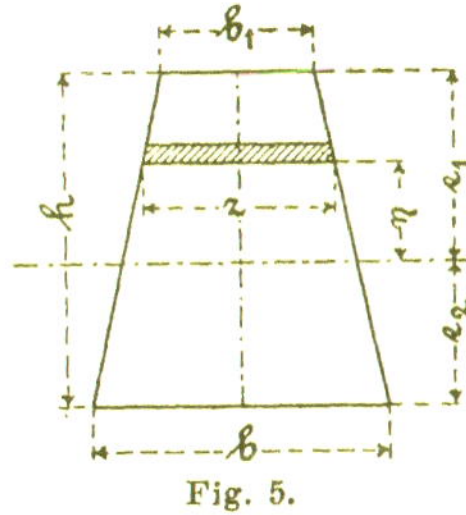

Fig. 5.

Aus Fig. 5 folgt unmittelbar

$$f = \frac{b + b_1}{2} h, \qquad df = z\, d\eta,$$

$$z = b_1 + \frac{b - b_1}{h}(e_1 - \eta),$$

$$df = \left(b_1 + \frac{b - b_1}{h} e_1 - \frac{b - b_1}{h}\eta\right) d\eta.$$

Wegen

$$\varkappa = -\frac{1}{f}\int\left(1 - \frac{r}{r + \eta}\right) df = -1 + \frac{r}{f}\int\frac{df}{r + \eta}$$

ist zunächst dieses Integral festzustellen.

$$\int\frac{df}{r + \eta} = \left(b_1 + \frac{b - b_1}{h} e_1\right)\int_{-e_2}^{+e_1}\frac{d\eta}{r + \eta} - \frac{b - b_1}{h}\int_{-e_2}^{+e_1}\frac{\eta\, d\eta}{r + \eta}.$$

Da

$$\int_{-e_2}^{+e_1} \frac{\eta\, d\eta}{r+\eta} = \int_{-e_2}^{+e_1} \left(1 - \frac{r}{r+\eta}\right) d\eta = e_1 + e_2 - r\, ln \frac{r+e_1}{r-e_2},$$

so folgt

$$\int \frac{df}{r+\eta} = \left(b_1 + \frac{b-b_1}{h} e_1\right) ln \frac{r+e_1}{r-e_2} - \frac{b-b_1}{h}\left(e_1 + e_2 - r\, ln \frac{r+e_1}{r-e_2}\right)$$

$$= \left[b_1 + \frac{b-b_1}{h}(e_1 + r)\right] ln \frac{r+e_1}{r-e_2} - (b-b_1),$$

$$\varkappa = -1 + \frac{2r}{(b+b_1)h}\left\{\left[b_1 + \frac{b-b_1}{h}(e_1+r)\right] ln \frac{r+e_1}{r-e_2} - (b-b_1)\right\}. \quad 16)$$

d) Querschnitt des gleichschenkligen Dreiecks.

Aus Gleichung 16 folgt für

$$b_1 = 0, \qquad e_1 = \frac{2}{3} h, \qquad e_2 = \frac{1}{3} h,$$

$$\varkappa = -1 + \frac{2r}{h}\left[\left(\frac{2}{3} + \frac{r}{h}\right) ln \frac{1 + \frac{2}{3}\frac{h}{r}}{1 - \frac{1}{3}\frac{h}{r}} - 1\right]. \quad . \quad 17)$$

e) Für zusammengesetzte Querschnitte oder solche, bei deren Behandlung die Integration Schwierigkeiten bietet, empfiehlt sich die Bestimmung von $\varkappa$ in der Weise, dass der Querschnitt in eine genügende Anzahl Streifen zerlegt wird, welche senkrecht zur Ebene der Mittellinie stehen, so wie dies z. B. Fig. 7, § 17, für eine Eisenbahnschiene angiebt.

Ist $\triangle f$ der Flächeninhalt eines solchen Streifens, η sein Abstand von der Mittellinie (positiv oder negativ, je nachdem er von der Krümmungsachse M weg oder nach derselben zu gelegen ist), so sind für alle Streifen die Werthe

$$\frac{\eta}{r+\eta} \triangle f$$

zu bilden, hierauf ist deren algebraische Summe zu bestimmen und diese schliesslich durch $-f$ zu dividiren. Das Ergebniss ist der gesuchte Werth von $\varkappa$.

In neuester Zeit hat A. Bantlin ein zeichnerisches Verfahren zur Ermittlung von $\varkappa$ angegeben[1]), welches namentlich gegenüber zusammengesetzten Querschnitten mit Vortheil benutzt werden kann und allgemein den Vorzug der Anschaulichkeit besitzt.

3. *Krümmungshalbmesser.*

An der Hand der Fig. 3, S. 472, erkannten wir, dass der Querschnittswinkel $d\varphi$ und der Krümmungshalbmesser r unter der Einwirkung von P und M_b in $d\varphi + \triangle d\varphi$, bezw. ϱ übergingen. Während für das Bogenelement der Mittellinie vor der Formänderung die Beziehung

$$\overline{OO_1} = ds = r\, d\varphi$$

galt, ergiebt sich für dasselbe während der Dauer der Formänderung

$$\overline{OO_1'} = ds + \triangle ds = \varrho\, (d\varphi + \triangle d\varphi),$$

woraus nach Division mit ds, bezw. $r\, d\varphi$

$$1 + \frac{\triangle ds}{ds} = \frac{\varrho}{r}\left(1 + \frac{\triangle d\varphi}{d\varphi}\right),$$

$$1 + \varepsilon_0 = \frac{\varrho}{r}\,(1 + \omega),$$

und hieraus unter Beachtung der Gleichungen 7

$$\frac{r}{\varrho} = \frac{1+\omega}{1+\varepsilon_0} = 1 + \frac{\omega - \varepsilon_0}{1+\varepsilon_0} = 1 + \frac{M_b}{\varkappa r\left(\frac{f}{\alpha} + P + \frac{M_b}{r}\right)},$$

---

1) Zeitschrift des Vereines deutscher Ingenieure 1901, S. 164 bis 168, S. 201 bis 205.

$$\frac{1}{\varrho} = \frac{1}{r} + \frac{M_b}{\varkappa r^2 \left(\frac{f}{\alpha} + P + \frac{M_b}{r} \right)} \quad \ldots \ldots \quad 18)$$

Wird berücksichtigt, dass ε_0 eine sehr kleine Grösse ist, so kann mit genügender Annäherung in der Regel gesetzt werden

$$\frac{r}{\varrho} = 1 + \frac{\omega - \varepsilon_0}{1 + \varepsilon_0} = \sim 1 + \omega - \varepsilon_0,$$

woraus bei Ersatz von $\omega - \varepsilon_0$ nach Massgabe der ersten der Gleichungen 7 folgt

$$\frac{1}{\varrho} = \frac{1}{r} + \alpha \frac{M_b}{\varkappa f r^2}.$$

Wenn die Querschnittsabmessungen so klein sind gegenüber r, dass von der Gleichung 10, nach welcher

$$\varkappa f r^2 = \Theta,$$

Gebrauch gemacht werden darf, so ergiebt sich

$$\left.\begin{aligned} \frac{1}{\varrho} &= \frac{1}{r} + \alpha \frac{M_b}{\Theta}, \\ \text{oder} \quad M_b &= \left(\frac{1}{\varrho} - \frac{1}{r} \right) \frac{\Theta}{\alpha} \end{aligned}\right\} \quad \ldots \ldots \quad 19)^{1)}$$

[1]) Diese Annäherungsgleichung wird nicht selten aus der für gerade stabförmige Körper giltigen Beziehung, Gleichung 8, § 16, in der Weise abgeleitet, dass man die ursprüngliche Krümmung mit dem Halbmesser r auffasst als herbeigeführt durch ein Moment M_0, für das nach Gleichung 8, § 16, gilt

$$\frac{1}{r} = \alpha \frac{M_0}{\Theta}.$$

Durch Hinzufügung des Momentes M_b gehe die Krümmung in eine solche mit dem Halbmesser ϱ über, somit

$$\frac{1}{\varrho} = \alpha \frac{M_0 + M_b}{\Theta}.$$

Wird der erstere Ausdruck von dem letzteren abgezogen, so findet sich

$$\frac{1}{\varrho} - \frac{1}{r} = \alpha \frac{M_b}{\Theta} \qquad \text{oder} \qquad M_b = \left(\frac{1}{\varrho} - \frac{1}{r} \right) \frac{\Theta}{\alpha},$$

wie oben angegeben.

4. Aenderung der Koordinaten der Mittellinie.

In Fig. 6 sei *APCD* die Mittellinie des gekrümmten Stabes vor der Einwirkung der äusseren Kräfte. Dieselbe werde auf ein

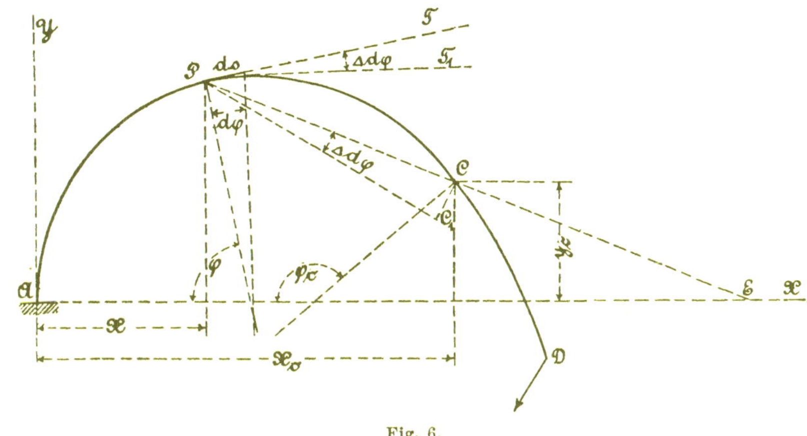

Fig. 6.

rechtwinkliges, in ihrer Ebene derart gelegenes Koordinatensystem *AX* und *AY* bezogen, dass *AX* die Normale und *AY* die Tangente im Punkte *A* ist. Unter Einwirkung der äusseren Kräfte, welche wir uns etwa durch eine im Punkte *D* angreifende Kraft ersetzt denken wollen, ändert sich die Form der Mittellinie und damit auch die Grösse der Koordinaten x_c und y_c des Punktes *C* derselben. Diese Koordinatenänderungen seien mit $\triangle x_c$ und $\triangle y_c$ bezeichnet, entsprechend einem Uebergange von x_c und y_c in $x_c + \triangle x_c$, bezw. $y_c + \triangle y_c$.

Zum Zwecke der Ermittlung von $\triangle x_c$ und $\triangle y_c$ greifen wir einen beliebigen Punkt *P* mit den Koordinaten *x* und *y* heraus;

Dass diese Vorstellungsweise voraussetzt, es bleibe die Beanspruchung des Stabes unter der Einwirkung von M_0 und M_b innerhalb der Proportionalitätsgrenze, springt sofort in die Augen, wie auch die Thatsache, dass diese Voraussetzung nicht in Uebereinstimmung mit der Wirklichkeit steht, die eben einen bereits bleibend gebogenen Stab der Biegung durch M_b darbietet. Trotz des hierin liegenden Fehlers gewährt diese Ableitungsweise, nachdem der Ausdruck 19 als Annäherungsgleichung auf strengerem Wege ermittelt worden ist, ein bequemes Mittel, um sich die Letztere rasch jeder Zeit aus dem Kopfe herstellen zu können, lediglich auf Grund der für gerade stabförmige Körper giltigen Gleichung 8, § 16.

der Krümmungshalbmesser der Mittellinie betrage hier r. Das zugehörige Bogenelement, welches in die Richtung der Tangente PT fällt, besitze die Länge $ds = r\,d\varphi$, sofern $d\varphi$ den zugehörigen Centriwinkel bezeichnet oder auch die § 54, S. 469, angegebene Bedeutung hat.

Infolge Einwirkung der äusseren Kräfte wird sich das Bogenelement ds — den Punkt P denken wir uns hierbei fest — um P drehen: PT gelangt in die Richtung PT_1, $d\varphi$ ändert sich um $\triangle\, d\varphi = \omega\, d\varphi$ (nach § 54, S. 470). Ausserdem wird ds eine Verlängerung um $\varepsilon_0\, ds$ erfahren.

Die Drehung von ds um $\triangle\, d\varphi$ hat zur Folge, dass der Punkt C auf dem Kreisbogen $\widehat{CC_1} = \overline{PC}\,.\,\triangle\, d\varphi$ nach C_1 rückt. Hiernach ändert sich die Abscisse des Punktes C um

$$-(\overline{PC}\,.\,\triangle\, d\varphi)\sin CEA = -\overline{PC}\sin CEA\,.\,\triangle\, d\varphi = -(y - y_c)\triangle\, d\varphi$$

und die Ordinate um

$$-(\overline{PC}\,.\,\triangle\, d\varphi)\cos CEA = -\overline{PC}\cos CEA\,.\,\triangle\, d\varphi = -(x_c - x)\triangle\, d\varphi.$$

Aus Anlass der Verlängerung von ds um $\varepsilon_0\, ds$ bewegt sich der Punkt C um $\varepsilon_0\, ds$ in der Richtung von ds, d. h. in der Richtung der Tangente PT vorwärts. Dadurch erfährt die Abscisse von C eine Zunahme um

$$\varepsilon_0\, ds \sin\varphi = \varepsilon_0\, dx$$

und die Ordinate eine solche im Betrage von

$$\varepsilon_0\, ds \cos\varphi = \varepsilon_0\, dy.$$

Demnach die Zunahme der Koordinaten x_c und y_c, veranlasst durch die Aenderung der Richtung und durch die Aenderung der Länge des Bogenelementes ds allein

$$d(\triangle\, x_c) = -(y - y_c)\triangle\, d\varphi + \varepsilon_0\, dx = y_c\,\omega\, d\varphi - y\,\omega\, d\varphi + \varepsilon_0 dx,$$

$$d(\triangle\, y_c) = -(x_c - x)\triangle\, d\varphi + \varepsilon_0\, dy = -x_c\omega\, d\varphi + x\,\omega\, d\varphi + \varepsilon_0\, dy,$$

und somit die gesammte Zunahme der Koordinaten x_c und y_c, herbeigeführt durch die entsprechenden Aenderungen aller zwischen A und C gelegenen Bogenelemente

$$\left.\begin{aligned}\triangle x_c &= y_c \int_0^{\varphi_c} \omega\, d\varphi - \int_0^{\varphi_c} y\, \omega\, d\varphi + \int_0^{x_c} \varepsilon_0\, dx \\ \triangle y_c &= - x_c \int_0^{\varphi_c} \omega\, d\varphi + \int_0^{\varphi_c} x\, \omega\, d\varphi + \int_0^{y_c} \varepsilon_0\, dy\end{aligned}\right\} \quad . \quad . \quad 20)$$

Hierin sind ω und ε_0 durch die Gleichungen 7 bestimmt.

Für den Fall, dass die Querschnittsabmessungen senkrecht zur Mittellinie genügend klein gegenüber r sind, sodass von Gleichung 10 Gebrauch gemacht und in der letzten der 3 Gleichungen 7 (rechte Seite) die Summe der beiden ersten Glieder, d. h. $P + \frac{M_b}{r}$, gegenüber dem letzten Gliede vernachlässigt werden darf, geht der Ausdruck für ω über in

$$\omega = \frac{\alpha}{f} \frac{M_b}{\varkappa r} = \backsim \alpha \frac{M_b}{\Theta} r.$$

Hiermit ergeben sich aus den Beziehungen 20 die Annäherungsgleichungen

$$\left.\begin{aligned}\triangle x_c &= \alpha \left[y_c \int_0^{\varphi_c} \frac{M_b}{\Theta} r\, d\varphi - \int_0^{\varphi_c} y \frac{M_b}{\Theta} r\, d\varphi + \int_0^{x_c} \frac{P}{f}\, dx \right] \\ \triangle y_c &= \alpha \left[- x_c \int_0^{\varphi_c} \frac{M_b}{\Theta} r\, d\varphi + \int_0^{\varphi_c} x \frac{M_b}{\Theta} r\, d\varphi + \int_0^{y_c} \frac{P}{f}\, dy \right]\end{aligned}\right\} , \quad 21)$$

sofern bei Einführung von ε_0 aus der zweiten der Gleichungen 7 noch $\frac{M_b}{r}$ gegenüber P vernachlässigt wird. Bei verhältnissmässig grossem r tritt überhaupt der durch das dritte Glied der Gleichungen 20 und 21 gemessene Antheil der Formänderung der Mittellinie zurück gegenüber dem Betrage, welchen die Summen der beiden ersten Glieder liefern.

§ 55. Fälle bestimmter Belastungen.

1. Offener Haken trägt eine Last Q. Fig. 1.

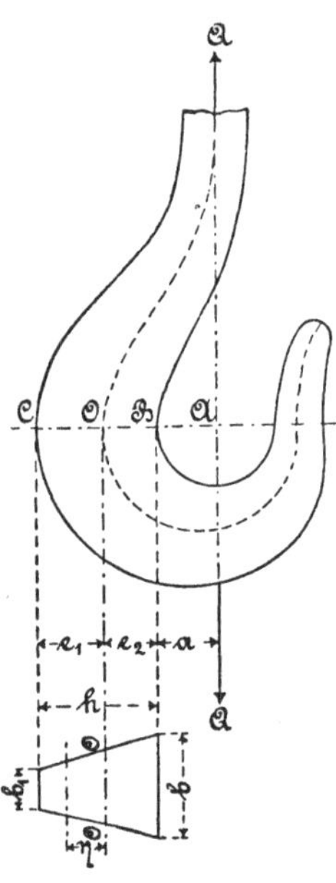

Fig. 1.

Die Kraft Q ergiebt für den horizontalen trapezförmigen Querschnitt[1]) BOC das grösste Moment und die grösste Normalkraft. Nach Gleichung 8, § 54, beträgt die Spannung im Abstande η von der Schwerlinie ($\overline{OO}$ im Grundriss) desselben

$$\sigma = \frac{P}{f} + \frac{M_b}{fr} + \frac{M_b}{\varkappa f r} \frac{\eta}{r + \eta}.$$

Hierin ist

$$P = Q, \qquad M_b = -Q(a + e_2),$$

$$f = \frac{b + b_1}{2} h,$$

und nach Gleichung 16, § 54

$$\varkappa = -1 + \frac{2r}{(b + b_1)h} \left\{ \left[b_1 + \frac{b - b_1}{h}(e_1 + r) \right] ln \frac{r + e_1}{r - e_2} - (b - b_1) \right\}. \quad 1)$$

Für den Krümmungshalbmesser r der Mittellinie im Punkte O wird gewählt $r = a + e_2$, so dass A der Krümmungsmittelpunkt ist. Damit folgt dann wegen $e_1 + r = a + h$ und $r - e_2 = a$

$$\varkappa = -1 + \frac{2r}{(b + b_1)h} \left\{ \left[b_1 + \frac{b - b_1}{h}(a + h) \right] ln \frac{a + h}{a} - (b - b_1) \right\}$$

$$= -1 + \frac{2r}{(b + b_1)h} \left\{ \left[b\left(1 + \frac{a}{h}\right) - b_1 \frac{a}{h} \right] ln \left(1 + \frac{h}{a}\right) - (b - b_1) \right\}, \quad 2)$$

---

[1]) In der Ausführung werden die scharfen Ecken des Trapezes abgerundet und die hiermit verknüpften Querschnittsverminderungen durch geringe Wölbung der ebenen Begrenzungsflächen des Trapezstabes ausgeglichen.

woraus für

$$h = 2\,a, \qquad b = 3\,b_1$$

wegen

$$e_2 = \frac{h}{3}\,\frac{b + 2\,b_1}{b + b_1} = \frac{h}{3}\,\frac{5\,b_1}{4\,b_1} = \frac{5}{12}\,h = \frac{5}{6}\,a,$$

$$r = a + e_2 = \frac{11}{6}\,a,$$

sich ergiebt

$$\varkappa = -1 + \frac{11}{24}(4\,ln\,3 - 2) = 0{,}0974,$$

$$\frac{1}{\varkappa} = 10{,}27.$$

Die Spannung beträgt unter Beachtung, dass

$$r = a + e_2 = \frac{11}{6}\,a\,,$$

$$\sigma = -\,10{,}27\,\frac{Q}{f}\,\frac{\eta}{\frac{11}{6}\,a + \eta} \quad . \quad . \quad . \quad . \quad . \quad . \quad 3)$$

und insbesondere

für $\eta = -\,e_2 = -\,\frac{5}{6}\,a$ $\qquad \sigma = +\,8{,}56\,\frac{Q}{f}$ (im Punkte B)

- $\eta = \qquad -\,\frac{3}{6}\,a$ $\qquad \sigma = +\,3{,}85\,\frac{Q}{f}$

- $\eta = \qquad 0$ $\qquad \sigma = \quad 0$ (vergl. auch Gl. 9, § 54)

- $\eta = \qquad +\,\frac{3}{6}\,a$ $\qquad \sigma = -\,2{,}20\,\frac{Q}{f}$

- $\eta = +\,e_1 = +\,\frac{7}{6}\,a$ $\qquad \sigma = -\,3{,}99\,\frac{Q}{f}$ (im Punkte C).

Die Darstellung dieser Spannungen in Fig. 2 derart, dass senkrecht zur Symmetrielinie des Trapezes die in dem betreffenden

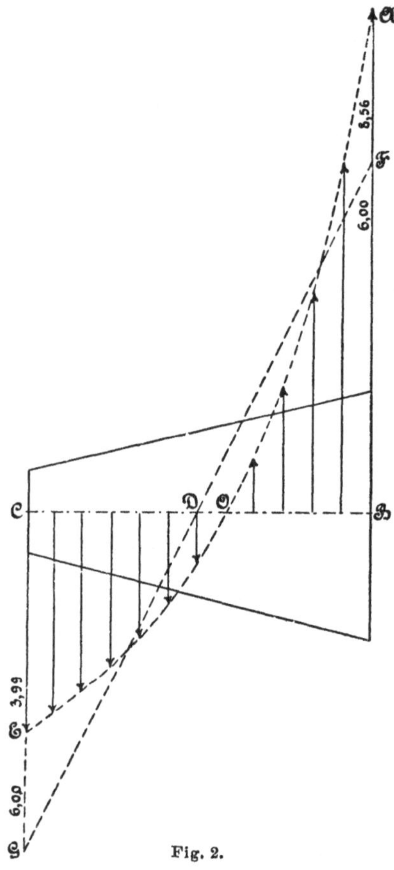

Fig. 2.

Punkte herrschende Spannung aufgetragen wird (beispielsweise in B $\overline{BA} = + 8{,}56 \frac{Q}{f}$, in C $\overline{CE} = - 3{,}99 \frac{Q}{f}$), ergiebt die Kurve $A\,O\,E$.

Wird der Querschnitt $B\,O\,C$ — Fig. 1 — als einem geraden stabförmigen Körper angehörig betrachtet, so findet sich unter Beachtung der Spalte 11 der Zusammenstellung Ziff. 6 des § 17 wegen

$$\frac{\Theta}{e_2} = \frac{11}{30}\, b_1 h^2 = \frac{11}{60} f\, h = \frac{11}{30}\, a f,$$

für die Spannung im Punkte B

$$\sigma = \frac{Q}{f} + \frac{Q \frac{11}{6} a}{\frac{\Theta}{e_2}} = \frac{Q}{f} + 5 \frac{Q}{f} = + 6 \frac{Q}{f},$$

und für diejenige im Punkte C

$$\sigma = \frac{Q}{f} - \frac{Q \frac{11}{6} a}{\frac{\Theta}{e_1}} = \frac{Q}{f} - 7 \frac{Q}{f} = - 6 \frac{Q}{f}.$$

Die Darstellung dieser Spannungen liefert die Gerade FDG. Wie ersichtlich, ergiebt die Unterstellung: der Querschnitt gehöre einem geraden stabförmigen Körper an, die massgebende Anstrengung im Punkte B um

$$100 \frac{8{,}56 - 6}{8{,}56} = 30\,\%$$

zu klein, führt also zu einer erheblichen Unterschätzung der Inanspruchnahme. Ausserdem würde sie im vorliegenden Falle zu der Auffassung veranlassen, dass die Zuganstrengung in B gleich der Druckanstrengung in C sei, während thatsächlich die Erstere $\left(8{,}56 \frac{Q}{f}\right)$ um mehr als 100 % grösser ist als die Letztere $\left(3{,}99 \frac{Q}{f}\right)$.

Die Beanspruchung des Hakens im Querschnitt BOC wird sich um so mehr derjenigen eines geraden, excentrisch belasteten Stabes nähern, d. h. die Kurve AOE, Fig. 2, wird um so weniger von der Geraden FDG abweichen, je grösser der Krümmungshalbmesser r ist. Es ist deshalb angezeigt, den Krümmungsmittelpunkt für den Punkt O der Mittellinie nicht nach A, sondern weiter nach rechts von A zu verlegen, also dem Haken in dem gefährdetsten Querschnitt eine möglichst geringe Krümmung zu ertheilen[1]).

---

[1]) S. des Verfassers Maschinenelemente 1891/92, S. 412, Fig. 252; 1901 (8. Aufl.), S. 562, Fig. 408.

Ferner erhellt aus dieser Sachlage, dass ein aus zähem Material gefertigter Haken, welcher sich unter Einwirkung der Last streckt, hierdurch seine Anstrengung vermindert.

(Vergl. auch § 56, Ziff. 2, insbesondere Schlussbemerkung.)

2. *Hohlcylinder, welcher als Walze dient, ist auf die Längeneinheit durch den Druck 2 Q belastet,* Fig. 3.

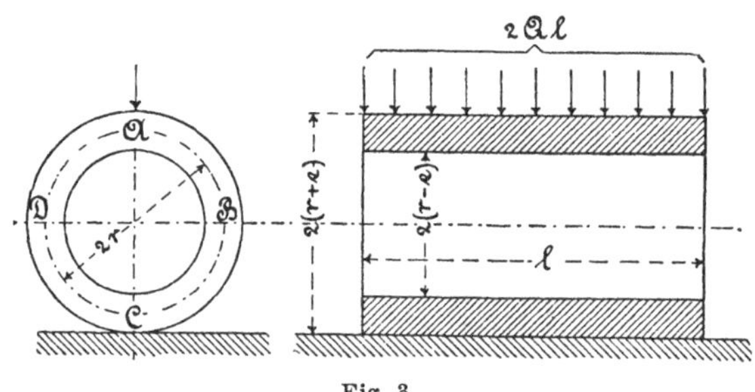

Fig. 3.

Da sich bei dieser Belastungsweise die Viertelcylinder AB, BC, CD und DA gleich verhalten, so genügt es, einen derselben, etwa AB, der Betrachtung zu unterwerfen. Wir denken uns das

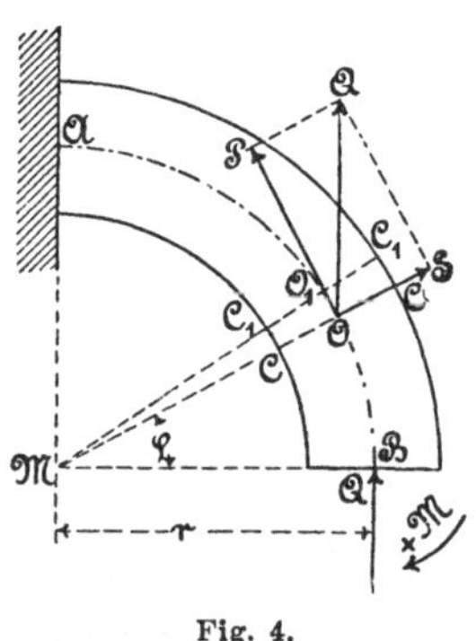

Fig. 4.

Viertel AB herausgeschnitten, wie Fig. 4 darstellt, ersetzen die Wirkung der äusseren Kräfte auf den Querschnitt bei A durch Befestigung, auf denjenigen bei B durch die Kraft Q und ein Kräftepaar vom Momente M, welches positiv oder negativ genommen wird, je nachdem es auf Vermehrung oder Verminderung der Krümmung der Mittellinie im Punkte B hinwirkt.

Für einen beliebigen, durch den Winkel φ bestimmten Querschnitt COC ergiebt sich bei Verlegung der Kraft Q nach O die Normalkraft

$$P = -Q\cos\varphi,$$

das biegende Moment

$$M_b = M - Q\,r\,(1-\cos\varphi).$$

Die Schubkraft $S = Q\sin\varphi$ werde vernachlässigt. Nach Gleichung 8, § 54, ist

$$\sigma = \frac{P}{f} + \frac{M_b}{fr} + \frac{M_b}{\varkappa f r}\,\frac{\eta}{r+\eta},$$

worin f der auf die Einheit der Cylinderlänge kommende Querschnitt.

Folglich

$$f\sigma = -Q\cos\varphi + \frac{M}{r} - Q + Q\cos\varphi$$

$$+ \frac{1}{\varkappa}\left(\frac{M}{r} - Q + Q\cos\varphi\right)\frac{\eta}{r+\eta},$$

$$f\sigma = \frac{M}{r} - Q + \frac{1}{\varkappa}\left(\frac{M}{r} - Q + Q\cos\varphi\right)\frac{\eta}{r+\eta}.$$

Zur Bestimmung des unbekannten Momentes M führt die Erwägung, dass, wie auch die Formänderung der Mittellinie AB des Cylinderviertels sein möge, jedenfalls die beiden Normalen AM und BM derselben immer rechtwinklig zu einander bleiben werden, dass also der rechte Winkel AMB, der auch gleichzeitig derjenige der beiden Querschnitte bei A und bei B ist, eine Aenderung nicht erfährt.

Es sei $C_1O_1C_1$ ein dem Querschnitt COC unendlich nahe gelegener zweiter Querschnitt und $d\varphi$ der Winkel, den beide Querschnitte vor Eintritt der Formänderung mit einander einschliessen. Unter Einwirkung der äusseren Kräfte wird sich der Letztere nach § 54 um

$$\triangle\, d\varphi = \omega\, d\varphi$$

ändern. Die Summe dieser Aenderungen für alle zwischen B und A

gelegenen Querschnitte muss nach dem eben Erörterten gleich Null sein, d. h.

$$\int_0^{\frac{\pi}{2}} \omega\, d\varphi = 0.$$

Unter Beachtung, dass nach der letzten der Gleichungen 7, § 54,

$$\omega = \frac{\alpha}{f}\left(P + \frac{M_b}{r} + \frac{M_b}{\varkappa r}\right),$$

also hier

$$\omega = \frac{\alpha}{f}\left[\frac{M}{r} - Q + \frac{1}{\varkappa}\left(\frac{M}{r} - Q + Q\cos\varphi\right)\right],$$

wird

$$\int_0^{\frac{\pi}{2}} \omega\, d\varphi = \frac{\alpha}{f}\left[\left\{\frac{M}{r} - Q + \frac{1}{\varkappa}\left(\frac{M}{r} - Q\right)\right\}\frac{\pi}{2} + \frac{1}{\varkappa}\,Q\right] = 0.$$

Somit

$$\frac{M}{r} - Q = -\frac{2\,Q}{(1+\varkappa)\,\pi},$$

oder

$$M = Q\left(1 - \frac{2}{(1+\varkappa)\,\pi}\right) r. \quad . \quad . \quad . \quad . \quad . \quad 4)$$

Die Einführung des für

$$\frac{M}{r} - Q$$

gefundenen Werthes in die Gleichung zur Ermittlung der Spannungen ergiebt

$$f\sigma = -\frac{2\,Q}{(1+\varkappa)\,\pi} + \frac{1}{\varkappa}\left(-\frac{2\,Q}{(1+\varkappa)\,\pi} + Q\cos\varphi\right)\frac{\eta}{r+\eta},$$

$$\sigma = \frac{Q}{f}\left[-\frac{2}{(1+\varkappa)\,\pi} + \frac{1}{\varkappa}\left(-\frac{2}{(1+\varkappa)\,\pi} + \cos\varphi\right)\frac{\eta}{r+\eta}\right]. \quad 5)$$

Für den rechteckigen Querschnitt ist nach Gleichung 13, § 54,

$$\varkappa = \frac{1}{3}\left(\frac{e}{r}\right)^2 + \frac{1}{5}\left(\frac{e}{r}\right)^4 + \frac{1}{7}\left(\frac{e}{r}\right)^6 + \ldots .$$

und bei dem Verhältniss

$$\frac{e}{r} = \frac{1}{5},$$

welches wir wählen wollen,

$$\varkappa = \frac{1}{3}\left(\frac{1}{5}\right)^2 + \frac{1}{5}\left(\frac{1}{5}\right)^4 + \frac{1}{7}\left(\frac{1}{5}\right)^6 + \ldots\ldots = 0{,}01366.$$

Damit folgt

$$\sigma = \frac{Q}{f}\left[-0{,}63 + 73{,}2\,(-0{,}63 + \cos\varphi)\,\frac{\eta}{5\,e + \eta}\right]. \quad . \quad 6)$$

Grenzwerthe ergeben sich für $\varphi = 0$ (Querschnitt bei B) und $\varphi = \frac{\pi}{2}$ (Querschnitt bei A), sowie für $\eta = \pm e$. Sie betragen

im Querschnitt bei B	im Querschnitt bei A
$\varphi = 0$	$\varphi = \frac{\pi}{2}$

innerste Faser,

$\eta = -e$:

$$\sigma_i = -\frac{Q}{f}\left(0{,}63 + 73{,}2\,.\,0{,}37\,\frac{1}{4}\right), \quad \sigma_i = \frac{Q}{f}\left(-0{,}63 + 73{,}2\,.\,0{,}63\,\frac{1}{4}\right)$$

$$= -7{,}40\,\frac{Q}{f} \qquad\qquad = +10{,}90\,\frac{Q}{f},$$

äusserste Faser,

$\eta = +e$:

$$\sigma_a = \frac{Q}{f}\left(-0{,}63 + 73{,}2\,.\,0{,}37\,\frac{1}{6}\right), \quad \sigma_a = -\frac{Q}{f}\left(0{,}63 + 73{,}2\,.\,0{,}63\,\frac{1}{6}\right)$$

$$= +3{,}88\,\frac{Q}{f}, \qquad\qquad = -8{,}32\,\frac{Q}{f}.$$

Hiernach findet die grösste Anstrengung im Querschnitte bei A und zwar an der Innenfläche des Hohlcylinders durch tangential gerichtete Zugspannungen $= 10{,}90 \frac{Q}{f}$ statt. An der Aussenfläche desselben Querschnitts herrscht eine Druckspannung $8{,}32 \frac{Q}{f}$. Im Querschnitt bei B wirkt innen die Druckspannung $7{,}40 \frac{Q}{f}$ und aussen die Zugspannung $3{,}88 \frac{Q}{f}$. In beiden Querschnitten geht die Spannung durch Null hindurch. Die Stelle, an welcher dies stattfindet, ergiebt sich

für den Querschnitt B $(\varphi = 0)$

aus

$$0 = -0{,}63 + 73{,}2 \, . \, 0{,}37 \frac{\eta}{5\,e + \eta}$$

durch den Werth

$$\eta = 0{,}12\, e,$$

für den Querschnitt A $\left(\varphi = \frac{\pi}{2}\right)$

aus

$$0 = -0{,}63 - 73{,}2 \, . \, 0{,}63 \frac{\eta}{5\,e + \eta}$$

durch den Abstand

$$\eta = -0{,}067\, e.$$

Die Darstellung Fig. 5 mit HBJ als Linie der Spannungen im Querschnitte bei B und $FEAG$ als Linie der Spannungen im Querschnitte bei A giebt über das Gesetz, nach welchem sich die Spannung in den beiden Querschnitten ändert, ein anschauliches Bild.

Zur Erweiterung desselben in Bezug auf dazwischen gelegene Querschnitte werde noch Folgendes festgestellt.

Für $\eta = 0$ findet sich aus Gleichung 6

$$\sigma = -0{,}63 \frac{Q}{f},$$

also unabhängig von φ, d. h. in allen Punkten der mittleren Cylinderfläche ist die Spannung eine negative, also Pressung, und von gleicher Grösse.

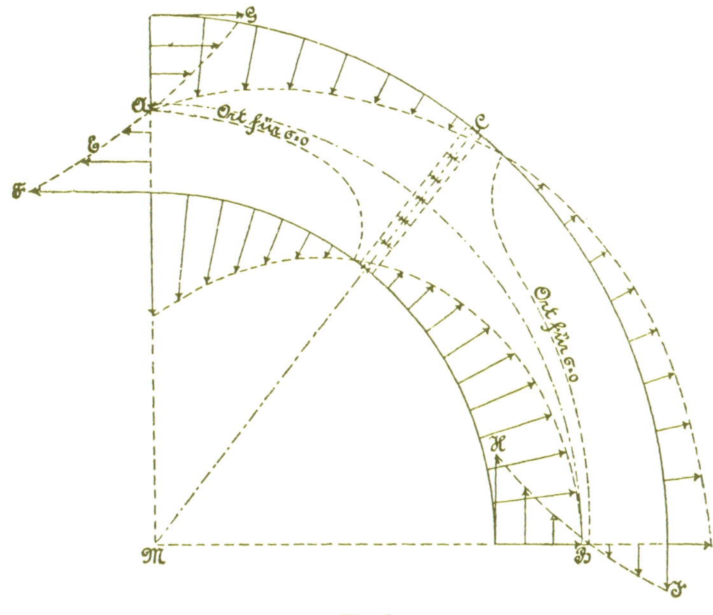

Fig. 5.

Auch giebt es in jedem Cylinderviertel einen Querschnitt, in welchem nur Druckspannungen und zwar ebenfalls von gleicher Grösse auftreten. Setzen wir in Gleichung 5

$$\cos \varphi = \frac{2}{(1 + \varkappa) \pi} = 0{,}63,$$

so entfällt das Glied, welches die Veränderlichkeit und den Vorzeichenwechsel von σ bedingt, und es wird

$$\sigma = - \frac{Q}{f} \frac{2}{(1 + \varkappa) \pi} = - 0{,}63 \frac{Q}{f}.$$

Dieser Querschnitt ist in Fig. 5 durch die Linie MC wiedergegeben.

Zur Feststellung derjenigen Punkte im Innern des Hohlcylinders, in welchen $\sigma = 0$ wird, findet sich nach Gleichung 5

$$0 = -\frac{2}{(1+\varkappa)\pi} + \frac{1}{\varkappa}\left(-\frac{2}{(1+\varkappa)\pi} + \cos\varphi\right)\frac{\eta}{r+\eta},$$

woraus

$$\cos\varphi = \frac{2}{\pi}\left(1 + \frac{\varkappa}{1+\varkappa}\,\frac{r}{\eta}\right) = 0{,}64 + 0{,}043\,\frac{e}{\eta},$$

oder

$$\eta = r\,\frac{\varkappa}{1+\varkappa}\cdot\frac{1}{\frac{\pi}{2}\cos\varphi - 1} = 0{,}0675\,e\,\frac{1}{\frac{\pi}{2}\cos\varphi - 1}.$$

An der innersten Faserschicht, d. h. für $\eta = -e$, wird $\sigma = 0$, wenn

$$\cos\varphi = 0{,}64 - 0{,}043 = 0{,}597,$$

an der äussersten Fläche, d. h. für $\eta = +e$, fällt $\sigma = 0$ aus, wenn

$$\cos\varphi = 0{,}64 + 0{,}043 = 0{,}683.$$

Mit $\cos\varphi = 0{,}5$ wird $\sigma = 0$ für

$$\eta = 0{,}0675\,\frac{1}{\frac{\pi}{4} - 1}\,e = -\,0{,}31\,e,$$

und mit $\cos\varphi = 0{,}8$ wird $\sigma = 0$ für

$$\eta = 0{,}0675\,\frac{1}{0{,}4\,\pi - 1}\,e = +\,0{,}26\,e.$$

Auf diesem Wege erhalten wir, wie Fig. 5 zeigt, zwei Kurven, welche diejenigen Flächenelemente bestimmen, in denen die Normalspannungen gleich Null sind.

Ferner sind daselbst auch noch in radialer Richtung eingetragen die Spannungen, welche an den verschiedenen Punkten der Innen- und Aussenfläche des Hohlcylinders in tangentialer Richtung herrschen[1]).

---

[1]) Die in Fig. 5 gegebene Darstellung der Spannungsvertheilung in einzelnen Querschnitten und der Spannungsänderung von Querschnitt zu Querschnitt ist in der S. 483, Fussbemerkung, erwähnten Arbeit von Bantlin noch erweitert worden.

Was schliesslich die Formänderung anbelangt, so ist ohne Weiteres zu übersehen, dass die kreisförmige Mittellinie eine elliptische Form annimmt, entsprechend einer Vergrösserung des Krümmungshalbmessers bei A und einer Verkleinerung desselben bei B.

§ 56. Versuchsergebnisse.

1. Versuche mit Hohlcylindern.

Zu einer theilweisen Prüfung des in § 55, Ziff. 2 gefundenen Hauptergebnisses Gleichung 5 bei Verwendung von Material, welches für die Herstellung solcher Hohlcylinder vorzugsweise in Betracht kommen kann, führte Verfasser die nachstehend besprochenen Versuche durch.

Aus einem gusseisernen Hohlstab mit kreisförmigem Querschnitt und zwar von dem Material: Gusseisen A, § 35 (Bruchstück eines der unter c — S. 316 und 317 — aufgeführten 3 Hohlstäbe, Zugfestigkeit 1579 kg, Drehungsfestigkeit 1297 kg) wurden kurze Hohlcylinder von der Länge $l = 6{,}0$ cm durch Drehen herausgearbeitet und nach Massgabe der Fig. 3, § 55, mit $2\,Q\,l$ belastet. Der äussere Cylindermantel wurde nur soweit abgedreht, als es erforderlich war, um den Druckplatten der Prüfungsmaschine gute Anlageflächen zu sichern.

In ganz gleicher Weise wurden kurze Hohlcylinder aus dem Gusseisen B, § 35 (Bruchstück eines der unter b, α — S. 328 — erwähnten 2 Hohlstäbe, Zugfestigkeit 1679 kg, Drehungsfestigkeit 1439 kg) hergestellt.

Die Ergebnisse der Gleichung 5, § 55, in welcher hier

$$\varphi = \frac{\pi}{2}, \qquad \eta = -e, \qquad f = \frac{d - d_0}{2} \text{ (Fig. 3, § 35)}$$

zu setzen ist, wodurch wird

$$\sigma_{max} = \frac{2\,Q}{d - d_0} \left[-\frac{2}{(1 + \varkappa)\,\pi} + \frac{2}{\varkappa\,(1 + \varkappa)\,\pi} \frac{\frac{e}{r}}{1 - \frac{e}{r}} \right], \quad . \; 1)$$

finden sich, nach dieser Gleichung berechnet, in der folgenden Zusammenstellung unter σ_{max} eingetragen.

Gusseisen A.

Hohlcylinder, innen unbearbeitet.

Bezeichnung	Durchmesser äusserer d cm	Durchmesser innerer d_0 cm	Verhältniss $\frac{e}{r}=\frac{d-d_0}{d+d_0}$	$\varkappa$, Gl. 13, § 54	Bruchbelastung $2\,Q\,l$ kg	Bruchfestigkeit σ_{max} Gl. 1 kg/qcm
1	10,0	7,0	0,176	0,0105	5410	3657
3	10,06	7,06	0,175	0,0104	5420	3685
5	10,02	6,92	0,183	0,0114	5170	3269

Bemerkungen.

Der Bruch erfolgt bei No. 1 und 3 durch gleichzeitiges Einreissen in den Querschnitten A und C, Fig. 3, § 55, welches innen beginnend sich auf etwa drei Viertel der Wandstärke nach aussen fortsetzt. Der äussere Cylindermantel bleibt unverletzt.

Im Falle No. 5 reisst zunächst der Querschnitt innen bei A allein; die Fortsetzung des Zusammendrückens veranlasst denjenigen bei C, nachzufolgen.

Hohlcylinder, innen bearbeitet.

Bezeichnung	Durchmesser äusserer d cm	Durchmesser innerer d_0 cm	Verhältniss $\frac{e}{r}=\frac{d-d_0}{d+d_0}$	$\varkappa$, Gl. 13, § 54	Bruchbelastung $2\,Q\,l$ kg	Bruchfestigkeit σ_{max} Gl. 1 kg/qcm
2	10,06	7,28	0,160	0,00867	4410	3498
4	10,02	7,32	0,156	0,00823	4395	3695

Bemerkungen.

Wie oben No. 5.

Gusseisen B.

Hohlcylinder, innen unbearbeitet.

Bezeichnung	Durchmesser äusserer d cm	Durchmesser innerer d_0 cm	Verhältniss $\frac{e}{r} = \frac{d - d_0}{d + d_0}$	$\varkappa$, Gl. 13, § 54	Bruchbelastung $2\,Q\,l$ kg	Bruchfestigkeit σ_{max} Gl. 1 kg/qcm
1	10,08	6,96	0,183	0,0114	5005	3135
3	10,06	6,96	0,182	0,01127	4980	3156

Bemerkungen.

Wie oben bei Gusseisen A, No. 5.

Hohlcylinder, innen bearbeitet.

Bezeichnung	Durchmesser äusserer d cm	Durchmesser innerer d_0 cm	Verhältniss $\frac{e}{r} = \frac{d - d_0}{d + d_0}$	$\varkappa$, Gl. 13, § 54	Bruchbelastung $2\,Q\,l$ kg	Bruchfestigkeit σ_{max} Gl. 1 kg/qcm
2	10,07	7,43	0,151	0,00771	3980	3508
4	10,04	7,42	0,150	0,00760	4200	3759

Bemerkungen.

Wie oben bei Gusseisen A, No. 5.

Zu diesen Ergebnissen ist Nachstehendes zu bemerken.

a) Hohlcylinder $A\,1$ und $A\,3$ sind die beiden einzigen der Versuchskörper, welche an den zwei diametral einander gegenüber liegenden Stellen gleichzeitig einreissen. Sie müssen demnach einen grösseren Werth von σ_{max} aufweisen als sonst gleiche Hohlcylinder, bei denen dieses Einreissen nach einander stattfindet. Daraus erklärt sich die geringere Bruchfestigkeit von $A\,5$ gegenüber $A\,1$ und $A\,3$ ohne Weiteres.

b) Zum Zwecke der Prüfung des Einflusses der Gusshaut kann nach Massgabe des unter a Gesagten nur $A\,5$ mit $A\,2$ und $A\,4$ verglichen werden. Hierbei findet sich die Festigkeit der innen von der Gusshaut befreiten Hohlcylinder $A\,2$ und $A\,4$ um durchschnittlich

$$\frac{3498 + 3695}{2} - 3269 = 3596 - 3269 = 327 \text{ kg},$$

d. s.

$$100 \frac{327}{3269} = 10\,\%,$$

grösser als diejenige des unbearbeiteten Körpers $A\,5$.

Für das Gusseisen B ergiebt sich dieser Unterschied zu

$$\frac{3508 + 3759}{2} - \frac{3135 + 3156}{2} = 3633 - 3145 = 488 \text{ kg},$$

d. s.

$$100 \frac{488}{3145} = 15{,}5\,\%.$$

Diese Zahlen bestätigen den bereits in § 22, Ziff. 3 festgestellten Einfluss der Gusshaut.

(Vergl. auch § 58, Fussbemerkung S. 539.)

c) Die Zugfestigkeit des Gusseisens A war zu 1579 kg, diejenige des Gusseisens B zu 1679 kg ermittelt worden. Wird nach S. 236 No. 4 die Biegungsfestigkeit für den rechteckigen Stab zu 1,75 mal Zugfestigkeit angenommen, so wäre für bearbeitete Stäbe auf eine Biegungsfestigkeit von

$$1579 \,.\, 1{,}75 = 2763 \text{ kg},$$

bezw.

$$1679 \,.\, 1{,}75 = 2938 \text{ kg}$$

zu rechnen gewesen. Thatsächlich sind die Werthe von σ_{max} (trotz des Einreissens an zunächst einer Stelle) für das Gusseisen A (No. 2 und 4) um

$$3596 - 2763 = 833 \text{ kg}, \quad \text{oder} \quad 100 \frac{833}{2763} = 30\,\%,$$

für das Gusseisen B (No. 2 und 4) um

$$3633 - 2938 = 695 \text{ kg}, \quad \text{oder} \quad 100 \frac{695}{2938} = 24\%$$

grösser. Dieser Unterschied dürfte zum grossen Theile auf Rechnung der dem Gusseisen eigenthümlichen Veränderlichkeit des Dehnungskoefficienten α zu setzen sein, welche den Verlauf der Spannungslinie, z. B. AEF im Querschnitt A, Fig. 5, § 55, dahin abändert, dass die wagrechten Ordinaten weniger rasch wachsen, als die Rechnung, welche Unveränderlichkeit des Dehnungskoefficienten voraussetzt, ergiebt. War diese Abweichung schon bei geradem stabförmigen Körper von grossem Einflusse (vergl. § 20, namentlich Fig. 9), so muss dieser hier noch bedeutender ausfallen.

Um zu prüfen, inwieweit etwa Gussspannungen bei der vorliegenden Frage betheiligt seien, wurden diejenigen Hohlcylinder, welche nur an einer Stelle gerissen waren und bei denen der Versuch nicht bis zum Einreissen an der zweiten (gegenüber liegenden) Stelle fortgesetzt worden war, an der Rissstelle aufgeschnitten und sodann genau gemessen, ob hierbei ein Zusammengehen oder Erweitern des Ringes (oder der Schnittfuge) stattfand. Eine solche Aenderung liess sich nicht oder nur in ganz verschwindender Grösse feststellen. Das Ergebniss blieb auch nach vollständiger Beseitigung der äusseren Gusshaut, sowie nach Ausbohren des Ringes auf die halbe Stärke das gleiche. Hiernach können Gussspannungen von Erheblichkeit nicht vorhanden gewesen sein.

Werden diejenigen Werthe von σ_{max}, welche für die ausgebohrten Hohlcylinder ermittelt wurden, in Vergleich mit der Zugfestigkeit gestellt, so findet sich für das Gusseisen A

$$\sigma_{max} = \frac{3596}{1579} K_z = 2{,}28 \text{ mal Zugfestigkeit,}$$

für das Gusseisen B

$$\sigma_{max} = \frac{3633}{1679} K_z = 2{,}16 \text{ mal Zugfestigkeit,}$$

also durchschnittlich 2,22 mal Zugfestigkeit,

gegen 1,75 mal Zugfestigkeit

beim geraden Stabe.

2. *Versuche und Darlegungen zur Frage der Spannungsvertheilung über die Querschnitte gekrümmter stabförmiger Körper.*

Zur raschen Gewinnung eines Einblicks in die Verhältnisse, welche bei Beurtheilung dieser in neuerer Zeit aufgeworfenen Streitfrage in Betracht kommen, lässt es sich nicht vermeiden, bereits aus dem Früheren Bekanntes zu wiederholen.

Die Biegungslehre ist bisher sowohl für gerade als auch für gekrümmte stabförmige Körper von den Voraussetzungen:

1. dass die Querschnitte eben bleiben,
2. dass zwischen Dehnungen und Spannungen Proportionalität besteht,

ausgegangen.

Damit gelangt sie

für gerade stabförmige Körper,

in Bezug auf deren Belastung angenommen sei, dass die Ebene des biegenden Kräftepaares den Querschnitt in einer der beiden Hauptachsen schneidet, zu den Ergebnissen:

a) dass die Gerade, in welcher die Dehnungen und die Spannungen den Werth Null besitzen, die sogenannte „neutrale Achse“ oder „Nullachse“, durch den Schwerpunkt des Querschnittes geht und mit der anderen Hauptachse zusammenfällt,

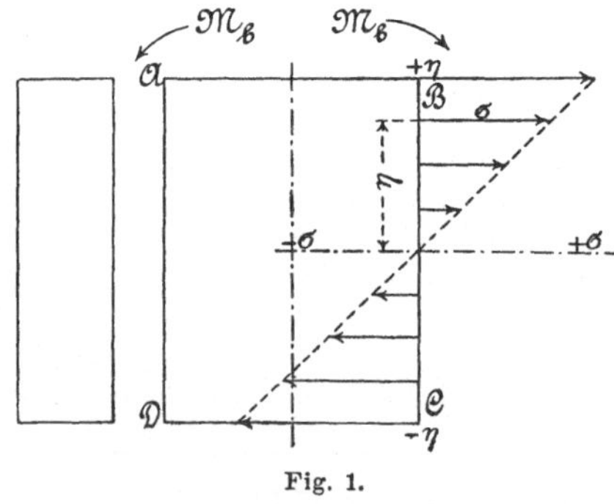

Fig. 1.

b) dass die Spannungen σ proportional mit dem Abstande η von der Nullachse wachsen, d. h. unter Bezugnahme auf Fig. 1,

$$\sigma = \sigma_1 \eta, \quad . \quad . \quad . \quad . \quad . \quad . \quad . \quad . \quad . \quad 1)$$

sofern σ_1 die Spannung im Abstande 1 bezeichnet, dass also die Vertheilung der Spannungen über den Querschnitt nach dem Gesetze der geraden Linie erfolgt.

Für den gekrümmten stabförmigen Körper,

in Bezug auf den vorausgesetzt werde, dass die Mittellinie eine einfach gekrümmte Kurve und ihre Ebene Ort der einen Hauptachse sämmtlicher Stabquerschnitte, sowie Ebene des biegenden Kräftepaares sei, kommt die Biegungslehre unter den bezeichneten Voraussetzungen, Ziff. 1 und 2, zu den Ergebnissen:

a) dass die unter I. a) bezeichnete Hauptachse des Querschnittes nicht mehr Nullachse ist, dass diese vielmehr parallel dazu liegt,

b) dass die Spannungen σ nicht mehr proportional mit dem Abstande η von der Nullachse zunehmen, sondern auf der Seite, welche der Krümmungsachse zugekehrt ist, rascher und auf der anderen Seite langsamer als η wachsen, wie Fig. 2 erkennen lässt.

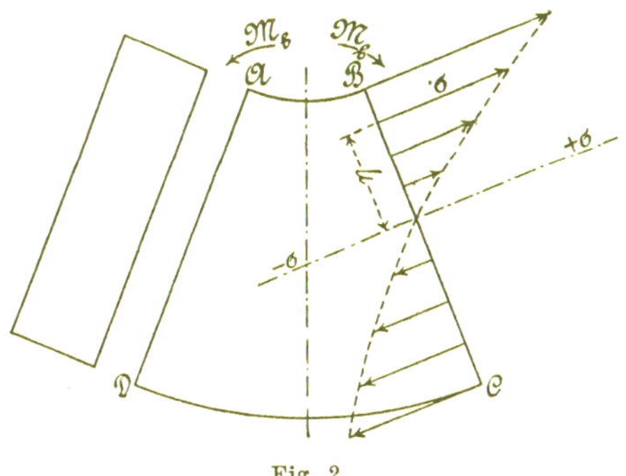

Fig. 2.

Der Grund dieser abweichenden Ergebnisse, zu denen man unter den gleichen Voraussetzungen gelangt, liegt lediglich darin, dass bei dem gekrümmten Stab die zwischen zwei Querschnitten gelegenen Fasern verschiedene Länge besitzen (vergl. das in Fig. 2 gezeichnete Körperelement mit den Stabquerschnitten AD und BC), während bei dem geraden Stabe Gleichheit der Faserlänge vorhanden ist (vergl. das in Fig. 1 dargestellte Körperelement mit den Stabquerschnitten *AD* und *BC*). Wenn eine kürzere Faser um die gleiche Strecke gedehnt wird als eine längere, so wird eben in der Ersteren eine grössere specifische Dehnung und damit auch eine grössere Spannung wachgerufen als in der Letzteren[1]).

In neuerer Zeit hat nun Föppl die Vertretung der Ansicht aufgenommen, dass für den gekrümmten stabförmigen Körper ebenfalls die durch Gleichung 1 ausgesprochene Spannungsvertheilung die richtige sei[2]). Trifft dies zu, so müssen sich die ursprünglich ebenen Querschnitte wegen der auch von Föppl festgehaltenen Proportionalität von Dehnungen und Spannungen — lediglich unter Einwirkung des biegenden Kräftepaares — krümmen.

Föppl stützt sich[2]), wenn wir zunächst das von ihm als Vorstand des früher von Bauschinger geleiteten mechanisch-technischen Laboratoriums der Technischen Hochschule München beigebrachte neue Versuchsmaterial ins Auge fassen, auf die Formänderung eines Ringes, den er aus weichem Stahl von 250 mm äusserem, 150 mm innerem Durchmesser und 44 mm Höhe herstellen sowie auf einer der beiden Stirnflächen mit koncentrischen Kreisen und unter Benutzung der Reissnadel mit radialen Strichen in Abständen von ungefähr 10 mm versehen liess. Der Ring wurde zusammengedrückt, sodass sich der eine Durchmesser um etwa 30 mm verkleinerte, der andere um ungefähr 20 mm vergrösserte. In Bezug auf die ursprünglich geraden radialen Striche bemerkt Föppl: „Die Striche in den Mitten der vier Quadranten sind sehr deutlich S-förmig gebogen. Natürlich sehe ich diesen Versuch nicht als entscheidend an, da die bleibende Formänderung

---

[1]) Die Sache liegt hier ähnlich, wie bei dickwandigen Hohlcylindern. Die Anstrengung in tangentialer Richtung ist innen am grössten und nimmt nach aussen hin ab. (Vergl. S. 536 u. f., insbesondere auch Fig. 4, S. 539.)

[2]) Centralblatt der Bauverwaltung 1896, S. 490 und 491. Sie wird daselbst als „Geradliniengesetz“ bezeichnet. Diese Bezeichnung lässt leicht eine Verwechselung mit der anderen Annahme, dass die Querschnitte eben bleiben, zu: denn hier erfolgt die Vertheilung der Dehnungen nach dem Gesetz der geraden Linie. Am einfachsten und für den Ingenieur am deutlichsten wird sich die von Föppl vertretene Ansicht aussprechen: der gekrümmte stabförmige Körper ist in Bezug auf Beanspruchung durch ein biegendes Moment und durch eine Normalkraft zu behandeln, als ob seine Querschnitte einem geraden Stabe angehörten.

andere Gesetze befolgt als die elastische. Ich liess ihn auf Anregung eines meiner Schüler ausführen, der über diese Frage gern etwas unmittelbar Greifbares vor Augen haben wollte, und führe ihn eigentlich nur an, weil ich ihn nicht ausdrücklich verschweigen will; immerhin spricht auch er offenbar nicht zu Gunsten der Annahme, dass die Querschnitte bei der elastischen Formänderung eben bleiben.“

Fig. 3.

Da Föppl, unter mehrfacher Nennung der Arbeiten des Verfassers und unter Hervorhebung, dass er es für sehr unerwünscht halte, wenn in verschiedenen Theilen des Deutschen Reiches verschiedene Lehrmeinungen über einen so wichtigen Punkt vorgetragen werden, die Beleuchtung seiner Ansicht ausdrücklich wünscht, die er bis auf Weiteres für die richtige halte und seinen Zuhörern gegenüber vertreten werde, so hat Verfasser, obgleich er im Allgemeinen der Meinung ist, dass derjenige, welcher auf wissenschaftlichem Gebiete eine abweichende Ansicht aufstellt, den Beweis für die Richtigkeit derselben zu geben habe, und das umsomehr, wenn — wie im vorliegenden Falle — diese neue Ansicht dazu führt, das Material als weniger beansprucht anzusehen, wie nach der bisherigen Auffassung, im Interesse der Sache doch geglaubt, sich an dieser Stelle der ihm durch Föppl gestellten Aufgabe einer Beleuchtung der Ansicht des Letzteren nicht entziehen zu sollen. Dazu gehörte in erster Linie die Feststellung der Querschnittsform des deformirten Rings und die Angabe der Last, welche diese Formänderung herbeigeführt hatte.

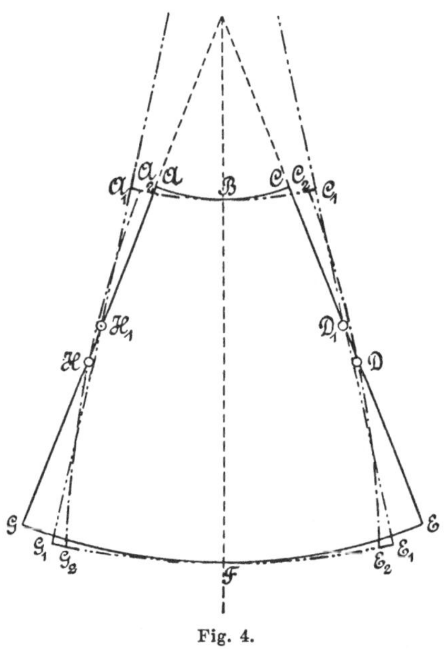

Fig. 4.

Fig. 3 giebt das photographische Bild eines Ringviertels in einer solchen Lage wieder, dass die belastende Kraft senkrecht zu denken ist. Deutlich lässt sich oben die S-förmige Krümmung der ursprünglich ebenen Querschnitte erkennen. Die Kraft, durch welche der Ring belastet gewesen war, betrug 70 600 kg.

Ehe in eine Erörterung der S-Form des radialen Ringquerschnitts eingetreten wird, wollen wir uns die Frage stellen: wie müssen sich die ursprünglich ebenen Querschnitte AHG und CDE,

Fig. 4, des Körperelements $ABCDEFGH$ wölben, wenn der Körper durch ein biegendes Kräftepaar beansprucht wird, dessen Drehungssinn derart sein mag, dass die Krümmung vermindert wird?

Nach der üblichen Voraussetzung, dass die Querschnitte eben bleiben, würde sich der Querschnitt AHG um die in H_1 sich projicirende Nullachse drehen und die Lage $A_1H_1G_1$ einnehmen, während der Querschnitt CDE, sich um D_1 drehend, in die Lage $C_1D_1E_1$ gelangen würde, wobei die Formänderung, um sie hervortreten zu lassen, in stark übertriebenem Massstabe gezeichnet ist. Wird nun — mit Föppl — vorausgesetzt, dass nicht die Querschnitte eben bleiben, sondern die Spannungsvertheilung nach Gleichung 1 stattfinde, so müssen sich die längeren Fasern verhältnissmässig mehr verkürzen und die kürzeren verhältnissmässig weniger dehnen, d. h. die Querschnitte müssen sich wölben, ungefähr wie in A_2HG_2, bezw. C_2DE_2, durch —·—·—-Linie eingetragen, angenommen ist, hohl nach dem mittleren Querschnitt BF hin, also ohne Wendepunkt. Von S-förmiger Wölbung kann unter Einwirkung des biegenden Kräftepaares somit keine Rede sein. Die S-förmige Krümmung ist vielmehr die Folge der Schubkraft und tritt bekanntlich auch bei geraden Stäben auf, wenn nur die Schubkraft gross genug ist, wie die Abbildungen in § 52: Fig. 6, Fig. 9 und Fig. 8, Taf. XVI deutlich zeigen und wie aus der Lehre von der Schubelasticität und Schubfestigkeit bekannt ist[1]).

Diese Schubkraft ist im vorliegenden Falle recht gross. Sie liefert mit der Genauigkeit, mit welcher die für gerade stabförmige Körper mit rechteckigem Querschnitt giltige Gleichung (vergl. § 39, a, S. 355) auf den vorliegenden Fall angewendet werden darf, in der Nullachse die grösste Schubspannung

$$\tau_{max} = \frac{3}{2} \frac{70\,600}{2 \,.\, 5 \,.\, 4{,}4} = 2407 \text{ kg/qcm.}$$

Die Wirksamkeit dieser Schubkraft und der durch sie hervorgerufenen Schubspannungen gegenüber dem weichen Stahl lässt sich

[1]) Föppl ist allem Anscheine nach entgangen, dass die S-förmige Wölbung der Querschnitte eine nothwendige Folge der Wirkung der Schubkraft ist, und dass das von ihm zur Uebertragung des biegenden Momentes angenommene Vertheilungsgesetz der Spannungen (Gleichung 1) nicht zu einer S-förmigen Wölbung führt.

in Fig. 3 deutlich erkennen. Die auf der Stirnfläche des Ringes gezogenen Kreise und radialen Geraden schnitten sich ursprünglich senkrecht. Wie das Innere der Ringfläche in Fig. 3 (oben) zeigt, haben diese rechten Winkel ganz bedeutende Aenderungen erfahren, d. i. eben die Folge der Wirkung der Schubkraft.

Hiernach muss ausgesprochen werden, dass die S-förmige Krümmung der Querschnitte des Stahlringes in Bezug auf die zur Erörterung stehende Frage nicht das Geringste zu beweisen im Stande ist, selbst wenn die bleibenden Formänderungen nicht anderen Gesetzen als die elastischen folgen würden.

Weiteres Versuchsmaterial ist von Föppl in Aussicht gestellt und seit der Zeit der Veröffentlichung des Vorstehenden und der folgenden Versuchsergebnisse (S. 510 bis 518) beigebracht worden. Die Fussbemerkungen Ziff. 1, S. 518 und 521 geben hierüber Auskunft.

Da die Frage von grosser praktischer Bedeutung ist, so hat Verfasser geglaubt, zu den früheren Versuchen in dieser Richtung (vergl. oben unter Ziff. 1) noch weitere hinzufügen zu sollen, über welche im Nachstehenden berichtet wird. Dabei sind die Körperformen so gewählt, dass vorzugsweise der Einfluss des biegenden Momentes sich äussert, dagegen der einer Normalkraft oder einer Schubkraft zurücktritt.

a) Versuche mit Stäben aus grauem Roheisen, Fig. 5. Bearbeitet.

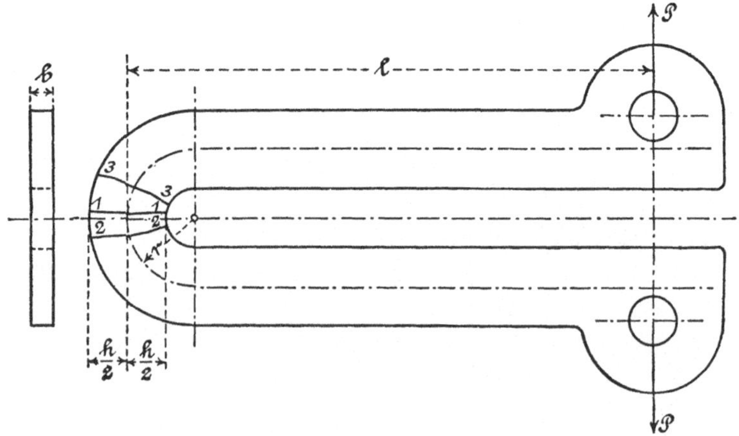

Fig. 5.

Stab 1.

$$l = 552\text{ mm},\ r = 70\text{ mm},\ h = 80\text{ mm},\ b = 24{,}2\text{ mm},$$

$$f = 2{,}42 \,.\, 8 = 19{,}36\text{ qcm},$$

nach Gleichung 12, § 54

$$\varkappa = -1 + \frac{7}{8}\, ln \frac{7+4}{7-4} = 0{,}137.$$

Der Bruch erfolgt bei $P = 855$ kg nach der in Fig. 5 eingetragenen Linie 11. Bruchfläche gesund.

Nach Gleichung 8, § 54, berechnet sich hieraus die Bruchfestigkeit

$$\sigma_{max} = \frac{855}{19{,}36} - \frac{855 \,.\, 55{,}2}{19{,}36 \,.\, 7} + \frac{855 \,.\, 55{,}2}{0{,}137 \,.\, 19{,}36 \,.\, 7}\,\frac{4}{7-4}$$

$$= 44{,}2 - 348{,}3 + 3390 = \backsim 3086\text{ kg/qcm}.$$

Von den beiden Schenkelstücken, die durch den Bruch entstanden waren, wurde das eine bei der Auflagerentfernung von 500 mm als gerader Stab der Biegungsprobe unterworfen. Diese lieferte bei gesunder Bruchfläche nach Gleichung 11, § 16, die Biegungsfestigkeit

$$K_b = 2524\text{ kg/qcm}.$$

Würde man den gekrümmten stabförmigen Körper als geraden behandeln, d. h. seine Anstrengung durch das biegende Moment nach Gleichung 11, § 16 beurtheilen, wie Föppl verlangt, so ergiebt sich die Bruchfestigkeit zu

$$(\sigma_{max}) = \frac{855}{19{,}36} + \frac{855 \,.\, 55{,}2}{\frac{1}{6} \,.\, 2{,}42 \,.\, 8^2} = 1873\text{ kg/qcm}.$$

Die Rechnung auf Grund der Voraussetzung, dass die Querschnitte eben bleiben, würde mit der Biegungsfestigkeit $K_b = 2524$ eine Bruchbelastung

$$P_1 = 855 \frac{2524}{3086} = 699 \text{ kg}$$

liefern, während die Annahme, dass die Spannungsvertheilung nach Gleichung 1 stattfinde, d. h. genau so, als ob der Querschnitt einem geraden stabförmigen Körper angehöre, eine Bruchbelastung P_2 erwarten lässt, die sich aus

$$2524 = \frac{P_2}{2{,}42 \,.\, 8} + \frac{P_2 \,.\, 55{,}2}{\frac{1}{6} \,.\, 2{,}42 \,.\, 8^2}$$

oder

$$P_2 = 855 \frac{2524}{1873}$$

zu

$$P_2 = 1153 \text{ kg}$$

ergiebt.

Hieraus folgt, dass die letztere Annahme zu einer bedeutenden Unterschätzung der Anstrengung führt; sie liefert eine um

$$\varphi_1 = 100 \frac{1153 - 855}{855} = \sim 35\%$$

zu grosse Widerstandsfähigkeit.

Die erste Voraussetzung dagegen beurtheilt dieselbe um

$$\varphi_2 = 100 \frac{855 - 699}{855} = 18\%$$

zu niedrig[1]).

---

[1]) Dass der Unterschied φ_2 zu einem grossen Theile seine Begründung in der Veränderlichkeit des Dehnungskoefficienten α bei Gusseisen hat, wurde oben S. 503 bereits hervorgehoben.

Stab 2.

$l = 554{,}2$ mm, $r = 70$ mm, $h = 80$ mm, $b = 22{,}7$ mm.

Bruch erfolgt bei $P = 810$ kg nach der in Fig. 5 eingetragenen Bruchlinie 22. Bruchfläche gesund.

Es finden sich die Werthe

$$\sigma_{max} = 3128 \text{ kg/qcm}, \quad K_b = 2500 \text{ kg/qcm}, \quad (\sigma_{max}) = 1899 \text{ kg/qcm},$$

$$P_1 = 810 \frac{2500}{3128} = 647 \text{ kg}, \quad P_2 = 810 \frac{2500}{1899} = 1067 \text{ kg},$$

$$\varphi_1 = 100 \frac{1067 - 810}{810} = 32\%, \quad \varphi_2 = 100 \frac{810 - 647}{810} = 20\%.$$

Stab 3.

$l = 552$ mm, $r = 70$ mm, $h = 80$ mm, $b = 23{,}5$ mm.

Bruch erfolgt bei $P = 790$ kg, nach der in Fig. 5 eingetragenen Linie 33. Bruchfläche gesund.

Die Berechnung der Versuchsergebnisse führt zu:

$$\sigma_{max} = 2936 \text{ kg/qcm}, \quad K_b = 2339 \text{ kg/qcm}, \quad (\sigma_{max}) = 1782 \text{ kg/qcm},$$

$$P_1 = 790 \frac{2339}{2936} = 629 \text{ kg}, \quad P_2 = 790 \frac{2339}{1782} = 1037 \text{ kg},$$

$$\varphi_1 = 100 \frac{1037 - 790}{790} = 31\%, \quad \varphi_2 = 100 \frac{790 - 629}{790} = 20\%.$$

Sämmtliche 3 Stäbe zeigen, dass die Föppl'sche Voraussetzung, die Spannungsvertheilung erfolge nach Gleichung 1, zu einer bedeutenden Unterschätzung der Inanspruchnahme des vorliegenden Materiales führt und zwar im Durchschnitt um

$$\frac{35 + 32 + 31}{3} = \sim 33\,^0/_0,$$

wenn die ermittelten Werthe von φ_1 zu Grunde gelegt werden.

b) Versuche mit Stäben aus grauem Roheisen, Fig. 6. Bearbeitet.

Die Form dieser Stäbe ist so gewählt, dass, wenn die Föppl'sche Ansicht, die Spannungsvertheilung in dem Querschnitte eines gekrümmten Stabes sei die gleiche, als gehöre derselbe einem

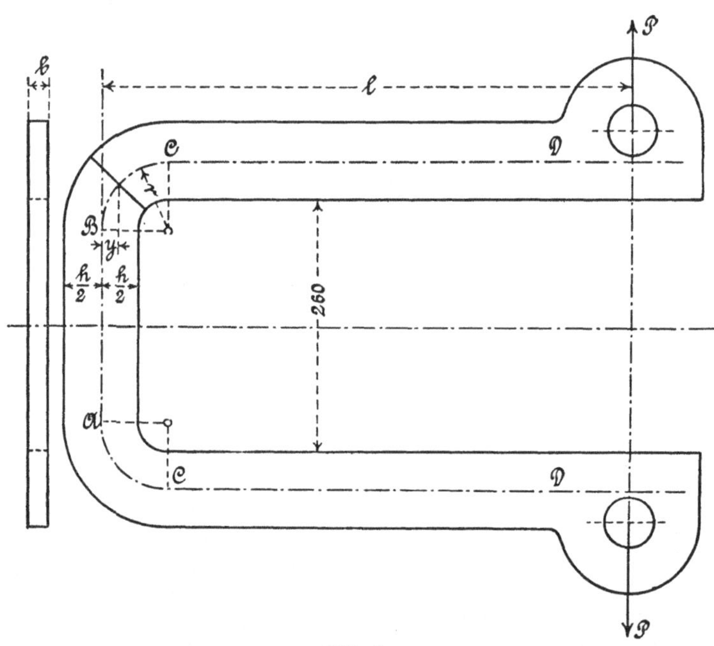

Fig. 6.

geraden stabförmigen Körper an, zutreffend wäre, der Bruch innerhalb der geraden Strecke AB erfolgen müsste; denn für alle anderen Querschnitte würde dann — die Richtigkeit dieser Annahme vorausgesetzt — die Beanspruchung geringer sein.

In der That ist jedoch keiner der Stäbe in der geraden Mittelstrecke AB gebrochen; selbst dann nicht, wenn der Guss in dieser

Mittelstrecke schlechte Stellen hatte. Sämmtliche brachen in der Krümmung. Der Querschnitt des immer von der inneren Krümmung ausgehenden Bruches soll jeweils durch die Grösse y, Fig. 6, festgelegt werden.

Stab 1.

$$l = 554 \text{ mm}, \quad r = 70 \text{ mm}, \quad h = 80 \text{ mm}, \quad b = 22{,}4 \text{ mm},$$

$$f = 2{,}24 \,.\, 8 = 17{,}9 \text{ qcm},$$

$$\varkappa = -1 + \frac{7}{8}\, ln \frac{11}{3} = 0{,}137.$$

Der Bruch erfolgt bei $P = 870$ kg in der Krümmung derart, dass $y = 1{,}6$ cm. Bruchfläche gesund.

Für den Bruchquerschnitt ergiebt sich

das biegende Moment

$$P\,(l - y) = 870\,(55{,}4 - 1{,}6) = 870 \,.\, 53{,}8 = \sim 46800 \text{ kg.cm},$$

die Normalkraft 670 kg.

Nach Gleichung 8, § 54, berechnet sich hieraus die Bruchfestigkeit

$$\sigma_{max} = \frac{670}{17{,}9} - \frac{870 \,.\, 53{,}8}{17{,}9 \,.\, 7} + \frac{870 \,.\, 53{,}8}{0{,}137 \,.\, 17{,}9 \,.\, 7} \; \frac{4}{7-4}$$

$$= 37 - 374 + 3636 = 3299 \text{ kg/qcm}.$$

Von den beiden durch den Bruch entstandenen Schenkelstücken CD wurde das eine bei 500 mm Auflagerentfernung der Bruchprobe durch Biegung unterworfen. Dasselbe ergab bei gesunder Bruchfläche nach Gleichung 11, § 16, die Biegungsfestigkeit

$$K_b = 2668 \text{ kg/qcm}.$$

Würde das gekrümmte stabförmige Körperstück, innerhalb dessen der Bruch erfolgt ist, als gerader Stab behandelt, d. h.

seine Anstrengung durch das biegende Moment nach Gleichung 11, § 16, beurtheilt, so fände sich die Bruchfestigkeit

$$(\sigma_{max}) = \frac{670}{17,9} + \frac{870\,.\,53,8}{\frac{1}{6}\,.\,2,24\,.\,8^2} = 37 + 1961 = 1998 \text{ kg/qcm}.$$

Die Rechnung, welche voraussetzt, dass die Querschnitte eben bleiben, würde von der Biegungsfestigkeit $K_b = 2668$ kg/qcm auf eine Bruchbelastung

$$P_1 = 870 \frac{2668}{3299} = 704 \text{ kg}$$

führen, während die Annahme, dass die Spannungsvertheilung so stattfände, als gehöre der Bruchquerschnitt einem geraden stabförmigen Körper an, eine Bruchbelastung

$$P_2 = 870 \frac{2668}{1998} = 1162 \text{ kg}$$

erwarten lässt.

Da der Versuch die Bruchbelastung zu 870 kg ergab, so folgt, dass die letztere Annahme die Widerstandsfähigkeit um

$$\varphi_1 = 100 \frac{1162 - 870}{870} = \sim 34\,\%$$

überschätzt.

Die erste Voraussetzung dagegen beurtheilt diese um

$$\varphi_2 = 100 \frac{870 - 704}{870} = \sim 19\%$$

zu niedrig[1]).

---

[1]) Vergl. Fussbemerkung S. 512.

Stab 2.

$l = 552$ mm, $r = 69$ mm, $h = 78$ mm, $b = 22{,}4$ mm, $\varkappa = 0{,}133$, Bruchbelastung $P = 790$ kg, $y = 13$ mm, Bruchfläche: fehlerhafte Stelle, Normalkraft 645 kg.

Es finden sich hiermit:

$$\sigma_{max} = 3131 \text{ kg/qcm}, \quad K_b = 2759 \text{ kg/qcm}, \quad (\sigma_{max}) = 1909 \text{ kg/qcm},$$

$$P_1 = 790 \frac{2759}{3131} = 696 \text{ kg}, \qquad P_2 = 790 \frac{2759}{1909} = 1142 \text{ kg},$$

$$\varphi_1 = 100 \frac{1142 - 790}{790} = 44\,\%, \qquad \varphi_2 = 100 \frac{790 - 696}{790} = 12\,\%.$$

Stab 3.

$l = 554$ mm, $r = 70$ mm, $h = 80{,}2$ mm, $b = 19{,}9$ mm, $\varkappa = 0{,}137$ mm.

Bruchbelastung $P = 780$ kg, $y = 9$ mm, Bruchfläche gesund, Normalkraft 685 kg.

Damit ergeben sich die folgenden Werthe:

$$\sigma_{max} = 3378 \text{ kg/qcm}, \quad K_b = 2633 \text{ kg/qcm}, \quad (\sigma_{max}) = 2043 \text{ kg/qcm},$$

$$P_1 = 780 \frac{2633}{3378} = 608 \text{ kg}, \quad P_2 = 780 \frac{2633}{2043} = 1005 \text{ kg},$$

$$\varphi_1 = 100 \frac{1005 - 780}{780} = 29\,\%, \quad \varphi_2 = 100 \frac{780 - 608}{780} = 22\,\%.$$

Somit weisen auch hier sämmtliche Stäbe nach, dass eine Ueberschätzung der Widerstandsfähigkeit stattfindet, und zwar im Durchschnitt um

$$\frac{34+44+29}{3} = \sim 36\,\%$$

oder bei Ausschluss des Stabes mit fehlerhafter Bruchfläche um

$$\frac{34+29}{2} = 31{,}5\,\%,$$

wenn die Spannungsvertheilung nach Gleichung 1, also angenommen wird, der Bruchquerschnitt gehöre einem geraden stabförmigen Körper an[1]).

Schlussbemerkung.

Aus den Versuchen ist Folgendes zu schliessen.

Die Anwendung der Gleichung 1 für die Spannungsvertheilung bei gekrümmten stabförmigen Körpern, d. h. die Behandlung derselben als Stäbe mit geraden Mittellinien, führt bei den Körpern Fig. 5 und 6 zu einer ganz bedeutenden Ueberschätzung der Widerstandsfähigkeit, und zwar bei den Stäben Fig. 5 um durchschnittlich 33 %, bei den Stäben Fig. 6 um durchschnittlich mindestens 31,5 %[2]).

---

[1]) Nach den Mittheilungen aus dem mech.-technischen Laboratorium der Techn. Hochschule München, 26. Heft (1898), hat Föppl mit Gusseisenkörpern, welche den in Fig. 6 dargestellten genau nachgebildet worden waren (S. 39), ebenfalls Versuche durchgeführt und im Wesentlichen bestätigt gefunden, was oben angegeben wurde. Er ermittelte sogar einen Unterschied von 42 % (S. 40, rechte Spalte oben).

Die am Schlusse dieser Veröffentlichung gegebenen Mittheilungen über die Untersuchung eines Gusseisenringes enthalten die Angaben der Einzelheiten, welche erforderlich sind, um eine sichere Beurtheilung zu ermöglichen, nicht. Sie machen überdies an verschiedenen Stellen Vorbehalte, weisen Unsicherheiten auf und kommen schliesslich zu dem nicht klärenden Ergebniss, dass einige der Schaulinien von der Gestalt, welche auf Grund der Annahme des Ebenbleibens der Querschnitte zu erwarten steht, nicht allzuviel abweichen, während andere sich mit dieser Annahme durchaus nicht vereinigen lassen (S. 43).

[2]) Wie Verfasser aus Anlass eines Unfalles in der Zeitschrift des Vereines deutscher Ingenieure 1901, S. 1567, festgestellt hat, kann diese Ueberschätzung der Widerstandsfähigkeit in praktisch wichtigen Fällen, je nach der Körper- und

Diese Unterschätzung der Anstrengung des Materials wird unter sonst gleichen Verhältnissen um so bedeutender ausfallen, je grösser die in Richtung des Krümmungshalbmessers r liegende Querschnittsabmessung h im Verhältniss zu r ist. Sie tritt in dem Masse zurück, in welchem diese Abmessung h im Vergleich zum Krümmungshalbmesser r abnimmt, wie bereits in § 54, namentlich Fussbemerkung daselbst S. 476 u. f., dargelegt ist.

Die Annahme, dass die Querschnitte eben bleiben, führt zu Zahlen, welche auf eine Unterschätzung der Widerstandsfähigkeit hindeuten, und zwar bei den Stäben Fig. 5 um durchschnittlich

$$\frac{18 + 20 + 20}{3} = \sim 19\,\%,$$

bei den Stäben Fig. 6 unter Ausschluss des zweiten Stabes um durchschnittlich

$$\frac{19 + 22}{2} = \sim 20{,}5\,\%.$$

Dass dieser Unterschied jedoch zu einem grossen Theile auf Rechnung der dem Gusseisen eigenthümlichen Veränderlichkeit des Dehnungskoefficienten α zu setzen ist, wurde bereits hervorgehoben (vergl. S. 503). Die Unterschätzung der Widerstandsfähigkeit beträgt hiernach nur einen kleinen Bruchtheil der angegebenen 19 % bezw. 20,5 %.

Hiernach muss es als gegen den Sinn des Zweckes unserer technischen Rechnungen verstossend und deshalb als unrichtig bezeichnet werden, gekrümmte Körper, für welche r im Verhältniss zu h nicht ausreichend gross ist, auf Grund des Gesetzes Gleichung 1 allgemein wie Stäbe mit gerader Mittellinie zu berechnen[1]).

Querschnittsform, soweit gehen, dass die thatsächliche Widerstandsfähigkeit rund nur ein Drittel von derjenigen ist, die nach der Auffassung, der Bruchquerschnitt gehöre einem geraden stabförmigen Körper an, sich ergiebt.

[1]) Dass man zu diesem Ergebniss auch auf dem Wege der Ueberlegung gelangt, folgt aus den oben gegebenen Darlegungen von selbst. Schon die S. 506, Fussbemerkung 1, erwähnte Aehnlichkeit liess dasselbe erwarten.

Hieran ändert auch die Erwägung nichts, dass die Querschnitte des gekrümmten Körpertheiles da, wo an ihn eine gerade Strecke anschliesst, so z. B. im Falle der Fig. 6 bei A und B, oder auch bei C, weniger stark beansprucht sind, da in diesen Grenzquerschnitten wegen ihrer Angehörigkeit sowohl zum gekrümmten wie zum geraden Stabstück nicht gleichzeitig die für Ersteres und die für Letzteres geltende Spannungsvertheilung vorhanden sein kann. Vielmehr wird sich hier ein gewisser Ausgleich vollziehen, ähnlich, wie er in § 46, Ziff. 3, S. 405 und 406 besprochen worden ist[1]). Die grösste Zugspannung wird in diesen Querschnitten (vergl. Fig. 6) kleiner sein, als sie sich für den gekrümmten Stab ergiebt, und grösser, als sie für den geraden Stabtheil berechnet wird. Darin ist es auch begründet, dass keiner der Stäbe Fig. 6 im Querschnitt bei A und B gebrochen ist, obgleich hier das biegende Moment und auch die Normalkraft am grössten ausfällt.

Aehnlich liegt der Fall bei dem in § 55, Fig. 1, S. 488, dargestellten Haken. Hier muss der Umstand, dass der Krümmungshalbmesser der Mittellinie oberhalb des Querschnittes BOC sehr bald bedeutend zunimmt, eine solche ausgleichende, d. h. die grösste Zugspannung in diesem Querschnitt etwas vermindernde Wirkung äussern. Dagegen wird ein solcher, auf Verminderung der grössten Anstrengung wirkender Einfluss bei dem Körper Fig. 4, § 54, S. 477, nicht erwartet werden können.

Eine Körperform, die sich unter Einwirkung der äusseren Kräfte so deformirt, dass r für den in Betracht kommenden Querschnitt zunimmt, während sich gleichzeitig das biegende Moment infolge Abnahme des Hebelarmes verringert, wie dies beispielsweise bei Fig. 4, § 54, S. 477, und Fig. 1, § 55, S. 488, der Fall ist, wird, reichliche Zähigkeit des Materials, d. h. weitgehende Fähigkeit, die Gestalt zu ändern, vorausgesetzt, bei Bruchversuchen — vorausgesetzt, dass überhaupt Bruch eintritt — naturgemäss eine bedeutend grössere Biegungsfestigkeit ergeben müssen, als die Rechnung, die noch dazu Proportionalität zwischen Spannungen und Dehnungen voraussetzt, erwarten lässt. Von der so nach weit ge-

[1]) An Stellen mit plötzlicher Aenderung der Form des stabförmigen Körpers, also mit Stetigkeitsunterbrechungen in der Form wird sich immer ein solcher Ausgleich einstellen müssen.

triebener Formänderung ermittelten Festigkeit kann ein Schluss auf die Beanspruchung, wie sie im normalen Zustand des Körpers thatsächlich statthat, auch nicht mit einiger Annäherung gezogen werden, wie bereits für gerade stabförmige Körper in § 22, Ziff. 1 a, S. 232 u. f. dargelegt worden ist[1]).

II. Die Mittellinie ist eine doppelt gekrümmte Kurve.

In Berücksichtigung der Grenzen, welche diesem Buche gezogen sind, haben wir uns hier auf das Nachstehende zu beschränken.

§ 57. Die gewundenen Drehungsfedern.

Eine genaue Berechnung dieser Federn ist sehr umständlich; der hiermit verknüpfte Zeitaufwand würde in den allermeisten Fällen ausser Verhältniss zur praktischen Bedeutung des Ergebnisses stehen. Infolgedessen pflegt man bei Feststellung der Zusammendrückung oder Ausdehnung, sowie der Beanspruchung Annahmen zu machen, welche zu genügend einfachen Beziehungen führen.

Die Mittellinie $ABCDE$, Fig. 1, des gewundenen Stabes von gleichem Querschnitte bestehe aus dem Kreisbogen $ABCD$ vom Halbmesser ϱ und aus der Geraden DE, welche in die Richtung eines Halbmessers fällt. Im Punkte A sei der Stab eingespannt und im freien Endpunkte E, der gleichzeitig Mittelpunkt des Kreises ist, durch eine Kraft P senkrecht zur Bildebene (Ebene des Kreises) belastet.

Für den beliebigen Querschnitt im Punkte B, welcher durch den Winkel φ bestimmt sein möge, ergiebt die Kraft P ein auf

[1]) An der in der Fussbemerkung Ziff. 1, S. 518, genannten Stelle ist ein Bericht über Zugversuche mit Eisenbahnkuppelungshaken enthalten, der seine Schlüsse in solcher Weise aufbaut, also insbesondere die Gleichung 1, § 45, welche Proportionalität zwischen Dehnungen und Spannungen voraussetzt, bis zum Bruche hin als giltig, d. h. die Kurve $OBCE$, Fig. 1, § 3 als Gerade annimmt. Eine auf die Einzelheiten dieses Berichtes eingehende Besprechung hat A. Bantlin in der Zeitschrift des Vereines deutscher Ingenieure 1899, S. 261 u. f. gegeben. Gegenrede und Erwiderung hierzu findet sich S. 403 und 404 daselbst.

Drehung wirkendes Kräftepaar vom Moment $M_d = P\varrho$ und eine Schubkraft P, welche vernachlässigt wird. Die Materialanstrengung erscheint hiernach festgestellt durch Gleichung 6, § 34, natürlich mit derjenigen Genauigkeit, mit welcher diese für den geraden Stab entwickelte Beziehung auf den gekrümmten Stab übertragen werden darf.

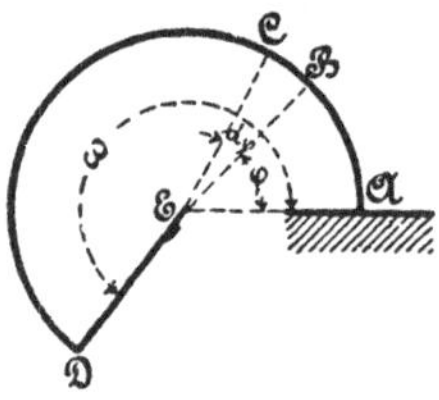

Fig. 1.

Der Querschnitt im Punkte C der Mittellinie, welcher von demjenigen im Punkte B um $ds = \varrho\, d\varphi$ absteht, muss sich unter Einwirkung von M_d gegenüber dem letzteren Querschnitt verdrehen. Ist ϑ der verhältnissmässige Drehungswinkel, mit der soeben bezeichneten Genauigkeit bestimmt:

für den kreisförmigen Querschnitt durch Gleichung 5, § 32,

$$\vartheta = \frac{32}{\pi} \frac{P\varrho}{d^4} \beta,$$

für den rechteckigen Querschnitt durch Gleichung 9, § 43,

$$\vartheta = 3{,}6 \frac{b^2 + h^2}{b^3 h^3} P \varrho \beta,$$

so beträgt diese Verdrehung $\vartheta ds = \vartheta \varrho d\varphi$. Dementsprechend wird sich der Angriffspunkt E der Kraft P um $\vartheta ds \,.\, \varrho = \vartheta \varrho^2 d\varphi$ in Richtung der letzteren bewegen. Hieraus ergiebt sich die Strecke y', um welche der Punkt E infolge der Verdrehung sämmtlicher Querschnitte des Bogens $ABCD$ fortrückt, zu

$$y' = \int_0^\omega \vartheta \varrho^2 d\varphi.$$

Durch Einführung von

$$\vartheta = A \,.\, \varrho,$$

wobei beträgt:

für den kreisförmigen Querschnitt

$$A = \frac{32}{\pi} \frac{1}{d^4} P \beta,$$

für den rechteckigen Querschnitt

$$A = 3{,}6 \frac{b^2 + h^2}{b^3 h^3} P \beta,$$

folgt

$$y' = A \int_0^\omega \varrho^3 \, d\varphi \quad \ldots \ldots \ldots \quad 1)$$

Die Bewegung von E aus Anlass der Durchbiegung des Armes DE wird — als verhältnissmässig klein — vernachlässigt.

1. Die cylindrischen Schraubenfedern, Fig. 2 und 3.

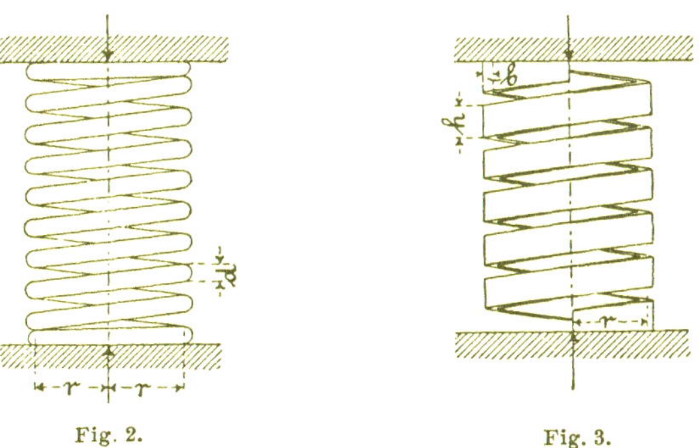

Fig. 2. Fig. 3.

Das in Gleichung 1 gewonnene Gesetz überträgt man nun auf diese Federn, indem bei i Windungen der Schraubenlinie

$$\omega = 2 \pi i$$

gesetzt und an die Stelle von ϱ der Halbmesser r eingeführt wird. Damit folgt

$$y' = A \int_0^{2\pi i} r^3 \, d\varphi = 2\pi i A r^3,$$

insbesondere für den kreisförmigen Querschnitt unter Beachtung der Gleichung 3, § 32, nach welcher

$$Pr = \frac{\pi}{16} k_d d^3,$$

$$y' = 64 i \frac{P r^3}{d^4} \beta = 4 \pi i \frac{r^2}{d} k_d \beta, \quad . \quad . \quad . \quad . \quad 2)$$

und für den rechteckigen Querschnitt bei Berücksichtigung der Gleichung 5, § 34,

$$Pr = \frac{2}{9} k_d b^2 h,$$

$$y' = 7{,}2 \pi i \frac{b^2 + h^2}{b^3 h^3} P r^3 \beta = 1{,}6 \pi i \frac{b^2 + h^2}{b h^2} r^2 k_d \beta. \quad . \quad 3)$$

Diese Gleichung lässt sich auch unmittelbar aus der Beziehung 8, § 43, ableiten.

Die mechanische Arbeit, welche durch die von Null bis auf P gewachsene Belastung bei Zurücklegung des Weges y' verrichtet wird, ist $\frac{1}{2} P y'$. Dieselbe muss gleich sein der Arbeit, welche die Formänderung des gewundenen Stabes, dessen Mittellinie die Länge $2 \pi r i$ besitzt, fordert. Mit der Genauigkeit, mit welcher die zunächst für den geraden Stab entwickelte Gleichung 8, § 43, auf den gekrümmten übertragen werden darf, findet sich wegen $M_d = Pr$ und $l = 2 \pi r i$

$$\frac{1}{2} P y' = \frac{9}{5} \beta \frac{b^2 + h^2}{b^3 h^3} (Pr)^2 \, 2 \pi r i,$$

$$y' = 7{,}2 \pi i \frac{b^2 + h^2}{b^3 h^3} P r^3 \beta,$$

wie oben ermittelt.

In ganz gleicher Weise kann auch die Beziehung 2 aus der Arbeitsgleichung für den kreiscylindrischen Stab abgeleitet werden.

Die mechanische Arbeit A, welche die cylindrische Schraubenfeder aufzunehmen vermag, wird unmittelbar durch die Gleichung 2, § 43, worin

$$V = \frac{\pi}{4} d^2 \,.\, 2 \pi r i,$$

bezw. durch die Gleichung 7, § 43, mit

$$V = b h \,.\, 2 \pi r i$$

bestimmt, oder kann auch mittelst der Beziehungen 2 und 3 unter Berücksichtigung der Gleichungen 3, § 32, und 5, § 34, als Produkt $\frac{1}{2} P y'$ ermittelt werden.

2. *Die Kegelfedern,* Fig. 4, 5 und 6.

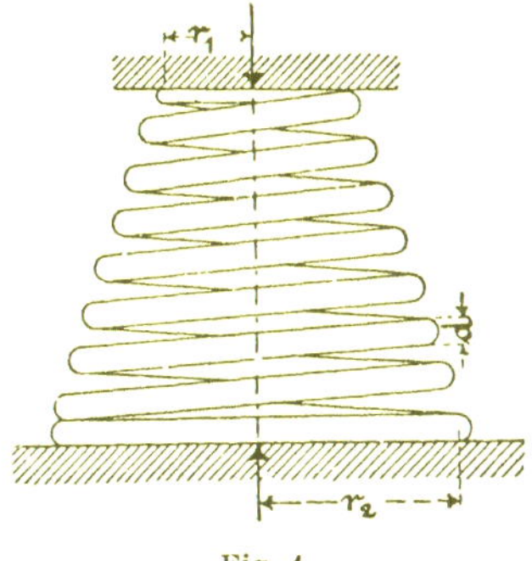

Fig. 4.

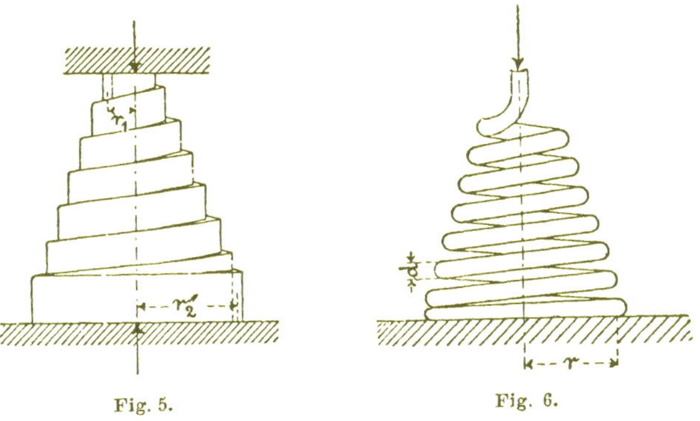

Fig. 5. Fig. 6.

Auch auf diese Federn pflegt die Beziehung 1 übertragen zu werden, indem man ϱ als Veränderliche ansieht und bei i Windungen setzt

$$\varrho = r_2 - (r_2 - r_1)\frac{\varphi}{2\pi i},$$

$$d\varrho = -\frac{r_2 - r_1}{2\pi i}d\varphi,$$

$$d\varphi = -\frac{2\pi i}{r_2 - r_1}d\varrho.$$

Hiermit wird dann

$$y' = -\frac{2\pi i}{r_2 - r_1}A\int_{r_2}^{r_1}\varrho^3\,d\varrho = \frac{\pi i}{2}\frac{r_2^4 - r_1^4}{r_2 - r_1}A$$

$$= \frac{\pi i}{2}(r_1 + r_2)(r_1^2 + r_2^2)A.$$

Für den kreisförmigen Querschnitt folgt

$$y' = \frac{\pi i}{2}(r_1 + r_2)(r_1^2 + r_2^2)\frac{32}{\pi}\frac{1}{d^4}P\beta$$

$$= 16\,i\frac{(r_1 + r_2)(r_1^2 + r_2^2)}{d^4}P\beta \quad . \quad . \quad . \quad . \quad 4)$$

und im Falle der Fig. 6, wegen $r_1 = 0$, $r_2 = r$

$$y' = 16\,i\frac{r^3}{d^4}P\beta. \quad . \quad . \quad . \quad . \quad . \quad . \quad 5)$$

Die Anstrengung k_d wird bestimmt aus

$$Pr_2 = \frac{\pi}{16}k_d d^3 \text{ (Fig. 4)},$$

bezw.

$$P r = \frac{\pi}{16} k_d d^3 \text{ (Fig. 6).}$$

Für den rechteckigen Querschnitt, Fig. 5, ergiebt sich

$$y' = \frac{\pi i}{2} (r_1 + r_2) (r_1^2 + r_2^2) \, 3{,}6 \, \frac{b^2 + h^2}{b^3 h^3} P \beta$$

$$= 1{,}8 \, \pi i (r_1 + r_2) (r_1^2 + r_2^2) \frac{b^2 + h^2}{b^3 h^3} P \beta. \quad . \quad . \quad 6)$$

Die Anstrengung k_d folgt aus

$$P r_2 = \frac{2}{9} k_d b^2 h.$$

Die vorstehenden Entwicklungen bedürfen hinsichtlich des Grades der Genauigkeit einer gründlichen Prüfung auf dem Wege des Versuchs, namentlich dann, wenn die Querschnittsabmessungen der Federn nicht sehr klein sind gegenüber dem Krümmungshalbmesser der Mittellinie und wenn die Ganghöhe der Schraubenfedern verhältnissmässig bedeutend ist.

Sechster Abschnitt.

Gefässe.

§ 58. Hohlcylinder.

1. Innerer und äusserer Druck.

Unter Bezugnahme auf Fig. 1 bezeichne

r_i den inneren Halbmesser des an den Stirnseiten geschlossen vorausgesetzten Hohlcylinders,

r_a den äusseren Halbmesser desselben,

p_i die Pressung der den Cylinderhohlraum erfüllenden Flüssigkeit,

p_a die Pressung der den Cylinder umschliessenden Flüssigkeit.

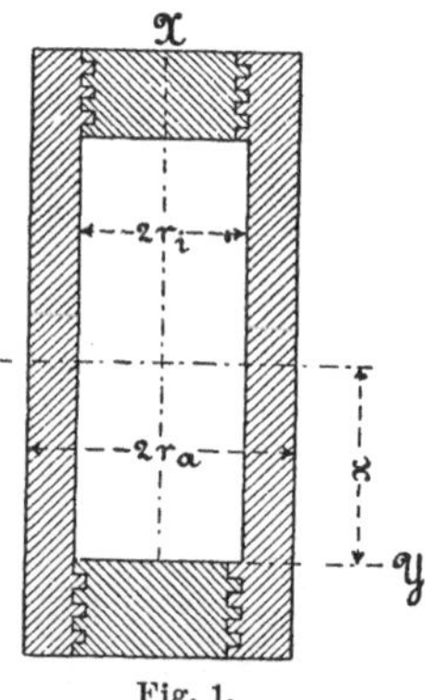

Fig. 1.

Der Abschluss an den Stirnseiten des Cylinders sei derart, dass die Formänderung des abschliessenden Bodens einen Einfluss auf die Cylinderwandung nicht äussere oder dass dieser wenigstens unerheblich ausfalle.

Der Cylinder werde auf ein rechtwinkliges Koordinatensystem bezogen, in der Weise, dass die x-Achse mit der Cylinderachse, die yz-Ebene mit der einen, den Hohlraum begrenzenden Stirnebene des Cylinders zusammenfällt, wie dies Fig. 2 erkennen lässt.

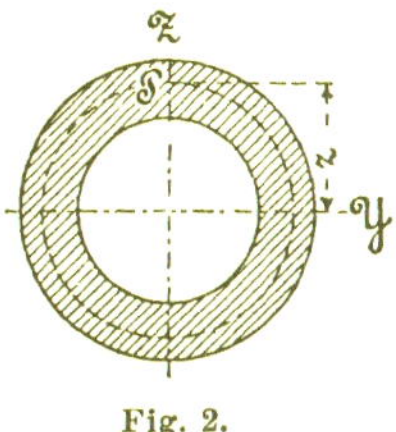

Fig. 2.

Wir greifen einen beliebigen Punkt P des Cylinders heraus, welcher in der xz-Ebene liegt und vor Eintritt der Formänderung absteht:

von der yz-Ebene um x, und von der Cylinderachse um z.

Unter Einwirkung der den Cylinder belastenden Flüssigkeitspressungen wird sich ausser x noch z, und zwar um ζ vergrössern. Aus der xz-Ebene tritt der Punkt hierbei nicht heraus.

Ferner werden im Punkte P folgende Spannungen entstehen:

σ_x in Richtung der x-Achse, d. i. in achsialer Richtung,

σ_y - - - y - d. i. in der Richtung des Umfanges, in tangentialer Richtung, und

σ_z in Richtung der z-Achse, d. i. in radialer Richtung.

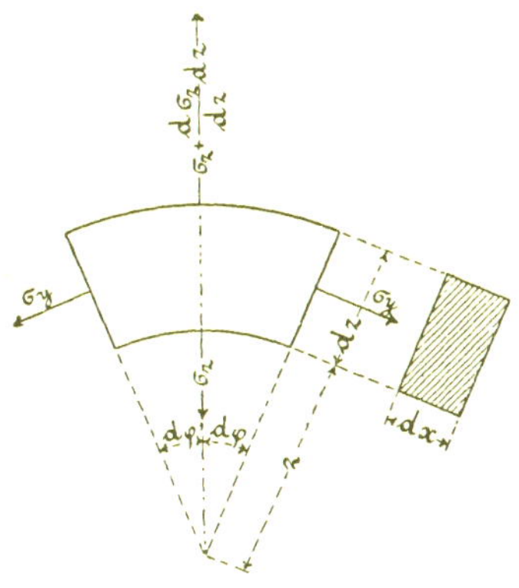

Fig. 3.

Dementsprechend wirken auf das unendlich kleine Körperelement, Fig. 3, welches wir uns durch Cylinderflächen im Abstande z und $z + dz$ aus dem Cylinder herausgeschnitten denken, in der Bildebene der Figur die Kräfte:

$$\sigma_z \,.\, 2\, z\, d\varphi\, dx \text{ radial einwärts,}$$

$$\left(\sigma_z + \frac{d\sigma_z}{dz}\, dz\right) .\, 2\,(z + dz)\, d\varphi\, dx \text{ radial auswärts,}$$

$$\sigma_y \,.\, dz\, dx \text{ senkrecht zu den beiden Flächen } dz\, dx.$$

Der Gleichgewichtszustand fordert nun, dass die Summe der Kräfte in senkrechter Richtung gleich Null ist, d. h.

$$\sigma_z .\, 2\, z\, d\varphi\, dx - \left(\sigma_z + \frac{d\sigma_z}{dz}\, dz\right) .\, 2\,(z + dz)\, d\varphi\, dx + 2\,\sigma_y .\, dz\, dx .\sin(d\varphi) = 0,$$

woraus sich unter Beachtung, dass $\sin(d\varphi) = \sim d\varphi$, und nach Division mit $2\, d\varphi\, dx\, dz$ bei Vernachlässigung des unendlich kleinen Gliedes

$$\frac{d\sigma_z}{dz}\, dz$$

gegenüber den übrigen endlichen Grössen ergiebt

$$\frac{d\sigma_z}{dz} = \frac{1}{z}\,(\sigma_y - \sigma_z). \quad \ldots \ldots \quad 1)$$

In § 7 fanden wir unter der Voraussetzung vollkommener Gleichartigkeit des Materials für ein beliebiges Körperelement, welches in Richtung der drei Achsen gleichzeitig die Spannungen $\sigma_x\, \sigma_y\, \sigma_z$ erfährt, die hieraus sich ergebenden Dehnungen:

$$\left.\begin{array}{ll} \text{in Richtung der } x\text{-Achse} & \varepsilon_1 = \alpha \left(\sigma_x - \dfrac{\sigma_y + \sigma_z}{m}\right), \\ \text{"} \quad \text{"} \quad \text{"} \quad y\text{-} \quad \text{"} & \varepsilon_2 = \alpha \left(\sigma_y - \dfrac{\sigma_z + \sigma_x}{m}\right), \\ \text{"} \quad \text{"} \quad \text{"} \quad z\text{-} \quad \text{"} & \varepsilon_3 = \alpha \left(\sigma_z - \dfrac{\sigma_x + \sigma_y}{m}\right). \end{array}\right\} \quad 4, \S\, 7.$$

Hieraus folgt

$$\varepsilon_1 + \varepsilon_2 + \varepsilon_3 = \alpha \left(\sigma_x + \sigma_y + \sigma_z - 2 \frac{\sigma_x + \sigma_y + \sigma_z}{m} \right),$$

$$\sigma_x + \sigma_y + \sigma_z = \frac{m}{m-2} \frac{\varepsilon_1 + \varepsilon_2 + \varepsilon_3}{\alpha} = \frac{m}{m-2} \frac{e}{\alpha},$$

sofern

$$\varepsilon_1 + \varepsilon_2 + \varepsilon_3 = e. \quad . \quad . \quad . \quad . \quad . \quad . \quad . \quad 2)$$

Wird hierzu die aus der ersten der Gleichungen 4, § 7, abgeleitete Beziehung

$$m \sigma_x - \sigma_y - \sigma_z = m \frac{\varepsilon_1}{\alpha}$$

hinzugefügt, so ergiebt sich

$$m \sigma_x + \sigma_x = \frac{m}{m-2} \frac{e}{\alpha} + m \frac{\varepsilon_1}{\alpha},$$

$$\sigma_x = \frac{m}{1+m} \frac{1}{\alpha} \left(\varepsilon_1 + \frac{e}{m-2} \right).$$

Das gleiche Verfahren liefert

$$\sigma_y = \frac{m}{1+m} \frac{1}{\alpha} \left(\varepsilon_2 + \frac{e}{m-2} \right),$$

$$\sigma_z = \frac{m}{1+m} \frac{1}{\alpha} \left(\varepsilon_3 + \frac{e}{m-2} \right).$$

Hieraus findet sich bei Berücksichtigung der Gleichung 3, § 31,

$$\left.\begin{aligned} \sigma_x &= \frac{2}{\beta} \left(\varepsilon_1 + \frac{e}{m-2} \right) \\ \sigma_y &= \frac{2}{\beta} \left(\varepsilon_2 + \frac{e}{m-2} \right) \\ \sigma_z &= \frac{2}{\beta} \left(\varepsilon_3 + \frac{e}{m-2} \right) \end{aligned}\right\} \quad . \quad . \quad . \quad . \quad . \quad . \quad 3)$$

Im vorliegenden Falle beträgt, da sich z um ζ ändert, die tangentiale Dehnung ε_2 im Punkte P

$$\varepsilon_2 = \frac{2\pi(z+\zeta) - 2\pi z}{2\pi z} = \frac{\zeta}{z} \quad . \quad . \quad . \quad . \quad . \quad 4)$$

Für die radiale Dehnung ε_3 liefert die Erwägung, dass die Strecke dz die Aenderung $d\zeta$ erfährt, den Ausdruck

$$\varepsilon_3 = \frac{d\zeta}{dz} \quad . \quad . \quad . \quad . \quad . \quad . \quad . \quad . \quad . \quad 5)$$

Hiermit wird aus den Gleichungen 3

$$\sigma_x = \frac{2}{\beta}\left(\varepsilon_1 + \frac{\varepsilon_1 + \frac{\zeta}{z} + \frac{d\zeta}{dz}}{m-2}\right)$$

$$\sigma_y = \frac{2}{\beta}\left(\frac{\zeta}{z} + \frac{\varepsilon_1 + \frac{\zeta}{z} + \frac{d\zeta}{dz}}{m-2}\right)$$

$$\sigma_z = \frac{2}{\beta}\left(\frac{d\zeta}{dz} + \frac{\varepsilon_1 + \frac{\zeta}{z} + \frac{d\zeta}{dz}}{m-2}\right).$$

Die Einsetzung des aus der ersten dieser Gleichungen folgenden Werthes

$$\varepsilon_1 = \frac{m-2}{2(m-1)}\beta\,\sigma_x - \frac{\frac{\zeta}{z} + \frac{d\zeta}{dz}}{m-1}$$

in die beiden anderen führt zu

$$\left.\begin{aligned} \sigma_y &= \frac{2}{m-1}\,\frac{1}{\beta}\left(m\frac{\zeta}{z} + \frac{d\zeta}{dz}\right) + \frac{\sigma_x}{m-1} \\ \sigma_z &= \frac{2}{m-1}\,\frac{1}{\beta}\left(\frac{\zeta}{z} + m\frac{d\zeta}{dz}\right) + \frac{\sigma_x}{m-1} \end{aligned}\right\} \quad . \quad . \quad 6)$$

Hier ist unter Voraussetzung gleichmässiger Vertheilung der Achsialkraft $\pi r_i^2 p_i - \pi r_a^2 p_a$ über den Cylinderquerschnitt $\pi r_a^2 - \pi r_i^2$, d. h.

$$\pi (r_a^2 - r_i^2) \sigma_x = \pi (p_i r_i^2 - p_a r_a^2),$$

die achsiale Spannung

$$\sigma_x = \frac{p_i r_i^2 - p_a r_a^2}{r_a^2 - r_i^2} \quad . \quad . \quad . \quad . \quad . \quad . \quad . \quad 7)$$

als unveränderliche Grösse anzusehen.

Die Einführung der Werthe σ_y und σ_z aus den Gleichungen 6 in die Gleichung 1 ergiebt

$$z \frac{d^2\zeta}{dz^2} + \frac{d\zeta}{dz} - \frac{\zeta}{z} = 0,$$

oder

$$\frac{d^2\zeta}{dz^2} + \frac{d\left(\frac{\zeta}{z}\right)}{dz} = 0.$$

Durch Integration

$$\frac{d\zeta}{dz} + \frac{\zeta}{z} = \text{konstant} = c_1.$$

Hieraus

$$z \frac{d\zeta}{dz} + \zeta = c_1 z,$$

oder

$$\frac{d(z\zeta)}{dz} = c_1 z,$$

und bei nochmaliger Integration

$$z\zeta = \frac{1}{2} c_1 z^2 + c_2.$$

Mit den hieraus sich ergebenden Werthen

$$\frac{\zeta}{z} = \frac{c_1}{2} + \frac{c_2}{z^2},$$

$$\frac{d\zeta}{dz} = \frac{c_1}{2} - \frac{c_2}{z^2}$$

liefern die beiden Gleichungen 6

$$\left.\begin{aligned} \sigma_y &= \frac{2}{m-1}\frac{1}{\beta}\left[\frac{c_1}{2}(m+1) + \frac{c_2}{z^2}(m-1)\right] + \frac{\sigma_x}{m-1} \\ \sigma_z &= \frac{2}{m-1}\frac{1}{\beta}\left[\frac{c_1}{2}(m+1) - \frac{c_2}{z^2}(m-1)\right] + \frac{\sigma_x}{m-1} \end{aligned}\right\} \quad . \quad 8)$$

Die zwei Konstanten c_1 und c_2 bestimmen sich aus den Bedingungen, dass sein muss:

für $z = r_i$ $\qquad \sigma_z = -p_i$,

" $z = r_a$ $\qquad \sigma_z = -p_a$,

d. h.

$$-p_i = \frac{2}{m-1}\frac{1}{\beta}\left[\frac{c_1}{2}(m+1) - \frac{c_2}{r_i^2}(m-1)\right] + \frac{\sigma_x}{m-1},$$

$$-p_a = \frac{2}{m-1}\frac{1}{\beta}\left[\frac{c_1}{2}(m+1) - \frac{c_2}{r_a^2}(m-1)\right] + \frac{\sigma_x}{m-1},$$

woraus

$$c_1 = \frac{m-1}{m+1}\beta\left(\frac{p_i r_i^2 - p_a r_a^2}{r_a^2 - r_i^2} - \frac{\sigma_x}{m-1}\right),$$

$$c_2 = \frac{p_i - p_a}{2}\beta\frac{r_a^2 r_i^2}{r_a^2 - r_i^2}.$$

Hiermit wird unter Beachtung der Gleichung 7

$$\left.\begin{aligned} \sigma_y &= \frac{p_i r_i^2 - p_a r_a^2}{r_a^2 - r_i^2} + (p_i - p_a)\frac{r_a^2 r_i^2}{r_a^2 - r_i^2}\frac{1}{z^2} \\ \sigma_z &= \frac{p_i r_i^2 - p_a r_a^2}{r_a^2 - r_i^2} - (p_i - p_a)\frac{r_a^2 r_i^2}{r_a^2 - r_i^2}\frac{1}{z^2} \end{aligned}\right\} \quad . \quad . \quad 9)$$

Die Dehnungen ε_1, ε_2 und ε_3 in den drei Hauptrichtungen ergeben sich aus den Gleichungen 4, § 7 nach Einführung der Werthe σ_x (Gleichung 7), σ_y und σ_z (Gleichung 9) zu

$$\left.\begin{aligned}
\varepsilon_1 &= \frac{m-2}{m}\,\alpha\,\frac{p_i r_i^2 - p_a r_a^2}{r_a^2 - r_i^2}, \\
\varepsilon_2 &= \frac{m-2}{m}\,\alpha\,\frac{p_i r_i^2 - p_a r_a^2}{r_a^2 - r_i^2} + \frac{m+1}{m}\,\alpha\,\frac{r_a^2\, r_i^2}{r_a^2 - r_i^2}(p_i - p_a)\frac{1}{z^2}, \\
\varepsilon_3 &= \frac{m-2}{m}\,\alpha\,\frac{p_i r_i^2 - p_a r_a^2}{r_a^2 - r_i^2} - \frac{m+1}{m}\,\alpha\,\frac{r_a^2\, r_i^2}{r_a^2 - r_i^2}(p_i - p_a)\frac{1}{z^2}.
\end{aligned}\right\} \quad 10)$$

2. *Innerer Ueberdruck p_i ($p_a = 0$).*

Die Gleichungen 10 ergeben unter Beachtung des in § 48, Ziff. 1 Erörterten die Materialanstrengung im Punkte P und zwar

in Richtung der Cylinderachse

$$\frac{\varepsilon_1}{\alpha} = \frac{m-2}{m}\,\frac{r_i^2}{r_a^2 - r_i^2}\,p_i = 0{,}4\,\frac{r_i^2}{r_a^2 - r_i^2}\,p_i,$$

in Richtung der Tangente (des Umfanges)

$$\frac{\varepsilon_2}{\alpha} = \frac{m-2}{m}\,\frac{r_i^2}{r_a^2 - r_i^2}\,p_i + \frac{m+1}{m}\,\frac{r_a^2\, r_i^2}{r_a^2 - r_i^2}\,p_i\,\frac{1}{z^2}$$

$$= 0{,}4\,\frac{r_i^2}{r_a^2 - r_i^2}\,p_i + 1{,}3\,\frac{r_a^2\, r_i^2}{r_a^2 - r_i^2}\,p_i\,\frac{1}{z^2}, \quad 11)$$

in Richtung des Halbmessers

$$\frac{\varepsilon_3}{\alpha} = \frac{m-2}{m}\,\frac{r_i^2}{r_a^2 - r_i^2}\,p_i - \frac{m+1}{m}\,\frac{r_a^2\, r_i^2}{r_a^2 - r_i^2}\,p_i\,\frac{1}{z^2}$$

$$= 0{,}4\,\frac{r_i^2}{r_a^2 - r_i^2}\,p_i - 1{,}3\,\frac{r_a^2\, r_i^2}{r_a^2 - r_i^2}\,p_i\,\frac{1}{z^2},$$

sofern noch jeweils $m = \frac{10}{3}$ gesetzt wird.

Die Zuganstrengung $\frac{\varepsilon_1}{\alpha}$ in Richtung der Achse tritt vollständig hinter die Zuginanspruchnahme $\frac{\varepsilon_2}{\alpha}$, welche im Sinne des Umfanges statthat, zurück, sodass sie nicht weiter in Betracht gezogen zu werden braucht. $\frac{\varepsilon_2}{\alpha}$ und $\frac{\varepsilon_3}{\alpha}$ erlangen die grössten Werthe für $z = r_i$, d. h. an der Innenfläche des Hohlcylinders. Somit wird mit k_z als zulässiger Zug- und k als zulässiger Druckanstrengung

$$\left.\begin{aligned} \max\left(\frac{\varepsilon_2}{\alpha}\right) &= \frac{(m+1)\,r_a^2 + (m-2)\,r_i^2}{m\,(r_a^2 - r_i^2)}\,p_i = \frac{1{,}3\,r_a^2 + 0{,}4\,r_i^2}{r_a^2 - r_i^2}\,p_i \leqq k_z, \\ \max\left(-\frac{\varepsilon_3}{\alpha}\right) &= \frac{(m+1)\,r_a^2 - (m-2)\,r_i^2}{m\,(r_a^2 - r_i^2)}\,p_i = \frac{1{,}3\,r_a^2 - 0{,}4\,r_i^2}{r_a^2 - r_i^2}\,p_i \leqq k. \end{aligned}\right\} \quad 12)$$

Die Zuganstrengung $\max\left(\frac{\varepsilon_2}{\alpha}\right)$ in Richtung des Umfanges, d. i. in tangentialer Richtung, ist der grössere, also der bestimmende Werth. Hiernach findet sich als massgebende Beziehung

$$k_z \geqq \frac{\frac{m+1}{m}\,r_a^2 + \frac{m-2}{m}\,r_i^2}{r_a^2 - r_i^2}\,p_i = \frac{1{,}3\,r_a^2 + 0{,}4\,r_i^2}{r_a^2 - r_i^2}\,p_i, \qquad 13)$$

oder

$$r_a \geqq r_i \sqrt{\frac{k_z + \left(1 - \frac{2}{m}\right)p_i}{k_z - \left(1 + \frac{1}{m}\right)p_i}} = r_i \sqrt{\frac{k_z + 0{,}4\,p_i}{k_z - 1{,}3\,p_i}}\,. \qquad 14)^{1)}$$

---

[1]) Zur Entwicklung dieser Beziehung in der Zeitschrift des Vereines deutscher Ingenieure 1880, S. 283 u. f. war Verfasser durch die Beobachtung veranlasst worden, dass Schläuche, welche zum Zwecke der Prüfung innerem Ueberdruck ausgesetzt wurden, sich verlängern, während die Grundlage der von Grashof in seiner Theorie der Elasticität und Festigkeit 1878, S. 312, für die Berechnung von Hohlcylindern entwickelten Gleichung

Für $1{,}3\,p_i = k_z$ wird $r_a = \infty$, gleichgiltig wie klein auch der innere Durchmesser sein mag, sofern er nur grösser als Null ist. Da nun der zulässigen Anstrengung k_z für jedes Material eine unüberschreitbare Grenze gezogen ist, so folgt hieraus, dass nur solche Verhältnisse möglich sind, für welche

$$p_i < \frac{k_z}{1{,}3},$$

oder allgemein

$$p_i < \frac{m+1}{m} k_z.$$

(Vergl. hierzu Fussbemerkung S. 539.)

$$r_a = r_i \sqrt{\frac{m\,k_z + (m-1)\,p_i}{m\,k_z - (m+1)\,p_i}}, \quad . \; . \; . \; . \; . \; . \; . \; . \quad 15)$$

und mit $m = \frac{10}{3}$

$$r_a = r_i \sqrt{\frac{k_z + 0{,}7\,p_i}{k_z - 1{,}3\,p_i}},$$

welche dem Verfasser bis dahin als die zutreffendste erschienen war, infolge der Vernachlässigung der Achsialkraft $\pi\, r_i^2\, p_i$ nicht eine Verlängerung, sondern eine Verkürzung des Hohlcylinders ergiebt, indem für die Dehnung ε_x in Richtung der Cylinderachse ein negativer Werth gefunden wird. (S. am angegebenen Ort in No. 199 den Ausdruck für $E\,\varepsilon_x$, vergl. Zeitschrift des Vereines deutscher Ingenieure 1880, S. 288 und 290.)

Die Beziehung 15 wurde in der Form

$$\delta = r_a - r_i = r_i \left(-1 + \sqrt{\frac{m\,k_z + (m-1)\,p_i}{m\,k_z - (m+1)\,p_i}} \right)$$

auch als Winkler'sche Gleichung bezeichnet (v. Reiche, Die Maschinenfabrikation 1876, S. 37, wobei mit $m = 3$ gesetzt ist,

$$\delta = r_i \sqrt{\frac{3\,k_z + 2\,p_i}{3\,k_z - 4\,p_i}} - r_i,$$

u. A.). Verfasser, welcher gelegentlich der Abfassung dieses Buches (1889) die Winkler'sche Arbeit über cylindrische Gefässe im Civilingenieur 1860 erstmals durchgesehen hat, fand bei dieser Gelegenheit, dass Winkler bereits damals nicht blos die Beziehung 15 aufgestellt hatte, sondern auch eine weitere Gleichung, welche die erwähnte Achsialkraft berücksichtigte (S. 348 und 349 daselbst) und die sich von Gleichung 14 nur durch den mit 4 etwas zu gross gewählten Werth von m unterscheidet.

Dass es durch fortgesetzte Vergrösserung der Wandstärke nicht möglich sein soll, die Flüssigkeitspressung über eine gewisse Höhe hinaus zu steigern, kann für den ersten Augenblick überraschen, erklärt sich jedoch durch die Ungleichmässigkeit der Vertheilung der Anstrengung über den Wandungsquerschnitt.

Denken wir uns beispielsweise einen Hohlcylinder aus Gussstahl mit den Durchmessern

$$2\,r_i = 80 \text{ mm}, \qquad 2\,r_a = 200 \text{ mm},$$

der Wandstärke

$$r_a - r_i = 100 - 40 = 60 \text{ mm}$$

hergestellt und einem inneren Ueberdruck von 1200 kg auf das Quadratcentimeter ausgesetzt. Dann ergiebt sich nach der zweiten der Gleichungen 11 die tangentiale Anstrengung (Zug)[1])

a) an der Innenfläche, d. h. für $z = 4$ cm,

$$0{,}4\,\frac{4^2}{10^2 - 4^2}\,1200 + 1{,}3\,\frac{10^2 \,.\, 4^2}{10^2 - 4^2} \,.\, 1200\,\frac{1}{4^2} = \backsim 1950 \text{ kg};$$

b) in der Mitte, d. h. für $z = 7$ cm,

$$0{,}4\,\frac{4^2}{10^2 - 4^2}\,1200 + 1{,}3\,\frac{10^2 \,.\, 4^2}{10^2 - 4^2} \,.\, 1200\,\frac{1}{7^2} = \backsim 700 \text{ kg};$$

c) an der Aussenfläche, d. h. für $z = 10$ cm,

$$0{,}4\,\frac{4^2}{10^2 - 4^2}\,1200 + 1{,}3\,\frac{10^2 \,.\, 4^2}{10^2 - 4^2} \,.\, 1200\,\frac{1}{10^2} = \backsim 390 \text{ kg}.$$

---

[1]) Die radiale Anstrengung (Druck) beträgt an der Innenfläche nach der zweiten der Gleichungen 12

$$\max\left(-\frac{\varepsilon_3}{\alpha}\right) = \frac{1{,}3 \,.\, 10^2 - 0{,}4^2 \,.\, 4^2}{10^2 - 4^2} \,.\, 1200 = 1766 \text{ kg},$$

und die achsiale Anstrengung (Zug) nach der ersten der 3 Gleichungen 11

$$\frac{\varepsilon_1}{\alpha} = 0{,}4\,\frac{4^2}{10^2 - 4^2} \,.\, 1200 = 91 \text{ kg}.$$

In Fig. 4 ist der Verlauf der Inanspruchnahme dargestellt.

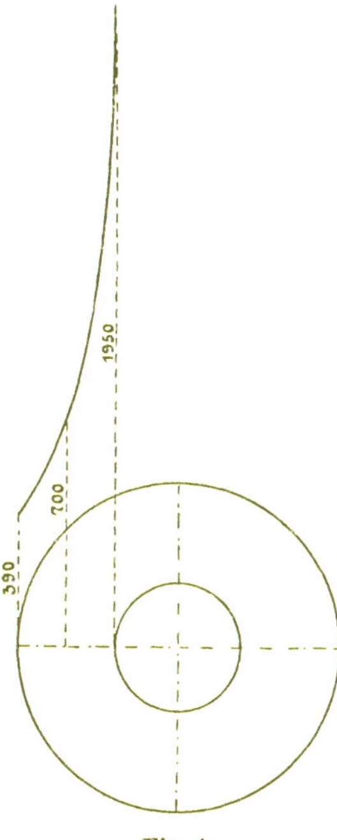

Fig. 4.

Die Anstrengung beträgt hiernach aussen nur den fünften Theil derjenigen an der Innenfläche. Da die letztere massgebend ist, so wird das nach aussen gelegene Material sehr schlecht ausgenützt[1]).

Vergrössern wir die Wandstärke fortgesetzt, bis schliesslich in der Gleichung

---

[1]) Wenn es sich um ein Material handelt mit derart veränderlichem Dehnungskoefficienten, dass derselbe bei wachsender Spannung zunimmt, sodass also der Stoff um so nachgiebiger ist, je stärker er angestrengt wird, wie dies z. B. bei Gusseisen zutrifft, so zeigt sich diese Ungleichmässigkeit nicht in dem hohen Grade: an der Innenfläche fällt die Anstrengung geringer, an der Aussenfläche grösser aus, als die vorstehenden Gleichungen, welche Unveränderlichkeit des Dehnungskoefficienten und des Werthes m zur Voraussetzung haben, erwarten lassen. Bei Gusseisen kommt andererseits wieder der in § 22, Ziff. 3, festgestellte Einfluss der Gusshaut hinzu. Ist diese, geringere Nachgiebigkeit besitzende Schicht an der Innenfläche vorhanden, so muss sie die Festigkeit vermindernd wirken. Durch Bearbeitung der Innenfläche — vorausgesetzt, dass die

$$k_z = \frac{1{,}3\, r_a^2 + 0{,}4\, r_i^2}{r_a^2 - r_i^2} p_i = \frac{1{,}3 + 0{,}4 \left(\frac{r_i}{r_a}\right)^2}{1 - \left(\frac{r_i}{r_a}\right)^2} p_i$$

$\left(\frac{r_i}{r_a}\right)^2$ Null gesetzt werden darf, so ist $k_z = 1{,}3\, p_i$, unter welche Anstrengung also nicht zu gelangen ist, wie oben bereits festgestellt.

Die erkannte Unvollständigkeit der Ausnützung der Widerstandsfähigkeit des Materials, welche um so bedeutender ist, je grösser die Wandstärke, hat zur Konstruktion von zusammengesetzten Hohlcylindern (Ringgeschützen u. s. w.) geführt, deren Wesen sich aus Folgendem ergiebt.

Wir denken uns den Hohlcylinder des soeben behandelten Beispiels aus zwei Hohlcylindern bestehend:

einem inneren, für welchen $r_i = 40$ mm, $r_a = 70$ mm,
- äusseren, - - $r_i = 70$ - $r_a = 100$ -

Der äussere Cylinder sei auf den inneren (warm oder in anderer Weise) so aufgezogen, dass dieser zusammengepresst wird; infolgedessen tritt bei dem inneren Cylinder eine nach innen wachsende Druckspannung auf. Wenn nun jetzt die gepresste Flüssigkeit (Arbeitsflüssigkeit) den inneren Cylinder belastet, so fällt hier die Zuganstrengung um den Betrag geringer aus, welcher der Druckanstrengung entspricht, die durch das Aufziehen des äusseren Cylinders mit Pressung wachgerufen worden war. Dagegen ergiebt sich die Zuganstrengung des äusseren Cylinders um denjenigen Betrag grösser, welcher von dem Aufziehen auf den inneren herrührte. Zweckmässigerweise wird man bei solchen, aus mehreren Hohlcylindern zusammengesetzten Cylindern dahin streben müssen, dass die Spannungen an den Innenflächen der einzelnen

---

Rücksicht auf das Dichthalten gegenüber der Flüssigkeit das Ausbohren gestattet — würde die Widerstandsfähigkeit unter sonst gleichen Verhältnissen erhöht werden können.

(Vergl. in § 56 das unter Ziff. 1 b) und c) S. 502 sowie 503 Gesagte.)

Der Einfluss der etwaigen Veränderlichkeit von m ist von keiner grossen Bedeutung.

Cylinder unter Einwirkung der Flüssigkeitspressung gleich gross ausfallen.

Für im Verhältniss zum Halbmesser geringe Wandstärke $s = r_a - r_i$ kann mit genügender Annäherung gleichmässige Vertheilung der Spannungen über den Wandungsquerschnitt angenommen werden. Dies giebt für den l langen Hohlcylinder

$$2\, r_i\, l\, p_i \leqq 2\, s\, l\, k_z,$$

woraus

$$k_z \geqq p_i \frac{r_i}{s} \qquad \text{oder} \qquad s \geqq r_i \frac{p_i}{k_z} \quad . \quad . \quad . \quad . \quad . \quad 16)$$

Aus der allgemeinen Gleichung 14 lässt sich diese Beziehung in folgender Weise ableiten.

Mit $m = \infty$ (d. h. die Zusammenziehung, welche ein in Richtung seiner Achse gezogener Stab senkrecht zu dieser erfährt, wird vernachlässigt) folgt zunächst

$$r_a = r_i \sqrt{\frac{k_z + p_i}{k_z - p_i}} = r_i \sqrt{1 + 2 \frac{p_i}{k_z - p_i}}.$$

Unter Beachtung, dass bei geringer Wandstärke p_i nur einen kleinen Bruchtheil von k_z bildet,

$$r_a = \sim r_i \sqrt{1 + 2 \frac{p_i}{k_z}} = \sim r_i \left(1 + \frac{p_i}{k_z}\right),$$

$$r_a - r_i = s = r_i \frac{p_i}{k_z},$$

wie oben unmittelbar entwickelt wurde.

Die Spannung σ, welche in dem senkrecht zur Achse gelegenen Querschnitt

$$\pi\,(r_a^2 - r_i^2)$$

des Hohlcylinders eintritt, findet sich aus

$$\pi\, r_i^2\, p_i = \pi (r_a^2 - r_i^2)\, \sigma$$

zu

$$\sigma = p_i \frac{r_i^2}{r_a^2 - r_i^2} = p_i \frac{r_i}{\frac{r_a + r_i}{r_i}(r_a - r_i)} = \backsim \frac{1}{2} p_i \frac{r_i}{s},$$

d. h. halb so gross als die Anstrengung (nach Gleichung 16) in Richtung des Umfanges.

3. *Aeusserer Ueberdruck* $p_a (p_i = 0)$.

Wenn Flachdrücken oder Einbeulen der Wandung und bei grosser Länge ausserdem die in § 23 besprochene Knickung nicht zu erwarten steht, sind die Anstrengungen nach den Gleichungen 10 mit $p_i = 0$ zu berechnen. Dieselben gehen dann über in

$$\varepsilon_1 = -\frac{m-2}{m} \alpha \frac{r_a^2}{r_a^2 - r_i^2} p_a,$$

$$\varepsilon_2 = -\frac{m-2}{m} \alpha \frac{r_a^2}{r_a^2 - r_i^2} p_a - \frac{m+1}{m} \alpha \frac{r_a^2 r_i^2}{r_a^2 - r_i^2} p_a \frac{1}{z^2},$$

$$\varepsilon_3 = -\frac{m-2}{m} \alpha \frac{r_a^2}{r_a^2 - r_i^2} p_a + \frac{m+1}{m} \alpha \frac{r_a^2 r_i^2}{r_a^2 - r_i^2} p_a \frac{1}{z^2}.$$

Den grössten Werth erlangen die Anstrengungen $\frac{\varepsilon_2}{\alpha}$ und $\frac{\varepsilon_3}{\alpha}$ — die Inanspruchnahme $\frac{\varepsilon_1}{\alpha}$ kommt als wesentlich kleiner, wie die gleichzeitige Anstrengung $\frac{\varepsilon_2}{\alpha}$ nicht weiter in Betracht — auch hier wieder für das kleinste z, d. h. für die Innenfläche und zwar

in Richtung der Tangente (des Umfanges)

$$\max\left(-\frac{\varepsilon_2}{\alpha}\right) = \frac{2m-1}{m} \frac{r_a^2}{r_a^2 - r_i^2} p_a = 1{,}7 \frac{r_a^2}{r_a^2 - r_i^2} p_a,$$

in Richtung des Halbmessers

$$\max\left(\frac{\varepsilon_3}{\alpha}\right) = \frac{3}{m} \frac{r_a^2}{r_a^2 - r_i^2} p_a = 0{,}9 \frac{r_a^2}{r_a^2 - r_i^2} p_a, \qquad 17)$$

sofern noch $m = \frac{10}{3}$ eingeführt wird. Hiernach

$$\left.\begin{array}{ll} k \geqq 1{,}7 \dfrac{r_a^2}{r_a^2 - r_i^2} p_a \quad \text{oder} \quad r_a = \dfrac{r_i}{\sqrt{1 - 1{,}7 \dfrac{p_a}{k}}}, \\ k_z \geqq 0{,}9 \dfrac{r_a^2}{r_a^2 - r_i^2} p_a \quad \text{oder} \quad r_a = \dfrac{r_i}{\sqrt{1 - 0{,}9 \dfrac{p_a}{k_z}}}, \end{array}\right\} \quad . \quad 18)$$

Auch hier gilt die zur Gleichung 14 gemachte Bemerkung, dass nur solche Verhältnisse möglich sind, für welche

$$p_a < \frac{k}{1{,}7} \text{ bezw. } p_a < \frac{k_z}{0{,}9}.$$

(Vergl. das unter Ziffer 2, S. 539 und 540 über den Einfluss der Veränderlichkeit des Dehnungskoefficienten Bemerkte.)

Für verhältnissmässig geringe Wandstärke $s = r_a - r_i$ findet sich unter den oben ausgesprochenen Voraussetzungen und auf dem gleichen Wege, welcher zur Beziehung 16 führte,

$$k \geqq p_a \frac{r_a}{s} \quad \text{oder} \quad s \geqq r_a \frac{p_a}{k} . \quad . \quad . \quad . \quad 19)$$

Bei den Entwicklungen dieses Paragraphen blieb der etwaige, die Festigkeit des Cylindermantels unterstützende Einfluss der Cylinderböden (und zutreffendenfalls der Quernähte) unberücksichtigt. Je kürzer der Cylinder im Vergleiche zum Durchmesser ist, um so bedeutender wird unter sonst gleichen Verhältnissen dieser Einfluss sein; je grösser die Länge, um so mehr wird er verschwinden. In der Mehrzahl der Fälle tritt er in den Hintergrund; wo dies nicht zutrifft, kann seine Berücksichtigung schätzungsweise unter Beachtung der Verhältnisse des gerade vorliegenden Sonderfalles dadurch erfolgen, dass die zulässige Anstrengung des Materials entsprechend höher in die Rechnung eingeführt wird.

Wenn der Hohlcylinder nicht aus dem Ganzen besteht, sondern aus einzelnen Theilen hergestellt wurde, die durch Nietung oder in anderer Weise verbunden sind, so wird die Widerstandsfähigkeit der Verbindung in Betracht zu ziehen sein.

Die Ermittlung der Wandstärken solcher Hohlcylinder, bei welchen unter Einwirkung des äusseren Ueberdruckes ein Flachdrücken (Einknicken, Einbeulen) der Wandung zu befürchten steht, gehört bei dem derzeitigen Stand dieser Aufgabe, sowie in Anbetracht der besonderen Einflüsse, welche dabei zu berücksichtigen sind, an diejenigen Stellen, wo die betreffenden Gegenstände, zu denen solche Hohlcylinder gehören, behandelt werden[1]).

§ 59. Hohlkugel.

Mit den Bezeichnungen

r_i der innere Halbmesser der Hohlkugel,
r_a - äussere - - -
k_z die zulässige Zuganstrengung,
k - - Druckanstrengung

finden sich auf demselben Wege, welcher in § 58 eingeschlagen worden ist, und für $m = \frac{10}{3}$ die folgenden Beziehungen.

1. Innerer Ueberdruck p_i.

Die grösste Anstrengung tritt auch hier an der Innenfläche ein:

in Richtung der Tangente (des Umfanges)

$$k_z \geqq \frac{\frac{m+1}{2m} r_a^3 + \frac{m-2}{m} r_i^3}{r_a^3 - r_i^3} p_i = \frac{0{,}65\, r_a^3 + 0{,}4\, r_i^3}{r_a^3 - r_i^3} p_i,$$

in Richtung des Halbmessers

$$k \geqq \frac{\frac{m+1}{m} r_a^3 - \frac{m-2}{m} r_i^3}{r_a^3 - r_i^3} p_i = \frac{1{,}3\, r_a^3 - 0{,}4\, r_i^3}{r_a^3 - r_i^3} p_i. \qquad 1)$$

[1]) Ueber die Berechnung der äusserem Ueberdrucke ausgesetzten Flammrohre von Dampfkesseln findet sich Näheres in des Verfassers Maschinenelementen 1891/92, S. 147 u. f., 1901 (8. Aufl.), S. 198 u. f.

Naturgemäss sind in denselben nur solche Verhältnisse möglich, für welche sich endliche Werthe von r_a ergeben.

Für im Verhältniss zum Halbmesser geringe Wandstärke $s = r_a - r_i$ ergiebt die aus

$$\pi r_i^2 p_i \leqq \sim k_z \, 2 \pi r_i s$$

folgende Beziehung

$$k_z \geqq \frac{1}{2} p_i \frac{r_i}{s} \quad \text{oder} \quad s = \frac{1}{2} r_i \frac{p_i}{k_z} \quad . \quad . \quad 2)$$

die Anstrengung, bezw. Wandstärke genügend genau.

2. *Aeusserer Ueberdruck p_a ($p_i = 0$).*

Sofern Einknicken (Einbeulen) der Wandung nicht zu befürchten steht, gilt für die Anstrengung, die auch hier wieder an der Innenfläche den Grösstwerth erreicht

in Richtung der Tangente (des Umfanges)

$$k \geqq \frac{3(m-1)}{2m} \frac{r_a^3}{r_a^3 - r_i^3} p_a = 1{,}05 \frac{r_a^3}{r_a^3 - r_i^3} p_a,$$

in Richtung des Halbmessers . 3)

$$k_z \geqq \frac{3}{m} \frac{r_a^3}{r_a^3 - r_i^3} p_a = 0{,}9 \frac{r_a^3}{r_a^3 - r_i^3} p_a.$$

Für verhältnissmässig geringe Wandstärke, wie oben

$$k \geqq \frac{1}{2} p_a \frac{r_a}{s} \quad \text{oder} \quad s = \frac{1}{2} r_a \frac{p_a}{k} \quad . \quad . \quad . \quad 4)$$

Die zwei letzten Sätze von § 58 sind auch sinngemäss auf die Hohlkugel zu übertragen und demgemäss zu beachten.

Siebenter Abschnitt.

Plattenförmige Körper.

Die Erörterung der Widerstandsfähigkeit ebener Platten und Wandungen gegenüber einer gleichförmigen Belastung, insbesondere durch Flüssigkeitsdruck, oder gegenüber senkrecht zu ihnen wirkenden Einzelkräften führt auf eine der schwächsten Stellen der Elasticitäts- und Festigkeitslehre.

Eine ziemlich streng wissenschaftliche Ableitung der Inanspruchnahme, welche die am Umfange gestützte oder eingespannte Platte bei der bezeichneten Belastung erfährt, ist nach Wissen des Verfassers nur für den Fall der ebenen kreisförmigen Platte, der Scheibe, unter gewissen Voraussetzungen gegeben worden, die übrigens in den meisten Fällen zu einem erheblichen Theile mit den thatsächlichen Verhältnissen in Widerspruch stehen, wie später näher auszuführen sein wird (§ 60, Ziff. 2).

Für die elliptische Platte fehlte es trotz ihres häufigen Vorkommens als Mannlochdeckel u. s. w. überhaupt an einer Beziehung zwischen der Flüssigkeitspressung, den Abmessungen und der Materialanstrengung.

Die zur Bestimmung der Inanspruchnahme rechteckiger Platten vorliegenden Angaben beruhen auf Entwicklungen, die zwar zunächst den streng wissenschaftlichen Weg einschlagen, sich jedoch im Verlaufe der Rechnung zu vereinfachenden Annahmen gezwungen sehen, welche die Zuverlässigkeit der Ergebnisse beeinträchtigen. Ueberdies muss von wesentlichen der gemachten Voraussetzungen das Gleiche gesagt werden, was in dieser Hinsicht bei der kreisförmigen Platte bemerkt wurde. Der zur Lösung der Aufgabe nöthige Aufwand an mathematischen Hilfsmitteln ist trotzdem und ganz abgesehen von der Umfänglichkeit der Rechnungen ein sehr bedeutender und geht recht erheblich über das Mass hinaus, welches dem zwar wissenschaftlich gebildeten, jedoch mitten in der Ausführung stehenden Ingenieur durchschnittlich noch geläufig ist.

Auf andere als ebene Platten erstrecken sich diese Betrachtungen überhaupt nicht, also nicht auf Deckel von den Formen, wie sie z. B. die Figuren 1 bis 5 wiedergeben. Querschnitte

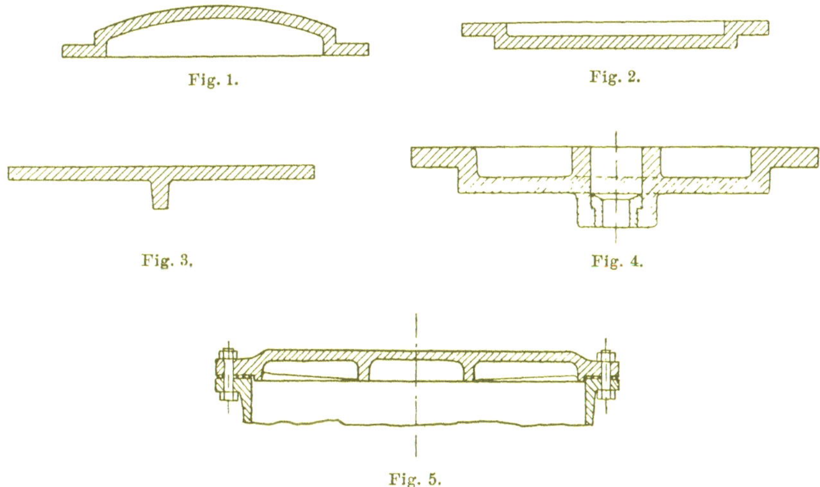

Fig. 1. Fig. 2. Fig. 3. Fig. 4. Fig. 5.

dieser Art aber sind bei den in der Wirklichkeit vorkommenden Deckeln u. dergl. weit häufiger zu finden, als das einfache Rechteck.

Unter diesen Umständen erscheint die Sicherheit, mit welcher der Konstrukteur die Inanspruchnahme von Platten und Wandungen der in Frage stehenden Art thatsächlich feststellen kann, durchschnittlich recht gering; in nicht wenigen Fällen kann überhaupt nicht von einer Sicherheit, sondern es muss vielmehr von einer Unsicherheit gesprochen werden, welche bezüglich der Widerstandsfähigkeit solcher Konstruktionstheile besteht. Dieser Zustand musste um so drückender empfunden werden, als auf manchen Gebieten des Maschineningenieurwesens (Dampfkessel-, Dampfmaschinenbau u. s. w.) Aufgaben der in Frage stehenden Art sich sehr häufig zu bieten und hier überdies eine hohe, auch auf Menschenleben sich erstreckende Verantwortlichkeit einzuschliessen pflegen.

Bei dieser Sachlage hat sich Verfasser zur Befriedigung der vorliegenden überaus dringlichen Bedürfnisse veranlasst gesehen, einen Näherungsweg einzuschlagen, wie er sich aus dem Späteren

(§ 60, Ziff. 4, § 61, § 62, § 63) ergeben wird. Die erste dahingehende Veröffentlichung findet sich in der Zeitschrift des Vereines deutscher Ingenieure 1890, S. 1041 u. f.

§ 60. Ebene kreisförmige Platte (Scheibe).

1. Ermittlung der Anstrengung auf dem Wege der Rechnung.

Die Behandlung dieser Aufgabe ist 1860 von Winkler und 1866 von Grashof der Oeffentlichkeit übergeben worden. Der Gang der Entwicklungen ist bei Beiden im Wesentlichen derselbe.

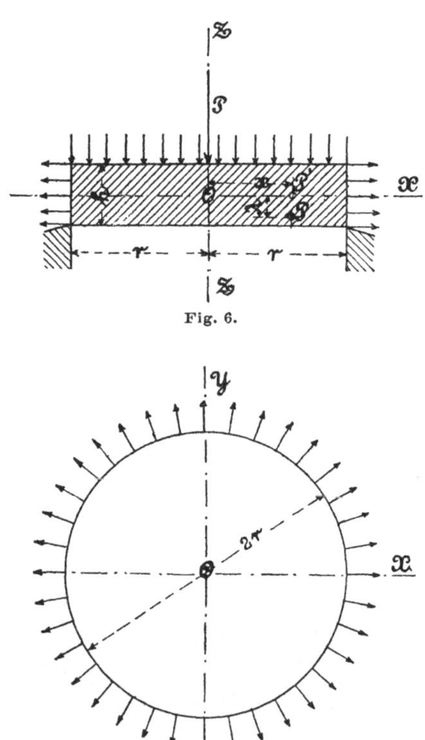

Fig. 6.

Fig. 7.

Die folgenden Rechnungen geben die Lösung wieder, wie sie sich in Grashof's Theorie der Elasticität und Festigkeit 1878, S. 329 u. f. findet.

Die Scheibe von der Stärke h wird aufgefasst als am Umfange vom Halbmesser r frei aufliegend, wie in Fig. 6 dargestellt, oder als daselbst eingespannt, wie Fig. 8 wiedergiebt, und in Bezug auf ihre Belastung angenommen, dass diese im Allgemeinen bestehe

aus einer Einzelkraft P, welche im Mittelpunkte angreifend senkrecht zur Oberfläche gerichtet ist,

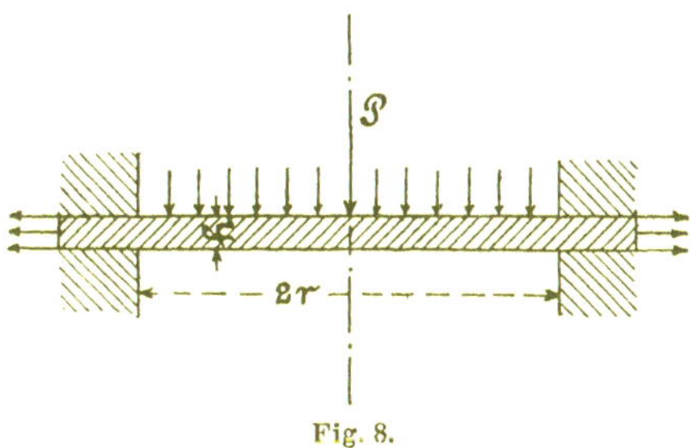

Fig. 8.

aus einem gleichmässig über die Oberfläche πr^2 vertheilten Normaldruck von der Grösse p auf die Flächeneinheit, und

aus einer auf die kreiscylindrische Mantelfläche $2 \pi r h$ gleichmässig vertheilten, radial auswärts wirkenden Kraft, deren Grösse p_1 auf die Flächeneinheit beträgt.

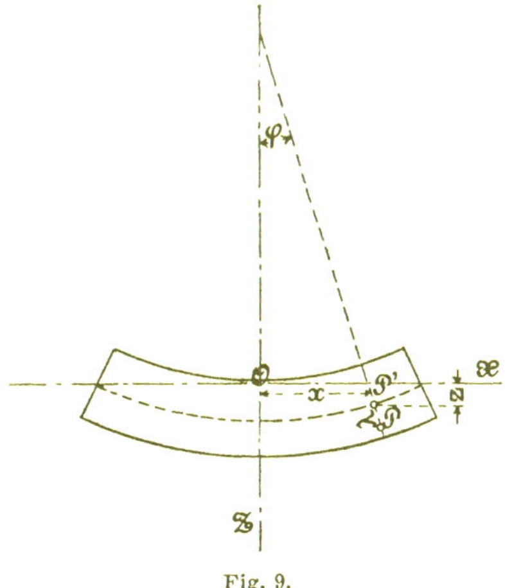

Fig. 9.

Die Scheibe, welche zunächst noch nicht belastet sei, denkt man sich auf ein rechtwinkliges Koordinatensystem bezogen, dessen x- und y-Achse in der Mittelebene liegen, während die z-Achse senkrecht dazu (positiv nach unten) gerichtet ist (Fig. 6 und 7). Der in der xz-Ebene gelegene beliebige Punkt P der Scheibe erscheint durch die Abscisse x und den Abstand λ von der ursprünglich ebenen Mittelfläche bestimmt. Unter Einwirkung der Belastung geht die Letztere in eine Rotationsfläche über (Fig. 9), deren Meridianlinie durch die Koordinaten x und z festgelegt wird.

Werden nun für den in Betracht gezogenen Punkt P bezeichnet

mit σ_x die Normalspannung und mit ε_x die Dehnung in Richtung der x-Achse,

mit σ_y die Normalspannung und mit ε_y die Dehnung in Richtung der y-Achse,

mit σ_z die Normalspannung und mit ε_z die Dehnung in Richtung der z-Achse,

so ergeben sich auf demselben Wege, auf welchem die Beziehungen 3, § 58, gefunden wurden, die Werthe

$$\sigma_x = \frac{2}{\beta}\left(\varepsilon_x + \frac{\varepsilon_x + \varepsilon_y + \varepsilon_z}{m-2}\right),$$

$$\sigma_y = \frac{2}{\beta}\left(\varepsilon_y + \frac{\varepsilon_x + \varepsilon_y + \varepsilon_z}{m-2}\right),$$

$$\sigma_z = \frac{2}{\beta}\left(\varepsilon_z + \frac{\varepsilon_x + \varepsilon_y + \varepsilon_z}{m-2}\right).$$

Unter der Voraussetzung, dass die Stärke h der Scheibe gering ist gegenüber $2r$, kann die Spannung σ_z nur klein ausfallen im Vergleich zu σ_x und σ_y. Demgemäss vernachlässigt man σ_z, d. h. setzt

$$\varepsilon_z + \frac{\varepsilon_x + \varepsilon_y + \varepsilon_z}{m-2} = 0,$$

woraus folgt

$$\varepsilon_z = -\frac{\varepsilon_x + \varepsilon_y}{m-1}$$

und erhält hiermit

$$\left.\begin{aligned} \sigma_x &= \frac{2}{(m-1)\beta}(m\,\varepsilon_x + \varepsilon_y) \\ \sigma_y &= \frac{2}{(m-1)\beta}(\varepsilon_x + m\,\varepsilon_y) \end{aligned}\right\} \quad . \quad . \quad . \quad . \quad . \quad 1)$$

Bedeuten für den Punkt P' der Mittelfläche, welcher um x von der z-Achse absteht (Fig. 6, 9),

ε_x' und ε_y' die nach der Richtung der x-, bezw. y-Achse genommenen Dehnungen,

ϱ den Krümmungshalbmesser der Meridianlinie,

ϱ_1 - - - Mittelfläche in dem dazu senkrechten Normalschnitt,

welche Radien als sehr gross gegenüber den Abmessungen der Scheibe vorausgesetzt werden,

so ist mit der Annäherung, mit welcher die für gerade stabförmige Körper ermittelte Gleichung 1, § 16, nach hier übertragen werden darf,

$$\varepsilon_x = \varepsilon_x' + \frac{\lambda}{\varrho} \qquad \text{und} \qquad \varepsilon_y = \varepsilon_y' + \frac{\lambda}{\varrho_1}.$$

Da nach Gleichung 9, § 16,

$$\frac{1}{\varrho} = \sim -\frac{d^2z}{dx^2}$$

und ferner ϱ_1 gleich der Länge der Normalen bis zum Durchschnitt mit der Achse der Rotationsfläche ist, d. h. unter Bezugnahme auf Fig. 9

$$\varrho_1 = \frac{x}{\sin\varphi} = \sim \frac{x}{\operatorname{tg}\varphi} = \frac{x}{-\frac{dz}{dx}},$$

$$\frac{1}{\varrho_1} = \sim -\frac{1}{x}\frac{dz}{dx},$$

so ergiebt sich

$$\left.\begin{aligned} \varepsilon_x &= \varepsilon_x' - \lambda \frac{d^2 z}{dx^2} \\ \varepsilon_y &= \varepsilon_y' - \frac{\lambda}{x}\frac{dz}{dx} \end{aligned}\right\} \quad \ldots\ldots \quad 2)$$

und nach Einführung dieser Werthe in die Gleichungen 1

$$\left.\begin{aligned} \sigma_x &= \frac{m}{(m^2-1)\alpha}\left\{m\,\varepsilon_x' + \varepsilon_y' - \lambda\left(m\frac{d^2 z}{dx^2} + \frac{1}{x}\frac{dz}{dx}\right)\right\} \\ \sigma_y &= \frac{m}{(m^2-1)\alpha}\left\{\varepsilon_x' + m\,\varepsilon_y' - \lambda\left(\frac{d^2 z}{dx^2} + \frac{m}{x}\frac{dz}{dx}\right)\right\} \end{aligned}\right\}. \quad 3)$$

Die Spannungen σ_x' und σ_y' in dem Punkte P' der Mittelfläche, welche sich aus den Gleichungen 3 für $\lambda = 0$ ergeben, rühren — unter den gemachten Voraussetzungen — nur von der Spannung p_1 am Umfangsmantel der Scheibe her, somit

$$\sigma_x' = \sigma_y' = p_1$$

und infolgedessen auch aus den Gleichungen 3 mit $\lambda = 0$

$$\sigma_x' = \frac{m}{(m^2-1)\alpha}\left\{m\,\varepsilon_x' + \varepsilon_y'\right\} = p_1$$

$$\sigma_y' = \frac{m}{(m^2-1)\alpha}\left\{\varepsilon_x' + m\,\varepsilon_y'\right\} = p_1,$$

folglich

$$\varepsilon_x' = \varepsilon_y' = \alpha\,\frac{m-1}{m}\,p_1.$$

Hiermit liefern die Gleichungen 2

$$\left.\begin{aligned} \varepsilon_x &= \alpha\,p_1\,\frac{m-1}{m} - \lambda\frac{d^2 z}{dx^2} \\ \varepsilon_y &= \alpha\,p_1\,\frac{m-1}{m} - \frac{\lambda}{x}\frac{dz}{dx} \end{aligned}\right\} \quad \ldots\ldots \quad 2\text{a})$$

und die Gleichungen 3

$$\left.\begin{aligned} \sigma_x &= p_1 - \frac{m}{(m^2-1)\,\alpha}\,\lambda\left(m\frac{d^2z}{dx^2} + \frac{1}{x}\,\frac{dz}{dx}\right) \\ \sigma_y &= p_1 - \frac{m}{(m^2-1)\,\alpha}\,\lambda\left(\frac{d^2z}{dx^2} + \frac{m}{x}\,\frac{dz}{dx}\right) \end{aligned}\right\} \quad . \;\; . \;\; . \quad 4)$$

Vom Punkte P ausgehend denkt man sich ein Körperelement, Fig. 10, mit den Querschnittsabmessungen dx und $d\lambda$ konstruirt

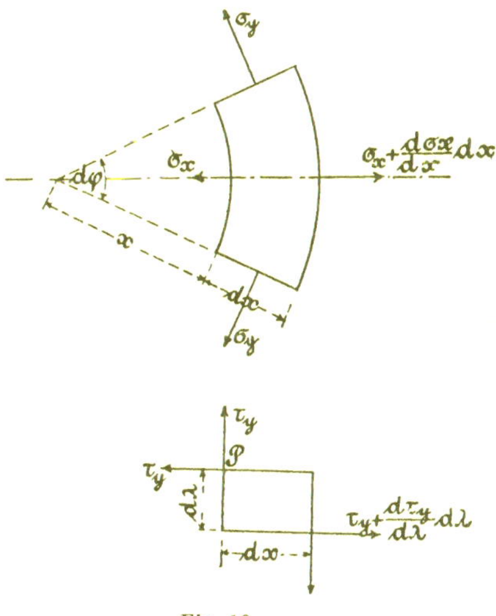

Fig. 10.

und herausgeschnitten, sodann die auf dasselbe wirkenden Spannungen eingetragen, wobei zu berücksichtigen ist, dass Schubspannungen nur da auftreten können, wo Winkeländerungen (Gleitungen) stattfinden, und die Gleichgewichtsbedingung

$$\sigma_x\, x\, d\varphi\, d\lambda + 2\,\sigma_y \sin\frac{d\varphi}{2}\, d\lambda\, dx + \tau_y\left(x + \frac{dx}{2}\right) d\varphi\, dx$$

$$- \left(\sigma_x + \frac{d\sigma_x}{dx}\, dx\right)(x + dx)\, d\varphi\, d\lambda - \left(\tau_y + \frac{d\tau_y}{d\lambda}\, d\lambda\right)\left(x + \frac{dx}{2}\right) d\varphi\, dx = 0$$

aufgestellt. Aus derselben folgt

$$\sigma_y - \sigma_x - x\frac{d\sigma_x}{dx} - x\frac{d\tau_y}{d\lambda} = 0,$$

$$\frac{d\tau_y}{d\lambda} = \frac{\sigma_y}{x} - \frac{\sigma_x + x\frac{d\sigma_x}{dx}}{x} = \frac{\sigma_y}{x} - \frac{1}{x}\frac{d(x\,\sigma_x)}{dx}.$$

Nach Einführung der Gleichung 4

$$\frac{d\tau_y}{d\lambda} = \frac{1}{x}\left[p_1 - \frac{m}{m^2-1}\frac{1}{\alpha}\lambda\left(\frac{d^2z}{dx^2} + \frac{m}{x}\frac{dz}{dx}\right) - p_1\right.$$

$$\left. + \frac{m}{m^2-1}\frac{1}{\alpha}\lambda\left(m\,x\frac{d^3z}{dx^3} + m\frac{d^2z}{dx^2} + \frac{d^2z}{dx^2}\right)\right],$$

$$\frac{d\tau_y}{d\lambda} = \frac{m^2}{m^2-1}\frac{1}{\alpha}\lambda\left(\frac{d^3z}{dx^3} + \frac{1}{x}\frac{d^2z}{dx^2} - \frac{1}{x^2}\frac{dz}{dx}\right)$$

und durch Integration in Bezug auf die Veränderliche λ

$$\tau_y = \frac{m^2}{m^2-1}\frac{1}{\alpha}\frac{\lambda^2}{2}\left(\frac{d^3z}{dx^3} + \frac{1}{x}\frac{d^2z}{dx^2} - \frac{1}{x^2}\frac{dz}{dx}\right) + C.$$

Die Konstante C ist bestimmt dadurch, dass für $\lambda = \pm\frac{h}{2}$ die Schubspannung $\tau_y = 0$, somit

$$\tau_y = -\frac{m^2}{m^2-1}\frac{1}{\alpha}\frac{h^2-4\lambda^2}{8}\left(\frac{d^3z}{dx^3} + \frac{1}{x}\frac{d^2z}{dx^2} - \frac{1}{x^2}\frac{dz}{dx}\right). \quad 5)$$

Das Vorzeichen von τ deutet an, dass der ursprünglich rechte Winkel, an dessen Kanten in Fig. 10 die Schubspannungen eingetragen sind, in einen stumpfen übergeht, diese also nicht in den eingezeichneten, sondern in den entgegengesetzten Richtungen wirken.

Um z als Funktion von x zu erhalten, denkt man sich eine Scheibe vom Halbmesser x, Fig. 11, herausgetrennt. Auf dieselbe wirkt in Richtung der Scheibenachse die Belastung $P + \pi x^2 p$, welche durch die Schubkräfte übertragen werden muss; somit

$$\int_{-\frac{h}{2}}^{+\frac{h}{2}} \tau_y \,.\, 2\,\pi\, x\, d\lambda = P + \pi\, x^2\, p,$$

wobei die Integration lediglich in Bezug auf λ zu erfolgen hat. Nach Einführung des absoluten Werthes von τ_y aus Gleichung 5 ergiebt sich

$$2\,\pi\, x \frac{m^2}{m^2 - 1} \frac{1}{\alpha} \left(\frac{d^3 z}{dx^3} + \frac{1}{x} \frac{d^2 z}{dx^2} - \frac{1}{x^2} \frac{dz}{dx}\right) \int_{-\frac{h}{2}}^{+\frac{h}{2}} \frac{h^2 - 4\,\lambda^2}{8}\, d\lambda$$

$$= P + \pi\, x^2\, p$$

und somit in

$$\frac{d^3 z}{dx^3} + \frac{1}{x} \frac{d^2 z}{dx^2} - \frac{1}{x^2} \frac{dz}{dx} = 6\, \frac{m^2 - 1}{m^2}\, \alpha\, \frac{1}{h^3} \left(p\, x + \frac{P}{\pi\, x}\right) \qquad 6)$$

die Differentialgleichung der Meridianlinie.

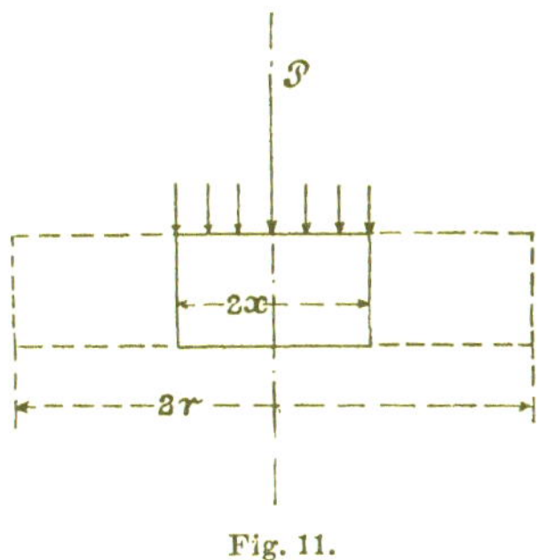

Fig. 11.

Die Einsetzung des Ausdrucks auf der rechten Seite dieser Gleichung in Gleichung 5 ergiebt für die absolute Grösse der Schubspannung

$$\tau_y = \frac{3}{4}\frac{h^2 - 4\lambda^2}{h^3}\left(p\,x + \frac{P}{\pi\,x}\right) \quad . \quad . \quad . \quad . \quad 7)$$

Wie ersichtlich, würde τ_y für $x = 0$, d. h. für die Mitte der Scheibe, unendlich gross werden, sofern $P > 0$ ist. Dies verlangt, dass die Einzellast P nicht als im Mittelpunkt der Scheibe zusammengedrängt angreifend, sondern als auf eine mit der Scheibenoberfläche konzentrische Kreisfläche vom Halbmesser r_0 vertheilt gedacht wird, wobei r_0 natürlich klein gegenüber r anzunehmen ist. An die Stelle der Kreisfläche πr_0^2 kann auch der Kreisumfang $2\pi r_0$ treten.

Mit den abgekürzten Bezeichnungen

$$\frac{m^2-1}{m^2}\alpha\frac{6}{h^3}p = a, \qquad \frac{m^2-1}{m^2}\alpha\frac{6}{h^3}\frac{P}{\pi} = b$$

geht Gleichung 6 über in

$$\frac{d^3z}{dx^3} + \frac{1}{x}\frac{d^2z}{dx^2} - \frac{1}{x^2}\frac{dz}{dx} = a\,x + \frac{b}{x}$$

und da die linke Seite gleich

$$\frac{d}{dx}\left(\frac{d^2z}{dx^2} + \frac{1}{x}\frac{dz}{dx}\right) = \frac{d}{dx}\left\{\frac{1}{x}\frac{d}{dx}\left(x\frac{dz}{dx}\right)\right\},$$

so ist auch

$$\frac{d}{dx}\left\{\frac{1}{x}\frac{d}{dx}\left(x\frac{dz}{dx}\right)\right\} = a\,x + \frac{b}{x},$$

woraus folgt

$$\frac{1}{x}\frac{d}{dx}\left(x\frac{dz}{dx}\right) = \frac{a}{2}x^2 + b\,ln\,x + c_1,$$

$$x\frac{dz}{dx} = \frac{a}{8}x^4 + b\int x\,ln\,x\,dx + \frac{c_1}{2}x^2 + c_2,$$

und wegen

$$\int x \, ln\, x \, dx = \frac{x^2}{4} (2 \, ln\, x - 1)$$

$$\frac{dz}{dx} = \frac{a}{8} x^3 + \frac{b}{4} x (2 \, ln\, x - 1) + \frac{c_1}{2} x + \frac{c_2}{x} \quad . \quad . \quad 8)$$

Somit

$$z = \frac{a}{32} x^4 + \frac{b}{4} x^2 (ln\, x - 1) + \frac{c_1}{4} x^2 + c_2 \, ln\, x + c_3 . \quad . \quad 9)$$

Hiernach finden sich für die in den Gleichungen 4 auftretenden Werthe

$$\left. \begin{aligned} \frac{1}{x} \frac{dz}{dx} &= \frac{a}{8} x^2 + \frac{b}{4} (2 \, ln\, x - 1) + \frac{c_1}{2} + \frac{c_2}{x^2} , \\ \frac{d^2 z}{dx^2} &= \frac{3}{8} a \, x^2 + \frac{b}{4} (2 \, ln\, x + 1) + \frac{c_1}{2} - \frac{c_2}{x^2} \end{aligned} \right| . \quad 10)$$

Zur Bestimmung der Integrationskonstanten ist zunächst zu beachten, dass für $x = 0$ auch $\frac{dz}{dx} = 0$, d. h. dass die Tangente an der Meridianlinie im Scheitel derselben wagrecht sein muss, also nach Gleichung 8

$$0 = \frac{b}{2} (x \, ln\, x) + \frac{c_2}{x} \qquad \text{für } x = 0.$$

Da

$$x \, ln\, x = \frac{ln\, x}{\frac{1}{x}}$$

und dieser Werth für $x = 0$ zu $\frac{\infty}{\infty}$ wird, so ist für Zähler und Nenner der erste Differentialquotient zu bilden:

$$\frac{b}{2}\left[\frac{\frac{d}{dx}(ln\,x)}{\frac{d}{dx}\left(\frac{1}{x}\right)}\right]_{x=0} = \frac{b}{2}\left(\frac{\frac{1}{x}}{-\frac{1}{x^2}}\right)_{x=0} = \frac{b}{2}(x)_{x=0} = 0.$$

Hiermit

$$0 = 0 + \left(\frac{c_2}{x}\right)_{x=0},$$

was nur durch $c_2 = 0$ ermöglicht wird.

Ist die Scheibe am Rande nur gestützt, also lose aufliegend, so muss für alle Punkte des Umfangsmantels der Scheibe, d. h. für $x = r$ und für jeden möglichen Werth von λ $\sigma_x = p_1$ sein. Nach der ersten der Gleichungen 4 ist das nur möglich, wenn

$$m\frac{d^2z}{dx^2} + \frac{1}{x}\frac{dz}{dx} = 0,$$

woraus nach Einführung der rechten Seiten der Gleichung 10 folgt

$$c_1 = -\frac{1}{4}\frac{3m+1}{m+1}a\,r^2 - b\left(ln\,r + \frac{1}{2}\frac{m-1}{m+1}\right). \qquad 11)$$

Ist die Scheibe am Rande eingespannt, sodass die x-Achse an der Befestigungsstelle Tangente an der Meridianlinie ist, Fig. 12,

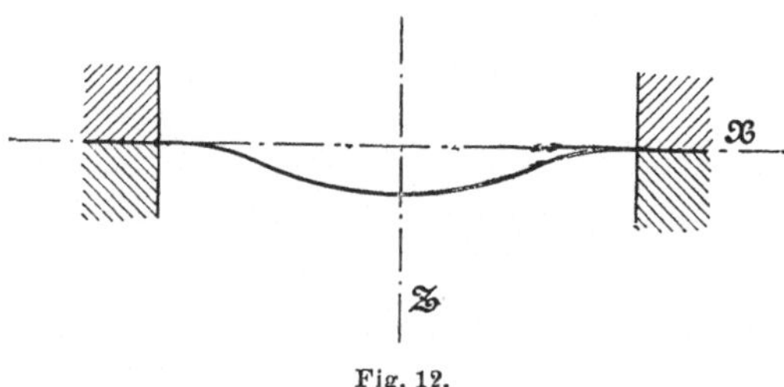

Fig. 12.

(vergl. hierüber auch § 53), so muss für $x = r$ $\frac{dz}{dx} = 0$ sein, somit nach Gleichung 8, da $c_2 = 0$,

$$0 = \frac{a}{8} r^3 + \frac{b}{4} r (2 \ln r - 1) + \frac{c_1}{2} r,$$

$$c_1 = -\frac{a}{4} r^2 - b \left(\ln r - \frac{1}{2}\right). \quad . \quad . \quad . \quad . \quad 12)$$

a) Die Scheibe ist nur durch p gleichmässig belastet;

$$P = 0.$$

Mit $P = 0$ wird

$$b = \frac{m^2 - 1}{m^2} \alpha \frac{6}{h^3} \frac{P}{\pi} = 0.$$

Die Konstante c_3 der Gleichung 9 bestimmt sich dadurch, dass für $x = r$ $z = 0$ sein muss, also, da $c_2 = 0$ (S. 558), aus

$$0 = \frac{a}{32} r^4 + \frac{c_1}{4} r^2 + c_3$$

zu

$$c_3 = -\frac{a}{32} r^4 - \frac{c_1}{4} r^2.$$

Damit geht die Gleichung 9 der Meridianlinie über in

$$z = -\frac{a}{32}(r^4 - x^4) - \frac{c_1}{4}(r^2 - x^2) = -\left(a \frac{r^2 + x^2}{8} + c_1\right) \frac{r^2 - x^2}{4}. \quad 13)$$

α) Die Scheibe liegt am Rande lose auf.

Gleichung 11 ergiebt mit $b = 0$

$$c_1 = -\frac{1}{4} \frac{3m + 1}{m + 1} a r^2.$$

Durch Einführung dieser Grösse und von

$$a = \frac{m^2 - 1}{m^2} \alpha \frac{6}{h^3} p$$

in Gleichung 13 liefert diese

$$z = \frac{3}{16} \frac{m^2 - 1}{m^2} \alpha \frac{p}{h^3} \left(\frac{5m + 1}{m + 1} r^2 - x^2 \right) (r^2 - x^2). \quad 14)$$

Hieraus folgt die Durchbiegung in der Mitte für $x = 0$

$$z' = \frac{3}{16} \frac{(m - 1)(5m + 1)}{m^2} \alpha p \frac{r^4}{h^3} \quad . \ . \ . \quad 15)$$

und mit $m = \frac{10}{3}$

$$z' = 0{,}7 \, \alpha p \frac{r^4}{h^3} . \quad . \ . \ . \ . \ . \ . \ . \ . \quad 16)$$

Für $p_1 = 0$ gehen die Gleichungen 2a über in

$$\varepsilon_x = - \lambda \frac{d^2 z}{dx^2} = \frac{3}{4} \frac{m^2 - 1}{m^2} \alpha \frac{p}{h^3} \lambda \left(\frac{3m + 1}{m + 1} r^2 - 3x^2 \right),$$

$$\varepsilon_y = - \frac{\lambda}{x} \frac{dz}{dx} = \frac{3}{4} \frac{m^2 - 1}{m^2} \alpha \frac{p}{h^3} \lambda \left(\frac{3m + 1}{m + 1} r^2 - x^2 \right).$$

Diese Dehnungen erlangen ihren grössten Werth für $x = 0$ (Mitte der Scheibe) und für $\lambda = \pm \frac{h}{2}$ (äusserste Fasern). Diese Höchstwerthe sind überdies gleich gross, nämlich

$$\max(\varepsilon_x) = \pm \frac{3}{8} \frac{(m - 1)(3m + 1)}{m^2} \alpha \left(\frac{r}{h} \right)^2 p = \max(\varepsilon_y).$$

An den bezeichneten Stellen sind die Schubspannungen nach Gleichung 7 gleich Null, somit ist $\max \left(\frac{\varepsilon_x}{\alpha} \right)$ die grösste Anstrengung und demgemäss mit k_b als zulässiger Biegungsinanspruchnahme

$$k_b \geqq \pm \frac{3}{8} \frac{(m-1)(3m+1)}{m^2} \left(\frac{r}{h}\right)^2 p. \quad . \quad . \quad 17)$$

Mit $m = \frac{10}{3}$ wird

$$k_b \geqq \pm 0{,}87 \left(\frac{r}{h}\right)^2 p. \quad . \quad . \quad . \quad . \quad . \quad 18)$$

β) Die Scheibe ist am Umfange eingespannt.

Gleichung 12 liefert mit $b = 0$

$$c_1 = -\frac{9}{4} r^2.$$

In ganz gleicher Weise wie unter *α*) ergiebt sich hier die Gleichung der Meridianlinie

$$z = \frac{3}{16} \frac{m^2-1}{m^2} \alpha \frac{p}{h^3} (r^2 - x^2)^2 \quad . \quad . \quad . \quad . \quad 19)$$

und hieraus die Durchbiegung in der Mitte ($x = 0$)

$$z' = \frac{3}{16} \frac{m^2-1}{m^2} \alpha p \frac{r^4}{h^3} \quad . \quad . \quad . \quad . \quad . \quad 20)$$

und mit $m = \frac{10}{3}$

$$z' = 0{,}17 \alpha p \frac{r^4}{h^3}. \quad . \quad . \quad . \quad . \quad . \quad . \quad 21)$$

Aus den Gleichungen 2a folgt, da

$$\frac{1}{x} \frac{dz}{dx} = \frac{3}{4} \frac{m^2-1}{m^2} \alpha \frac{p}{h^3} (r^2 - x^2),$$

$$\frac{d^2 z}{dx^2} = \frac{3}{4}\,\frac{m^2-1}{m^2}\,\alpha\,\frac{p}{h^3}\,(r^2 - 3x^2),$$

$$\frac{\varepsilon_x}{\alpha} = \frac{m-1}{m}\,p_1 + \frac{3}{4}\,\frac{m^2-1}{m^2}\,\frac{p}{h^3}\,\lambda\,(r^2 - 3\,x^2),$$

$$\frac{\varepsilon_y}{\alpha} = \frac{m-1}{m}\,p_1 + \frac{3}{4}\,\frac{m^2-1}{m^2}\,\frac{p}{h^3}\,\lambda\,(r^2 - x^2).$$

Ist, wie vorausgesetzt, $p_1 \geqq 0$, so erlangt $\frac{\varepsilon_x}{\alpha}$ zwei grösste

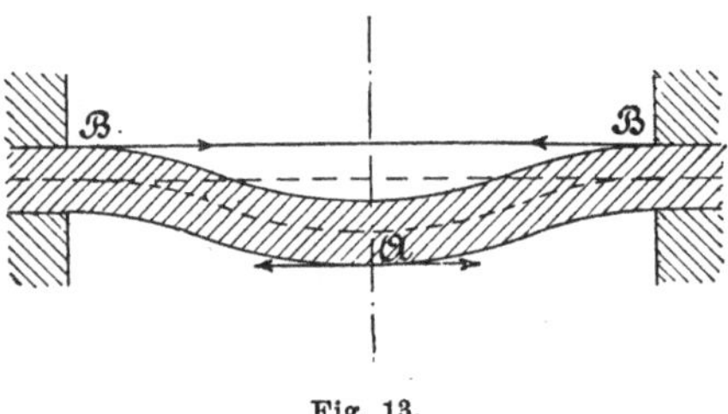

Fig. 13.

Werthe: den einen für $x = 0$ und $\lambda = +\frac{h}{2}$ (Mitte der Scheibe, unterste Faser, bei A, Fig. 13) und den anderen für $x = r$ und $\lambda = -\frac{h}{2}$ (Einspannstelle, oberste Faser, bei B, Fig. 13). Der Erstere beträgt

$$\max\left(\frac{\varepsilon_x}{\alpha}\right)_1 = \frac{m-1}{m}\,p_1 + \frac{3}{8}\,\frac{m^2-1}{m^2}\left(\frac{r}{h}\right)^2 p,$$

der Letztere

$$\max\left(\frac{\varepsilon_x}{\alpha}\right)_2 = \frac{m-1}{m}\,p_1 + \frac{3}{4}\,\frac{m^2-1}{m^2}\left(\frac{r}{h}\right)^2 p.$$

Dieser ist der grössere[1]); somit, da die Schubspannungen nach Gleichung 7 für $\lambda = \pm\frac{h}{2}$ Null werden,

---

[1]) In Wirklichkeit pflegt die Einspannung nur eine unvollkommene zu sein. Durch Nachgiebigkeit des befestigten Scheibenrandes (gegenüber dem Zustande

$$k_b \geqq \frac{m-1}{m} p_1 + \frac{3}{4} \frac{m^2-1}{m^2} \left(\frac{r}{h}\right)^2 p. \quad . \quad . \quad 22)$$

Für $p_1 = 0$ wird

$$k_b \geqq \frac{3}{4} \frac{m^2-1}{m^2} \left(\frac{r}{h}\right)^2 p$$

und mit $m = \frac{10}{3}$

$$k_b \geqq 0{,}68 \left(\frac{r}{h}\right)^2 p. \quad . \quad . \quad . \quad . \quad . \quad . \quad 23)$$

b) Die Scheibe liegt am Rande frei auf und ist nur durch die in der Mitte angreifende Kraft P belastet.

Die Gleichung der Meridianlinie ergiebt sich in gleicher Weise, wie unter a ermittelt, bei Beachtung, dass

$$a = \frac{m^2-1}{m^2} \alpha \frac{6}{h^3} p = 0 \text{ (wegen } p = 0), \quad c_2 = 0,$$

und

$$\text{für } x = r \quad z = 0$$

aus Gleichung 9 zu

$$z = -\frac{b}{4}\left\{r^2 (ln\, r - 1) - x^2 (ln\, x - 1)\right\} - \frac{c_1}{4}(r^2 - x^2).$$

---

vollkommener Einspannung) nimmt die Anstrengung der Scheibe an dem Rande ab, dagegen diejenige in der Scheibenmitte zu. Hierbei steigt die letztere für $p_1 = 0$ von dem Werthe $\frac{3}{8} \frac{m^2-1}{m^2} \left(\frac{r}{h}\right)^2 p$, giltig für vollkommene Einspannung, bis zu dem durch Gl. 17 bestimmten Betrag, giltig für Freiaufliegen, während die Beanspruchung am Umfange von dem Werthe $\frac{3}{4} \frac{m^2-1}{m^2} \left(\frac{r}{h}\right)^2 p$ bis auf Null sinkt. Für eine gewisse Nachgiebigkeit an der Befestigungsstelle wird die Anstrengung der Scheibe am geringsten ausfallen (vergl. S. 465 u. f.).

Nach Einführung von

$$c_1 = -b\left(ln\,r + \frac{1}{2}\,\frac{m-1}{m+1}\right)$$

und

$$b = \frac{m^2-1}{m^2}\,\alpha\,\frac{6}{h^3}\,\frac{P}{\pi}$$

wird

$$z = \frac{3}{4\pi}\,\frac{m^2-1}{m^2}\,\alpha\,\frac{P}{h^3}\left\{2\,x^2\,ln\,\frac{x}{r} + \frac{3m+1}{m+1}\,(r^2-x^2)\right\}. \quad 24)$$

Somit die Durchbiegung in der Mitte der Platte ($x = 0$)

$$z' = \frac{3}{4\pi}\,\frac{(m-1)(3\,m+1)}{m^2}\,\alpha\,P\,\frac{r^2}{h^3} \quad . \; . \; . \quad 25)$$

und mit $m = \frac{10}{3}$

$$z' = 0{,}55\,\alpha\,P\,\frac{r^2}{h^3}. \quad . \; . \; . \; . \; . \quad 26)$$

Die Gleichungen 2a führen mit den Gleichungen 10, sowie unter Beachtung, dass $p_1 = 0$, $c_2 = 0$ und c_1 durch Gleichung 11 bestimmt ist, sowie unter Berücksichtigung der Bedeutung von b zu

$$\varepsilon_x = \frac{3}{\pi}\,\frac{m^2-1}{m^2}\,\alpha\,\frac{P}{h^3}\left(ln\,\frac{r}{x} - \frac{1}{m+1}\right)\lambda,$$

$$\varepsilon_y = \frac{3}{\pi}\,\frac{m^2-1}{m^2}\,\alpha\,\frac{P}{h^3}\left(ln\,\frac{r}{x} + \frac{m}{m+1}\right)\lambda.$$

Wird gemäss der Bemerkung zu Gl. 7 (S. 556) die Kraft P auf der Kreislinie $2\,\pi\,r_0$ — in Wirklichkeit auf der dieser Linie entsprechenden schmalen Kreisringfläche — gleichmässig vertheilt angenommen, wobei r_0 klein gegen r, immerhin aber so gross vorausgesetzt ist, dass der grösste Werth der aus Gl. 7 folgenden Schubspannung, d. i. wegen $\lambda = 0$ $p = 0$ und $x = r_0$,

$$\tau_{max} = \frac{3}{4\pi} \frac{P}{h r_0} \quad . \quad . \quad . \quad . \quad . \quad . \quad . \quad 27)$$

das höchstens noch für zulässig erachtete Mass nicht überschreitet, so ergeben sich die Grösstwerthe von ε_x und ε_y für

$$x = r_0 \qquad \text{und} \qquad \lambda = \frac{h}{2},$$

und zwar ist

$$\max\left(\frac{\varepsilon_y}{\alpha}\right) = \frac{3}{2\pi} \frac{m^2 - 1}{m^2} \left(ln \frac{r}{r_0} + \frac{m}{m+1}\right) \frac{P}{h^2}$$

die grössere der beiden Anstrengungen[1]); somit, da die Schubspannungen nach Gl. 7 für $\lambda = \pm \frac{h}{2}$ Null werden,

$$k_b \geqq \frac{3}{2\pi} \frac{m^2 - 1}{m^2} \left(ln \frac{r}{r_0} + \frac{m}{m+1}\right) \frac{P}{h^2} . \quad . \quad 28)$$

Hierbei ist allerdings vorausgesetzt, dass die der Schubspannung Gl. 27 entsprechende Dehnung nicht eine grössere Anstrengung liefert, was im Falle vollkommener Gleichartigkeit des Materials darauf hinauskommt, dass

$$\frac{3}{4\pi} \frac{P}{h r_0} \frac{m+1}{m} \leqq \max\left(\frac{\varepsilon_y}{\alpha}\right) . \quad . \quad . \quad . \quad 29)$$

Diese Voraussetzung wird erfüllt sein, wenn die Scheibenstärke h, die nach Gl. 28 die Anstrengung mit der zweiten Potenz beeinflusst, verhältnissmässig klein gegenüber r ist, welche Annahme der ganzen Entwicklung dieses Paragraphen zu Grunde liegt (vergl. S. 550).

Gl. 27 bezw. 29 ermöglicht übrigens in jedem Falle eine Prüfung.

---

[1]) Streng genommen wäre noch die Formänderung und die Anstrengung innerhalb des mittleren Theiles der Scheibe, entsprechend dem Durchmesser $2 r_0$, zu untersuchen; hierauf sei zunächst verzichtet.

Mit $m = \frac{10}{3}$ geht Gl. 28 über in

$$k_b \geqq 0{,}334 \left(1{,}3\, ln \frac{r}{r_0} + 1\right) \frac{P}{h^2}. \quad . \quad . \quad . \quad 30)$$

2. Vergleichung der Voraussetzungen, welche bei den unter Ziff. 1 durchgeführten Rechnungen gemacht worden sind, mit den thatsächlichen Verhältnissen[1]).

In den weitaus meisten Fällen der Verwendung plattenförmiger Körper im Maschinenbau handelt es sich um die Widerstandsfähigkeit gegenüber Flüssigkeitsbelastung. Die Platten müssen alsdann in der Regel, damit sie abdichten, kräftig gegen die Dichtungsfläche gepresst werden. Sie liegen also keinesfalls lose auf ihrem Widerlager auf, können auch häufig nicht als einfach eingespannt aufgefasst werden, sind vielmehr meist eigenartig befestigt. Betrachten wir beispielsweise die Scheibe, welche in Fig. 14 ein

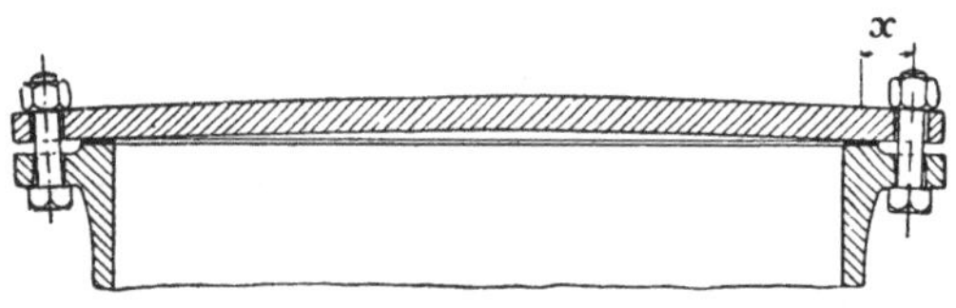

Fig. 14.

cylindrisches Hohlgefäss verschliesst, so erkennen wir sofort, dass, noch bevor die Flüssigkeitspressung wirkt, schon durch das Anziehen der Flanschenschrauben die Scheibe sich wölben muss und zwar umsomehr, je grösser der Abstand x der Schrauben von der

---

[1]) Wie S. 548 bemerkt, entsprechen die unter Ziff. 1 gegebenen Entwicklungen der von Grashof in seiner bekannten scharfen und klaren Weise aufgebauten — erstmals vor reichlich 35 Jahren veröffentlichten — Berechnung der kreisförmigen Platte. In der „Festigkeitslehre“ von Föppl, 1900, S. 273 u. f. ist grundsätzlich in gleicher Weise vorgegangen, jedoch zu einem Theile ein etwas anderer Gang der Rechnung — unter Weglassung der radialen Belastung p_1 am Scheibenumfang — gewählt. Die wesentlichen Voraussetzungen und die Endergebnisse der Rechnung sind die gleichen wie bei Grashof.

Dichtungsstelle, d. h. von derjenigen Umfangslinie ist, in welcher der Widerlagsdruck des Dichtungsringes zusammengedrängt angenommen werden darf. Die Scheibe wird also bereits auf Biegung beansprucht, noch ehe eine Flüssigkeitspressung in Thätigkeit getreten ist. Diese Inanspruchnahme kann bei kräftigem Anziehen der Schrauben unter Umständen schon allein die zulässige Anstrengung des Materials überschreiten.

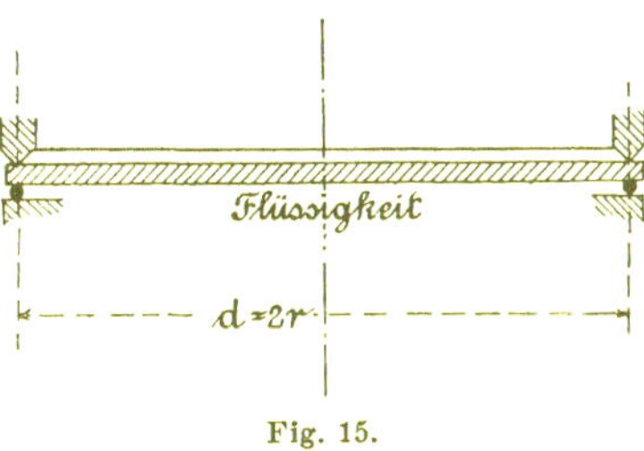

Fig. 15.

Aber selbst dann ist die Sachlage anders, als die Rechnung voraussetzt, wenn ein solcher Hebelarm x nicht vorhanden wäre, wie z. B. im Falle der Fig. 15, welche die vom Verfasser in seinem Versuchsapparat zur Prüfung ebener Platten angewendete Befestigungsweise zeigt[1]). Die Scheibe liegt hier unten (Seite der gepressten Flüssigkeit) auf einem Dichtungsring von weichem Kupfer (etwa 8 mm stark) und stützt sich oben gegen eine etwa 2,5 mm breite Ringfläche von dem gleichen mittleren Durchmesser wie der Kupferring. Durch Schrauben wird das Obertheil des Apparates gegen das Untertheil so stark gepresst, dass die Abdichtung gesichert ist. Unter Einwirkung der Flüssigkeitspressung biegt sich die Scheibe durch; dabei sucht sie auf dem Dichtungsringe einerseits, sowie auf dem Widerlager andererseits zu gleiten und gleitet thatsächlich (vergl. § 46, Ziff. 1). Hiermit aber werden Kräfte in den Berührungsflächen zwischen Dichtungsring und Scheibe, sowie zwischen dieser und dem Widerlager wachgerufen, die in der Regel entgegengesetzt gerichtet sind und meist auch von sehr verschiedener Grösse sein werden. Diese Kräfte liefern für die Mittelfläche der Scheibe im Allgemeinen radial

[1]) Vergl. hierüber die in § 64 genannte Schrift, oder auch Zeitschrift des Vereines deutscher Ingenieure 1890, S. 1041 u. f., oder Abhandlungen und Berichte 1897, S. 111 u. f.

wirkende Kräfte, sowie Formänderung und Biegungsanstrengung beeinflussende Momente. Diese Momente, unter Umständen, welche die Regel zu bilden pflegen, von ganz erheblicher Bedeutung, sind bei den Entwicklungen unter Ziff. 1, a, α, um die es sich hier handelt, vollständig ausser Acht gelassen. Je grösser die Kraft ist, mit welcher die Scheibe zum Zwecke der Abdichtung angepresst wird, um so bedeutender werden — unter sonst gleichen Verhältnissen — die erwähnten Momente sein. Hierbei nimmt die Oberflächenbeschaffenheit der Scheibe, des Widerlagers und des Dichtungsringes Einfluss (vergl. § 46, Ziff. 1, insbesondere das über den Werth μ Gesagte).

Auch der Umstand kann Einfluss erlangen, dass die Scheibe — Fig. 6, S. 548 — mit ihrem Umfange über das Widerlager hinausreicht, einmal insofern, als durch das überstehende Material die Widerstandsfähigkeit der Scheibe erhöht wird, sodann bei Belastung der über das Widerlager hinausragenden Ringfläche dadurch, dass sich der Charakter der Stützung über dem Widerlager ändert, indem bei ausreichender Grösse der Ueberragung die Scheibe aus dem Zustande der einfachen Stützung in denjenigen des Eingespanntseins übergeführt wird. Bei den üblichen Verhältnissen (r gross im Vergleich zu h) ist der erste Einfluss deshalb von geringer Bedeutung, weil die grösste Beanspruchung in der Mitte der Scheibe auftritt. Ob der zweite Einfluss bedeutungsvoll auftritt, ist im einzelnen Falle zu entscheiden.

3. *Versuchsergebnisse.*

Von den Ergebnissen der Versuche, welche Verfasser über die Widerstandsfähigkeit ebener Platten seit 1889 angestellt und hinsichtlich welcher im Allgemeinen auf § 64 verwiesen werden darf, seien hier diejenigen angeführt, welche sich auf kreisförmige Scheiben aus Flussstahlblech erstrecken. Dieses Material besitzt konstanten Dehnungskoefficienten, und erscheinen deshalb die an solchen Scheiben innerhalb der Proportionalitätsgrenze gemessenen Durchbiegungen zu einer Prüfung der unter Ziff. 1 erhaltenen Rechnungsergebnisse geeignet. Der Durchmesser (Fig. 15, 16) betrug hierbei 560 mm.

a) Die Scheibe ist nach Massgabe der Fig. 16 in der Mitte belastet und am Umfange gestützt. Sie legt sich — abgesehen vom Einflusse des Eigengewichts — nur mit derjenigen Pressung gegen das Widerlager, welche durch die den Versuchskörper in der Mitte belastende Kraft hervorgerufen wird.

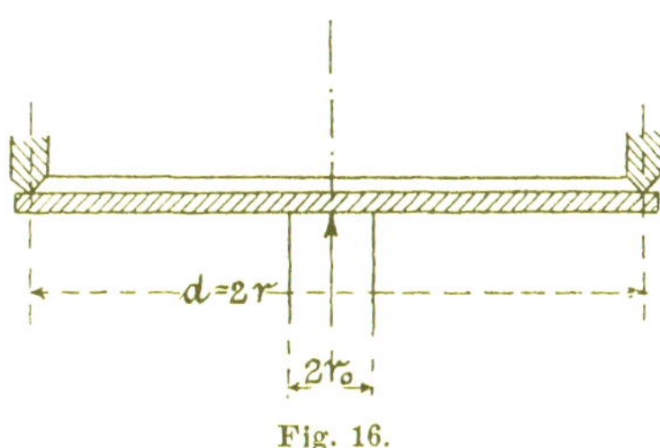

Fig. 16.

Der Dehnungskoefficient α für federnde Durchbiegung ergab sich nach Gleichung 26 ($h = 8{,}4$ mm)

bei einer Gesammtdurchbiegung von	0,205 cm	0,355 cm	0,530 cm	1,1 cm
auf der Belastungsstufe	2	3	4	5
	158/753	753/1373	1373/2258	3688/5208 kg
zu $\alpha =$	$\frac{1}{2900000}$,	$\frac{1}{3025000}$,	$\frac{1}{3972000}$,	$\frac{1}{5116000}$,

während Biegungsversuche mit Streifen (Flachstäben) aus genau dem gleichen Material

$$\alpha = \frac{1}{2\,147\,000}$$

lieferten.

Wird die Summe der Durchbiegungen auf der ersten und zweiten Belastungsstufe zu Grunde gelegt, so liefert Gl. 26

$$\frac{1}{\alpha} = \frac{0{,}205 \,.\, 0{,}84^3}{0{,}55 \,.\, 28^2 \,.\, 753} = \frac{1}{2\,672\,000}\,.$$

Wir erkennen, dass mit wachsender Durchbiegung der Scheibe, d. h. mit zunehmender Abweichung derselben von der ebenen Form, also mit wachsender Wölbung, der Dehnungskoefficient anfangs langsam, dann jedoch rasch abnimmt, später — bei weit getriebener Durchbiegung — wird diese Abnahme wieder geringer. Von einer schärferen Untersuchung, welche namentlich mit niedrigeren Belastungen[1]) und kleineren Belastungsstufen zu arbeiten hätte, würde zu erwarten sein: zunächst Proportionalität zwischen Belastungen und Durchbiegungen bis zu einem gewissen Grade der Belastung hin, dann stärkere Zunahme der Durchbiegungen nach Ueberschreiten der Materialbeanspruchung, welche auf der Höhe der Streckgrenze liegt, später wieder langsameres Wachsen (Folge der Wölbung).

Ferner erhellt, dass der aus Gl. 26 berechnete Dehnungskoefficient ganz erheblich kleiner ist als der wirkliche Dehnungskoefficient des Materials. Der Unterschied beträgt bei Zugrundelegung selbst des grössten Werthes von α

$$100 \frac{2\,672\,000 - 2\,147\,000}{2\,147\,000} = 24{,}5\,\%.$$

Es muss zunächst dahin gestellt bleiben, ob das verwendete Stahlblech das Material genau in dem Zustande enthielt wie die Streifen[2]). Aber selbst wenn in dieser Hinsicht ein Unterschied bestanden hätte, so würde dieser eine Abweichung von 25 % nicht zu erklären vermögen. Sonach muss geschlossen werden, dass die Voraussetzungen, auf Grund deren die Gleichung 26 erlangt wurde, nicht — selbst bei lose aufliegender Scheibe — in dem Masse zutreffen, als bei Durchführung der Rechnungen angenommen ist.

Da der Verfasser die Zeit nicht erübrigen konnte, die zur Klärung der Sache nöthigen weiteren Versuche auszuführen, so regte er Herrn Privatdocent Ensslin zu dieser Untersuchung an und stellte ihm alles zu den Versuchen Erforderliche zur Verfügung; insbesondere liess er die Einrichtung, welche im Jahre 1890 zu den Plattenversuchen mit Belastung durch eine Einzellast getroffen war, nämlich hydraulische Presse mit Kolben, welcher

---

[1]) Der Belastung $P = 753$ kg entspricht nach Gl. 30 mit $r_0 = 1{,}1$ cm eine Anstrengung

$$k_b = 0{,}334\,(1{,}3\, ln \frac{28}{1{,}1} + 1)\, \frac{753}{0{,}84^2} = 1856 \text{ kg/qcm}.$$

[2]) Wahrscheinlich wird eine solche Verschiedenheit von erheblichem Einfluss sein können; man denke z. B. an gehämmertes und an ausgeglühtes Blech.

mittelst Stulp abgedichtet wurde[1]), durch eine Presse mit eingeschliffenem Kolben, wie in Fig. 17 dargestellt, und durch Vor-

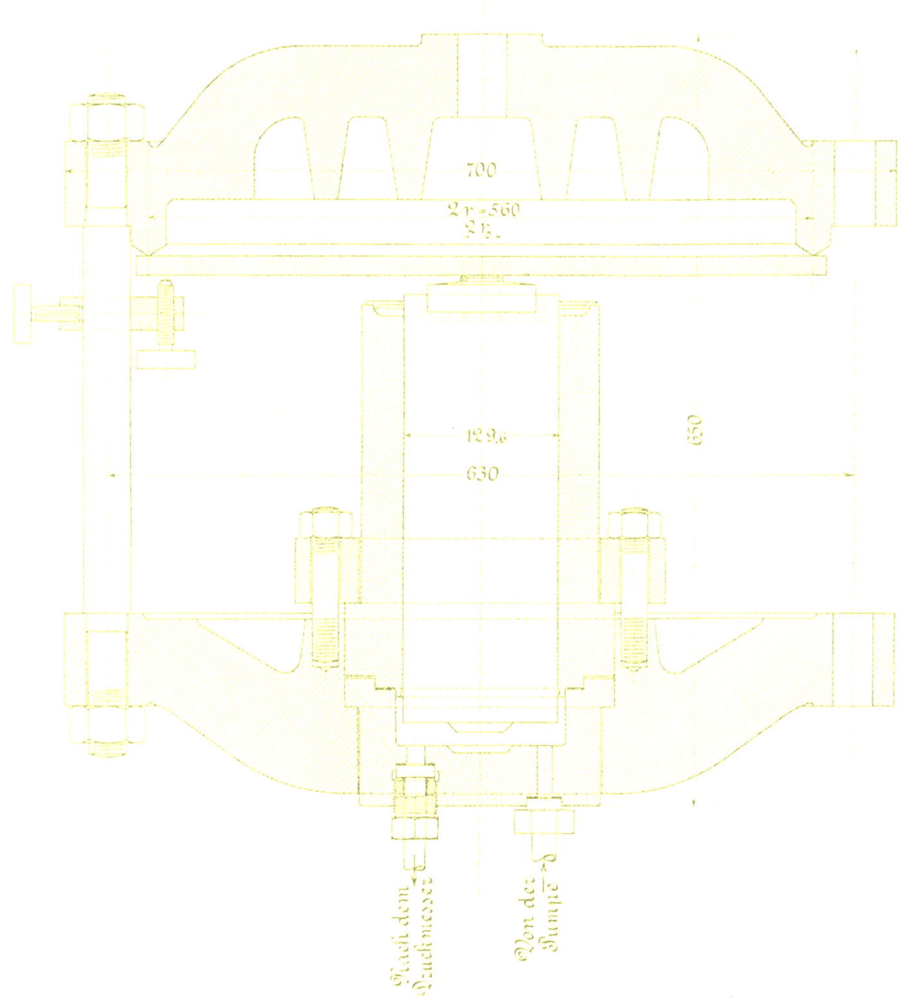

Fig 17.

richtung zum Messen des Druckes mit Quecksilbersäule (System Amsler-Laffon) ersetzen. Hierdurch war eine genauere Bestimmung der die Platte belastenden Kraft möglich als früher.

[1]) Zeitschrift des Vereines deutscher Ingenieure 1890, S. 1104, Fig. 12, bezw. S. 1042, Fig. 9 und 10, oder „Abhandlungen und Berichte", S. 126 bezw. 112.

Die Belastung der Platte wird durch einen Kupferring auf eine Kreisringfläche vom mittleren Halbmesser r_0 übertragen. Zunächst wurde $r_0 = 15$ mm gewählt. Die Messung der Durchbiegungen in der Mitte erfolgte durch das schon 1890 benutzte Instrument[1]). Für den Durchmesser des Auflagerringes wurden 560 mm beibehalten.

Von den Ergebnissen, über welche Herr Ensslin nach Abschluss der Versuche ausführlich berichten wird, seien hier die folgenden für Scheiben aus Flusseisen erlangten mitgetheilt.

Scheibe A. $h = 1,616$ cm, Durchmesser 56 cm		Scheibe B. $h = 1,193$ cm, Durchmesser 57 cm	
Belastungsstufe	Durchbiegung in der Mitte in $^1/_{1000}$ cm	Belastungsstufe	Durchbiegung in der Mitte in $^1/_{1000}$ cm
300/ 600 kg	13	300/ 700 kg	46
600/ 900 -	13	700/1100 -	47
900/1200 -	13	1100/1500 -	45
1200/1500 -	13	1500/1900 -	46
1500/1800 -	13	1900/2300 -	46
1800/2100 -	13		
2100/2400 -	12		
2400/2700 -	13		
2700/3000 -	13		
3000/3300 -	13		
3300/3600 -	13		

Nach Gl. 26 ergiebt sich hieraus:

für die Scheibe A

$$\alpha = \frac{0,142}{0,55} \frac{1,616^3}{28^2 (3600 - 300)} = \frac{1}{2\,380\,000},$$

für die Scheibe B

$$\alpha = \frac{0,23}{0,55} \frac{1,193^3}{28^2 (2300 - 300)} = \frac{1}{2\,210\,000}.$$

---

[1]) S. Fussbemerkung S. 571.

Durch Zugversuch mit einem aus dem Material der Scheibe A herausgearbeiteten Rundstab wurde ermittelt

$$\alpha = \frac{1}{2\,160\,000}$$

Proportionalitätsgrenze	rund	2500 kg/qcm
Streckgrenze		2682 -
Zugfestigkeit		3899 -
Bruchdehnung		24 %
Querschnittsverminderung		52,5 -

Somit ergiebt sich für die Scheibe A hinsichtlich des Dehnungskoefficienten ein Unterschied in dem gleichen Sinne, wie oben festzustellen war, jedoch beträgt derselbe nur

$$100 \frac{2\,380\,000 - 2\,160\,000}{2\,160\,000} = \text{rund } 10\,\%.$$

Für die Scheibe B wird sich der Unterschied voraussichtlich noch kleiner herausstellen.

b) Die Scheibe ist durch den Flüssigkeitsdruck p gleichmässig belastet und am Umfange nach Massgabe der Fig. 15 gestützt und abgedichtet.

Der Dehnungskoefficient α ergiebt sich nach Gleichung 16 ganz allgemein weit kleiner, als ihn das Material thatsächlich besitzt, ausserdem im Einzelnen zunehmend mit wachsender Flüssigkeitspressung. Beispielsweise fand sich für die eine Scheibe ($h = 8{,}5$ mm)

für die Belastungsstufe	$p = 0{,}5$ bis 1 kg	3 bis 3,5 kg
bei einer Gesammtdurchbiegung	$z' = 0{,}106$ cm	0,450 cm
	$\alpha = \frac{1}{6\,257\,000}$	$\frac{1}{4\,434\,000}$.

Durch Nachdrehen der Muttern, d. h. durch stärkeres Zusammenpressen von Ober- und Untertheil des Versuchsapparates, sinkt der Dehnungskoefficient

für die Belastungsstufe $p = 4$ bis $4{,}5$ kg
bei einer Gesammtdurchbiegung $z' = 0{,}585$ cm
auf $\alpha = \frac{1}{8\,147\,000}$.

An dieser Abnahme ist allerdings — jedoch zum weit geringeren Theile — der Einfluss der zunehmenden Wölbung betheiligt. Die Hauptursache aber bildet die 'Abdichtungskraft, d. h. die Kraft, mit welcher die Scheibe durch die Schrauben zum Zweck der Abdichtung einerseits gegen die Dichtung und andererseits gegen das Widerlager gepresst wird. (Vergl. das oben unter Ziff. 2 Bemerkte.)

Eine stärkere Scheibe ($h = 10{,}1$ mm) liefert

für die Belastungsstufe	$p =$	0,5 bis 1 kg	3 bis 3,5 kg
bei einer Gesammtdurchbiegung	$z' =$	0,090 cm	0,365 cm
	$\alpha =$	$\frac{1}{4\,444\,000}$,	$\frac{1}{3\,664\,000}$,

also verhältnissmässig grössere Werthe des Dehnungskoefficienten.

Eine andere Scheibe ($h = 8{,}4$ mm) ergiebt für die Belastungsstufe $p = 0{,}1$ bis $0{,}7$ kg bei einer Gesammtdurchbiegung bis zu 0,143 cm, wenn die Schrauben kräftig angezogen sind:

$$\alpha = \frac{1}{6\,540\,000},$$

wenn dieselben allmählich mehr und mehr gelöst werden:

$$\alpha = \frac{1}{5\,970\,000}, \qquad \frac{1}{4\,920\,000} \qquad \text{und} \qquad \frac{1}{3\,820\,000}.$$

Lösen der Schrauben, d. i. Verminderung der Abdichtungskraft, vermehrt demnach α, ergiebt also Zunahme der Durchbiegung, während Nachziehen der Schrauben, d. i. Vergrösserung der Abdichtungskraft, Verminderung der Durchbiegung zur Folge hat.

Ohne in die Einzelheiten der Wirksamkeit der Abdichtungskraft einzutreten, kann der Einfluss derselben leicht dahin festgestellt werden, dass sich die Scheibe umsomehr von dem Zustande des Loseaufliegens entfernt und umsomehr einem anderen sich nähert, welcher demjenigen des Eingespanntseins ähnelt[1]), je grösser — unter sonst gleichen Verhältnissen — die Abdichtungskraft ist. Da nun Lösen der Schrauben diese Kraft vermindert, Anziehen derselben sie vermehrt, so kommt Ersteres auf Annäherung an den Zustand des Loseaufliegens, Letzteres auf Annäherung an denjenigen des Eingespanntseins hinaus.

Hiernach wird bei derselben Grösse der Abdichtungskraft eine stärkere Platte unter sonst gleichen Verhältnissen dem Eingespanntsein sich weniger nahe befinden als eine schwächere, d. h. die stärkere Scheibe muss unter sonst gleichen Umständen einen grösseren Dehnungskoefficienten ergeben als die schwächere. Das ergab sich auch thatsächlich für die 10,1 mm starke Scheibe, verglichen mit der zuerst angeführten 8,5 mm dicken Scheibe.

4. *Näherungsweg zur Ermittlung der Anstrengung.*

a) Die Scheibe, im Umfange vom Halbmesser r aufliegend, wird durch den Flüssigkeitsdruck p über die Fläche πr^2 belastet, Fig. 15.

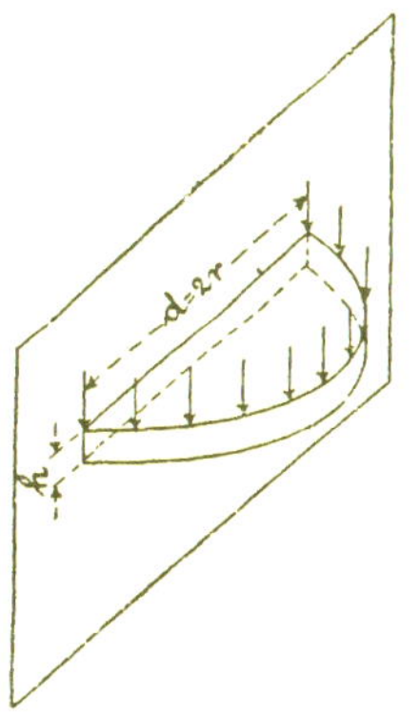

Fig. 18.

Entsprechend dem Umstande, dass bei Gleichartigkeit des Materials die Querschnitte der grössten Anstrengung durch die Mitte der Scheibe gehen müssen, werde die Letztere als ein nach einem

[1]) Von einer vollständigen Einspannung kann natürlich bei der Sachlage Fig. 15 nicht die Rede sein.

Durchmesser eingespannter Stab von rechteckigem Querschnitt, dessen Breite $d = 2r$ und dessen Höhe h ist, aufgefasst, Fig. 18. Belastet erscheint diese Scheibenhälfte bei Vernachlässigung des Eigengewichts:

α) durch die auf die Unterfläche $0{,}5\,\pi r^2$ wirkende Flüssigkeitspressung p, welche mit Rücksicht darauf, dass der Schwerpunkt der Halbkreisfläche um $\frac{4r}{3\pi}$ von der Mitte absteht, für die Einspannstelle das Moment

$$0{,}5\,\pi r^2 p \cdot \frac{4r}{3\pi}$$

liefert, und

β) durch den auf die Umfangslinie πr sich vertheilenden Widerlagsdruck $0{,}5\,\pi r^2 p$, welcher als im Schwerpunkte der Halbkreislinie πr angreifend gedacht werden kann, dessen Abstand $\frac{2r}{\pi}$ von der Mitte beträgt und deshalb das Moment

$$0{,}5\,\pi r^2 p \cdot \frac{2r}{\pi}$$

ergiebt.

Hieraus folgt das biegende Moment

$$0{,}5\,\pi r^2 p \frac{2r}{\pi} - 0{,}5\,\pi r^2 p \frac{4r}{3\pi} = \frac{1}{3} r^3 p$$

und somit nach Gleichung 13, § 20, S. 221, da hier

$$\frac{\Theta}{e} = \frac{1}{12} 2r \,.\, h^3 : \frac{h}{2} = \frac{1}{6} 2rh^2,$$

$$\frac{1}{3} r^3 p \leqq k_b \frac{1}{6} 2rh^2$$

unter der Voraussetzung, dass sich das Moment gleichmässig über den Querschnitt von der Breite $d = 2r$ überträgt, und unter Vernachlässigung des Umstandes, dass senkrecht zu einander stehende Normalspannungen vorhanden sind. Thatsächlich treffen diese Voraussetzungen nicht zu; insbesondere werden die nach der Scheibenmitte hin gelegenen Elemente des gefährdeten Querschnittes stärker beansprucht sein. Dem kann dadurch Rechnung getragen werden, dass nicht die volle Querschnittsbreite, sondern nur ein Theil, etwa $\frac{2r}{\mu}$, in die Biegungsgleichung eingeführt wird, womit

$$\frac{1}{3} r^3 p \leqq k_b \frac{1}{6} \frac{2r}{\mu} h^2,$$

sodass

$$\left.\begin{array}{l} k_b \geqq \mu \left(\frac{r}{h}\right)^2 p = \frac{1}{4} \mu \left(\frac{d}{h}\right)^2 p \\ \text{oder} \\ h \geqq r \sqrt{\mu \frac{p}{k_b}} = 0{,}5\, d \sqrt{\mu \frac{p}{k_b}} \end{array}\right\} \quad \ldots \quad 31)$$

Hierin wird der Grösse μ ganz allgemein der Charakter eines durch Versuche festzustellenden Berichtigungskoefficienten beizulegen sein. Derselbe trägt alsdann nicht blos der ungleichmässigen Vertheilung des biegenden Momentes über den Querschnitt Rechnung (insofern müsste er grösser als 1 sein), sondern auch sonstigen Verhältnissen, namentlich dem Umstande, dass senkrecht zu einander wirkende Normalspannungen thätig sind (insofern würde er kleiner als 1 zu sein haben). Er wird sich ferner in erheblichem Masse abhängig erweisen müssen namentlich von der Befestigungsweise der Scheibe, sowie von der Grösse der Kraft, mit welcher deren Anpressung erfolgt, von der Art der Abdichtung, von der Beschaffenheit der Oberfläche der Scheibe da, wo diese das Dichtungsmaterial berührt, und da, wo sie sich mit ihrer anderen Seite gegen die Auflagefläche stützt u. s. w. Je grösser die Abdichtungskraft ist, um so kleiner — bis zu einer gewissen Grenze hin — wird μ ausfallen müssen.

Je nachdem sich die Auflagerung am Umfange mehr dem Zustande des Eingespanntseins oder demjenigen des Freiaufliegens nähert, schwankt μ nach dem, was aus den bis heute für Gusseisen erlangten Versuchsergebnissen des Verfassers geschlossen werden darf, zwischen 0,8 und 1,2.

Für die Durchbiegung der Scheibe in der Mitte liefern die Gleichungen 15 (16) und 20 (21)

$$z' = \psi\, \alpha \frac{r^4}{h^3}\, p, \quad \ldots \ldots \quad 32)$$

worin der Koefficient ψ nach des Verfassers Versuchen zwischen $\frac{1}{6} = 0{,}167$ und $\frac{3}{5} = 0{,}6$ schwankt, je nach der Befestigungsweise der Scheibe am Rande (vergl. das soeben in dieser Beziehung über μ Bemerkte).

Handelt es sich um die Ermittlung der Anstrengung von Scheiben, welche in der aus Fig. 14 ersichtlichen Weise befestigt sind, sowie um diejenige von Platten, welche Querschnitte besitzen, wie solche in den Fig. 1 bis 5 dargestellt sind, so ist in ganz entsprechender Weise vorzugehen[1]). Dabei kann alsdann auch auf die Biegungsanstrengung Rücksicht genommen werden, welche bei Vorhandensein des Hebelarmes x, Fig. 14, durch das Anziehen der Flanschenschrauben über diejenige hinaus eintritt, welche von der Flüssigkeitspressung herrührt (vergl. S. 566 u. f.).

b) Die Scheibe, im Umfange vom Halbmesser r lose aufliegend, in der Mitte durch eine Kraft P belastet, welche sich gleichförmig über die Kreisfläche πr_0^2 vertheilt, Fig. 16.

Nach dem unter a) gegebenen Vorgange findet sich für die nach einem Durchmesser eingespannte Scheibe das Moment, herrührend von dem über die halbe Umfangslinie πr sich gleichmässig vertheilenden Widerlagsdruck $0{,}5\, P$

$$0{,}5\, P \,.\, \frac{2\, r}{\pi}.$$

Demselben wirkt entgegen das Moment, welches die über den Halbkreis $0{,}5\, \pi r_0^2$ gleichmässig vertheilte Kraft $0{,}5\, P$ liefert, d. i.

[1]) Derartige Beispiele finden sich behandelt in des Verfassers Maschinenelementen 1891/92, S. 512 u. f. (vergl. auch S. 521 u. f. daselbst), 1901 (8. Auflage), S. 680 u. f. (vergl. auch S. 702 u. f. daselbst).

$$0{,}5\, P \frac{4\, r_0}{3\, \pi}.$$

Somit das resultirende biegende Moment

$$M_b = 0{,}5\, P \frac{2\, r}{\pi} - 0{,}5\, P \frac{4 r_0}{3\, \pi} = P \frac{r}{\pi} \left(1 - \frac{2}{3} \frac{r_0}{r}\right),$$

folglich

$$P \frac{r}{\pi} \left(1 - \frac{2}{3} \frac{r_0}{r}\right) \leqq k_b \frac{1}{6} \frac{2 r}{\mu} h^2,$$

woraus

$$\left.\begin{array}{l} k_b \geqq \mu \dfrac{3}{\pi} \left(1 - \dfrac{2}{3} \dfrac{r_0}{r}\right) \dfrac{P}{h^2} \\ \text{oder} \\ h \geqq \sqrt{\mu \dfrac{3}{\pi} \left(1 - \dfrac{2}{3} \dfrac{r_0}{r}\right) \dfrac{P}{k_b}} \end{array}\right\} \quad . \quad . \quad . \quad . \quad 33)$$

Für $P = \pi r_0^2 p$ und $r_0 = r$ geht diese Beziehung über in

$$h \geqq r \sqrt{\mu \frac{p}{k_b}},$$

d. i. Gleichung 31, wie verlangt werden muss.

Für sehr kleine Werthe von r_0, d. h. streng für $r_0 = 0$, ist

$$h \geqq \sqrt{\mu \frac{3}{\pi} \frac{P}{k_b}},$$

also unabhängig von r oder d.

Die Durchbiegung bestimmt sich nach Gleichung (25) (26) aus

$$z' = \psi\, \alpha \frac{r^2}{h^3} P. \quad . \quad . \quad . \quad . \quad . \quad . \quad . \quad 34)$$

Hierin ist für kleine Werthe von r_0 etwa bis $0{,}1\, r$ hin nach des Verfassers Versuchen

$$\mu = 1{,}5 \quad \text{und} \quad \psi = 0{,}4 \text{ bis } 0{,}5.$$

Für grössere Werthe von r_0 nehmen beide Koefficienten ab, und zwar vermindert sich ψ erheblich stärker als μ.

§ 61. Ebene elliptische Platte, Fig. 1, a > b.

Bevor in gleicher Weise vorgegangen werden kann, wie in § 60, Ziff. 4, ist hier der zu erwartende Verlauf der Bruchlinie

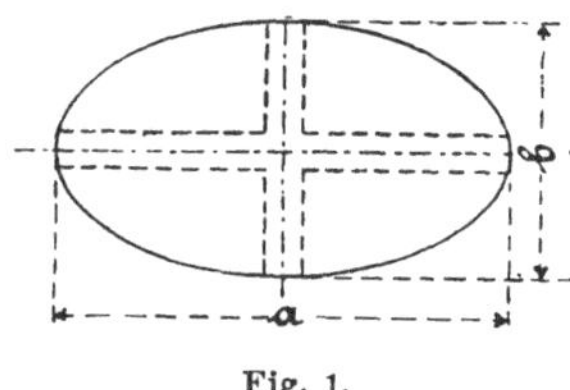

Fig. 1.

festzustellen, d. h. zu untersuchen, ob der Querschnitt der grössten Anstrengung in die Richtung der grossen oder der kleinen Achse fällt.

Zu diesem Zwecke denken wir uns in Richtung der grossen Achse a und sodann auch in Richtung der kleinen Achse b je einen (im Vergleich zu a und b) sehr schmalen Streifen von der Breite 1, der Länge a, bezw. b, herausgeschnitten und zu einem rechtwinkligen Streifenkreuz vereinigt, wie in Fig. 1 gestrichelt angegeben ist. In der Mitte des Kreuzes wirke eine Last P. Dieselbe wird sich alsdann auf die vier Widerlager an den Enden der Streifen derart vertheilen, dass diese in der Mitte sich um gleichviel durchbiegen. Bezeichnet

W_a die Widerlagskraft je an den beiden Enden des Streifens von der Länge a,

W_b die Widerlagskraft je an den beiden Enden des Streifens von der Länge b,

so entfällt von der Belastung P auf die Mitte des Streifens von der Länge a die Kraft $2\,W_a$ und auf diejenige des Streifens von der Länge b die Kraft $2\,W_b$.

Die Durchbiegung der Mitte eines an den Enden im Abstande l frei aufliegenden und in der Mitte durch eine Kraft S belasteten Stabes, dessen in Betracht kommendes Trägheitsmoment Θ ist, beträgt nach Gleichung 14, § 18

$$y' = S \frac{\alpha}{\Theta} \frac{l^3}{48},$$

demnach die Durchbiegung y'_a des Streifens von der Länge a

$$y'_a = 2\, W_a \frac{\alpha}{\Theta} \frac{a^3}{48}$$

und diejenige des Streifens von der Länge b

$$y'_b = 2\, W_b \frac{\alpha}{\Theta} \frac{b^3}{48}.$$

Wegen

$$y_a' = y_b'$$

wird

$$W_a a^3 = W_b b^3,$$

d. h.

$$\frac{W_b}{W_a} = \frac{a^3}{b^3}. \quad \text{. . . . . 1)}$$

Die grösste Materialanstrengung σ_a in der Mitte des a langen Streifens ergiebt sich bei Vernachlässigung des Zusammenhanges mit dem anderen Streifen unter Beachtung der Gleichung 7, § 18, aus

$$W_a \frac{a}{2} = \frac{1}{6} \sigma_a h^2$$

zu

$$\sigma_a = 3\, W_a \frac{a}{h^2}$$

und in gleicher Weise diejenige des b langen Streifens zu

$$\sigma_b = 3\, W_b \frac{b}{h^2}.$$

Folglich mit Rücksicht auf Gleichung 1

$$\frac{\sigma_b}{\sigma_a} = \frac{W_b\, b}{W_a\, a} = \frac{a^2}{b^2}$$

oder

$$\sigma_b = \sigma_a \left(\frac{a}{b}\right)^2 \quad . \; . \; . \; . \; . \; . \; . \; . \; . \quad 2)$$

Da $a > b$, so ist

$$\sigma_b > \sigma_a,$$

beispielsweise

$$\text{für} \quad a = 2\,b \qquad \sigma_b = \sigma_a \left(\frac{2\,b}{b}\right)^2 = 4\,\sigma_a^2,$$

$$\text{-} \quad a = 3\,b \qquad \sigma_b = \sigma_a \left(\frac{3\,b}{b}\right)^2 = 9\,\sigma_a^2.$$

Wir erkennen — für das Streifenkreuz —, dass die am meisten gespannten Fasern in Richtung der kleinen Achse eine im quadratischen Verhältnisse der Achslängen stärkere Normalspannung erfahren, als diejenigen in Richtung der grossen Achse, und schliessen hieraus, dass die Bruchlinie in der Richtung der grossen Achse verlaufen muss.

Dementsprechend ist die elliptische Platte so einzuspannen, dass die grosse Achse a die Breite des Befestigungsquerschnittes bildet[1]).

---

[1]) Wie oben bemerkt, erfolgt das Herausschneiden zweier Streifen zu dem Zwecke der Gewinnung eines Urtheils darüber, ob in der Mitte der Platte die grösste Anstrengung in der Richtung der grossen oder der kleinen Achse der Ellipse auftritt. Diese Methode, welche natürlich keinen Anspruch darauf erheben kann, genau und einwandfrei zu sein, setzt in erster Linie voraus, dass die Formänderung, welche den herausgeschnittenen Streifen unterstellt wird, mit aus-

a) Die elliptische Platte, welche im Umfange, bestimmt durch die grosse Achse a und die kleine Achse b, aufliegt, wird durch den Flüssigkeitsdruck p über die Fläche $\frac{\pi}{4} a b$ belastet.

Auf dem in § 60, Ziff. 4 beschrittenen Wege (vergl. Fig. 18 daselbst) wird das biegende Moment M_b erhalten als Unterschied zwischen dem Moment M_u, welches die von der stützenden Halbellipse (Widerlager) auf die Platte ausgeübten Kräfte, die Umfangskräfte, liefern, und demjenigen Moment, welches der Flüssigkeitsdruck ergiebt, d. i.

$$\frac{1}{8} \pi a b p \frac{2}{3 \pi} b = \frac{1}{12} a b^2 p.$$

Die Bestimmung von M_u ist hier jedoch weniger einfach als dort. Bei der kreisförmigen Scheibe durfte ohne Weiteres gleichmässige Vertheilung des Widerlagsdruckes über den Kreisumfang angenommen, d. h. vorausgesetzt werden, dass jede Längeneinheit des Umfanges πd von dem Widerlager die gleiche Pressung erfährt. Bei der elliptischen Platte ist diese Annahme nicht zulässig; denn nach Gleichung 1 nimmt der Widerlagsdruck von den Endpunkten der grossen Achse, woselbst er durch W_a gemessen wird, nach den Endpunkten der kleinen Achse hin zu und zwar im umgekehrten kubischen Verhältniss der Achslängen[1]), wenn das für

reichender Annäherung derjenigen entspricht, welche die Streifen in der Platte erfahren, mindestens hinsichtlich der Form an sich. Vergl. hierüber auch 3. Auflage dieses Buches S. 541 u. f.

Das ganze Verfahren hält Verfasser, wie er schon vor reichlich einem Jahrzehnt ausgesprochen hat, nur für zulässig, weil der Versuch nebenhergeht und der Berichtigungskoefficient μ auf Grund von Versuchsergebnissen bestimmt wird, und weil man auf anderem Wege in genügend einfacher Weise nicht zum Ziele gelangt — wenigstens ist dies dem Verfasser bisher nicht gelungen — und andererseits das vorliegende praktische Bedürfniss dringend Befriedigung verlangt. Er würde es nur begrüssen können, wenn von anderer Seite Vollkommeneres ausfindig gemacht wird.

[1]) Diese Veränderlichkeit, welche beispielsweise bei dem Achsenverhältniss $a:b = 3:2$ nach Gleichung 1 durch die Zahlen

das Streifenkreuz Gefundene auf die elliptische Platte übertragen wird. Mit welcher Annäherung dies zulässig ist, muss zunächst dahingestellt bleiben[1]). Da wo der Krümmungshalbmesser der Ellipse am kleinsten ist, besitzt auch der Widerlagsdruck seinen geringsten Werth; da wo jener seinen Grösstwerth erreicht, weist auch dieser denselben auf.

Der Krümmungshalbmesser der Ellipse ist bekanntlich im Scheitel der grossen Achse

$$\varrho_a = \frac{b^2}{2\,a},$$

im Scheitel der kleinen Achse

$$\varrho_b = \frac{a^2}{2\,b},$$

demnach

$$\varrho_b : \varrho_a = a^3 : b^3,$$

d. i. aber dasselbe Verhältniss, in welchem nach Gleichung 1 die Grössen W_b und W_a zu einander stehen. Es darf daher ausgesprochen werden, dass sich W_b und W_a wie die zugehörigen Krümmungshalbmesser verhalten. Je mehr a von b abweicht, um so ungleichförmiger vertheilt sich der Flüssigkeitsdruck über das Widerlager.

Zur Feststellung des Momentes M_u, welches dieser veränderliche Widerlagsdruck in Bezug auf den Befestigungsquerschnitt der

---

$$3^3 : 2^3 = 27 : 8$$

gemessen wird derart, dass die Pressung, mit welcher die elliptische Platte im Scheitel der kleinen Achse gegen das Widerlager drückt, 27 : 8 mal = 3,375 mal grösser ist als diejenige im Scheitel der grossen Achse, bedingt eine ungleichmässige Belastung gleich weit von einander abstehender Schrauben, durch welche etwa die Platte als Verschlussdeckel befestigt ist. An der Erkenntniss, dass eine solche Ungleichmässigkeit stattfindet, ändert sich nichts, wenn auch die für das Streifenkreuz ermittelte Gesetzmässigkeit der Vertheilung des Widerlagsdrucks nur mit einer mehr oder minder beschränkten Annäherung auf die elliptische Platte übertragen werden kann. Der Grad der Annäherung oder Abweichung beeinflusst nur das Mass der Ungleichmässigkeit.

[1]) Der S. 588 in die Rechnung eintretende, aus unmittelbaren Biegungsversuchen mit elliptischen Platten zu ermittelnde Berichtigungskoefficient μ hat der Abweichung Rechnung zu tragen.

elliptischen Platte liefert, werde die Ellipse auf ein rechtwinkliges Koordinatensystem bezogen, dessen Ursprung im Mittelpunkt der Ellipse liegt, dessen x-Achse in die grosse Achse und dessen y-Achse in die kleine Achse fällt. Für einen beliebigen, durch x und y bestimmten Punkt der Ellipse sei das zugehörige Kurvenelement mit ds bezeichnet. Der auf dasselbe wirkende Widerlagsdruck betrage $W\,ds$. Dann ist

$$M_u = \int y\, W\, ds,$$

wobei die Integration sich auf die halbe Ellipse zu erstrecken hat.

Aus der Gleichung der Ellipse

$$\left(\frac{x}{\frac{a}{2}}\right)^2 + \left(\frac{y}{\frac{b}{2}}\right)^2 = 1$$

folgt, sofern noch

$$x = \frac{a}{2} \sin \varphi$$

gesetzt wird,

$$y = \frac{b}{a} \sqrt{\left(\frac{a}{2}\right)^2 - x^2} = \frac{b}{2} \cos \varphi,$$

$$\frac{dy}{dx} = -\frac{b}{a} \frac{x}{\sqrt{\left(\frac{a}{2}\right)^2 - x^2}} = -\frac{b}{a} \operatorname{tg} \varphi,$$

$$ds = \sqrt{1 + \left(\frac{dy}{dx}\right)^2}\, dx = \sqrt{1 + \left(\frac{b}{a}\right)^2 \operatorname{tg}^2 \varphi}\; d\left(\frac{a}{2} \sin \varphi\right)$$

$$= \frac{a}{2} \sqrt{1 - \frac{a^2 - b^2}{a^2} \sin^2 \varphi}\,.\, d\varphi.$$

Nach Einführung von

$$\frac{a^2 - b^2}{a^2} = n^2 = 1 - \left(\frac{b}{a}\right)^2$$

ergiebt sich

$$ds = \frac{a}{2}\sqrt{1 - n^2 \sin^2 \varphi} \,.\, d\varphi,$$

und

$$y\, ds = \frac{ab}{4}\sqrt{1 - n^2 \sin^2 \varphi} \,.\, \cos \varphi \, d\varphi.$$

Hinsichtlich der Veränderlichkeit des Widerlagsdruckes W fanden wir oben für die zwei Grenzwerthe W_a (in den Scheiteln der grossen Achse) und W_b (in den Scheiteln der kleinen Achse), dass sie sich verhalten wie die zugehörigen Krümmungshalbmesser. Mit Rücksicht hierauf werde angenommen, dass W in dem beliebigen Punkte x, y proportional dem Krümmungshalbmesser ϱ an dieser Stelle sei, d. h.

$$W = W_b \frac{\varrho}{\varrho_b} = W_b \frac{\varrho}{\frac{a^2}{2b}}.$$

Da

$$\varrho = \pm \frac{\sqrt{1 + \left(\frac{dy}{dx}\right)^2}^3}{\frac{d^2y}{dx^2}},$$

so findet sich mit

$$\frac{dy}{dx} = -\frac{b}{a} \operatorname{tg} \varphi, \qquad \frac{d^2y}{dx^2} = -\frac{2b}{a^2}\frac{1}{\cos^3 \varphi}$$

die absolute Grösse des Krümmungshalbmessers zu

$$\varrho = \frac{a^2}{2b}\sqrt{1 + \left(\frac{b}{a}\right)^2 \operatorname{tg}^2 \varphi}^3 \,.\, \cos^3 \varphi = \frac{a^2}{2b}\sqrt{\cos^2 \varphi + \left(\frac{b}{a}\right)^2 \sin^2 \varphi}^3$$

$$= \frac{a^2}{2b}\sqrt{1 - \frac{a^2 - b^2}{a^2} \sin^2 \varphi}^3 = \frac{a^2}{2b}\sqrt{1 - n^2 \sin^2 \varphi}^3.$$

Für

$$x = 0, \text{ d. i. } \varphi = 0, \quad \text{wird} \quad \varrho = \varrho_b = \frac{a^2}{2b},$$

$$x = \frac{a}{2}, \text{ d. i. } \varphi = \frac{\pi}{2}, \quad - \quad \varrho = \varrho_a = \frac{b^2}{2a},$$

wie oben bereits bemerkt.

Hiermit

$$W = W_b \frac{\varrho}{\frac{a^2}{2b}} = W_b \sqrt{1 - n^2 \sin^2\varphi}^{\,3},$$

und infolgedessen für die halbe Ellipse

$$M_u = \int y\, W\, ds = 2\, \frac{ab}{4}\, W_b \int_0^{\frac{\pi}{2}} (1 - n^2 \sin^2\varphi)^2 \cos\varphi\, d\varphi$$

$$= \frac{ab}{2}\, W_b \left(1 - \frac{2}{3}\, n^2 + \frac{1}{5}\, n^4\right).$$

Der Werth W_b bestimmt sich aus der Erwägung, dass die Kraft, welche die unter der Pressung p stehende Flüssigkeit auf die Hälfte der elliptischen Platte ausübt, d. i.

$$\frac{\pi a b}{8}\, p,$$

gleich sein muss der Summe der Widerlagskräfte für die halbe Ellipse, sofern von dem Einflusse des Eigengewichts abgesehen wird und andere, den Widerlagsdruck beeinflussende Kräfte nicht vorhanden sind, d. h.

$$\frac{\pi a b}{8} p = \int W\, ds = 2 \frac{a}{2} W_b \int_0^{\frac{\pi}{2}} (1 - n^2 \sin^2 \varphi)^2 d\varphi$$

$$= \frac{\pi}{2} a W_b \left(1 - n^2 + \frac{3}{8} n^4\right),$$

zu

$$W_b = \frac{b}{4} p \frac{1}{1 - n^2 + \frac{3}{8} n^4}.$$

Die Einführung dieses Werthes in die Gleichung für M_u liefert

$$M_u = \frac{a b^2}{8} p \frac{1 - \frac{2}{3} n^2 + \frac{1}{5} n^4}{1 - n^2 + \frac{3}{8} n^4} = \frac{a b^2}{15} p \frac{8 + 4\left(\frac{b}{a}\right)^2 + 3\left(\frac{b}{a}\right)^4}{3 + 2\left(\frac{b}{a}\right)^2 + 3\left(\frac{b}{a}\right)^4}.$$

Hiermit ergiebt sich nun die Biegungsgleichung in Bezug auf den a breiten und h hohen Querschnitt der elliptischen Platte bei Einführung des Berichtigungskoefficienten μ (vergl. § 60, Ziff. 4)

$$M_b = \frac{a b^2}{15} p \frac{8 + 4\left(\frac{b}{a}\right)^2 + 3\left(\frac{b}{a}\right)^4}{3 + 2\left(\frac{b}{a}\right)^2 + 3\left(\frac{b}{a}\right)^4} - \frac{\pi a b}{8} p \frac{2b}{3\pi} \leqq \frac{1}{6} k_b \frac{a}{\mu} h^2,$$

woraus

$$\left.\begin{aligned} k_b &\geqq \frac{1}{2} \mu \frac{3{,}4 + 1{,}2\left(\frac{b}{a}\right)^2 - 0{,}6\left(\frac{b}{a}\right)^4}{3 + 2\left(\frac{b}{a}\right)^2 + 3\left(\frac{b}{a}\right)^4} p \left(\frac{b}{h}\right)^2, \\ &\text{oder} \\ h &\geqq \frac{1}{2} b \sqrt{2\mu \frac{3{,}4 + 1{,}2\left(\frac{b}{a}\right)^2 - 0{,}6\left(\frac{b}{a}\right)^4}{3 + 2\left(\frac{b}{a}\right)^2 + 3\left(\frac{b}{a}\right)^4} \frac{p}{k_b}}. \end{aligned}\right\} \quad 3)$$

Für $a = b = d$ gehen diese Ausdrücke über in

$$k_b \geqq \frac{1}{4} \mu \left(\frac{d}{h}\right)^2 p, \quad \text{bezw.} \quad h \geqq \frac{1}{2} d \sqrt{\mu \frac{p}{k_b}},$$

d. s., wie nothwendig, die Gleichungen 31, § 60 für die kreisförmige Scheibe.

Mit Annäherung werde gesetzt

$$\frac{3{,}4 + 1{,}2 \left(\frac{b}{a}\right)^2 - 0{,}6 \left(\frac{b}{a}\right)^4}{3 + 2 \left(\frac{b}{a}\right)^2 + 3 \left(\frac{b}{a}\right)^4} = \sim \frac{1}{1 + \left(\frac{b}{a}\right)^2},$$

infolgedessen

$$\left.\begin{array}{l} k_b \geqq \dfrac{1}{2} \mu \dfrac{1}{1 + \left(\dfrac{b}{a}\right)^2} \left(\dfrac{b}{h}\right)^2 p \\ \text{oder} \\ h \geqq \dfrac{1}{2} b \sqrt{\dfrac{2\mu}{1 + \left(\dfrac{b}{a}\right)^2} \dfrac{p}{k_b}} \end{array}\right\} \quad \ldots \ldots \quad 4)$$

Für den bei Mannlochverschlüssen üblichen Werth $a = \sim 1{,}5\, b$ liefern die Gleichungen 3

$$k_b \geqq \frac{1}{2} \mu \frac{3{,}4 + 1{,}2 \frac{4}{9} - 0{,}6 \frac{16}{81}}{3 + 2 \frac{4}{9} + 3 \frac{16}{81}} \left(\frac{b}{h}\right)^2 p = 0{,}425 \mu \left(\frac{b}{h}\right)^2 p$$

bezw.

$$h \geqq 0{,}65\, b \sqrt{\mu \frac{p}{k_b}},$$

die Gleichungen 4

$$k_b \geqq \frac{1}{2}\mu \frac{1}{1+\frac{4}{9}}\left(\frac{b}{h}\right)^2 p = 0,346\mu\left(\frac{b}{h}\right)^2 p,$$

bezw.

$$h \geqq 0,59\, b\sqrt{\mu\frac{p}{k_b}}.$$

Demnach ergiebt sich im vorliegenden Falle die Wandstärke unter Benutzung der Gleichung 4 um

$$100\frac{0,65 - 0,59}{0,65} = 9\%$$

geringer, als Gleichung 3 liefert.

Der Berichtigungskoefficient μ liegt nach Versuchen des Verfassers etwa zwischen $\frac{2}{3} = 0,67$ und $\frac{9}{8} = 1,12$, je nachdem sich die Auflagerung am Umfange mehr dem Zustande des Eingespanntseins oder demjenigen des Freiaufliegens nähert.

b) Die elliptische Platte, wie unter a), jedoch lose aufliegend und nur in der Mitte mit der Kraft P belastet.

Unter a) fand sich für das Moment der am stützenden Umfange der Platte thätigen Widerlagskräfte

$$M_u = \frac{ab}{2} W_b \left(1 - \frac{2}{3}n^2 + \frac{1}{5}n^4\right),$$

worin bedeutet

$$n^2 = 1 - \left(\frac{b}{a}\right)^2$$

und worin W_b, die auf die Längeneinheit der elliptischen Stützlinie bezogene Widerlagskraft im Scheitel der kleinen Achse, hier bestimmt ist durch die Gleichung

$$\frac{P}{2} = \int W\,ds = 2\,\frac{a}{2}\,W_b \int\limits_0^{\frac{\pi}{2}} (1 - n^2 \sin^2\varphi)^2\,d\varphi$$

$$= \frac{\pi}{2}\,a\,W_b \left(1 - n^2 + \frac{3}{8}\,n^4\right),$$

somit beträgt

$$W_b = \frac{P}{\pi a \left(1 - n^2 + \frac{3}{8}\,n^4\right)}.$$

Die Einsetzung dieses Werthes in die Gleichung für M_u, die unter der Voraussetzung, dass die belastende Kraft sich nur auf eine sehr kleine Fläche in der Mitte der Platte vertheilt[1]), auch gleichzeitig mit Annäherung das biegende Moment liefert, führt alsdann zu

$$\frac{b}{2\pi}\,P\,\frac{1 - \frac{2}{3}\,n^2 + \frac{1}{5}\,n^4}{1 - n^2 + \frac{3}{8}\,n^4} \leqq k_b\,\frac{1}{6}\,\frac{a}{\mu}\,h^2,$$

woraus

$$k_b \geqq \frac{8}{5\pi}\,\mu\,\frac{8 + 4\left(\frac{b}{a}\right)^2 + 3\left(\frac{b}{a}\right)^4}{3 + 2\left(\frac{b}{a}\right)^2 + 3\left(\frac{b}{a}\right)^4}\,\frac{b}{a}\,\frac{P}{h^2}$$

oder . . 5)

$$h \geqq \sqrt{\frac{8}{5\pi}\,\mu\,\frac{8 + 4\left(\frac{b}{a}\right)^2 + 3\left(\frac{b}{a}\right)^4}{3 + 2\left(\frac{b}{a}\right)^2 + 3\left(\frac{b}{a}\right)^4}\,\frac{b}{a}\,\frac{P}{k_b}}$$

[1]) Erscheint diese Voraussetzung nicht genügend erfüllt, so ist die Grösse der Fläche, über welche sich P vertheilt, in's Auge zu fassen und so vorzugehen, wie oben in § 60, Ziff. 4, b geschehen.

Hierin ist nach den Ergebnissen der Versuche des Verfassers

$$\mu = \frac{3}{2} = 1{,}5 \text{ bis } \frac{5}{3} = 1{,}67$$

zu setzen.

Mit $b = a$ ergiebt sich aus Gleichung 5

$$k_b \geqq \frac{3}{\pi} \mu \frac{P}{h^2},$$

übereinstimmend mit Gleichung 33, § 60, wenn $r_0 = 0$ gesetzt wird.

§ 62. Ebene quadratische Platte, Seitenlänge *a*.

Wie in § 61, so muss auch hier zunächst die zu erwartende Linie der grössten Anstrengung (Bruchlinie) festgestellt werden. Diesem Zwecke dient die folgende Betrachtung.

Um den Mittelpunkt M der noch unbelasteten Platte werde auf derjenigen Plattenfläche, deren Fasern gezogen werden, ein kleines Quadrat, Fig. 1, gezeichnet, dessen Seiten BAB parallel den

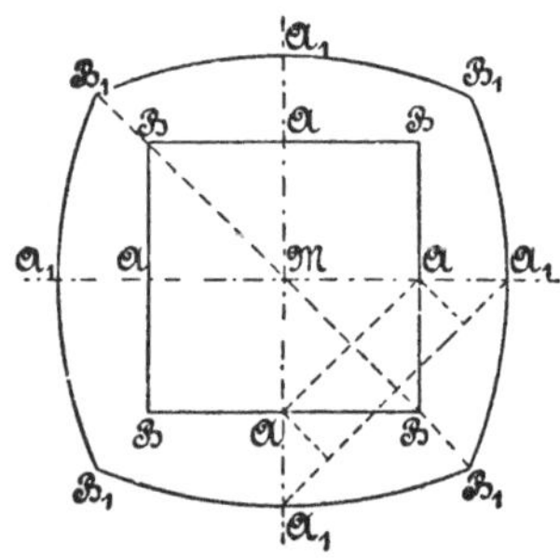

Fig. 1.

Seiten der Platte laufen. Unter Einwirkung der Belastung nehmen die Strecken MA die Länge MA_1 (übertrieben und ohne genaueres Eingehen auf den Verlauf der Formänderung gezeichnet) an, vergrössern sich also um AA_1. Die Strecken AB dehnen sich als ausserhalb der Mitte gelegen, woselbst die Dehnung am grössten ist, etwas weniger, etwa so, dass die Punkte B nach B_1 rücken. Dabei geht dann das ursprüngliche Quadrat in die Figur $A_1 B_1 A_1 B_1 A_1 B_1 A_1 B_1$ mit gekrümmten Seiten $B_1 A_1 B_1$ über.

Es beträgt nun die verhältnissmässige Dehnung in Richtung von MA

$$\frac{\overline{AA_1}}{\overline{MA}}.$$

Ihr gleich erweist sich in dem kleinen (rechts unten gelegenen) Vierseit $MAA_1B_1A_1A$, in welches das Quadrat $MABA$ übergegangen ist, nur die Dehnung in der Richtung A_1A_1. Dieselbe wird gemessen durch

$$\frac{\overline{A_1A_1} - \overline{AA}}{\overline{AA}} = \frac{2\,(\overline{AA_1}\sqrt{0{,}5})}{\overline{MA}\sqrt{2}} = \frac{\overline{AA_1}}{\overline{MA}}.$$

Die Dehnungen nach allen übrigen Richtungen sind kleiner, wie eine einfache Betrachtung sämmtlicher, im ursprünglichen Quadrate $MABA$ beim Uebergange in das Vierseit $MA_1B_1A_1$ ein-

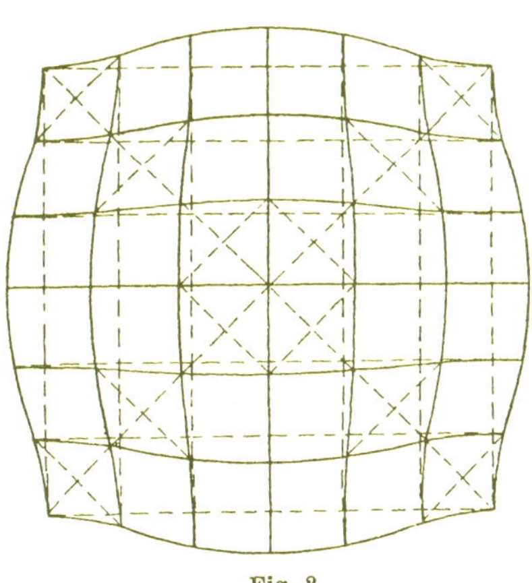

Fig. 2.

getretenen Längenänderungen ohne Weiteres erkennen lässt. Demnach tritt die grösste Anstrengung ausserhalb des Punktes M nur in der Richtung AA oder A_1A_1 ein, d. h. der Verlauf der Bruchlinie wird von der Mitte aus nach der Richtung der Diagonale zu erwarten sein.

Noch deutlicher tritt das hervor, wenn auf der bezeichneten Seite der Platte ein Quadratnetz gezeichnet wird, wie in Fig. 2 gestrichelt angedeutet ist. Durch die Belastung werden diese ursprünglich geraden Netzlinien in Kurven übergehen, ungefähr wie in Fig. 2 übertrieben gezeichnet. Dass die Dehnungen senkrecht zur Diagonale am grössten sind, somit die Bruchlinie nach dieser verlaufen wird, dürfte die Abbildung deutlich zeigen.

a) Die quadratische Platte, am Umfange 4a aufliegend, wird durch den Flüssigkeitsdruck p über die Fläche a^2 belastet.

Mit Rücksicht auf das Erörterte werde die quadratische Platte nach Massgabe der Fig. 3 eingespannt.

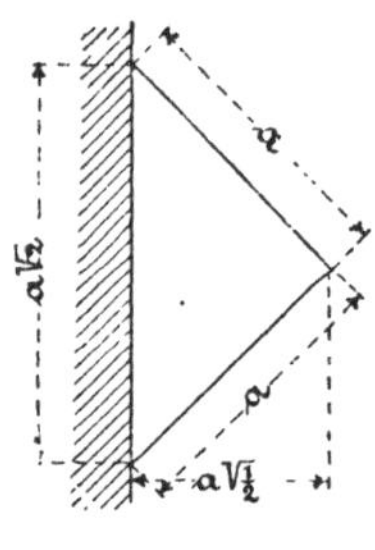

Fig. 3.

Das biegende Moment M_b ergiebt sich alsdann aus der Erwägung,

dass auf jede der vier Quadratseiten eine resultirende Widerlagskraft $\frac{1}{4} a^2 p$ wirkt, deren Angriffspunkt in der Seitenmitte, also im Abstande $\frac{1}{2} a \sqrt{\frac{1}{2}}$ vom Einspannungsquerschnitt anzunehmen ist,

dass es sich für den Letzteren um zwei solche Quadratseiten handelt, demnach um ein Moment der Widerlagskräfte von der Grösse $2 \cdot \frac{1}{4} a^2 p \cdot \frac{1}{2} a \sqrt{\frac{1}{2}}$, dass der Flüssigkeitsdruck auf die von der Diagonale begrenzte Quadrathälfte $\frac{1}{2} a^2 p$ beträgt und im Schwerpunkte, d. i. im Abstande $\frac{1}{3} a \sqrt{\frac{1}{2}}$ vom Einspannungsquerschnitt angreift.

Hiermit folgt

$$M_b = 2 \cdot \frac{1}{4} a^2 p \cdot \frac{1}{2} a \sqrt{\frac{1}{2}} - \frac{1}{2} a^2 p \cdot \frac{a}{3} \sqrt{\frac{1}{2}} = \frac{1}{12} a^3 p \sqrt{\frac{1}{2}}$$

und demnach die Biegungsgleichung für den $a\sqrt{2}$ breiten und h hohen Querschnitt

$$\frac{1}{12} a^3 p \sqrt{\frac{1}{2}} \leqq k_b \frac{1}{6} \frac{a\sqrt{2}}{\mu} h^2 = \frac{1}{3\mu} \sqrt{\frac{1}{2}} k_b a h^2,$$

woraus

$$k_b \geqq \frac{1}{4} \mu \left(\frac{a}{h}\right)^2 p$$

oder . . . . 1)

$$h \geqq \frac{1}{2} a \sqrt{\mu \frac{p}{k_b}}$$

Hierin ist nach Versuchen des Verfassers

$$\mu = \frac{3}{4} = 0{,}75 \quad \text{bis} \quad \frac{9}{8} = 1{,}12$$

zu setzen, je nachdem sich die Auflagerung am Umfange mehr dem Zustande des Eingespanntseins oder demjenigen des Freiaufliegens nähert.

b) Die quadratische Platte, wie unter a), jedoch lose aufliegend und nur in der Mitte durch eine Kraft P belastet.

Auf dem Wege wie unter a) findet sich

$$\frac{P}{2}\,\frac{1}{2}\,a\sqrt{\frac{1}{2}} \leqq k_b\,\frac{1}{6}\,\frac{a\sqrt{2}}{\mu}\,h^2,$$

woraus

$$k_b \geqq \frac{3}{4}\,\mu\,\frac{P}{h^2}$$

oder

$$h \geqq \frac{1}{2}\sqrt{3\,\mu\,\frac{P}{k_b}} \quad \ldots\ldots\ldots \quad 2)$$

Für den Berichtigungskoefficienten ist zu setzen (Versuche des Verfassers):

$$\mu = \frac{7}{4} = 1{,}75 \text{ bis } 2.$$

§ 63. Ebene rechteckige Platten, Fig. 1, a > b.

a) Die rechteckige Platte, welche im Umfange $2(a+b)$, bestimmt durch die lange Seite a und die kurze Seite b, aufliegt, ist durch den Flüssigkeitsdruck p über die Fläche ab belastet.

Die in § 61 für die elliptische Platte angestellte Betrachtung, welche zu der Erkenntniss führte, dass die grösste Anstrengung für den Mittelpunkt derselben in Richtung der kleinen Achse stattfindet, kann ohne Weiteres auch auf die rechteckige Platte übertragen werden. Sie ergiebt, dass für den Mittelpunkt der Letzteren die grösste Inanspruchnahme in Richtung der kleinen Seite statthat und dass infolgedessen in der Mitte die Bruchlinie in Richtung der langen Seite verlaufen wird. Nach aussen hin wird sie jedoch, wie aus dem in § 62 Erörterten zu schliessen ist (vergl. auch Fig. 2, § 62), die Neigung haben müssen, in die Diagonale einzubiegen, etwa nach Fig. 1. Die Wahl unter den Diagonalen dürfte hierbei von Ungleichheiten im Material oder in der Stützung der Platte wesentlich beeinflusst werden.

Unter diesen Umständen begegnet die zutreffende Annahme des Bruchquerschnitts erheblicher Unsicherheit. In Erwägung des für die Entwicklungen dieses Paragraphen allgemein gemachten und durch Einführung des Berichtigungskoefficienten μ auch rechnerisch zum Ausdruck gebrachten Vorbehaltes, die erhaltenen Gleichungen durch Versuche hinsichtlich ihrer Zuverlässigkeit zu prüfen, sowie in Anbetracht der Nothwendigkeit, die praktisch wichtige Aufgabe mit einfachen Mitteln der Lösung zuzuführen, entschliessen wir uns für die Einspannung nach der Diagonale

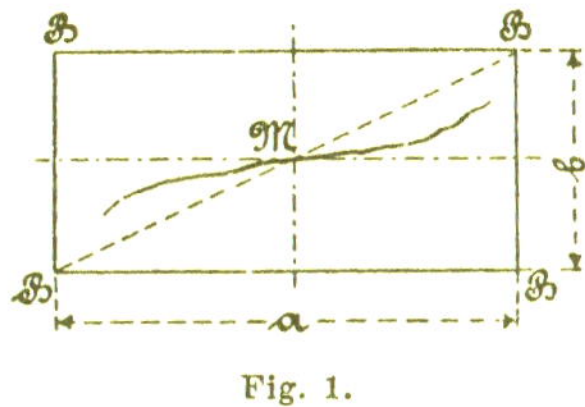

Fig. 1.

BMB mit der Massgabe, nur das für diesen Querschnitt sich ergebende biegende Moment in Rechnung zu stellen.

Der gesammte Flüssigkeitsdruck $a\,b\,p$ vertheilt sich allerdings nicht gleichförmig über die Seiten a, bezw. b; vielmehr wird der Auflagerdruck in der Mitte der Seiten am grössten sein und nach den Eckpunkten des Rechtecks hin abnehmen. Jedenfalls aber darf davon ausgegangen werden, dass für jede Seite der resultirende Widerlagsdruck durch die Mitte derselben geht, also um

$$\frac{b}{2} \frac{a}{\sqrt{a^2 + b^2}}$$

von dem Einspannungsquerschnitt absteht. So ergiebt sich das biegende Moment

$$M_b = \frac{1}{2} abp \cdot \frac{b}{2} \frac{a}{\sqrt{a^2+b^2}} - \frac{1}{2} abp \cdot \frac{1}{3} b \frac{a}{\sqrt{a^2+b^2}} = \frac{1}{12} \frac{a^2 b^2}{\sqrt{a^2+b^2}} p,$$

und hiermit die Biegungsgleichung für den $\sqrt{a^2+b^2}$ breiten und h hohen Querschnitt

$$\frac{1}{12} \frac{a^2 b^2}{\sqrt{a^2+b^2}} p \leqq k_b \frac{1}{6} \frac{\sqrt{a^2+b^2}}{\mu} h^2,$$

$$k_b \geqq \frac{1}{2} \mu \frac{1}{1+\left(\frac{b}{a}\right)^2} \left(\frac{b}{h}\right)^2 p,$$

oder . . . . 1)

$$h \geqq \frac{1}{2} b \sqrt{\frac{2\mu}{1+\left(\frac{b}{a}\right)^2} \frac{p}{k_b}}.$$

Mit $b = a$ ergiebt sich

$$k_b \geqq \frac{1}{4} \mu \left(\frac{a}{h}\right)^2 p \qquad \text{oder} \qquad h \geqq \frac{a}{2} \sqrt{\mu \frac{p}{k_b}},$$

wie in § 62 für die quadratische Platte gefunden worden ist.

b) Die rechteckige Platte, wie unter a), jedoch am Umfange lose aufliegend und nur in der Mitte durch eine Kraft P belastet.

Auf dem unter a) beschrittenen Weg findet sich

$$\frac{P}{2} \frac{b}{2} \frac{a}{\sqrt{a^2+b^2}} \leqq k_b \frac{1}{6} \frac{\sqrt{a^2+b^2}}{\mu} h^2,$$

woraus

$$k_b \geqq \frac{3}{2} \mu \frac{1}{\frac{a}{b} + \frac{b}{a}} \frac{P}{h^2},$$

oder

$$h \geqq \sqrt{\frac{3}{2} \mu \frac{1}{\frac{a}{b} + \frac{b}{a}} \frac{P}{k_b}} \quad \ldots \ldots \quad 2)$$

Hieraus folgen die Gleichungen 2, § 62, wenn $b = a$ gesetzt wird.

§ 64. Versuchsergebnisse.

Die in der Einleitung zu diesem Abschnitt erörterte Sachlage verlangte dringend die Anstellung von Versuchen über die Widerstandsfähigkeit plattenförmiger Körper. Infolgedessen unterzog sich Verfasser dieser Aufgabe und führte 1889/90 nach Konstruktion der erforderlichen Versuchseinrichtungen — solche lagen bisher nicht vor — eine grosse Anzahl von Versuchen mit Platten von Flussstahlblech und Gusseisen durch. Ueber dieselben ist in dessen Schrift: „Versuche über die Widerstandsfähigkeit ebener Platten“, Berlin 1890, berichtet[1]).

[1]) Ergänzungen hierzu finden sich in des Verfassers Arbeiten: „Versuche über die Widerstandsfähigkeit der Wasserkammerplatten von Wasserröhrenkesseln“ (Versuche über die Widerstandsfähigkeit von Kesselwandungen, Heft 1, Berlin 1893, oder auch Zeitschrift des Vereines deutscher Ingenieure 1893, S. 489 u. f., S. 526 u. f.), „Berechnung von Schieberkastendeckeln“ u. s. w. (Protokoll der 21. Delegirten- und Ingenieur-Versammlung des internationalen Verbandes der Dampfkessel-Ueberwachungsvereine zu Nürnberg 1892, S. 84 u. f., oder auch Zeitschrift dieses Verbandes 1893, Berlin und Breslau, S. 1 u. f.; dieser Vortrag liefert gleichzeitig einen Beitrag zur Beurtheilung des Grades der Verantwortlichkeit, die den einzelnen Ingenieur, dessen Konstruktionen infolge ungenügender Widerstandsfähigkeit ebener Wandungen zu einem Unfalle geführt haben, thatsächlich trifft), „Maschinenelemente“ 1891/92 (S. 512 u. f., S. 521 u. f., 1901 (8. Aufl.), S. 681 u. f., S. 702 u. f.), „Die Berechnung flacher durch Anker- oder Stehbolzen unterstützter Kesselwandungen, und die Ergebnisse der neuesten hierauf bezüglichen Versuche“ (Versuche über die Widerstandsfähigkeit von Kesselwandungen, Heft 2, Berlin 1894, oder auch Zeitschrift des Vereines deutscher Ingenieure 1894, S. 341 u. f., S. 373 u. f.), „Untersuchungen über die Formänderungen und die Anstrengung flacher Böden“ (Versuche über die Widerstandsfähigkeit von Kesselwandungen, Heft 3, Berlin 1897, oder auch Zeitschrift des Vereines deutscher Ingenieure 1897, S. 1157 u. f., S. 1191 u. f., S. 1218 u. f.),

Insoweit es sich bei denselben um Scheiben von Flussstahlblech handelt, ist das Wichtigste aus den Ergebnissen in § 60, Ziff. 3 hervorgehoben, sodass hier auszugsweise nur noch der Ergebnisse zu gedenken sein wird, welche mit gusseisernen Platten erzielt worden sind. Hinsichtlich der Einzelheiten darf auf die erwähnte Schrift sowie auf die in der Fussbemerkung bezeichneten Arbeiten verwiesen werden.

1. Verlauf der Bruchlinie. Sonstiges Verhalten.

In Bezug auf den zu erwartenden Verlauf der Bruchlinie wurden in den vorhergehenden Paragraphen (§ 60, Ziff. 4, § 61, § 62 und § 63) gewisse Betrachtungen angestellt, welche dazu führten, anzunehmen, dass diese Linie verlaufen werde

1. bei der kreisförmigen Scheibe ungefähr nach einem Durchmesser,
2. - - elliptischen Platte ungefähr in Richtung der grossen Achse,
3. - - quadratischen - - - - - Diagonale,
4. - - rechteckigen - - nach Massgabe der Fig. 1, § 63.

Ueber den thatsächlichen Verlauf der Bruchlinien geben die Fig. 1 bis 9 im Text und Fig. 10 auf Taf. XVII Auskunft.

Fig. 1 zeigt die Bruchlinie einer gusseisernen Scheibe von 12 mm Stärke (immer auf der Seite der gezogenen Fasern). Andere Scheiben von derselben Stärke weisen ähnliche Bruchlinien auf. Die Scheibe ruht während des Versuchs auf einem Dichtungsring von weichem Kupfer (etwa 8 mm stark) und stützt sich oben gegen eine 2,5 mm breite Ringfläche von dem gleichen mittleren Durchmesser, wie der Kupferring, nämlich 560 mm. Die Pressung zwischen der Scheibe und dem Kupferring muss natürlich so gross sein, dass die Abdichtung gesichert ist.

„Untersuchungen über die Formänderungen und die Anstrengung gewölbter Böden“ (Versuche über die Widerstandsfähigkeit von Kesselwandungen, Heft 5, oder auch Zeitschrift des Vereines deutscher Ingenieure 1899, S. 1585 u. f.). Der grösste Theil der angeführten Arbeiten findet sich auch in des Verfassers „Abhandlungen und Berichte“ 1897.

Hiermit verwandte Aufgaben behandelt Verfasser in den Arbeiten: „Versuche über Flanschenverbindungen“ (Zeitschrift des Vereines deutscher Ingenieure 1899, S. 321 u. f., S. 346 u. f., oder Versuche über die Widerstandsfähigkeit von Kesselwandungen, Heft 4) und „Unfälle an Dampfgefässen und die Beanspruchung der Cylinderwandungen solcher Gefässe auf Biegung durch die Flanschenverbindung“ (Zeitschrift des Bayerischen Dampfkessel-Revisionsvereines 1901, S. 1 u. f.).

Zu Ziff. 1.

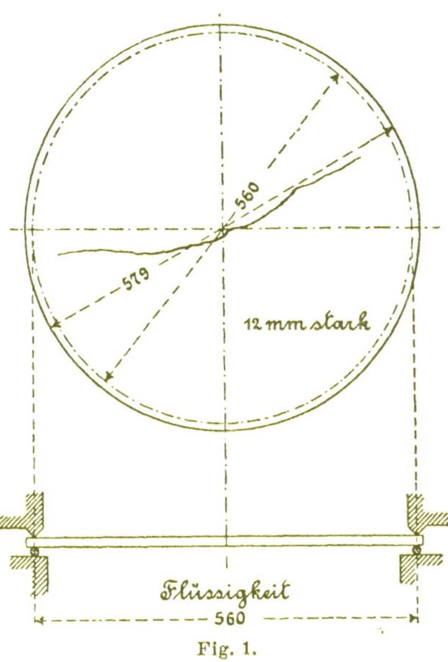

Fig. 1.

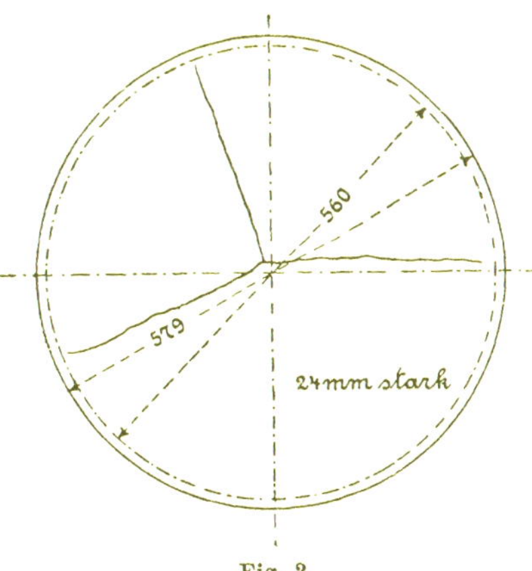

Fig. 2.

Fig. 2 giebt die Bruchlinie einer gusseisernen Scheibe von 24 mm Stärke wieder: sie verläuft ungefähr nach drei Halbmessern. Weitere Scheiben von dieser Stärke brachen in ähnlicher Weise.

Die der Prüfung unterworfenen Stahlscheiben bogen sich durch, ohne zu brechen.

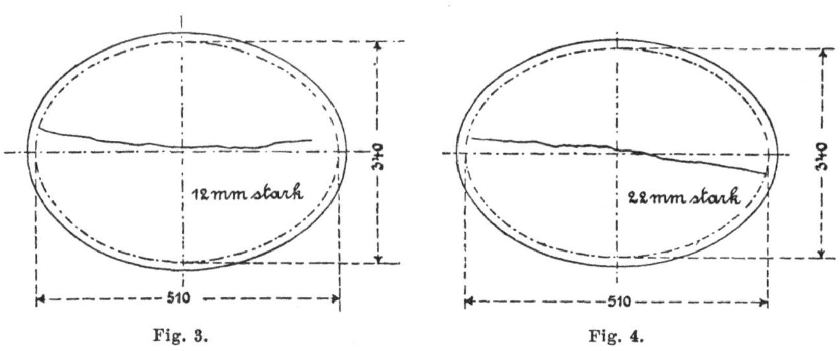

Fig. 3. Fig. 4.

Wie die Fig. 3 und 4 (gusseiserne Platten) erkennen lassen, entspricht der Verlauf der Bruchlinien mit befriedigender Annäherung der gemachten Annahme, gleichgiltig, ob die Platte mehr oder weniger stark ist.

Fig. 5 (Gusseisen) zeigt für die quadratische Platte das Zutreffen der gemachten Voraussetzung.

Zu Ziff. 3.

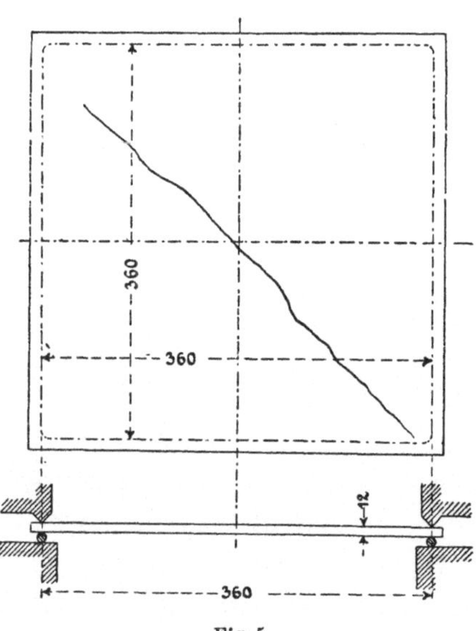

Fig. 5.

Fig. 10, § 64.

Die Fig. 6 bis 9 (Gusseisen $a : b = 2 : 3$ und $1 : 3$) entsprechen dem Ergebniss der stattgehabten Erwägung mehr oder minder.

Zu Ziff. 4.

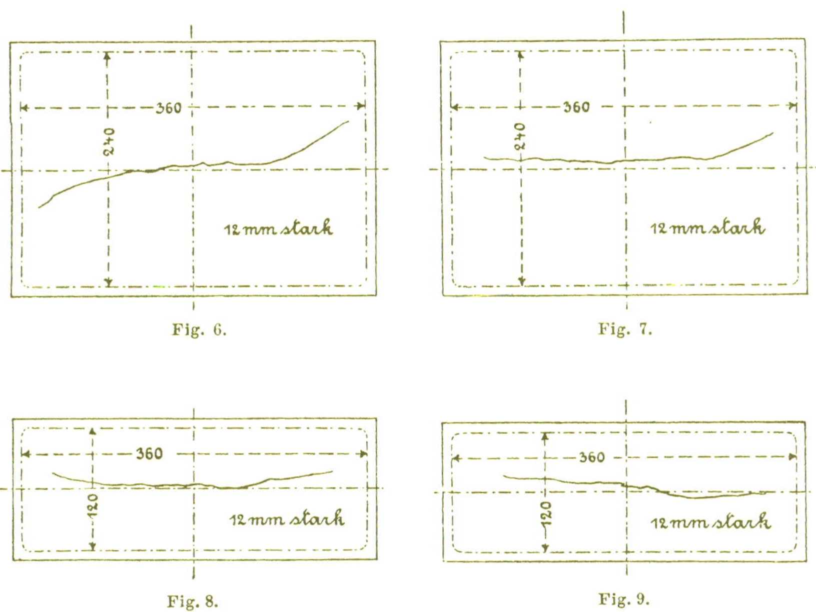

Fig. 6. Fig. 7.

Fig. 8. Fig. 9.

Um ein getreues Bild der Formänderungen rechteckiger Platten zu erhalten, wurde eine solche aus Hartblei ($a = 360$ mm, $b = 240$ mm, $h = 20$ mm) hergestellt und ihre Oberfläche durch Gebrauch der Reissnadel mit einem Netz von Quadraten (je 10 mm Seitenlänge) versehen.

Fig. 10, Tafel XVII, giebt in ungefähr halber Grösse die obere Fläche (Seite der gezogenen Fasern) mit der Bruchlinie wieder. Die Formänderung der ursprünglichen Quadrate zeigt volle Uebereinstimmung mit der in § 62 angestellten Betrachtung, ebenso mit dem Ergebnisse, zu welchem wir in § 63 hinsichtlich des Verlaufs der Bruchlinie gelangt waren. Fig. 11, Tafel XVIII, stellt die untere Fläche (Seite der gedrückten Fasern) und Fig. 12, Tafel XVI, die Seitenansicht dar. In diesen drei Abbildungen bietet sich dem Auge ein ausserordentlich lehrreiches Bild über das Verhalten des Materials einer rechteckigen Platte an den verschiedenen Stellen bei Beanspruchung durch Flüssigkeitsdruck.

Wird eine rechteckige, sorgfältig bearbeitete Platte, welche das Widerlager im ganzen Umfange $2(a+b)$ berührt, in der Mitte belastet, so heben sich die Ecken sichtbar vom Widerlager ab, derart, dass in den vier Seiten nur der mittlere Theil aufliegt, wie dies Fig. 13 für eine quadratische Platte darstellt. Die Grösse

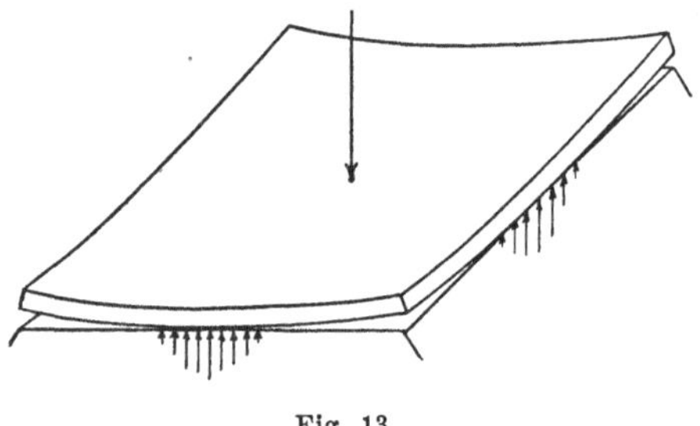

Fig. 13.

dieser in der Mitte jeder Umfangsseite liegenden Berührungsstrecke, innerhalb welcher die Pressung von der Mitte nach aussen hin bis auf Null abnimmt, hängt von der Belastung ab und wird schliesslich auch von der örtlichen Zusammendrückung beeinflusst, die das Material erfährt.

Das Lichtdruckbild, Fig. 10, Taf. XVII, zeigt durch das Auslaufen der Eindrückungen der Widerlager nach den Ecken hin deutlich die Abnahme der Pressung auch für den Fall gleichmässig über die Platte vertheilter Belastung durch Flüssigkeitsdruck; in der einen Ecke verschwindet die Eindrückung ganz, obgleich scharfes Anziehen der Schrauben des Versuchsapparates nothwendig war, um die Abdichtung zu sichern. Der Auflagerdruck selbst ist in den Mitten der langen Seiten des Rechtecks grösser als in denjenigen der kurzen Seiten; je mehr a von b abweicht, um so bedeutender fällt dieser Unterschied aus.

Hinsichtlich des Einflusses, welchen diese Veränderlichkeit der Widerlagspressung auf die Inanspruchnahme der etwaigen Befestigungsschrauben u. s. w. hat, sei auf die Fussbemerkung S. 583 und 584 verwiesen.

Flache Böden mit Krempe sind in der Krempung am stärksten beansprucht. Der Bruch erfolgt dann, wenn es sich um Gusseisen

handelt und schlechte Stellen oder Gussspannungen nicht Einfluss nehmend auftreten, in der Krempung über den ganzen Umfang derart, dass der Boden herausgeschleudert wird. Fig. 14 zeigt die

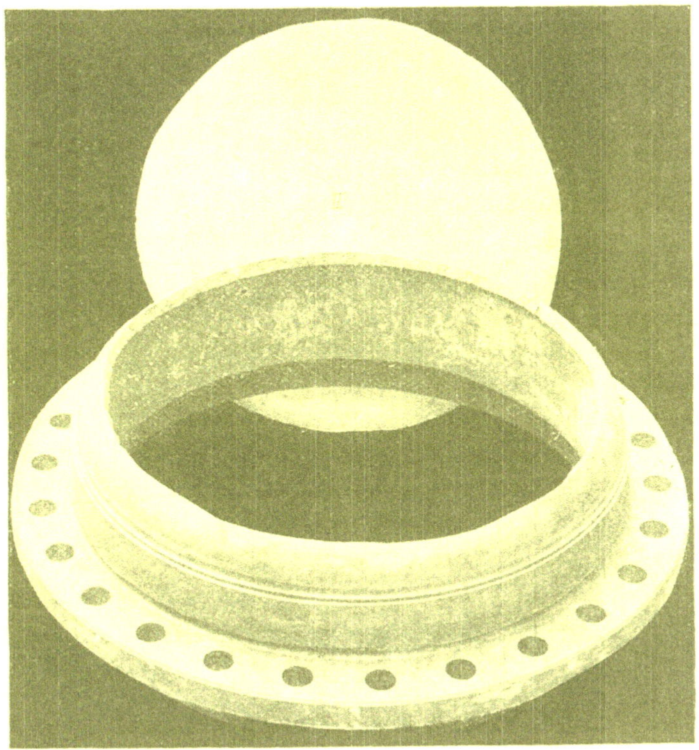

Fig. 14.

Bruchfläche sowie das herausgesprungene Mittelstück und giebt in anschaulicher Weise Auskunft darüber, dass der am stärksten beanspruchte Querschnitt in der Krempung liegt[1]).

[1]) Ueber diese Untersuchungen, welche sich auch auf Böden von Flusseisen beziehen, s. die S. 599 in der Fussbemerkung bezeichnete Schrift: „Untersuchungen über die Formänderungen und die Anstrengung flacher Böden".

Hinsichtlich gewölbter Böden liegt in rechnerischer Hinsicht eine werthvolle Arbeit von W. Schüle aus neuester Zeit vor: „Festigkeit und Elasticität gewölbter Platten", Dingler's polyt. Journal, 1900, Bd. 315, Heft 42. Ueber dahingehende Versuche s. Fussbemerkung S. 600.

2. Gesetz der Widerstandsfähigkeit.

Die Beziehungen 18, 23, 30, 31 und 33, § 60; 3, 4 und 5, § 61; 1 und 2, § 62; 1 und 2, § 63, liefern übereinstimmend die Widerstandsfähigkeit **ebener** Platten proportional dem Quadrate der Stärke h. Die Versuche des Verfassers bestätigen die Richtigkeit dieses Gesetzes[1]).

Wenn sich bei Belastung von Platten durch Flüssigkeitsdruck, wobei diese zum Zwecke der Abdichtung stark angepresst werden müssen, ergiebt, dass stärkere Platten etwas weniger widerstandsfähig sind, als nach Massgabe des quadratischen Verhältnisses der Wanddicken zu erwarten ist[2]), so liegt das in dem Einfluss der Abdichtungskraft, d. h. derjenigen Kraft, mit welcher die Platten behufs Abdichtung angepresst werden müssen, wie dies bereits am Schlusse von § 60, Ziff. 3 dargelegt wurde.

Haben sich ebene, aus genügend zähem Material bestehende und am Umfange derart befestigte Platten, dass die grösste Anstrengung in der Plattenmitte eintritt, erheblich durchgebogen, sind sie also nicht mehr eben, sondern gewölbt, so besitzen sie in diesem gewölbten Zustande eine erheblich grössere Widerstandsfähigkeit als in ihrer ursprünglichen ebenen Form. Die Zähigkeit des Materials hat jedoch durch diese Ueberanstrengung abgenommen.

3. Schlussbemerkung.

Ein Blick über die in den §§ 60 bis 63 angewendete Methode des Verfassers zur Lösung der Aufgaben dieses Abschnittes lässt erkennen, dass sie darauf hinausläuft, die schwierigen Aufgaben,

---

[1]) Hierauf aufmerksam zu machen, erscheint umsomehr angezeigt, nachdem die Clark'sche Berechnungsweise ebener Wandungen in neuerer Zeit auch in die deutsche Literatur (Häder, Bau und Betrieb der Dampfkessel 1893, S. 78 u. f.) übergegangen ist. Nach derselben wäre die Widerstandsfähigkeit einer ebenen Wand proportional der ersten Potenz von h. Eine Besprechung der Clark'schen Berechnung seitens des Verfassers findet sich Zeitschrift des Vereines deutscher Ingenieure 1897, S. 1225 und 1226, sowie in „Versuche über die Widerstandsfähigkeit von Kesselwandungen", Heft 3, Berlin 1897.

[2]) Vergl. z. B. das S. 98 der „Versuche über die Widerstandsfähigkeit ebener Platten" Gesagte im Zusammenhang mit der Feststellung auf S. 86 daselbst.

welche sich auf dem Gebiete der Inanspruchnahme plattenförmiger Körper bieten, auf einfache Biegungsaufgaben zurückzuführen unter Schaffung und Verwendung von Berichtigungskoefficienten, welche aus Versuchen zu bestimmen sind. Die Methode ist keine streng wissenschaftliche; sie liefert aber, da sie sich in der bezeichneten Weise auf Versuche stützt, ausreichend zuverlässige Ergebnisse für die ausführende Technik und ermöglicht die Berechnung überdies jedem Techniker, welcher auf der technischen Mittelschule gebildet ist. Indem Verfasser diesen Weg einschlug, glaubte er den Interessen nicht blos der Industrie, sondern der gesammten Technik wie auch denjenigen der Allgemeinheit, die ein Anrecht auf Sicherheit hat — auch dann, wenn es der Wissenschaft noch nicht gelungen ist, eine genaue Berechnung der hier zur Erörterung stehenden Anstrengung der Materialien zu liefern — am meisten zu nützen, wenigstens so lange, bis es gelingt, Vollkommeneres ausfindig zu machen.

Achter Abschnitt.

Allgemeine Beziehungen über Spannungen und Formänderungen im Innern eines elastischen Körpers.

§ 65. Spannungen in einem beliebigen Punkte eines festen Körpers.

1. Begriff der Normal- und Tangential- oder Schubspannung.

Wir legen durch den, von äusseren Kräften SS, Fig. 1, ergriffenen Körper, welche sich an ihm das Gleichgewicht halten, eine Schnittfläche F. Es sei nun P ein Punkt dieser Fläche,

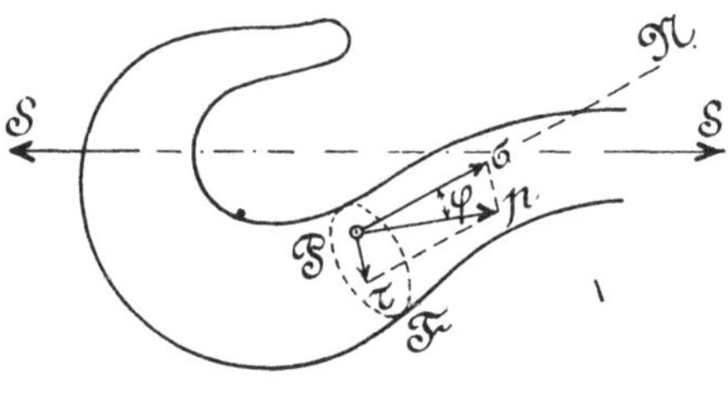

Fig. 1.

PN die Normale im Punkte P und p die Spannung im Punkte P der Fläche F, d. h. die auf die Flächeneinheit bezogene Kraft, welche der an die Fläche F angrenzende und im Sinne der Normalen PN gelegene Körpertheil im Punkte P, d. i. in dem Flächenelement, das den Punkt P enthält, auf den jenseits der Fläche F gelegenen ausübt.

Im Allgemeinen wird die Richtung der Spannung p von der Richtung der Normalen PN abweichen. Der Winkel zwischen p und PN, also $\measuredangle\ p\,PN$, sei mit φ bezeichnet.

Die Zerlegung von p nach normaler und tangentialer Richtung der Schnittfläche liefert die beiden Komponenten

$$\sigma = p \cos \varphi \quad \text{und} \quad \tau = p \sin \varphi.$$

Die Erstere σ, in die Richtung der Normalen fallend, heisst die Normalspannung im Punkte P der Fläche F. Sie ist positiv oder negativ, je nachdem $\varphi \lessgtr 90^0$. Im ersteren Falle nennt man sie eine Spannung im engeren Sinne des Wortes, im letzteren eine Pressung, einem gegenseitigen Zug bezw. Druck der durch F getrennten Körpertheile entsprechend.

Die zweite Komponente τ fällt in die Tangentialebene des Punktes P der Fläche F und wird deshalb als Tangential- oder Schubspannung im Punkte P der Fläche F bezeichnet.

Im Allgemeinen wird die Spannung von Flächenelement zu Flächenelement sich ändern, also ein bestimmter Werth von p (bezw. σ und τ) jeweils nur für das in Betracht gezogene Flächenelement dF gelten.

2. *Spannungen in drei zu einander senkrechten Ebenen.*

Wir stellen uns den betrachteten Körper auf ein rechtwinkliges Koordinatensystem mit den Achsen OX, OY und OZ bezogen

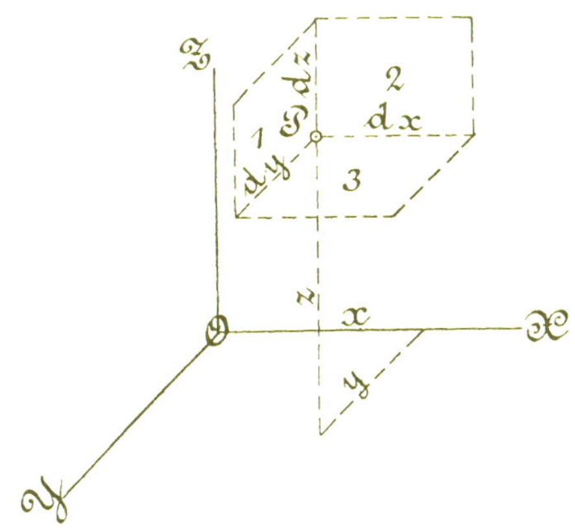

Fig. 2.

vor, Fig. 2. Der beliebige Punkt P des Körpers besitze die Koordinaten $x\ y\ z$. Durch P legen wir parallel zu den 3 Koordinatenebenen Schnitte, von denen die unendlich kleinen Flächenelemente

1 mit der Grösse $dy\ dz$,
2 - - - $dz\ dx$,
3 - - - $dx\ dy$

ins Auge gefasst werden sollen.

Die Spannungen in diesen Flächenelementen seien

$$p_x \qquad p_y \qquad p_z.$$

Unter Bezugnahme auf die Figuren 3 bis 5 heisst das Folgendes.

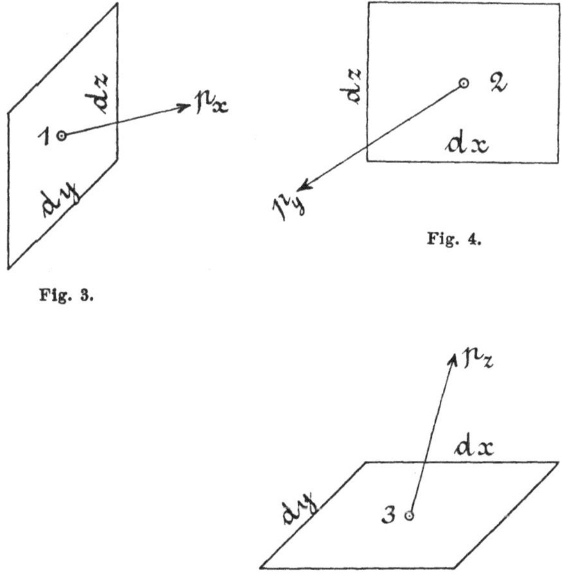

Fig. 3. Fig. 4. Fig. 5.

p_x ist die auf die Flächeneinheit bezogene Kraft, mit welcher die diesseits des Flächenelementes $dy\ dz$ gelegenen Körpertheile in diesem Element auf die jenseits gelegenen einwirken. Wie ersichtlich, deutet das Fusszeichen x von p_x an, dass das Flächenelement, in welchem p_x thätig ist, senkrecht zur Richtung der x-Achse steht.

p_y ist die auf die Flächeneinheit bezogene Kraft, mit welcher die diesseits des Flächenelementes $dz\ dx$ gelegenen Körpertheile in diesem Element auf die jenseits gelegenen einwirken. Das Fusszeichen y von p_y spricht aus, dass das Flächenelement, in welchem p_y wirksam ist, senkrecht zur Richtung der y-Achse steht.

Für p_z gilt sinngemäss dasselbe, wie für p_x und p_y.

Die Spannungen p_x p_y und p_z besitzen im Allgemeinen eine beliebige Neigung gegen die zugehörigen Flächenelemente; sie liefern demgemäss bei Zerlegung Normalspannungen und Schubspannungen, wie Fig. 6 bis 8 erkennen lassen.

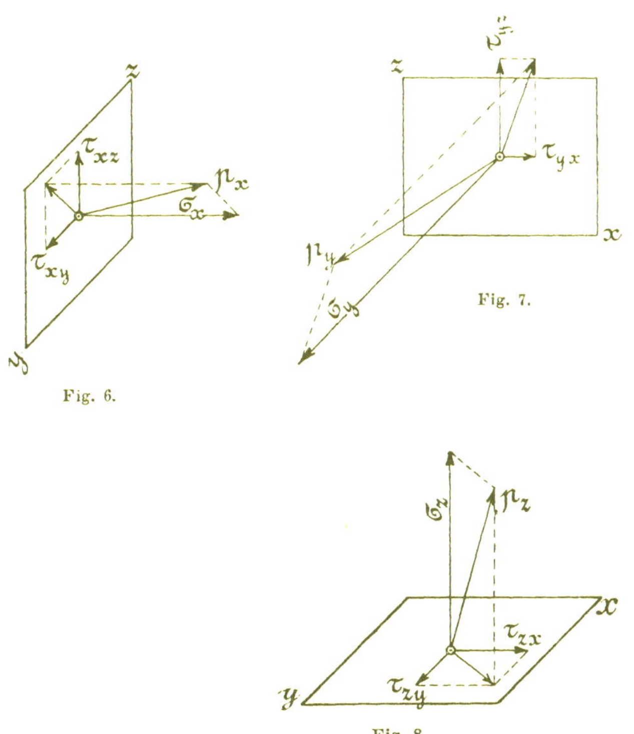

Fig. 6.

Fig. 7.

Fig. 8.

p_x (Fig. 6) ergiebt die Normalspannung σ_x und eine Schubspannung, welche wir nach den Richtungen der y und z nochmals zerlegen. Die erstere dieser Schubspannungen sei mit τ_{xy}, die letztere mit τ_{xz} bezeichnet. Das Fusszeichen x bei diesen 3 Komponenten deutet an, dass es sich um Spannungen in demjenigen

Flächenelement handelt, welches senkrecht zur x-Achse steht; σ_x als Normalspannung läuft dann parallel mit der x-Achse, während τ_{xy} und τ_{xz} senkrecht dazu gerichtet sind. Das Fusszeichen y in τ_{xy} spricht aus, dass τ_{xy} parallel zur y-Achse gerichtet ist, das Fusszeichen z in τ_{xz}, dass τ_{xz} die Richtung der z-Achse besitzt. Hiernach bestimmt bei den beiden Schubspannungen das erste Fusszeichen das Flächenelement im Punkte P, für welches die Spannungen gelten, das zweite die Richtung, welche die betreffende Spannung besitzt.

In gleicher Weise ergiebt

p_y (Fig. 7) die Komponenten $\sigma_y \; \tau_{yz} \; \tau_{yx}$

p_z (Fig. 8) die Komponenten $\sigma_z \; \tau_{zx} \; \tau_{zy}$.

Demzufolge erhalten wir

im Flächenelement $dy\,dz$	p_x	mit den Komponenten	σ_x	τ_{xy}	τ_{xz}
- - $dz\,dx$	p_y	- - -	τ_{yx}	σ_y	τ_{yz}
- - $dx\,dy$	p_z	- - -	τ_{zx}	τ_{zy}	σ_z
nach den Richtungen der			x-	y-	z-Achse.

3. *Gleichgewicht der Kräfte an einem unendlich kleinen Parallelepiped.*

Mit P als Eckpunkt denken wir uns in dem betrachteten Körper ein unendlich kleines Parallelepiped, dessen Kanten $dx\; dy\; dz$ sind, Fig. 9. Auf dasselbe werden die jenseits der Ebenen BPC, CPA und APB gelegenen Körpertheile einwirken und zwar

1. im Flächenelement $dy\,dz$	mit den Spannungen	$-\sigma_x - \tau_{xy} - \tau_{xz}$
2. - - $dz\,dx$	- - -	$-\tau_{yx} - \sigma_y - \tau_{yz}$
3. - - $dx\,dy$	- - -	$-\tau_{zx} - \tau_{zy} - \sigma_z$

d. h. mit den Kräften

1. $-\sigma_x\,dy\,dz - \tau_{xy}\,dy\,dz - \tau_{xz}\,dy\,dz$
2. $-\tau_{yx}\,dz\,dx - \sigma_y\,dz\,dx - \tau_{yz}\,dz\,dx$
3. $-\tau_{zx}\,dx\,dy - \tau_{zy}\,dx\,dy - \sigma_z\,dx\,dy$.

Da die Flächenelemente unendlich klein sind, also die soeben ermittelten Kräfte als gleichmässig über die Flächenelemente ver-

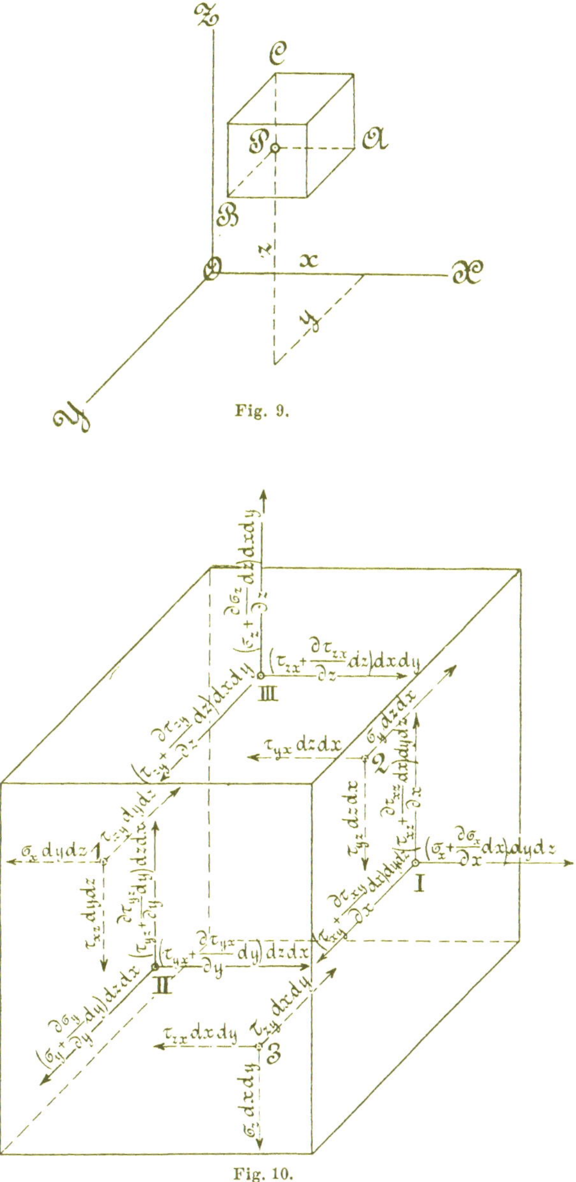

Fig. 9.

Fig. 10.

theilt angenommen werden dürfen, so haben wir uns die Kräfte selbst als in den Schwerpunkten der 3 Flächen *BPC*, *CPA* und

APB angreifend vorzustellen. In Fig. 10 sind diese 9 Kräfte an den bezeichneten Punkten 1, 2 und 3 eingetragen. In den drei übrigen Begrenzungsflächen des Parallelepipeds, welche um $dx\, dy\, dz$ von den bereits behandelten abstehen und deren Schwerpunkte in Fig. 10 mit I, II und III bezeichnet sind, wirken ebenfalls Kräfte, die von den diesseits der Flächen gelegenen Körpertheilen ausgehen und deshalb in entgegengesetzter Richtung thätig anzunehmen sind. Hinsichtlich der absoluten Grösse dieser Kräfte ist zu beachten, dass sich die Kräfte in I von denjenigen in 1 unterscheiden müssen um die Aenderungen, welche die letzteren beim Fortschreiten lediglich um dx in dem Körper erfahren, d. h. die absoluten Grössen der Kräfte, welche oben unter 1 angegeben wurden, werden in I betragen

$$\sigma_x\, dy\, dz + \frac{\partial (\sigma_x\, dy\, dz)}{\partial x} . dx = \left(\sigma_x + \frac{\partial \sigma_x}{\partial x} dx\right) dy\, dz$$

$$\tau_{xy}\, dy\, dz + \frac{\partial (\tau_{xy}\, dy\, dz)}{\partial x} . dx = \left(\tau_{xy} + \frac{\partial \tau_{xy}}{\partial x} dx\right) dy\, dz$$

$$\tau_{xz}\, dy\, dz + \frac{\partial (\tau_{xz}\, dy\, dz)}{\partial x} . dx = \left(\tau_{xz} + \frac{\partial \tau_{xz}}{\partial x} dx\right) dy\, dz.$$

In ganz gleicher Weise ergeben sich die Kräfte in II, da es sich hierbei nur um ein Fortschreiten um dy handelt und in III gemäss dem Fortschreiten um dz.

In Fig. 10 sind diese 9 Kräfte, angreifend an den Punkten I, II und III, gleichfalls eingetragen.

Ausser den 18 Flächenkräften, zu denen uns die Betrachtung geführt hat, sind noch Massenkräfte zu berücksichtigen: die Schwerkraft und bei bewegten Körpern der Trägheitswiderstand, z. B. bei gleichförmig und rasch umlaufenden Cylindern oder Ringen die Fliehkraft. Die Komponenten dieser Massenkräfte nach den 3 Achsrichtungen seien für die Volumeinheit $X \quad Y \quad Z$, also die Seitenkräfte für das Volumen $dx\, dy\, dz$

$$X\, dx\, dy\, dz \qquad Y\, dx\, dy\, dz \qquad Z\, dx\, dy\, dz.$$

Dieselben sind als im Schwerpunkt des Parallelepipeds angreifend zu denken.

Diese 21 Kräfte müssen sich im Gleichgewicht befinden, also die bekannten 6 Gleichgewichtsbedingungen: je Summe der Kräfte in den 3 Achsrichtungen gleich Null, je Summe der Momente in Bezug auf die 3 Achsen oder zu ihnen parallelen Drehachsen gleich Null, erfüllen.

Die drei ersten Bedingungen führen nach Division durch $dx\,dy\,dz$ zu

$$\left.\begin{aligned}\frac{\partial \sigma_x}{\partial x}+\frac{\partial \tau_{yx}}{\partial y}+\frac{\partial \tau_{zx}}{\partial z}+X=0\\ \frac{\partial \tau_{xy}}{\partial x}+\frac{\partial \sigma_y}{\partial y}+\frac{\partial \tau_{zy}}{\partial z}+Y=0\\ \frac{\partial \tau_{xz}}{\partial x}+\frac{\partial \tau_{yz}}{\partial y}+\frac{\partial \sigma_z}{\partial z}+Z=0\end{aligned}\right| \quad . \quad . \quad . \quad 1)$$

Bei Aufstellung der Momentengleichung in Bezug auf die zur x-Achse parallele Schwerpunktsachse des Parallelepipeds erkennt man, dass Momente nicht liefern:

a) sämmtliche in den Punkten 1 und I angreifenden Kräfte,

b) die in den Punkten 2 und II angreifenden Kräfte:

$$-\tau_{yx}\,dz\,dx-\sigma_y\,dz\,dx \qquad \left(\tau_{yx}+\frac{\partial \tau_{yx}}{\partial y}\,dy\right)dz\,dx \qquad \left(\sigma_y+\frac{\partial \sigma_y}{\partial y}\,dy\right)dz\,dx,$$

c) die in den Punkten 3 und III angreifenden Kräfte:

$$-\tau_{zx}\,dx\,dy-\sigma_z\,dx\,dy \qquad \left(\tau_{zx}+\frac{\partial \tau_{zx}}{\partial z}\,dz\right)dx\,dy \qquad \left(\sigma_z+\frac{\partial \sigma_z}{\partial z}\,dz\right)dx\,dy,$$

d) die Massenkräfte.

Es verbleiben somit nur die in Fig. 11 (Schnitt durch den Schwerpunkt senkrecht zur x-Achse) eingetragenen Kräfte, welche als Momentengleichung ergeben

$$\tau_{yz}\, dz\, dx \cdot \frac{dy}{2} + \left(\tau_{yz} + \frac{\partial \tau_{yz}}{\partial y} dy\right) dz\, dx \cdot \frac{dy}{2} - \tau_{zy}\, dx\, dy \cdot \frac{dz}{2}$$

$$- \left(\tau_{zy} + \frac{\partial \tau_{zy}}{\partial z} dz\right) dx\, dy \cdot \frac{dz}{2} = 0,$$

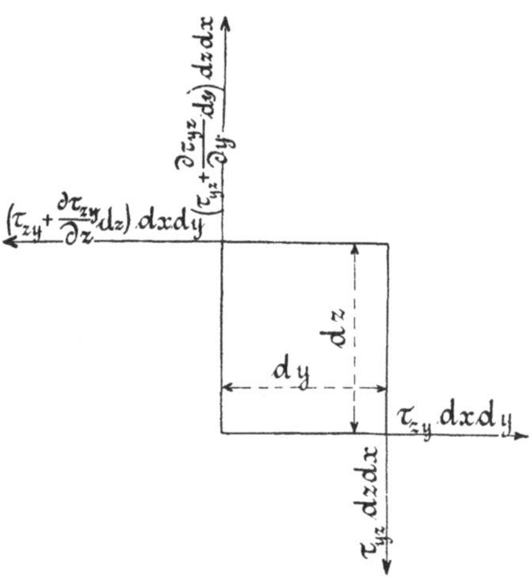

Fig. 11.

woraus bei Vernachlässigung der unendlich kleinen Grössen vierter Ordnung gegenüber denjenigen dritter Ordnung folgt

$$\tau_{yz}\, dx\, dy\, dz - \tau_{zy}\, dx\, dy\, dz = 0$$

$$\tau_{yz} = \tau_{zy}.$$

In gleicher Weise liefert die Aufstellung der Momentengleichungen in Bezug auf die zur y- und zur z-Achse parallelen Schwerpunktsachsen die Beziehungen

$$\tau_{zx} = \tau_{xz} \qquad \tau_{xy} = \tau_{yx}.$$

Wir erkennen, dass je die beiden zu einer Kante des Parallelepipeds senkrechten Schubspannungen (vergl. Fig. 12—14) einander gleich sind, dass sie also immer paarweise auftreten und in Hinsicht auf die betreffende Kante übereinstimmend (nach derselben hin oder von ihr weg) gerichtet sind.

Wir setzen

$$\tau_{yz} = \tau_{zy} = \tau_x$$

entsprechend dem Umstande, dass die beiden Schubspannungen senkrecht zur x-Kante gerichtet sind, und ebenso

$$\tau_{zx} = \tau_{xz} = \tau_y$$

$$\tau_{xy} = \tau_{yx} = \tau_z \qquad \text{2)}$$

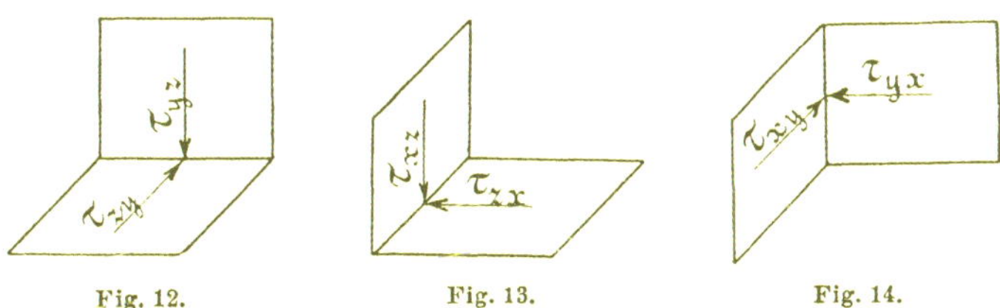

Fig. 12. Fig. 13. Fig. 14.

Durch Einführung der Gleichungen 2 in die Gleichungen 1 wird

$$\left.\begin{aligned}
\frac{\partial \sigma_x}{\partial x} + \frac{\partial \tau_z}{\partial y} + \frac{\partial \tau_y}{\partial z} + X = 0 \\
\frac{\partial \tau_z}{\partial x} + \frac{\partial \sigma_y}{\partial y} + \frac{\partial \tau_x}{\partial z} + Y = 0 \\
\frac{\partial \tau_y}{\partial x} + \frac{\partial \tau_x}{\partial y} + \frac{\partial \sigma_z}{\partial z} + Z = 0
\end{aligned}\right\} \quad . \quad . \quad . \quad 3)$$

4. Gleichgewicht der Kräfte an einem unendlich kleinen Tetraeder.

Durch die Punkte ABC des Parallelepipeds (Fig. 9) legen wir eine Ebene und bilden so ein Tetraeder $PABC$, Fig. 15, dessen Volumen mit dV bezeichnet werde. Die Grösse der Fläche ABC sei F, die Stellungswinkel derselben seien mit α, β und γ bezeichnet, d. h.

α ist der Winkel zwischen der Ebene ABC und der Ebene BPC,
β - - - - - - - - - - CPA,
γ - - - - - - - - - - APB,

sodass

$$BPC = F\cos\alpha \qquad CPA = F\cos\beta \qquad APB = F\cos\gamma.$$

Auf diese 3 Flächenelemente wirken die jenseits derselben gelegenen Körpertheile mit den in der Fig. 15 eingetragenen Spannungen ein. Die Spannung, welche die diesseits des Flächen-

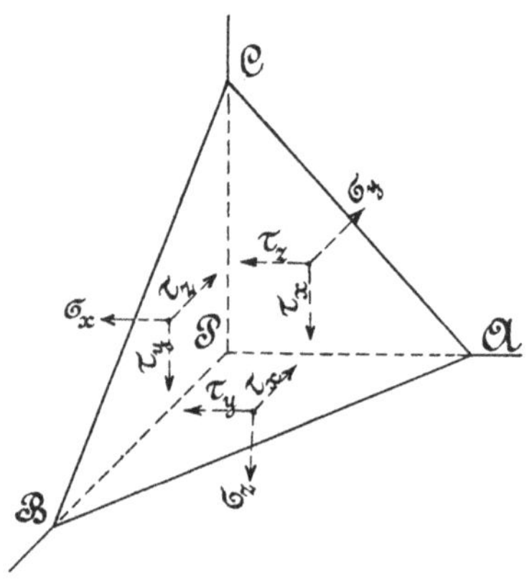

Fig. 15.

elementes ABC gelegenen Körpertheile auf das Tetraeder ausüben, sei p, ihre Richtungswinkel gegenüber den Koordinatenachsen seien $\lambda\,\mu\,\nu$. Dann ergeben sich in Richtung der letzteren die Gleichgewichtsbedingungen

$$\begin{aligned}
-\sigma_x \,.\, F\cos\alpha - \tau_z F\cos\beta - \tau_y F\cos\gamma + p\,F\cos\lambda + X\,dV &= 0\\
-\tau_z \,.\, F\cos\alpha - \sigma_y F\cos\beta - \tau_x F\cos\gamma + p\,F\cos\mu + Y\,dV &= 0\\
-\tau_y \,.\, F\cos\alpha - \tau_x F\cos\beta - \sigma_z F\cos\gamma + p\,F\cos\nu + Z\,dV &= 0.
\end{aligned}$$

Die 4 ersten Glieder in jeder dieser Gleichungen sind unendlich klein zweiter Ordnung, das letzte Glied dagegen V unendlich klein dritter Ordnung, kann deshalb gegenüber den 4 ersten Gliedern vernachlässigt werden, somit

$$\left.\begin{aligned}
p\cos\lambda &= \sigma_x\cos\alpha + \tau_z\cos\beta + \tau_y\cos\gamma\\
p\cos\mu &= \tau_z\cos\alpha + \sigma_y\cos\beta + \tau_x\cos\gamma\\
p\cos\nu &= \tau_y\cos\alpha + \tau_x\cos\beta + \sigma_z\cos\gamma
\end{aligned}\right\} \quad . \quad . \quad . \quad 4)$$

Ausserdem besteht die bekannte Beziehung

$$\cos^2 \lambda + \cos^2 \mu + \cos^2 \nu = 1.$$

Wir haben hiernach 4 Gleichungen und sind damit in der Lage, bei gegebenen Werthen von σ_x σ_y σ_z τ_x τ_y τ_z für das beliebige durch α β γ bestimmte Flächenelement die Spannung p und ihre Richtungswinkel λ μ ν zu ermitteln.

An diesen Verhältnissen ändert sich nichts, wenn wir das Flächenelement immer näher an P heranrücken und schliesslich mit P zusammenfallen lassen. Dann aber wird p die Spannung im Punkte P einer beliebigen, durch ihn hindurchgehenden Fläche, deren Tangentialebene im Punkte P die Stellungswinkel α β γ besitzt oder deren Normale im Punkte P die Richtungswinkel α β γ aufweist, d. h. die Spannungskomponenten σ_x σ_y σ_z τ_x τ_y τ_z bestimmen die Grösse und Richtung der Spannung p, welche im Punkte P einer beliebig durch ihn hindurchgehenden Fläche herrscht.

An die Stelle der Spannungskomponenten σ_x σ_y σ_z τ_x τ_y τ_z können auch deren Resultanten p_x p_y p_z treten (vergl. oben Ziff. 2).

5. Geometrische Darstellung der Spannungen.

Denken wir uns die durch den Punkt P des Körpers gehende Fläche F der vorigen Betrachtung verschiedene Lagen einnehmend, also ihre Stellungswinkel α β γ geändert, so wird sich auch die Spannung p im Punkte P dieser Fläche sowohl der Grösse als auch der Richtung nach ändern. Um uns das Gesetz, nach welchem diese Aenderungen vor sich gehen, zu veranschaulichen, tragen wir auf jeder möglichen Spannungsrichtung vom Punkte P aus die Spannung $p = \overline{PQ}$ auf und bestimmen nun die Gleichung der Fläche, welche den geometrischen Ort der Endpunkte Q bildet.

P, Fig. 16, sei der Koordinatenanfang, die Richtungen der Spannungen p_x p_y p_z seien die Koordinatenachsen für die gesuchte Flächengleichung. Da dieselben im Allgemeinen schiefe Winkel miteinander einschliessen, so wird das System ein schiefwinkliges sein. Die Koordinaten des Punktes Q seien x' y' z'. In Fig. 16 sind überdies die Richtungen PX PY PZ der Achsen des früher angenommenen rechtwinkligen Koordinatensystems strich-punktirt eingetragen. Es sei

λ der Winkel zwischen PX und p
λ_x - - - - - p_x
λ_y - - - - - p_y
λ_z - - - - - p_z.

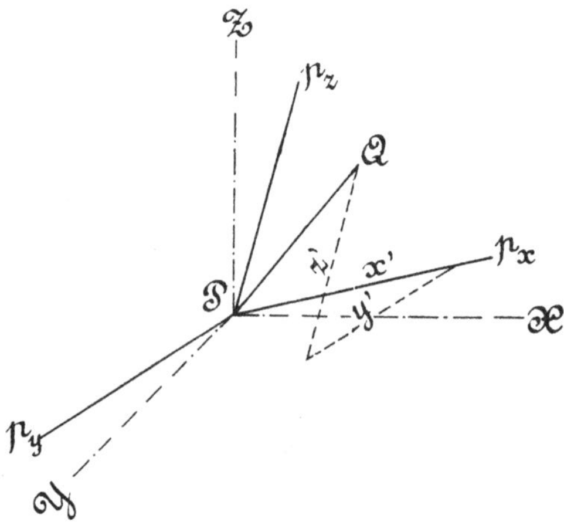

Fig. 16.

x' y' und z' geben die Komponenten von $p = \overline{PQ}$ nach den Richtungen p_x p_y und p_z. Die in der Richtung PX genommene Spannung p muss demnach gleich sein der Summe der nach PX genommenen Komponenten x' y' z', d. h.

$$p \cos \lambda = x' \cos \lambda_x + y' \cos \lambda_y + z' \cos \lambda_z.$$

Unter Beachtung der Figuren 6 bis 8 findet sich

$$\cos \lambda_x = \frac{\sigma_x}{p_x}, \quad \cos \lambda_y = \frac{\tau_z}{p_y}, \quad \cos \lambda_z = \frac{\tau_y}{p_z},$$

folglich

$$p \cos \lambda = \sigma_x \frac{x'}{p_x} + \tau_z \frac{y'}{p_y} + \tau_y \frac{z'}{p_z}$$

und mit Rücksicht auf die erste der Gleichungen 4

$$\sigma_x \cos\alpha + \tau_z \cos\beta + \tau_y \cos\gamma = \sigma_x \frac{x'}{p_x} + \tau_z \frac{y'}{p_y} + \tau_y \frac{z'}{p_z},$$

also

$$\cos\alpha = \frac{x'}{p_x} \qquad \cos\beta = \frac{y'}{p_y} \qquad \cos\gamma = \frac{z'}{p_z}$$

und wegen

$$\cos^2\alpha + \cos^2\beta + \cos^2\gamma = 1$$

$$\left(\frac{x'}{p_x}\right)^2 + \left(\frac{y'}{p_y}\right)^2 + \left(\frac{z'}{p_z}\right)^2 = 1 \quad . \; . \; . \; . \; . \quad 5)$$

d. i. die Mittelpunktsgleichung eines Ellipsoides in Bezug auf die konjugirten Halbmesser p_x p_y p_z als Achsen. Wir kommen damit zu dem Satz:

Stellt man die Spannungen, welche in einem Punkte P des betrachteten Körpers für alle durch diesen Punkt möglichen Schnittflächen auftreten, nach Grösse und Richtung durch Gerade dar, die von P ausgehen, so liegen die Endpunkte dieser Fahrstrahlen auf einem Ellipsoid.

Die Spannungen in drei zu einander senkrechten Ebenen sind konjugirte Halbmesser des Ellipsoides.

Dieses Ellipsoid wird als Spannungsellipsoid bezeichnet.

6. *Hauptspannungen.*

Weicht die Spannung p im Punkte P der Fläche F von der Normalen PN in diesem Punkte um den Winkel φ ab, so ist die Normalspannung $\sigma = p \cos\varphi$, und da zwischen φ, den Richtungswinkeln α β γ der Normalen und den Richtungswinkeln λ μ ν von p die bekannte Beziehung

$$\cos\varphi = \cos\alpha \cos\lambda + \cos\beta \cos\mu + \cos\gamma \cos\nu$$

besteht,

$$\sigma = p \cos\alpha \cos\lambda + p \cos\beta \cos\mu + p \cos\gamma \cos\nu,$$

woraus unter Berücksichtigung der Gleichungen 4 folgt

$$\sigma = \sigma_x \cos^2 \alpha + \sigma_y \cos^2 \beta + \sigma_z \cos^2 \gamma + 2\,\tau_x \cos \beta \cos \gamma$$
$$+ 2\,\tau_y \cos \gamma \cos \alpha + 2\,\tau_z \cos \alpha \cos \beta \quad . \; . \; . \quad 6)$$

Zur geometrischen Deutung dieser Gleichung tragen wir auf der Normalen von P aus eine Strecke $\overline{PN} = \frac{1}{\sqrt{\pm \sigma}}$ ab, also gleich dem reciproken Werth der Quadratwurzel aus dem Absolutwerth von σ. Dann sind die Koordinaten des Endpunktes N

$$x = \frac{\cos \alpha}{\sqrt{\pm \sigma}}, \quad y = \frac{\cos \beta}{\sqrt{\pm \sigma}}, \quad z = \frac{\cos \gamma}{\sqrt{\pm \sigma}}.$$

Die Einführung der hieraus folgenden Werthe von $\cos \alpha$ $\cos \beta$ und $\cos \gamma$ in Gl. 6 giebt

$$\pm 1 = \sigma_x x^2 + \sigma_y y^2 + \sigma_z z^2 + 2\,\tau_x yz + 2\,\tau_y zx + 2\,\tau_z xy, \quad . \quad 7)$$

d. i. die Mittelpunktsgleichung einer Fläche zweiten Grades. Eine derartige Fläche hat drei zu einander senkrechte Hauptachsen, für welche, wenn sie zu Koordinatenachsen gewählt werden, die Glieder mit den Produkten der Koordinaten aus der Flächengleichung verschwinden, für die alsdann

$$\tau_x = 0 \qquad \tau_y = 0 \qquad \tau_z = 0$$

ist. In den drei zu einander senkrechten Ebenen, für welche die Schubspannungen Null werden, müssen alsdann die Spannungen p_x p_y p_z Normalspannungen sein und senkrecht zu einander stehen. Wir erkennen, dass es in jedem Punkte P des Körpers drei zu einander senkrechte Ebenen giebt, in denen keine Schubspannungen, sondern nur Normalspannungen auftreten.

Diese drei Normalspannungen werden die Hauptspannungen im Punkte P genannt; sie seien mit

$$\sigma_1 \qquad \sigma_2 \qquad \sigma_3$$

bezeichnet. Sie fallen mit den Hauptachsen des Spannungsellipsoides zusammen; denn sie wirken in drei sich rechtwinklig schneidenden Ebenen, stehen senkrecht zu einander und sind konjugirte Halbmesser des Spannungsellipsoides. Hieraus folgt weiter, dass die Hauptspannungen die grösste und die kleinste Spannung im Punkte P unter sich enthalten.

Sind für ein beliebig gewähltes rechtwinkliges Koordinatensystem die Spannungen σ_x σ_y σ_z τ_x τ_y τ_z gegeben, so lassen sich die drei Hauptspannungen σ_1, σ_2 und σ_3 auf folgende Weise bestimmen.

Wenn p im Punkte P der Fläche F eine Hauptspannung ist, so muss sie gleichzeitig Normalspannung sein; demnach müssen ihre Richtungswinkel λ μ ν gleich den Richtungswinkeln α β γ der Normalen im Punkte P der Fläche F sein. Aus den Gleichungen 4 folgt dann mit

$$p = \sigma \qquad \lambda = \alpha \qquad \mu = \beta \qquad \nu = \gamma$$

$$\sigma \cos\alpha = \sigma_x \cos\alpha + \tau_z \cos\beta + \tau_y \cos\gamma$$

$$\sigma \cos\beta = \tau_z \cos\alpha + \sigma_y \cos\beta + \tau_x \cos\gamma$$

$$\sigma \cos\gamma = \tau_y \cos\alpha + \tau_x \cos\beta + \sigma_z \cos\gamma.$$

Nach Beseitigung von $\cos\alpha$ $\cos\beta$ und $\cos\gamma$ findet sich

$$\sigma^3 - (\sigma_x + \sigma_y + \sigma_z)\,\sigma^2 + (\sigma_y\,\sigma_z + \sigma_z\,\sigma_x + \sigma_x\,\sigma_y - \tau_x^2 - \tau_y^2 - \tau_z^2)\,\sigma$$

$$+ \sigma_x \tau_x^2 + \sigma_y \tau_y^2 + \sigma_z \tau_z^2 - 2\,\tau_x \tau_y \tau_z = 0 \quad . \quad . \quad . \quad 8)$$

Die 3 Wurzeln dieser kubischen Gleichung geben die Hauptspannungen σ_1 σ_2 und σ_3.

Nach der Lehre von den kubischen Gleichungen ist

$$\sigma_x + \sigma_y + \sigma_z = \sigma_1 + \sigma_2 + \sigma_3$$

d. h. die (algebraische) Summe der Normalspannungen im Punkte P ist nach je drei sich rechtwinklig schneidenden Richtungen gleich der Summe der Hauptspannungen, somit unveränderlich.

Fällt in Gl. 8 das Absolutglied Null aus, d. h. ist

$$\sigma_x \tau_x^2 + \sigma_y \tau_y^2 + \sigma_z \tau_z^2 - 2\,\tau_x \tau_y \tau_z = 0, \quad . \quad . \quad . \quad 9)$$

so wird die eine Wurzel, etwa $\sigma_3 = 0$. Das Spannungsellipsoid schrumpft auf eine Ellipse, die Spannungsellipse, zusammen, deren Halbmesser σ_1 und σ_2 sind und als Wurzeln der Gleichung

$$\sigma^2 - (\sigma_x + \sigma_y + \sigma_z)\,\sigma + \sigma_y\,\sigma_z + \sigma_z\,\sigma_x + \sigma_x\,\sigma_y - \tau_x^2 - \tau_y^2 - \tau_z^2 = 0 \qquad 10)$$

erhalten werden.

§ 66. Formänderungen in einem beliebigen Punkte eines festen Körpers.

Dass im Allgemeinen zweierlei Formänderungen zu unterscheiden sind: Längen- und Winkeländerungen, entsprechend Dehnungen und Schiebungen oder Gleitungen, ist bereits in § 28 dargelegt worden.

1. Die Dehnungen nach einer beliebigen Richtung als Funktion von den Dehnungen dreier ursprünglich zu einander senkrechter Richtungen und von Aenderungen der Winkel dreier ursprünglich sich rechtwinklig schneidender Ebenen.

In Fig. 1 seien

P ein beliebiger Punkt des festen Körpers,

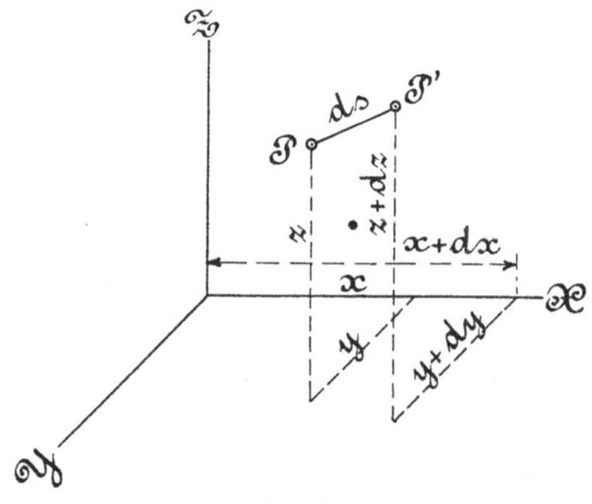

Fig. 1.

$x\ y\ z$ dessen Koordinaten vor der Formänderung,

P' ein dem Punkte P unendlich nahe gelegener zweiter Punkt desselben Körpers,

$x + dx$, $y + dy$, $z + dz$ dessen Koordinaten vor der Formänderung,

$\overline{PP'} = ds = \sqrt{dx^2 + dy^2 + dz^2}$ die Entfernung der beiden Punkte vor der Formänderung,

α, β, γ die Richtungswinkel der Strecke ds.

Unter Einwirkung der den Körper belastenden Kräfte werden folgende Aenderungen eintreten:

ds geht über in $ds + \varDelta\, ds$, ändert sich also um $\varDelta\, ds = \varepsilon\, ds$, sofern $\varepsilon = \frac{\varDelta\, ds}{ds}$ die verhältnissmässige (specifische) Längenänderung oder kurz Dehnung im Punkte P nach der Richtung, in welcher die Strecke gemessen wurde, bedeutet;

die Koordinaten	x	y	z
gehen über in	$x + \xi$	$y + \eta$	$z + \zeta$,
ändern sich also um	ξ	η	ζ.

Die Aenderungen, welche die Koordinaten des Punktes P' erfahren, seien mit ξ_1, η_1, ζ_1 bezeichnet. Für sie ergeben sich die Beziehungen:

$$\left.\begin{aligned} \xi_1 &= \xi + \frac{\partial \xi}{\partial x}\, dx + \frac{\partial \xi}{\partial y}\, dy + \frac{\partial \xi}{\partial z}\, dz \\ \eta_1 &= \eta + \frac{\partial \eta}{\partial x}\, dx + \frac{\partial \eta}{\partial y}\, dy + \frac{\partial \eta}{\partial z}\, dz \\ \zeta_1 &= \zeta + \frac{\partial \zeta}{\partial x}\, dx + \frac{\partial \zeta}{\partial y}\, dy + \frac{\partial \zeta}{\partial z}\, dz \end{aligned}\right\} \quad . \quad . \quad . \quad 1)$$

Die Projektionen der Strecke $\overline{PP'} = ds$ waren vor der Formänderung

$$dx \qquad dy \qquad dz.$$

Sie haben sich infolge der Formänderung geändert um

$$\xi_1 - \xi \qquad \eta_1 - \eta \qquad \zeta_1 - \zeta.$$

Die Strecke ds hat sich geändert um $\varepsilon\, ds$, sodass aus ihr

$$ds + \varepsilon\, ds = (1 + \varepsilon)\, ds$$

geworden ist. Folglich muss sein

$$(1 + \varepsilon)^2\, ds^2 = (dx + \xi_1 - \xi)^2 + (dy + \eta_1 - \eta)^2 + (dz + \zeta_1 - \zeta)^2.$$

Unter der Voraussetzung, dass ε ein sehr kleiner Bruch ist, darf $\varepsilon^2\, ds^2$ gegenüber $2\,\varepsilon\, ds^2$ vernachlässigt werden. Da ferner $\xi_1 - \xi$, $\eta_1 - \eta$ und $\zeta_1 - \zeta$ als die sehr kleinen Aenderungen unendlich kleiner Grössen anzusehen sind, so können die Quadrate dieser Aenderungen gegenüber den anderen Summanden ebenfalls vernachlässigt werden. Daraus folgt

$$\varepsilon = \frac{\xi_1 - \xi}{ds}\,\frac{dx}{ds} + \frac{\eta_1 - \eta}{ds}\,\frac{dy}{ds} + \frac{\zeta_1 - \zeta}{ds}\,\frac{dz}{ds}.$$

Nach Einführung der Werthe von $\xi_1 - \xi$, $\eta_1 - \eta$ und $\zeta_1 - \zeta$, welche sich aus den Gleichungen 1 ergeben, und mit

$$\frac{dx}{ds} = \cos\alpha, \qquad \frac{dy}{ds} = \cos\beta, \qquad \frac{dz}{ds} = \cos\gamma$$

findet sich

$$\varepsilon = \frac{\partial \xi}{\partial x}\cos^2\alpha + \frac{\partial \eta}{\partial y}\cos^2\beta + \frac{\partial \zeta}{\partial z}\cos^2\gamma + \left(\frac{\partial \eta}{\partial z} + \frac{\partial \zeta}{\partial y}\right)\cos\beta\cos\gamma$$
$$+ \left(\frac{\partial \zeta}{\partial x} + \frac{\partial \xi}{\partial z}\right)\cos\gamma\cos\alpha + \left(\frac{\partial \xi}{\partial y} + \frac{\partial \eta}{\partial x}\right)\cos\alpha\cos\beta. \quad . \quad . \quad 2)$$

Für $\alpha = 0$, d. h. wenn ds parallel zur x-Achse, werde ε mit ε_x bezeichnet; dann findet sich wegen $\beta = 90^0$ und $\gamma = 90^0$

$$\varepsilon_x = \frac{\partial \xi}{\partial x}$$

und ebenso für $\beta = 0$ bezw. $\gamma = 0$

$$\varepsilon_y = \frac{\partial \eta}{\partial y} \qquad \varepsilon_z = \frac{\partial \zeta}{\partial z},$$

d. h. die Koefficienten der Glieder mit den Cosinusquadraten in der Gleichung 2, also die partiellen Differentialquotienten von ξ nach x, von η nach y und ζ nach z sind die Dehnungen im Punkte P nach den Richtungen der Koordinatenachsen.

Zur Ermittlung der Bedeutung des Koefficienten der Glieder mit den Cosinusprodukten ziehen wir in dem ursprünglichen Zustande des Körpers von dem beliebigen Punkte aus parallel zu den Koordinatenachsen Gerade und tragen auf ihnen die unendlich kleinen Strecken dx, dy, dz ab. In Fig. 2 (Schnitt senkrecht zur x-Achse) sei die ursprüngliche Lage des Punktes mit P_0 bezeichnet, seine Koordinaten seien y und z, ferner $\overline{P_0B_0} = dy$ und $\overline{P_0C_0} = dz$. Infolge der Formänderung ändern sich y und z um η

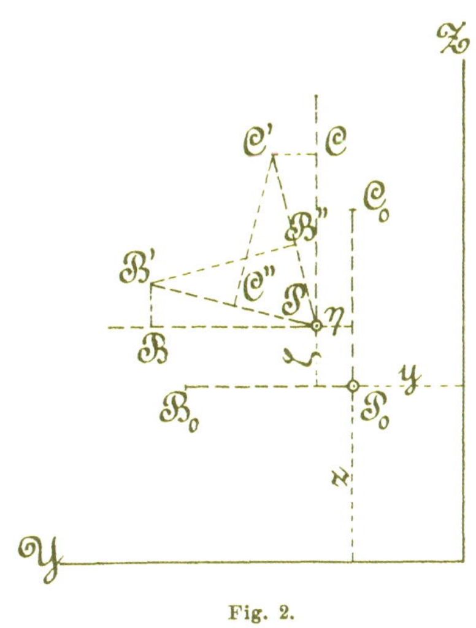

Fig. 2.

bezw. ζ. Der Punkt P_0 rückt nach P. Die Punkte B_0 und C_0 würden, falls weitere Aenderungen nicht stattfänden, nach B bezw. C gelangen ($\overline{PB} = \overline{P_0B_0}$, $\overline{PC} = \overline{P_0C_0}$). Im Allgemeinen wird jedoch auch noch eine Verschiebung von C nach C' im Sinne der y-Achse um $\overline{CC'} = \frac{\partial \eta}{\partial z}\, dz$ und von B nach B' im Sinne der z-Achse um $\overline{BB'} = \frac{\partial \zeta}{\partial y}\, dy$ eintreten, somit eine Aenderung des ursprünglich rechten Winkels BPC um die beiden sehr kleinen Winkel CPC' und BPB' statthaben. Wegen der Kleinheit der Winkel darf gesetzt werden

$$\frac{\overline{CC'}}{\overline{PC}} + \frac{\overline{BB'}}{\overline{PB}} = \frac{\partial \eta}{\partial z} + \frac{\partial \zeta}{\partial y} = \gamma_x,$$

d. i. die Aenderung des ursprünglich rechten Winkels an der x-Kante des Parallelepipeds, also nach § 28 die Schiebung oder Gleitung.

Ebenso finden sich für die Aenderungen der ursprünglich rechten Winkel an der y- und der z-Kante

$$\frac{\partial \zeta}{\partial x} + \frac{\partial \xi}{\partial z} = \gamma_y \qquad \frac{\partial \xi}{\partial y} + \frac{\partial \eta}{\partial x} = \gamma_z.$$

Hiernach bedeuten in Gl. 2 die Koefficienten der Glieder mit den Cosinusprodukten die Schiebungen an der x-, y- bezw. z-Kante des unendlich kleinen durch dx, dy, dz bestimmten Parallelepipeds.

Damit geht Gl. 2 über in die folgende:

$$\varepsilon = \varepsilon_x \cos^2 \alpha + \varepsilon_y \cos^2 \beta + \varepsilon_z \cos^2 \gamma + \gamma_x \cos \beta \cos \gamma + \gamma_y \cos \gamma \cos \alpha + \gamma_z \cos \alpha \cos \beta. \quad \ldots \quad 3)$$

2. *Darstellung der Formänderung.*

Wir denken uns in dem Körper — vor der Formänderung — eine unendlich kleine Kugel mit P als Mittelpunkt und ds als

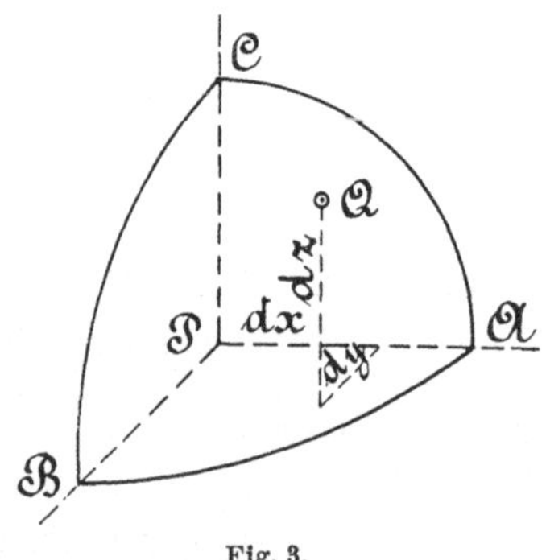

Fig. 3.

Halbmesser, Fig. 3. PA, PB und PC seien die nach den Achsen der x, y, z parallelen Halbmesser dieser Kugel und dx, dy, dz die

Koordinaten eines beliebigen Punktes Q der Kugelfläche in Beziehung auf PA, PB und PC als Achsen. Dann ist

$$\frac{dx^2}{ds^2} + \frac{dy^2}{ds^2} + \frac{dz^2}{ds^2} = 1.$$

Durch die Formänderung erfahren die drei Halbmesser die Dehnungen ε_x, ε_y, ε_z und die ursprünglich rechten Winkel an den Kanten PA, PB und PC ändern sich um γ_x, γ_y und γ_z, sodass das Achsenkreuz jetzt ein schiefwinkliges geworden ist. Der Punkt Q, auf dieses schiefwinklige System bezogen, wird die Koordinaten

$$dx_1 = dx\,(1 + \varepsilon_x), \qquad dy_1 = dy\,(1 + \varepsilon_y), \qquad dz_1 = dz\,(1 + \varepsilon_z)$$

zeigen, woraus folgt

$$dx = \frac{dx_1}{1 + \varepsilon_x}, \qquad dy = \frac{dy_1}{1 + \varepsilon_y}, \qquad dz = \frac{dz_1}{1 + \varepsilon_z}$$

und damit

$$\left(\frac{dx_1}{(1 + \varepsilon_x)\,ds}\right)^2 + \left(\frac{dy_1}{(1 + \varepsilon_y)\,ds}\right)^2 + \left(\frac{dz_1}{(1 + \varepsilon_z)\,ds}\right)^2 = 1 \quad . \quad 4)$$

d. i. die Gleichung eines Ellipsoids in Bezug auf die konjugirten Halbmesser $(1 + \varepsilon_x)\,ds$, $(1 + \varepsilon_y)\,ds$, $(1 + \varepsilon_z)\,ds$ als Achsen. Wir erkennen, dass eine unendlich kleine Kugel durch die Formänderung in ein Ellipsoid übergeht. Dasselbe wird als Formänderungsellipsoid bezeichnet.

Um ein möglichst klares Bild über die Bedeutung der unter Ziff. 1 enthaltenen partiellen Differentialquotienten zu erlangen, empfiehlt es sich, die Formänderung eines unendlich kleinen Parallelepipeds darzustellen.

In den Fig. 4 bis 6 ist dies in stark übertriebenem Masse geschehen; die Ableitungen sind eingetragen. So lässt z. B. Fig. 4 deutlich erkennen, wie der ursprünglich in P_0 liegende Eckpunkt entsprechend der Aenderung von y und z um η bezw. ζ nach P gerückt ist, wie die Kanten dy und dz ihre Länge um $\frac{\partial \eta}{\partial y}\,dy$ bezw.

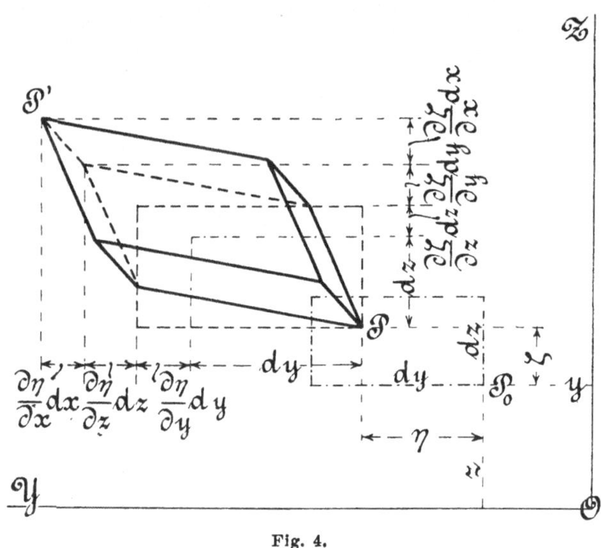

Fig. 4.

$\frac{\partial \zeta}{\partial z} dz$ geändert haben, und welche parallel zur YZ-Ebene gelegenen Grössen die Aenderung der Kantenwinkel bestimmen.

Fig. 5 und 6 zeigen das Entsprechende in Bezug auf die parallel zur ZX- bezw. XY-Ebene liegenden Grössen.

Die ursprüngliche, durch die Strecken dx, dy, dz gegebene Diagonale ds des Parallelepipeds ist in die Strecke $\overline{PP'}$ übergegangen und hat dabei die durch die Gleichung 3 bestimmte Dehnung erfahren. Diese Gleichung ergab die Dehnungen der angenommenen Strecke ds als Funktion von den Dehnungen in drei ursprünglich zu einander senkrechten Richtungen und von Aenderungen der Winkel dreier ursprünglich sich rechtwinklig schneidenden Ebenen. Die Darstellung lässt diesen Zusammenhang zwischen der Längenänderung der Diagonale des Parallelepipeds und den Aenderungen der Kantenlängen sowie der Kantenwinkel deutlich erkennen.

3. *Sätze über die Formänderung.*

Die Grösse, welche Gl. 3 für ε liefert, hat in Hinsicht auf α, β und γ die gleiche Form wie die Grösse σ, die sich aus Gl. 6, § 65, ergiebt; der eine Ausdruck geht in den andern über, wenn ε_x durch

𝔷
𝔓'
𝔓
dz
dx
dx
$\frac{\partial\xi}{\partial x}dx$ $\frac{\partial\xi}{\partial z}dz$ $\frac{\partial\xi}{\partial y}dy$
x
𝔓₀
ξ
z
ζ
dz
$\frac{\partial\zeta}{\partial z}dz$ $\frac{\partial\zeta}{\partial x}dx$ $\frac{\partial\zeta}{\partial y}dy$
O
𝔵

Fig. 5.

O
𝔵
y
ξ
dx
x
𝔓₀
$\frac{\partial\xi}{\partial x}dx$ $\frac{\partial\xi}{\partial y}dy$ $\frac{\partial\xi}{\partial z}dz$
η
dy
dx
𝔓
dy
$\frac{\partial\eta}{\partial y}dy$
$\frac{\partial\eta}{\partial x}dx$
$\frac{\partial\eta}{\partial z}dz$
𝔓'
𝔶

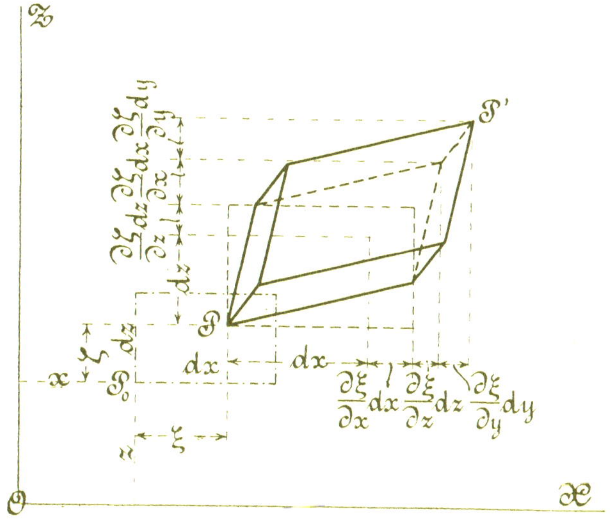

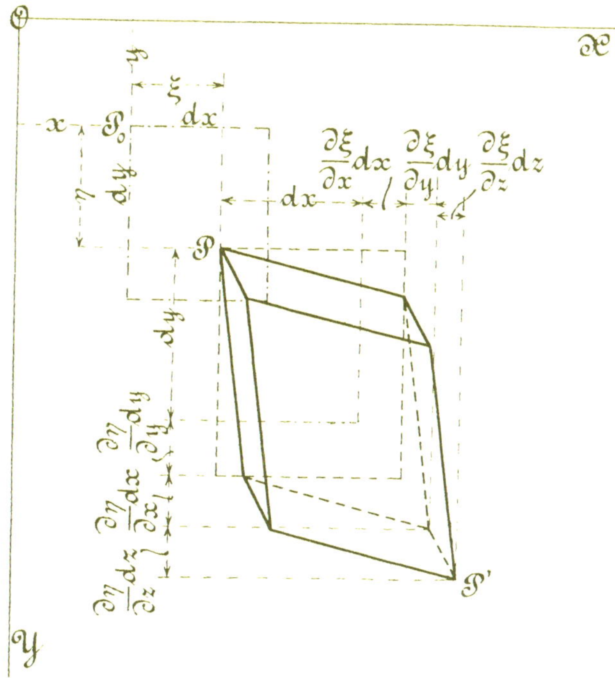

Fig. 6.

σ_x u. s. w., sowie $^1/_2 \gamma_x$ durch τ_x u. s. w. ersetzt wird. Infolgedessen können hier sinngemäss die gleichen Schlüsse gezogen werden.

In jedem Punkte des Körpers giebt es immer drei zu einander senkrechte Ebenen, in denen keine Schiebungen auftreten, also $\gamma_x = \gamma_y = \gamma_z = 0$ sind, sodass also das unendlich kleine Parallelepiped, das von diesen Ebenen begrenzt wird, dessen Kanten also die Richtungen der Durchschnittslinien dieser Ebenen besitzen, rechtwinklig bleibt.

Die Dehnungen nach diesen drei Richtungen heissen die Hauptdehnungen. Unter ihnen befindet sich der grösste und der kleinste Werth der Dehnungen, die überhaupt in dem betreffenden Punkte auftreten.

Sie seien mit ε_1, ε_2 und ε_3 bezeichnet.

Die Summe der Dehnungen nach je drei beliebig zu einander senkrechten Richtungen ist konstant und zwar gleich der Summe der drei Hauptdehnungen:

$$\varepsilon_x + \varepsilon_y + \varepsilon_z = \varepsilon_1 + \varepsilon_2 + \varepsilon_3.$$

Diese unveränderliche Summe hat eine besondere Bedeutung. Das Volumen eines unendlich kleinen Parallelepipeds ist vor der Formänderung

$$dx\, dy\, dz,$$

infolge derselben

$$(1 + \varepsilon_x)\, dx\, (1 + \varepsilon_y)\, dy\, (1 + \varepsilon_z)\, dz = \sim (1 + \varepsilon_x + \varepsilon_y + \varepsilon_z)\, dx\, dy\, dz,$$

sofern die sehr kleinen Grössen höherer Ordnung gegenüber denjenigen niederer Ordnung vernachlässigt werden.

Hiermit die Volumenzunahme

$$(\varepsilon_x + \varepsilon_y + \varepsilon_z)\, dx\, dy\, dz,$$

demnach

$$\varepsilon_x + \varepsilon_y + \varepsilon_z = \varepsilon_1 + \varepsilon_2 + \varepsilon_3 = e \quad . \quad . \quad . \quad . \quad 5)$$

die Zunahme der Volumeneinheit oder die verhältnissmässige Volumenänderung, welche als Volumenausdehnungskoefficient bezeichnet werde.

§ 67. Beziehungen zwischen Spannungen und Formänderungen.

Die Elasticität des festen Körpers kann in den verschiedenen Punkten desselben nach allen Richtungen gleich gross, oder sie kann in den einzelnen Punkten und nach den verschiedenen Richtungen hin verschieden sein. Das Erstere wird dann eintreten, wenn der Körper isotrop, d. h. in jedem seiner Punkte nach allen Richtungen hin gleich beschaffen ist, wie dies z. B. von vorzüglichem Flussstahl bei nicht zu grossen Querschnittsabmessungen mit ziemlicher Annäherung erwartet werden darf. Bei Körpern von regelmässigem Gefüge, die nicht isotrop sind, lassen sich bestimmte Richtungen erkennen, in denen die Elasticität ausgezeichnete Werthe aufweist. So z. B. besitzt ein kreiscylindrisch gewalzter Stab aus gutem, sehnigem Schweisseisen in der Walzrichtung eine solche ausgezeichnete Richtung; in allen Richtungen senkrecht zu dieser darf zwar mit Annäherung wieder ein und dieselbe Elasticität angenommen werden, deren Grösse wird jedoch von derjenigen in der Walzrichtung verschieden sein. Man spricht in solchen Fällen von einer Elasticitätsachse des Materials. So zeigt Holz drei ausgezeichnete Richtungen: eine im Sinne der Fasern, die anderen zwei tangential und radial in Bezug auf die Jahresringe. Man spricht dann von drei Elasticitätsachsen.

Handelt es sich um einen Stoff, welcher in verschiedenen Punkten nach verschiedenen Richtungen hin verschiedene Elasticität zeigt, so muss im Allgemeinen die Lage der Hauptdehnungen zu den Hauptspannungen von der Veränderlichkeit der Elasticität abhängen. Diese Abhängigkeit wird im Allgemeinen nur für isotropes Material verschwinden; für Material mit einer oder drei Elasticitätsachsen wird dies nur in besonderen Fällen eintreten können[1]).

Im Falle der Isotropie des Materials werden — wie ohne Weiteres aus der Anschauung gefolgert werden darf — die Achsen des Spannungsellipsoides mit denjenigen des

[1]) Es lässt sich nachweisen, dass bei Körpern mit drei zu einander senkrechten Elasticitätsachsen die Hauptspannungen nur dann mit den Hauptdehnungen zusammenfallen, wenn die Hauptspannungs- und Hauptdehnungsrichtungen mit den Elasticitätsachsen in dem betreffenden Punkte übereinstimmen, bei Körpern mit einer Elasticitätsachse nur dann, wenn mit ihr eine der Hauptspannungs- oder Hauptdehnungsrichtungen zusammenfällt.

Formänderungsellipsoides, also die Richtungen der Hauptspannungen mit denjenigen der Hauptdehnungen zusammenfallen.

Die allgemeinen Untersuchungen der Elasticitätslehre verlangen, damit sie überhaupt durchgeführt werden können, in der Regel, dass isotropes Material vorausgesetzt wird, was auch im Folgenden geschehen soll. Die Ergebnisse solcher Betrachtungen gelten deshalb — streng genommen — auch nur für derartige Körper.

1. Die Hauptdehnungen und die Hauptspannungen.

Auf das rechtwinklige Parallelepiped $ABCD$, Fig. 1, welches zu dem Koordinatensystem so gelegen sein möge, dass die Kante AC

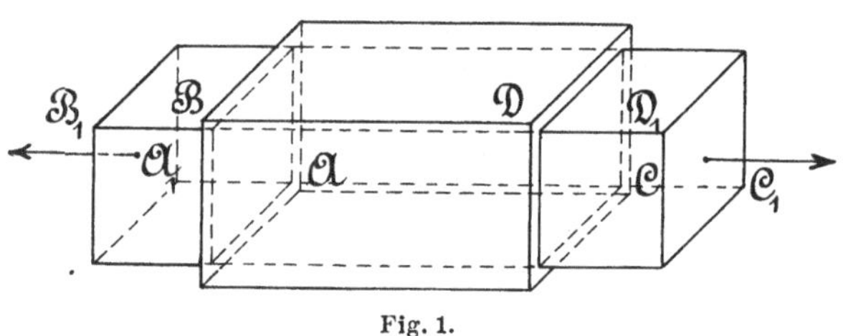

Fig. 1.

parallel zur x-Achse läuft, wirke je über die beiden Endflächen AB und CD gleichmässig vertheilt angreifend, die gleiche Kraft P_x in Richtung der x-Achse. Hierdurch geht der Körper $ABCD$ in ein anderes Parallelepiped $A_1 B_1 C_1 D_1$ über und zwar in der Weise, dass die zur Richtung von P_x parallelen Kanten sich verlängern, während die anderen senkrecht dazu stehenden Kanten sich verkürzen. Die durch P_x hervorgerufene Spannung ist eine Hauptspannung σ_1, welche unter der Voraussetzung, dass zwischen Spannungen und Dehnungen Proportionalität besteht, mit der zu ihr gehörigen Dehnung ε_x durch die Gleichung

$$\varepsilon_x = \alpha \sigma_1$$

verbunden erscheint, worin α den in § 2 besprochenen Dehnungskoefficienten bedeutet.

Nach den beiden dazu senkrechten Richtungen der y und z wird die Dehnung als gleich gross betrachtet und durch

$$-\frac{\varepsilon_x}{m}$$

gemessen, worin m das als unveränderlich vorausgesetzte Verhältniss der Längsdehnung zur Querzusammenziehung bedeutet (vergl. § 7). Wir haben somit

	die Spannung	die Dehnung
in Richtung der x-Achse	σ_1	$\varepsilon_x = \alpha\,\sigma_1$
- - - y-Achse	0	$-\frac{\varepsilon_x}{m}$
- - - z-Achse	0	$-\frac{\varepsilon_x}{m}$.

Würde das Parallelepiped in Richtung der y-Achse — und zwar nur in dieser — gezogen, sodass die Normalspannung σ_2 und die Dehnung $\varepsilon_y = \alpha\,\sigma_2$ eintritt, so ergäbe sich

	die Spannung	die Dehnung
in Richtung der x-Achse	0	$-\frac{\varepsilon_y}{m}$
- - y-Achse	σ_2	$\varepsilon_y = \alpha\,\sigma_2$
- - - z-Achse	0	$-\frac{\varepsilon_y}{m}$.

Würde schliesslich der Zug nur in Richtung der z-Achse stattfinden, sodass die Normalspannung σ_3 und die Dehnung $\varepsilon_z = \alpha\sigma_3$ stattfindet, so fände sich

	die Spannung	die Dehnung
in Richtung der x-Achse	0	$-\frac{\varepsilon_z}{m}$
- - - y-Achse	0	$-\frac{\varepsilon_z}{m}$
- - - z-Achse	σ_3	$\varepsilon_z = \alpha\,\sigma_3$.

Wirken sämmtliche Zugkräfte gleichzeitig, so bleiben σ_1, σ_2 und σ_3 Hauptspannungen, die Hauptdehnungen aber sind

$$\varepsilon_1 = \varepsilon_x - \frac{\varepsilon_y + \varepsilon_z}{m}, \quad \varepsilon_2 = \varepsilon_y - \frac{\varepsilon_z + \varepsilon_x}{m}, \quad \varepsilon_3 = \varepsilon_z - \frac{\varepsilon_x + \varepsilon_y}{m},$$

woraus nach Einführung der oben angegebenen Werthe für ε_x, ε_y und ε_z

$$\left.\begin{aligned} \varepsilon_1 &= \alpha\left(\sigma_1 - \frac{\sigma_2 + \sigma_3}{m}\right) \\ \varepsilon_2 &= \alpha\left(\sigma_2 - \frac{\sigma_3 + \sigma_1}{m}\right) \\ \varepsilon_3 &= \alpha\left(\sigma_3 - \frac{\sigma_1 + \sigma_2}{m}\right) \end{aligned}\right\} \quad . \quad . \quad . \quad . \quad 1)$$

Die Addition dieser Gleichungen giebt unter Beachtung von Gl. 5, § 66,

$$\sigma_1 + \sigma_2 + \sigma_3 = \frac{m}{m-2} \frac{e}{\alpha} \quad . \quad . \quad . \quad . \quad . \quad 2)$$

Die erste der Gleichungen 1 liefert

$$m\,\sigma_1 - \sigma_2 - \sigma_3 = m \,.\, \frac{\varepsilon_1}{\alpha},$$

durch Addition dieser Gleichung mit Gl. 2

$$\sigma_1 (1 + m) = \frac{m}{\alpha}\left(\frac{e}{m-2} + \varepsilon_1\right)$$

$$\sigma_1 = \frac{m}{1+m} \cdot \frac{1}{\alpha}\left(\varepsilon_1 + \frac{e}{m-2}\right),$$

nach Einführung von

$$\frac{1}{2} \frac{m}{1+m} \frac{1}{\alpha} = \frac{1}{\beta} \quad \text{oder} \quad \beta = \frac{2\,(1+m)}{m} \alpha \quad . \quad . \quad 3)$$

und Ermittlung der Werthe für σ_2 und σ_3

$$\left.\begin{aligned}\sigma_1 &= \frac{m}{1+m}\frac{1}{\alpha}\left(\varepsilon_1 + \frac{e}{m-2}\right) = \frac{2}{\beta}\left(\varepsilon_1 + \frac{e}{m-2}\right)\\ \sigma_2 &= \frac{m}{1+m}\frac{1}{\alpha}\left(\varepsilon_2 + \frac{e}{m-2}\right) = \frac{2}{\beta}\left(\varepsilon_2 + \frac{e}{m-2}\right)\\ \sigma_3 &= \frac{m}{1+m}\frac{1}{\alpha}\left(\varepsilon_3 + \frac{e}{m-2}\right) = \frac{2}{\beta}\left(\varepsilon_3 + \frac{e}{m-2}\right)\end{aligned}\right\} \quad 4)$$

2. *Spannungen und Formänderungen für drei beliebige, zu einander senkrecht stehende Richtungen.*

Die Gleichungen 4, § 65, gelten für das Koordinatensystem, welches sich ergiebt, wenn wir die Normalspannungen σ_x, σ_y und σ_z im Punkte P für drei beliebige, senkrecht zu einander stehende Ebenen zu Koordinatenachsen wählen. Nehmen wir statt dessen die drei Hauptspannungen im Punkte P zu Koordinatenachsen, also die Ebenen, in denen die Hauptspannungen wirken, zu Koordinatenebenen, so folgt, da in diesen Ebenen die Schubspannungen τ_x, τ_y und τ_z gleich Null sind und an Stelle von σ_x, σ_y und σ_z die Grössen σ_1, σ_2 und σ_3 treten, aus den Gleichungen 4, § 65,

$$p \cos \lambda = \sigma_1 \cos \alpha, \qquad p \cos \mu = \sigma_2 \cos \beta, \qquad p \cos \nu = \sigma_3 \cos \gamma.$$

Die Normalspannung σ in dem beliebigen durch den Punkt P gelegten Flächenelement bildet mit der resultirenden Spannung p einen Winkel φ, für welchen, da die Richtungswinkel

von	σ	α	β	γ
-	p	λ	μ	ν

sind, die Beziehung

$$\cos \varphi = \cos \alpha \cos \lambda + \cos \beta \cos \mu + \cos \gamma \cos \nu$$

gilt. Somit

$$\sigma = p \cos \varphi = \sigma_1 \cos^2 \alpha + \sigma_2 \cos^2 \beta + \sigma_3 \cos^2 \gamma$$

und nach Einführung der Werthe, welche die Gleichungen 4, § 67 für die Hauptspannungen liefern,

$$\sigma = \frac{2}{\beta}\left(\varepsilon_1 \cos^2\alpha + \varepsilon_2 \cos^2\beta + \varepsilon_3 \cos^2\gamma + \frac{e}{m-2}\right).$$

Die Heranziehung der Gleichung 3, § 66, unter Beachtung, dass die Schiebungen wegfallen, wenn für ε_x, ε_y und ε_z die Hauptdehnungen ε_1, ε_2 und ε_3 gesetzt werden, führt zu

$$\varepsilon = \varepsilon_1 \cos^2\alpha + \varepsilon_2 \cos^2\beta + \varepsilon_3 \cos^2\gamma,$$

folglich

$$\sigma = \frac{2}{\beta}\left(\varepsilon + \frac{e}{m-2}\right) \quad . \quad . \quad . \quad . \quad . \quad . \quad 5)$$

Da diese Gleichung für eine ganz beliebige Richtung gilt, so muss sie auch für drei beliebige zu einander senkrecht stehende Richtungen gelten, somit

$$\left.\begin{array}{ll} \sigma_x = \frac{2}{\beta}\left(\varepsilon_x + \frac{e}{m-2}\right); & \varepsilon_x = \alpha\left(\sigma_x - \frac{\sigma_y + \sigma_z}{m}\right) \\ \sigma_y = \frac{2}{\beta}\left(\varepsilon_y + \frac{e}{m-2}\right); & \varepsilon_y = \alpha\left(\sigma_y - \frac{\sigma_z + \sigma_x}{m}\right) \\ \sigma_z = \frac{2}{\beta}\left(\varepsilon_z + \frac{e}{m-2}\right); & \varepsilon_z = \alpha\left(\sigma_z - \frac{\sigma_x + \sigma_y}{m}\right) \end{array}\right\} . \quad 6)$$

3. *Bedeutung der Grösse β.*

Die Einführung des Werthes ε aus Gl. 3, § 66, in Gl. 5 ergiebt

$$\sigma = \frac{2}{\beta}\Big[\varepsilon_x \cos^2\alpha + \varepsilon_y \cos^2\beta + \varepsilon_z \cos^2\gamma + \gamma_x \cos\beta\cos\gamma$$

$$+ \gamma_y \cos\gamma\cos\alpha + \gamma_z \cos\alpha\cos\beta + \frac{e}{m-2}(\cos^2\alpha + \cos^2\beta + \cos^2\gamma)\Big],$$

wobei der Faktor von $\frac{e}{m-2}$ am Schlusse mit Rücksicht auf das Spätere an Stelle von 1 gewählt worden ist.

Aus Gl. 6, § 65, folgt unter Beachtung der Gleichungen 6 dieses Paragraphen

$$\sigma = \frac{2}{\beta}\left[\varepsilon_x \cos^2\alpha + \varepsilon_y \cos^2\beta + \varepsilon_z \cos^2\gamma + \frac{e}{m-2}(\cos^2\alpha + \cos^2\beta + \cos^2\gamma)\right]$$

$$+ 2\,\tau_x \cos\beta \cos\gamma + 2\,\tau_y \cos\gamma \cos\alpha + 2\,\tau_z \cos\alpha \cos\beta.$$

Da die beiden für σ gefundenen Werthe einander gleich sein müssen, so ergiebt sich

$$\frac{2}{\beta}(\gamma_x \cos\beta \cos\gamma + \gamma_y \cos\gamma \cos\alpha + \gamma_z \cos\alpha \cos\beta)$$

$$= 2\,\tau_x \cos\beta \cos\gamma + 2\,\tau_y \cos\gamma \cos\alpha + 2\,\tau_z \cos\alpha \cos\beta,$$

$$(\beta\,\tau_x - \gamma_x) \cos\beta \cos\gamma + (\beta\,\tau_y - \gamma_y) \cos\gamma \cos\alpha + (\beta\,\tau_z - \gamma_z) \cos\alpha \cos\beta = 0.$$

Soll diese Gleichung für beliebige Werthe von α, β und γ bestehen, so muss

$$\gamma_x = \beta\tau_x, \qquad \gamma_y = \beta\tau_y, \qquad \gamma_z = \beta\tau_z \quad . \quad . \quad . \quad 7)$$

sein, d. h. β ist diejenige Erfahrungszahl, mit welcher die Schubspannungen multiplicirt werden müssen, um die Schiebung zu erhalten, also der Schubkoefficient (§ 29). Zwischen ihm und dem Dehnungskoefficienten α besteht die Beziehung Gl. 3, wie bereits § 31, Ziff. 2, unmittelbar festgestellt worden ist.

§ 68. Allgemeine Aufgabe der Elasticitätslehre und Weg zur Lösung derselben.

Die Aufgabe der Elasticitätslehre begreift in sich:

1. die Feststellung des Zusammenhanges zwischen den äusseren Kräften, welche auf den in Betracht gezogenen Körper wirken, und den durch sie hervorgerufenen Formänderungen,

2. die Feststellung der Abmessungen eines solchen Körpers unter der Bedingung, dass die Formänderung, d. i. die grösste Hauptdehnung, in keinem Punkte desselben die höchstens noch für zulässig erachtete Grenze überschreitet, und unter der weiteren

Forderung, dass die Gesammtformänderung des belasteten Körpers innerhalb der Grenze bleibe, welche durch den besonderen Zweck desselben oder durch den Zusammenhang mit anderen Theilen gesteckt ist.

Die Lösung dieser Aufgabe fordert in erster Linie die Ermittlung der Hauptdehnungen in einem beliebigen Punkte P des Körpers; denn unter ihnen befindet sich die grösste und kleinste, welche überhaupt in dem Punkte auftritt.

Allgemein würde dabei in folgender Weise vorzugehen sein.

Für den Punkt P sind x, y und z die Koordinaten vor Eintritt der Formänderung, ξ, η und ζ deren Aenderungen infolge der letzteren und damit nach den Gleichungen 6 sowie 7, § 67, und den in § 66 unter Ziff. 1 für ε_x, ε_y, ε_z, γ_x, γ_y und γ_z gefundenen Ausdrücken

$$\left.\begin{aligned} \sigma_x &= \frac{2}{\beta}\left(\frac{\partial \xi}{\partial x} + \frac{e}{m-2}\right), & \tau_x &= \frac{1}{\beta}\left(\frac{\partial \eta}{\partial z} + \frac{\partial \zeta}{\partial y}\right) \\ \sigma_y &= \frac{2}{\beta}\left(\frac{\partial \eta}{\partial y} + \frac{e}{m-2}\right), & \tau_y &= \frac{1}{\beta}\left(\frac{\partial \zeta}{\partial x} + \frac{\partial \xi}{\partial z}\right) \\ \sigma_z &= \frac{2}{\beta}\left(\frac{\partial \zeta}{\partial z} + \frac{e}{m-2}\right), & \tau_z &= \frac{1}{\beta}\left(\frac{\partial \xi}{\partial y} + \frac{\partial \eta}{\partial x}\right) \end{aligned}\right\}, \qquad 1)$$

worin

$$e = \frac{\partial \xi}{\partial x} + \frac{\partial \eta}{\partial y} + \frac{\partial \zeta}{\partial z}, \qquad \beta = \frac{2\,(1+m)}{m}\,\alpha.$$

Die aus den Gleichungen 1 folgenden Werthe der sechs Spannungskomponenten sind in die Gleichungen 3, § 65, einzusetzen. Hierdurch werden drei simultane partielle Differentialgleichungen zweiter Ordnung für die Grössen ξ, η und ζ erhalten. Bei der Integration werden im Allgemeinen Funktionen einzuführen sein, welche in Bezug auf diejenige Veränderliche, nach welcher jeweils integrirt wird, konstant sind. Diese Funktionen sind durch die Oberflächenbedingungen, d. h. dadurch bestimmt,

a) dass die Spannungskomponenten

$$p \cos \lambda \qquad p \cos \mu \qquad p \cos \nu$$

in den Gleichungen 4, § 65, für die Punkte der Körperoberfläche (durch die Belastung) gegebene Werthe haben,

b) dass ξ, η, ζ für gewisse Punkte von vornherein bekannt sind, oder doch ermittelt werden können (Unterstützung des Körpers).

Sind hiernach ξ, η, ζ als Funktionen von x, y, z festgestellt, so ergeben sich

$$\sigma_x, \quad \sigma_y, \quad \sigma_z, \quad \tau_x, \quad \tau_y, \quad \tau_z$$

aus den Gleichungen 1, sodann die Hauptspannungen aus Gleichung 8, § 65, und die Hauptdehnungen mittelst der Gleichungen 1, § 67.

Oder es kann auch so verfahren werden, dass, nachdem ξ, η, ζ als Funktionen von x, y, z vorliegen,

$$\varepsilon_x, \quad \varepsilon_y, \quad \varepsilon_z, \quad \gamma_x, \quad \gamma_y, \quad \gamma_z$$

mittelst der in § 66 unter Ziff. 1 für diese Grössen gefundenen Beziehungen und aus ihnen die Hauptdehnungen berechnet werden.

In den weitaus meisten Fällen der technischen Anwendung erweist sich die Integration der partiellen Differentialgleichungen als unausführbar, infolgedessen das angedeutete Verfahren, trotz seiner Einfachheit in grundsätzlicher Hinsicht, nur in Ausnahmefällen zum Ziel führt. Unter diesen Verhältnissen geht man zweckmässiger Weise derart vor, dass zunächst einfache Fälle betrachtet und von diesen unter Benützung der gewonnenen Ergebnisse zu zusammengesetzteren fortgeschritten wird. Die hierbei auftretenden Schwierigkeiten sucht man durch geeignete Annahmen zu überwinden. Dieser Weg, der nach heutigem Stand für den Ingenieur — wie bereits bemerkt, mit ganz seltenen Ausnahmen — allein übrig bleibt, ist in den ersten 7 Abschnitten dieses Buches beschritten. Dass es trotzdem für den Ingenieur angezeigt ist, die allgemeinen Beziehungen dieses Abschnittes zu kennen, ergiebt sich aus dem im Vorwort zur vierten Auflage Bemerkten.

§ 69. Anwendung auf den Sonderfall der Belastung eines geraden stabförmigen Körpers.

F und F', Fig. 1, seien zwei unendlich nahe gelegene Querschnitte des stabförmigen Körpers. Die auf ihn wirkenden äusseren Kräfte lassen sich für den in Betracht gezogenen Querschnitt F ersetzen: durch eine im Schwerpunkte desselben angreifende Kraft R und durch ein Kräftepaar vom Moment M, entsprechend der Paarachse OM. Durch Zerlegung senkrecht zum Querschnitt und parallel zu demselben ergeben sich

die Kraftkomponenten R_1 R_2,

die Momentkomponenten M_1 M_2.

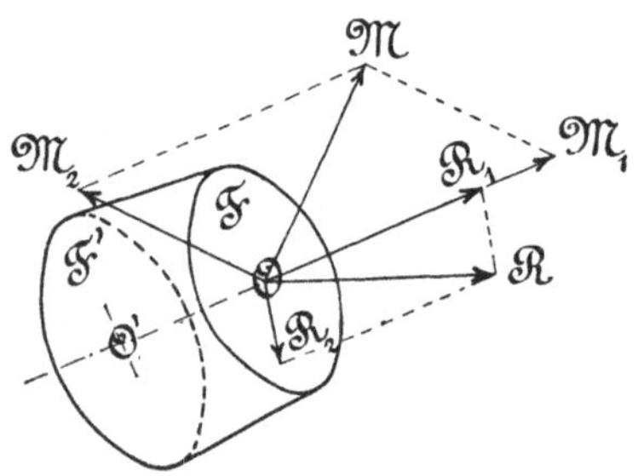

Fig. 1.

Die Kraft R_1 veranlasst, je nachdem sie ziehend oder drückend wirkt, eine Zu- oder Abnahme der Entfernung der beiden Querschnitte F und F' von einander, verursacht also positive oder negative Dehnungen, ruft demgemäss Normalspannungen wach: Fall der einfachen Zug- oder Druckelasticität (S. 88, 142).

Das Kräftepaar M_2 mit der Paarachse M_2 bewirkt eine Aenderung der gegenseitigen Neigung von F zu F', verursacht also positive und negative Dehnungen und ruft damit positive und negative Normalspannungen wach: Fall der einfachen Biegungselasticität (S. 175).

Die Kraft R_2 veranlasst eine Verschiebung der Flächenelemente von F gegen diejenigen von F', d. h. Schiebungen, und ruft dementsprechend Schubspannungen wach: Fall der einfachen Schubelasticität (S. 343).

Das Kräftepaar M_1 bewirkt Verdrehungen der Flächenelemente in F gegen diejenigen in F', also Schiebungen, und ruft demgemäss Schubspannungen wach: Fall der einfachen Drehungselasticität (S. 289).

Hiernach haben wir als Hauptwirkungen von R und M erkannt: Aenderung der Entfernung und der Neigung der beiden Querschnitte, Verschiebung und Verdrehung der beiden Querschnitte gegen einander. Im Allgemeinen wird noch eine Krümmung derselben eintreten, die von der Gesetzmässigkeit abhängt, nach

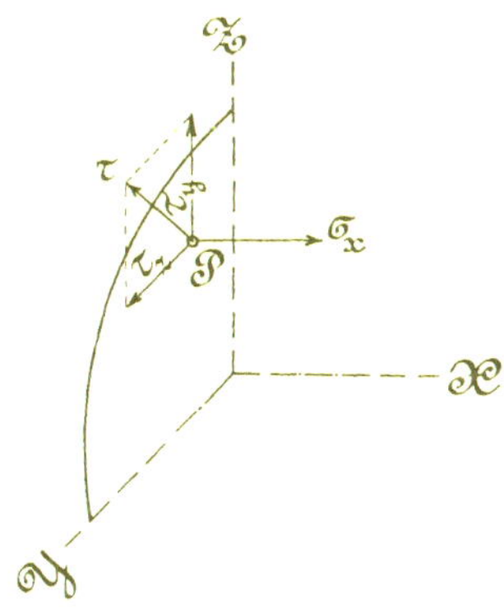

Fig. 2.

welcher sich die Dehnungen und Schiebungen im Querschnitt F von Flächenelement zu Flächenelement und von den Flächenelementen des Querschnitts F zu den gleichgelegenen von F' ändern.

In dem beliebigen Punkte P des Querschnitts F, Fig. 2, erhalten wir als Gesammtwirkung eine resultirende Normalspannung σ_x (in Richtung der Stabachse wirkend, welche wir uns als x-Achse denken wollen) und eine resultirende Schubspannung τ. Letztere zerlegen wir nach Fig. 2 in zwei Komponenten parallel zur y- und zur z-Achse und erhalten somit für den Punkt P die Spannungen

$$\sigma_x, \qquad \tau_y, \qquad \tau_z.$$

Damit geht die Gleichung 8, § 65, für die Hauptspannungen wegen

$$\sigma_y = 0^{1)}, \qquad \sigma_z = 0^{1)}, \qquad \tau_x = 0^{1)}$$

über in

$$\sigma^3 - \sigma_x \sigma^2 - (\tau_y^2 + \tau_z^2)\,\sigma = 0,$$

woraus die eine Wurzel $\sigma_3 = 0$ folgt (das Spannungsellipsoid wird zur Spannungsellipse), während für die beiden anderen Hauptspannungen mit

$$\tau_y^2 + \tau_z^2 = \tau^2$$

sich ergiebt

$$\sigma_1 = \frac{1}{2}\left(\sigma_x + \sqrt{\sigma_x^2 + 4\,\tau^2}\right), \quad \dots \quad 1)$$

$$\sigma_2 = \frac{1}{2}\left(\sigma_x - \sqrt{\sigma_x^2 + 4\,\tau^2}\right). \quad \dots \quad 2)$$

Für die Hauptdehnungen folgt aus den Gleichungen 1, § 67, wegen $\sigma_3 = 0$

$$\varepsilon_1 = \alpha\left(\sigma_1 - \frac{\sigma_2}{m}\right),$$

$$\varepsilon_2 = \alpha\left(\sigma_2 - \frac{\sigma_1}{m}\right),$$

$$\varepsilon_3 = -\alpha\,\frac{\sigma_1 + \sigma_2}{m},$$

somit

$$\frac{\varepsilon_1}{\alpha} = \frac{m-1}{2\,m}\,\sigma_x + \frac{m+1}{2\,m}\sqrt{\sigma_x^2 + 4\,\tau^2}, \quad \dots \quad 3)^{2)}$$

---

[1]) Diese 3 Gleichungen führen zur Erfüllung der Gleichung 9, § 65, und damit — wie schon dort bemerkt — zum Uebergang des Ellipsoids in eine Ellipse.

[2]) In anderer Weise wurde diese Gleichung bereits in § 48 abgeleitet.

$$\frac{\varepsilon_2}{\alpha} = \frac{m-1}{2\,m}\,\sigma_x - \frac{m+1}{2\,m}\sqrt{\sigma_x^2 + 4\,\tau^2}, \quad . \quad . \quad 4)[1]$$

$$\frac{\varepsilon_3}{\alpha} = -\frac{\sigma_x}{m} \quad . \quad . \quad . \quad . \quad . \quad . \quad . \quad . \quad . \quad . \quad . \quad . \quad . \quad 5)$$

Ist σ_x positiv, einem Zug entsprechend, so wird, da in der Regel die zulässige Anstrengung gegenüber Zug kleiner zu sein pflegt, als gegenüber Druck, Gl. 3 massgebend. Wenn σ_x negativ ist, einem Druck entsprechend, so wird Gl. 4 einen grösseren Werth ergeben als Gl. 3; dabei ist aber immerhin zu prüfen, ob die kleinere, aus Gl. 3 folgende Zuginanspruchnahme nicht massgebend wird.

Im Uebrigen ist das im zweiten Theil von § 48 Gesagte, betreffend die Einführung des Berichtigungskoefficienten α_0, zu beachten.

Da die Gleichung 3 bezw. 4 häufige Benutzung erfährt, so erscheint es angezeigt, an dieser Stelle nochmals die Voraussetzungen zusammenzustellen, auf denen sie beruht, und das umsomehr, als diese nicht selten recht ungenügend erfüllt sind, ohne dass daran auch nur gedacht wird.

1. Die allgemeinen Voraussetzungen der Elasticitätslehre:
   a) Isotropie des Materials,
   b) Proportionalität zwischen Dehnungen und Spannungen, sowie Unveränderlichkeit des Verhältnisses zwischen Längsdehnung und Querzusammenziehung,
   c) Elasticität gegenüber Druck ist die gleiche wie gegenüber Zug,
   d) Formänderungen sind so klein, dass die Proportionalitätsgrenze nicht überschritten wird.
2. Die Sondervoraussetzungen:
   a) $\sigma_y = 0$ und $\sigma_z = 0$,

   d. h. Normalspannungen senkrecht zur Stabachse treten nicht auf; (diese Voraussetzung ist z. B. bei einer

[1]) S. Fussbemerkung 2, S. 644.

Welle da, wo diese durch die Nabe einer Kurbel, eines Rades u. s. w. in radialer Richtung stark gepresst wird, nicht erfüllt.)

b) $$\tau_x = 0,$$

d. h. Schubspannungen, welche in Ebenen wirken, die sich in Parallelen zur Stabachse rechtwinklig schneiden, sind nicht vorhanden; (diese Voraussetzung ist beispielsweise bei einer Welle da, wo auf diese durch ein aufgekeiltes Rad oder eine aufgekeilte Kurbel ein bedeutendes Drehmoment übertragen wird, nicht erfüllt.)

Denkt man sich den geraden stabförmigen Körper aus Fasern bestehend, so kommen die Voraussetzungen

$$\sigma_y = 0 \qquad \sigma_z = 0 \qquad \tau_x = 0$$

darauf hinaus, dass diese Fasern weder einen Zug, noch einen Druck, noch einen Querschub auf einander äussern, also auch nicht von aussen empfangen.

Bedeutung der in den Gleichungen auftretenden Buchstabengrössen.

A Formänderungsarbeit (§ 41 u. f.), Konstante.

a bei elliptischen Querschnitten die grosse Halbachse, bei elliptischen Platten die grosse Achse der Ellipse; die eine Seite eines rechteckigen Querschnitts, einer rechteckigen Platte; Seite des quadratischen Querschnitts, der quadratischen Platte; Abstand (unveränderlicher).

a_0 grosse Halbachse der inneren Begrenzung eines Ellipsenringes.

a_1 a_2 Abstände.

B Konstante.

b bei elliptischen Querschnitten die kleine Halbachse, bei elliptischen Platten die kleine Achse der Ellipse; die andere Seite eines rechteckigen Querschnitts, einer rechteckigen Platte; Seite eines regelmässigen Dreiecks oder Sechsecks; Breitenabmessung; Abstand (unveränderlicher).

b_0 kleine Halbachse der inneren Begrenzung eines Ellipsenringes; Breitenabmessung.

C_1 C_2 Integrationskonstante.

c_1 c_2 - .

d Durchmesser im Allgemeinen, bei Hohlstäben der äussere Durchmesser.

d_0 innerer Durchmesser eines Hohlcylinders.

d_m mittlerer - - - .

e e_1 e_2 Abstände, für gerade Stäbe s. § 16, für gekrümmte s. § 54.

e Kreishalbmesser; Basis der natürlichen Logarithmen.

$e = \varepsilon_1 + \varepsilon_2 + \varepsilon_3$ (§ 58, Gleichung 2, § 66, § 68).

F Grösse einer Fläche.

f Querschnitt.

$f_0 f_1$ Sonderwerthe von f.

f_b Querschnitt an der Bruchstelle des zerrissenen Stabes, dessen ursprünglicher Querschnitt die Grösse f besass.

G Eigengewicht.

H Horizontalkraft.

h Höhe eines Querschnitts, eines Prisma; Stärke einer Platte.

h_0 Höhenabmessung.

i Anzahl der Windungen einer Schraubenfeder.

K_z Zugfestigkeit (§ 3).
K Druckfestigkeit (§ 11).
K_b Biegungsfestigkeit (§ 22).
K_d Drehungsfestigkeit (§ 35).
K_s Schubfestigkeit (§ 15, § 40).
k_z zulässige Anstrengung gegenüber Zug.
k - - - Druck.
k_b - - - Biegung.
k_d - - - Drehung.
k_s - - - Schub.
l Länge des Körpers.
l_b die Länge, welche das ursprünglich l lange Stabstück nach dem Zerreissen besitzt.
M Moment im Allgemeinen.
M_A Moment im Punkt A (§ 18, Ziff. 3).
M_b biegendes Moment.
max (M_b) Grösstwerth von M_b.
M_d drehendes Moment.
M_u Moment, herrührend von den auf den Umfang einer Platte wirkenden Widerlagskräften (§ 61).
$M_\eta = \int_\eta^e 2\,y\,\eta\,d\eta$ statisches Moment (s. § 39).
m Exponent, welcher die Veränderlichkeit der Dehnung zum Ausdruck bringt (§ 4 und § 5, insbesondere Ziff. 3 daselbst); Verhältniss der Längsdehnung zur Querzusammenziehung (§ 7, § 67); Koefficient (§ 33).
m_1 und m_2 Sonderwerthe des Exponenten m (§ 20, Ziff. 4).
n Grösse einer Strecke; Koefficient.
P Zug- oder Druckkraft, Einzelkraft.
P_{max} Bruchbelastung.
P_0 Knickbelastung (§ 24).
p Belastung der Längeneinheit eines auf Biegung beanspruchten Stabes, Spannung im Allgemeinen.
p, p_1, p_2, p_a, p_c Pressungen auf die Flächeneinheit (§ 60, § 53), Spannungen (§ 65).
p_i Pressung im Inneren eines Hohlgefässes, für $p_a = 0$ innerer Ueberdruck.
p_a - der das Hohlgefäss umschliessenden Flüssigkeiten, für $p_i = 0$ äusserer Ueberdruck.
p_x p_y p_z Spannungen in drei zu einander senkrechten Ebenen (§ 65).
Q gleichmässig über den gebogenen Stab vertheilte Last, Einzellast (§ 55, Ziff. 1).
$2\,Q$ Belastung eines Hohlcylinders auf die Längeneinheit (§ 55, Ziff. 2).
r Kreishalbmesser, Krümmungshalbmesser insbesondere der Mittellinie eines gekrümmten Stabes vor der Formänderung, Trägheitshalbmesser (§ 26).
r_1 r_2 Sonderwerthe von r (§ 57, Fig. 4 bis 6).
r_0 Sonderwerth von r (§ 60, Fig. 17).
r_i innerer Durchmesser eines Hohlcylinders, einer Hohlkugel.
r_a äusserer - - - - - .

$\mathfrak{S}$ Sicherheitskoefficient gegenüber Knickung (§ 25).
S Schubkraft.
s Wandstärke, Strecke.
u Umfang des Querschnittes.
V Volumen.
x beliebige Strecke, Abscisse.
x' Koordinate (§ 65).
y Koordinate, insbesondere Ordinate der elastischen Linie, Querschnittsabmessung.
y' Koordinate, Durchbiegung eines Stabes infolge des biegenden Momentes (§ 18), Zusammendrückung oder Verlängerung einer Schraubenfeder (§ 57).
y'' Durchbiegung eines Stabes infolge der Schubkraft (§ 52, Ziff. 2b).
W, W_a und W_b Widerlagskräfte (§ 61).
$X\ Y\ Z$ Komponenten von Massenkräften (§ 65).
$Z = \int xy\,df$ (§ 21, Gleichung 2).
z Koordinate; Abstand, Querschnittsabmessung.
z' Koordinate, Durchbiegung plattenförmiger Körper.
z_0' Sonderwerth von z'.
z_0 Schwerpunktsabstand (S. 237).

α Dehnungskoefficient (§ 2, reciproker Werth des Elasticitätsmodul), Dehnung für die Spannung 1 (§ 4 und § 5); Winkel; Konstante.
α_1 und α_2 Sonderwerthe der Dehnung für die Spannung 1 (§ 20, Ziff. 4).
α_0 Anstrengungsverhältniss (§ 48).

β Schubkoefficient (§ 29, reciproker Werth des Schubelasticitätsmodul, § 67): Winkel, insbesondere der elastischen Linie mit der ursprünglichen Stabachse (§ 18); Konstante.

$\beta_0 = \frac{k_b}{k_z}$ (§ 45, Ziff. 1).

γ Schiebung, Winkeländerung (§ 28), Gewicht der Volumeneinheit, Winkel.
$\gamma_x\,\gamma_y\,\gamma_z$ Winkeländerung (Schiebung) an der x-, y- bezw. z-Kante (§ 66, § 67).
γ_{max} Grösstwerth der Schiebung γ.

ε verhältnissmässige Dehnung (§ 2).
ε' Sonderwerthe von ε.
ε_q - - Querdehnung (§ 7).
ε_0 - - Dehnung der Mittellinie (§ 54).
$\varepsilon_1\,\varepsilon_2\,\varepsilon_3$ die Dehnungen in den drei Hauptrichtungen (§ 58), die Hauptdehnungen (§ 66).
$\varepsilon_x\,\varepsilon_y\,\varepsilon_z$ Dehnungen in Richtung der x-Achse, bezw. der y- und z-Achse.

ζ Aenderung von z (§ 58, § 66).

η Koordinate; Abstand, insbesondere eines Flächenelementes von der einen Hauptachse des Querschnitts, Aenderung von y (§ 66).

Θ Trägheitsmoment eines Querschnitts im Allgemeinen, meist jedoch in Bezug auf die eine Hauptachse.
Θ' polares Trägheitsmoment eines Querschnitts.

Θ_1 Θ_2 Θ_x Θ_y Trägheitsmomente in Bezug auf besonders bezeichnete Achsen.

ϑ verhältnissmässiger Drehungswinkel (§ 33, § 43).

ι Koefficient (§ 42).

$\varkappa$ Zerknickungskoefficient (§ 26).

$\varkappa = -\frac{1}{f}\int \frac{\eta}{r+\eta}\, df$ (§ 54).

λ Winkel (§ 65).

λ λ' λ'' Längenänderungen eines Stabes (§ 1, § 2, § 4, § 5, § 41).

μ Koefficient (§ 46), insbesondere Berichtigungskoefficient (§ 60, Ziff. 4, § 61 u. f.).

μ_0 Koefficient (§ 22, S. 237).

ν Winkel.

ξ Koordinate, Aenderung von x (§ 66).

$\pi = 3{,}14159$.

ϱ Krümmungshalbmesser, insbesondere der elastischen Linie; Abstand eines beliebigen Querschnittselementes von der Drehungsachse (§ 32, Fig. 4, Gleichung 1).

ϱ_a ϱ_b Sonderwerthe von ϱ (§ 61).

σ Normalspannung (§ 1, § 29, erster Absatz).

σ_{max} Grösstwerth von σ.

σ_1 σ_2 Sonderwerthe von σ.

σ_x σ_y σ_z Normalspannungen in Richtung der x-Achse, bezw. y- und z-Achse.

σ_a σ_b grösste Normalspannung im Streifen von der Länge a, bezw. b (§ 61).

σ_d σ_z Druck-, bezw. Zugspannung (§ 20, Ziff. 4).

τ Schubspannung (§ 29).

τ_{max} Grösstwerth von τ bei Schub (§ 38, § 39).

τ_1 Sonderwerth von τ.

τ_x τ_y τ_z Schubspannungen senkrecht zur Richtung der x-Achse, der y- bezw. z-Achse (§ 65).

τ' Schubspannung an näher bestimmter Stelle.

τ_y' τ_z' die Werthe von τ_y und τ_z an einer solchen Stelle.

τ_s τ_d Schubspannungen, unterschieden je nachdem sie von der Schubkraft oder vom drehenden Moment hervorgerufen werden.

τ_{max}' Schubspannung in den Endpunkten der kleinen Halbachse eines elliptischen Querschnitts.

τ_a Schubspannung in den Mitten der langen Seiten eines rechteckigen Querschnitts.

τ_b' Schubspannung in den Mitten der kurzen Seiten eines rechteckigen Querschnitts.

φ Dehnung des zerrissenen Stabes in Procenten (§ 8); Winkel (von veränderlicher Grösse), Koefficient (§ 34).

ψ Querschnittsverminderung des zerrissenen Stabes in Procenten (§ 8); Winkel, Koefficient (§ 35, Ziff. 2, § 60, Ziff. 4).

ω Befestigungskoefficient (§ 24, § 25), Winkel.
Verhältnissmässige Aenderung des Querschnittswinkels (§ 54).

Berichtigungen.

S. 238, Zeile 14 von oben lies „kgm/ccm“ statt „kg/ccm“.

S. 366, - 16 - - - „diejenige“ statt „derjenigen“.

S. 384, - 7 - unten - „$C_1' C_1'$“ statt „$C_1' C_1' C C$“.

S. 429, - 7 - oben - im Nenner „$b h^3$“ statt „$b^3 h$“.

S. 582, - 9 - - - „$4 \sigma_a'$“ statt „$4 \sigma_a^2$“.

S. 582, - 10 - - - „$9 \sigma_a$“ statt „$9 \sigma_a^2$“.

S. 623, Gleichung 8 ist auf der linken Seite zu Anfang der zweiten Zeile durch das Glied $- \sigma_x \sigma_y \sigma_z$ zu ergänzen, sodass diese Zeile lautet

$$- \sigma_x \sigma_y \sigma_z + \sigma_x \tau_x^2 + \sigma_y \tau_y^2 + \sigma_z \tau_z^2 - 2 \tau_x \tau_y \tau_z = 0.$$

S. 623, Gleichung 9 ist auf der linken Seite durch dasselbe Glied zu ergänzen.